中国石油科技进展丛书（2006—2015年）

第四次油气资源评价

主　编：李建忠

副主编：郑　民　郭秋麟　王社教

石油工业出版社

内 容 提 要

本书全面总结了"第四次油气资源评价"在理论基础、方法技术、评价参数与结果、分布规律等方面的主要进展，包括油气资源评价地质理论、资源评价方法体系和关键评价技术、刻度区解剖与关键参数取值标准建立、盆地生烃潜力整体评价等，明确了我国常规与非常规油气资源总量和发展潜力，对今后中国油气勘探方向确定及勘探规划部署方案制定具有重要的指导意义。

本书可供石油地质研究人员、油气资源评价人员及相关管理人员参考阅读。

图书在版编目（CIP）数据

第四次油气资源评价 / 李建忠主编 . —北京：石油工业出版社，2019.7

（中国石油科技进展丛书 . 2006—2015 年）

ISBN 978-7-5183-3391-2

Ⅰ . ① 第… Ⅱ . ① 李… Ⅲ . ① 油气资源评价 – 中国 Ⅳ . ① TE155

中国版本图书馆 CIP 数据核字（2019）第 089571 号

审图号：GS（2019）2930 号

出版发行：石油工业出版社

（北京安定门外安华里 2 区 1 号　100011）

网　　址：www.petropub.com

编辑部：（010）64253017　图书营销中心：（010）64523633

经　　销：全国新华书店

印　　刷：北京中石油彩色印刷有限责任公司

2019 年 7 月第 1 版　2020 年 8 月第 2 次印刷

787×1092 毫米　开本：1/16　印张：24.25

字数：600 千字

定价：230.00 元

（如出现印装质量问题，我社图书营销中心负责调换）

版权所有，翻印必究

《中国石油科技进展丛书（2006—2015年）》编委会

主　任：王宜林

副主任：焦方正　喻宝才　孙龙德

主　编：孙龙德

副主编：匡立春　袁士义　隋　军　何盛宝　张卫国

编　委：（按姓氏笔画排序）

于建宁　马德胜　王　峰　王卫国　王立昕　王红庄
王雪松　王渝明　石　林　伍贤柱　刘　合　闫伦江
汤　林　汤天知　李　峰　李忠兴　李建忠　李雪辉
吴向红　邹才能　闵希华　宋少光　宋新民　张　玮
张　研　张　镇　张子鹏　张光亚　张志伟　陈和平
陈健峰　范子菲　范向红　罗　凯　金　鼎　周灿灿
周英操　周家尧　郑俊章　赵文智　钟太贤　姚根顺
贾爱林　钱锦华　徐英俊　凌心强　黄维和　章卫兵
程杰成　傅国友　温声明　谢正凯　雷　群　蔺爱国
撒利明　潘校华　穆龙新

专家组

成　员：刘振武　童晓光　高瑞祺　沈平平　苏义脑　孙　宁
高德利　王贤清　傅诚德　徐春明　黄新生　陆大卫
钱荣钧　邱中建　胡见义　吴　奇　顾家裕　孟纯绪
罗治斌　钟树德　接铭训

《第四次油气资源评价》编写组

主　　编：李建忠
副 主 编：郑　民　郭秋麟　王社教
编写人员：

陈晓明　吴晓智　谢红兵　黄旭楠　陈宁生　王东良
马　卫　王志宏　王　彬　张　强　李　鹏　李贵中
庚　勐　董大忠　拜文华　魏　伟　黄军平

序

习近平总书记指出，创新是引领发展的第一动力，是建设现代化经济体系的战略支撑，要瞄准世界科技前沿，拓展实施国家重大科技项目，突出关键共性技术、前沿引领技术、现代工程技术、颠覆性技术创新，建立以企业为主体、市场为导向、产学研深度融合的技术创新体系，加快建设创新型国家。

中国石油认真学习贯彻习近平总书记关于科技创新的一系列重要论述，把创新作为高质量发展的第一驱动力，围绕建设世界一流综合性国际能源公司的战略目标，坚持国家"自主创新、重点跨越、支撑发展、引领未来"的科技工作指导方针，贯彻公司"业务主导、自主创新、强化激励、开放共享"的科技发展理念，全力实施"优势领域持续保持领先、赶超领域跨越式提升、储备领域占领技术制高点"的科技创新三大工程。

"十一五"以来，尤其是"十二五"期间，中国石油坚持"主营业务战略驱动、发展目标导向、顶层设计"的科技工作思路，以国家科技重大专项为龙头、公司重大科技专项为抓手，取得一大批标志性成果，一批新技术实现规模化应用，一批超前储备技术获重要进展，创新能力大幅提升。为了全面系统总结这一时期中国石油在国家和公司层面形成的重大科研创新成果，强化成果的传承、宣传和推广，我们组织编写了《中国石油科技进展丛书（2006—2015年）》（以下简称《丛书》）。

《丛书》是中国石油重大科技成果的集中展示。近些年来，世界能源市场特别是油气市场供需格局发生了深刻变革，企业间围绕资源、市场、技术的竞争日趋激烈。油气资源勘探开发领域不断向低渗透、深层、海洋、非常规扩展，炼油加工资源劣质化、多元化趋势明显，化工新材料、新产品需求持续增长。国际社会更加关注气候变化，各国对生态环境保护、节能减排等方面的监管日益严格，对能源生产和消费的绿色清洁要求不断提高。面对新形势新挑战，能源企业必须将科技创新作为发展战略支点，持续提升自主创新能力，加快构筑竞争新优势。"十一五"以来，中国石油突破了一批制约主营业务发展的关键技术，多项重要技术与产品填补空白，多项重大装备与软件满足国内外生产急需。截至2015年底，共获得国家科技奖励30项、获得授权专利17813项。《丛书》全面系统地梳理了中国石油"十一五""十二五"期间各专业领域基础研究、技术开发、技术应用中取得的主要创新性成果，总结了中国石油科技创新的成功经验。

《丛书》是中国石油科技发展辉煌历史的高度凝练。中国石油的发展史，就是一部创业创新的历史。建国初期，我国石油工业基础十分薄弱，20世纪50年代以来，随着陆相生油理论和勘探技术的突破，成功发现和开发建设了大庆油田，使我国一举甩掉贫油的帽子；此后随着海相碳酸盐岩、岩性地层理论的创新发展和开发技术的进步，又陆续发现和建成了一批大中型油气田。在炼油化工方面，"五朵金花"炼化技术的开发成功打破了国外技术封锁，相继建成了一个又一个炼化企业，实现了炼化业务的不断发展壮大。重组改制后特别是"十二五"以来，我们将"创新"纳入公司总体发展战略，着力强化创新引领，这是中国石油在深入贯彻落实中央精神、系统总结"十二五"发展经验基础上、根据形势变化和公司发展需要作出的重要战略决策，意义重大而深远。《丛书》从石油地质、物探、测井、钻完井、采油、油气藏工程、提高采收率、地面工程、井下作业、油气储运、石油炼制、石油化工、安全环保、海外油气勘探开发和非常规油气勘探开发等15个方面，记述了中国石油艰难曲折的理论创新、科技进步、推广应用的历史。它的出版真实反映了一个时期中国石油科技工作者百折不挠、顽强拼搏、敢于创新的科学精神，弘扬了中国石油科技人员秉承"我为祖国献石油"的核心价值观和"三老四严"的工作作风。

《丛书》是广大科技工作者的交流平台。创新驱动的实质是人才驱动，人才是创新的第一资源。中国石油拥有21名院士、3万多名科研人员和1.6万名信息技术人员，星光璀璨，人文荟萃、成果斐然。这是我们宝贵的人才资源。我们始终致力于抓好人才培养、引进、使用三个关键环节，打造一支数量充足、结构合理、素质优良的创新型人才队伍。《丛书》的出版搭建了一个展示交流的有形化平台，丰富了中国石油科技知识共享体系，对于科技管理人员系统掌握科技发展情况，做出科学规划和决策具有重要参考价值。同时，便于科研工作者全面把握本领域技术进展现状，准确了解学科前沿技术，明确学科发展方向，更好地指导生产与科研工作，对于提高中国石油科技创新的整体水平，加强科技成果宣传和推广，也具有十分重要的意义。

掩卷沉思，深感创新艰难、良作难得。《丛书》的编写出版是一项规模宏大的科技创新历史编纂工程，参与编写的单位有60多家，参加编写的科技人员有1000多人，参加审稿的专家学者有200多人次。自编写工作启动以来，中国石油党组对这项浩大的出版工程始终非常重视和关注。我高兴地看到，两年来，在各编写单位的精心组织下，在广大科研人员的辛勤付出下，《丛书》得以高质量出版。在此，我真诚地感谢所有参与《丛书》组织、研究、编写、出版工作的广大科技工作者和参编人员，真切地希望这套《丛书》能成为广大科技管理人员和科研工作者的案头必备图书，为中国石油整体科技创新水平的提升发挥应有的作用。我们要以习近平新时代中国特色社会主义思想为指引，认真贯彻落实党中央、国务院的决策部署，坚定信心、改革攻坚，以奋发有为的精神状态、卓有成效的创新成果，不断开创中国石油稳健发展新局面，高质量建设世界一流综合性国际能源公司，为国家推动能源革命和全面建成小康社会作出新贡献。

2018年12月

丛书前言

石油工业的发展史，就是一部科技创新史。"十一五"以来尤其是"十二五"期间，中国石油进一步加大理论创新和各类新技术、新材料的研发与应用，科技贡献率进一步提高，引领和推动了可持续跨越发展。

十余年来，中国石油以国家科技发展规划为统领，坚持国家"自主创新、重点跨越、支撑发展、引领未来"的科技工作指导方针，贯彻公司"主营业务战略驱动、发展目标导向、顶层设计"的科技工作思路，实施"优势领域持续保持领先、赶超领域跨越式提升、储备领域占领技术制高点"科技创新三大工程；以国家重大专项为龙头，以公司重大科技专项为核心，以重大现场试验为抓手，按照"超前储备、技术攻关、试验配套与推广"三个层次，紧紧围绕建设世界一流综合性国际能源公司目标，组织开展了50个重大科技项目，取得一批重大成果和重要突破。

形成40项标志性成果。（1）勘探开发领域：创新发展了深层古老碳酸盐岩、冲断带深层天然气、高原咸化湖盆等地质理论与勘探配套技术，特高含水油田提高采收率技术，低渗透/特低渗透油气田勘探开发理论与配套技术，稠油/超稠油蒸汽驱开采等核心技术，全球资源评价、被动裂谷盆地石油地质理论及勘探、大型碳酸盐岩油气田开发等核心技术。（2）炼油化工领域：创新发展了清洁汽柴油生产、劣质重油加工和环烷基稠油深加工、炼化主体系列催化剂、高附加值聚烯烃和橡胶新产品等技术，千万吨级炼厂、百万吨级乙烯、大氮肥等成套技术。（3）油气储运领域：研发了高钢级大口径天然气管道建设和管网集中调控运行技术、大功率电驱和燃驱压缩机组等16大类国产化管道装备，大型天然气液化工艺和20万立方米低温储罐建设技术。（4）工程技术与装备领域：研发了G3i大型地震仪等核心装备，"两宽一高"地震勘探技术，快速与成像测井装备、大型复杂储层测井处理解释一体化软件等，8000米超深井钻机及9000米四单根立柱钻机等重大装备。（5）安全环保与节能节水领域：

研发了CO_2驱油与埋存、钻井液不落地、炼化能量系统优化、烟气脱硫脱硝、挥发性有机物综合管控等核心技术。（6）非常规油气与新能源领域：创新发展了致密油气成藏地质理论，致密气田规模效益开发模式，中低煤阶煤层气勘探理论和开采技术，页岩气勘探开发关键工艺与工具等。

取得15项重要进展。（1）上游领域：连续型油气聚集理论和含油气盆地全过程模拟技术创新发展，非常规资源评价与有效动用配套技术初步成型，纳米智能驱油二氧化硅载体制备方法研发形成，稠油火驱技术攻关和试验获得重大突破，井下油水分离同井注采技术系统可靠性、稳定性进一步提高；（2）下游领域：自主研发的新一代炼化催化材料及绿色制备技术、苯甲醇烷基化和甲醇制烯烃芳烃等碳一化工新技术等。

这些创新成果，有力支撑了中国石油的生产经营和各项业务快速发展。为了全面系统反映中国石油2006—2015年科技发展和创新成果，总结成功经验，提高整体水平，加强科技成果宣传推广、传承和传播，中国石油决定组织编写《中国石油科技进展丛书（2006—2015年）》（以下简称《丛书》）。

《丛书》编写工作在编委会统一组织下实施。中国石油集团董事长王宜林担任编委会主任。参与编写的单位有60多家，参加编写的科技人员1000多人，参加审稿的专家学者200多人次。《丛书》各分册编写由相关行政单位牵头，集合学术带头人、知名专家和有学术影响的技术人员组成编写团队。《丛书》编写始终坚持：一是突出站位高度，从石油工业战略发展出发，体现中国石油的最新成果；二是突出组织领导，各单位高度重视，每个分册成立编写组，确保组织架构落实有效；三是突出编写水平，集中一大批高水平专家，基本代表各个专业领域的最高水平；四是突出《丛书》质量，各分册完成初稿后，由编写单位和科技管理部共同推荐审稿专家对稿件审查把关，确保书稿质量。

《丛书》全面系统反映中国石油2006—2015年取得的标志性重大科技创新成果，重点突出"十二五"，兼顾"十一五"，以科技计划为基础，以重大研究项目和攻关项目为重点内容。丛书各分册既有重点成果，又形成相对完整的知识体系，具有以下显著特点：一是继承性。《丛书》是《中国石油"十五"科技进展丛书》的延续和发展，凸显中国石油一以贯之的科技发展脉络。二是完整性。《丛书》涵盖中国石油所有科技领域进展，全面反映科技创新成果。三是标志性。《丛书》在综合记述各领域科技发展成果基础上，突出中国石油领先、高端、前沿的标志性重大科技成果，是核心竞争力的集中展示。四是创新性。《丛书》全面梳理中国石油自主创新科技成果，总结成功经验，有助于提高科技创新整体水平。五是前瞻性。《丛书》设置专门章节对世界石油科技中长期发展做出基本预测，有助于石油工业管理者和科技工作者全面了解产业前沿、把握发展机遇。

《丛书》将中国石油技术体系按15个领域进行成果梳理、凝练提升、系统总结，以领域进展和重点专著两个层次的组合模式组织出版，形成专有技术集成和知识共享体系。其中，领域进展图书，综述各领域的科技进展与展望，对技术领域进行全覆盖，包括石油地质、物探、测井、钻完井、采油、油气藏工程、提高采收率、地面工程、井下作业、油气储运、石油炼制、石油化工、安全环保节能、海外油气勘探开发和非常规油气勘探开发等15个领域。31部重点专著图书反映了各领域的重大标志性成果，突出专业深度和学术水平。

《丛书》的组织编写和出版工作任务量浩大，自2016年启动以来，得到了中国石油天然气集团公司党组的高度重视。王宜林董事长对《丛书》出版做了重要批示。在两年多的时间里，编委会组织各分册编写人员，在科研和生产任务十分紧张的情况下，高质量高标准完成了《丛书》的编写工作。在集团公司科技管理部的统一安排下，各分册编写组在完成分册稿件的编写后，进行了多轮次的内部和外部专家审稿，最终达到出版要求。石油工业出版社组织一流的编辑出版力量，将《丛书》打造成精品图书。值此《丛书》出版之际，对所有参与这项工作的院士、专家、科研人员、科技管理人员及出版工作者的辛勤工作表示衷心感谢。

人类总是在不断地创新、总结和进步。这套丛书是对中国石油2006—2015年主要科技创新活动的集中总结和凝练。也由于时间、人力和能力等方面原因，还有许多进展和成果不可能充分全面地吸收到《丛书》中来。我们期盼有更多的科技创新成果不断地出版发行，期望《丛书》对石油行业的同行们起到借鉴学习作用，希望广大科技工作者多提宝贵意见，使中国石油今后的科技创新工作得到更好的总结提升。

孙龙德

2018年12月

前 言

油气资源评价是在油气成藏理论及油气分布规律认识指导下，选用合适的资源评价方法与技术，定量估算油气资源量，明确油气资源潜力、富集规律和重点勘探领域的研究过程。油气资源评价是一项长期性的基础研究工作，是确定油气勘探方向、制定勘探规划部署方案的重要基础，长期以来为国家和石油企业所重视并组织开展油气资源评价工作。2003年，中国石油组织完成了第三次油气资源评价，获得了新的资源量评价结果与油气资源分布富集规律新认识，明确提出了岩性地层、前陆、叠合盆地中—下组合和成熟探区四大重点勘探领域，有效指导了2003年之后十余年的油气勘探工作，推动油气探明储量形成新的增长高峰。

近年来，随着油气勘探工作的不断深入，油气勘探形势发生了明显变化，对油气资源评价工作提出三方面需求：（1）风险勘探和油气预探突破了一批新层系、新领域，尤其是海相碳酸盐岩、前陆深层、斜坡区岩性地层以及火山岩、基岩等领域获重大发现，亟需评价落实其资源潜力；（2）成熟探区油气勘探持续发展，探明储量稳定增长，但新增储量品位明显下降，需要加强剩余资源潜力评价及富集区分布研究；（3）非常规油气取得重要进展，致密气、页岩气、煤层气以及部分探区致密油实现工业化开发，需要系统开展资源潜力评价，明确资源总量和发展潜力。为满足油气勘探新形势下的生产需要，中国石油天然气集团公司于2013年设立了"中国石油第四次油气资源评价"重大科技专项，由中国石油勘探开发研究院牵头，联合中国石油16家油气田公司共同承担完成。

一、评价范围与特点

项目研究以近年来油气勘探实践及重大科技专项成果为基础，以油气地质理论新认识为指导，本着继承与发展的原则，创新发展常规与非常规油气资源评价方法，强化评价基础，发展关键评价技术，统一组织、客观评价主要盆地的油气资源潜力，提供常规与非常规两类资源的权威评价结果。在总体框架目标之下，重点攻关五个关键问题，着力实现三方面生产应用目标。五个关键问题包括：（1）理论认识——总结最新常规与非常规油气地质认识，重新认识油气资源分布富集规律；（2）评价方法——完善与发展常规油气资源评价方法，研发建立非常规油气资源评价方法；（3）评价基础——立足最新勘探实践资料数据，重新编制基础地质图件；（4）评价参数——加强分析测试，重新研究有效烃源岩下限、产烃率、运聚系数等关键参数；（5）评价软件——研发一体化评价软件，满足常规与非常规两类资源评价的需要。三方面生产应用目标包括：（1）提供常规与非常规两类资源的权威评价结果，明确公司各探区油气资源潜力，夯实未来发展的资源基础；（2）常规油气突出剩余资源空间分布预测，评价优选重点勘探领域与重点勘探区带，为公司实施储量高峰工程和勘探部署提供重要支撑；（3）非常规油气突出可采资源评价，明确各类非常规资源的现实可利用性和战略地位，优选有利区，为公司制定非常规油气发展规划和开展工业化先导试验提供资源依据。

"中国石油第四次油气资源评价"项目以中国石油油气勘查矿权区涉及盆地为主要研究对象，覆盖中国石油矿权区内外的主要含油气盆地及中小盆地，涵盖常规油气、非常规油气两类资源，其中常规油气评价了72个盆地（凹陷或地区），非常规油气评价了62个盆地（凹陷或地区）。研究过程中开展了大量文献档案资料调研、野外地质调查、岩心观察、样品分析测试、地震资料处理解释、测井资料处理解释、刻度区解剖、软件研发、基础图件编制、盆地模拟等基础工作，系统开展资源量计算和剩余资源分布评价，圆满完成了项目预定的研究任务。

与过去历次资源评价相比，"中国石油第四次油气资源评价"更加紧密结合生产需求，具有五方面显著特点：（1）实现了对非常规油气资源的第一次全国性系统评价，本次评价涵盖7类非常规油气资源，其中致密油、致密气、页岩气为首次系统评价；（2）本次评价强化了对218个刻度区的解剖研究，建立了以刻度区为核心的可采资源评价方法，首次建立28个北美非常规油气典型刻度区，为我国非常规油气资源评价提供参考；（3）系统评价各种类型的天然气资源，资源类型齐全，对未来我国天然气勘探有重要指导意义；（4）加强常规剩余油气资源潜力评价，发展资源空间分布预测技术，明确了重点探区剩余资源潜力及分布，确定了重点勘探领域和有利勘探方向；（5）首次探索建立油气资源经济与环境评价方法技术，建立典型评价实例，初步开展评价研究，对后续全面开展油气资源经济与环境评价具有重要意义。

项目研究本着"总结勘探地质新认识、研发资源评价新技术、客观评价资源潜力、落实剩余资源空间分布、指导油气勘探部署"的工作原则，紧密结合油田勘探生产实践，形成了"四步走"评价思路流程，创新五方面技术成果，取得四方面显著应用成效。

二、评价思路

"中国石油第四次油气资源评价"根据生产需求、评价对象和技术现状，形成了明确的评价思路：以近年来油气勘探实践及重大科技专项成果为基础，以油气地质理论新认识为指导，本着继承与发展的原则，创新发展常规与非常规油气资源评价方法，强化评价基础，发展关键评价技术，通过统一组织，客观评价主要盆地的油气资源潜力，提供常规与非常规两类资源的权威评价结果。项目参照国内外历次油气资源评价通行做法，结合本次资源评价特点，制定了"四步走"的评价流程：（1）基础地质研究和地质评价，主要包括充分利用新增地震、探井和分析测试资料，重新编制基础图件；开展地质评价，落实评价单元，制定各探区评价方案。（2）发展评价方法，开展刻度区解剖研究，统一参数标准，研发常规与非常规一体化评价软件系统。（3）开展盆地、区带油气资源评价，分析评价结果合理性。（4）汇总全国常规与非常规油气资源评价结果，开展剩余油气资源分布规律研究，优选重点勘探领域和区带，提出勘探决策建议（图1）。

三、技术创新成果

系统总结近年来油气地质理论研究新进展，包括古老烃源岩有机质"接力成气"、煤系烃源岩"持续生烃"、富油气凹陷"满凹含油"与"岩性大面积成藏"、叠合盆地"多勘探黄金带"以及古老海相碳酸盐岩成藏、致密油气"近源高效聚集"、海相页岩气"四因素富集"等理论认识，为本次资源评价提供理论指导，明确评价重点。

建立 3 种常规资源评价方法，创建 5 种非常规资源评价方法，形成 12 种常规与 7 种非常规油气资源评价方法体系和关键评价技术，研发新一代油气资源评价软件和数据库系统，初步建立了经济评价与环境评价方法与模型（图 1）。

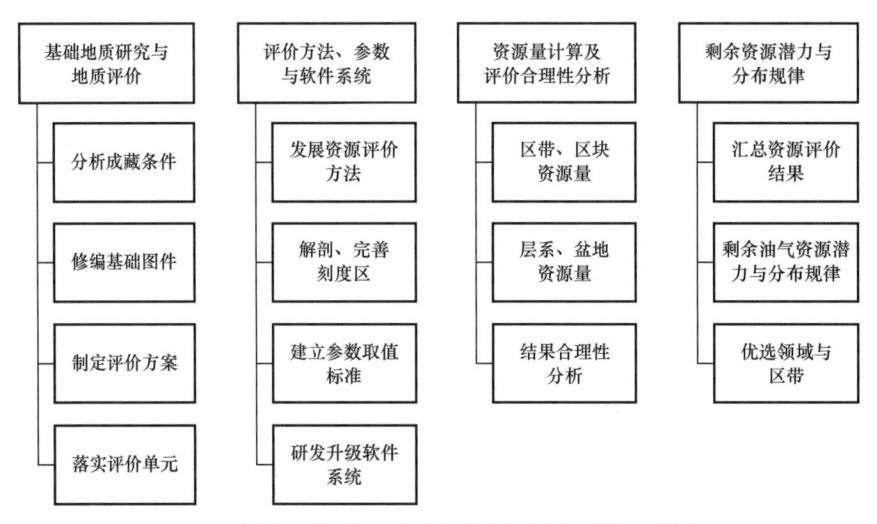

图 1 "中国石油第四次油气资源评价"评价流程图

精细解剖 218 个刻度区，建立 12 项资源评价关键参数取值标准，构建常规、非常规油气资源类比评价参数体系。常规资源参数体系包括地质评价参数 40 项，资源评价参数 38 项；非常规资源参数体系包括地质评价参数 87 项，资源评价参数 39 项。

运用生烃动力学法建立 23 个盆地 160 套烃源岩产烃率图版，系统开展生烃潜力整体评价，开展盆地模拟研究，重新认识各探区生烃总量。在资源量计算方面，常规油气资源开展多方法综合评价，保证评价结果客观可靠；非常规资源开展分级评价，建立资源分级标准，重点评价Ⅰ类、Ⅱ类资源总量和分布，落实现实可利用资源。

获得了最新油气资源量结果，明确了我国常规与非常规油气资源潜力。（1）中国石油矿权区油气资源量，常规油气地质资源量：石油 529.52×10^8t，天然气 36.78×10^{12}m^3；非常规油气可采资源量：致密油 10.94×10^8t，致密气 10.02×10^{12}m^3，页岩气 7.17×10^{12}m^3，煤层气 5.79×10^{12}m^3。（2）借鉴参考其他部门（单位）评价结果，汇总全国范围内 101 个盆地/坳陷/凹陷/地区油气资源量，常规油气地质资源量：石油 1080.31×10^8t，天然气 78.44×10^{12}m^3；非常规油气可采资源量：致密油 12.34×10^8t，致密气 10.94×10^{12}m^3，页

岩气 $12.85\times10^{12}m^3$，煤层气 $12.51\times10^{12}m^3$，油砂油 7.67×10^8t，油页岩油 131.80×10^8t，天然气水合物 $53\times10^{12}m^3$。

四、应用成效

依据评价结果提出了五大重点勘探领域，明确了油气勘探方向。常规剩余石油、天然气资源主要分布于岩性地层（碎屑岩）、海相碳酸盐岩、前陆盆地、复杂构造/复杂岩性和海域等五大领域，占中国石油矿权区剩余石油资源的74%，剩余天然气资源的90%，是未来勘探重点领域；优选现实目标区带30个，其中石油现实区带20个，天然气现实区带10个，明确勘探部署重点，为"十三五"规划提供了重点勘探目标。

非常规资源评价成果及时应用于勘探选区和部署。其中，鄂尔多斯盆地上古生界以致密气为主，优选有利勘探区，实现了储量、产量快速增长；致密油资源以鄂尔多斯盆地三叠系延长组长7段最为丰富，评价优选一批有利区，目前已提交三级储量 7.38×10^8t，实现工业化开发；提出松辽盆地北部、南部扶余油层致密油是现实增储领域，初步实现一体化工业化勘探开发；准噶尔盆地吉木萨尔凹陷芦草沟组致密油形成规模储量，成为重要接替资源；明确了四川盆地海相页岩气资源有利区，实现了快速工业化开发，成为现实上产领域；煤层气形成沁南、鄂东两个生产基地，二连盆地低煤阶煤层气实现突破。

各探区资源评价紧密结合生产，有效支撑了油田"十三五"勘探规划编制，有效指导规划部署，多个领域获得重要突破。例如，长庆油田重新评价了石油、天然气资源量，落实了资源潜力和有利区带，有效指导勘探部署，年均新增油气探明储量超过 4×10^8t；塔里木盆地通过油气地质条件再认识，明确库车深层、台盆区碳酸盐岩勘探潜力，在克深地区形成万亿立方米大气区，台盆区奥陶系和寒武系盐下油气勘探获得重要发现。

依据项目研究成果，及时向国家和公司提交决策建议材料，发挥了重要决策参谋作用。项目为国土资源部开展油气资源动态评价提供了技术支持，项目制定的评价思路、技术规范、评价方法和技术体系被即将开展的"十三五"全国油气资源评价采纳，具有良好应用推广前景。

"中国石油第四次油气资源评价"是在贾承造院士、赵文智院士、邹才能院士领导和指导下完成的，本书全面总结了"中国石油第四次油气资源评价"

在方法技术、评价参数、评价结果及分布规律等方面的主要进展，尽可能反映项目团队的学术思想，是对项目研究成果的凝炼和提升。全书包含前言及六章，前言部分系统概括本次油气资源评价特点、评价流程，以及成果、成效，由李建忠执笔；第一章总结油气资源评价地质理论基础，由李建忠、郑民、陈晓明等执笔；第二章主要介绍油气资源评价方法、软件与数据库，由郭秋麟、谢红兵、黄旭楠、陈宁生等执笔；第三章主要介绍油气资源评价类比刻度区与关键参数，由陈晓明、郑民、吴晓智、王东良、马卫、王志宏等执笔；第四章主要介绍常规油气资源评价成果，由郑民、王彬、张强、吴晓智、陈晓明、李鹏等执笔；第五章主要介绍非常规油气资源评价成果，由王社教、李贵中、庚勐、董大忠、拜文华、魏伟、黄军平等执笔；第六章主要介绍油气资源评价结果变化、剩余资源潜力、分布与勘探方向，由李建忠、郑民、王社教、吴晓智等执笔。全书由李建忠、郑民、郭秋麟、王社教、陈晓明统稿。

宋建国教授、顾家裕教授、张庆春教授、赵长毅教授等专家对书稿编写及审查提出了具体建议，在此表示衷心感谢。

由于油气资源评价涉及油气资源类型多、油气地质学科多，资源评价工作综合性强，加之编者水平有限，书中尚有诸多不妥之处，文献引用及标注不能一一列举，敬请广大读者批评指正。

目 录

第一章 油气资源评价地质理论基础 ... 1
第一节 生烃理论新认识、新进展 ... 1
第二节 岩性地层油气藏大面积成藏理论认识 ... 10
第三节 古老海相碳酸盐岩成藏新认识 ... 14
第四节 前陆盆地深层油气成藏新认识 ... 19
第五节 富油气凹陷"满凹含油"新认识 ... 21
第六节 非常规油气地质新认识 ... 25
参考文献 ... 39

第二章 油气资源评价方法、软件与数据库 ... 40
第一节 油气资源评价方法研究进展 ... 40
第二节 油气资源评价方法体系及关键技术 ... 49
第三节 油气资源经济评价与环境评价方法 ... 72
第四节 油气资源评价系统 ... 81
第五节 油气资源评价数据库管理系统 ... 86
参考文献 ... 93

第三章 油气资源评价类比刻度区与关键参数 ... 97
第一节 刻度区选择及分类 ... 97
第二节 刻度区解剖内容及流程 ... 101
第三节 常规油气类比刻度区解剖成果 ... 103
第四节 非常规油气类比刻度区解剖成果 ... 114
第五节 油气资源评价关键参数取值标准 ... 119
参考文献 ... 147

第四章 常规油气资源评价 ... 148
第一节 常规油气资源评价思路 ... 148
第二节 常规油气资源评价过程 ... 153

  第三节 常规油气资源评价结果及合理性分析 ·················· 203

  第四节 常规油气资源分布特征 ·································· 219

第五章 非常规油气资源评价 ·· 228

  第一节 致密油资源评价 ·· 228

  第二节 致密砂岩气资源评价 ·· 238

  第三节 页岩气资源评价 ·· 244

  第四节 煤层气资源评价 ·· 260

  第五节 油页岩资源评价 ·· 270

  第六节 油砂资源评价 ·· 280

  第七节 天然气水合物资源评价 ·· 286

  第八节 非常规油气资源评价结果 ·· 292

第六章 油气资源分布与勘探方向 ·· 294

  第一节 油气资源评价结果的主要变化 ······································ 294

  第二节 常规剩余油气资源潜力与分布 ······································ 297

  第三节 非常规油气资源潜力与分布 ·· 317

  第四节 未来油气勘探重点领域与勘探方向 ·································· 330

第一章 油气资源评价地质理论基础

油气藏形成理论是石油地质学的核心，也是油气资源评价的理论基础。纵观百余年油气勘探史，尽管石油地质学的核心要义没有根本改变，但对油气藏形成与分布的认识随着油气勘探的深入在不断发展完善，从而为历次油气资源评价提供了理论指导。我国早期的油气资源评价主要基于干酪根生油理论和背斜聚油理论进行概略评价，之后在陆相生油理论、源控论、复式油气聚集区带等理论指导下陆续开展全国第一次、第二次油气资源评价，对我国油气资源分布规律和有利勘探方向的认识不断深化，有效指导了主要含油气盆地大中型油气田的发现。20世纪末，通过加强"四新"领域探索，认识到大型坳陷湖盆发育大面积岩性油气藏、叠合盆地中—下部组合天然气资源丰富、富油气凹陷具有满凹含油特征，这些认识为中国石油第三次油气资源评价以及后续的全国新一轮油气资源评价提供了重要理论指导，并为加强岩性地层、前陆冲断带、海相碳酸盐岩和成熟探区"四大"领域勘探提供了理论依据。

"十一五"以来，一方面，我国油气勘探进入新的储量增长高峰期，成熟探区剩余资源仍然呈现出较大潜力；另一方面，石油地质研究取得很多新认识、新进展，通过风险勘探和油气预探突破了古老海相碳酸盐岩、前陆冲断带深层、深层火山岩、基岩潜山以及富油气凹陷斜坡带、洼槽区等新领域，对我国油气分布规律的认识较过去有了很大提高。此外，非常规油气地质理论有了重要发展，致密油、致密气、页岩气、煤层气工业化开发取得历史性突破。总体看，勘探实践新进展、地质理论新认识既为重新认识地下油气资源潜力提出了需求，同时也成为油气资源评价的实践和理论基础。本章概要总结了近年来依托国家、公司等重大项目研究形成并经过实践检验的部分油气地质新理论、新认识，作为开展第四次油气资源评价的重要理论依据。

第一节 生烃理论新认识、新进展

中国大陆经历了漫长的构造演化历史，形成了独具特色的多旋回叠合沉积盆地，主要发育震旦系—古生界、中生界和新生界三大构造层，控制多种类型烃源岩的形成与演化。海相烃源岩主要发育在震旦系—下古生界，分布范围受克拉通边缘和克拉通内部坳陷控制，以泥页岩为主要烃源岩，原始分布范围广，经历多期构造运动改造，目前热演化程度普遍较高，除塔里木台盆区以外，主要处于生气阶段；海陆过渡相主要发育在上古生界及部分地区的中生界，以煤系烃源岩为主，是我国主力气源岩类型；陆相烃源岩主要发育在中生界—新生界，以湖相泥质烃源岩和煤系烃源岩为主，热演化程度多处于生油阶段，为陆相油气聚集提供了油气来源。总体来看，我国发育不同时代的烃源岩，有机质类型、丰度、热演化程度差异大，加强生烃潜力评价对客观认识不同类型盆地的资源潜力具有重要意义。

一、有机质"接力成气"理论

烃源岩生烃热演化过程中，液态烃滞留于烃源岩内是普遍现象，在有些情况下，排出量远小于滞留量。同时，生烃过程中，干酪根必将经历生油阶段，排出的液态烃将经历运移、聚集、散失，相当一部分液态烃分散滞留在运移路径上。上述滞留于烃源岩内、分散在运移路径以及聚集成藏的多种状态的液态烃，及其后续演化是有机质"接力成气"的物质基础。研究这部分液态烃在高成熟—过成熟阶段的变化及成藏潜力，对生烃理论深化和勘探领域拓展都具有重要意义。

1. 有机质"接力成气"的提出及内涵

赵文智等（2005）在研究干酪根生烃阶段，以及气源岩在不同阶段的生气动力、生气组分以及不同成因天然气的基础上，建立了有机质"接力成气"模式。有机质"接力成气"的内涵是：（1）干酪根降解成气与液态烃裂解成气在时机和贡献上构成接力；（2）干酪根降解形成的液态烃只有一部分可排出烃源岩，形成油藏；相当多的液态烃呈分散状仍滞留在烃源岩内，在高成熟—过成熟阶段发生热裂解，使烃源岩仍具有良好的生气潜力。此外，古油藏内的原油聚集，以及分散在运移路径上的液态烃，在深埋并达到一定温度后，同样能够发生原油裂解并形成天然气藏。

干酪根降解成气与液态烃裂解成气，在演化阶段上相互接力，形成"双峰"模式，即有机质"接力成气"是指干酪根生气在先、原油裂解生气在后，二者在生气时机和成气母质接替上构成接力过程[1,2]。形成"接力成气"有两项重要指标，一是干酪根主生气期，镜质组反射率（R_o）为0.6%~1.6%；二是原油（含分散液态烃）主生气期，镜质组反射率（R_o）为1.6%~3.2%。有机质"接力成气"内涵包括滞留液态烃数量、最佳生气时机和天然气排出机理三个方面：（1）滞留液态烃数量。不同类型烃源岩内滞留液态烃数量与烃源岩质量有关，当TOC为中等丰度时（TOC为1%~2%），滞留的液态烃量一般为40%~60%；当TOC较高时（TOC>2%），滞留液态烃量为20%~25%。（2）最佳生气时机。干酪根降解成气阶段为R_o<1.6%以前，滞留液态烃裂解成气阶段为R_o>1.6%以后，滞留液态烃裂解成气是干酪根降解成气的2~4倍，两者在生气时机和贡献上构成接力过程。（3）天然气排出机理。在高成岩环境下，滞留液态烃气化，单位液态烃气化体积增加60%~90%，而岩石孔隙体积减少20%左右，形成滞留液态烃裂解增压排气动力。

2. 有机质"接力成气"模式及贡献比例

有机质"接力成气"，体现了成气过程中生气母质的转换和生气时机与贡献的接替。沉积有机质的整个生气演化过程构成了"接力成气"的特点，具有一种模式、两种形式，即由Ⅰ型、Ⅱ型有机质构成的干酪根降解成气与液态烃裂解成气的接力过程，以及由Ⅲ型有机质构成的干酪根降解成气与可溶有机质裂解成气的接力过程。二者在成气母质转化与贡献的时机上有先后不同。实际上，从接力成气的全过程来说，还应包括在未成熟—低成熟阶段由微生物作用形成的生物气、生物—热催化作用形成的过渡带气以及微生物作用形成的再生生物气。

不同类型干酪根降解生气的过程主要发生在R_o<1.6%的成熟—高成熟早期阶段。生气动力学实验揭示，Ⅰ型、Ⅱ型干酪根大量生气始于80℃，主生气期发生在R_o<1.6%的成熟—高成熟早期阶段；Ⅲ型干酪根主生气期发生在R_o<1.3%时；原油裂解大量生气始

于160℃，主生气期在 R_o>1.6%的高成熟—过成熟阶段，且单位原油裂解产气量是等量干酪根的2~4倍。在高成熟—过成熟阶段，对于含Ⅲ型干酪根的煤岩，主要是可溶有机质（含部分液态烃）的裂解成气，干酪根和可溶有机质的成气在时机和贡献比例上也构成接力过程，干酪根成气主要发生在 R_o<1.3%的成熟阶段，可溶有机质成气主要发生在 R_o>1.3 % 时，二者对煤成气的贡献比例大致为2∶1；对于含有Ⅰ型、Ⅱ型干酪根的烃源岩，主要是滞留于其中的液态烃的热裂解，干酪根降解气和原油裂解气的贡献比例大致为1∶2。早期形成的古油藏和呈分散状分布于烃源岩中的液态烃都是高成熟—过成熟阶段成气的重要气源母质，而且后者更具普遍性。

3. 干酪根降解成油气理论的深化发展和油气勘探领域的拓展

有机质"接力成气"模式的提出，丰富和发展了干酪根降解成油气理论，回答了我国天然气晚期成藏的机理问题和烃源岩高成熟—过成熟地区的勘探潜力问题，对拓展勘探领域有重要意义。

我国海相层系虽然地层古老，但油气分布源控特征明显，主力烃源灶控制大油气田分布。四川安岳大气田的形成受德阳—安岳裂陷主力烃源灶控制，生烃中心区烃源岩厚度360~580m，是邻区3倍；有机碳含量大于2%，是邻区2倍；生气强度（60~100）×$10^8 m^3/km^2$，是邻区2~3倍。塔里木盆地塔北、塔中油气富集区油气分布受阿瓦提—满加尔主力烃源灶控制，烃源岩层系以寒武系为主、奥陶系为辅，烃源岩厚度80~350m，有机碳含量1.2%~6.6%，生烃强度（65~80）×$10^8 m^3/km^2$。上述实例说明古老海相烃源岩生烃过程充分，高成熟—过成熟烃源岩区液态烃裂解成气期晚、效率高，晚期生气潜力大。进一步研究认为，我国主要发育源内分散型、源外半聚—半散型（泛油藏）、古油藏三种类型液态烃裂解气烃源灶，都可以规模供烃，提升了古老海相层系天然气资源潜力。同时，塔里木盆地塔北地区奥陶系由于"递进埋藏"和"退火受热"耦合作用，古老烃源岩长期处于液态窗（长达4亿年），在7000m深度仍有液态烃存在，说明古老海相烃源岩特定地质条件下生油窗下延，为评价该地区石油资源提供了理论指导。

二、煤系烃源岩"持续生烃"新认识

煤系烃源岩在我国沉积盆地中广泛发育，煤成气在天然气资源中具有重要地位，约占我国天然气资源量的70%。煤主要由具芳香结构的固体有机物组成，H/C原子比仅为0.4~1.0，和Ⅲ型干酪根相近似。但煤属于有机质高度富集的特殊沉积地层，其生烃与排烃的行为可能与其他类型有机质有差异。不同学者基于大量地质数据的统计及模拟实验对煤系烃源岩的生烃特征进行了深入研究，分别建立了不同类型有机质生烃模式。随着实验技术手段的提高，关于煤系烃源岩的生气量和时限有重要新进展，对煤系地层天然气资源潜力评价有重要指导意义。

1. 煤系烃源岩生气上限不断上延

作为重要的气源岩，煤系生气研究一直是石油地质学家和地球化学家关注的重点。戴金星等认为煤系有机质在各个演化阶段均以生气为主[3, 4]，生气主要阶段在镜质组反射率1.0%~2.0%之间，累计甲烷生成量可达150~200m^3/t。赵文智等通过模拟实验及动力学计算获得，封闭体系下煤有机质主要生气阶段在镜质组反射率0.7%~2.5%之间，开放体系下在镜质组反射率0.7%~1.5%之间[5]。彭平安等使用封闭体系黄金管热模拟与生烃动力学计算，获得煤的主要生烃阶段在镜质组反射率0.6%～2.0%之间，2.0%以上阶段生烃量不多[6]。肖芝华等的模拟实验结果表明，煤系烃源岩的产气上限为R_o = 2.4%，在R_o < 1.0%或R_o < 1.2%时，煤系烃源岩产气率非常低，一般不到总产气量的5%～10%，有时甚至更低；煤系烃源岩大量产气阶段一般始于R_o = 1.2%，在R_o = 2.4%之前这段演化期间产气量很大，一般占总产气量的85%以上；但在R_o = 2.2%或R_o = 2.4%之后，煤系烃源岩产气量很低，一般不足5%～10%，煤系泥岩每克有机碳累计产气率为179mL，在R_o = 2.4%之后，产气率降低很快，接近生烃死亡线[7]。

近年来研究成果突破了煤系烃源岩生烃上限等传统认识。Scott曾对煤层气的生成阶段进行了划分，提出煤热解成因生气主要发生在R_o为0.5%～3.0%的阶段，大量热成因甲烷气的生成阶段在R_o为1.2%～2.0%。傅家谟等也认为煤系有机质以生成天然气为主，但他提出煤的生气时限可延至R_o为4.0%左右。陈建平等通过对我国及全球部分含煤盆地自然演化至不同成熟度的煤的元素分析统计与理论计算提出，煤的生烃并没有明显的高峰，其理论生气量可以达到350m³/t，在镜质组反射率2.0%以下生成的天然气仅占总生烃量的40%～50%，在过成熟演化阶段还可以生成大量天然气，天然气生成上限可以达到镜质组反射率为8%～10%[8]。张水昌等采用高温热解方法对自然演化至镜质组反射率为2.0%、3.0%以上的煤热解，发现还有25%以上的产气率[9]。王民等利用不同的热模拟装置对松辽盆地深层沙河子组煤样的生烃特征和时限进行了研究，发现煤终止生气的实验温度可达850℃，对应的R_o约为5.3%[10]。

2. 煤系烃源岩的特殊结构使其在高温阶段仍可大量生气

TG-MS实验中煤生成甲烷气的温度区间为200～850℃，结合扩展的EasyR_o%模型，TG-MS实验中煤样生甲烷终止温度约为850℃，对应的R_o约为5.3%（10℃/min升温速率），煤样生烃能力尚未结束，气态烃质量产率一直呈增长趋势，表明煤在高温阶段仍具有生甲烷能力。煤系烃源岩生烃上限由600℃增加到800℃，生气量增加1/4。热模拟实验表明，煤和碳质泥岩不存在主生气期，在过成熟阶段（R_o为2.5%～5.0%）仍可大量生气。该认识突破了传统认识［生排烃效率一般低于50%、生烃模拟温度超过600℃（R_o为2.0%～2.5%）生气能力忽略不计］，总生气能力提高约20%。该项认识进一步提升了高演化煤系天然气的资源潜力，对高成熟—过成熟阶段煤系烃源岩生气量重新认识和评价结果表明，鄂尔多斯、四川、库车、准噶尔南部、松辽等主要盆地高演化煤系烃源岩生气量从1309×10¹²m³增加到1802×10¹²m³，增加了493×10¹²m³，生气量约可增加1/4。

煤系烃源岩高演化阶段生气量能够增加20%左右是其特殊结构决定的。Durand等对不同演化阶段煤的元素组成统计表明，褐煤阶段绝大多数煤的原子比在1.0以下，从硬煤（烟煤）阶段开始，H/C原子比下降，至无烟煤时平均H/C原子比仍然达0.5，R_o为0.5%～2.0%时H/C原子比仅下降了一半，意味着煤在R_o > 2.0%的阶段仍具有一定的生气潜力。

从理论上讲，煤生气"死亡线"可一直持续到石墨化阶段。煤演化过程中氢元素的变化具有阶段性，说明煤生气具有阶段性，主生气阶段在R_o = 2.0%以前。在R_o > 2.0%以后，氢元素随煤成熟度增加而降低的速率大大降低，说明煤在此阶段随演化程度变化生气强度大大降低，但氢元素含量还有褐煤阶段的45%左右，后期生气潜力不容忽视。

三、中—新元古界古老烃源岩生烃潜力新认识

近年来,关于中—新元古界超古老—古老烃源岩生烃潜力研究有重要新进展,该套烃源岩具有有机质丰度相对低,但转化率高的特点,揭示了元古宇可能具备油气资源潜力和勘探前景。

1. 低等生物繁盛是元古宇—下寒武统发育烃源岩的重要条件

元古宙—早寒武世华北克拉通位于南北纬 30° 之间,气候温暖潮湿,低等生物数量大,有利于生物发育和有机质保存。元古宙—寒武纪还存在多个间冰期,间冰期海洋中氧含量升高,有利于生物群勃发,可形成优质烃源岩,同时因为冰川融化与海平面上升,富有机质沉积物大量堆积,从而有利于有效烃源岩发育。地球化学生物标志物分析表明,高 TOC 层段富含萜烷类化合物而不含甾烷类化合物,表明数量更具优势的蓝藻、细菌等原核生物是主要的有机质来源。总体上,古老烃源岩形成的母质来源主要以低等藻类为主,分为浮游藻和底栖藻,为烃源岩形成提供物质基础(图 1–1)。

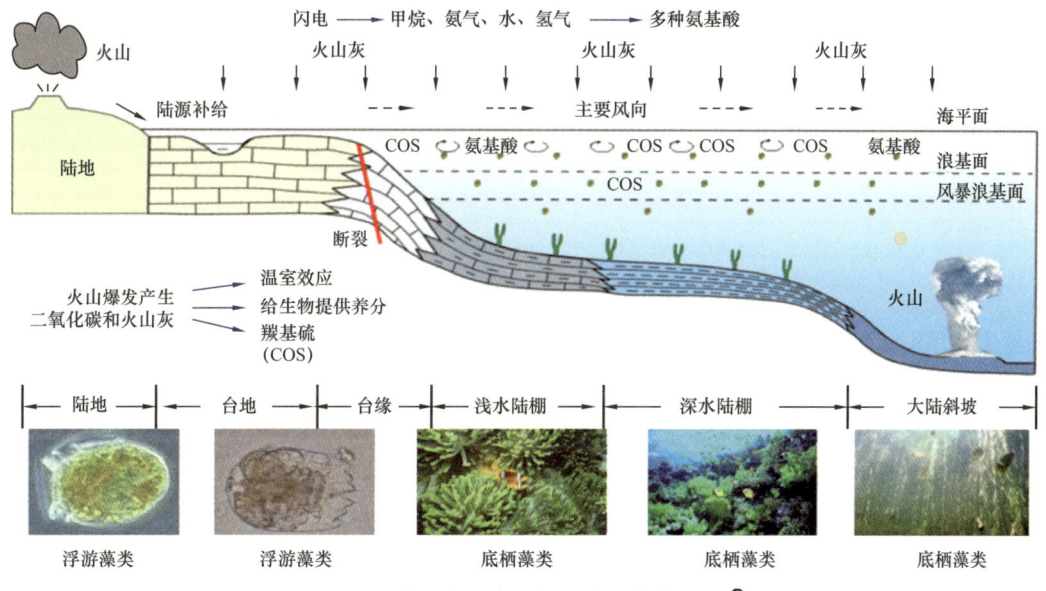

图 1-1 中—新元古界烃源岩发育模式图 ❶

2. 三大克拉通发育元古宇—下寒武统优质古老烃源岩

大量露头及钻井资料揭示,元古宇—下寒武统发育厚度大、丰度高、成熟度高的古老烃源岩(表 1–1)。华北克拉通主要发育长城系串岭沟组和洪水庄组、待建系下马岭组、寒武系马店组烃源岩,扬子克拉通发育南华系大塘坡组、震旦系陡山沱组、寒武系筇竹寺组烃源岩,塔里木克拉通发育震旦系—寒武系古老烃源岩。其中,扬子、塔里木油气勘探均已发现以寒武系为烃源岩的油气田,以元古宇为烃源岩的油气勘探程度很低,目前三大克拉通元古宇—下寒武统优质烃源岩的发育与分布范围尚不完全清楚,有待进一步探索。

---

❶ 汪泽成,胡素云,刘伟,等. 海相碳酸盐岩油气资源潜力与大油气田形成条件、分布规律研究. 中国石油集团科学技术研究院,2016.

3. 元古宇古老烃源岩以生气为主

地球化学研究证实，真核生物母质富脂肪，生油也生气；原核生物母质富杂原子，以生气为主；高 TOC 段烃源岩以原核生物生烃母质为主，故以生气为主。元古宇古老烃源岩成气较晚，对油气成藏具有重要意义。

华北克拉通北部元古宇下马岭组低成熟样品实验分析表明，下马岭组黑色页岩具有良好生油气潜力。生油窗处于 320～360℃（Easy R_o = 0.64%～0.86%）之间，生气窗始于 360℃（Easy R_o = 0.86%）。从产物类型来看，有机质来源于含真核藻类生物的样品，虽然 TOC 只有 5%，但生油能力大大强于有机质含量更高（12%）、有机质来源为原核细菌类生物的样品。当然，原核细菌类样品的优势在于生气能力强，尤其是烷烃类气体。这也就说明，对于元古宇烃源岩来讲，无论母质来源是否有真核生物参与，都具有一定的生油气潜力。因此，澳大利亚、西非、北美、西伯利亚和中国的元古宇中出现的油气显示，完全可能是由元古宇烃源岩生成的。

表 1-1 元古宇—寒武系烃源岩基本参数统计表[1]

盆地		烃源岩地层		厚度，m	TOC，%	R_o，%	资料位置
华北	合肥	寒武系	马店组	20～40	1.8～19/6.1	2.2～4.1/3.4	安徽霍邱
	燕辽	中—新元古界	下马岭组	>260	3～21/5.2	0.6～1.4/1.1	河北下花园
			洪水庄组	>90	1～6/4.1	0.8～2.1/1.6	河北宽城
			串岭沟组	>240	0.6～15/2	1.2～2.5/2.2	
	鄂尔多斯	中元古界	崔庄组	>40	0.2～1.5/0.4	2.5～3.0/2.6	山西永济
			书记沟组	100～300	0.8～17/3.8	2.0～3.0/2.2	内蒙古固阳
扬子		寒武系	筇竹寺组	150～450	0.8～6.6/2.1	1.8～2.4/2.2	四川安岳
		新元古界	陡山沱组	20～40	0.5～14/2.9	2.1～3.8/2.8	遵义六井
			大塘坡组	25～35	0.9～6.8/4.4	2.1～2.4/2.3	贵州松林
塔里木		寒武系	玉尔吐斯组	20～60	1.2～6.6/1.8	1.7～2.84/2.2	阿克苏—塔北
		南华系—震旦系		130～320	0.6～4.9/2.9	1.1～1.4/1.2	库鲁克塔格

注：TOC、R_o 两列数据格式为"范围/平均值"。

4. 元古宙古环境下，受地球轨道周期性变化与大气环流控制，具备烃源岩生烃母质生物的生存环境和良好的有机质保存条件

海相高有机质丰度沉积地层形成的主要控制因素，存在"保存条件"与"生产力"两方面的争论。烃源岩的形成取决于生烃母质生物的生存环境和有机质良好的保存条件，但这两大因素从根本上来说又取决于生物繁殖和埋藏时的古气候、古洋流、古构造及古环境等各要素的良好匹配，归根到底都受控于天文旋回。

---

[1] 汪泽成，胡素云，刘伟，等. 海相碳酸盐岩油气资源潜力与大油气田形成条件、分布规律研究. 中国石油集团科学技术研究院，2016.

距今大约8亿到10多亿年前的元古宙处于地球环境从低氧到富氧、从原核生物到真核生物的转化期。通过对元古宙的生烃母质生物、古海洋化学环境、古气候特征和古构造运动等进行系统梳理和深入剖析，发现地球轨道周期性改变和大气环流控制了烃源岩的发育及其非均质性，古纬度控制了烃源岩发育位置及展布，海洋化学及古生态环境控制了生烃母质构成及生烃潜力。

通过中元古代弱氧化海底环境条件分析，并与现在海洋沉降速率等参数对比，建立氧消耗模型，计算出当时大气氧气含量已高达现在的4%，高的氧气含量足以使得微生物生存，真核生物更可能大量存在。大气氧含量的升高代表着光合作用生物的繁盛，原核生物和早期真核生物为元古宇烃源岩提供了物质基础，中元古代以硫细菌、蓝细菌数量急剧增多和疑源类、真核宏观藻类的大量出现最为特征，是早期地球生物群落的重大转折期。元古宙海洋提供了生物生存和烃源岩发育的水体环境，天文旋回和大气环流控制了烃源岩丰度和非均质性，哥伦比亚古大陆开裂为烃源岩沉积提供了理想场所。随着研究的深入，前寒武系古老地层必将成为未来勘探的重要目标。

四、陆相烃源岩分级评价新认识

优质烃源岩，是指有机质丰度高、类型好、具有较高生烃潜力并且对油气资源贡献很大的烃源岩。

1. 陆相优质烃源岩生烃贡献大，对油气分布有重要控制作用

我国陆相沉积盆地发育湖相烃源岩，为大—中型油气田提供了油气来源（表1-2）。本次油气资源评价加强了烃源岩分级评价，发现优质烃源岩生烃贡献大，占生烃量比例在60%以上，对我国主要含油气盆地资源评价有重要指导意义。

表1-2 国内陆相优质烃源岩地球化学数据

地区	盆地	层位	厚度，m	TOC，%	R_o，%
中部	鄂尔多斯	延长组	10～100	3.0～16.0	0.7～1.2
	四川	大安寨组	100～150	1.0～2.4	0.5～1.6
东部	渤海湾	沙河街组	100～300	1.5～3.5	0.5～2.0
	松辽	青山口组	160～400	2.0～8.0	0.5～2.0
西部	准噶尔	芦草沟组	50～150	4.0～16.0	0.6～1.5
	三塘湖	二叠系	50～700	1.0～6.0	0.6～1.2
	柴达木	古近系	200～1200	0.4～1.2	0.51～0.82
	酒泉	白垩系	400～500	1.0～2.5	0.82～0.87

以松辽盆地北部中—浅层烃源岩为例，通过精细研究有机质丰度（TOC）与HI的关系，取得两方面主要认识：（1）当TOC<1%和TOC在1%～2%之间时，氢指数变化范围大，主要在100～650mg/g之间，烃源岩有机母质来源相对多样，导致氢指数分布分散；（2）当TOC>2%时，氢指数变化范围小，主要集中在600～750mg/g之间，烃源岩有机母质来源单一，性质稳定，氢指数分布集中。通过分别编制TOC<1%、TOC在1%～2%之

间、TOC＞2%烃源岩等厚图，并开展盆地模拟研究，计算得到不同有机质丰度烃源岩的生烃量（表1–3）。

表1–3 松辽盆地中—浅层烃源岩生烃量统计表

层位	TOC	生油量, 10^8t		排油量, 10^8t		生气量, $10^{11}m^3$		排气量, $10^{11}m^3$	
K_2n_2	＞2%	26.68	51.30	2.55	2.64	0.29	0.85	0.08	0.09
	1%～2%	23.69		0.08		0.53		0.01	
	0.5%～1%	0.93		0.01		0.03		0	
K_2n_1	＞2%	37.66	53.79	14.21	15.89	0.84	1.57	0.61	0.77
	1%～2%	15.68		1.64		0.71		0.16	
	0.5%～1%	0.45		0.04		0.02		0.004	
K_2y_{2+3}	1%～2%	13.26	13.48	3.63	3.64	0.74	0.76	0.38	0.38
K_2y_1	0.5%～1%	0.22		0.01		0.02		0.003	
K_2qn_3	＞2%	20.83	152.34	17.53	80.81	1.21	22.40	1.05	15.71
	1%～2%	126.90		62.78		19.72		13.72	
	0.5%～1%	4.61		0.50		1.47		0.94	
K_2qn_2	＞2%	173.08	335.73	144.31	229.91	12.21	46.73	10.79	38.16
	1%～2%	159.31		85.20		32.93		26.31	
	0.5%～1%	3.34		0.40		1.59		1.06	
K_2qn_1	＞2%	400.16	425.91	341.67	354.68	34.56	40.56	31.79	36.59
	1%～2%	25.41		12.97		5.82		4.68	
	0.5%～1%	0.34		0.04		0.18		0.12	
合计		1032.55		687.58		112.87		91.70	

从盆地模拟结果看，松辽盆地北部中—浅层总生烃量为$1032.55×10^8$t，其中青山口组生烃量$913.98×10^8$t，占比88%，为主力烃源岩层系。进一步对青山口组不同丰度烃源岩生烃量进行分析，发现青山口组TOC＞2%烃源岩的生烃量为$594.07×10^8$t，占青山口组生烃量的65%，而TOC＞1%的烃源岩生烃量为$905.69×10^8$t，占比99%，说明生烃量主要来自优质烃源岩。从松辽盆地北部中—浅层探明储量与青山口组烃源岩分布叠合来看，探明储量区主要分布在TOC＞2%、R_o＞0.7%的优质成熟烃源岩范围内（图1–2）。第四次资源评价对全国90余个盆地/凹陷的109个工区开展了盆地模拟，从评价结果来看，主力生烃凹陷优质烃源岩生烃量一般都占总生烃量的65%以上，进一步说明优质烃源岩控制了油气的运聚与富集。

2. 咸化湖盆发育有效烃源岩，生烃潜力有独特性

1）烃源岩有机碳含量与优质烃源岩分布

柴西南古近—新近纪咸化湖盆发育四套有效烃源岩，自上而下为上干柴沟组、下干柴

沟组上段、下干柴沟组下段和路乐河组泥质烃源岩。总体而言，烃源岩有机碳含量主要为0.4%～1.6%，普遍较低；自上而下，有机碳含量大于0.8%的较好—好烃源岩所占比例有增多的趋势。烃源岩有机碳偏低与高原咸化湖盆长期咸化环境下生物种属少、数量少、碳酸盐含量高有关，即湖盆有机质生产力偏低。但烃源岩分布范围大，如下干柴沟组上段烃源岩，平面上优质烃源岩（TOC＞1%）与碳酸盐岩沉积区基本吻合，而与局部膏盐岩沉积区关系不大。优质烃源岩发育三个厚度中心，即红狮凹陷、茫崖凹陷和切克里克凹陷，优质烃源岩厚度介于60～240m之间，已发现油气田基本围绕优质烃源岩厚度中心分布，而不是膏盐岩发育区。前人研究表明，咸化环境烃源岩排烃效率高，故临近低丰度、大面积展布烃源岩的构造部位，特别是继承性的古构造亦能形成大油气田。

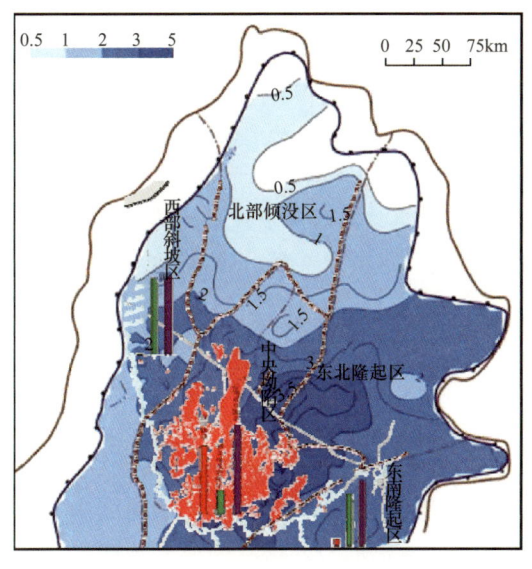

(a) 中—浅层储量区与青一段TOC叠合

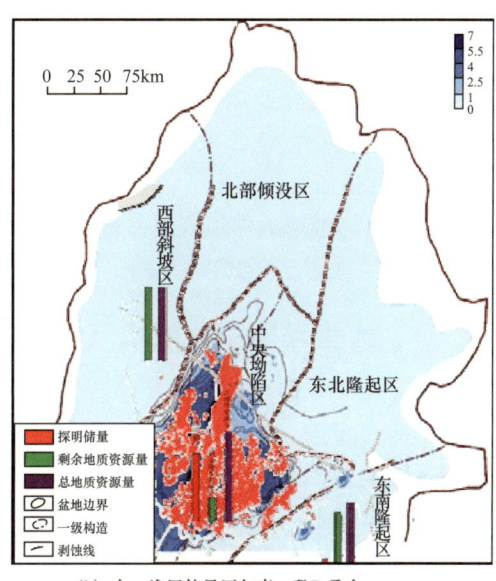

(b) 中—浅层储量区与青一段R_o叠合

图1-2　松辽盆地北部青一段烃源岩与探明储量含油区叠合图

2）优质烃源岩主要形成于微咸水环境

柴西开2井泥岩氯离子含量与有机碳含量对比分析表明，上干柴沟组—下油砂山组—上油砂山组，有机碳含量高的烃源岩主要沉积于氯离子含量在800～3000mg/L之间的微咸水环境，而氯离子含量大于3000mg/L的半咸水环境沉积的泥岩有机碳含量偏低。在一个大的咸化序列中存在多个小的咸化旋回，由淡水沉积到半咸水沉积，甚至咸水—盐湖环境的膏盐岩沉积。而且，即使是膏盐岩集中发育段，亦存在多个小的咸化旋回，形成泥岩、泥灰岩、膏盐岩沉积序列，膏盐岩最大厚度不超过20m。优质烃源岩主要发育于咸化序列的微咸水环境，而非咸水—盐湖水环境，咸化湖盆中优质烃源岩厚度中心与膏盐岩沉积中心在平面上有明显差异。

3）咸化湖泊烃源岩具有早转化、早生烃、转化率较高的特点

利用柴西烃源岩样品开展多组热模拟实验，均表明咸化湖泊烃源岩生烃演化不同于正常湖相烃源岩，具有早转化、早生烃、转化率较高的特点。中国石油勘探开发研究院实验中心所做的热模拟实验结果显示，R_o在0.5%左右出现第一个生油峰，液态烃产率每千克TOC为42g；R_o为0.8%时达到生油高峰，液态烃产率每千克TOC为72g，说明该套烃源

岩具有低熟、早熟特征，生烃高峰期早，生烃效率高。中国科学院兰州地质研究所实验表明，柴西烃源岩在 $R_o = 0.6\%$ 时即达到生液态烃高峰，液态烃最高产率每吨 TOC 为 341.5kg，$R_o = 1.32\%$ 后以产气为主，比其他盆地湖相烃源岩热演化明显提前。分析其原因，认为烃源岩产液态烃量与盐度、有机碳丰度、有机质类型、残留可溶有机质含量及其组成（如饱和烃含量、非烃含量等）等多种因素相关。其中，在高咸水和半咸水环境下形成的烃源岩生烃能力相对较低，咸水环境下形成的烃源岩生烃能力则相对较高。

第二节 岩性地层油气藏大面积成藏理论认识

"十五"以来，岩性地层油气藏已经成为我国规模增储重点领域，形成了大面积岩性油气藏成藏理论认识。岩性地层油气藏是指在一定的构造背景下，由岩性、物性变化或地层超覆尖灭、不整合遮挡等形成的油气藏。中国石油面向中国陆相断陷、坳陷、前陆和海相克拉通四类沉积盆地，以及砂砾岩、碳酸盐岩和火山岩三大岩类，系统组织了岩性地层油气藏地质理论研究，取得了较大进展。"十二五"期间，岩性地层油气藏地质理论与勘探技术进一步完善，推动了鄂尔多斯盆地延长组和石炭系—二叠系、准噶尔盆地玛湖凹陷斜坡区和松辽盆地中—浅层等岩性油气勘探持续取得重要发现，岩性地层油气藏仍是增储的主体。

一、大型坳陷湖盆浅水三角洲广泛发育，控制规模砂体大面积展布

我国陆上发育松辽、鄂尔多斯、准噶尔等大型坳陷湖盆，沉积演化过程中发育大型浅水三角洲，砂体分布范围广，为大面积岩性油气藏形成提供了有利条件。

浅水三角洲具有宽阔的前缘相带，控制有效储层分布。储层形成的主要因素是高能叠加的分流河道砂和在其基础上有机酸溶蚀相的叠加；有效储层具有分布广、砂层薄、储层薄、准连续、集群化特点；储集砂体的平面分布与储集物性存在较强的非均质性，致使形成的岩性—地层圈闭在横向上具有多变性，呈集群式分布。浅水三角洲沉积环境决定了前缘相带面积大、分布广、岩性与岩相横向变化快、储集砂体规模普遍较小的特点，使其储集砂体在总体连续且大型化发育的背景下，内部存在储集空间与物性的横向变化；因而在似层状分布的背景上，形成了由一系列孔隙度、渗透率和孔喉结构相对较好的储渗单元组成的储集体群；单个储渗单元的规模不大，且尺度多变，但储集体群的规模相当大。例如，鄂尔多斯盆地三叠系延长组长6段、长8段，苏里格气田二叠系石盒子组与山西组砂岩储层，主要由众多的三角洲与扇三角洲砂体组成（图1—3）。

松辽盆地下白垩统姚家组一段（葡萄花油层）发育大型浅水三角洲，早期湖面快速下降，高频高幅波动；中期湖面相对稳定，中频中幅波动；晚期湖面缓慢而后快速扩张。葡萄花油层以三角洲前缘亚相为主，具有典型的河控浅水缓坡三角洲沉积特征，平面上控制岩性油藏连片分布。古龙凹陷南部葡萄花油层受北部和西部沉积体系控制，以三角洲前缘沉积为主。靠近物源方向的英台鼻状构造部位主要为分流河道沉积，砂体发育，砂地比高（40%~60%），砂体连通性好、物性好，不利于形成岩性圈闭。古龙向斜东侧至茂兴向斜的广大地区主要受北部沉积体系控制，砂体类型主要是小型分流河道、沙坝和席状砂，沉积演化经历了多次湖进、湖退的变迁过程，不同类型砂体错叠分布，单砂岩横向连通性差，与构造、断层相匹配，易于形成岩性油气藏和岩性复合油气藏。

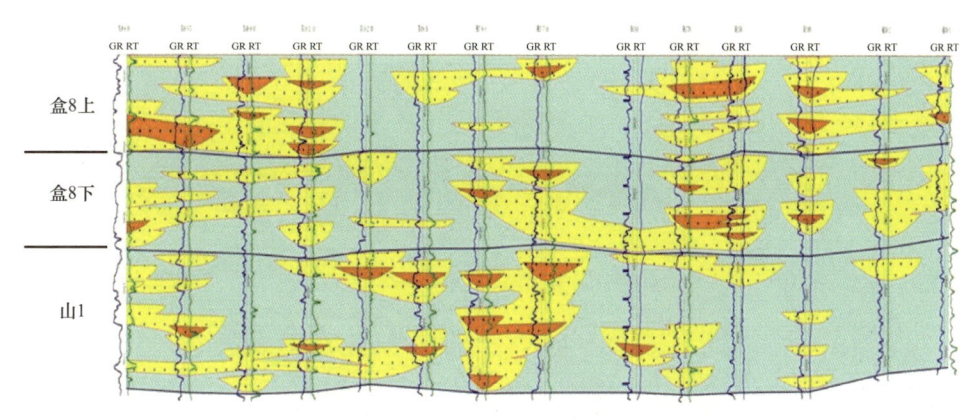

图1-3 鄂尔多斯盆地中北部东西向二叠系石盒子组与山西组砂体结构图

准噶尔盆地西北缘玛湖凹陷周缘发育六大物源，以扇三角洲为主。下三叠统百口泉组沉积时期水体较浅，坡度较缓，扇三角洲前缘亚相发育，砂体推进至湖盆中心，尤其是早期低位沉积的百口泉组一段与百口泉组二段，砂砾岩分布广、厚度大、物性相对较好。其中，百口泉组二段扇三角洲前缘相带展布面积为4740km^2，储层有效厚度平均25m；百口泉组一段扇三角洲前缘相带展布面积为3570km^2，储层有效厚度平均20m。扇体发育明显受古地貌控制，山口及沟谷控制主槽及扇三角洲平原相分布；每个扇体的前缘相分布面积较大，叠加连片构成大面积展布储集体，近期勘探已发现大规模岩性油气藏。

从储层物性看，由于扇三角洲前缘亚相中的主河道比分支河道水动力强、岩石颗粒分选好、杂基含量低，次生孔隙较发育，因此其储层物性也较好；前缘亚相储层平均孔隙度为10.1%，平均渗透率为3.25mD；平原亚相平均孔隙度为7.70%，平均渗透率为0.98mD；前缘亚相主河道平均孔隙度为12.9%，平均渗透率为10.5mD；前缘亚相分支河道平均孔隙度为9.5%，平均渗透率为4.0mD。因此，扇三角洲前缘亚相储层物性明显优于平原亚相，而前缘亚相中主河道储层物性又优于分支河道，为大面积岩性油气藏形成提供储集空间。

二、大面积岩性地层油气藏形成条件与分布规律

1. 大面积岩性地层油气藏形成条件

岩性地层油气藏大面积成藏理论主要是指广覆式烃源岩、多套大面积储层、"三明治"源储结构＋高压充注以及宽缓的斜坡背景"四要素"共同作用控制岩性地层油气藏的大面积成藏。理论内涵包括：广覆式烃源岩可提供丰富的油气资源，烃源岩的质量和规模保证了供烃的充分性；多套大面积储层的发育是规模成藏的基础；"三明治"源储结构以及高压充注为油气近源聚集提供动力，有利于油气近距离、大面积成藏；宽缓、稳定的斜坡背景有利于油气大面积聚集（图1-4）。

1）广覆式分布的烃源岩

大型坳陷盆地有利于形成广覆式烃源岩，烃源岩分布面积大，构成大型生烃灶，烃源岩的质量和规模保证了供烃的充分性，可提供丰富的油气资源。以鄂尔多斯盆地为例，发育中生界延长组长7段、长9段湖相油页岩、上古生界石炭系—二叠系海陆交互相煤系等广覆式分布的烃源岩，为延长组石油、上古生界天然气形成大面积岩性油气藏提供了物质基础。

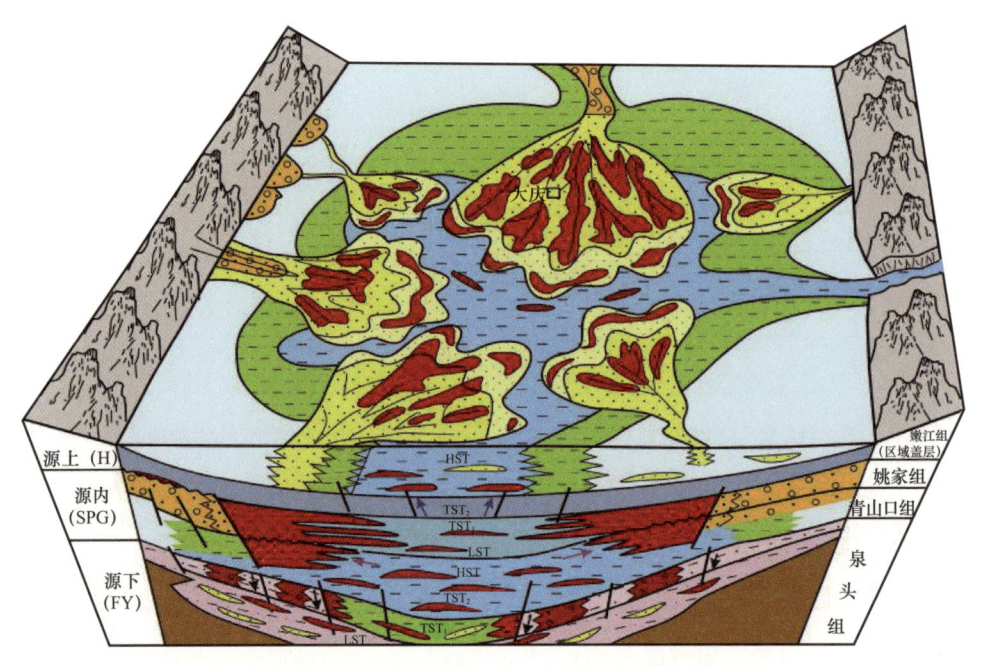

图 1-4 岩性地层型油气藏大面积成藏模式图

2）大面积分布的储层

陆相坳陷或海陆交互相盆地发育大规模的辫状河或曲流河沉积体系，为满盆富砂、错叠连片提供了条件，储层以低渗—特低渗为主，易于形成大面积岩性圈闭，是岩性油气藏规模成藏的基础。如鄂尔多斯盆地中生界延长组浅水三角洲砂体储层含油有利区达 $2.5 \times 10^4 km^2$，延长组退覆式三角洲砂岩储层含油有利区达 $1.0 \times 10^4 km^2$，上古生界石盒子组缓坡型三角洲砂岩储层含气有利区达 $6.5 \times 10^4 km^2$，保证了油气藏在纵向上和平面上的广泛性。

3）"三明治"源储组合

砂体与烃源岩纵向上频繁间互、横向上指状交互，构成"三明治"源储组合，烃源岩与储层大范围充分接触，较大的源储压差使得油气近源充注，为油气近源聚集提供动力，油气近距离运移，大面积成藏。如鄂尔多斯盆地长 7 段烃源岩生烃产生的压力与储层间的压差高达 6~15MPa，成为油气就近向储集体充注的动力。

4）宽缓构造背景

宽缓、稳定的构造背景有利于形成范围巨大的震荡湖盆，为湖侵期发育规模烃源岩与湖退期发育规模储层提供了有利条件，平缓构造背景降低了油气成藏的要求，控制油气大面积聚集。如鄂尔多斯盆地地层坡度为 0.5°~1.5°，构造平缓，为多套烃源岩及浅水三角洲砂体大面积发育创造了有利的古地理环境，为油气大面积聚集提供了地质背景。

2. 大面积岩性地层油气藏分布富集规律

1）三角洲前缘带是大面积岩性圈闭发育的有利部位

陆相坳陷型浅水湖盆沉积横向多变，有利于大面积岩性圈闭的发育，其成因机制主要是沉积过程中砂岩和泥岩在空间的变化和有效组合而形成圈闭。三角洲前缘带是大面积薄互层砂泥岩岩性圈闭发育的有利部位，形成岩性圈闭的有利条件一是三角洲前缘带纵向砂泥岩间互、横向砂泥岩交互，前端被湖相泥岩围限，具备有利于岩性圈闭发育带形成的沉积背景；二是浅水三角洲前缘以大面积分布的分流河道砂岩为主，各分流河道砂体之间被分流间湾泥岩封隔，构成侧向封堵；三是沿分流河道砂体的走向方向，被断层或局部构造封隔或遮挡而形成圈闭。松辽盆地上白垩统中部成藏组合萨尔图、葡萄花、高台子油层和下部组合扶杨油层岩性圈闭主要分布于三角洲前缘带。

2）岩性地层油气藏发育上生下储、自生自储、下生上储三种组合类型

根据层序演化特点，以初始洪泛面和最大洪泛面及其对应的主力烃源层和区域盖层为参照系划分含油气组合，分为源上、源内、源下三种成藏组合。源上成藏组合成藏模式为浮力驱动式，浮力和生烃增压突破输导层和储集体毛细管阻力，驱使油气向上运移聚集成藏。源内成藏组合成藏模式为压差交互式，源储之间的毛细管压力差、烃浓度扩散压差和盐度渗透压差驱动油气进入砂体而排出水，在油气进与水出交互式运动中，烃源岩中的油气不断向砂体中运聚成藏。源下成藏组合成藏模式为超压倒灌式，烃源岩生烃增压和欠压实积聚的异常超高压克服浮力和毛细管阻力，实现油气向下"倒灌式"运聚成藏。对于源上成藏组合，断裂、古凸起与有利相带控制区带分布，连通砂体上倾尖灭、侧向遮挡控制圈闭的形成，油源断层、输导体系和有效圈闭是油气成藏的主控因素。对于源内成藏组合，三角洲前缘带砂地比适中，大面积含油，三级层序界面控制岩性油气藏大面积分布，主砂带、溶蚀相、断裂和鼻隆控制成藏和油气富集。对于源下成藏组合，烃源岩超高压、断裂与砂体控制油气藏形成和分布，烃源岩异常超高压是源下倒灌式运聚成藏的关键条件。

3）岩性油气藏凹陷区复合共生，斜坡带富集

我国岩性油气藏成藏特征总体为凹陷中心复合共生，斜坡带主体聚集。对于岩性油气藏，不同种类凹陷中心和斜坡区成藏要素的有效配置控制了油气运移富集。凹陷—斜坡区分布的碎屑岩、碳酸盐岩、火山岩和变质岩四大岩类具有六种地层—岩性油气成藏模式：碎屑岩削截型、碎屑岩超覆型、碳酸盐岩缝洞型、碳酸盐岩层状型、变质岩风化壳型和火山岩风化壳型。其中，碎屑岩岩性油气藏形成对应三类斜坡（沉积斜坡带、断裂斜坡带及构造斜坡带）、两类湖盆（淡水湖盆和咸化湖盆）中心的岩性油气成藏模式。凹陷—斜坡区"两线一体"控制地层油气藏分布：超覆线与尖灭线控制圈闭边界和规模，不整合结构体控制输导与封盖。

3. 远源次生岩性地层油气藏立体输导，斜坡区大面积成藏

在近源大面积成藏机理基础上，远源次生型油气成藏理论得到进一步发展，形成了大型岩性油气藏的远源成藏模式。深浅断裂接力通源、砂体充分对接是远源次生型油气藏油气高效输导的关键，低凸带汇聚、上倾方向遮挡是其成藏的必要条件。

远源次生型岩性地层油气藏成藏特点表现为源储分离，油气运移距离远；油气复式输导，运移过程复杂；油源断裂与源外连通砂体有机配置、有效岩性圈闭是油气成藏的关键。其中，深浅断裂接力通源、砂体充分对接是油气高效输导的关键。坳陷盆地和断陷盆地远源次生岩性地层油气藏分布有所差异，坳陷盆地中远源次生岩性地层油气藏主要分布于源外斜坡鼻凸带、源上断裂—岩性尖灭带；断陷盆地中远源次生岩性地层油气藏主要分布于盆内低凸起、源上复杂断裂带。与近源岩性地层油气藏相比，远源岩性地层油气藏油气复式输导，运移过程复杂；油源断裂与源外连通砂体有机配置、有效岩性圈闭是油气成藏的关键。

一是深浅断裂接力通源、砂体充分对接是远源次生型油气藏油气高效输导的关键。以准噶尔盆地腹部陆梁油田为例，盆1井西凹陷二叠系乌尔禾组烃源岩，运移距离大于50km。运移过程中，经陆南断裂带调整，不整合侧向运移、浅层断裂调整，在白垩系中成藏。玛湖凹陷斜坡区发现的三叠系百口泉组大面积岩性油气藏，油气运移通道一方面受断裂带控制，另一方面与海西期末区域不整合面有关。

二是低凸带汇聚、上倾方向遮挡是岩性成藏的必要条件。从具体勘探的油气成藏实例来看，存在两种遮挡条件，即低凸带横切断层、高凸带周缘相变带。如夏盐低凸带断层—岩性油藏群，呈典型的断层遮挡；而基东鼻凸带岩性油气藏富集区，呈典型的岩性遮挡成藏。准噶尔盆地符合此条件的斜坡背景下的凸起带还有莫索湾凸起东南鼻凸带、石东鼻凸东翼岩性尖灭带、石西凸起东南翼岩性尖灭带、达4井南部低凸带。

4. 对油气资源潜力评价的指导意义

岩性地层油气藏大面积成藏理论一方面明确了新的有利聚集部位，过去认为不利于油气成藏的构造带翼部、向斜区都可能形成岩性地层油气藏，扩大了资源分布范围和评价有利区；另一方面指导资源评价方法选择与关键参数研究，由于三角洲前缘带控制岩性油气藏大面积分布，这为类比法应用提供了有利条件，由此发展了区带资源类比法，基本思路是刻画砂体展布，明确资源有利分布范围，通过刻度区解剖确定资源丰度、含油砂体面积比例等关键参数，最后通过相似性类比评价，计算不同层系砂体资源量，汇总得到总资源量。

第三节　古老海相碳酸盐岩成藏新认识

一、古老海相碳酸盐岩储层形成机理与分布规律

1. 高能相带为规模碳酸盐岩储层发育提供沉积背景

"十二五"期间，重点开展碳酸盐岩规模储层形成机理和分布主控因素研究，认为我国克拉通盆地受沉积分异控制，碳酸盐岩台地高能相带分布具广泛性，高能环境沉积体经建设性成岩作用改造可形成有效储集体，克拉通内裂陷周缘发育生物礁滩复合体、蒸发潟湖周缘发育大面积颗粒滩体，为规模储层形成奠定了物质基础。

礁滩沉积是礁滩储层发育的物质基础，礁滩储层被认为是相控型，沉积相是其储层发育的主控因素。礁滩储层可分为台缘礁滩和台内礁滩，有时是礁、滩共生，有时二者又可独立存在。勘探实践和地质研究表明，决定碳酸盐岩储层分布的主控因素是沉积相带。四川盆地上二叠统长兴组、下三叠统飞仙关组、下寒武统龙王庙组、新元古界震旦系灯影组（图1-5）和塔里木盆地奥陶系鹰山组、一间房组和良里塔格组，储层分布均与原始礁滩相带有关，后期叠加岩溶、白云岩化等作用。白云岩储层的原岩以多孔的礁滩沉积为主，早期多孔的礁滩沉积能够为成岩流体提供更好的通道，更易于发生白云石化，形成的白云石晶体也更粗大。

四川盆地二叠系长兴组生物礁储层的孔隙载体为与礁核伴生的白云石化生屑滩，残留生屑结构，发育晶间孔和晶间溶孔；三叠系飞仙关组鲕粒滩储层也强烈白云石化，残留鲕粒结构，发育鲕模孔、晶间孔和晶间溶孔；寒武系龙王庙组颗粒滩白云岩储层的原岩为

鲕粒灰岩和生屑灰岩，发育粒间孔、晶间孔和晶间溶孔。塔里木盆地塔中地区良里塔格组礁滩储层以生屑灰岩、砂屑灰岩为主，未发生白云石化，发育粒间孔、粒内溶孔和粒间溶孔；表明礁滩沉积是礁滩储层发育的物质基础。

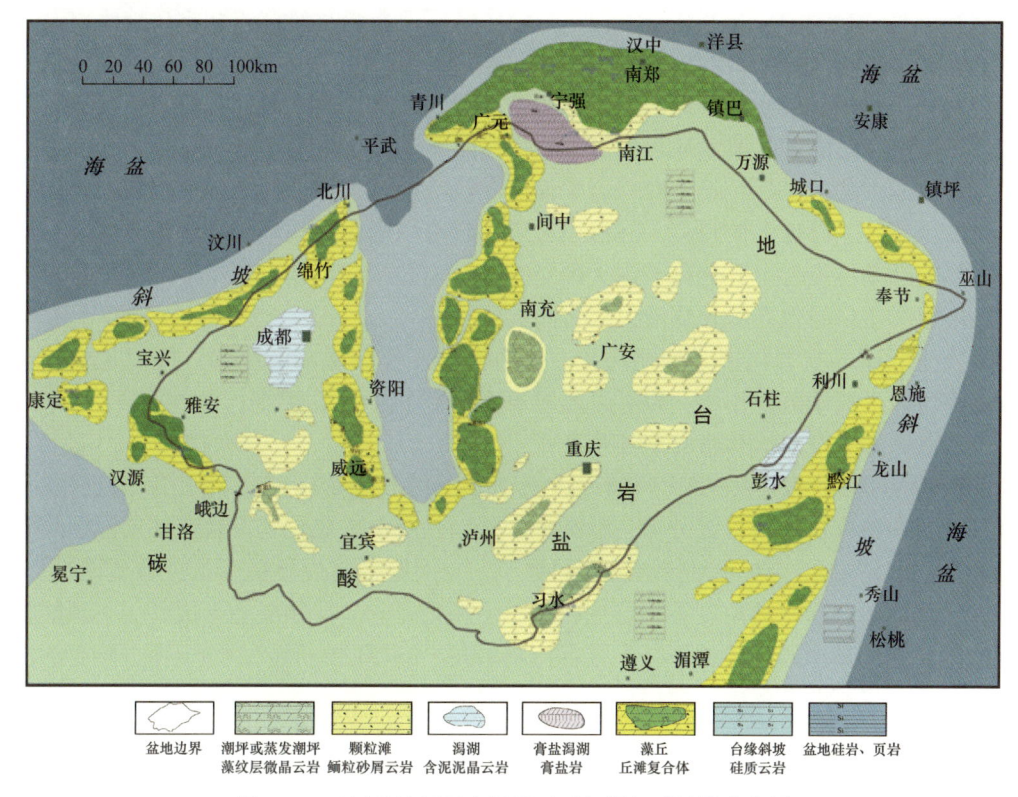

图 1-5 四川盆地新元古界震旦系灯影组礁滩体分布图

塔里木盆地奥陶系鹰山组下段的云灰岩地层，白云岩呈斑块状、透镜状和准层状分布于石灰岩地层中，云灰比约为 1/2，石灰岩致密无孔，储集空间发育于白云岩中，以晶间孔和晶间溶孔为主，平均孔隙度为 8%~12%，原岩为多孔的颗粒滩沉积，被认为是沿层面、断裂及渗透层运移的热液导致非均质白云石化的产物，残留颗粒结构。

"十二五"期间，关于微生物碳酸盐岩储层研究有重要进展。古老微生物岩及与膏盐岩共生的台内颗粒滩，经建设性成岩作用，可形成规模储层。中、新元古代—早古生代微生物群落建造形成的叠层石、凝块石和树枝石等大型丘滩体奠定了规模储层发育的基础。目前在四川及塔里木盆地的震旦系—寒武系发现了微生物岩储层，其具有相当的油气勘探潜力。四川盆地灯影组微生物岩石类型有凝块石、泡沫绵层和颗粒白云岩等，孔隙类型为微生物格架孔、晶间溶孔和溶蚀孔洞，平均孔隙度为 3.3%，渗透率为 2.26mD；塔里木盆地震旦系—下寒武统微生物岩石类型有叠层石、凝块石、核形石和块状无结构礁岩等，孔隙类型为微生物格架孔和晶间溶孔，孔隙度为 0.65%~5.60%、渗透率为 0.01~25.30mD。丘滩体往往与蒸发潟湖相的膏盐岩伴生，丘滩体在沉积和埋藏阶段经受的多期次溶蚀作用控制了规模储层的形成；在形成碳酸盐岩滩体建造的背景下，蒸发潮坪环境下共生的含盐云岩和云质膏盐岩均可发生岩溶作用，使得大面积分布的颗粒滩发生溶蚀作用，形成层状分布的规模储层。

2. 多元复合控储，白云岩储层成因多样性

准同生期形成的沉积型白云岩储层可分为蒸发潮坪白云岩储层和蒸发台地白云岩储层，前者形成于潮坪环境，后者则与蒸发潟湖有关。蒸发潮坪白云岩储层在塔里木盆地巴楚隆起和塔北隆起的中—下寒武统、四川盆地中—下三叠统嘉陵江组和雷口坡组以及鄂尔多斯盆地下奥陶统马家沟组均有分布；蒸发台地白云岩储层主要分布在塔里木盆地塔中—巴楚隆起和塔北隆起的中—下寒武统，四川盆地石炭系黄龙组、下三叠统嘉陵江组、中三叠统雷口坡组，及鄂尔多斯盆地东部盐下和盐间的下奥陶统马家沟组。

成岩型碳酸盐岩储层包括埋藏白云岩储层和热液白云岩储层两大类。埋藏白云岩储层具有分布范围广、厚度大的特点。热液白云岩储层在塔里木盆地塔北和塔中隆起晚海西期断裂及热液活动区发育，其分布与深大断裂带密切相关。四川盆地川中地区与基底断裂相关的栖霞组和茅口组也有部分热液白云岩储层分布。

事实上，碳酸盐岩储层是地质历史时期各种地质作用叠加的结果，即使是相控型储层，孔隙可以形成于沉积作用，也可以形成于表生岩溶及埋藏溶蚀作用。

3. 海相碳酸盐岩岩溶作用控制储层分布

碳酸盐岩暴露地表后，受大气淡水改造而形成的较复杂碳酸盐岩储层。根据发育的古地貌位置和形成机理，可细分为三种类型，分别是潜山（风化壳）岩溶储层、层间岩溶储层和顺层岩溶储层。改造型储层发育的类型、空间结构与规模受不整合类型控制，即：（1）存在明显地形起伏的角度不整合控制潜山（风化壳）岩溶储层的形成；（2）碳酸盐岩地层内幕没有明显地形起伏的平行不整合控制层间岩溶储层的形成；（3）在古隆起的围斜地区，受顺层岩溶改造形成的储层，称为顺层岩溶储层，在形式上是层间岩溶的一种，但形成机理却不同。

岩溶储层的储集空间以非组构选择性溶蚀孔洞、洞穴和溶缝为主，不具有礁滩体与白云岩储层的强烈岩性选择性；塔里木盆地奥陶系鹰山组储层岩溶洞穴和孔洞主要发育于泥粒灰岩中，少量见于颗粒灰岩、粒泥灰岩与泥晶灰岩中；而鄂尔多斯盆地奥陶系马五段则沿不整合主要发育于亮晶灰岩与泥粒灰岩中。不整合与断裂是岩溶缝洞发育的最主要控制因素，岩溶缝洞主要分布于不整合面之下 1~100m 范围，沿断裂呈串珠状分布或沿潜水面呈准层状分布。塔北隆起轮台凸起西侧可识别出四期准层状分布的岩溶缝洞体系。但不整合面之下断裂两侧岩溶缝洞的发育程度则受岩性控制，泥粒灰岩是岩溶缝洞和孔洞发育的首选岩性，其次是粒泥灰岩、泥晶灰岩和颗粒灰岩。

二、克拉通内构造分异控制成藏组合，"四古"匹配控制大油气田形成

1. 克拉通内构造分异对碳酸盐岩成藏组合有重要控制作用

我国古老克拉通盆地在区域构造应力作用下，受基底岩性不均一性、先存构造活化等因素影响，克拉通内部产生构造差异变形，主要具有三种构造分异形式：一是在拉张环境控制下，克拉通内发生块断活动，形成陆内裂谷、地堑/断陷；二是在挤压环境下，克拉通内部发生差异隆升与剥蚀，形成大型古隆起；三是深大断裂多期活动，形成断裂相关的构造变形。构造分异作用控制成藏组合，一类是裂陷—台缘带成藏组合，裂陷区发育优质烃源岩，台缘带发育礁（丘）滩体储层，以断裂和不整合面为油气运移通道，如四川盆地川东北礁滩气田、安岳灯影组气田、塔里木盆地塔中良里塔格组油气田等；另一类是广覆

式烃源岩与大面积岩溶储层组合，含油气范围大，储量规模大，如塔里木盆地鹰山组油气田、鄂尔多斯盆地奥陶系气田等。

2. 古隆起、古裂陷、古岩溶、古圈闭"四古"匹配控制大油气田分布

在四川盆地首次发现的震旦系—下寒武统克拉通内裂陷（德阳—安岳裂陷）控制生烃中心，烃源岩厚度、有机碳含量、生气强度等指标是邻区的2~3倍。海相碳酸盐岩"四古"控藏模式下的古隆起继承性"匹配成藏""立体供烃"成藏模式，大幅提升了运聚效率，为该类型资源运聚系数的取值提供了地质模型。古老克拉通台内裂陷的发现，突破了克拉通构造稳定、沉积相单一的传统认识，揭示小克拉通盆地内裂陷发育优质烃源岩，控制生烃中心，对克拉通盆地深层古老层系油气资源潜力评价有重要意义。

台内裂陷侧翼可形成规模较大的台缘带丘滩体，是优质储层规模分布有利区，对深层海相碳酸盐岩规模储层分布预测有重要意义。四川盆地灯影组镶边台地和龙王庙组缓坡颗粒滩两种沉积模式，形成两套丘滩相储层，岩相和岩溶作用控制优质储层的发育规模与展布。灯影组和龙王庙组优质储层厚30~130m，分布面积达6000~8000km^2。

四川盆地古老海相碳酸盐岩古裂陷、古隆起、古丘滩体等关键要素有效配置控藏的理论认识有效指导了安岳大气田发现，推动勘探由古隆起高部位向低部位、由构造气藏向岩性地层气藏、由单一气层向多气层三大转变，带动了川中古隆起的整体勘探，并对其他克拉通盆地古老碳酸盐岩油气勘探具有重要的借鉴意义。

3. 古老碳酸盐岩具有"斜坡区岩溶""风化壳岩溶""礁滩储层"三类成藏模式

我国古老海相碳酸盐岩，受晚期规模生烃与规模运移，岩溶和热液溶蚀、白云石化作用多期次叠加改造影响，广泛发育地层、岩性圈闭群，并在断裂与不整合构成的运移网络影响下，主要发育三类成藏模式：（1）隆起斜坡区岩溶储层似层状大面积成藏，受隆起斜坡带区似层状岩溶储层控制，油气成藏经历了"浮力蓄能、裂缝输导、洞—缝搭配控相、幕式充注、阶梯式运聚"过程，形成的油气藏以地层型油气藏为主，具有似层状大面积分布的特点；（2）古潜山风化壳岩溶储层倒灌式大面积成藏，受古潜山风化壳岩溶储层控制，上覆烃源岩形成的油气在源—储压力差作用下向下运移，形成的油气藏以地层型油气藏为主，具有沿侵蚀基准面呈薄层状大面积分布的特点；（3）礁滩储层大范围成藏，烃源岩形成的油气断层与不整合为运移通道，侧向运移、垂向运移并存，形成的油气藏以岩性油气藏为主，呈带状大范围分布。

三、克拉通盆地深层存在多个含油气层系

中国叠合含油气盆地经历多期构造沉积演化，具有多个勘探"黄金带"。多勘探"黄金带"的形成有三方面因素：（1）烃源灶多期、多阶段发育与古老烃源岩"双峰式"生烃，为多勘探"黄金带"发育提供了物质基础；（2）储层多阶段发育，是多勘探"黄金带"形成的重要条件；（3）成藏多期性与晚期有效性确保了油气多层系富集和保存。

常规烃源灶、液态烃裂解气烃源灶以及规模有效储层控制了勘探"黄金带"的时空分布。勘探"黄金带"具有纵向继承叠置和横向迁延的特点，古隆起、古斜坡、古台缘和多期继承性断裂带控制"黄金带"内的油气分布。多勘探"黄金带"的提出，表明中国叠合含油气盆地深层油气资源丰富，超出预期，油气发现呈多期、多阶段的特点。

1. 多勘探"黄金带"内涵

中国叠合盆地深层发育的海相层系时代古老，烃源岩热演化程度高、有机质演化充分，早期曾大规模生油，滞留于烃源岩内尚未排出的分散液态烃在进入高成熟—过成熟阶段以后又可以大规模生气，生烃过程具有"双峰式"特点。同时，叠合盆地往往发育多期、多层系烃源岩，同一层烃源岩又形成多个烃源灶。这些烃源灶由于差异演化，生油生气历史也有差异。烃源岩的多层系发育与多期、多源生烃，加上地质历史时期多期发育的储集体，油气多期成藏，油气富集具有纵向上呈多层系、平面上呈多带多区的特点。如果将控制油气富集的每一层系视为一个勘探"黄金带"，那么叠合含油气盆地的勘探"黄金带"就不是一个，而会有多个。勘探证实，塔里木、鄂尔多斯等叠合含油气盆地同样发育多个勘探"黄金带"（图1-6）。

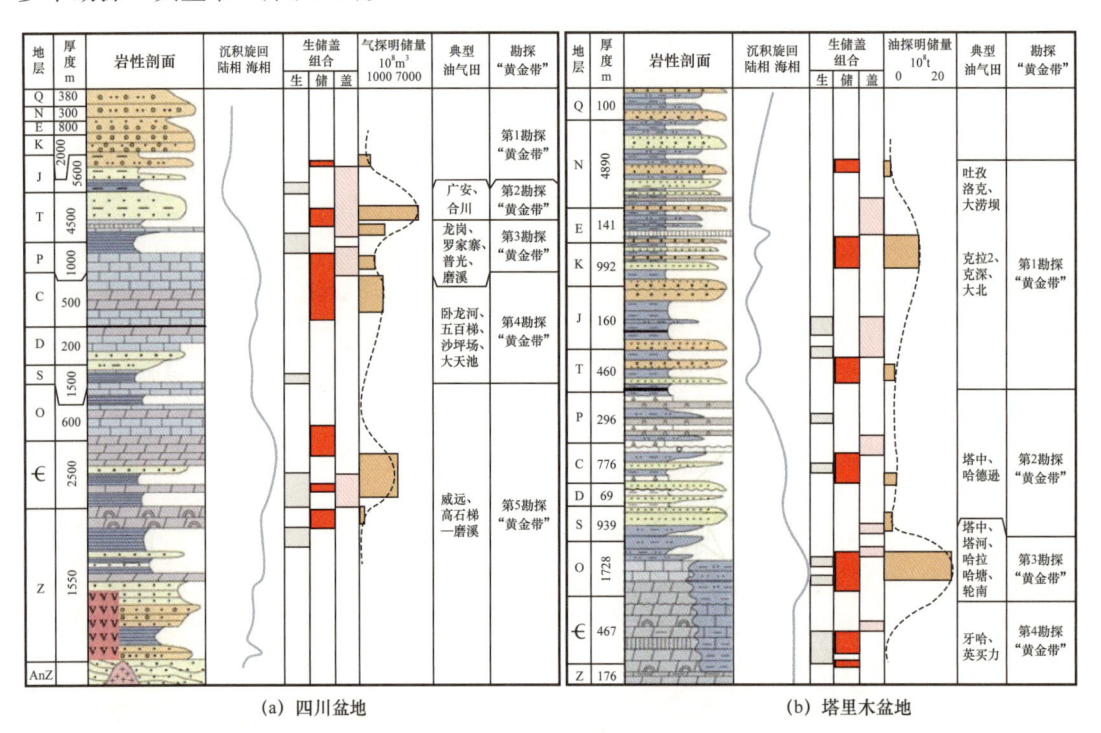

图1-6 四川盆地、塔里木盆地多勘探"黄金带"示意图[11]

2. 多勘探"黄金带"的意义

中国多旋回叠合沉积盆地具有多套烃源岩与多期成烃，多类型、多套储集层系，多套生储盖组合与多个含油气系统，多个成藏时期及晚期成藏普遍的特点，油气分布受盆地地质结构的控制。

一是叠合盆地多旋回构造沉积演化，导致油气分布多层系富集，存在多个勘探"黄金带"。近期的勘探实践表明，当一个"黄金带"勘探成熟后，随着认识深化和工程技术进步，新的"黄金带"又会被发现，储量增长具有多峰、多阶段的特点。

二是叠合盆地生烃历史完整，资源潜力超预期。中国大型叠合盆地通常发育常规烃源岩形成的烃源灶和液态烃裂解气烃源灶两类烃源灶。常规烃源岩烃源灶，一般经历了完整的生油和生气两个生烃高峰，烃源岩演化充分，生烃总量大。液态烃裂解气烃源灶，包括烃源岩内尚未排出的分散液态烃、半聚半散状液态烃以及古油藏后期裂解形成的气烃源灶。前期的资源评价，考虑了古油藏裂解对天然气成藏的贡献，但半聚半散的液态烃以及烃源岩内尚未排出的分散状液态烃裂解气对成藏的贡献并未考虑。若考虑分散液态烃的成藏贡献，深层天然气资源潜力大大超出预期。

三是叠合盆地深层勘探有现实性，具有良好勘探前景。叠合盆地深层发育的干酪根型烃源灶和液态烃裂解气烃源灶，都可以规模供烃；受古隆起、古斜坡、古台缘与多期继承性断裂带控制，深层发育多套规模有效储层，进而形成纵向上相互叠置、横向上复合连片的多个勘探"黄金带"。尽管不同构造部位油气富集程度有差异，但油气分布范围广、储量规模大，目前已在塔里木、四川等盆地深层勘探取得了良好效果。

第四节　前陆盆地深层油气成藏新认识

前陆盆地是我国重要的含油气盆地类型，主要分布在中西部地区。"十二五"重点开展了前陆盆地（冲断带）深层的地质结构与圈闭有效性、储层改造与发育下限、断—盖控制下的油气聚集与分布等制约油气勘探的关键问题研究。前陆冲断带油气成藏理论认识有重要进展，指导塔里木盆地库车前陆冲断带、塔西南山前东段、柴达木盆地西部英雄岭等勘探获重要突破。

一、发育薄皮逆冲型叠瓦构造、基底卷入式构造和古隆起以及派生构造等构造组合类型

"十二五"期间通过对冲断带古构造边界、地层物质、滑脱层结构、挤压方式、变形叠加改造等控制条件的综合分析，提出冲断带深层地质结构具有三种基本类型，变形机制、构造叠加样式明显不同。

薄皮逆冲型叠瓦构造的构造样式以叠瓦构造、楔体构造、双重构造为主，平面和三维空间内的逆冲断片走向上呈弧形体延伸，垂向上呈阶梯式叠加。受底部滑脱层控制，深部冲断构造中每个断片自成独立圈闭和油气水系统。

基底卷入式构造是在走滑挤压构造作用下，变形层厚度大，层间滑脱不明显，构造变形卷入基底，使得沉积盖层剖面上明显褶曲变形，平面上褶皱构造成排成带展布。这种类型的地质结构，形成独立完整的深层背斜圈闭、侧向封堵的翼部单斜以及构造—岩性圈闭等。

古隆起及派生构造是指晚期构造变形弱或者不发育情况下，晚期构造的整体掀斜调整或古构造的复活，其形态及分布受早期构造方位控制。油气勘探中应在古构造分析基础上，寻找构造高、古构造高和构造—岩性圈闭。

二、冲断带深层储层物性保持和改造具有三种机制

前陆冲断带深层能否发育规模有效储集体是评价勘探前景的关键之一。"十二五"期间，通过开展成岩物理模拟实验与实际地质分析，提出前陆冲断带深部有效储集体发育主要有三种机制：一是长期浅埋、喜马拉雅晚期快速深埋的埋藏方式以及喜马拉雅晚期以来的低地温梯度（2.06~2.21℃/100m），利于深埋储集体孔隙保持；二是前陆冲断带静岩压实和侧向挤压的双应力对深部储层的改造作用，侧向挤压应力一般形成张性缝、剪切缝和

调节缝,压实作用使碎屑颗粒裂纹大量发育并产生成岩缝,裂缝是深部储集体重要的储集空间和主要渗流通道;三是深部储层的次生溶蚀作用是渗透性提高的重要原因,在快速深埋作用下产生的碎屑颗粒破裂与成岩缝是次生溶蚀的关键,研究表明深部储层的长石溶蚀可增孔2%,粒间胶结物等溶蚀增孔量更大。

在此基础上,提出断背斜应力控制下的孔—喉—缝空间配置储层分层模型,结合深部储集体保持和改造机制认识,认为冲断带深层储层物性随埋深变化呈现"两阶段"演化模式,深部储层物性演化拐点在6000m左右,8000m埋深储层孔隙度仍可达到5%～8%。

三、前陆冲断带三类构造带油气成藏条件

"十二五"期间,在冲断带深层地质结构分析基础上,结合成藏条件评价,提出主要发育逆冲型叠瓦、古构造走滑冲断型和盆内派生型三类冲断构造带,成藏条件好,控制大油气田形成。

1. 逆冲型叠瓦构造带

以库车大北—克拉苏盐下构造带为代表,具有剖面上发育叠瓦构造、平面上鳞片状分布的构造变形机制和特征。构造带处于烃源灶叠置的生烃中心,白垩系储集体为纵向叠置、横向连片的三角洲前缘砂体,逆冲叠瓦构造成排成带、鳞片状分布,3000m以下膏盐岩完全塑性,可以高效封堵油气。库车深层勘探获重大突破,揭示该类构造带可以形成大油气田,具有发现规模油气资源的潜力。

2. 古构造走滑冲断型构造带

以准噶尔盆地西北缘克—乌构造带为代表,具有剖面上发育走滑冲断构造、平面上深层古构造与中浅层现今构造叠加的结构特征。准西北缘前陆期发育三套优质烃源岩,厚150～800m,生烃强度（50～1000）×10^4t/km^2;发育多期大型扇体,砂体厚500～1000m;早期走滑断裂发育,晚期构造活动弱,大面积构造—岩性复合圈闭发育。这类构造带由于晚期构造活动较弱、利于早期古构造及控制下岩性圈闭油气藏保存,油气富集程度高。柴达木盆地阿尔金山前构造带具有类似的成藏条件,是潜在的重要勘探领域。

3. 盆内派生型构造带

以柴西英雄岭构造带为代表,剖面上具有盆内晚期抬升、冲断褶皱变形的构造特征。该构造带为盆地内部冲断构造,发育于烃源灶之上,形成以中—下组合为主的多层系聚集,深层古近系近源组合更有利于大油气田形成。准噶尔盆地南缘的乌奎构造带和四川盆地川西南的盆缘冲断带,具有相似地质特征。

四、前陆冲断带断—盖组合演化特征与控藏机制

前陆盆地阶段性演化及构造沉降梯度和断—盖组合控藏,地层压力、构造应力共同控制了油气的富集。前陆盆地多发育早期断陷期、中期热沉降期、晚期造山运动引发构造反转三个阶段,并形成三个构造层。

前陆盆地油气规模成藏主要有三方面有利因素:(1)周缘前陆盆地与弧后前陆盆地多具双层结构,下部发育海相复理石或火山复理石沉积,具备优质生油气条件,生成的油气可优先在深部与烃源岩同层或邻层的储层中聚集[12];(2)以挤压应力为主,在深层可形成大量背斜、断背斜圈闭;(3)前陆深层由于快速埋藏,砂岩储层高压现象普遍,压实作

用滞后，有利于原始孔隙保存。多种构造活动共同起作用，决定了压力的形成、演化和分布，尤其是断裂作用的幕式活动改变了由压实作用、挤压作用造成的压力分布，造成压力分布的复杂化，从而形成油气流体复杂运聚、分散过程，对前陆盆地油气藏形成和分布具有显著影响。

库车前陆深层油气成藏主要受厚层优质烃源岩、裂缝—孔隙型砂岩储层、稳定膏盐岩盖层和盐下叠瓦式冲断构造四大因素控制。从烃源岩发育条件看，库车地区发育三叠系—侏罗系两套煤系烃源岩，冲断带多期推覆，烃源岩"叠被式"叠加，叠置厚度达 300~500m，生气强度高达（350~400）×$10^8m^3/km^2$，是非叠置区的 2 倍，为天然气聚集提供高强度气源。从封闭条件看，冲断带发育巨厚膏盐岩，厚度达 500~3500m，分布面积约 $1.9×10^4$ km²，以塑性变形为主，可以有效封盖深层油气，为盐下天然气聚集提供了良好保存条件（图 1-7）。构造圈闭发育是前陆冲断带特色之一，而库车深层具有盐下楔形冲断体，向盆地方向逆冲，构成"盐上顶篷构造、盐下冲断叠瓦"组合特征，并产生强大的压力封闭和储层物性封闭保存效应，为油气运移提供了强大驱动力和流体来源，控制了上部超压体系天然气幕式、高效成藏，使得平面上盐下深层大气田分布与超压区相叠置，纵向上气藏集中发育在具有超压的封闭楔形冲断体内，成排成带展布的构造圈闭均有利于天然气成藏，成为天然气资源高度富集的聚集区带类型。

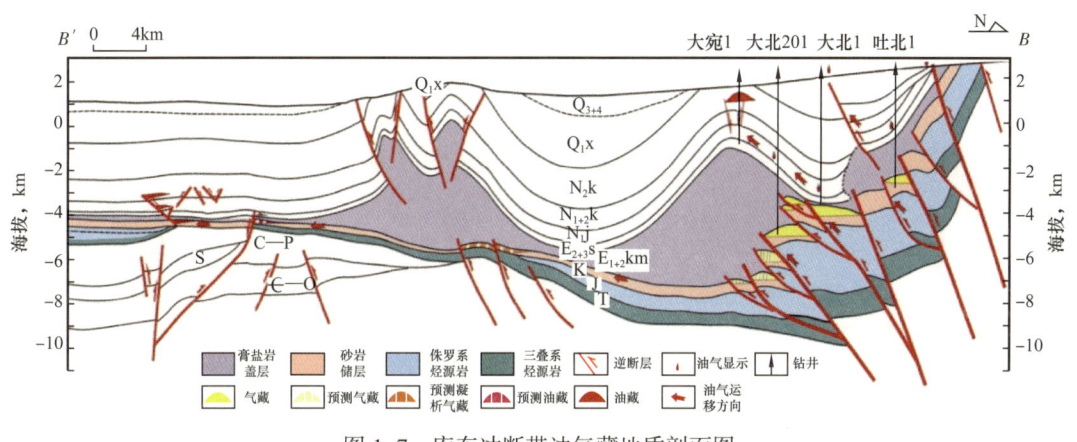

图 1-7 库车冲断带油气藏地质剖面图

第五节 富油气凹陷"满凹含油"新认识

富油气凹陷最早针对渤海湾盆地部分资源富集程度高、精细勘探潜力大的凹陷而提出，前人开展了大量的研究与实践，对深化油气勘探发挥了重要作用。"十五"期间，创新提出了富油气凹陷"满凹含油"认识，回答了部分高勘探程度探区剩余资源分布规律和勘探潜力问题，按照"满凹含油、叠合连片"思想，实施富油气凹陷精细勘探，实现了储量稳定增长。

一、富油气凹陷"满凹含油"形成条件

勘探实践证明，富油气凹陷资源丰富、富集程度高，油气分布既受二级构造带控制，

同时还发育岩性地层、潜山等油气藏，深化勘探仍有较大潜力。随着油气勘探与研究的不断深入，特别是近几年陆上岩性地层油气藏勘探的重大进展，说明油气藏分布并不是局限于正向二级构造带内，在一些富含油气的一类含油气凹陷中、凹陷的斜坡区甚至是洼陷中心向斜区，也发现有丰富的油气聚集。

赵文智等基于富油气凹陷多层系、不同类型油气藏在平面上叠合连片的分布特点，提出了富油气凹陷"满凹含油论"观点[13]，是指在富油气凹陷内，优质烃源灶提供丰富的油气资源，同时多水系陆相沉积与湖盆频繁振荡使得湖水大面积收缩或扩张，导致沉积砂体与烃源岩间互发育并且大面积接触，各类储集体都有最大成藏机会，且油气成藏范围可能会超出二级构造带，斜坡区和凹陷深部位都有可能形成油气藏，在纵向上各层系、不同类型储集体中均可能形成油气聚集，平面上多层系、不同类型圈闭油气藏相互叠置连片分布（图1-8）。

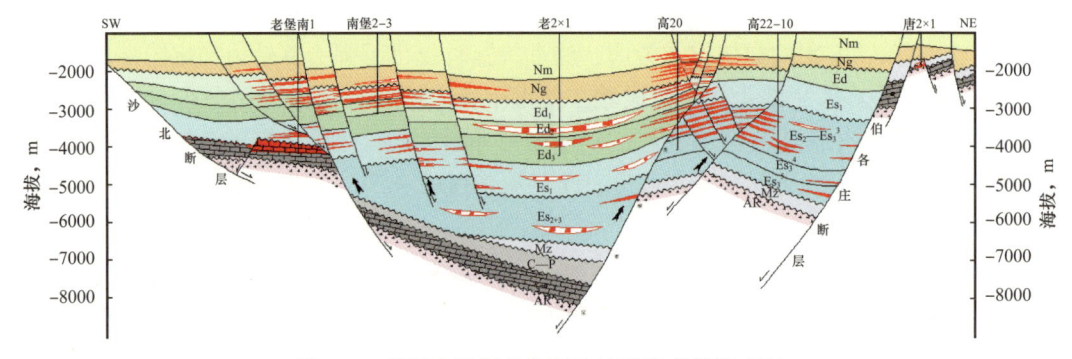

图1-8 我国含油气盆地富油气凹陷成藏模式图

富油气凹陷"满凹含油"是由特定地质条件决定的，优越的生烃条件是"满凹含油"的前提条件；广泛分布的有利储集体为丰富的油气聚集提供了储集场所；源储交互接触与广泛发育的断裂系统为"满凹含油"创造高效率的输导条件。由于富油气凹陷生烃量大，在凹陷边缘的凸起带、滚动背斜带、斜坡的鼻状构造中都可以形成构造油气藏，在洼陷内部储集体与烃源岩体直接接触，可以形成大量岩性地层油气藏。此外，陆相断陷盆地洼槽区具有多元控砂、优势成藏、主洼槽控制油气分布等特点，控制油气规模富集，呈现出构造油气藏与地层—岩性油气藏具共生互补性规律。

二、富油气凹陷斜坡区、凹陷区岩性地层油气藏分布规律

"满凹含油"是富油气凹陷油气分布特点的形象描述，着重强调了两个内涵：一是富油气凹陷具有一系列独特的成藏条件，如烃源岩生烃总量大，可保证各类砂体聚油成藏；有效烃源岩面积大，为各类砂体与烃源岩提供最大接触机会，有利于油气运聚成藏；湖盆振荡变化，使砂岩、泥岩频繁间互，为各类岩性—地层圈闭形成创造条件。二是"满凹含油"的概念不是说在凹陷的任何一个部位都可以发现油气藏，而是强调对富油气凹陷"主攻富凹""下洼找油"等勘探理念的变化，强调油气勘探应跳出"二级构造带"范围，勘探范围不仅包括已有正向二级构造带，也包括广大的斜坡区和凹陷的低部位，最终实现满凹陷勘探。

由于在构造高部位，构造作用强烈，断层多，构造圈闭发育，有利于形成构造油气

藏；而在构造翼部、斜坡带、洼槽区构造作用相对较弱，断层和构造圈闭不发育，但它们是沉积作用相对较强的区域，通常是湖岸线变迁带（岩性变化带）各种砂体的发育带，有利于形成岩性圈闭。构造油气藏主要富集于正向构造带的高部位，岩性油气藏主要形成于正向构造带的中—低部位、斜坡带（特别是斜坡坡折带）、洼槽区。同一沉积体系不同的沉积相带，砂岩发育区主要形成断块构造油气藏。如饶阳凹陷饶南地区、杨武寨构造带，砂岩百分比高达60%以上，所发现的楚17油气藏、强2油气藏等均为"牙刷状"断块油气藏；而砂岩欠发育区以岩性地层油气藏为主，如饶阳凹陷中部肃宁地区，砂岩百分比小于30%，砂岩单层厚度小于5m，所发现的油气藏大多为受砂体控制的岩性油气藏。

渤海湾盆地近年油气勘探保持了储量稳定增长，其中主体来自岩性地层油气藏，说明岩性地层油气藏在富油气凹陷剩余资源中占有重要地位。按照三维空间复式叠合连片、满洼含油的勘探理念，有效指导了勘探实践。

三、富油气凹陷潜山成藏新认识

潜山油气藏分布主要受二级构造带控制，考虑其与烃源岩的接触关系，可以将深层潜山油气藏分为凹内型、凹缘型和凹间型三类。不同亚类的潜山圈闭尽管构造特征与成因有所不同，但具有相似的成藏背景，断块内幕潜山油气藏与层状内幕潜山油气藏多属于凹陷边缘型潜山油气藏。

1. 潜山内幕油气藏成藏特征

潜山内幕多为单斜平行结构。以渤海湾盆地奥陶系潜山内幕油气藏为例，华北地台上古生界有二叠系和石炭系两套地层（缺失泥盆系），下部石炭系为大范围的海陆交互沉积，直接覆盖在奥陶系之上，厚度约100 m，主要为深灰色泥岩和铝土岩，沉积稳定，构成良好的区域性封盖层，与奥陶系碳酸盐岩储层配置构成潜山内幕结构。受海西期构造运动整体抬升的影响，上古生界石炭系与下古生界奥陶系之间为假整合接触，潜山内幕的结构为石炭系—二叠系与奥陶系之间的层面平行，奥陶系顶面凹凸地貌特征不明显，大部分潜山内幕形成断层控制的单斜潜山。

奥陶系储层总体为非均质"似块状结构"。渤海湾盆地奥陶系为陆表海沉积的大套海相碳酸盐岩，厚度变化较小，岩性稳定。其间夹有四套高自然伽马的含泥质层段，分别分布在峰峰组、上马家沟组底部、下马家沟组底部和冶里组，单套厚度30~50m，泥质含量一般接近10%。钻探证实这些含泥质的碳酸盐岩层段不具备良好的隔层作用，在奥陶系内部还没有发现典型的层状油气藏，大部分为底水块状的特点，因而奥陶系总体为块状结构。这些奥陶系内部的含泥质层段，受泥质成分塑性的影响，裂缝发育较差，所以不能成为良好的储层，一般只能构成致密储层（相当于油藏中的致密夹层）。受此影响，奥陶系油藏又有一定的层状分布特点，使得块状特征不够典型，因此把奥陶系储层的这个特征称为"似块状结构"。在成藏过程中，"似块状结构"的奥陶系储层内部不具备独立的层状储集单元，一般具有整体成藏的特点。

2. 内幕型潜山成藏主控因素

渤海湾盆地奥陶系内幕潜山油气藏主要受四项主控因素控制，概括为：

（1）生烃灶特征决定了供烃潜能。生烃灶供烃潜能主要受三个因素影响。一是生烃灶有效烃源岩与潜山体——奥陶系直接接触，烃源岩生成的油气就可以直接通过断面输烃窗口向潜山输导充注。如果生油阶段生成的油气，在常压情况下的初次运移时还不足以向储层较差的高排替压力潜山输导，那么在湿气和干气阶段生成的气、液态烃，在高压情况下，通过与潜山储层直接接触，则有利于向高排替压力的潜山输导充注。这种高成熟烃源岩供烃、油气晚期充注成藏的特点使得部分潜山内幕形成了凝析气藏。二是生烃灶规模大，供烃能力就大；生烃灶规模小，供烃能力亦小。供烃规模取决于烃源岩的丰度、体积以及生烃强度。三是烃源岩地层若顺主断层倾向，油气运移则主要指向潜山；烃源岩地层若与主断层倾向反向，潜山位于油气运移主要指向的下方，则供给潜山的油气就不充沛。

（2）输烃窗口的大小控制了输烃能力。生烃灶生成的油气向潜山内幕运移需要通过有效输烃窗口，包括以下三个方面的内涵。一是潜山受烃窗口，可以理解为潜山接受油气的窗口。例如奥陶系整体为"似块状"储层，基本上可以形成整体的烃类接受窗口。纵向上，奥陶系上部峰峰组和上马家沟组裂缝相对发育，受烃窗口的受烃能力，上部优于下部。沿着主断层走向，不同性质断面对受烃窗口的能力也有一定的影响。歧口凹陷千米桥潜山是一个侧向由断层窗口输烃的奥陶系潜山，西侧输油的大张坨断层，断面产状两段变陡处，涂抹效应较弱，受烃窗口的受烃能力相对较强，对应的潜山部位油气则相对富集。二是烃灶供烃窗口，这个供烃窗口在剖面上主要是有效烃源岩在断层上的宽度。这个宽度大，油气初次运移中有较大的排烃面积，供烃能力就强；这个宽度小，烃源岩排烃面积亦小，供烃能力相对就弱。三是成藏输烃窗口，是潜山体受烃窗口和烃灶供烃窗口耦合的部分，这是烃类输导成藏的有效窗口。输烃窗口的大小决定油气的实际输导能力，其面积越大，输烃能力就越强。

（3）优势输导通道控制了输烃效率。奥陶系潜山内幕有两种油气运移输导通道，一种是输油断层形成的纵向输导通道，另一种是潜山输导体构成的横向输导通道。这两种输导通道具有相互独立的成藏效果，它们的输导功能呈现相互消长的特征。当主要油气运移期主断层停止活动时，断层输导通道向上输导的能力降到最低，这时的油气可通过断面输烃窗口向潜山输导层充注，形成潜山内幕油气藏。相反，在断层持续活动时期，油气则沿着开启的断层向上输导运移，形成潜山之上的浅层油气藏。

（4）裂缝发育程度控制油气富集程度。渤海湾盆地石炭系—二叠系覆盖下的奥陶系潜山内幕一般为断层控制的单斜潜山，储集空间主要以裂缝为主。潜山内幕分析表明潜山裂缝的发育程度对油气富集具有明显的控制作用，而裂缝发育本身又主要受构造及控山断层（主控断层）展布形态的影响。构造背斜、弧形断裂、交切断裂控制的潜山裂缝发育，而直线型主断裂控制的潜山裂缝欠发育。

四、富油气凹陷"满凹含油"认识的意义

1. 实现成熟探区勘探思路的转变

富油气凹陷"满凹含油"提出富油气凹陷油气藏分布超出正向二级构造带范围，在凹陷的斜坡区乃至生烃洼陷区都可形成岩性地层油气藏，由此带来全凹陷整体评价与勘探理念的重大转变。"主攻富凹""下洼找油""贫中找富"等勘探理念指导了渤海湾盆地等地区富油气凹陷的整体部署、整体勘探。"下洼找油"强调油气勘探应跳出二级构造带范围，实施全凹陷整体部署与勘探，其中岩性地层油气藏是主要勘探目标。"贫中找富"指在大面积低丰度岩性地层油气藏背景下，以寻找富集、高产区块为勘探重点。

2. 为重新认识剩余资源潜力提供了理论指导

富油气凹陷尽管勘探程度较高，但在"满凹含油"认识指导下，渤海湾盆地等成熟探区近年来通过加强预探实现储量稳定增长，新增探明储量主要来自岩性、构造—岩性油气藏，说明剩余资源潜力仍较大，且主要分布于构造带翼部和凹陷斜坡区，以各类岩性油气藏为主，此外低潜山、内幕潜山也有较大潜力。富油气凹陷满凹含油理论认识为开展剩余资源潜力与空间分布评价提供了地质模型，为富油气凹陷指明了未来勘探方向。

第六节 非常规油气地质新认识

非常规油气是指存在于大面积储层中的油气聚集，不受水动力效应的明显影响，也称为连续型油气聚集[14]。非常规油气资源主要包括致密油、油砂油、油页岩油、页岩油等非常规石油资源，以及致密气、页岩气、煤层气、天然气水合物等非常规天然气资源。从共性来看，非常规油气一般具有两方面特点，一是大面积连续分布，圈闭界限不明显；二是无自然产能，在特定经济技术条件下才能有效开发。从个性来看，不同非常规油气资源在地质特征、形成条件和分布富集规律方面都有差异。近年来，随着基础地质理论和勘探开发技术进步，全球及中国非常规油气成功实现工业化开发，呈现良好发展前景。

一、非常规油气资源基本特征与分布规律

1. 非常规油气资源基本特征

非常规油气资源主要表现为源内成藏、大面积连续型油气聚集的特点，具有以下基本特征：（1）大范围连续或准连续分布，局部富集；（2）源储共生，以近源或源储一体组合为主，优质烃源岩控制非常规资源分布范围；（3）储层致密，以微米—纳米级孔隙为主，横向非均质强；（4）以初次运移或短距离二次运移为主，部分为烃源岩内部滞留油气，一般未经过长距离运移；（5）扩散作用、源储压差驱动为主要运移动力，浮力作用有限；（6）以非达西渗流为主，一般无自然产能；（7）含油气饱和度差异大，在大面积连续分布背景下存在"甜点"富集区；（8）资源规模大，但品质差，需要特殊开采工艺技术才能有效开发，如水平井钻井和多级分段压裂技术等。

2. 非常规油气资源形成条件与分布规律

非常规油气资源的形成需要有利的构造背景、大面积分布的储层条件，同时也需要优质烃源岩条件、有利源储组合条件以及良好的保存条件。

1）烃源岩特征决定非常规资源类型，优质烃源岩控制富集

我国发育多种类型烃源岩，对非常规资源类型、形成与分布有重要控制作用。海相烃源岩主要形成于克拉通内坳陷或边缘深水—半深水陆棚相，以下古生界为主，有机质类型以Ⅰ型—Ⅱ型为主，热演化程度高，是寻找页岩气资源的主力层系，如扬子地区寒武系筇竹寺组和志留系龙马溪组；海陆过渡相烃源岩主要形成于克拉通边缘沼泽相，如石炭系—二叠系，此外我国中生界广泛发育湖沼相，如西部盆地的三叠系、侏罗系，以煤系烃源岩为主，往往与大面积致密砂岩间互或相邻发育，有利于形成大规模致密砂岩气聚集，已在鄂尔多斯、四川等盆地获重要发现；我国中生界—新生界沉积盆地普遍发育湖相烃源岩、

Ⅰ型—Ⅱ型干酪根，热演化程度主体位于生油窗范围，控制致密油、页岩油资源分布，而在未熟阶段的湖相烃源岩形成丰富的油页岩资源。

勘探实践表明，非常规油气资源多与常规油气藏伴生，即发现常规油气的含油气盆地，通常也富集非常规油气资源，即优质烃源岩决定了资源的富集与分布。从目前研究看，无论是致密油、致密气，还是页岩气，资源富集区均受优质烃源岩分布范围控制，具有高含油气饱和度或高含气量特点，是"甜点区"评价的关键指标之一。

2）大面积分布致密储层控制含油气范围，物性控制富集

非常规油气连续分布与大面积分布致密储层有密切关系。我国发育多种类型沉积盆地，致密储层主要发育在斜坡区，分布范围差异较大，而页岩分布范围主要受斜坡区、凹陷区控制。因此，致密油主要分布在凹陷—斜坡区，致密气主要分布在斜坡区和山前构造带，而页岩气、煤层气分布范围主要受烃源岩范围控制。如鄂尔多斯盆地石炭系—二叠系致密气主要分布在伊陕斜坡区，含气面积超过 $4 \times 10^4 \text{km}^2$，延长组致密油主要分布在凹陷—斜坡区，分布面积也在 $2 \times 10^4 \text{km}^2$ 左右。

致密储层以微米、纳米孔隙为主，含油气性与储层物性呈正相关关系，物性越好，含油气性越好。如致密油孔隙度主要分布区在4%～12%之间，统计显示孔隙度为8%～12%的储层含油性最好，其次为孔隙度在4%～8%之间的储层，孔隙度在4%以下的储层含油性最差。另外，致密储层中微米、纳米级孔喉连通系统对非常规油气聚集有关键作用。

3）源储组合类型控制资源富集程度，源内组合富集程度最高

非常规油气源储组合既有源内成藏，即烃源岩夹层中的致密砂岩或碳酸盐岩成藏类型，也有短距离运聚源上、源下组合，其中源内组合成藏条件优越，资源富集程度最高。例如鄂尔多斯长7段致密油、准噶尔盆地吉木萨尔凹陷芦草沟组致密油，富集程度高，均为典型的源内组合类型。

鄂尔多斯盆地石炭系—二叠系致密气也有多种源储组合，山西组和下石盒子组为一套致密砂岩储层，与本溪组、太原组和山西组含煤烃源岩叠置共生。从鄂尔多斯盆地上古生界各层段致密气含气饱和度对比结果来看（图1-9），距烃源岩越近的层系，含气饱和度越高，其中源内组合的本溪组、太原组和山西组含气饱和度为60%～73%，而石盒子组下部一般为37%～52%，石盒子组上部仅为32%～36%。

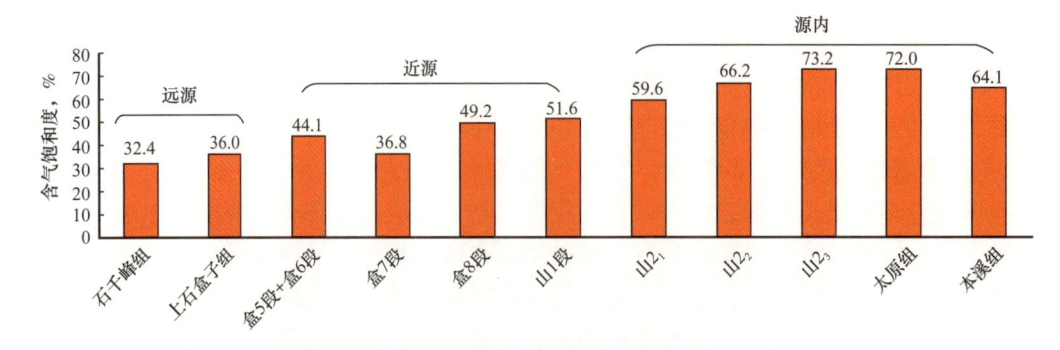

图1-9 鄂尔多斯盆地上古生界各层段含气饱和度对比图

4）斜坡区、凹陷区大面积成藏，控制资源分布有利区

大面积连续分布是非常规资源的重要特征，主要受广覆式烃源岩、大面积致密储层等

地质要素控制。盆地中心和斜坡区通常为烃源岩相带集中发育的地区，宽缓的沉积背景为大面积烃源岩形成以及致密储层的形成提供了有利的地质条件，因此非常规资源主体分布区往往位于盆地的凹陷区和斜坡部位。

从南方海相页岩气资源分布来看，主要富集在克拉通内坳陷或边缘斜坡半深水、深水环境下的深水陆棚相。该相带是富有机质页岩的最有利相带，为欠补偿缺氧环境沉积，大量生物繁盛，生物产率高，藻类、放射虫、海绵、笔石等，尤其是笔石大量繁盛，形成了规模较大的富含笔石、放射虫等生物化石的笔石页岩。如五峰组—龙马溪组，分布面积达 $20\times10^4km^2$，富有机质页岩厚 20～100m，分布稳定。

5）良好保存条件有利于资源富集与保存

无论是常规还是非常规油气藏，保存条件是油气藏形成的必要条件。尽管非常规油气并未强调圈闭的重要性，但同样需要良好保存条件，一方面依赖于致密储层所具备的自我封存能力，另一方面也需要良好的上覆、下伏封盖层的存在。例如过去认为保存条件对页岩气的形成并不太重要，但四川盆地及周缘页岩气勘探揭示，在盆外的改造区，页岩气含气量明显偏低，富集程度较差。煤层气资源富集区，也通常发育在水动力活动弱、断裂发育少、顶底板封盖能力好的地区。因此，构造稳定区有利于非常规资源富集，其中非常规油气富集区往往发育超压。

二、陆相致密油形成条件与地质特征

中国致密油主要形成于陆相沉积环境，具有多凸多凹、多沉积中心、多物源、多期构造活动的地质背景，决定了陆相致密油既具备规模形成与分布的地质条件，同时也表现出烃源岩类型多、储层复杂、源储组合类型多、分布规模差异大、断裂发育、油层特征复杂等基本特征。与海相致密油相比，陆相致密油存在明显的复杂性与特殊性。

1. 陆相致密油形成条件

陆相致密油的形成与富集主要受四个地质要素控制，即宽缓的凹槽—斜坡区、优质高效的烃源岩、大面积分布的致密储层、有效的源储配置等。总体看，主生烃凹槽区高丰度、高生烃潜力和高排烃效率的优质烃源岩控制致密油空间分布，物性好、裂缝发育、脆性强的"甜点区"控制致密油富集高产。

1）凹槽—斜坡区是形成致密油的有利背景

陆相盆地多凸多凹的构造格局，决定了陆相致密油烃源岩和储层分异性强、分布面积变化大。总体看，生油凹陷或洼槽区的大小决定致密油资源规模，而斜坡区的坡度陡缓决定了分布面积和范围。从构造稳定性来看，凹陷—斜坡区是陆相盆地内部相对稳定地区，坳陷盆地（如鄂尔多斯盆地上三叠统和准噶尔盆地二叠系）和裂陷盆地（如渤海湾盆地古近系）均是如此，目前勘探证实凹陷—斜坡区发育优质烃源岩和致密储层，是致密油资源主要分布区。以鄂尔多斯盆地为例，三叠系延长组湖盆发育于古生界克拉通基底之上，具有稳定的构造沉积背景，地层构造变形程度微弱，地层倾角 2°～5°，最大为 5.5°，利于烃源岩、区域盖层和重力流砂体及深水席状砂体大面积叠置发育，烃源岩分布面积达 $10\times10^4km^2$，长 7 段砂体分布面积达 $2.5\times10^4km^2$，为规模致密油资源的形成提供了良好背景。

2）生烃洼槽优质高效的烃源岩是形成致密油的资源基础

陆相沉积盆地主力生烃凹槽控制优质烃源岩的分布，是形成规模致密油资源的物质基础。我国陆相烃源岩主要发育在中生代、新生代，断陷、坳陷和前陆盆地等均有分布，生油凹陷数量多，烃源岩分布广泛，而烃源岩的品质决定致密油资源的富集程度。有机质丰度高、热演化适度、有机质类型好的优质烃源岩往往受主力生烃凹槽控制，分布规模大，在形成常规油气资源的同时，也为致密油的形成提供了资源基础。如鄂尔多斯盆地长7段，泥页岩分布面积约 $10 \times 10^4 km^2$，平均厚度 16m，最厚为 124m，以 I 型和 II_1 型干酪根为主，有机碳含量一般为 2%～20%，R_o 一般为 0.7%～1.5%，生烃强度达 $(400～800) \times 10^4 t/km^2$、平均为 $495 \times 10^4 t/km^2$。松辽盆地青山口组同样为大型坳陷湖盆条件下形成的优质烃源岩，页岩、泥岩分布面积约 $6.2 \times 10^4 km^2$，生烃强度达 $(400～1200) \times 10^4 t/km^2$。断陷盆地以及山前盆地烃源岩规模明显较小，决定了致密油资源规模较为有限，例如酒泉盆地白垩系烃源岩面积约 $500 km^2$，厚度较大，为 400～500m，以 I 型和 II_1 型干酪根为主，有机碳含量一般为 1%～2.5%，R_o 一般为 0.5%～1.0%，因而致密油资源潜力相对有限。

3) 凹槽—斜坡区分布的致密储层为致密油提供了储集空间

受沉积物源、水动力条件和古构造背景等因素影响，陆相盆地主要发育致密砂岩、碳酸盐岩和混积岩三类致密储层，其分布规模和储集性能控制了致密油的整体分布与富集。富集高产的致密油"甜点区"通常表现出储层物性较好、裂缝发育、脆性强等特征。鄂尔多斯盆地长7段致密砂岩储层分布面积约 $2.5 \times 10^4 km^2$，主要为砂质碎屑流与前三角洲沉积砂体，单层厚度 10～15m，累计厚度 10～60m，孔隙度为 5%～12%，平均为 7.2%，渗透率一般小于 0.3mD；西233"甜点区"孔隙度为 10.1%，渗透率大于 0.2mD，10 口水平井试油日产量均超 $100m^3$。准噶尔盆地吉木萨尔凹陷芦草沟组为混积岩致密储层，有利面积 $900 km^2$，单层厚度 1～27m，累计厚度 20～60m，平均孔隙度为 8.75%，平均渗透率为 0.05mD；吉172-H井"甜点区"储层厚度为 38m，平均孔隙度为 10%，脆性指数大于 11，初期最高日产油近 70t。

4) 有效源储配置控制致密油运聚成藏

致密油以短距离运移为主，近源聚集成藏。大面积分布的优质烃源岩与致密储层紧密接触是致密油近源成藏的重要条件，按照源储配置关系可分为源内、源上和源下三种源储组合类型[15]。垂向上，致密油储层往往位于烃源层上下或夹持其中，如果断裂过于发育，会导致油气向上运移形成次生油气藏；平面上，致密油分布明显受生烃中心控制，远离生烃中心难以形成规模致密油聚集。近源成藏动力主要来自生烃增压带来的源储压差，生烃时源储压差一般为 10～15MPa，使得生成的原油向致密储层短距离运移、连续充注而成藏。根据研究结果，鄂尔多斯盆地长7段源储压差一般为 5～15MPa，最高达 18～26MPa，为致密油充注成藏提供了动力。

2. 陆相致密油地质特征

陆相沉积环境对致密油的形成有两方面的显著影响。一方面，大型陆相湖盆有机质丰富，有利于优质烃源岩的形成。如鄂尔多斯盆地晚三叠世延长组沉积期，受印支运动的影响，形成了面积大、水域广的大型内陆淡水湖盆，在延长组长7段沉积时期湖盆达到鼎盛，形成了以油页岩、页岩和暗色泥岩为主的优质生油层。另一方面，陆相湖盆物源供应来源广，既有来自物源区（剥蚀区）的碎屑供给，也有生物或化学沉积，还可能受火山作用影响，从而可以形成岩性复杂多样的致密储层。总体来看，陆相致密油独特的地质特征主要表现为：一是烃源岩类型多，有机质丰度平均较高，但变化较大；二是致密储层岩性复杂、物性差，厚度和分布规模变化较大；三是致密油源储组合多样，其中源内致密油最为富集；四是原油饱和度、油层压力变化相对较大。

1）烃源岩类型变化大，资源规模总体较小

中国陆相致密油以湖相沉积环境为特色，陆相湖盆中发育的优质烃源岩是形成规模致密油的物质基础。优质烃源岩主要发育在湖盆扩张期的凹陷—斜坡地区，沉积环境以深湖—半深湖为主，岩性主要为暗色泥岩、页岩以及泥页岩，为各类储集体聚油成藏奠定了烃类来源。根据有机质丰度与岩石类型将陆相烃源岩划分为高丰度纹层状藻类页岩、中—高丰度泥岩和泥灰岩、低丰度泥页岩三种类型，不同类型烃源岩沉积环境不同，有机地球化学指标差别较大。

高丰度纹层状藻类页岩：主要形成于半深湖—深湖沉积环境，湖盆为欠补偿状态，具有良好的自身生产力和有机质保存条件。富有机质沉积物一般形成于最大湖泛期，主要母质为由淡水—半咸水藻类和高等植物经类脂化作用形成的腐泥型干酪根，藻纹层发育。该类有机母质成熟门限浅、生烃效率高，为致密油形成提供了丰富物质来源。有机质类型多为Ⅰ型—Ⅱ₁型，有机碳含量高、生烃潜力大，处于成熟—高成熟阶段。以鄂尔多斯盆地延长组长7段页岩为例，纹层状有机质、富莓状黄铁矿、富胶磷矿发育，常见晶屑、凝灰质纹层，陆源碎屑和黏土矿物含量较低，富有机质页岩累计厚度一般为10~60m，有机碳含量为2%~20%，生烃潜力平均为63.9mg/g，有机质丰度是普通泥岩的5~8倍，平均生烃强度高达495×10^4t/km²，生烃能力很强，为长7段致密油形成与富集奠定了物质基础。

中—高丰度泥岩和泥灰岩：有机质类型多为Ⅰ型—Ⅱ₁型，分布面积较广，累计厚度相对较大，有机碳含量一般为2%~8%；有机质成熟度为0.5%~2.0%；生烃潜力一般介于3.0~21.0mg/g之间。如松辽盆地北部青山口组烃源岩，形成于受湖侵影响的深水—较深水湖相还原环境下，其中青一段对应沉积期湖盆急剧扩张，形成大面积深湖相暗色泥岩，有机碳含量平均为2.2%，以Ⅰ型—Ⅱ₁型为主，R_o为0.6~1.5%，优质烃源岩累计厚度可达200m。

低丰度泥页岩：多形成于干旱气候条件下的咸化湖泊环境，母质类型多为咸水—半咸水环境下的浮游生物形成的Ⅱ₂型—Ⅲ型干酪根，具有丰度较低、生烃潜力中等、生烃转化率高等特点。有机碳含量一般为0.5%~1.5%；有机质成熟度处于低熟—中高成熟阶段，一般为0.6%~1.8%；生烃潜力一般为2.0~5.0mg/g。如柴达木盆地西北部扎哈泉地区古近系—新近系泥页岩，形成于微碱性半咸水—咸水交替湖相环境，普遍含碳酸盐岩，为Ⅱ型—Ⅲ型，有机碳含量一般为0.4%~1.2%；有机质成熟度为0.5%~0.8%；生烃潜力平均为2.38mg/g；但生烃转化率高，一般超过50%。

2）储层岩性复杂、物性差，分布规模变化较大

陆相致密油储层类型较多，总体呈现岩性复杂、物性差特点。按照岩性、沉积环境等因素，将致密储层分为致密砂岩、碳酸盐岩和混积岩三大类，物性及其分布规模有较大差异。一般情况下，大型坳陷盆地以致密砂岩储层为主，分布面积和规模较大，例如鄂尔多斯盆地长7段致密砂岩面积约2.5×10^4km²，松辽盆地扶余油层致密砂岩面积约2.3×10^4km²，四川盆地大安寨段介壳灰岩分布面积达3.8×10^4km²。断陷盆地、小型坳陷盆地致密储层类型多，既有致密砂岩、致密碳酸盐岩，也有混积岩，分布面积和规模相对较小，例如渤海湾盆地沧东凹陷孔二段粉细砂岩与白云岩致密储层有利面积为1500km²，

束鹿凹陷沙三段下亚段泥灰岩有利面积仅为270km²。

致密砂岩：主要形成于陆相敞流湖盆湖平面上升期滨浅湖—半深湖背景下发育的河流—浅水辫状河三角洲、扇三角洲沉积体系，以及以陆相敞流湖盆最大湖泛期半深湖—深湖重力流、三角洲前缘等为主的沉积体系中，是国内发现致密油的主要类型。致密砂岩储层岩性复杂、物性差、孔隙类型多样性明显、非均质性强。鄂尔多斯、松辽、渤海湾、柴达木等盆地致密砂岩储层岩性以岩屑砂岩、长石岩屑砂岩为主，其次是长石与岩屑砂岩，组成岩石的沉积碎屑粒度细、分选与磨圆度差。孔隙类型以粒间（微）孔、粒间及粒内溶孔、微裂缝为主，主要为次生孔隙，原生孔隙比较少见，其主要原因是压实作用对原生孔隙的保存有不利影响，又由于储层与烃源岩的紧密接触，烃类的流体在生成和短距离运移的过程中，有机酸等物质作用于致密储层，促使次生孔隙相对发育。

致密碳酸盐岩：是另一种主要的致密油储层类型。通常形成于陆相湖盆最大湖泛期的深湖—半深湖重力流、前三角洲等沉积环境，岩性则受物源供应与湖盆性质影响，表现出复杂多样的特点，包括藻屑或介屑灰岩、粉砂质或砂质白云岩、白云质砂岩和白云岩等。物源相对充足时主要形成富砂质储层，物源缺乏时易于形成碳酸盐岩储层。在封闭、咸化湖盆环境下，储层白云石化较为普遍。该类储层广泛发育于晚古生代、中—新生代陆相沉积盆地斜坡—凹陷区，主要分布于二叠系、三叠系、侏罗系、白垩系、古近系。如渤海湾盆地歧口凹陷沙一段、束鹿凹陷沙三段、辽河西部凹陷沙四段、柴达木盆地西部下干柴沟组以及四川盆地侏罗系大安寨段。

混积岩：是一类特殊的致密储层，指陆源碎屑与碳酸盐岩等组分经混合沉积作用而形成的致密储层类型，广义上还包括由陆源碎屑与碳酸盐岩等组分在空间上构成交替互层或夹层的混合型致密储层。准噶尔盆地吉木萨尔凹陷芦草沟组、三塘湖盆地芦草沟组与条湖组、渤海湾盆地歧口凹陷沙河街组一段以及辽河西部凹陷沙河街组四段等均发育混积岩。混积岩分布规模相对较小，但储层物性要好于致密碳酸盐岩，储集性能受岩性与溶蚀作用双重控制。分布面积一般为300~900km²，单层厚度一般为1~50m。岩性主要包括云质粉砂岩、砂屑云岩、石灰岩、白云岩、沉凝灰岩、砂质云岩和泥晶云岩等，一般属于特低孔—超低渗型储层，孔隙度一般为2%~25%，渗透率一般小于1mD。储集空间以裂缝—溶孔为主，微米级与纳米级孔喉发育，其中微米级孔喉占49%~58%，纳米级孔喉占42%~51%。以准噶尔盆地吉木萨尔凹陷芦草沟组为例，混积岩分布面积约900km²，单层厚度一般为1~27m，岩性主要为云屑砂岩、砂屑云岩、微晶云岩、云质粉砂岩和泥质粉砂岩，孔隙度一般为6%~16%，渗透率一般小于0.1mD。云质粉细砂岩物性较好，平均孔隙度为10.4%，平均渗透率为0.06mD；云屑粉细砂岩物性最好，平均孔隙度为11.9%，平均渗透率为0.076mD；砂屑云岩与泥晶—微晶云岩物性较差，平均孔隙度为9.5%左右，平均渗透率分别为0.05mD和0.32mD。另外，芦草沟组滩坝云质岩受成岩溶蚀作用影响，储集空间类型包括剩余粒间孔、微孔、溶孔、溶缝及晶间孔，以溶蚀孔洞、溶缝为主，成岩溶蚀改造作用改善了储层的渗流能力。

3）源储组合多样，富集程度差异较大

致密油具有近源成藏特点，按照烃源岩与储层组合方式，主要有源上、源下和源内三种类型。其中源内致密油充注强度大、含油饱和度高，更为富集。

源内致密油：是指夹于烃源岩层内部的致密储层中聚集的石油。源内致密油的形成与最大湖泛期沉积具有对应性。当湖平面上升至最大时，形成优质烃源岩，同时也发育与烃源岩呈互层状展布的致密储层，主要为深湖—半深湖相重力流砂体、三角洲外前缘砂体等，如鄂尔多斯盆地三叠系长7段、松辽盆地青山口组、柴达木盆地扎哈泉地区新近系上干柴沟组等。另一类源内致密油是主力烃源岩内部发育的致密云质岩、泥晶灰岩以及混积岩等，如准噶尔盆地芦草沟组、风城组，四川盆地侏罗系大安寨段，渤海湾盆地辽河西部凹陷雷家地区沙河街组四段等。由于储层与烃源岩互层式紧密接触，油源充足，运移距离短，充注强度大，含油饱和度高。如鄂尔多斯盆地三叠系长7段致密油，录井显示一般为油斑—油浸级，含油饱和度一般大于70%。准噶尔盆地芦草沟组致密砂岩或碳酸盐岩储层与泥灰岩、泥页岩等优质烃源岩互层或共生发育，自生自储或近源聚集，含油饱和度最高超过90%。

源上致密油：是指在紧邻烃源岩、位于优质烃源岩之上的致密储层中聚集的石油。以鄂尔多斯盆地延长组长6_3段为代表，储层形成于陆相湖盆湖退期的三角洲、浅湖—半深湖与重力流等沉积环境，沉积物源供给充足，具有以进积为主的沉积特点，在斜坡—湖盆区广泛分布，与下伏优质烃源岩构成下生上储的成藏组合。鄂尔多斯盆地长6_3发育进积三角洲，在湖盆中心形成半深水—深水三角洲前缘—深水重力流砂体，致密储层连续稳定分布，厚5~40m，分布面积约$1.5 \times 10^4 km^2$；下伏为长7段优质烃源岩，在强大的生烃压差驱动下，烃类经过短距离运移聚集成藏。

源下致密油：是指紧邻烃源岩、位于优质烃源岩之下的致密储层中聚集成藏的石油，以松辽盆地扶余油层为代表。这类致密储层一般多形成于陆相湖盆湖侵期的河流—浅水辫状河三角洲、滨浅湖—半深湖和扇三角洲等沉积环境，具有以退积为主的沉积层序特征，主要分布在斜坡区，与上覆最大湖泛期沉积的优质烃源岩构成上生下储的成藏组合。松辽盆地扶余油层之上的青山口组一段烃源岩既是主力生油层，又是有效盖层，储层主要为三角洲前缘和前三角洲砂岩、粉砂岩，单层厚度薄，断层发育，在强大的源储压差驱动下，青一段生成的石油向下运移至致密储层中聚集成藏。扶余油层以低饱和度为主，含油饱和度一般为20%~50%，油水分异差，多油水同层。

4）气油比低，原油性质、压力系数变化较大

陆相致密油气油比总体较低，具有由近源向远源，气油比逐渐降低的特点。鄂尔多斯盆地长7段致密油气油比最高，平均达109m³/t；其次是长8_1，平均为89m³/t；长6_3最低，平均为76m³/t。松辽盆地扶余油层气油比平均为40 m³/t；准噶尔盆地芦草沟组致密油气油比平均为17 m³/t。

陆相致密油原油性质变化较大，原油密度一般为0.7~0.9g/cm³，黏度为0.3~3mPa·s，既有轻质油，也有密度较高的原油。长7段可动流体主要分布于0.10~0.50μm喉道控制的储集空间（占31.25%）；可动流体饱和度与孔隙度、渗透率相关性较好，说明储层物性是控制饱和度的主要因素。

陆相致密油压力系数变化较大，既有超压型，也有常压型和低压型。鄂尔多斯盆地长7段、三塘湖盆地二叠系致密油层属于低压型，其他盆地的致密油以常压型或超压型为主，压力系数介于1.0~1.8之间。

三、致密气形成条件与地质特征

早在20世纪70年代，四川盆地川西地区就已发现了中坝致密气田，之后陆续在鄂

尔多斯等多个盆地的低孔、低渗储层中见到了工业气流或丰富气显示。受工程技术水平限制，未将其作为重要勘探对象，勘探开发进展缓慢。"十一五"期间，致密砂岩气概念的引进，基础地质理论、水平井与压裂改造等勘探开发配套技术的进步，使我国致密砂岩气进入大规模勘探开发与快速发展阶段。

1. 我国致密气形成条件

我国致密气广泛发育，主要由以下三方面条件决定：（1）我国自晚古生代石炭纪—二叠纪以来，广泛发育海陆过渡相—陆相沉积环境，沉积水系多、横向变化快。由多水系沉积形成的砂体原始储集物性就偏差，再加上后期埋藏以后的成岩作用，使保存下来的孔隙度和渗透率条件进一步变差，多形成致密储层。（2）发育多套呈区域性分布的气源岩，为与之近邻的致密储层形成致密砂岩气藏提供了充沛的气源条件。区域分布的气源岩共有三套，分别是石炭系—二叠系、三叠系—侏罗系和白垩系—古近系，前两套主要是煤系气源岩，第三套既有煤系也有湖相泥质气源岩。（3）陆上多数含气盆地都以大型坳陷盆地为主，构造不发育，地层相对平缓，有利于岩性圈闭以集群方式广泛发育。由于致密砂岩物性条件较差，虽然形成的气藏总体呈低丰度，也有利于天然气成藏和保存，总体规模相当大。

1）致密气广泛分布，古生界志留系到新生界古近系都有发育

我国致密气储层广泛分布于各主要沉积盆地，在地质层位上从古生界志留系到中生界白垩系和新生界古近系都有发育，分布层系近10套，表现出发育层系多、分布范围广的特点。志留系致密气主要发育于四川盆地和塔里木盆地，以海相砂岩为主。石炭系—二叠系致密气主要分布在鄂尔多斯盆地和准噶尔盆地，鄂尔多斯盆地以本溪组、太原组、山西组和石盒子组为主要含气层位；准噶尔盆地以风城组、佳木河组和乌尔禾组为主要含气层位。三叠系—侏罗系的致密气在西部地区塔里木盆地、准噶尔盆地和吐哈盆地以及中部四川盆地都有分布；白垩系致密气主要分布在塔里木盆地和松辽盆地，已在塔里木盆地库车坳陷发现了克深、大北等气田，在松辽盆地已有多口井获较高产工业气流；古近系致密气在渤海湾盆地也有数口井获工业—低产气流。

2）致密气形成分布主要受三套区域煤系控制

中国的聚煤时期分为晚古生代、中生代和新生代三个时期，对致密气资源具有重要控制作用。尽管各含气盆地发育致密气的层系很多，但从规模性来看，致密气主要富集在三大聚煤层系中：一是石炭系—二叠系，以鄂尔多斯盆地苏里格、大牛地和榆林等气田为代表，主要含气层是二叠系山西组一段、二段（山1+山2）和石盒子组八段（盒8），目前探明加基本探明的致密气地质储量接近$4 \times 10^{12} m^3$。二是三叠系—侏罗系，以四川盆地、塔里木盆地为代表，主要含气层有须家河组、阳霞组和八道湾组等，已在四川盆地川中地区发现三级储量规模超$10^{12} m^3$的致密气大气区。此外，在库车、吐哈等盆地也有多口探井获较高产工业气流。三是白垩系—古近系，以塔里木盆地库车地区、松辽盆地、渤海湾盆地为代表，一种是与煤系气源岩形成的成藏组合，另一种是与古近系高成熟—过成熟气源岩形成的成藏组合，埋深普遍较大。

3）源储紧密接触是致密气大规模成藏的关键

致密气属于近源成藏，一般要求源储紧密接触，短距离运移聚集，以近源垂向运移成藏为主。目前已发现致密气源储组合均以"三明治"结构为主，可以使烃源岩排烃效率更高，利于油气在致密储层中充注，形成大面积连续型气藏，含气范围不受局部构造控制。

通常情况下，主河道砂体和裂缝控制致密气富集高产。

鄂尔多斯盆地上古生界致密砂体与煤系烃源岩交互叠置、源储紧邻，形成良好的储盖组合。发育石炭系本溪组、太原组和二叠系山西组三套煤系气源岩，分布面积大，超过$22×10^4km^2$，生气强度高，最大达$40×10^8m^3/km^2$。二叠系山西组和下石盒子组致密砂岩大面积分布，覆盖在气源岩之上，二者紧密接触面积超过$15×10^4km^2$，保证了致密气成藏的规模性。

2. 我国致密气类型及地质特征

根据我国致密气基础地质条件与气藏特征，结合圈闭类型以及勘探实践效果等，将致密砂岩气藏划分为斜坡岩性型和深层构造型两大类：

1）斜坡岩性型是主要致密气类型，分布广、规模大

斜坡岩性型致密气藏形成于大型斜坡背景，以岩性圈闭为主，发育大面积低孔低渗非均质储层以及广覆式生储盖组合，资源丰度低，无统一气水界面，产量受裂缝和有效储层控制，鄂尔多斯盆地上古生界致密气藏和四川盆地须家河组致密气藏为斜坡岩性型典型代表。通常具备四项基本特征：（1）具有稳定的大型低平斜坡背景；（2）浅水三角洲满盆发育，砂体大面积叠置分布；（3）煤系烃源岩大面积发育，广覆式生烃（面状排烃）；（4）具备源储规模接触的有利条件。

鄂尔多斯盆地和四川盆地具有构造相对稳定的克拉通基底，大型褶皱和断裂不发育，大型低平斜坡背景分布面积大，占盆地80%以上；斜坡带地层平缓，坡度1°～3°。大型低平斜坡背景使得鄂尔多斯盆地上古生界与四川盆地须家河组储层沉积相以发育浅水三角洲砂体为主，具有分布稳定、厚度大、分布范围广、规模大的特点，纵向上有序分布。鄂尔多斯盆地上古生界砂体叠加厚度150～200m，面积约$10×10^4km^2$。四川盆地大川中地区低平斜坡须家河组厚150～700m，面积约$17×10^4km^2$，单砂体物性横向变化快，非均质性较强，有效储层多层叠加，有利于形成大气区（图1-10）。

鄂尔多斯盆地上古生界与四川盆地须家河组煤系烃源岩广覆分布，占盆地面积80%以上。热演化程度适中，R_o在1.0%～2.0%之间，具有高丰度、高生气强度特征，鄂尔多斯盆地上古生界生烃强度为$(10～40)×10^8m^3/km^2$，生烃强度大于$20×10^8m^3/km^2$的面积为$13.8×10^4km^2$，占盆地总面积的55.2%；四川盆地须家河组生烃强度为$(10～140)×10^8m^3/km^2$，生气强度大于$10×10^8m^3/km^2$的面积超过50%，整体表现出广覆式生烃的特征。

四川盆地须家河组三次水侵水退形成"三明治"结构，源储交互式接触则是以三次水侵水退形成的"三明治"结构为基础的，须一段、须三段和须五段为煤系源源岩，须二段、须四段和须六段为致密砂岩段，二者大面积紧密接触，接触面积超过$8×10^4km^2$，也保证了致密气大面积成藏。

2）构造型致密气藏主要分布在西部山前带，丰度较高，单体规模较大

构造型致密气藏是指具有背斜、断裂带等构造背景，成藏模式类似于常规气，构造高部位相对富集的致密气藏，主要分布于我国西部山前带。吐哈盆地柯克亚南部发育巴喀断背斜，北部发育逆冲前缘的阿克塔什构造，水西沟群普遍钻遇气层，呈鼻隆背景整体连片含气、构造高部位相对富集的格局，下侏罗统气藏的形成和分布主要受构造控制，个别气藏在局部受岩性尖灭或储层物性致密控制。勘探实践表明，巴喀气田Ⅰ类气井、Ⅱ类气井位于构造高部位和较高部位，Ⅲ类气井主要位于构造翼部，部分也位于构造高部位（受

沉积微相和天然裂缝控制)。构造型致密气形成条件一般要求具有高强度生烃能力,规模储层与构造圈闭发育,并上覆巨厚盖层。该类气藏的主要特征是高温、高压、高产、高丰度,油气分布与富集规律受有利储层及裂缝控制。

(a) 四川盆地须家河组成藏模式图

(b) 鄂尔多斯盆地上古生界成藏模式图

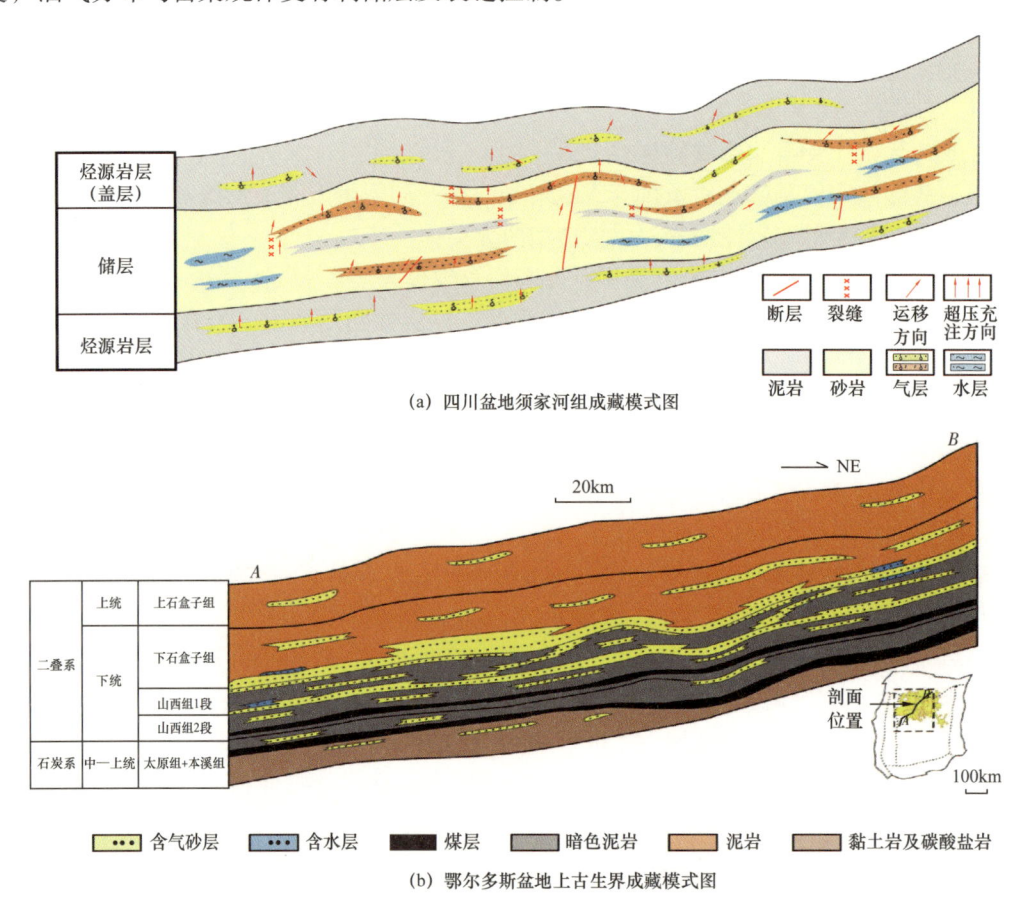

图1-10 斜坡岩性型致密砂岩气藏典型成藏模式图

四、页岩气地质特征与分布规律

1. 我国发育三类页岩,为页岩气形成提供了基本条件

我国地质背景复杂,富有机质页岩类型复杂,包括海相、海陆过渡相(交互相)和陆相三种类型,海相页岩主要形成于早古生代,海陆过渡相(交互相)页岩主要形成于晚古生代,陆相页岩主要形成于中—新生代。海相页岩主要分布在四川盆地及周边、中—下扬子地区、塔里木盆地等广大南方地区和中—西部地区,以上奥陶统—下志留统的五峰组—龙马溪组为重点层段;海陆过渡相(交互相)页岩主要分布在四川盆地及周边、中—下扬子地区、鄂尔多斯盆地、准噶尔盆地、塔里木盆地等南方地区及中—西部地区,以石炭系—二叠系为重点层系;陆相页岩广泛分布于我国主要沉积盆地,包括松辽盆地、渤海湾盆地、鄂尔多斯盆地、四川盆地、准噶尔盆地、塔里木盆地等,以三叠系—侏罗系、白垩系(青山口组)和古近系(沙河街组)为重点层系。

2. 页岩气规模成藏受多种因素控制,海相页岩气最为有利

北美产气页岩以上古生界泥盆系、石炭系和二叠系为主,形成于克拉通边缘坳陷及前

陆坳陷。中国海相页岩主要发育在早古生代，形成于克拉通内坳陷或边缘斜坡半深水—深水陆棚区。除四川盆地、塔里木盆地外，海相页岩处于现今盆地之外，遭受多次构造改造或大面积裸露，构造相对稳定、保存好是页岩气成藏的必要条件。半深水—深水陆棚相是海相富有机质页岩形成的主要环境，硅质页岩、钙质页岩为优质储层的主要岩石类型，连续厚度大、有机质纳米孔隙发育、地层超压、处于有效生气窗等为页岩气成藏的重要条件。海相页岩气富集主控因素包括：（1）有效厚度——保证气源供给及地层超压的形成；（2）有机质丰度和热演化程度——页岩气富集的物质基础，提供有机质孔隙；（3）脆性矿物——天然裂缝和人工诱导缝形成的基础；（4）超压——富集高产的重要条件；（5）深水陆棚相——富有机质页岩发育的有利相带。根据四川盆地五峰组—龙马溪组页岩气勘探开发成果，初步建立了我国海相页岩气成藏地质理论与富集模式。评价认为五峰组—龙马溪组优质页岩储层总体存在，页岩气资源具经济、规模开采前景，但页岩气赋存条件存在区域性差异。基本明确四川盆地及周边、中扬子地区为海相页岩气资源两大富集有利区。

海陆过渡相（交互相）页岩气成藏特征总体表现为大面积广覆式分布，台洼潟湖和深沼芦苇相控制优质富有机质页岩的厚度和分布规模；黏土质页岩和粉砂质页岩为有利岩相组合，脆性程度高；孔隙类型以基质孔隙（黏土矿物晶间、粒间孔、溶蚀孔等）为主，存在有机质孔隙，局部发育裂缝；成气条件较好，有机质类型以 II_2 型—III 型为主，处在成气高峰阶段，为常规天然气资源提供了气源；构造稳定，埋深适中，受盆地类型和生烃作用控制，前陆盆地坳陷区普遍超压。南方地区二叠系、北方地区以石炭系—二叠系为主的海陆过渡相（交互相）页岩气，分布面积为 $(15\sim20)\times10^4m^2$（叠合面积 $19.13\times10^4m^2$），具有多与煤层伴生、与砂岩互层、厚度相对较小、横向连续性差、含气量变化大、脆性一般等特点。海陆过渡相（交互相）页岩气仅有少量井获气流，尚无生产井正式开采，资源前景不完全明朗。

陆相页岩气的优势表现为深水—半深水湖盆中心和斜坡带页岩发育，分布广；页岩总厚度大，集中段较发育，一般为 20~200m；有机质丰度高，为 2%~8%；母质类型好，以 I 型—II 型为主；构造简单，保存条件好，地层超压。不足表现为：热演化低，R_o 为 0.6%~1.1%，以生油为主；黏土矿物含量高，成岩程度低，页岩脆性相对较差；有机质孔不发育，物性总体偏低；生气范围小，占 10%~30%，埋深较大。目前研究认为，陆相烃源岩具有以生油为主、生气范围局限、含气量低、脆性差等特点，资源潜力总体有限。

3. 四川盆地五峰组—龙马溪组海相页岩气形成条件与富集因素

四川盆地是我国页岩气勘探开发的重点地区，截至 2015 年底，五峰组—龙马溪组页岩气已钻井 450 余口，其中 230 口获工业气流，水平井单井日产气 $(15\sim43)\times10^4m^3$，在四川盆地发现了涪陵、长宁—威远、昭通、富顺—永川四个页岩气富集区，探明页岩气地质储量 $5441.29\times10^8m^3$，其中涪陵地区 $3805.98\times10^8m^3$、长宁—威远地区 $1635.31\times10^8m^3$，并成功实现了工业开发，2015 年页岩气产量近 $45\times10^8m^3$，取得了显著勘探开发成效。然而，筇竹寺组尽管也发育富有机质页岩，但钻探效果较差。截至 2015 年底，筇竹寺组页岩气钻井 40 余口，仅在四川盆地威远—犍为地区 4 口井获工业气流，产量总体不高，其他地区仅 3 口井见微气。综合评价认为，四川盆地五峰组—龙马溪组海相页岩气具有良好的形成条件。

1）稳定构造背斜保存条件好，页岩气富集

四川盆地震旦纪以来经历了加里东期、海西期、印支期—燕山期、喜马拉雅期等多期构造运动叠加改造，导致沉积地层发生强烈褶皱形变、抬升剥蚀。钻探揭示不同构造部位页岩气富集程度及保存条件差异明显，具有良好构造稳定和保存条件成为海相页岩气聚集与富集的重要条件。盆内宽缓构造发育区，断裂不发育，五峰组—龙马溪组保存较好，有利于页岩气藏形成、聚集与富集。相反，四川盆地边缘及盆地外，构造改造程度较强地区，地层抬升、断层发育、保存条件差，页岩气藏聚集与富集程度低。

四川盆地长宁页岩气田处于盆地边缘长宁背斜构造西南斜坡区，长宁背斜构造顶部五峰组—龙马溪组被抬升剥蚀，近剥蚀区五峰组—龙马溪组地层压力为常压—低压，往西南长宁页岩气田区即长宁背斜西南翼斜坡区五峰组—龙马溪组保存好，地层普遍超压，压力系数为 1.3～2.0，已钻页岩气井多数获高产工业气流。长宁页岩气田往南的云南昭通区为构造强改造区，保存条件较差，未能获得气流或仅获低产气流。四川盆地东部的涪陵页岩气田位于万县复向斜焦石坝背斜构造区，地层超压，压力系数达 1.5 以上。截至 2015 年底，焦石坝页岩气田钻井 205 口，投入生产井 146 口，单井平均测试日产气量 $32.72\times10^4m^3$，单井最高日产气量 $59.1\times10^4m^3$，说明正向宽缓构造区有利于页岩气成藏和富集（图 1-11）。而盆地外构造改造区彭水、盆地边缘的丁山等构造区页岩气富集条件相对较差。彭水地区的彭页 HF-1 井五峰组—龙马溪组测试日产气仅 $2.3\times10^4m^3$，压力系数为 1.0，常压，表明构造强变形带向斜区具有一定的保存条件但遭受部分破坏，页岩气单井产量低。

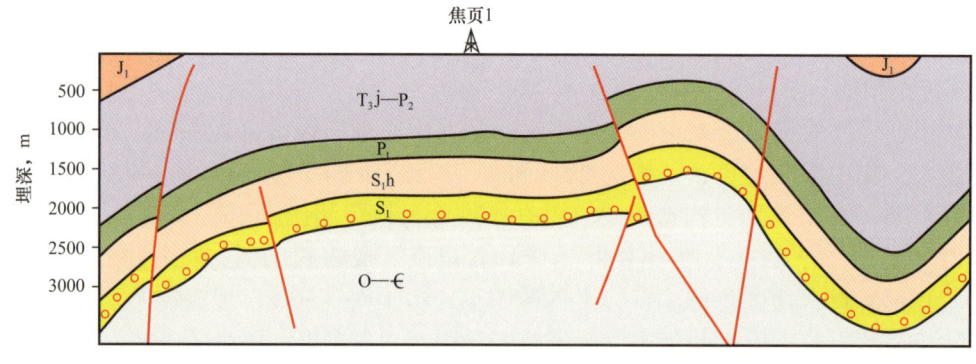

图 1-11 构造稳定区正向构造单元与改造区页岩气成藏与富集模式图

2）深水陆棚相控制富有机质页岩分布，是页岩气富集基本条件

富有机质页岩形成、沉积规模、优质页岩发育程度等明显受到沉积环境影响，是海相页岩气成藏和富集的基本条件。海相深水陆棚相为生物原始产率高、欠补偿缺氧环境，是形成厚层、规模分布富有机质页岩的最有利相带和最主要相带。五峰组—龙马溪组沉积期在全球性海侵背景下，上扬子地区（以四川盆地为主）在川南、川东—鄂西、川东—川北等地区形成了低能、缺氧半深水—深水陆棚沉积环境，大量生物繁盛，如藻类、放射虫、海绵、笔石等，尤其是笔石大量繁盛，形成了较大规模的富含笔石、放射虫等生物化石的笔石页岩，高 TOC 含量、厚度大、纵横向分布稳定。已有钻井及露头剖面统计，四川盆地及周边富有机质页岩厚 20～100m，像富顺—永川页岩气产区厚 40～100m，威远页岩气田厚 30～40m，长宁页岩气田厚 30～60m，涪陵地焦石坝页岩气田厚 38～45m，既为页岩气

形成奠定了良好的物质基础，也为页岩气富集提供了有利的场所。五峰组—龙马溪组页岩气层段 TOC 含量高，钙质硅质含量高，页岩脆性强，页岩层理/页理、微裂缝发育。五峰组—龙马溪组页岩孔隙度为 3%～10%，平均为 4.75%，且由构造翼部向构造顶部页岩储层孔隙度增加。

3）超压有利于页岩气保存，资源富集

超压是指地层压力系数大于 1.2。超压是页岩含气性好、富集高产的重要条件。实际上，地层超压不仅表明页岩地层具有良好的保存条件，同时还需要具有一定的埋深。统计发现单井测试产量与地层压力系数具明显正相关关系，地层压力越高，含气性越好，产量越高。同时，五峰组—龙马溪组产层压力系数与埋深成正比，产层埋深越大，地层压力系数越高，单井测试产量越高。长宁—昭通、威远、富顺—永川、焦石坝等地区已获页岩气井中，埋深在 1500～3500m 之间，平均为 2500m 左右，压力系数为 1.2～2.2。当埋深大于 2500m 时，地层压力系数大于 1.5，直井单井测试产量大于 $2.0 \times 10^4 m^3/d$，水平井单井测试产量大于 $10.0 \times 10^4 m^3/d$，差压对应高含气量五峰组—龙马溪组超压段页岩含气量大于 $4.0 m^3/t$，长宁气田含气量平均为 $4.1 m^3/t$，涪陵焦石坝气田含气量平均为 $4.6 m^3/t$，彭水气田地层压力系数为 1.0，含气量为 $2.3～2.92 m^3/t$。

五、煤层气形成条件与分布规律

1. 煤层气资源类型多，地质特征差异大

我国发育不同类型盆地，先天地质条件和后期演化差异大，决定了煤层气资源类型多样，表现出较大差异。

克拉通盆地煤层气，煤层构造相对稳定，煤岩结构较完整，含煤面积大，煤层较连续，易对比，气藏赋存状态简单，含气性好。但煤层时代老，成岩时间长，储层物性差，渗透率一般小于 0.1mD，裂缝多闭合或被矿物质充填，经历构造运动多，以鄂尔多斯盆地、沁水盆地为代表。

前陆盆地煤层气，为滨浅湖—沼泽聚煤环境，含煤面积大，厚度较大，煤层产状较陡，埋深范围变化大，煤层分布连续性较差，层数多，煤体结构相对复杂，开放断层易导致散失。以准噶尔盆地南部为典型代表。

断陷湖盆煤层气，缓坡带煤层巨厚，规模较小，构造较复杂，煤层分布不稳定，层数多，煤层相变快，不易对比，有利盖层分布相对有限，含气量差异大。以二连盆地群为典型代表。

残留盆地煤层气，含气性好，储层压力较高，煤体结构较完整，但规模较小，断层多样，煤层分布不稳定，构造煤比例偏高，煤层倾角超过 40°，单层厚度较小，不易对比。以南方滇黔桂盆地为典型代表。

2. 我国煤层气具有多期生气、多源叠加、多期改造的"三多"特征

我国煤层气具有多期生气、多源叠加、多期改造的"三多"特征；同时具有渗透率低、储层压力系数低、吸附饱和度低的"三低"特征，可采资源比例偏低。

我国煤层气成因复杂，煤层气甲烷 $\delta^{13}C_1$ 为 −80‰～−6.6‰，显示出多源、多期生气的特征。晚石炭世—早二叠世、晚二叠世、早—中侏罗世以及晚侏罗世—早白垩世是我国最主要的四个成煤期，由于成煤时代早，煤层气散失时间长，吸附饱和度普遍较低，煤层气

吸附饱和度为20%～91%，平均约45%。

含煤盆地经历多期改造，导致构造煤发育，结构破碎。晚古生代近海平原形成石炭系、二叠系煤层，中生代内陆湖盆形成侏罗系煤层，新生代中部断陷期煤层气赋存定型。我国构造煤占总资源量五分之一，构造煤力学强度低，钻井难度大，储层改造难度大。

煤岩压实作用强烈，储层物性差，致密低渗。孔隙度一般不足5%，且连通性较差，割理多被矿物充填。煤层气试井渗透率普遍较低，介于0.002～16.17mD之间，平均为0.97mD，以0.1～1mD为主，小于0.1mD占35%，0.1～1mD的占37%。

3. 不同煤阶煤层气具有不同的资源富集规律与控制因素

1）中—高煤阶煤层气

中—高煤阶煤层气勘探开发首先在我国取得了突破，不仅形成了鄂尔多斯东缘和沁水两个千亿立方米煤层气田，近年南方川南黔北地区高煤阶勘探开发也快速发展，形成了筠连 $2\times10^8m^3$ 产能区块。随着研究的深入，中—高煤阶煤层气藏富集主要受各方面因素影响进一步明确，即沉积控藏、水动力控气、构造调整。

（1）沉积控藏。沉积体系决定煤储层展布规律及封盖能力，其中潟湖—潮坪、浅湖、三角洲间湾相带煤层连续、厚度大，多发育泥岩盖层，有利于煤层气富集。其中，鄂尔多斯东缘多为潮坪、浅湖、三角洲间湾相带，含煤层系多发育泥岩盖层，含气量高；沁水盆地山西组多为潮坪、潟湖和三角洲平原，以中—厚煤层为主，大范围内分布稳定，含气量多在 $2\sim10m^3/t$ 之间。

（2）水动力控气。水动力对煤层气富集最有利位置为承压—滞留区，因为滞留区为地下水高势区，水动力运移缓慢，溶解作用弱，散失小，所以利于煤层气富集。以沁水南部夏店为例，该区域承压—滞流区煤层含气量大于 $14m^3/t$，含气饱和度大于82%，有利于煤层气富集；而补给区煤层含气量小于 $8m^3/t$，含气饱和度小于48%，不利于煤层气富集。

（3）构造调整。开放性断层会导致煤层气大量散失，从而调整富集区分布。因为开放性断层切割煤层，破坏顶、底板的封存条件，释放出层压力，所以导致煤层气大量散失。以樊庄—郑庄为例，靠近寺头大断层区域，受断裂影响，煤层含气量普遍偏低，且距离寺头断层越近，含气量越低。

2）低煤阶煤层气

低煤阶煤层气由于热演化程度低，具有埋藏浅，储层物性好（孔隙度为15%～20%），储层煤质软，渗透率差异大（0.1～100mD），但生气能力弱，易散失，含气量低等特点。因此，是否具有充足的气源补给和良好的封盖条件是低煤阶富集的关键。我国低煤阶地质特征不同，发育三种不同的成因富集模式。

（1）次生生物气型。主要分布鄂尔多斯盆地、海拉尔盆地、二连盆地等。鄂东地区水动力条件多具备生物气生成条件，含气量较高，煤层气富集关键在顶底板封盖能力；东北地区海拉尔盆地、二连盆地煤阶较低，首先优选有利水动力地质条件，进而寻找次生生物气补给区来预测煤层气富集区。

（2）混源型。主要分布在西北地区，煤层较厚，保存条件较好，寻找多气源补给区是寻找富集区的关键。混合型气源包括原生热解气、次生生物气、深部运移气等，以准噶尔盆地南缘为例，该地区 R_o 为0.5%～0.8%，气体甲烷碳同位素在 $-55‰\sim-44‰$ 之间，具有生物成因和热成因起源混合补给的特点，因此，具有两种气源共同补给的构造斜坡带是煤层气富集区，含气量最高超过15m³/t，阜煤1井、阜试1井均获工业气流。而同一地区的准噶尔盆地东缘、吐哈均由于R_o较低，封盖能力差，缺乏生物气补给，含气量不超过1m³/t。

（3）二次生气型。由火山岩二次生气或次生生物气补给区，主要分布在东北地区。以阜新为例，由于火山岩侵入煤层，岩墙遮挡，岩床封盖，煤层二次生气，后期煤体快速冷却收缩，次生割理发育，渗透性好，说明火山岩活动区有利于煤层气富集。刘家区块实现低煤阶商业性开发，目前单井产量约2500m³/d。

参考文献

[1] 赵文智，张光亚，汪泽成. 复合含油气系统的提出及其在叠合盆地油气资源预测中的作用[J]. 地学前缘，2005，12（4）：458-467.

[2] 赵文智，王兆云，王红军，等. 再论有机质"接力成气"的内涵与意义[J]. 石油勘探与开发，2011，38（2）：12-135.

[3] 戴金星，邹才能，陶士振，等. 中国大气田形成条件和主控因素[J]. 天然气地球科学. 2007，18（4）：473-485.

[4] 戴金星，杨春，胡国艺，等. 煤成气是中国天然气工业的主角[J]. 天然气地球科学. 2008，19（6）：733-741.

[5] 赵文智，王红军，钱凯. 中国煤成气理论发展及其在天然气工业发展中的地位[J]. 石油勘探与开发，2009，36（3）：280-290.

[6] 彭平安，邹艳荣，傅家谟. 煤成气生成动力学研究进展[J]. 石油勘探与开发，2009，36（3）：297-307.

[7] 肖芝华，胡国艺，钟宁宁，等. 塔里木盆地煤系烃源岩产气率变化特征[J]. 西南石油大学学报（自然科学版），2009，31（1）：9-14.

[8] 陈建平，王绪龙，邓春萍，等. 准噶尔盆地南缘油气生成与分布规律——烃源岩地球化学特征与生烃史[J]. 石油学报，2015，36（7）：767-781.

[9] 张水昌，米敬奎，刘柳红，等. 中国致密砂岩煤成气藏地质特征及成藏过程——以鄂尔多斯盆地上古生界与四川盆地须家河组气藏为例[J]. 石油勘探与开发，2009，36（3）：320-331.

[10] 王民，董奇，卢双舫，等. 松辽盆地沙河子组煤岩TG—MS实验产物特征及动力学分析[J]. 煤炭学报，2012，37（7）：1150-1156.

[11] 赵文智，胡素云，刘伟，等. 论叠合含油气盆地多勘探"黄金带"及其意义[J]. 2015，42（2）：1-12.

[12] 郑民，贾承造，冯志强，等. 前陆盆地勘探领域三个潜在的油气接替区[J]. 石油学报，2010，31（5）：723-729.

[13] 赵文智，邹才能，汪泽成，等. 富油气凹陷"满凹含油"论——内涵与意义[J]. 石油勘探与开发，2004，31（2）：5-13.

[14] Jarvie D M, Hill R J, Ruble T E, et al. Unconventional shale-gas systems: the Mississippian Barnett shale of north-central Texas as one model for thermogenic shale-gas assessment [J]. AAPG, 91(4): 475-499.

[15] 郑民，李建忠，吴晓智，等. 致密储集层原油充注物理模拟——以准噶尔盆地吉木萨尔凹陷二叠系芦草沟组为例[J]. 石油勘探与开发，2016，43（2）：1-9.

第二章　油气资源评价方法、软件与数据库

近年来国内外油气资源评价方法研究取得了很大进展，本章在分析国内外油气资源评价方法研究现状和技术发展趋势基础上，确定了评价方法优选的原则，论述了本次资源评价建立的常规与非常规油气资源评价方法体系，包括常规油气资源的 12 种评价方法和非常规油气资源的 7 种评价方法；探讨了油气资源经济评价和环境评价的方法、模型与评价案例；简要介绍了常规与非常规油气资源评价软件系统的结构、功能以及数据库和图形库系统。

第一节　油气资源评价方法研究进展

一、常规油气资源评价方法研究现状与进展

美国、加拿大、澳大利亚、俄罗斯、挪威、中国等是世界上较早进行油气资源评价的国家，每年或每隔几年就对本国或世界的油气资源进行评价，以便清楚地掌握本国或全球油气资源的潜力和分布状况，为本国的油气勘探开发指明方向，为能源中、长期发展规划制定提供依据。

1. 国外研究现状与进展

近 20 年来，国外常规油气资源评价方法的进展主要体现在统计模型的改进及地质分析的综合评价上。

1）美国

美国的油气资源评价工作开展较早，从 20 世纪 70 年代以来，大致每 6 年或 7 年美国地质调查局（U.S. Geological Survey，简称 USGS）就对美国全国做一次油气资源评价，其中 1995 年结束的油气资源评价是对美国国内油气资源进行的一次规模最大、数字化程度最高的评价。自 1996 年以来，美国地质调查局将地理信息系统（GIS）引入油气资源评价和含油气系统等综合研究，将数字化水平又提高了一大步。

美国地质调查局自 20 世纪 70 年代以来开展的主要油气资源评价情况如下：（1）1975 年开展的第一次美国国内油气资源系统评价以统计分析为主[1]，对钻井历史和油气发现数据进行统计分析，评价结果很大程度上依赖于石油地质学家的判断水平；（2）1988 年开展的美国国内油气资源评价，以盆地和含油气系统为基本单元，采用勘探层分析法进行油气资源评价。石油地质学家对油气藏形成的必要因素进行了概率判断，并以概率分布的形式对未发现油气藏的规模和个数进行定量评估[2, 3]；（3）1995 年美国地质调查局完成了美国本土及海域的油气资源评价，以区带为评价单元对 274 个常规石油区带和 239 个常规天然气区带进行了系统评价，主要评价方法包括油藏规模序列法、Arps-Roberts 发现过程法、截头移尾帕莱托模拟法、分形对数正态比例分析法、类比法、空间分析方法、蒙特卡洛模拟法等[4]；（4）2000 年以后，美国地质调查局采用动态评价模式，对美

国国内及全球重点地区和领域进行评价[5]。在中—低勘探程度区，主要采用 The Seventh Approximation（第七版概率逼近法）；在老油区，主要采用老油田储量增长预测法。2012年发布了《2012年世界未发现常规油气资源评估报告》。

从上述美国油气资源评价方法的进展可以看出，评价单元包括油气区、盆地、含油气系统、区块、勘探层以及圈闭等。总体上讲，USGS 以含油气系统评价为主，油公司以区带评价为主。随着资料的增多，评价单元从大的油气区发展到更小级别的单元。不同评价方法在对不同级别对象的评价中得到大量应用和完善。

2）加拿大

加拿大的资源评价起步较早。1975—1985年，加拿大天然气潜力委员会主要应用石油资源信息管理与评价系统（PETRIMES）来进行资源评价方面的研究，采用的方法包括主观模型和区带分析模型，以盆地和区带为基本评价单元[6, 7]。PETRIMES 的发展方向包括发现过程模型和贝叶斯分析的迭代历史拟合的应用，对于低勘探区，如果有油气勘探活动，需要用勘探结果来校准勘探风险参数。1994年，加拿大油气资源评价采用了油气供给模型，其评价单元主要为区带。2000年以后，又采用了油气资源空间分布模型（基于已发现油气藏推测待发现资源的空间分布）和被截断的发现过程模型（TDPM）[8–10]。总之，在资料少的地区评价单元较大，如盆地和凹陷；在资料较丰富地区，评价单元较小，以区带为主。

2010年在加拿大卡尔加里举办了第三届国际油气资源评价方法研讨会。会议对比了不同油气资源评价方法的应用效果，还讨论了当前和未来会影响资源评估方法的关键问题，包括：油气资源规模分布"左尾"的争论；油气发现过程模型的优化；开发更好的主观分析方法；如何根据不同用户对资源评价结果的不同需求，提供不同层次的服务；如何建立更完善的连续型油气资源评价方法模型等。

3）挪威

挪威也是一个较早进行油气资源评价的国家。挪威科技大学一直采用数理统计学原理和方法开展油气资源评价方法研究。1992年，建立了地质锚链法，并采用这种方法进行油气资源评价，评价单元为区带[11]。1996年、1997年主要采用发现过程法评价油气资源量。2005—2010年，建立了贝叶斯发现过程模型、马尔可夫链—蒙特卡洛法。

4）澳大利亚

澳大利亚对本国的油气资源评价主要采用统计法。1981年，Meisner 和 Demirmen 建立了优化法（creaming）。这种评价方法的应用基础有两个：一是对油气勘探人员早期找到大型油气田能力的模拟；二是对油气勘探成功率的模拟。1985年，Forman 等研究了油气田规模分布、油气田发现序列和在一些区域的钻井成功率，并根据研究结果优化预测方法[12]。1986—1990年，以地质类比法为主对全国油气资源进行定量评价，这种方法以区带为主要评价单元。1992年采用了 AUSTPLAY 方法，评价单元为油气区带。1995—2010年，为了避免单一方法的缺点而采用了地质类比法与统计法相结合的综合法，主要用于勘探程度较高的地区，而勘探程度较低的地区还需要采用类比法，其评价单元主要为区带和盆地。

5）俄罗斯

俄罗斯是较早进行资源评价的国家。早在1937年第十七届国际地质大会上，苏联专家古勃金就对全球的油气资源进行了估算。

20世纪60年代，Kontorovich 和 Neruchev 等基于油气有机成因理论，提出了几种地球化学方法，并用来评价沉积盆地的油气资源量。与此同时，纳诺里斯基提出了一种估算石油资源量的方法——容积系数法。这种方法把含油气盆地看作为二元（石油和天然气）或三元（石油、天然气及地下水）系统。1975年，И.И.Несмеров 对世界22个勘探成熟度较高的含油气盆地进行统计，得出沉积盆地油气总资源量与盆地沉积速率呈对数线性增长的关系，这种方法后来称为体积速度法（或沉积体积速度法）。同年，他还根据对西西伯利亚的调查研究，使用了多元统计分析方法，得出了各主要地质要素同储量丰度的数量关系。1979年，苏联的纳夫·里金采用地质因素比较法研究了世界上35个勘探程度较高盆地的资源量，认为控制油气聚集的因素是多种多样的，采用地质因素比较法时应抓住主要控油因素。1982年，А.А.卡尔采夫利用已知水文地质指标与油气储量间的统计关系，对油气资源进行定量研究，他选择勘探程度较高的高加索地区，对每个分区确定水文地质平均指标，从它们与储量的关系得出丰度系数，再用体积法求得资源量。1988年，Конторович 等人在早期工作的基础上提出了多元回归方程。2013年7月，俄罗斯历史上首次官方宣布其探明储量：截至2012年底，石油探明储量为 287×10^8 t。按照油田规模序列法预测的油气田个数为22553个。

综上分析，西方国家，如美国、加拿大、挪威等，采用的油气资源评价方法主要是统计分析法（表2-1）。其中美国主要以历史外推法、概率逼近法、油田储量增长预测法为主；加拿大以石油资源信息管理与评价系统（PETRIMES）、被截断的发现过程模型（TDPM）、非参数最小二乘法等趋势预测法为主；挪威以发现过程模型、马尔可夫链—蒙特卡洛法（MCMC）、地质锚链法为主；澳大利亚采用的油气资源评价方法主要为统计法和类比法，如对数线性模型、地质类比法、AUSTPLAY、SEAPUP 等；俄罗斯早期的油气资源评价方法强调地球化学方法，以成因法、容积系数法、体积速度法、水文地质法和体积统计法为主。

表2-1　国外重要的常规油气资源评价方法

国　家	主要评价方法	评价单元
美国	以统计法为主，主要有： （1）中—低勘探程度区：采用 The Seventh Approximation（第七版概率逼近法）； （2）老油区：采用老油田储量增长预测法	（1）USGS：含油气系统（Oil System）； （2）油公司：区带（Play）
加拿大	以统计法为主，核心方法为油藏发现过程模型法及其改进型方法，近期发展了非参数最小二乘法等趋势预测法	（1）资料少：盆地、凹陷； （2）资料较多：区带（Play）
挪威	以统计法为主，核心方法为贝叶斯发现过程模型以及马尔可夫链—蒙特卡洛法	区带（Play）为主
澳大利亚	（1）中—低勘探程度区：采用类比法； （2）中—高勘探程度区：采用了地质类比法与统计法相结合的综合法	（1）资料少：盆地、凹陷； （2）资料较多：区带（Play）
俄罗斯	方法多样化，包括成因法、体积法、资源丰度法、多元统计法等	（1）盆地； （2）一级或二级构造单元

2. 中国历次油气资源评价的发展

我国从"六五"开始，共开展四次全国范围的资源评价，包括第一次、第二次、中国石油第三次（中国石化、中国海油也各自进行资源评价）和新一轮次评价。依据当时的地质认识及勘探生产需要，每一轮次的评价方法体系都有改进、完善和发展，评价结果也逐步趋近客观、合理。

1) 第一次全国油气资源评价

我国大规模开展资源评价工作始于20世纪80年代初。在"六五"期间，石油工业部和地矿部各自组织专家开展了第一次全国油气资源评价。这次评价较为系统地总结了我国石油地质特征，丰富和发展了石油地质理论，总体思路是采用以盆地为基本单元，以生烃—排烃—聚烃为主要思路的测算方法（表2-2）。这次评价只测算地质资源量，没有考虑资源的经济可采性（即可采资源量）。石油工业部从面积大于 $200km^2$，且厚度大于 600m 的 283 个沉积盆地和地区中，筛选确定了 143 个盆地（地区）作为评价对象，估算出全国石油地质资源量为 $787 \times 10^8 t$，天然气为 $33 \times 10^{12} m^3$。

2) 第二次全国油气资源评价

1991—1994年，由中国石油天然气总公司组织开展了第二次全国油气资源评价。中国海洋石油总公司参加并计算了近海海域的油气资源量。这次资源评价不但使用了大量的新资料，在深度和广度上大大超过了以前的工作，而且基本上采用了统一的技术方法和软件评价系统（表2-2）。第二次全国油气资源评价对全国150个重点含油气盆地、618个区带、7792个圈闭进行了系统评价，评价出全国石油地质资源量 $940 \times 10^8 t$、天然气地质资源量 $38 \times 10^{12} m^3$。从评价方法上看，第二次仍然沿用了第一次的思路，盆地模拟法构成了第二次油气资源评价的主导方法，其次是区带和圈闭评价方法。统计法与类比法使用的不够，这一状况与国外的实际应用差异较大，主要原因是当时我国缺少大量的勘探开发数据和类比刻度区。

表2-2　中国第一次、第二次油气资源评价方法使用状况表

盆地	资源评价使用方法统计
松辽	第一次：残烃法与沉积岩体积法、齐波夫法和裂解烃法； 第二次及2000年：主要是盆地模拟
渤海湾	第一次：热模拟法、氯仿沥青"A"法、残烃法、齐波夫法； 第二次及2000年：主要是盆地模拟
鄂尔多斯	第一次：运聚法、古地貌积分法、煤成气发生率法等6种方法； 第二次：盆地模拟法、储层体积法等7种方法
四川	第一次：有机碳法、恢复氯仿沥青"A"法、CME有机碳质量平衡法； 第二次：气藏规模序列法
塔里木	第一次：干酪根热解法、氯仿沥青"A"法、生油岩体积法； 第二次：盆地模拟、生物气模拟法
准噶尔	第一次：热模拟法、氯仿沥青"A"法、残烃法、齐波夫法； 第二次及2000年：主要是盆地模拟

3)第三次全国油气资源评价

1999—2003年,中国三大石油公司分别对各自矿权区进行了油气资源评价。中国石油天然气集团公司(中国石油)的矿权区油气资源评价工作,引入含油气系统的研究思路,以盆地评价为基础,以区带评价为重点。按照盆地和区带(区块)两大层次筛选确定了成因法、类比法和统计法三大类共十多种评价方法,以多种类型刻度区解剖资料为基础的类比法为主,兼顾统计法和成因法(表2-3、表2-4),评价出全国石油地质资源量 $1041 \times 10^8 t$。中国石油化工集团公司(中国石化)也开展了矿权区油气资源评价工作,主要评价方法是成因法,勘探程度较低的地区,以成因法为主,兼顾类比法;勘探程度较高的地区,除了成因法外,适当采用统计法。中国海洋石油天然气总公司(中国海油)开展了我国近海油气资源评价工作,主要采用地质模型与统计模型综合法,该方法是一种基于未钻圈闭以及勘探历史数据统计与地质风险分析相结合的待发现资源量评价方法。

表2-3 中国三大石油公司第三次油气资源评价方法及评价单元

石油公司	评价时间	主要资源评价方法	评价单元
中国石油	2000—2003年	以类比法为主,兼顾统计法和成因法	以盆地为基础、以区带为重点
中国石化	1999—2003年	以成因法为主,兼顾统计法和类比法	矿权区、一级和二级构造单元
中国海油	2001—2003年	以地质模型与统计模型综合法为主	一级和二级构造单元、圈闭

表2-4 中国石油第三次油气资源评价方法体系

评价单元	资源量计算方法	
	大类	评价方法
盆地	成因法	盆地模拟(含油气系统约束)法、氯仿沥青"A"法、生物气模拟法
	类比法	体积丰度类比法、面积丰度类比法、多种地质因素分析法、有效储层分析法
	统计法	油田规模序列法、饱和勘探分析法
区带	成因法	运聚单元模拟法
	类比法	体积丰度类比法、面积丰度类比法、有效储层分析法、多种地质因素分析法
	统计法	发现过程法(P.J.Lee法)、油藏规模序列法、圈闭加和法、圈闭个数法、圈闭密度预测法

4)全国新一轮油气资源评价

2003—2005年由国土资源部、国家发展和改革委员会及财政部发起,在中国石油、中国石化和中国海油三家公司第三次油气资源评价工作的基础上,从国家层面汇总完成了新一轮全国油气资源评价成果。新一轮油气资源评价是一次重要的国情调查,其主要目的是摸清油气资源家底。此次资源评价根据不同盆地的地质特点,对评价方法进行选择,在类比法、统计法和成因法三大类方法中,选择应用了14种评价方法(表2-5、表2-6);评价方法和参数标准的统一,保证了评价结果的横向可比。

新一轮油气资源评价取得了全国115个盆地三个资源系列的评价结果。评价出全国石油地质资源量 $1287 \times 10^8 t$、天然气地质资源量 $70 \times 10^{12} m^3$。在刻度区解剖基础上,建立了我国油气资源评价标准体系、方法体系、参数体系和数据标准体系,详细研究了油气资源可采系数等关键参数的取值,同时初步探索了煤层气、油砂和油页岩的技术可采系数和油砂油、页岩可回收系数的取值范围等,预测了2006—2030年油气储量、产量增长趋势。

表 2-5 新一轮全国油气资源评价采用的方法体系

应用分类		方法分类	方法名称
资源量计算	常规油气	类比法	面积丰度类比法
		统计法	油藏规模序列
			广义帕莱托
			发现率趋势
			发现过程
			地质模型与统计模型综合
		成因法	盆地模拟
			运聚系数
	煤层气、油砂、油页岩	体积法	体积法
		类比法	面积丰度类比法
趋势预测			勘探效益分析法
			油气藏类型—储层外推法
综合评价			地质综合评估
			地质优选综合排队

3. 国内外资源评价方法存在的差异

总体来讲，国外评价方法体系中统计法最重要；我国早期注重成因法，从第三次资源评价以来更重视地质类比法，同时也一直把盆地模拟法作为重要的资源评价方法。

1）国外评价方法体系的特点

美国、加拿大、挪威等，采用的油气资源评价方法主要是统计分析法。俄罗斯和中国的油气资源评价方法强调地球化学方法，其中俄罗斯以成因法、容积系数法、体积速度法、水文地质法、体积统计法为主。

2）我国评价方法体系的特点

我国为满足不同勘探程度、不同评价单元（盆地、含油气系统）以及提供各类油气资源系列的要求，借鉴国外成熟应用的评价方法和国内广为应用的资源评价方法，明确了各种方法的使用和方法配套组合应用效果，从而建立起适合中国地质特点的油气资源评价方法体系。根据评价单元勘探程度、地质条件以及资料丰富程度，确立主要的资源评价方法和辅助方法，合理、配套、组合应用，将各种方法计算的资源量进行特尔菲加权处理，应用效果更好。例如，中—高勘探程度盆地，以统计法、类比法为主，并与成因法的盆地模拟组合应用；中—低勘探程度盆地，以成因法为主，采用盆地模拟法把握整体资源状况，并与面积丰度类比法、统计法组合应用；大面积岩性油气藏分布区，则采用以有效储层预测法、饱和探井法为主，辅以面积资源丰度类比法和运聚单元法组合。

中国石油第三次油气资源评价以及后续的全国新一轮油气资源评价，类比法、统计法和成因法的应用都有新发展。在类比法中，以建立的各种类型刻度区样本点为基础，分构造单元、分层、分含油组合类比，解决了油气资源时空分布的预测问题，大大提高了评价区预测精度。有效储层预测法，解决了针对大面积岩性油气藏的资源预测问题。成因法中的盆地模拟技术，是我国广为应用的资源评价方法技术，在运聚史模块上，发展了量化的油气动态模拟，用大量刻度区的资料直接计算运聚系数，经统计分析建立预测模型，从中获取科学、客观的运聚系数取值标准和条件，从而提高盆地模拟法油气资源预测精度。

表2-6 新一轮全国油气资源评价方法使用情况

方法	单位或地区	中国石油	中国石化	中国海油	延长油田	塔里木 公司	塔里木 项目组	渤海湾 公司	渤海湾 项目组
类比法	面积丰度类比法	√	√	√	√	√	√	√	
	多因素分析法	√	√	√					
	有效储层预测法	√	√		√				
统计法	油气田规模序列法	√	√	√		√		√	
	广义帕莱托分布法	√	√				√		
	发现过程模型法	√	√						
	地质模型与统计模型综合法			√	√				
	统计趋势预测法	√	√						
	探井饱和勘探法	√	√	√					√
	油气藏类型—储层外推法				√				√
成因法	盆地模拟法	√	√	√	√		√		
	氯仿沥青"A"法	√	√	√					
	产烃率法	√	√	√	√				
	运聚系数法	√	√	√	√				

4. 需要解决的问题及发展趋势

油气资源评价经历了一个由定性到定量的过程，目前油气资源的定量评价已成为油气勘探决策分析中一项必不可少的工作。各类评价方法各有其优势与不足，能够为油气勘探决策提供一定的依据，但是各类方法存在一个共同的问题，即不能对油气资源的空间分布信息进行定量预测，而油气资源的空间分布对勘探决策分析、指导井位部署是十分重要的。随着今后油气勘探难度的增加，油气空间分布的定量预测将是资源评价方法的主要发展方向之一，同时也会出现其他发展趋势。

1）需要解决的问题

（1）油田规模分布模型研究中需要解决的问题：什么分布是最适合的油田规模分布类型，对数正态、帕莱托（Pareto）还是其他分布模型？

（2）发现过程模型研究需要解决的问题：什么数学/统计学工具能提高发现过程模型计算结果的准确性，发现过程模型计算结果对油田规模不确定性的敏感性有多大，发现过程模型在多大程度上可以反演已知油田的发展过程，在一个勘探区带内勘探效率随时间变化否？

2）发展趋势

（1）对油气资源空间分布的定量预测将是今后油气资源预测的主要发展方向。随着勘探程度的增加，待发现的剩余油气资源量及油气藏规模越来越小，勘探风险无疑会增大。因此，要求勘探决策时更加谨慎。为了最大限度地减小勘探风险，利用空间预测模型（如地质统计学等）研究油气的空间分布规律，定量预测其空间位置，对于指导井位部署、提高勘探经济效益具有十分重要的现实意义。

（2）基于不同原理、不同模型的多种方法的相互验证。油气的生成、运移、聚集和保存是一个漫长而复杂的地质演化过程，用单一方法来评价某一地区的油气资源，很可能由于方法所基于的原理或模型不合理以及评价者地质认识的局限性、参数选取不当而使资源预测结果出现很大的偏差，采用多种方法对同一地区的油气资源进行交叉验证，可以避免出现上述偏差。

（3）多学科、多领域的知识综合运用于油气资源评价。油气资源评价的发展将会涉及地质学、数学、统计学、经济学、计算机科学、运筹学等学科，多学科、多领域的知识综合应用，能为决策者提供足够的决策信息，减少勘探风险。

（4）计算机可视化技术的应用。可视化技术的应用可以直观地反映资源预测的结果，有利决策者做出正确的决策。

二、非常规油气资源评价方法研究现状

非常规油气资源评价与常规相比，评价方法还不成熟，还需要在今后的勘探生产和科研中不断发展和完善。对各国来说，评价方法研究都是相对较新的一个领域。从世界各大油公司之间的技术交流以及学术会议交流中可以发现，目前非常规油气资源评价主要采用类比法、统计法和成因法三大类。

1. 国外研究现状

目前，国外主要采用生产井 EUR 的类比或统计法计算可采资源量，同时也采用成因法、体积法和随机模拟法等方法（表 2-7）。

1）类比法

主要采用基于生产井最终可采储量（EUR）的类比法，包括美国地质调查局（USGS）的 FORSPAN 模型及其改进方法[13, 14]。

2010 年在加拿大卡尔加里举办的第三届国际油气资源评价方法研讨会上，美国埃克森美孚公司的 Hood 等，提出了资源密度网格法，分块类比 EUR 分布，实现对连续型油气分布的较精确评价。2012 年，Hood 等对该方法进行改进，形成一种多方法交叉评价的综合方法（A Multi-Prong Assessment Approach，简称 MPAA）。MPAA 实际上是一种分

块 EUR 类比法与容积法相结合的方法，该方法首先进行分块类比 EUR，然后用储层容积校正预测的资源量，使预测结果更可靠。2013 年，USGS 采用 EUR 类比法再次评价了 Williston 盆地美国境内的 Bakken 组和 Three Forks 组的致密油资源，得出技术可采资源量为 7.38×10^9 bbl（约 10×10^8 t）。

表 2-7 国外最新的非常规油气资源评价方法

大类	小类	代表性方法	主要特点及适用范围
类比法	EUR 类比法	（1）USGS 的 FORSPAN 法； （2）埃克森美孚公司的资源密度网格法	适用范围：中等、较高勘探地区； 优点：评价过程简便、快速； 缺点：关键参数难以确定，未充分考虑 EUR 空间相关性等
统计法	体积法/容积法	（1）国际能源署（EIA）和 ARI 公司的容积法； （2）加拿大发现有限公司的分块评价法	适用范围：低勘探地区； 优点：评价过程简便、快速； 缺点：未考虑含气量、孔隙度等关键参数具有明显非均质性等
统计法	随机模拟法	（1）USGS 的随机模拟法； （2）加拿大的随机模拟法（基于地质模型）	适用范围：中—高勘探地区； 优点：考虑参数空间位置关系，给出资源量空间分布位置； 缺点：要求参数多，需要已发现储量分布；计算过程复杂；评价周期长等
成因法	成因法	（1）美国 Humble 地球化学服务中心的热模拟法； （2）美国 Pioneer Natural Resources 公司的 PHiK 模型	适用范围：中—低、中—高勘探地区； 优点：能够系统地了解油气资源地质分布特征和聚集规律； 缺点：重要参数受样品采集、测试等影响；盆地模拟过程复杂；评价周期长等

2）统计法

主要采用的统计法有两类，即容积法和随机模拟法。

第一类，容积法。这是国际能源署（EIA）等常采用的方法，该方法与国内的容积法基本相同。Almanza 采用容积法评价 Williston 盆地 Elm Coulee 油田 Bakken 组致密油[15]；2011 年，加拿大发现有限公司将西加拿大沉积盆地 Pembina 油田划分成许多正方形评价单元，每个单元面积为 2.56km²（即 1.6km×1.6km），然后采用容积法分块评价 Cardium 组致密油，并绘制出致密油资源丰度分布图。

第二类，随机模拟法。包括纯随机模拟法和基于地质模型的随机模拟方法两种。2010 年，Olea 等认为传统的类比法存在三方面不足：（1）忽略了不同评价单元评估的最终可采储量（EUR）的空间关系；（2）未充分挖掘已有数据所隐含的信息；（3）评价结果违背空间分布规律。针对以上不足，Olea 等提出了一种新的方法——随机模拟法，包括有井区的模拟过程（A 过程）和无井区的模拟过程（B 过程）。2013 年，谌卓恒等采用基于地质模型的随机模拟方法评价了西加拿大沉积盆地上白垩统 Colorado 群 Cardium 组待发现的致密油地质资源量[16]。

3）成因法

2007年，美国Humble地球化学服务中心的Jarvie等采用热模拟法分析页岩的生烃潜力，并以此为基础开展页岩气系统研究，同时借助盆地模拟软件模拟页岩气聚集。2012年，美国Pioneer Natural Resources公司的Modica等认为页岩基质孔隙不是页岩油气的主要存储空间，有机质孔隙才是页岩油的主要存储空间[17]。据此，他建立了计算有机质孔隙度的PHiK模型，然后用容积法计算有机质孔隙中的页岩油资源量。2013年，在马德里举办的国际数学地球科学大会上，Chen等采用改进的Passey方法计算西加拿大沉积盆地泥盆系Duvernay页岩的TOC含量，并用PHiK模型计算有机质孔隙度和该类孔隙中的页岩油资源量[18]。他们认为有机孔亲油，基本不含水，因此在计算资源量时将含油饱和度设为100%。

2. 国内研究现状

2008年以后，我国非常规油气资源评价方法研究进展显著[19—28]。2011年，郭秋麟等梳理了国内致密砂岩气、页岩气、致密油、页岩油、煤层气等非常规油气资源的评价方法，详细介绍了五种比较重要的评价方法；2013年，郭秋麟等根据我国所处的勘探开发阶段，提出致密油资源评价可优先采用三种便捷的评价方法，即分级资源丰度类比法、EUR类比法和小面元容积法；2014年，王社教等重点探讨了致密油资源评价方法及资源富集特点，初步形成了类比法、统计法、成因法三大类七种评价方法及评价参数体系[29]；2015年，郭秋麟等建立了非常规油气资源评价方法体系，研发了非常规油气资源评价系统[30, 31]。

第二节 油气资源评价方法体系及关键技术

第四次油气资源评价，在总结我国历次全国性油气资源评价的特点、分析我国油气资源评价方法体系存在不足的基础上，优选出适合我国勘探现状的评价方法，建立了常规与非常规油气资源评价方法体系，创新了基于有限体积法的三维油气运聚模拟技术、小面元法及致密油资源"甜点"分布预测技术等关键技术。

一、评价方法优选原则及优选结果

1. 评价方法优选原则

根据常规与非常规油气资源评价方法研究现状的差别，分别制定评价方法优选原则，具体如下。

1）常规油气资源评价方法优选原则

常规油气资源评价方法优选的基本原则是，在兼顾已有基础的同时，重点考虑方法体系的有效性、配套性以及与国际评价方法的接轨性。具体如下：

原则一，既考虑已有基础，又考虑与国际的接轨。从已有基础来看，我国经过全国历次油气资源评价工作以及近几年评价技术的准备，已形成了包括类比法、统计法和成因法在内的10多种较为有效的评价方法，这为油气资源评价方法体系的建立奠定了良好的基础。评价方法体系的建立，考虑到已有技术的继承和发展，仍然保留了我国原有的以成因法为主体的评价方法，如氯仿沥青"A"法、氢指数质量平衡法以及盆地分析模拟方法等；同时，为了体现与国际评价方法的接轨，按照国外大石油公司的基本做法，加大类比法和统计法的研究力度，建立适合石油公司实际要求的评价方法。

原则二，既要系统、配套，又要有针对性。所谓系统性，是指建立的方法体系一要能够体现方法体系的层次性，即按照盆地和目标（区带、区块）两大层面建立资源量计算方法体系；二是体现评价方法体系的系统性和配套性，所建立的评价方法体系既要考虑成因方面，也要考虑统计和类比方面的方法技术，以便适应各个方面预测评价工作的需求；三是考虑到某种或某类方法估算的资源量只代表某一方面的可能性，因此，评价方法体系的建立要考虑不同评价方法的配套组合应用。所谓针对性，就是要求建立的评价方法体系能够适应不同类型、不同勘探程度评价对象评价工作的需求。

2）非常规油气资源评价方法优选原则

非常规油气资源评价方法还处于探讨和快速发展阶段，因此制定以下三个优选原则：

原则一，注重实用性和可操作性。选择能够在全国范围内快速、有效使用的方法，如资源丰度类比法、EUR类比法和体积法等；

原则二，考虑继承性。选择尽可能继承以前被证实为有效的方法，如小面元容积法和体积法等；

原则三，兼顾精细的评价方法，如资源空间分布预测法和数值模拟法。

2. 第四次油气资源评价建立的方法体系

1）常规油气资源评价方法体系

根据常规油气资源评价方法优选原则，将评价目标划分为盆地级和区带级两个评价层次，其中盆地级主要采用成因法和统计法；区带级主要采用类比法和统计法（表2-8）。

表2-8 常规油气资源评价方法体系

目标或范围	勘探程度	主要评价方法	评价对象
区带、区块	中—低	（1）资源丰度类比法； （2）运聚单元资源分配法等	石油、天然气
区带、区块	中—高	（1）油气藏发现过程模型法； （2）油气藏规模序列法； （3）广义帕莱托分布法； （4）圈闭加和法等	石油、天然气
盆地、坳陷、凹陷	中—低	以成因法为主，包括： （1）盆地模拟法； （2）氢指数质量平衡法； （3）氯仿沥青"A"法等	石油、天然气
盆地、坳陷、凹陷	中—高	（1）探井饱和勘探法； （2）趋势外推法，包括11种预测模型； （3）资源空间分布预测法	石油、天然气

2）非常规油气资源评价方法体系

根据非常规油气资源评价方法优选原则，将评价目标区划分为大区域、目标层系和重点区块三个层次，其中针对资料较少的大区域，采用体积法或容积法；针对目标层系采用资源丰度类比法、EUR类比法和小面元法三种；针对重点区或解剖区采用资源空间分布预测法和数值模拟法等（表2-9）。

表2-9 非常规油气资源评价方法体系

目标或范围	勘探程度	主要评价方法	评价对象
大区域	低（新区）	体积法和容积法（无详细基础地质资料）	致密气、致密油、页岩气、页岩油、油页岩油、煤层气、油砂油
目的层系	中—低	（1）资源丰度类比法（有基础地质资料）； （2）小面元法（有部分勘探井）； （3）EUR类比法（有部分生产井）	致密气、致密油、页岩气
重点区块	中—高	（1）数值模拟法（有烃源岩评价资料）； （2）空间分布预测法（有储量分布资料）	致密气、致密油、页岩气

二、常规油气资源评价方法

重点阐述资源丰度类比法、三种重要的油藏规模分布预测法、趋势预测法、饱和勘探法、盆地模拟法和其他成因法。

1. 资源丰度类比法——地质类比法

1）技术内涵

如果某一评价区（预测区）和某一高勘探程度区（刻度区）有类似的成油气地质条件，那么它们的油气资源丰度也具有可比性。资源丰度类比法（也称地质类比法），是一种通过对比已知区（如刻度区）地质条件，估算未知区地质资源量的方法。选择合适的类比刻度区是类比评价的关键。

2）刻度区地质评价

刻度区是用于评价区类比参照标准的地质单元，是指以相似地质单元的地质类比和资源评价参数研究为主要目的而进行系统解剖研究的地质单元。

（1）刻度区定义。刻度区是指在油气资源评价中用来作为评价区类比标准的勘探程度高、地质认识程度高、资源探明程度高（简称"三高"）的地质单元。

（2）刻度区分级。按构造单元分级，刻度区可分为盆地（或凹陷、洼陷）级、运聚单元级、区带（或区块）级三种。其中，USGS采用盆地级作为类比对象；我国主要采用区带级作为类比对象。

（3）刻度区分类。以区带级刻度区为例，按构造单元类型，刻度区可分为构造型、岩性型、地层型、潜山型和混合型等类型。

（4）刻度区解剖。解剖的目的，一是建立不同类型类比刻度区的参数体系和取值标准；二是求取用于资源量计算的类比参数、参数分布和参数预测模型。刻度区解剖结果除了23项地质参数外，还包括两项基本参数，即地质资源丰度和可采资源丰度。

（5）刻度区定量评价标准。刻度区地质参数体系一般与地质评价标准（表2-10）一致，参数评分值可以是绝对值，如表2-10中的分值（0.25，0.5，0.75，1.0）；也可以是相对值，如中国石油HyRAS系统中的分值（1，2，3，4）。

（6）刻度区地质参数定量评价。根据地质评价标准（表2-10）将刻度区成藏地质条件分5类（烃源条件、储层条件、圈闭条件、保存条件和配套条件）23小项（其中烃源条件10项、储层条件5项、圈闭条件3项、保存条件3项、配套条件2项）逐一进行评估与定量评价。

表 2-10 地质评价参数体系与取值标准[32]

参数类型	参数名称	分值			
		1	0.75	0.5	0.25
圈闭条件	圈闭类型	背斜为主	断背斜、断块	地层	岩性
	圈闭面积系数，%	>50	30～50	15～30	<15.0
	圈闭幅度，m	>400	200～400	50～200	<50
保存条件	盖层岩性	膏盐岩、泥膏岩	厚层泥岩	泥岩	脆泥岩、砂质泥岩
	盖层厚度，m	>100	50～100	20～50	<20
	盖层破坏程度	无破坏	破坏弱	破坏较强	破坏强烈
储层条件	储层沉积相	三角洲、滨浅湖	扇三角洲	水下扇、河道、重力流	洪积扇、冲积扇
	砂岩百分比，%	>60	40～60	20～40	<20
	储层孔隙度，%	>25	15～25	10～15	<10
	储层渗透率，mD	>600	100～600	10～100	<10
	储层埋深，m	<1500	1500～2500	2500～3500	>3500
烃源条件	源岩厚度，m	>1000	500～1000	250～500	<250
	有机碳含量，%	>2.0	1.5～2.0	1.0～1.5	<1.0
	有机质类型	I	II_1	II_2	III
	成熟度	成熟	高成熟	过成熟	未成熟
	供烃面积系数，%	>125	80～125	50～80	<50
	供烃方式	汇聚流供烃	平行流供烃	发散流供烃	线形流供烃
	生烃强度，$10^4 t/km^2$	>900	500～900	200～500	<200
	生烃高峰时期	古近—新近纪	白垩纪	三叠纪、侏罗纪	古生代
	运移距离，km	<10	10～25	25～50	>50
	输导条件	储层+断层	储层	断层	不整合
配套条件	生烃高峰匹配程度	早	早或同时	同时或晚	晚
	生储盖配置	自生自储	下生上储	上生下储	异地生储

3）相似系数计算

相似系数计算过程分三步，第一步是对刻度区地质参数进行定量评价；第二步是对评价区地质参数进行定量评价；第三步是计算两者的相似系数。其中，第一步和第二步的操作过程前文已叙述，请参见本节刻度区地质评价部分；第三步，计算相似系数的过程如下：

（1）参数权重确定。各项参数权重值一般与表2-11一致，在具体地区可根据实际情况适当修改。

（2）相似系数计算。计算公式如下：

$$\alpha = r_o / r_c \tag{2-1}$$

式中　α——相似系数；
　　　r_o——评价区地质条件评价值；
　　　r_c——刻度区地质条件评价值。

表 2-11　评价参数权重模式[32]

参数类型	参数名称	权重值	参数类型	参数名称	权重值
圈闭条件	圈闭类型	0.3	烃源条件	烃源岩厚度，m	0.05
	圈闭面积系数，%	0.3		有机碳含量，%	0.20
	圈闭幅度，m	0.4		有机质类型	0.05
保存条件	盖层厚度，m	0.3		成熟度	0.10
	盖层岩性	0.2		供烃面积系数，%	0.10
	断裂破坏程度	0.5		供烃方式	0.05
储层条件	储层沉积相	0.1		生烃强度，10^4t/km²	0.25
	储层百分比，%	0.25		生烃高峰时间	0.10
	储层孔隙度，%	0.3		运移距离，km	0.05
	储层渗透率，mD	0.25		输导条件	0.05
	储层埋深，m	0.1	配套条件	生烃高峰匹配程度	0.6
				生储盖配置	0.4

4）资源丰度类比

刻度区资源丰度一般用面积丰度表示，即每平方千米万吨资源量，有时也用体积丰度表示，即每立方千米万吨资源量。因此，资源丰度类比法也分为面积丰度类比法和体积分度类比法两种。计算公式如下：

$$\begin{cases} Q_S = 10^{-4} \sum_{i=1}^{n}(S_i \times G_S \times \alpha_i) \\ Q_V = 10^{-4} \sum_{i=1}^{n}(V_i \times G_V \times \beta_i) \end{cases} \tag{2-2}$$

式中　Q_S——根据面积丰度类比计算得到的地质资源量，10^8t；
　　　Q_V——根据体积丰度类比计算得到的地质资源量，10^8t；

n——评价区子区的个数；

G_S——刻度区面积资源丰度，$10^4t/km^2$，来自刻度区解剖结果；

G_V——刻度区体积资源丰度，$10^4t/km^3$，来自刻度区解剖结果；

S_i——评价区第 i 个子区的面积，km^2；

V_i——评价区第 i 个子区的体积，km^3；

α_i——评价区第 i 个子区与刻度区的面积丰度类比相似系数；

β_i——评价区第 i 个子区与刻度区的体积丰度类比相似系数。

相似系数直接影响评价结果，参数体系和取值标准是正确评价的条件。方法应用条件是：（1）预测区的成油气地质条件基本清楚；（2）类比刻度区已进行了系统的油气资源评价研究，且已发现油气田或油气藏。

2. 三种重要的油藏规模分布预测法

简单帕莱托分布模型（Shifted Pareto distribution，简称 SP）、左偏右截帕莱托分布模型（Shifted Truncated Pareto distribution，简称 STP）和对数正态发现过程模型（Log-normal Discovery Process model，简称 LDP）作为研究重点。国内，将 SP 分布模型称为油藏（田）规模序列法，将 STP 分布模型称为广义帕莱托法，将 LDP 模型称为发现过程模型法或油藏（田）发现序列法。

1）油气藏规模分布序列法

油气藏规模分布序列法采用的数学模型为 SP 分布模型。SP 分布模型是一种非常著名的双参数帕莱托分布模型，其密度函数由 Johnson 和 Kotz 在 1970 年提出[33]：

$$f(x)=\alpha^{\theta}\theta/x^{(1+\theta)} \quad (2-3)$$

其累计分布函数为：

$$F(x)=1-\alpha^{\theta}/x^{\theta} \quad (2-4)$$

补函数形式为：

$$G(x)=\alpha^{\theta}/x^{\theta} \quad (2-5)$$

1992 年，Chen 和 Sinding-Larsen 定义了在有限个区域内的第 m 个大油藏的规模[12]，如下所述：

$$x_m = x_{\min}\left(\frac{m}{N}\right)^{-\frac{1}{\theta}} \quad (2-6)$$

第 n 个大油藏与第 m 个大油藏的规模比例如下：

$$\frac{x_n}{x_m}=\left(\frac{m}{n}\right)^{\frac{1}{\theta}} \quad (2-7)$$

并进一步推导出：

$$N=\left(\frac{x_1}{x_N}\right)^{\theta}=\left(\frac{x_1}{x_{\min}}\right)^{\theta} \quad (2-8)$$

$$R = x_1 \sum_{m=1}^{N} \left(\frac{1}{m}\right)^{\frac{1}{\theta}} \tag{2-9}$$

式中 N——不小于任意经济开采油藏规模的下限值 $x_{\min}$ 的规模；

θ——表征油藏规模分布的形式参数；

x_m——第 m 个大油藏的规模；

m，n——在油藏规模序列中的序号（自然数）；

R——待评价区带里总可采资源量的评估值；

x_1——区带中最大的油藏规模。

油藏规模分布序列法的主要参数有油藏储量、油藏规模序列、分布角度 β 和最小油藏规模等。

（1）油藏储量。油藏按其严格的定义是指存在于单一圈闭中的油气聚集，同一油藏具有统一的压力系统和统一的油水界面。但考虑到油田单位在计算储量时往往并非以此严格意义上的油藏为储量计算单元，因此，在统计油藏储量时应以相对完整的油藏为统计单位。

（2）油藏规模序列。评价单元内按油藏储量大小顺序排列的油藏储量序列。评价单元可以是盆地、凹陷或区带，对评价单元划分的唯一要求是使得评价单元成为完整的、独立的石油地质体系（含油气系统）。

（3）分布角度 β。分布角度 β 对应的 K 值，也称为油藏规模分布系数。K 值根据已发现油藏的规模序列用 Pareto 定律拟合确定，可以由软件自动实现。K 值的大小也可以由有经验的地质学家商定，一般 K 值的范围在 0.5~2.0 之间，即分布角度 β 在 30°~70° 之间。

（4）计算矩阵中各行的标准差 σ。根据经验，取值区间在 0.05~0.01 之间，标准差 σ 越小，越有可能预测出大油藏。

（5）计算预测序列中已发现油田与所预测的储量之间的标准差 η。已发现油田与所预测的储量之间的标准差 η 可根据需要定，不同地区、不同数据可设定不同的 η。

（6）最小油藏规模，是指在预测的油藏规模序列中参与总资源量累加的最小油藏的储量值。该值通过本地区最小经济油藏规模下限确定。

2）广义帕莱托法

所有改进的帕莱托模型统称为广义帕莱托模型，本书重点研究左偏右截帕莱托分布模型（STP）。用于计算油气藏分布的 STP 分布模型主要有两种，一种是 USGS 曾经使用的模型，另一种是国内正在使用的模型。USGS 在评价一些待发现区带油藏规模时常常用到 STP 分布模型[3,4]，其密度函数为：

$$f(z) = \frac{a \cdot b}{1 - T^{\mu}} \left(\frac{z - z_c}{a} + 1\right)^{-1-\frac{1}{b}} \tag{2-10}$$

式中 z——累计油藏规模；

b——介于 [0，1] 的形状参数；

a——比例参数；

z_c——漂移参数（最小累计规模）；

T^u——截断分位值。

1995年，金之钧统计了西西伯利亚盆地2600个油气藏的数据，划分选定了3个含油气区，并以5年为一勘探阶段，划分出16个勘探样本，研究建立了如下分布函数[34]：

$$f(q) = \frac{\lambda(q_0+r)^\lambda}{(q+r)^{\lambda+1}} \quad (2\text{-}11)$$

$$F(q) = 1 - \left(\frac{q_0+r}{q+r}\right)^\lambda + \left(\frac{q_0+r}{q_{max}+r}\right)^\lambda \quad (2\text{-}12)$$

式中　r——样本中中位数（median）油气藏储量大小；

　　　λ——特征参数，为油气藏规模分布系数（$\lambda \geq 0$）；

　　　q_0，q_{max}——最小和最大油藏规模。

模型的关键参数主要有中位数r和特征参数λ两项，其中特征参数λ由标准方差σ计算得到。

将已发现油气藏按发现先后排序并划分出若干阶段，统计分析各阶段累计油藏规模与中位数r和标准方差σ之间的关系，并确定出一种最合理的关系模型。经过应用验证得到4种数学模型，即：

$$\begin{cases} y = ae^{b/x} \\ y = ae^{bx} + c \\ y = ax^b + c \\ y = a\lg(x) + b \end{cases} \quad (2\text{-}13)$$

数学模型参数a、b、c通过拟合方法得到。在已知标准方差σ之后，用以下公式计算特征参数λ，即：

$$\lambda = \frac{1}{2}e^{-\frac{r-4}{2.718\sigma}} + \frac{1}{2} \quad (2\text{-}14)$$

3）油气藏发现过程模型法

1975年，Kaufman等提出了一个发现过程模型来处理勘探结果数据[6]：利用有偏样本估算油气藏规模大小，称为卡夫曼发现模型。该模型认为，在石油工业中，勘探家习惯于首先去钻探被推断为区带内最大油气藏所在的地方。首先钻探最佳远景的倾向，导致发现过程的统计特性变成了一个取样程序问题。该取样程序可以这样来描述，即大的油气藏将有更高的概率被发现（即发现概率与油藏大小成比例），且一个油气藏不会被发现两次（即不放回取样）。这样的模型被认为是抓住了发现过程的主要成分，可以应用于特定的发现情形中。然而事实上，发现是被很多因素所影响的，例如勘探技术、矿权问题、地表施工条件和勘探决策等。模型中没有涉及这些因素，Bloomfield等（1979）建议通过向模型中引入勘探效率系数β，来间接引入这些因素[35]。

将已发现油气藏的储量按油气藏的发现时间顺序排列，构成一个发现序列（图2-1）。这一序列是评价单元的一个子样，它的抽样过程满足以下两个条件：（1）发现某一油气藏的概率与该油气藏的规模成比例;(2)一个油气藏只能被发现一次。此外,发现概率还与前述的地表施工条件和勘探决策等因素有关。

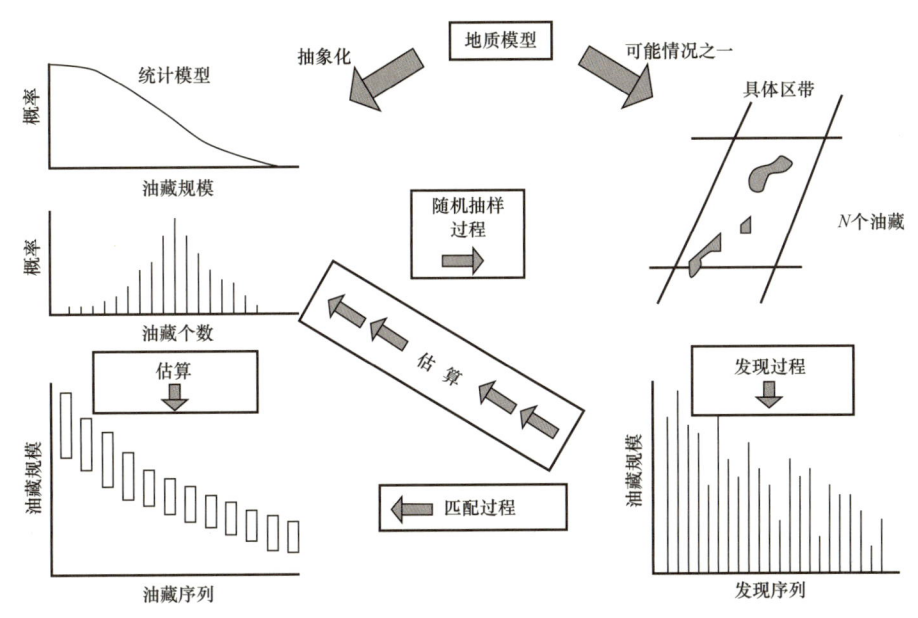

图 2-1　PETRIMES 系统所使用的统计概念[10]

按照这些条件建立的概率模型叫发现过程模型,可以用以下数学公式表示:

$$P\left[(x_1, \cdots, x_n)|(Y_1, \cdots, Y_N)\right] = \prod_{j=1}^{n} \frac{x_j^{\beta}}{b_j + Y_{n+1}^{\beta} + \cdots + Y_n^{\beta}} \quad (2\text{-}15)$$

式中　Y_i ($i=1, \cdots, N$)——评价单元中全部已发现油气藏的储量和尚未发现油气藏的资源量;

$x_i = Y_i$ ($i=1, \cdots, n$)——已发现油气藏的储量;

$b_j = x_j^{\beta} + \cdots + x_n^{\beta}$;

P——发现过程的概率;

β——勘探效率系数,反映了施工条件、勘探决策等因素的影响;β 为正值时,反映早期大油气藏发现较多;β 为负值时,反映早期小油气藏发现较多;β 为 0 时,反映油气藏发现次序是随机的。

一个油气藏被第 j 个发现的概率是以下两个概率的乘积:这个油气藏在对数正态分布 $f_\theta(x_j)$ 中的概率和这个油气藏在发现序列中处于第 j 位的概率。因而,全部已发现油气藏的联合概率密度函数为:

$$L(\theta) = \frac{N!}{(N-n)!} \prod_{j=1}^{n} f_\theta(x_j) \ E_\theta \left[\prod_{j=1}^{n} \frac{X_j^{\beta}}{b_j + Y_{n+1}^{\beta} + \cdots + Y_N^{\beta}} \right] \quad (2\text{-}16)$$

式中　θ——分布参数 (μ, σ^2);

$L(\theta)$——发现序列的似然值;对其求极值,可以用最大似然估算方法分别求得 μ、σ^2、β 和 N;

$N!$——从 N 个油气藏中不回置地抽取 n 个油气藏的次数；

其他参数意义同式（2-15）。

由此可见，发现序列是油气藏储量母体的一个有偏样本，其中既包含了与母体有关的信息，又包含了与具体评价单元和具体勘探发现过程有关的信息。

利用该方法计算区带资源量时，需要注意以下 3 点：（1）区带的划分是该方法的基础，只有评价单元在地质意义上符合同一个区带，模型才能有正确的预测功能，即评价单元只有符合统计规律，才能使用发现过程模型；（2）此模型主要应用于对中—高勘探程度区带的评价，模型中关键参数 N、μ、σ^2 和 β 的匹配是在实际发现过程资料与统计模型之间，经过反复地解释和对比验证求得的，若没有可靠的地质参数（如在低成熟区），则可能产生畸形的分布模型，此时应用效果不好；（3）可以单独用于油藏评价或气藏评价，也可用于油气当量（合计）的评价。

3. 趋势预测法与饱和勘探法

1）勘探效率趋势预测法

勘探效率趋势外推法又称发现率法。其基本原理是：油气田（藏）的发现效率（单位投入或单位工作量发现的储量或资源量）与勘探进程（勘探时间的推延、探井数量的增加、探井进尺的累计等）存在一定关系。通过对评价区勘探历程的统计分析，可确定评价区内油气田（藏）发现效率与勘探进程的关系，从而预测评价区的油气资源情况。预测模型的基本公式如下：

$$\frac{dQ}{dk} = f(k) \quad (2-17)$$

即

$$Q_k = F(K) = \int_0^K f(k)dk \quad (2-18)$$

式中 k——累计勘探投入或工作量；

Q_k——累计勘探投入或工作量为 k 时应发现的资源量。

依据勘探进程的表征量不同，勘探效率趋势法可进一步细分为年发现率法、单井发现率法、进尺发现率法等多种方法。

（1）年发现率法：以年发现资源（或储）量为勘探效率、勘探年份为勘探进程，如美国的储量增长预测模型等。

（2）单井发现率法：以单井发现资源（或储）量为勘探效率、累计探井数为勘探进程，如饱和钻井数预测模型等。

（3）进尺发现率法：以每米（或千米）探井进尺发现资源量或储量为勘探效率、累计探井进尺为勘探进程，如饱和进尺预测模型等。

本研究采用 11 种预测模型，包括线性模型、幂级模型、指数模型、对数模型、倒指数模型、龚帕兹模型、哈伯特模型、翁氏旋回模型、瑞利模型、余弦模型和贝塔模型。

2）饱和勘探预测法

饱和勘探预测法又叫勘探程度对比法。该法是根据勘探实践中获得的地质储量，来估算今后在加强勘探工作后可能获得的地质储量。

（1）"饱和勘探"定义。"饱和勘探"或叫"充分勘探"，是指某盆地达到完全勘探程度所需的最小钻井密度之倒数，即每口井控制多少平方千米（如1口井控制4km²）。美国的勘探经验表明，达到每平方千米0.25口井的密度时，再增加钻井密度对资源量的增加几乎不起作用，此时的钻井密度就成为饱和勘探所需的密度。

（2）"饱和钻井数"与"饱和进尺"计算。饱和钻井数等于盆地勘探面积乘以饱和钻井密度，饱和进尺等于饱和钻井数乘以沉积岩平均厚度。

（3）勘探效率，是指未勘探区的单位进尺发现率与已勘探区的单位进尺发现率之比。一般来讲，已勘探区的单位进尺发现率要高于未勘探区的单位进尺发现率，因此勘探效率是介于0~1.0之间的实数。

（4）资源量计算公式。按饱和钻井数计算，总资源量等于已发现资源加上未发现资源量，计算公式如下：

$$Q_{\text{total}} = Q_{\text{dis}} + Q_{\text{dis}} \times (N_{\text{total}} - N_{\text{p}})/N_{\text{p}} \times f \qquad (2-19)$$

式中 Q_{total}——总资源量，10^8t；

Q_{dis}——已发现资源量，10^8t；

N_{total}、N_{p}——分别为饱和钻井数和现钻井数；

f——勘探效率，是介于0~1.0之间的实数。

按饱和进尺计算，总资源量等于已发现资源加上未发现资源量，计算公式如下：

$$Q_{\text{total}} = Q_{\text{dis}} + Q_{\text{dis}} \times (S_{\text{total}} - S_{\text{p}})/S_{\text{p}} \times f \qquad (2-20)$$

式中 Q_{total}——总资源量，10^8t；

Q_{dis}——已发现资源量，10^8t；

S_{total}、S_{p}——饱和进尺和现进尺，km；

f——勘探效率，是介于0~1.0之间的实数。

4. 盆地模拟法

1）基本原理

盆地模拟是以一个油气生成、运移聚集单元为对象，在对模拟对象的地质、地球物理和地球化学过程深入了解的基础上，根据石油地质的物理化学机理，首先建立地质模型，然后建立数学模型，最后编制相应的软件，从而在时空概念下，动态模拟各种石油地质要素演化及石油地质作用过程，定量计算和评价油气资源量及其三维空间分布的方法。

2）主要模拟方法与技术

盆地模拟包括地史、热史、成岩史、生烃史、排烃史和运移聚集史六类模拟技术，主要模拟方法大体上见表2-12。鉴于本书不是专门针对盆地模拟的技术论著，因此在文中只介绍部分方法技术（重点是笔者在研究工作中主要使用的、实用性较强的方法技术）的基本原理和简要过程，更多技术细节读者可参考相关盆地模拟专著[36]。

3）三维油气运聚模拟技术

目前，油气运聚模拟主要有三种方法，即二维流线法、侵入逾渗法（invasion percolation）和三维多相达西流法[37, 38]。其中，流线模拟法适用于二维构造面上的油气运聚模拟,仅能模拟构造型油气藏的运聚;侵入逾渗法主要用于模拟油气运聚路径,既可在二维空间也可在三维空间使用。以上两种方法都要求地质模型是静态的,模拟网格不变。三维多相达西流法是各种运聚定量模拟技术中考虑因素最全面、技术较成熟的方法[39],其有三种核心算法:有限元法(如 PetroMod、3D SEMI)、有限体积法(如 Temispack)和有限差分法(如 BasinMod 等)。每种方法采用的三维网格有所差异,有限元法适用于规则或不规则的角点网格,如矩形网格、角点网格、四面体网格等;有限体积法适用于规则或不规则中心网格,如矩形网格、PEBI 网格(垂直正交网格)等;有限差分法仅适用于规则的中心网格,如矩形网格;各种算法及相应的网格建模技术各有优缺点。随着地质认识的深入和油气勘探的发展,对三维地质模型的要求越来越高,建模中较简单且较常用的矩形网格已很难满足复杂地区的建模需要。由于 PEBI 网格建模技术更加灵活,因此适用范围也更宽。

表 2-12 盆地模拟的主要方法技术[36]

类别	模拟内容	模拟方法	考虑因素
地史	沉降史,埋藏史,构造演化史	Airy 地壳均衡法、分段回剥技术、超压技术、平衡地质剖面技术	构造沉降与负荷沉降、沉积压实与异常压力、沉积间断与剥蚀事件、海平面变化与古水深
热史	热流史,地温史,有机质演化史	古温标法:R_o指标法、磷灰石裂变径迹法;R_o模拟法:Easy 模型、Baker 最大温度模型	热导率、古地温梯度、大地热流值
成岩史	单因素模拟,成岩阶段评价	单因素模拟法:石英次生加大史、蒙皂石转化伊利石史、干酪根产酸史;综合评价法:多因素成岩阶段综合评价法	时间、温度;活化能、频率因子;石英含量、包壳因子;有机质丰度、干酪根含量等
生烃史	生烃量,生烃时间	产油产气率法、降解率法、化学动力学法	有机质类型、丰度、演化程度和生烃潜力等
排烃史	排烃量,排烃时间	压实法排油法、压差排油法、残留油法、物质平衡排气法	初次运移相态、动力、排油临界饱和度等
油气运移聚集史	运移方向,运移时间,聚集强度,聚集区	流体势分析法	水动力类型、流体势
		运移流线模拟	排烃量、构造、流体势、储层性质等
		侵入逾渗法	排烃量、烃源层生烃增压;储层物性、储层地层水压力、浮力、毛细管压力等
		三维达西流法	油、气、水三相渗流等

基于有限体积法的油气运聚三维模拟技术在国内外已开展了许多研究。2001 年,冯勇等研究了 PEBI 网格和有限体积法相结合的方法,但应用效果不明显[40];2003 年,石广仁等对该方法进行了改进[37];2009 年,Hantschel T. 和 Kauerauf 等对该技术进行了较深入的研究;IBM 公司 Watson 实验室提出了一种三维控制体积有限元法;2010 年,石广仁等发展了基于 PEBI 网格的有限体积法,并在库车坳陷进行了应用,取得了初步应用实

效[38]。以上研究的地质建模网格除 IBM 公司外均为水平柱状 PEBI 网格，即垂向上的网格面与水平面平行。这类柱状网格的顶底面与地层面相交，在地质上称为穿层或穿时。这样划分网格虽可以提高运算速度，但却损失了建模精度，不利于复杂地区油气运聚精细模拟。

本书从地质模型的建立、渗流方程的构建、传导率的全张量计算、牛顿法迭代稳定性与计算效率的提高等方面，研发了基于有限体积法的油气运聚模三维拟技术，包括：（1）建立了顺层柱状 PEBI 网格三维动态地质模型，精细刻画地层的演化，初步解决了地层非均质性、断层等引起的渗流特定性及混合岩性等地质难题；（2）构建变网格条件下的渗流方程，代替定网格渗流方程，更有效地实现了质量守恒；（3）引入了矢量渗透率（即全张量渗透率），解决复杂的渗流问题。该技术成功应用于南堡凹陷，取得了良好效果。

5. 其他成因法

除了盆地模拟法外，成因类方法还包括氢指数质量平衡法、氯仿沥青"A"法等，各方法名称没有统一的称谓，由于多以烃源岩实验测试分析为基础，有学者也往往以所谓的热解法、热模拟法、蒂索法等来指称。其总的思路一般是利用热解、热模拟等实验参数，采用相对简单的公式，基于烃源岩体积和有机碳含量使用叠乘方式求取生烃量，再结合运聚系数来求取油气资源量。方法不关注复杂的地质演化和生烃演化过程，只是在烃类数量与地球化学参数之间建立相对简单的关系式，更大程度上是一种结果模拟而不是过程模拟，因此计算方式和过程都不如盆地模拟复杂，甚至很难说是真正意义上从成因角度计算油气资源量的方法。但因为其对烃源岩参数、有机质转化与守衡、烃源岩与储层中油气水的关系与构成等因素的分析考虑仍体现了一定的成因思路，所以将其归于成因类方法进行描述。

1）氢指数质量平衡法

氢指数质量平衡法是利用岩石热解实验得到的氢指数进行油气资源评价的一种方法。氢指数（HI）指在加热过程中干酪根热解得到每克有机碳产生的烃，其单位一般表述为 mg/g，氢指数代表了烃源岩进一步生烃的潜力。

氢指数质量平衡法认为原始氢指数与现今氢指数的差额即代表单位有机碳在演化过程中生成的烃，由此出发求取生烃量，进而得到资源量。方法的实现步骤如下：

（1）确定有机碳总量。

对评价区进行网格划分，确定烃源岩范围，将有效烃源岩厚度等值图、有机碳等值图进行网格化插值，并获得各个网格单元的平均有机碳含量、平均密度和平均体积，这三个参数相乘得出单个网格单元的有机碳量，所有网格单元的加和即为烃源岩的有机碳总量。

$$M = (\text{TOC}/100) \times \rho \times V \qquad (2-21)$$

式中 M——有机碳总量，g；

TOC——平均有机碳含量，%；

ρ——岩石平均密度，g/cm^3；

V——平均体积，cm^3。

（2）确定每一个网格单元单位有机碳的生烃量。由烃源岩的原始氢指数 HI_o 与现今氢指数 HI_p 确定，二者的差值近似代表每克 TOC 的生烃量。计算每一网格单元的生烃量的公式如下：

$$\mathrm{HCG} = 10^{-13}\left(\mathrm{HI_o} - \mathrm{HI_p}\right)M \quad (2\text{-}22)$$

式中　HCG——生烃量，10^4t；

　　　$\mathrm{HI_o}$、$\mathrm{HI_p}$——原始氢指数与现今氢指数，mg/g；

　　　M——有机碳总量，g。

（3）计算烃源岩总的生烃量，公式如下：

$$Q_\text{生} = \sum \mathrm{HCG} \quad (2\text{-}23)$$

（4）计算评价区的油气资源量，公式如下：

$$\begin{cases} Q_\text{油} = 10^{-4} Q_\text{生} S k_\text{o} \\ Q_\text{气} = 10^{-4} Q_\text{生} (100-S) k_\text{g} \end{cases} \quad (2\text{-}24)$$

式中　$Q_\text{生}$——烃源层生烃量，10^4t；

　　　$Q_\text{油}$——油资源量，10^4t；

　　　$Q_\text{气}$——气资源量，用油当量表示，10^4t；

　　　k_o——油运聚系数，%；

　　　k_g——气运聚系数，%；

　　　S——油/总烃系数，%。

2）氯仿沥青"A"法

氯仿沥青"A"法属于一种"残烃法"，是以烃源岩中测得的氯仿沥青"A"量代表残留烃，根据排烃效率来反推总的生烃量，再结合运聚系数计算资源量。其计算公式为：

$$Q = \frac{1}{1-K_\text{排}}(S \cdot H \cdot A \cdot \rho)K_\text{聚} \quad (2\text{-}25)$$

式中　Q——总资源量，t；

　　　$K_\text{排}$——排烃系数；

　　　S——有效烃源岩面积，km^2；

　　　H——有效烃源岩厚度，m；

　　　A——氯仿沥青"A"含量，%；

　　　ρ——烃源岩密度，t/m^3；

　　　$K_\text{聚}$——运聚系数。

氯仿沥青"A"法是我国最早使用的一种简便实用方法。方法适用于已有参数井的盆地，需要根据参数井资料确定氯仿沥青"A"含量、有效烃源岩厚度、成熟门限深度及有效烃源岩面积等。

影响该方法评价结果的关键参数是排烃系数和运聚系数，这两种参数主要通过刻度区研究和地质类比来确定。

该方法的评价流程为：（1）编制评价区的有效烃源岩等厚图；（2）编制目的层段的氯仿沥青"A"含量等值线图；（3）根据氯仿沥青"A"含量和排烃系数，计算生烃强度等值线图;(4)对评价区进行网格划分并采用数字积分法计算生烃量;(5)根据运聚系数和生烃量计算得到资源量。

由于该方法计算结果主要依据评价盆地的烃源岩资料、刻度区的排烃系数和运聚系数,因此其计算精度将随着地质描述的准确性而变化:如果对烃源岩的定量刻画是分层段以等值线积分方式进行,选择的刻度区和评价盆地的地质条件相似性也较高时,计算出的资源量精度相应提高;如果对烃源岩的描述是以平均值的方式求出,或选择的刻度区的地质条件和评价盆地的地质条件出入较大,则计算出的资源量的不确定性也将相应增大。

三、非常规油气资源评价方法

重点研究小面元法、分级 EUR 类比法、分级资源丰度、体积法或容积法、数值模拟法和空间分布预测法等主要的非常规油气资源评价方法。

1. 小面元法

1) 技术内涵

用评价区边界点和已钻探井构建 PEBI 网格,包括有井控制的 PEBI 网格(简称井控网格)和无井控制的 PEBI 网格(简称无井控网格)两种;通过分析钻井资料得到井控网格的评价参数,通过对已知参数的空间插值得到无井控网格的评价参数;用排烃强度推算 PEBI 网格理论上最大石油充满系数,用其作为约束条件校正空间插值得到的石油充满系数,然后估算无井控网格的地质资源量和资源丰度;用色标代表 PEBI 网格的地质资源丰度,将评价区所有 PEBI 网格涂色,形成可视化的致密油资源分布图。

2) 评价方法与流程

以致密油资源评价为例,将评价区划分为若干网格单元(或称面元),考虑每个网格单元致密储层有效厚度、有效孔隙度等参数的变化,然后逐一计算出每个网格单元资源量。技术流程如下:

(1) 用评价区边界点和已钻探井构建 PEBI 网格,PEBI 网格分为有井控制的网格(简称井控网格)和无井控制的网格(简称无井控网格)两种。

(2) 通过分析钻井资料得到井控网格的评价参数,通过已知参数的空间插值得到无井控网格的评价参数。评价参数包括致密储层的有效厚度(h)、孔隙度(ϕ)、含油饱和度(S_o)和致密储层石油充满系数(δ_c)等。主要烃源岩的排油强度(E)来自盆地模拟结果。

(3) 考虑源控因素,用排油强度推算 PEBI 网格理论上最大石油充满系数(δ_{max})。

(4) 用最大石油充满系数作为约束条件,校正空间插值得到的石油充满系数。

(5) 计算每个无井控网格的地质资源量($Cell\_Q$)和资源丰度。

(6) 用色标代表 PEBI 网格的地质资源丰度,将评价区所有 PEBI 网格涂色,形成可视化的致密油资源分布图。

(7) 计算评价区地质资源量和可采资源量。小面元致密油气地质资源量的计算采用容积法的储量计算模型。地质资源量是每个小面元内储量之和,可采资源量是每个小面元内地质储量与采收率乘积之和。

2. 分级 EUR 类比法

1) 基本原理与关键参数

EUR 是指根据生产递减规律,评估得到的单井最终可采储量。根据 EUR 值估算可采

资源量的思路如下:

第一步,通过相关资料分析,估算评价区开发平均每井控制面积(井控面积);

第二步,按平均井控面积计算评价区可钻井数;

第三步,根据评价区地质分析和风险评估,估算评价区今后成功的井数;

第四步,通过评价区与典型开发井的地质条件类比,得到评价区平均EUR;

第五步,将成功井数与平均EUR相乘,得到评价区可采储量。

以上评价过程涉及平均EUR、平均井控面积、风险系数(或成功率)等关键参数。

2)评价方法

以致密油为例,简要介绍评价流程和计算公式。

(1)评价区分类:根据石油地质特征,将评价区分为潜力区(A类)、扩展区(B类)和其他区(C类)三类,并估算各类的面积。一般情况下C类区目前不具备经济性,不参与资源量计算。

(2)选择典型生产井作为类比对象,确定单井EUR:根据潜力区油气地质特征,为A类选择具有相似特征的一个或多个刻度区;B类同理。

(3)确定关键参数。过程包括:①分别统计A类和B类刻度区的EUR,确定EUR均值、方差、最小值和最大值,求出EUR概率分布曲线;②分别统计A类和B类刻度区的井平均控制面积和采收率(或可采系数)。

(4)计算评价区可采资源量,计算公式如下:

$$\begin{cases} Q_r = Q_{r-p} + Q_{r-e} \\ Q_{r-p} = \text{EUR}_p \times A_p / W_p \\ Q_{r-e} = \text{EUR}_e \times A_e / W_e \end{cases} \quad (2\text{-}26)$$

式中 Q_r——评价区致密油可采资源量,10^4t;

Q_{r-p}——潜力区致密油可采资源量,10^4t;

Q_{r-e}——扩展区致密油可采资源量,10^4t;

EUR_p、EUR_e——潜力区与扩展区对应刻度区EUR均值,10^4t;

A_p、A_e——潜力区与扩展区的面积,km^2;

W_p、W_e——潜力区与扩展区对应刻度区平均井控面积,km^2。

(5)计算评价区地质资源量,计算公式如下:

$$Q_{ip} = Q_{r-p} / E_{r-p} + Q_{r-e} / E_{r-e} \quad (2\text{-}27)$$

式中 Q_{ip}——评价区致密油地质资源量,10^4t;

Q_{r-p}、Q_{r-e}——潜力区与扩展区致密油可采资源量,10^4t;

E_{r-p}、E_{r-e}——潜力区与扩展区对应刻度区致密油平均可采系数。

EUR类比法使用的前提条件是:具备相似地质条件的生产井及其EUR、井控面积、可采系数等数据。

3. 分级资源丰度类比法

1)基本原理

油气资源丰度类比法是一种由已知区资源丰度推测未知区资源丰度的方法,包括面积丰度类比法和体积丰度类比法两种。USGS 曾经借助全球主要盆地地质特征和油气资源数据库，以盆地为评价单元对常规油气资源进行评价。我国比较重视该方法，将该方法列为油气资源评价最重要的方法之一。在评价常规油气资源时，一般以区带或区块为评价单元；在评价非常规油气资源时，一般以区块（分层系）为评价单元。

2）评价方法和流程

下面以致密油面积丰度类比法为例简要介绍评价方法和流程。致密油资源丰度类比法与常规油气资源丰度类比法的原理基本相同，但在具体实施过程中存在很大差异。主要原因是致密油地质资源质量相差较大，这就要求评价者不仅要评价地质资源的总量，更要评价地质资源的质量。通过将评价区内部的各区块分级，即分为 A 类（相当于潜力区、核心区）、B 类（相当于远景区、扩展区或非甜点区）和 C 类，然后再分别进行类比评价。这样既可评价致密油地质资源总量，又能评价致密油地质资源质量。分级评价流程如下：

（1）评价区边界确定和评价区内部区块分类。从资源评价角度，致密油区边界与岩性地层区带边界比较一致，主要边界类型包括盆地构造单元边界、主要储集体沉积体系边界、断层和地层尖灭边界、储层岩性和物性边界。根据石油地质特征，将评价区内部分为潜力区（A 类）、扩展区（B 类）和其他区（C 类）三类，并估算各类的面积。一般情况下 C 类区目前不具备经济性，不参与资源量计算。

（2）选择刻度区。根据潜力区的石油地质特征，选择与 A 类特征相似的一个或多个刻度区；B 类同理。

（3）计算相似系数。根据潜力区和扩展区油气成藏条件地质风险评价结果，逐一类比评价区与所选的刻度区，求出对应相似系数。计算公式如下：

$$\begin{cases} \alpha = R_{Af} / R_{Ac} \\ \beta = R_{Bf} / R_{Bc} \end{cases} \quad (2-28)$$

式中　α、β——潜力区和扩展区与对应刻度区类比的相似系数；

　　　R_{Af}、R_{Bf}——潜力区和扩展区油气成藏条件地质评价结果，即把握系数；

　　　R_{Ac}、R_{Bc}——潜力区和扩展区对应的刻度区油气成藏条件地质评价结果，即把握系数。

（4）计算评价区地质资源量。根据相似系数和刻度区的面积资源丰度，求出评价区地质资源量。计算公式如下：

$$\begin{cases} Q_{ip\text{-}p} = \sum_{i=1}^{n}(A_p \times Zp_i \times \alpha_i)/n \\ Q_{ip\text{-}e} = \sum_{i=1}^{n}(A_e \times Ze_i \times \beta_i)/m \\ Q_{ip} = Q_{ip\text{-}p} + Q_{ip\text{-}e} \end{cases} \quad (2-29)$$

式中　Q_{ip}——评价区致密油地质资源量，10^4t；

　　　$Q_{ip\text{-}p}$、$Q_{ip\text{-}e}$——潜力区和扩展区致密油地质资源量，10^4t；

A_p、A_e——潜力区和扩展区面积，km^2；

Zp_i、Ze_i——第 i 个刻度区致密油资源丰度，$10^4 t/km^2$；

α_i——潜力区与第 i 个刻度区类比的相似系数；

β_i——扩展区与第 i 个刻度区类比的相似系数；

n、m——潜力区和扩展区对应的刻度区个数。

（5）计算评价区可采资源量，公式如下：

$$Q_r = Q_{ip-p} \times E_{r-p} + Q_{ip-e} \times E_{r-e} \tag{2-30}$$

式中　Q_r——评价区致密油可采资源量，$10^4 t$；

Q_{ip-p}、Q_{ip-e}——潜力区和扩展区致密油地质资源量，$10^4 t$；

E_{r-p}——潜力区对应刻度区致密油平均可采系数；

E_{r-e}——扩展区对应刻度区致密油平均可采系数。

分级资源丰度类比法使用的前提条件是：（1）评价区已完成地质评价，并进行分级；（2）具备相似的刻度区；（3）刻度区的资源丰度和可采系数比较可靠。

4. 体积法和容积法

体积法和容积法的基本原理是一致的，都是根据体积的大小来计算油气资源量。两者的区别在于测量体积的对象，前者一般以岩石体积作为计算对象，后者则是以岩石中的孔隙容积作为计算对象。

1）体积法——页岩含气量法

每种非常规油气资源的体积法计算公式都不相同，但原理和计算过程是一致的。以页岩气资源量计算为例，计算公式为：

$$G = 0.01 \times A \times h \times \rho \times C_t \tag{2-31}$$

式中　G——页岩气资源量，$10^8 m^3$；

A——页岩储层面积，km^2；

h——页岩储层厚度，m；

ρ——页岩岩石密度，g/cm^3；

C_t——实测页岩含气量，m^3/t。

体积法简便、实用，只要有实测含气量和岩石体积数据就能快速评价页岩气资源量。但是，体积法也存在不足，即非均质性问题。不同地区、不同层系、不同岩相带含气量变化大，不能用单一值替代。因此，该方法一般只适用于资料较少的新区。

2）容积法

以页岩气资源量计算为例，采用岩石孔隙中包含的游离气和岩石吸附气的总和作为页岩气资源量。计算公式如下：

$$Q_g = 0.01 \times AH\left(\phi_g S_g + \rho G_f\right) \tag{2-32}$$

式中　Q_g——页岩气资源量，$10^8 m^3$；

A——页岩气含气面积，km^2；

H——有效页岩厚度，m；

ϕ_g——含气页岩孔隙度；

S_g——含气饱和度；

ρ——页岩岩石密度，$\mathrm{t/m^3}$；

G_f——吸附气含量，$\mathrm{m^3/t}$。

不管是体积法还是容积法，在计算资源量时都会采用蒙特卡罗随机抽样方法。使用的计算参数一般用三个数（最大值、最小值和均值），参数多数采用三角分布模式进行抽样计算，资源量计算一般采用对数正态分布模型。

5. 数值模拟法

数值模拟法属于成因法中一种复杂的计算方法。不同类型的非常规油气聚集机制差别很大，一种成因法一般只能针对一种非常规油气资源。反过来讲，每种非常规油气资源都有独特的成因法，如页岩油滞留成藏、连续型致密砂岩气预测法和页岩气扩散聚集模拟法等。限于篇幅，本节只介绍连续型致密砂岩气预测法。常规气藏的运移主体服从置换式运移原理，即在天然气向上运移的同时，地层水不断向下运移，其驱动力来自于浮力。对于致密砂岩气来说，致密储层与烃源岩大面积接触，天然气的运移方式表现为气—水间发生的广泛排驱和气—水界面的整体推进作用。其过程类似活塞式排驱，运移动力来源于烃源岩强有力的生烃作用，气—水倒置得以维持并整体向上运移，形成大面积含气状态[13, 41—50]。烃源岩越厚，单位体积生气量越大，产生的压力越大，形成的致密砂岩气规模也就越大。

1）致密砂岩气动力平衡方程

根据致密砂岩气的活塞式排驱特点，张金川等建立了动态平衡方程，即天然气运移的阻力包括上覆储层毛细管压力、天然气重力和地层水压力等，驱动力主要为烃源岩生气增压[51]。驱动力和阻力之间平衡方程为：

$$p_\mathrm{g} = p_\mathrm{c} + \rho_\mathrm{g} g_\mathrm{g} h_\mathrm{g} + p_\mathrm{f} \qquad (2-33)$$

式中 p_g——烃源岩中游离相天然气注入储层压力，atm；

p_c——上覆储层毛细管压力，atm；

$\rho_\mathrm{g} g_\mathrm{g} h_\mathrm{g}$——天然气重力，atm；

h_g——天然气柱高度，m；

p_f——上覆储层地层水压力，atm。

在平衡方程中：（1）毛细管压力可用拉普拉斯方程求出；（2）天然气重力可直接求出；（3）地层水压力在成藏时一般为静水压力，成藏后的压力可用现今压力代替，也可用有效骨架应力模型求解[52]；（4）烃源岩中游离气压力，为烃源岩生气增压后烃源岩中流体和游离相天然气的压力，简称"游离气压力"。

2）烃源岩生气增压定量计算模型

形成超压的因素很多，生烃作用和差异压实作用是最主要的两种[53]。在地层进入压实成岩之后，尤其是孔隙致密之后，压实作用基本停止，此时压实对排烃基本不起作用，生气作用成为排气的主要动力。依据气体状态方程，天然气压力（p）、体积（V）和温度（T）三者之间保持动态平衡。在地下高温、高压下，p、V、T 三者之间的关系可用研究区

的 pVT 曲线表示。根据这一原理建立的烃源岩生气增压定量计算模型为：

$$\begin{cases} p_{\text{gas}} = f(B_{\text{g}}) \\ B_{\text{g}} = \dfrac{V_{\text{p}} - V_{\text{w}} - V_{\text{o}}}{V_{\text{g}}} = \dfrac{(1 - S_{\text{w}} - S_{\text{o}})h_{\text{s}} \times \phi \times 10^6}{Q_{\text{gas}} - Q_{\text{miss}} - Q_{\text{exp}}} \end{cases} \quad (2\text{-}34)$$

式中 p_{g}——烃源岩生烃排气产生的压力，atm；

B_{g}——天然气体积系数；

V_{p}——烃源岩孔隙体积，m³；

V_{w}——烃源岩孔隙水体积，m³；

V_{o}——烃源岩孔隙含油体积，m³；

V_{g}——烃源岩中游离相天然气体积（地表条件下），m³；

h_{s}——烃源岩层厚度，m；

ϕ——烃源岩层的评价孔隙度，%；

S_{w}——烃源岩层中束缚水饱和度，%；

S_{o}——烃源岩层中残余油饱和度，%；

Q_{gas}——单位面积烃源层生成的天然气体积（地表条件下），m³/km²；

Q_{miss}——单位面积烃源岩层中散失的天然气体积（地表条件下），m³/km²，包括吸附气、扩散气和溶解气等；

Q_{exp}——单位面积烃源层已排出的游离相天然气体积（地表条件下），m³，初始值为0。

3）模拟步骤

模拟步骤共10步：（1）建立地质模型（以下生上储为例）；（2）平面上划分网格，网格边界尽可能与构造线、断层线等一致；（3）纵向上按组细分储层；（4）计算运移驱动力（烃源岩层中游离相天然气压力）；（5）计算运移阻力；（6）比较运移驱动力和运移阻力，如果驱动力小于阻力则不能运移，停止对该点的模拟，反之则烃源岩层中的气能进入细层1，并排挤出细层1中的部分水；（7）天然气进入细层1并达到短暂的平衡，随着烃源岩层生气量的增加，游离相天然气压力 p_{g} 也在增加，重新计算 p_{g}，并计算细层2的运移阻力；（8）比较运移驱动力和运移阻力，如果驱动力小于阻力则不能运移，即细层不能成藏，停止对该点的模拟，反之则烃源岩层中的气能进入细层2，并排挤出细层2中的部分水；（9）重复（7）和（8）的过程，直到驱动力小于阻力或遇到盖层为止，如果压差超过盖层排替压力，则天然气将会突破盖层散失掉一部分，直到压差小于盖层排替压力，天然气才停止运移；（10）计算天然气聚集量。

4）天然气聚集量计算

进入致密储层的天然气聚集量可用下式表示：

$$\begin{cases} Q_{\text{gas}} = \sum q_i \ (i = 1,\ 2,\ \cdots,\ n) \\ q_i = (1 - S_{\text{w}})h_i \times A_i \times \phi_i \times (1/B_{gi}) \end{cases} \quad (2\text{-}35)$$

式中 Q_{g}——储层中天然气聚集量，m³；

n——天然气进入到储层中的细层数；

i——储层中的细层号；

q——细层天然气聚集量，m^3；

S_w——细层中束缚水饱和度；

h——细层平均厚度，m；

A——细层面积，m^2；

ϕ——细层平均孔隙度；

B_g——细层（地层压力对应的）天然气体积系数。

根据驱动力与阻力的关系，如果确定天然气只能进入到细层3，则上式中 n 为3。细层中束缚水饱和度可通过类比相邻地区的致密气获得，一般为30%～60%；天然气体积系数可根据细层地层压力在 pVT 曲线上反插值求得。进入致密储层的天然气会有部分损失，如一部分溶解在地层水中，还有一部分会以扩散方式向外扩散等。这些损失可以用溶解气公式和扩散气公式计算[36,54]，精度要求不高时可忽略不计。

5）关键参数

该模型关键参数包括：(1) 天然气体积系数与地层压力关系曲线；(2) 束缚水饱和度与孔隙度关系曲线；(3) 烃源层埋深、厚度、孔隙度、生气量和排气量（游离气量）等；(4) 储层埋深图或顶界构造图、等厚图，储层孔隙度、孔喉半径等值线图，现今储层流体压力系数等；(5) 盖层排替压力。

6. 资源空间分布预测法

油气资源空间分布预测法即特殊统计法，包括三种不同的评价方法：(1) 基于成藏机理和空间数据的分析法[55-57]；(2) 基于地质模型的随机模拟法[58]；(3) 支持向量机的数据分析法[59]。这三种评价方法除数理统计分析不同外，其思路和评价过程基本相似。

1）二维分形模型

由于地质过程的复杂性，已知油气聚集与未发现油气聚集信息相差可能较大，用常规地质统计学的随机模拟法，直接从已知油气聚集中提取空间统计信息，预测油气资源空间分布，其结果误差较大。如果把已知油气资源分布和地质变量空间相关特征，作为随机模拟限制条件，用统计法将概率密度函数近似地表达出来，即可提高预测的准确性。

油气资源空间分布的二维分形模型，基于随机模拟技术和傅立叶变换功率谱方法建立，即通过傅立叶变换，把具有分形特征的油气聚集分布空间（空间域），转化到傅立叶空间（频率域）中，用功率谱方式来表述油气资源的空间相关特征。对于具有分形特征的时间序列，其功率谱函数可表达为时间序列频率的幂函数，即：

$$S(f) \propto \frac{1}{f^\beta} \qquad (2-36)$$

式中 f——频率；

S——功率谱密度；

β——幂因子，称为频谱指数。

式中表述的这种随机过程,相当于 Hurst 空间维数 [$H=(\beta-1)/2$] 的一维分数布朗运动(f_{Bm}),选择不同的 β 值,即可产生不同分形维数的 f_{Bm}。对于二维图像或序列,其功率谱 S 有 x 和 y 共 2 个方向的频率变量 μ 和 v,及对应的频谱指数 β_x 和 β_y。对统计特性来说,xy 平面上的所有方向都是等价的,当沿 xy 平面上的任一方向切割功率谱 S 时,可用 $\sqrt{\mu^2+v^2}$ 代替频率 f。因此,由式(2-36)可推出各向同性的二维对象随机过程的表达式:

$$S(\mu, v) = \frac{1}{\left(\mu^2+v^2\right)^{H+1}} \quad (2\text{-}37)$$

而对于各向异性的对象,可定义 H 为方位角 θ 的函数,则其二维分形模型的表达式可写成:

$$S(\mu, v) = \frac{1}{\left(\mu^2+v^2\right)^{H(\theta)+1}} \quad (2\text{-}38)$$

其中,

$$H(\theta) = \sqrt{\left(\beta_x\cos\theta\right)^2+\left(\beta_y\sin\theta\right)^2}$$

式中 β_x、β_y——功率谱中 x 方向和 y 方向的频谱指数。

通过式(2-38)即可模拟出油气聚集分布空间的新功率谱。

2)修正资源丰度

二维分形模型中的指数函数 $H(\theta)$,可通过实际数据拟合 β_x 和 β_y 后获得。功率谱能量(资源丰度)越高的油气聚集,出现的频率越低,反之亦然。这一特点与油气勘探结果相吻合。如果以能量较高的若干数据点为基础进行拟合,结果基本能代表该方向上油气资源的分布趋势(分形直线)。拟合的直线斜率(绝对值)即为该方向上的频谱指数。分别确定 x 方向和 y 方向上的频谱指数 β_x 和 β_y 后,代入二维分形模型中,即能模拟出新的功率谱 S。新功率谱修正了原始功率谱的不足,且包含了已发现和未发现的所有油气聚集资源丰度的信息。

3)资源丰度空间分布模拟

确定油气藏空间分布位置,预测油气勘探风险[60],确定资源丰度空间分布,需做如下处理:(1)空间域转化为频率域,用傅立叶空间变换,把勘探风险从空间域转化到频率域,得到功率谱和相位谱,相位谱中包含着油气藏位置的信息;(2)从频率域回到空间域,用傅立叶逆变换,把新的资源丰度功率谱和勘探风险相位谱相结合,得到空间域中的油气资源分布,提供油气聚集位置,预测资源丰度。其间还需考虑包括设置经济界限,排除丰度低、没有经济价值的油气藏及用已钻井数据验证和修正等技术处理。

四、形成的关键技术

第四次评价,在常规油气资源评价方面,形成以盆地模拟、类比评价为核心的关键技术，创新基于有限体积法的三维油气运聚模拟技术；在非常规油气资源评价方面，形成以小面元、分级类比为核心的关键技术，创新小面元法及致密油资源"甜点"分布预测技术。此外，初步建立了经济评价与环境评价评价技术，研发自主知识产权的软件系统及数据库。

1. 常规油气资源评价关键技术

第四次油气资源评价与第三次相比，发展了盆地模拟法、资源丰度类比法、广义帕莱托法和趋势外推法四种常规油气资源评价体方法，形成三维油气运聚模拟技术、基于刻度区解剖的类比评价技术、广义帕莱托评价技术和储量增长预测技术四项重要技术（表2-13）。

表2-13 第三次油气资源评价与第四次油气资源评价的常规油气资源评价方法体系对比

类别	第三次油气资源评价	第四次油气资源评价	新增功能	关键技术
成因法	（1）盆地模拟法（二维运聚模拟技术）； （2）氯仿沥青"A"法； （3）氢指数法； （4）运聚单元分配法	（1）盆地模拟法（含三维运聚模拟技术）； （2）氯仿沥青"A"法； （3）氢指数法； （4）运聚单元分配法	在盆地模拟法中： （1）新增基于有限体积法的三维运聚模拟； （2）新增三维侵入逾渗运聚模型； （3）新增四组分化学动力学模型； （4）新增基于残余油模板的排油模型	（1）创新三维油气运聚模拟技术
类比法	（5）资源丰度类比法	（5）资源丰度类比法	在资源丰度类比法中： （1）补充刻度区数据资源（新增83个）； （2）增加刻度区类型（30种类型）； （3）形成类比评价流程，完善软件	（2）发展基于刻度区解剖的类比评价技术
统计法	（6）油藏发现过程法； （7）油藏规模序列法； （8）圈闭加和法	（6）油藏发现过程法； （7）油藏规模序列法； （8）广义帕莱托法； （9）圈闭加和法； （10）资源空间分布预测法	在广义帕莱托法中： （1）新增三种关键参数拟合分析； （2）建立分阶段统计模型	（3）研发广义帕莱托评价技术
	（9）饱和勘探法	（11）趋势外推法； （12）饱和勘探法	在趋势外推法中： （1）新增11种数学模型； （2）工作量和勘探效率两种统计方式	（4）研发储量增长预测技术

2. 非常规油气资源评价关键技术

第四次油气资源评价建立七种评价方法，研发分级EUR类比评价技术、分级资源丰度类比评价技术，创新小面元评价技术、形成快速评价技术、集成资源空间分布预测技术和连续型油气聚集模拟技术（表2-14）。

表2-14 非常规油气资源评价方法体系对比

主要类型		国内外主要方法	第四次油气资源评价的方法	新增关键技术	解决问题
类比法	EUR类比法	（1）USGS的FORSPAN法；（2）ExxonMobil的资源密度网格法	（1）分级EUR类比法（有部分生产井）	（1）研发分级EUR类比评价技术	可采资源计算
	资源丰度类比法	（3）面积丰度类比法	（2）分级资源丰度类比法（有基础地质资料）	（2）研发分级资源丰度类比评价技术	资源丰度变化大
统计法	体积法	（4）容积法；（5）含气量法	（3）小面元法（有部分勘探井）	（3）创新小面元评价技术	储层非均质性强
			（4）体积法（无详细基础地质资料；（5）容积法	（4）形成蒙特卡洛随机抽样的快速评价技术	低勘探程度，资料少
	随机模拟法	（6）USGS的随机模拟法；（7）GSC的随机模拟法（基于地质模型）	（6）资源空间分布预测法（有储量分布资料）	（5）集成资源空间分布预测技术	预测剩余资源空间分布
成因法	成因法	（8）热模拟法；（9）PHiK预测模型	（7）数值模拟法（有烃源岩评价资料）	（6）集成连续型油气聚集模拟技术	预测资源空间分布

第三节 油气资源经济评价与环境评价方法

油气资源经济评价方法包括指标评价法、现金流评价法和实物期权法。指标评价法适用于资源勘探程度较低的评价区，现金流评价法适用于能够规划开发方案的较成熟地区，实物期权法适用于成熟区。第四次油气资源评价重点研发指标评价法，继承发展现金流评价法，探讨与储备实物期权法；同时探讨了资源区环境评价方法，初步建立了评价指标体系和综合评价方法。本节依次论述以上方法，给出了重要的评价案例。

一、经济评价方法与案例

经济评价方法确立了四个基本原则。第一，资源经济评价中的术语、定义和计量单位符合行业规范；第二，以数据库为基础，以历史经验为参照，以评价经济价值为目标，具有系统性、实用性和可操作性；第三，从油气勘探开发经济评价的基本任务出发，采用定量与定性分析、统计与预测分析相结合的评价方法；第四，第四次资源经济评价主要采用定性为主的评价方法。油气资源经济评价方法、流程与构架如图2-2所示。

1. 指标评价法

依据统计类比资料，采用统计和专家评定相结合的方法进行评价，定性评价资源区经济价值。第一，建立经济评价的指标和要素。评价既涉及常规资源，也包括非常规资源；同时包括地质因素、地面因素、技术因素、经济因素等经济性指标参数；另外，不同类型资源经济性指标的重要性亦有不同。第二，确立每个指标要素的评价标准。第三，评价资源区经济性。

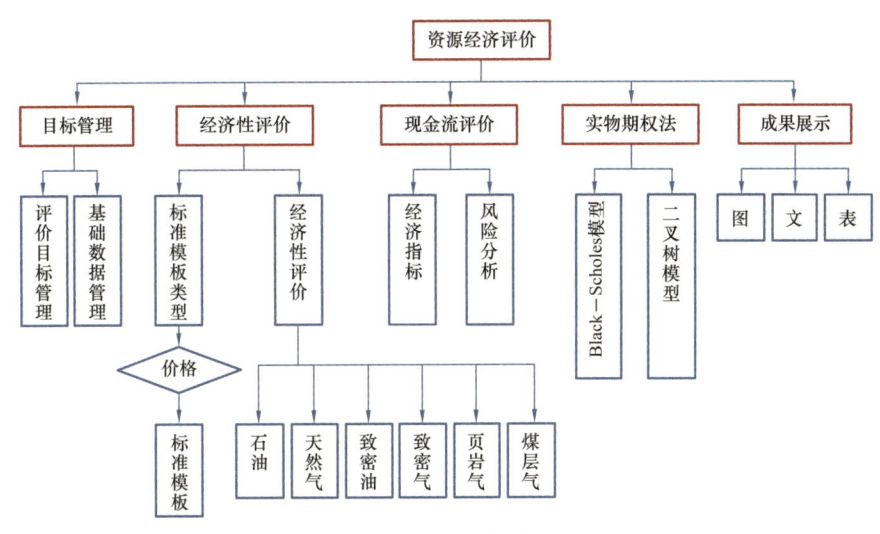

图 2-2 资源经济评价方法体系

1）指标评价标准

需要对石油、天然气、致密油、致密气、页岩气、煤层气等指标要素赋予评价等级和参考标准。其中，要素评价划分为好（>90分）、中（60~90分）、差（<60分）三个等级；经济性分析按价格分为高、中、低三个档次。

2）指标要素评价

依据评价区要素的实际资料，参照石油、天然气、致密油、致密气、页岩气、煤层气等指标要素的评价标准，对评价区每个要素评分。

指标要素定量化，有计算法、定性描述法、定性描述与图形结合法三种模式。其中，计算法是对有些指标要素用公式计算，获取要素评分，在评价中属于这类的要素主要有目的层埋深、可采资源量等；定性描述法是对有些指标要素不能完全用公式方式量化指标，在评价中这类要素主要有工程技术等不确定性指标要素，在评分中需要通过经验确定分值；图形法是对有些指标要素需要结合图形进行定量化，有利于直观分析资源区经济价值。

3）资源经济性评价

资源经济性评价是指根据预测的资源量，对照评价标准，估算经济价值的过程。资源经济性评价受地质、地面、技术、单井等指标影响，每项指标又受多个要素影响。定量计算公式如下：

$$Q_e = Q \times \sum_{i=1}^{n}(E_i \times R_i) \qquad (2-39)$$

式中　Q_e——评价区技术经济资源量，$10^4 t/10^8 m^3$；

　　　Q——评价区资源量，$10^4 t/10^8 m^3$；

　　　n——要素个数；

　　　E_i——第 i 个要素评价分值（i=1，2，…，n）；

　　　R_i——第 i 个要素的权重系数。

2. 现金流评价方法

现金流评价方法是第二次、第三次油气资源评价采用的基本方法，对于勘探程度较高、已有油气藏发现、有储量的探区，效果显著。第四次油气资源评价在继承现金流基本原理外，对财税模型、资源转换模型进行优化。依据预测的可采资源量，在勘探方案、模拟开发方案和投资估算等基础上，计算净现值、投资回收期、内部收益率等重要经济指标，并根据影响经济指标的关键因素，进行不确定性分析。净现值计算公式如下：

$$NPV = \sum_{t=0}^{n}(CI-CO)_t(1+i_0)^{-t} \qquad (2-40)$$

式中　NPV——净现值，万元；
　　　CI——评价期内的现金流入，万元；
　　　CO——评价期内的现金流出，万元；
　　　$(CI-CO)_t$——第 t 年净现金流，万元；
　　　i_0——基准折现率，%；
　　　t——投资方案的寿命期（$t=0,1,2,\cdots,n$），年。

当 $\sum_{i=0}^{n}(CI-CO)_t(1+IRR)^{-t}=0$ 时，计算内部收益率 IRR；

当 $\sum_{t=0}^{P_t}(CI-CO)_t(1+i)^{-t}=0$ 时，计算投资回收期 P_t。

如果 NPV≥0，IRR≥i_0，P_t≤行业基准回收期，说明该资源区投入开发利用可获得超额收益或最低希望的收益，经济可行。

3. 实物期权法

采用实物期权法是对油气资源经济评价，特别是非常规油气资源经济评价新的尝试。众所周知，资源评价是勘探、认识、再勘探、再认识的过程，不确定因素多、风险大、投资大。实物期权法将油气勘探项目的各个阶段分别作为一个整体来考虑，在每个阶段结束后，油公司都可以决定是否继续投资、是否延期投资、是否放弃投资。这样，把勘探投资的整体风险，降低到各个阶段投资中，比较吻合于勘探流程。

第四次油气资源评价中，将 Black—Scholes 期权定价模型、二叉树期权定价模型进行了实例应用，提出了简化的实物期权法，为今后油气资源评价特别是非常规资源评价提供了思路。

实物期权法对于资源量的应用还是探索阶段，资源后续的开发利用不确定因素多，第四次资源评价抓住资源潜在价值这个特点，将模型中以年度为时间单元的评价，简化为按阶段为时间单元评价；将以资源区整体项目效益测算，简化为以单位效益推算整体效益的方式。案例中取得了好的效果。

4. 经济评价实例

案例的研究重点是指导油田公司资源经济评价的工作流程、数据整理、操作方法。经济评价完成了 6 类资源、12 个评价区的评价案例，各案例已在经济评价数据库中，作为指导性示范。因篇幅所限，仅介绍页岩气指标评价法的案例。

该案例探区位于四川盆地的东部和南部，面积约 $10.48\times10^4 km^2$。探区按照构造单元分为东北、东部和南部三个评价单元，评价的目的层系为上奥陶统—下志留统。近年来，在该区的页岩气勘探开发中取得了重要突破，近 100 口井在上奥陶统五峰组—下志留统龙马溪组获得工业气流。通过对该区进行资源评价，发现南部地区的资源量为 $24.8 \times 10^{12} m^3$，资源丰度 $4.96 \times 10^8 m^3/km^2$。对该评价区，依据经济评价基础数据图件准备、评价方法选择、评价指标建立、经济评价、结论分析等步骤，开展了经济指标评价。采用指标评价方法，选择非常规油气资源的页岩气评价标准。

1）单个指标要素评价

针对评价指标中的各个要素，依据标准进行评分。下面以指标要素的目的层埋深、储层质量和水资源进行说明，其他不再赘述。

$E_{埋深}$，属于地质指标，该区目的层埋深为1000～5000m，平均为3000m。其中，小于2500m占1/3，2500～3500m占1/3，3500～4500m占1/3。依据标准，小于2500m，评分为90～100分；在2500～3500m之间，评分为60～90分；在3500～4500m之间，评分为0～60分。综合分析，评价区目的层埋深的要素评分为83分，$E_{埋深}=83$。

$E_{储层质量}$，属于地质指标，储层质量评价是由沉积类型、空间分布、地层压力、物性和脆性矿物/黏土矿物5个要素细目组成，需要对细目评分后，再对要素评分。案例中探区为海相沉积；页岩厚度在20～135m之间，横向分布稳定，水平井平均长度1000m；地层压力系数在0.9～2.3之间；孔隙度在3.5%～8%之间，平均为4.0%；脆性矿物含量为20%～47%，黏土矿物含量为35%～48%。依据评价标准，对每个细目评分后，获得储层质量的要素评分为88分，$E_{储层质量}=88$。

$E_{水源}$，属于地面指标，评价不仅要分析探区水资源状况，还需要用图的方式表现水资源环境。通过图形直观判断，探区水源充足，有湖、河流、水库等，所以，依据标准对水资源要素的评分为100分，$E_{水源}=100$。

2）指标要素综合评价

指标要素综合评价为每个要素的加权和，$E_{综合评价}=\sum(E_i \times R_i)$，按照标准评价出好（90～100分）、中（60～90分）、差（0～60分）经济性评定等级。

通过对示例中页岩气每个经济要素的评价，计算综合评价分值，该区综合评价为90分（$E_{综合评价}=90$），定性评价经济性等级为有效经济区。

同样，示例对川东地区、川东北地区也进行了经济指标评价，评分分别为87.5分和82.3分。

3）评价结论

依据评价方法技术，示例对四川盆地的南部、东部和东北三个评价单元开展了经济性评价，评价目的层为上奥陶统—下志留统。通过评价，获取示例的评价数据表和综合评价图，从评价结论看，川南地区、川东地区和川东北地区页岩气资源的开发利用为有效的经济区（表2-15，图2-3）。

二、环境评价方法与案例

环境评价是在现有污染物排放、资源利用和环境质量现状基础上，采用综合评价方法对常规油气资源和非常规油气资源进行的评价，结合油气田勘探开发特点，环境评价主要采用指标评价方法。

1. 评价指标体系

油气资源区域环境评价内容包括资源环境压力、资源环境承载力两类指标（图2-4）。

表2-15 经济评价结果表

评价区名称		川南地区	评分	川东地区	评分	川东北地区	评分	图件
基础	目的层系	下志留统/五峰组—龙马溪组		下志留统/五峰组—龙马溪组		下志留统/五峰组—龙马溪组		
	面积, km²	50000		33000		21800		
	资源量, 10⁸m³	248000		120120		61912		
	可采系数, %	25		25		25		
	资源丰度 10⁸m³/km²	1.24	85	0.91	85	0.71	88	川南地区资源丰度图
	目的层埋深 km	1000~5000	100	1000~5000	95	1000~4000	90	川南地区寒武系底界埋深图
	可采资源量 10⁸m³	62000		30030		15478		
地质	储层质量	（1）类型：海相； （2）空间分布：厚度 20~135m，横向分布稳定，水平井平均长度1000m； （3）地层压力系数：0.9~2.3； （4）物性：孔隙度5%~8%，平均4.0%； （5）脆性矿物20%~47%，黏土矿物含量35%~48%	88	（1）类型：海相； （2）空间分布：厚度 40~140m，横向分布稳定，水平井平均长度1000m； （3）地层压力系数：1~1.5； （4）物性：孔隙度4.5%~8%，平均4.5%； （5）脆性矿物30%~50%，黏土矿物含量35%~49%	85	（1）类型：海相； （2）空间分布：厚度 30~120m，横向分布稳定，水平井平均长度1000m； （3）地层压力系数：1.0~1.3； （4）物性：孔隙度3%~6%，平均3.5%； （5）脆性矿物35%~60%，黏土矿物含量35%~50%	80	

续表

评价区名称		川南地区	评分	川东地区	评分	川东北地区	评分	图件
地面	地形地貌	蜀南为丘陵、昭通为山区	90	丘陵、山地	80	山地	70	盆地构造单元划分图、盆地地形地貌图
	管线、资源区与管线距离 km	评价区内50%地区有管线，50%地区无管线	90	40%区域有管线，60%区域无管线	80	基本无管线	70	盆地天然气管线图
	水源、资源区与水源距离 km	水源充足，有湖、河流、水库等	95	水源充足，有湖、河流、水库等	95	水源充足，有湖、河流、水库等	95	盆地水系分布图
技术	水平井钻井完井技术	水平井钻井、完井技术基本具备	90	3500m以浅深度水平井钻井、完井技术基本具备	85	尚未进行页岩气勘探，水平井钻井等可借鉴临区	75	
	压裂技术	技术基本具备	80	3500m以浅技术基本具备	85	尚未进行页岩气勘探，需要借鉴临区技术	75	
单井产量	直井单井初始产量，m³/d	5000~10000	90	5000~10000	90	5000~10000	90	单井产气量分布图
	水平井单井初始产量 m³/d	20000~400000	93	60000~550000	95	20000~100000	90	
综合评价			90.1		87.5		82.3	

资源环境压力用来表征油气资源开发对资源的需求压力和对环境的影响程度,即压力越大,油气资源开发对环境的影响程度越大,不利于实际区域的可持续发展。资源环境承载力反映了区域自然资源及环境的客观承载力大小,承载力越大,表明区域内该类资源及环境对油气资源开发的承载能力越高。

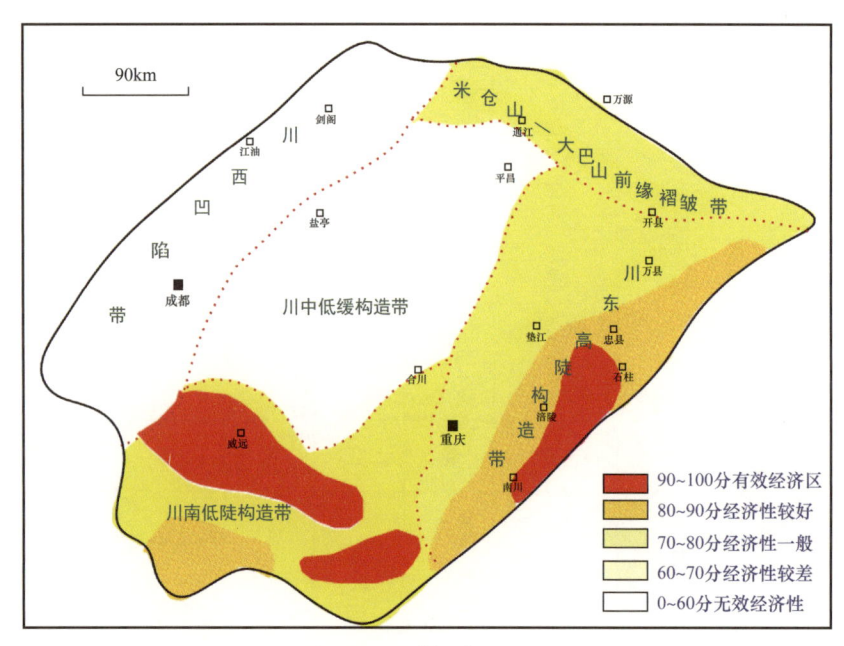

图 2-3　经济评价选区图

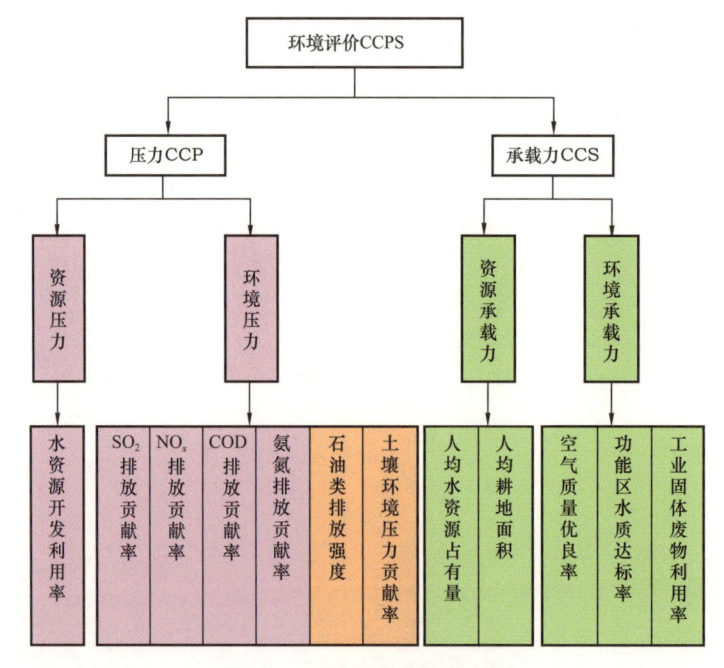

图 2-4　环境评价指标体系图

根据常规/非常规油气资源勘探开发的环境影响特点,将环境评价指标分为三个层次。第一,压力和承载力;第二,压力又分为资源压力和环境压力,承载力亦分为资源承载力和环境承载力；第三，资源压力包括水资源开发利用率指标，环境压力包括大气污染物年排放贡献率等指标，资源承载力含人均水资源量等指标，环境承载力含空气质量优良率等指标。

2. 评价指标计算

1）资源压力指标

油气开采过程中的可用水资源量是限制性因素，将水资源开发利用率作为主要评价指标。

$$k = \frac{ln}{M} \times 100 \quad (2-41)$$

式中　k——水资源开发利用率，%；
　　　l——未开发区年可采油气量，10^4t；
　　　n——单位油气当量新鲜水消耗量；
　　　m——区域水资源总量，10^8m³。

2）环境压力指标

在油气开采过程中，产生废气、废水和固体废物，这些污染物的排放对大气、水和土壤等环境造成了压力。研究中将选用污染物的排放贡献率和特征污染物排放强度作为主要评价指标。主要包括废气 SO_2 年排放贡献率、废气 NO_x 年排放贡献率、废水 COD 年排放贡献率、废水氨氮年排放贡献率、废水石油类年排放强度及土壤环境压力贡献率。

3）资源承载力指标

资源承载力指标是指与油气资源开发相关的资源，油气勘探活动主要涉及水资源、土地资源。评价中将人均水资源量（m³/人）和人均耕地占有量（10^3km²/人）作为资源承载力的主要评价指标。

4）环境承载力指标

环境承载力指标涉及水、大气和土壤。评价中将空气质量优良率、功能区水质达标率、区域工业固体废物综合利用率作为环境承载力的主要评价指标。

3. 环境综合评价

根据环境评价内涵，综合评价采用承压度（CCPS）描述特定生态系统的环境承载力水平。公式如下：

$$CCPS = \frac{CCP}{CCS} \quad (2-42)$$

式中　CCPS——承压度；
　　　CCP——压力，所有压力指标评价分值规一化后的加权和；
　　　CCS——承载力，所有承载力指标评价分值规一化后的加权和。

综合评价根据承压度计算结果，当 CCPS<0.95 时，即压力指标分值小于承载指标分值，系统承压水平为低负荷；当 0.95≤CCPS<1.05 时，即压力指标分值约等于承载指标分值时，系统承压水平为平衡；当 CCPS≥1.05 时，即压力指标分值大于承载指标分值时，系统承压水平为超负荷。

4. 环境评价实例

油气资源环境评价通过对影响资源环境评价的要素进行分析，形成包括评价指标体系、指标归一化评分标准、环境综合评价方法和评价分级标准四个部分的评价方法，用于评价常规油气资源和非常规油气资源区块的环境承载负荷水平，为油气资源能否持续开发提供了支持。环境评价完成了12个评价区的评价案例，各案例已在经济评价数据库中，作为指导性示范。因篇幅所限，仅介绍某油田环境影响评价案例，相关数据见表2-16。

表2-16 某油田油气资源环境评价数据汇总表

指标	要素	某油田	归一化数据	一级权重	二级权重	总权重	评价分值	评价结果
资源压力指标	水资源利用率 %	18.44	44.00	0.2	1	0.2	8.8	
大气环境压力指标	废气 SO_2 排放贡献率 %	1.99	1.99		0.15	0.12	0.24	
	废气 NO_x 年排放贡献率 %	14.34	14.34		0.15	0.12	1.72	
水环境压力指标	废水COD年排放贡献率 %	74.10	74.1	0.8	0.3	0.24	17.78	
	废水石油类平均排放强度 $t/10^4t$	0.0269	2.69		0.1	0.08	0.22	
	废水氨氮排放贡献率 %	81.45	81.45		0.2	0.16	13.03	
土壤环境压力指标	土壤环境压力贡献率，%	0	0		0.1	0.08	0	
环境压力指标总分值（CCP）							41.79	低压
资源承载指标	人均水资源量，m^3/人	105.20	0.00011	0.2	0.5	0.1	0.000011	
	人均耕地占有量 10^4m^2/人	0.03	0.05		0.5	0.1	0.0052	
空气环境承载指标	空气质量优良率，%	85.13	87.83		0.35	0.28	24.5924	
水环境承载指标	功能区水质达标率，%	87.77	95.54	0.8	0.4	0.32	30.5728	
资源土壤环境承载指标	工业固体废物综合利用率 %	99.07	100		0.25	0.2	20	
环境承载力指标总分值（CCS）							75.17	较高承载
承压度							0.56	资源环境负荷低

该案例根据评价指标中的具体要素，采用合适的方式和方法，收集某油田201x至201（x+2）年的污染物排放量、污染物年排放控制指标、油气产量及新鲜水消耗量等相关基础数据。其中，环境压力方面的污染物指标查阅《各油田环境统计数据》，区域水

资源总量可查阅最新《各省市水资源公报》,环境承载力方面的各项指标查阅《中国统计年鉴报告》,空气质量优良率、区域工业固体废物综合利用率可查阅《各省市环境质量公报》,功能区水质达标率可查阅《各省市环境质量公报》或《各省市水资源公报》。

将收集的指标基础数据根据计算方法计算出要素具体值,根据数据标准归一化方法对评价具体值进行处理,得出指标标准化值,以便于不同单位评价指标的比较。最终通过每一个评价对象的环境压力和环境承载力评价分值,计算出承压度值,然后根据环境综合评价分级标准,分析判断油气资源评价区域的环境负荷水平及可持续发展状况。某油田环境影响评价结果如表2-16、图2-5所示。

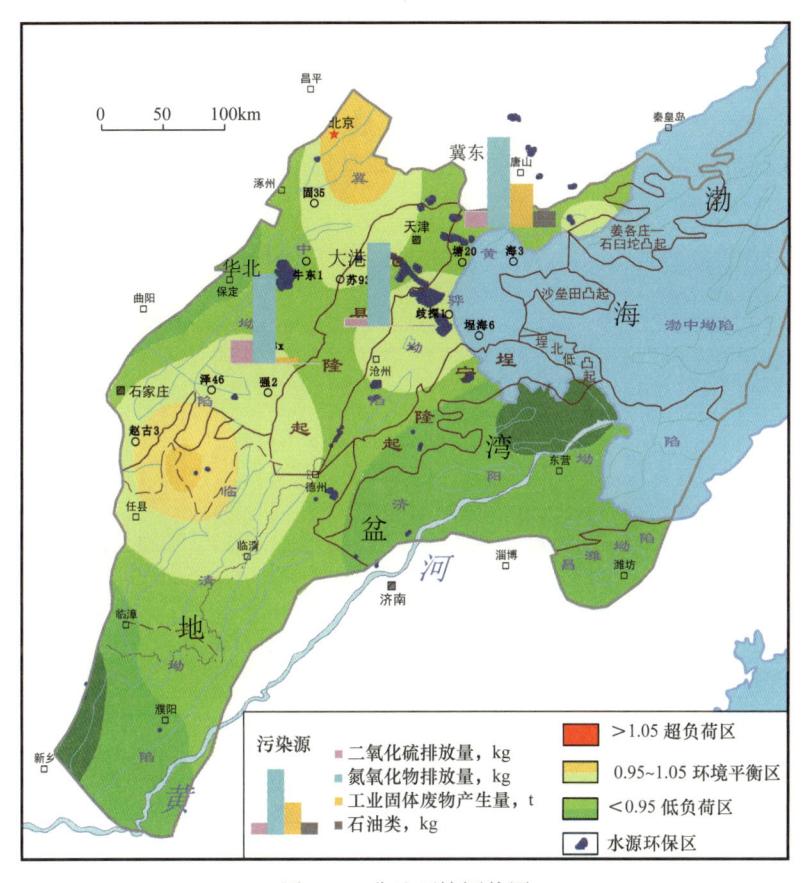

图2-5 盆地环境评价图

第四节 油气资源评价系统

油气资源评价系统(Hydrocarbon Resource Assessment System,简称HyRAS)是中国石油勘探开发研究院遵照中国石油第四次油气资源评价的要求,研发的大型石油地质软件系统,包括盆地油气资源评价、区带油气资源评价、非常规油气资源评价、经济评价与环境评价等核心评价系统,以及相应的数据库与图形库管理系统等。

最新版的HyRAS 2.0继承了中国石油第三次油气资源评价系统PA系统的部分常规油气资源评价方法模块,如资源丰度类比、油气藏发现过程模型等,发展了盆地模拟系统、其他盆地油气资源评价系统、区带油气资源评价系统，新研发了非常规油气资源评价、资源经济性指标评价、环境评价等重要模块，重新构建了基于 WEB-GIS 导航的数据库与图形库系统。

HyRAS 用于评价常规石油、天然和七种非常规油气（页岩气、致密油、致密砂岩气、煤层气、油页岩、油砂和天然气水合物）资源的规模与分布，评价范围包括地质资源和可采资源，评价区带/区块的资源经济性和探区资源开发的环境压力与承载力，管理各油气田资源评价专业数据库和图形库，为"十三五"油气勘探规划制定及勘探生产提供有力的技术支持。2014 年 10 月，HyRAS 通过中国软件评测中心的软件技术鉴定测试；2014 年 12 月，通过中国石油天然气集团公司的专业技术成果鉴定，总体达到国际先进水平。

一、HyRAS 软件系统结构及各模块功能

HyRAS 由核心评价系统、数据库系统和集成平台三大部分构成，其中核心评价系统包括盆地级与区带级常规油气资源评价系统、非常规油气资源评价系统、经济评价与环境评价系统（图 2-6、图 2-7）。

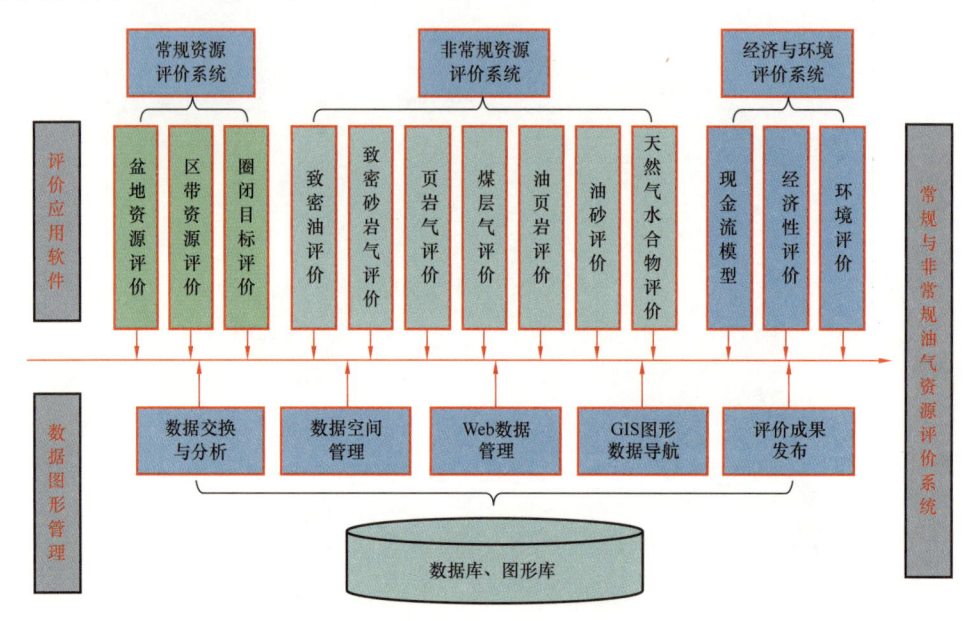

图 2-6　油气资源评价系统（HyRAS）结构

1. 盆地油气资源评价系统

盆地油气资源评价系统是针对盆地、坳陷或凹陷级常规油气资源评价而设计和研制的综合评价系统，该系统以石油地质理论为基础，运用统计预测等多学科知识及计算机技术，定量模拟和评价盆地油气资源量，预测资源空间分布。该系统包括成因法和统计法两大类，其中成因法由盆地模拟法、氯仿沥青"A"法和氢指数法三种方法组成；统计法由趋势外推法（11 种模型）、饱和勘探法等方法组成。除了以上方法对应的功能模块外，该系统还包含盆地资源量综合汇总、可采资源量计算、分层系资源量计算等模块。

2. 区带油气评价系统

区带评价系统主要是针对区带、区块级常规油气资源评价、地质评价和有利区优选而开发的应用软件。该系统主要由数据管理、地质评价、资源评价、综合评价等软件模块组

成,核心评价方法包括油气藏发现过程模型法、油藏规模序列法、广义帕莱托法、圈闭加和法、资源丰度类比法和运聚单元资源分配法等,可广泛应用于石油行业的各级生产单位和科研单位。

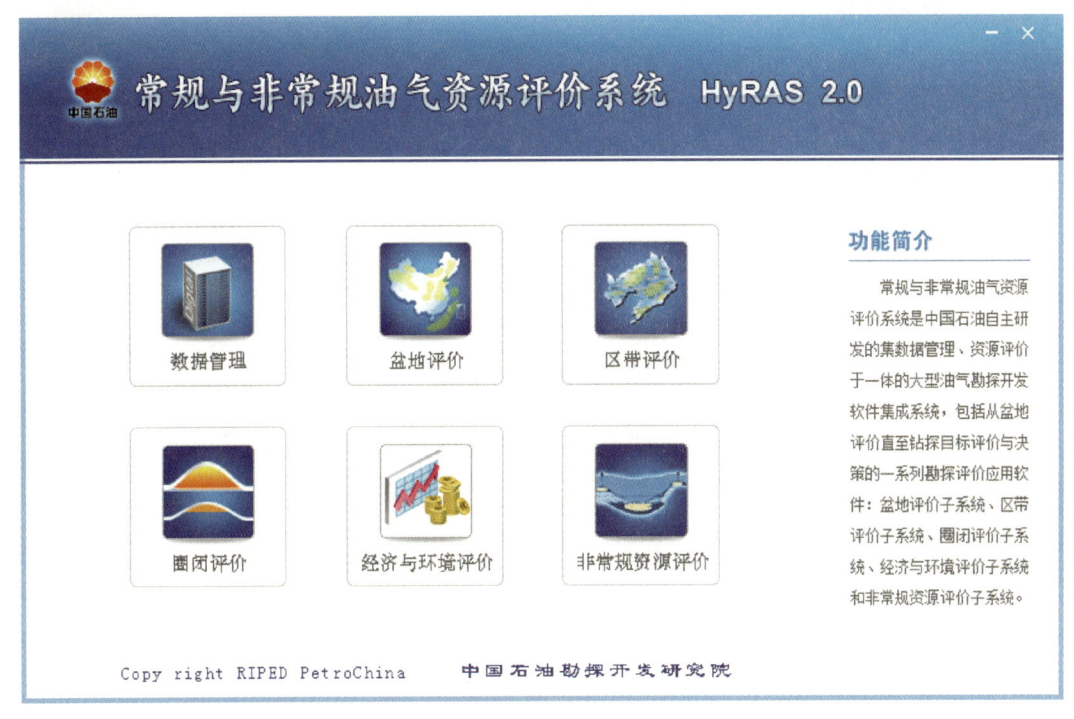

图 2-7　油气资源评价系统(HyRAS)操作平台

3. 非常规油气资源评价系统

非常规油气资源评价分为重点评价和快速评价两大部分,重点评价主要使用 EUR 类比法、资源丰度类比法以及小面元容积法进行评价,评价对象包括致密油、致密砂岩气和页岩气三种资源;快速评价主要使用容积法(蒙特卡洛方法)进行评价,评价对象包括致密油、致密砂岩气、页岩气、煤层气、油砂矿、油页岩以及天然气水合物七种资源。从方法角度上,重点评价是对快速评价模式的补充和延伸,适合在资料数据较丰富情况进行深入评价。同时,快速评价模式得到的结果可以纳入到系统中,与其他方法的结果进行综合。

4. 经济评价与环境评价系统

经济与环境评价系统重点评价区带、区块或评价区,分为经济评价和环境评价两部分,其中经济评价除了采用现金流评价方法外,还新增了石油、天然气、致密油、致密砂岩气、页岩气、煤层气和油页岩七种资源的经济性指标评价方法;环境评价对象分为常规油气资源和非常规油气资源两类,采用指标性评价方法评价,并将评价结果划分环境影响级别。

5. 其他特点

系统通过检验 USB Key 有效性,对访问用户进行控制,可以保证系统数据保密性,具有一定的安全性。评价软件系统为单机版软件,采用 Access 2003/2007/2013 数据库,运行于 Windows XP/7/8 操作系统。

系统主要用 C++Builder 语言编写,个别模块用 Visual C++、C#、Fortran90、IDL 语言编写。程序总行数约 80 多万行(表 2-17)。

表2-17 系统各模块功能特点及程序统计表

子系统	软件模块		主要功能特点	编程语言	程序行数
总平台	总平台		管理各子系统	CB	7746
	共用库		数学算法、地质建模、网格技术、图形库	CB	137854
盆地评价	盆地模拟	数据管理	数据输入、矢量化、离散化，格式化	CB、VC	169356
		五史模拟	地史、热史、成岩史、生烃史、排烃史	CB	34995
		流线模拟	二维构造面运聚流线模拟	IDL	51481
		三维IP模拟	三维侵入逾渗运聚模拟	CB	32711
		达西流模拟	三维三相达西流油气运聚模拟	CB、VC	43656
		统计分析	划分油气运聚单元、资源量统计	CB	9705
		成果显示	图形显示和表格输出	CB、VC	94030
	氯仿沥青"A"法		三种参数分布、资源计算	VC	1693
	氢指数法		三种参数分布、资源计算	VC	1991
	趋势外推法		包括三类勘探效率，采用11种拟合模型	VC	3540
	饱和勘探法		三种参数分布、资源计算	VC	1734
区带评价	地质评价		风险概率法计算地质评价值	CB	9595
	资源丰度类比法		评价标准、刻度区、类比评价	CB	22779
	运聚单元法		运聚单元、资源计算	CB	814
	规模序列法		规模分布拟合算法、误差分析、资源计算	CB	4959
	发现过程法		发现模型、规模匹配、分布预测	CB、FORTRAN	57425
	广义帕莱托法		参数分析、广义帕莱托模型、分布预测	VC	7860
	圈闭加和法		五级资源、蒙特卡洛抽样计算、资源分布	CB	3659
	资源量综合		三种方法：特尔菲、离散点、三角分布	CB	11621
	综合评价		二因素法计算综合评价值，排队、分类	CB	10303
非常规资源评价	致密油		EUR类比法、资源丰度类比法、小面元法	CB	32141
	致密砂岩气		EUR类比法、资源丰度类比法、小面元法	CB	31517
	页岩气		EUR类比法、资源丰度类比法、小面元法	CB	31871
	快速评价		七种非常规资源，抽样计算、资源分布	CB	1779
经济与环境评价	现金流评价		风险分析、经济评价、综合评价与优选	CB	16963
	经济指标评价		七种资源，参数评估、综合评价	CB	3010
	环境指标评价		常规、非常规，参数评估、综合评价	CB	3463

二、HyRAS 软件系统特色技术

软件系统包括以小面元法为核心的非常规油气资源评价技术、三维三相达西流模拟技术、基于刻度区解剖的类比评价技术、经济评价与环境评价技术和基于 WEB-GIS 的数据库管理技术五大特色技术。

1. 以小面元法为核心的非常规油气资源评价技术

小面元法是一种容积法与成因法相结合的综合评价方法，其基础是容积法，关键因素是采用供油量作为约束条件。小面元法是为了改进容积法而提出的，主要目的是：（1）克服非均质性的影响；（2）充分利用地质资料和各种地球物理信息；（3）实现评价结果可视化，指出"甜点"分布区。小面元法的核心技术是：（1）如何划分评价单元，即小面元（每个面元为一个基本评价单元）。本系统采用不规则网格技术——PEBI 网格剖分技术进行网格（面元）划分。（2）评价参数求取与插值。本系统以钻井资料和地球物理资料为基础，采用有限元法进行参数空间插值。（3）插值结果的校正。用生烃强度计算最大石油充满系数（净储比，即有效储层厚度与总储层厚度之比）。本系统以最大石油充满系数作为约束条件对每个面元的参数进行校正，即插值得到石油充满系数不能大于最大石油充满系数。（4）计算原地资源量，用可视化图形展示"甜点"分布。

2. 三维三相达西流模拟技术

首先，针对静态地质模型存在的不足，建立动态网格的数值模型，解决了模拟网格与实际地层不一致的问题，更加精细地描述地层与流体的变化，大幅提升三维运聚模拟技术的精度和实用价值；其次，建立源储一体的运聚模型，采用非线性达西流，引入启动压力，突破了模拟界限，使模拟技术走进了非常规油气应用领域；最后，首次采用全张量渗透率，可以提高对复杂地层（如存在河道和发育裂缝的地区）的适应性。传统的渗透率向量是以渗透率主方向与坐标系方向相同为前提的，但当地层非均质性较强时，则会产生较大误差。

3. 基于刻度区解剖的类比评价技术

继承发展了常规油气资源丰度类比法，建立非常规油气解剖区类比参数标准，研发了非常规油气资源丰度类比法。刻度区增加到 218 个，包括常规油气刻度区和页岩气、致密砂岩气、致密油三种非常规油气刻度区，基本能够满足我国各油气区类比评价的需要。

4. 经济评价与环境评价技术

初步建立了页岩气、致密油、致密气等非常规油气资源的经济性评价指标体系，包括地质因素、地面因素、技术因素和单井产量 4 个方面要素及各要素对应的三级评价标准和综合评价模型；制定经济评价成果图件编制的技术规范。该技术用于综合评价资源区经济价值，优选有效资源，为勘探战略部署提供依据。初步建立了环境压力和承载力模型，即在考察现有污染排放、资源利用和环境质量现状基础上，通过对影响资源环境评价的要素分析，形成包括评价指标体系、指标归一化评分标准、环境综合评价方法和评价分级标准 4 个部分的环境压力模型和环境承载力模型。该技术用于评价常规与非常规油气资源区块的环境承载负荷水平，为油气资源能否持续开发提供了支持。

第五节 油气资源评价数据库管理系统

油气资源评价数据库管理系统是基于主流 WEB-GIS 技术研发的一套大型数据库管理系统，用于管理中国石油常规与非常规油气资源评价相关数据和图形资源，支撑中国石油第四次油气资源评价和今后的资源动态评价工作，同时继承了中国石油第三次油气资源评价数据库资源。

系统包含数据表 200 余张，数据字段 4000 多个，以 4 层结构模型实现 8 项主要功能模块和 3 项目标，包括：（1）管理 4 类数据。分别为系统表结构数据、基础数据、参数数据和评价成果数据。（2）支持各类资源评价。为评价方法提供评价参数，汇总资源评价结果。（3）展示发布评价成果。包括基础数据和图形查询下载、成果数据和图形发布。

系统具有 4 方面的先进技术和特色功能：（1）支持非常规油气资源评价。建立了致密油、致密砂岩气、页岩气、煤层气、油砂油、油页岩油、天然气水合物七种非常规资源评价的数据结构和数据管理模型，能支持非常规油气资源评价。（2）支持油气资源动态评价。通过独立的基础库、参数库可以不断积累和更新数据，满足动态评价需要。（3）先进的 Web-Gis 数据和图形管理技术。支持通过 Web 浏览器远程访问和管理数据，支持带空间地理信息的矢量图形管理。（4）实现了多层面的数据安全机制。通过中国石油内网多级、多层身份认证和用户权限管理和磁盘阵列、双机热备的备份机制保障数据的安全存储和安全访问。

一、系统结构

系统结构是资源评价数据库的最基础内容，主要由体系结构、逻辑结构和功能结构三部分组成，具体如下。

1. 系统体系结构

系统平台采用基于 B/S 的 WEB 应用系统，采取交互式、图形可视化的 WEB-GIS 操作，以空间对象为主要应用对象，进行多元数据统一展示（参数数据、图形数据和文档数据）。

系统采用基于数据库层、数据库访问层、应用层和表示层 4 层体系结构，每一层之构成单元可为其上层构成单元提供相关服务。各层之间相互关系体系结构对应关系如图 2-8 所示。第一，数据库层；数据层为基于 Oracle 的资评数据库、基于 GIS 的图形库、空间数据库。第二，数据服务层；包括数据访问接口和系统底层框架，采用数据字典管理模式，基于软件基础架构平台 .NET 定制、组织、处理数据。主要为数据库层提供数据入口通道和访问服务，解析各个应用服务的数据要求规则，进行数据组织、处理和提取，提供数据出口通道和访问服务，主要包括面向数据和面向应用的两个逻辑层；为模块应用提供运行支撑。第三，业务应用层；系统的业务处理和功能应用层，主要包括数据管理、信息发布、查询统计、数据服务和系统管理等应用模块。业务应用层按照业务应用层逻辑结构实现基于 Web 的资评数据库、图形库的 GIS 导航、动态滚动式管理数据、资评数据参数资源共享、资评成果发布等功能。第四，表示层；网站门户和用户交互界面。

2. 系统逻辑结构

系统由 12 个主要逻辑模块构成（图 2-9），具体包括：（1）资源评价数据库、图形库;(2)资源评价数据库管理系统主平台;(3)GIS 查询;(4)数据管理;(5)成果管理;(6)图形管理;(7)方法数据服务;(8)外部数据交互接口;(9)系统管理;(10)数据应用服务;(11)数据访问;(12)外部数据库交换接口。

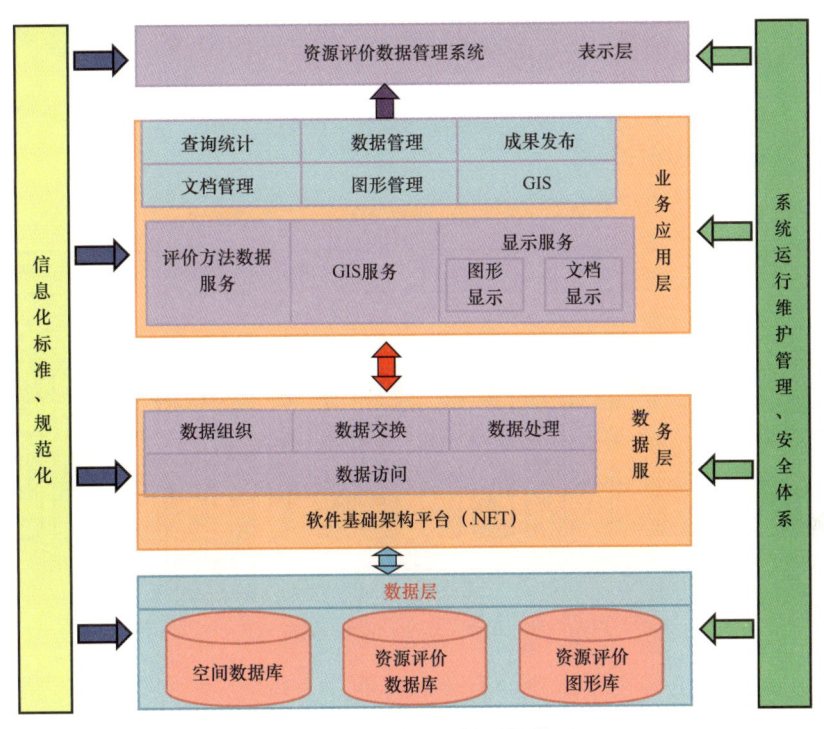

图 2-8　数据库系统体系结构图

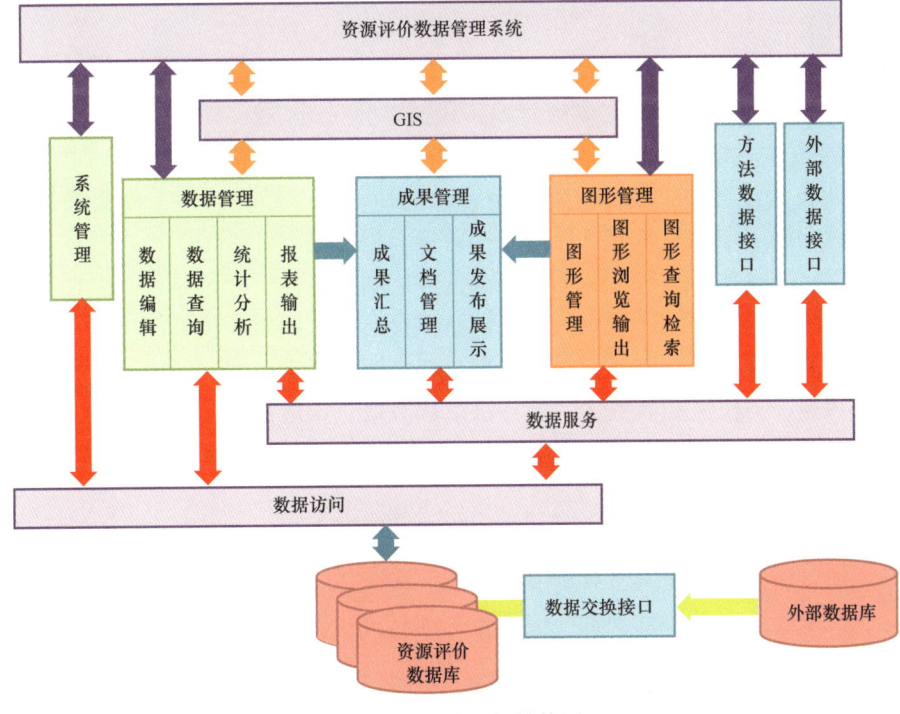

图 2-9　系统逻辑结构图

3. 系统功能结构

数据库系统包括常规资源和七种非常规资源类型（致密油、致密砂岩气、页岩气、煤层气、油砂矿、油页岩、天然气水合物）的资源评价数据库、图形库管理模块，由数据管理、成果管理、WEB-GIS、图形管理、评价方法数据服务接口、系统管理等主要功能模块和其他辅助功能模块组成，主要功能结构如图 2-10 所示。

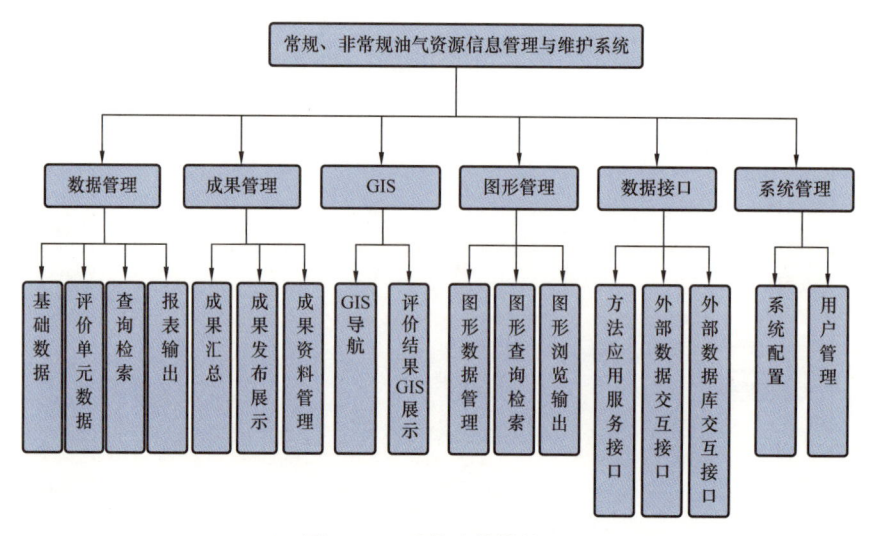

图 2-10 系统功能结构图

二、数据库构成

资源评价数据库由常规油气资源评价数据、非常规油气资源评价数据和图形数据构成，具体如下。

1. 常规油气资源评价数据

常规油气资源评价数据库主要由盆地（构造单元）、区带、常规油气评价单元和刻度区四大部分数据信息构成，涉及基础数据、评价参数数据和评价结果数据（图 2-11）。其中：（1）盆地数据包括基础信息、地层信息、岩性信息、烃源条件、储集条件、盖层条件、保存条件、圈闭条件、配置条件、勘探历程与勘探成果等；（2）区带数据包括基础信息、烃源条件、储集条件、盖层条件、保存条件、圈闭条件、配置条件、勘探历程、勘探成果、油气藏信息等；（3）评价单元数据包括评价单元、地质评价基础数据、类比法基础数据、统计法基础数据、盆地评价基础数据、环境评价基础数据、经济评价基础数据、地质评价参数数据、类比法参数数据、统计法参数数据、盆地评价参数数据等；（4）刻度区数据包括基础信息、烃源条件、储集条件、盖层条件、保存条件、圈闭条件、配置条件、资源量与资源丰度数据等。

2. 非常规油气资源评价数据

非常规油气资源评价数据库对象由致密油、致密砂岩气、页岩气、煤层气、油砂、油页岩和天然气水合物七种非常规油气资源数据库构成（图 2-12）。非常规油气资源评价数据库内容由致密油、致密砂岩气、页岩气、煤层气、油砂、油页岩和天然气水合物七种非常规油气资源相关的评价基础数据、评价方法参数和评价结果相关信息组成（图 2-13）。

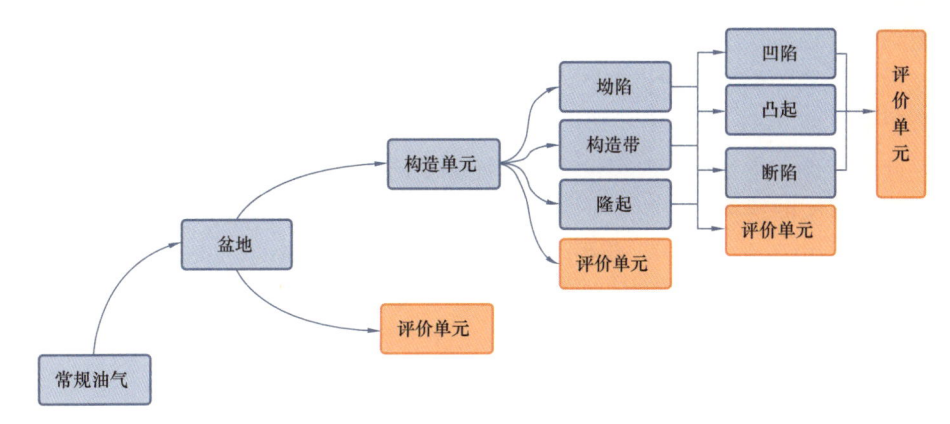

图 2-11 常规油气资源评价数据构成

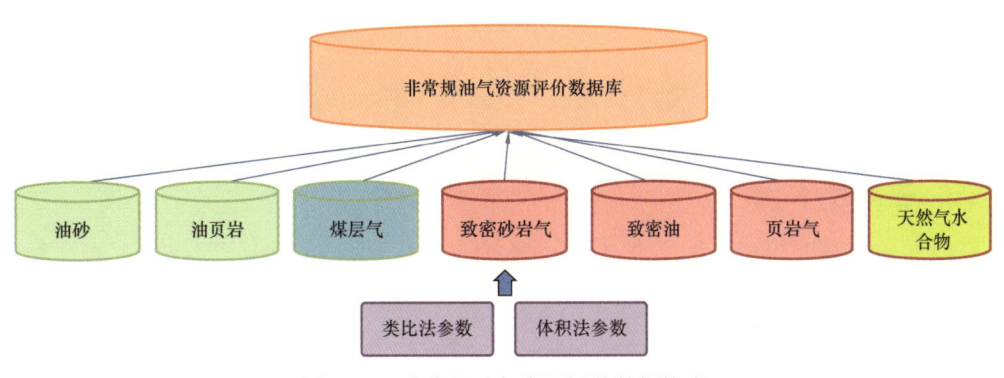

图 2-12 非常规油气资源评价数据构成

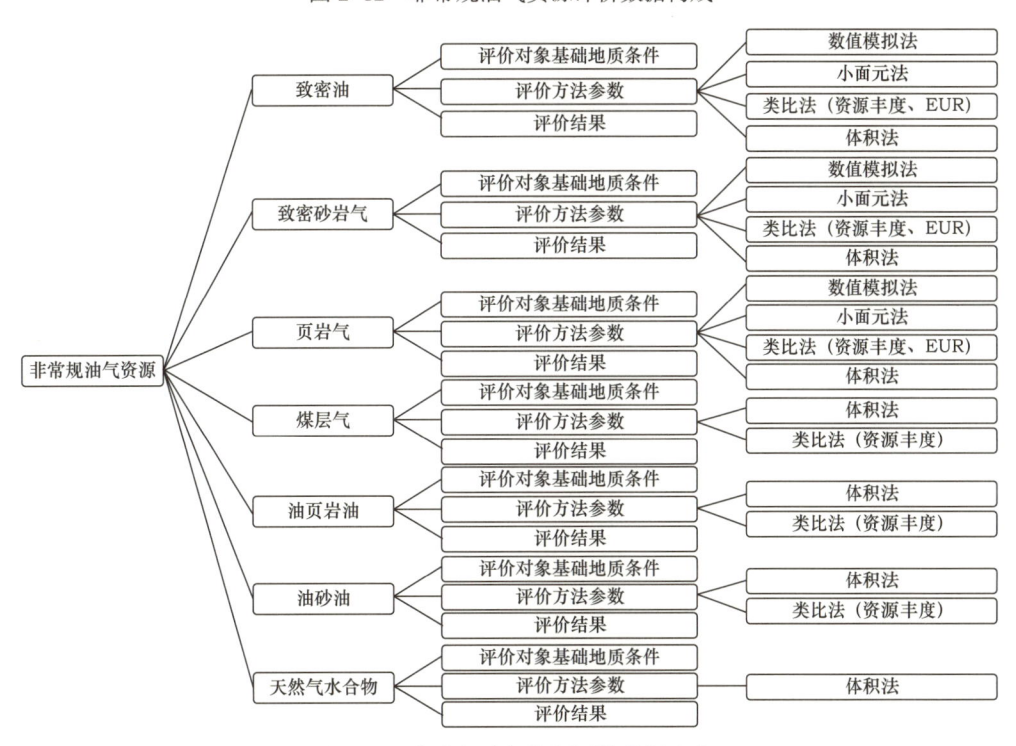

图 2-13 非常规油气资源评价数据内容

3. 图形库数据

资源评价图形库内容由数据图层（空间数据库）、图件图形数据库、图形描述数据库三个部分组成（图2-14）。其中，数据图层管理构成图形的基础数据单元，数据以空间数据形式存储和管理；主要数据内容包括资源评价基础图形（矢量图）和评价成果图形包含的构成图形的基础图层单元。图层分为基础公共图层和专题图层两类，基础公共图层包括基础地理图层和油气地理图层，专题图层包括区带分布、构造单元（二级）、计算单元划分、分层构造以及各个项目研究和评价绘制的用户专题图层。

图件图形数据库管理图形数据的原图数据和工程文件数据以及图形数据组成结构数据，主要数据内容包括非矢量格式图形（如位图、PDF、GeoTif、实物照片等）和标准矢量格式图形。

图形描述数据库管理图形图件的基础描述信息，包括图形名称、来源、编图人等描述图形的应用属性信息；提供图形数据、空间对象和评价对象之间的关系，主要数据内容包括图形元数据描述、图层元数据描述、图册元数据描述及其他图形元素元数据描述（符号、投影等）。

三、主要技术

资源评价数据库管理系统主要技术包括WEB-GIS导航和图形管理技术、油气资源动态评价技术和油气资源动态评价技术等。

1. WEB-GIS导航和图形管理技术

WEB-GIS即网络地理信息系统，指基于Internet平台进行空间信息管理、信息发布、数据共享、业务处理、交流协作等。WEB-GIS是当前主流的空间信息数据管理运行方式，中国石油第四次资源评价数据库和图形库管理系统即是基于WEB-GIS研发而成，在技术上主要体现在空间对象管理、GIS导航和查询统计三个方面（图2-15）。通过该项技术的应用，实现了基于B/S的网络发布、图形化的操作和数据展示方式；同时，系统结合了传统菜单和功能导航的交互模型，因而具有较好的集成性和功能延展的灵活性。

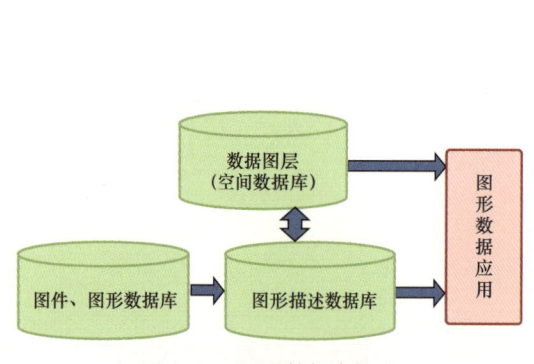

图2-14 图形数据库构成

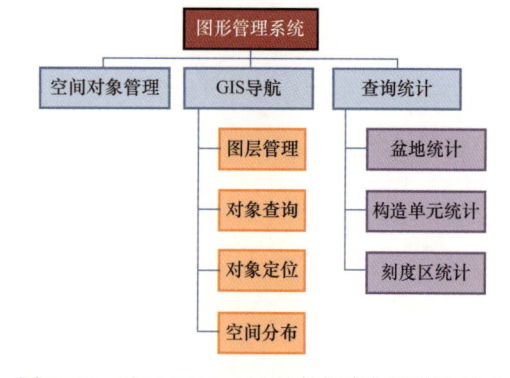

图2-15 基于WEB-GIS的数据库与图形库模式

1）空间对象管理

空间对象管理主要通过设计合理的空间数据对象、图形库物理表结构、对象编码方案及图形数据规范来实现。图形库对象划分主要依据图形对象管理模式和应用模式以及空间数据对象进行划分，主要包括：第一，空间地理对象（图层）；即盆地/构造单元、区带、含矿区、评价单元、油气田、井、地层区。第二，空间实体对象（图元）；即点、线、面。第三，图件实体对象；即图册、图件、图层。建立在空间数据管理基础上的图形库应用模型，首先将来自油田单位的大量图形数据按规范化的图形库结构输入，然后结合空间统计分析模型，进行资源评价数据成果空间统计分析和发布展示。

2）GIS 导航

GIS 导航包括基本的图形操作、图形导航操作，包括图形的放大缩小、漫游、鹰眼、图例选择等功能。GIS 导航技术主要由基于空间对象的 GIS 底图、各类专业图层和内嵌图形展示技术实现，体现在界面上则包括 GIS 导航工具栏鼠标拖拽、鼠标右键菜单操作等。

3）查询统计

基于 GIS 的查询统计是对含油气盆地油气资源的综合统计分析，能直观地反映不同地质评价单元的油气分布规律以及油气资源状况。查询统计由地质评价单元的层次级别划分（如盆地、一级构造单元）、不同种类的统计要求等组合而成，通过 GIS 图元的编码与资源数据表中数据记录的对应关系，查询检索相应信息，然后作出统计图。各类统计要求与鼠标右键菜单对应，包括常规评价单元统计、非常规评价单元统计、常规刻度区、非常规刻度区、常规资源量、非常规资源量、常规评价单元基础信息查询、非常规评价单元基础信息等。

2. 油气资源动态评价技术

实现油气资源动态评价技术的核心是对油气资源评价数据进行分类，设计建立满足动态评价所需的数据层次、数据库结构及评价流程。

1）油气资源评价数据分类

首先，将油气资源评价需要或产生的所有数据按其在评价中的逻辑属性分为系统数据库、基础数据库、参数数据库和成果数据库。

系统数据库是整个数据库管理系统需要的数据，如空间对象信息、评价用户信息等，这些数据内容相对固定，虽然不是资源评价本身所必须的地质信息，但却是应用数据库系统开展评价工作、进行数据展示的基础。

基础数据库是进行油气资源评价的地质基础，其反映了评价对象的基本地质条件，包括烃源岩、储层、储量等各种数据和图件。基础数据库跟随含油气勘探开发进展处于不断的建设和补充过程中，是数据库中工作量最大，涉及用户、单位最广的部分。

参数数据库存储各种资源评价方法所需要的参数数据。在开展评价工作时，需要对参数数据进行预处理，将处理过的数据存入到参数数据库中，提供给具体的资源评价计算过程。

成果数据库存储资源评价产生的所有结果数据，包括结构化的结果表及研究报告、图册等非结构化数据。

2）动态评价实现过程

在数据划分的基础上，通过建立不同轮次的评价单元来实现油气资源的动态评价。其实现过程和模式为：

（1）根据各油田提供的大量基础数据，按照既定的基础数据库结构，录入系统。根据最新的勘探开发数据资料即时更新数据；

（2）对基础参数库数据进行处理，分析得到某一地质对象（如盆地、区带）的评价参数（如储层有效厚度、孔隙度等），建设参数数据库；

（3）根据动态评价工作需要建立评价单元，依据评价单元与基础数据库和参数数据库中对象的关系，采用动态组合抽提基础数据和参数数据；

（4）对评价单元展开评价，在此过程中可使用多种评价方法，并调整评价参数，直至得到资源评价结果；

（5）保存该轮次的评价数据到评价结果数据库，依托系统进行评价结果的展示和发布；

（6）在基础数据有更新时，回到第（1）、（2）步，进行数据的录入、修正和统计分析工作；

（7）在有动态评价工作需要时，从第（3）步开始再次进行数据提取和评价。

通过以上过程，即可实现油气资源的动态评价。可以看出，这种模式和技术极大地简化了动态评价的工作强度，使得研究人员在资料稍有变化时便可立即开展再评价，并在极短的时间内得到评价结果，随时追踪勘探进展并修正对资源潜力的评估。在每次评价时，可保证使用的是最新数据资料，而评价结果具有继承性，可历史对比。同时，由于各类型数据库的独立性，各种数据互不干扰，最大程度地保证了数据的一致性，方便了资源评价数据库的维护和管理。上述油气资源动态评价的技术模式如图2-16所示。

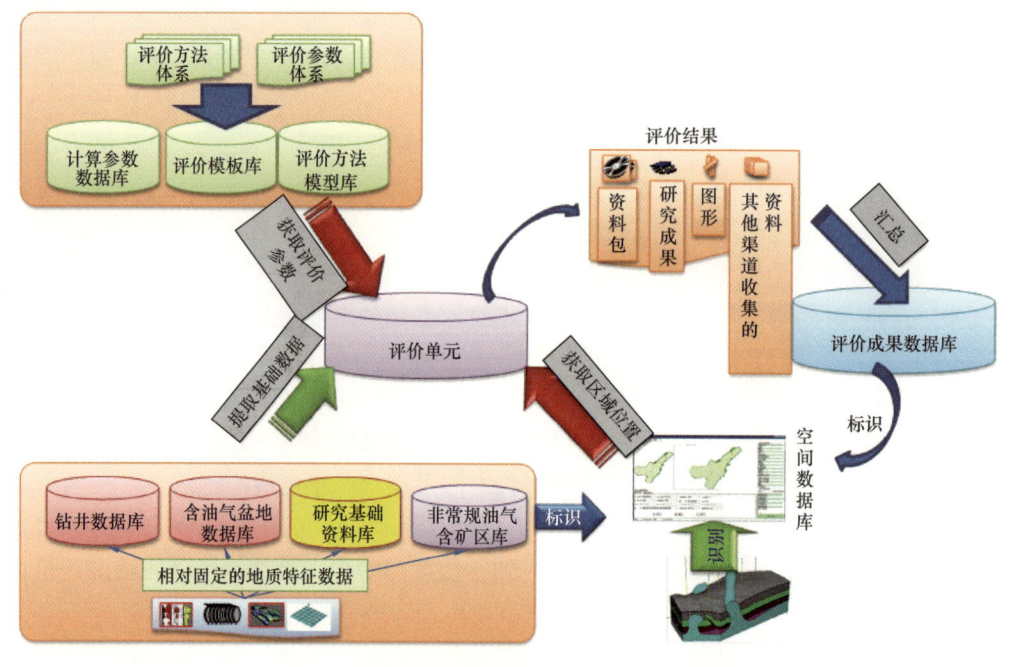

图2-16　油气资源动态评价技术模式图

3. 数据安全技术

数据库管理系统的安全技术实际上包含两方面含义，一是数据的安全性，二是数据的保密性。

1）数据的安全性

数据的安全性要求是指在投资限度之内，使整个系统受到有意或无意的非法侵入，数据破坏的可能性尽可能小，主要包括操作系统的安全性和数据库的安全性。操作系统是应用软件开发和运行的基础环境，是整个计算机系统正常工作的核心部分和系统发挥效能的关键因素。存储于磁介质中的数据是勘探电子信息资源的主体（包括应用程序），是本系统随时间而增值的最宝贵财富，确保数据库的安全性直接关系到整个系统的安全性。基于以上考虑，本数据库系统主要进行了如下技术对策：第一，建立系统管理制度，将安全机制落实到人；第二，将开发与应用环境严格分开，在不同的服务器上独立开展工作；第三，选择相对安全的操作系统 Windows Server 2012；第四，实时记录系统运行、登录情况；第五，采用双服务器应对数据的备份与恢复；第六，将系统运行于中国石油内网，减少外网安全威胁；第七，对敏感信息和信息传输进行加密。

2）数据的保密性

资源评价数据库、图形库和网络应用系统存储和处理着大量的保密数据，这类信息如果泄漏或被窃取，有可能造成严重后果，因此，有必要采取管理上和技术上的综合措施，确保机密信息不被窃取和非法使用。除了在数据库的研发和建设中采用严格的数据保密规章制度外，该系统主要通过强化访问权控制技术来实现数据的安全访问，从技术上设计开发了按用户单位、用户角色、操作权限等各种层次的用户管理机制。其中，用户单位权限实现了某一单位的用户只能访问本单位相关的数据资料，用户角色则分为普通用户和超级用户等，普通用户只能浏览数据，不能上传、下载或修改数据。操作权限选项用于指定用户是否具有数据编辑权限、文档图件浏览下载权限、文档图件编辑权限等。功能权限指定用户是否能访问某种功能模块，如评价专题、数据管理、查询检索等。数据权限指定用户是否能访问某一具体的评价单元数据，如某盆地的下一级构造单元数据。

参 考 文 献

［1］White D A, Gehman H M. Methods of estimating oil and gas resources［J］. AAPG, 1979, 63（12）: 2183-2192.

［2］Houghton J C. Use of the truncated shifted pareto distribution in assessing size distribution of oil and gas fields［J］. Mathematical Geology, 1988, 20（8）: 907-937.

［3］Houghton J C, Dolton G L, Mast R F, et a1. Geological survey estimation procedure for accumulation size distributions by play［J］. AAPG, 1993, 77（3）: 454-466.

［4］Attanasi D, Charpentier R R. Comparison of two probability distributions used to model sizes of undiscovered oil and gas accumulations: Does the tail wag the assessment［J］. Mathematical Geology, 2002, 34（6）: 767-777.

［5］Klett T R, Gautier D L, Ahlbrandt T S. An evaluation of the U. S. geological survey world petroleum assessment［J］. AAPG, 2005, 89（8）: 1033-1042.

［6］Kaufman G, Balcer Y, Kruyt D. A probabilistic model of oil and gas discovery. In: Estimating the volume of undiscovered oil and gas resources［J］. AAPG Studies in Geology Series, 1975, 1: 113-142.

［7］Lee P J, Wang P C C. Probabilistic formulation of a method for the evaluation of petroleum resources［J］. Mathematical Geology, 1983, 15（1）: 163-181.

［8］Chen Z, Osadetz K G. Undiscovered petroleum accumulation mapping using model-based stochastic simulation［J］. Mathematical Geology, 2006a, 38（1）: 1-16.

［9］Chen Z, Osadetz K G. Geological risk mapping and prospect evaluation using multivariate and Bayesian statistical methods, western Sverdrup basin of Canada［J］. AAPG, 2006b, 90（6）: 859-872.

［10］Lee P J. Statistical methods for estimating petroleum resources［M］. Oxford: Oxford University Press, 2008, 234.

［11］Chen Z, R Sinding-Larsen. Resource assessment using a modified anchored method［C］. The 29th international geological congress, 1992, Kyoto, Japan.

［12］Forman D J, Hinde A L. Improved statistical method for assessment of undiscovered petroleum resources［J］. AAPG, 1985, 69（1）: 106-118.

［13］Schmoker J W. Resource-assessment perspectives for unconventional gas systems［J］. AAPG Bulletin, 2002, 86（11）: 1993-1999.

［14］Salazar J, McVay D A, Lee W J. Development of an improved methodology to assess potential gas resources［J］. Natural Resources Research, 2010, 19（4）: 253-268.

［15］Almanza A. Integrated three dimensional geological model of the Devonian Bakken formation elm couleefield, Williston basin: Richland county Montana［D］. Colorado School of Mines, 2011: 124.

［16］谌卓恒, Osadetz K G. 西加拿大沉积盆地Cardium组致密油资源评价［J］. 石油勘探与开发, 2013, 40（3）: 320-328.

［17］Modica C J, Lapierre S G. Estimation of kerogen porosity in source rocks as a function of thermal transformation: Example from the Mowry shale in the Powder River basin of Wyoming［J］., AAPG, 2012, 96（1）: 87-108.

［18］Chen Z, Osadetz K, Liu Y, et al. A revised $\Delta \lg R$ method for shale play resource potential evaluation, an example from Devonian Duvernay formation, western Canada sedimentary basin［J］. IMAG, 2013, Madrid.

［19］郭秋麟, 周长迁, 陈宁生, 等. 非常规油气资源评价方法研究［J］. 岩性油气藏, 2011a, 23（4）: 12-19.

［20］郭秋麟, 陈宁生, 谢红兵, 等. 基于有限体积法的三维油气运聚模拟技术［J］. 石油勘探与开发, 2011a, 42（6）: 817-825.

［21］郭秋麟, 李建忠, 陈宁生, 等. 四川盆地合川——潼南地区须家河组致密砂岩气成藏模拟［J］. 石油勘探与开发, 2011b, 38（4）: 409-417.

［22］郭秋麟, 周长迁, 陈宁生, 等. 非常规油气资源评价方法研究［J］. 岩性油气藏, 2011c, 23（4）: 12-19.

［23］郭秋麟, 陈宁生, 宋焕琪. 致密油聚集模型与数值模拟探讨［J］. 岩性油气藏, 2013a, 25（1）: 4-10.

［24］郭秋麟, 陈宁生, 吴晓智, 等. 致密油资源评价方法研究［J］. 中国石油勘探, 2013b, 18（2）: 67-76.

［25］郭秋麟, 陈晓明, 宋焕琪, 等. 泥页岩埋藏过程孔隙度演化与预测模型探讨［J］. 天然气地球科学, 2013c, 24（3）: 439-449.

［26］郭秋麟, 杨文静, 肖中尧, 等. 不整合面下缝洞岩体油气运聚模型——以塔里木盆地碳酸盐岩油藏为例［J］. 石油实验地质, 2013, 35（5）: 495-499, 504.

［27］邱振, 邹才能, 李建忠, 等. 非常规油气资源评价进展与未来展望［J］. 天然气地球科学, 2013,

24（2）：238-246.

[28] 邹才能，杨智，张国生，等. 常规—非常规油气"有序聚集"理论认识及实践意义［J］. 石油勘探与开发，2014，41（1）：14-26.

[29] 王社教，蒋远江，郭秋麟，等. 致密油资源评价新进展［J］. 石油学报，2014，35（6）：1095-1105.

[30] 郭秋麟，陈宁生，刘成林，等. 油气资源评价方法研究进展与新一代评价软件系统［J］. 石油学报，2015，10：1305-1314.

[31] 郭秋麟，陈宁生，刘成林，等. 油气资源评价方法研究进展与新一代评价软件系统［J］. 石油学报，2015b，36（10）：1305-1314.

[32] 郭秋麟，翟光明，石广仁. 改进的区带综合评价模型与方法［J］. 石油学报，2004，25（2）：7-11，18.

[33] Johnson N L, Kotz S. Distribution in statistic, continuous univariate distributions-I［M］. Boston, Houghton Mifflin Company, 1970：223-234.

[34] 金之钧. 五种基本油气藏规模概率分布模型比较研究及其意义［J］. 石油学报，1995，16（3）：6-13.

[35] Bloomfield P, K S Deffeyes, G S Watson, et al. Volume and area of oil fields and their impact on order of discovery: Resource Estimation and Validation Project［J］. Department of Statistics and Geology, Princeton University, 1979.

[36] 郭秋麟，米石云，石广仁，等. 盆地模拟原理方法［M］. 北京：石油工业出版社，1998.

[37] 石广仁，张庆春，马进山，等. 三维三相烃类二次运移模型［J］. 石油学报，2003，24（2）：38-42.

[38] 石广仁，马进山，常军华. 三维三相达西流法及其在库车坳陷的应用［J］. 石油与天然气地质，2010，31（4）：403-409.

[39] 石广仁. 油气运聚定量模拟技术现状、问题及设想［J］. 石油与天然气地质，2009，30（1）：1-10.

[40] 冯勇，石广仁，米石云，等. 有限体积法及其在盆地模拟中的应用［J］. 西南石油学院学报，2001，23（5）：12-15.

[41] 金之钧，张金川. 深盆气藏及其勘探对策［J］. 石油勘探与开发，1999，26（1）：24-25.

[42] 张金川，金之钧，郑浚茂. 深盆气资源量—储量评价方法［J］. 天然气工业，2001，21（4）：32-34.

[43] 张金川，张杰. 深盆气成藏平衡原理及数学描述［J］. 高校地质学报，2003，9（3）：458-465.

[44] 张金川，王志欣. 深盆气藏异常地层压力产生机制［J］. 石油勘探与开发，2003，30（1）：28-31.

[45] 解国军，金之钧，杨丽娜. 深盆气成藏数值模拟［J］. 石油大学学报：自然科学版，2004，46（5）：13-17.

[46] 邹才能，陶士振，袁选俊，等. 连续型油气藏形成条件与分布特征［J］. 石油学报，2009a，30（3）：324-331.

[47] 邹才能，陶士振，朱如凯，等. "连续型"气藏及其大气区形成机制与分布——以四川盆地上三叠统须家河组煤系大气区为例［J］. 石油勘探与开发，2009b，36（3）：307-319.

[48] 公言杰，邹才能，袁选俊，等. 国外"连续型"油气藏研究进展［J］. 岩性油气藏，2009，21（4）：130-134.

[49] 郭秋麟，陈宁生，谢红兵，等. 四川盆地合川地区致密砂岩气藏特征与分布预测［J］. 中国石油勘

探，2010，15（6）：45-51.

［50］郭秋麟，陈宁生，胡俊文，等. 致密砂岩气聚集模型与定量模拟探讨［J］. 天然气地球科学，2012，23（2）：1-9.

［51］张金川，唐玄，边瑞康，等. 游离相天然气成藏动力连续方程［J］. 石油勘探与开发，2008，35（1）：73-79.

［52］石广仁. 一个精度较高的超压史数值模型［J］. 石油勘探与开发，2006，33（5）：532-535.

［53］李明诚. 石油与天然气运移［M］. 北京：石油工业出版社，2004.

［54］石广仁. 油气盆地数值模拟方法［M］. 北京：石油工业出版社，1999.

［55］郭秋麟，谢红兵，米石云，等. 油气资源分布的分形特征及应用［J］. 石油学报，2009，30（3）：379-385.

［56］Hu S，Guo Q，Chen Z，et al. Probability mapping of petroleum occurrence with a multivariate-Bayesian approach for risk reduction in exploration in the Nanpu Sag, Bohay Bay Basin, China［J］. Geologos，2009，15：91-102.

［57］Xie H，Guo Q，Li F，et al. Prediction of petroleum exploration risk and subterranean spatial distribution of hydrocarbon accumulations［J］. Petroleum Science，2011，8（1）：17-23.

［58］Chen Zhuoheng，Osadetz K G. Undiscovered petroleum accumulation mapping using model-based stochastic Simulation［J］. Mathematical Geology，2006，38（1）：1-16.

［59］Liu Y，Chen Z，Osadetz K G. Bayesian Support Vector Machine for Petroleum Resource Assessment, example from western Sverdrup Basin, Canada［C］. Third Symposium on Resource Assessment Methodologies Program &Abstracts，Canmore，2010：66-69.

［60］胡素云，郭秋麟，谌卓恒，等. 油气空间分布预测方法［J］. 石油勘探与开发，2007，34（1）：113-117.

第三章 油气资源评价类比刻度区与关键参数

类比法的应用在我国已有一定基础，2003年中国石油第三次油气资源评价建立了123个类比刻度区库。为了进一步发展刻度区类比评价技术，需要立足油气勘探新进展与地质新认识，建立更加系统完善、更符合我国含油气盆地地质特征的类比评价数据库。为不同资源类型、不同地质条件、不同资源富集特点的评价单元提供可类比对象，为各类资源评价方法提供关键参数取值标准。因此，刻度区解剖和参数研究是第四次油气资源评价工作的重点任务。

本章介绍了第四次油气资源评价刻度区的选择原则、分类方案、刻度区解剖内容及流程。阐述了富油气凹陷、岩性、海相碳酸盐岩、火山岩、前陆、海域和非常规七大勘探领域典型刻度区的解剖结果。论述了产烃率、排烃率、运聚系数、资源丰度、EUR和可采系数六项资源评价关键参数的研究成果及在此基础上建立的取值标准和相关预测模型。

第一节 刻度区选择及分类

一、刻度区的选择

刻度区是用于提供评价区类比标准的，勘探程度较高或地质认识、资源分布清楚的地质单元。类比刻度区可以是一个盆地、一个凹陷、一个油气运聚单元、一个区带或区块，在纵向上，一个刻度区可以包含一个成藏组合、一套含油气层系，也可以是多个成藏组合或含油气层系的叠合。

1. 刻度区选择原则

1）遵循"三高"原则

为了能够比较准确地确定刻度区的资源量，刻度区选择遵循"三高"原则，即勘探程度高、地质规律认识程度高和油气资源探明率较高或资源潜力与分布的认识程度较高。

实际上，本次资源评价刻度区可分为两种类型：（1）刻度区，符合通常的"三高"要求；（2）重点解剖区，由于勘探程度的限制达不到"三高"要求，但却是当前油气勘探中的重点、热点地区或者某种特定的评价目标类型，如非常规油气解剖区。

2）针对不同级别的评价单元

为满足不同级别评价单元的类比需要，按凹陷/断陷、运聚单元、区块/区带、层区带四个层次的评价单元选择相应层次级别的类比刻度区。不同级别刻度区解剖的目的不尽相同。

（1）凹陷/断陷级刻度区：主要是以含油气系统为基础，描述静态、动态成藏体系，解剖结果主要用于盆地或凹陷资源量的计算。

（2）运聚单元级刻度区：除满足一般类比需求，另一重要目的就是要准确求取运聚单元的油气运聚系数，为成因法计算资源量提供参数。运聚单元级类比刻度区的选择主要考虑运聚单元在盆地中的构造位置（如断陷陡坡、断陷缓坡、中央构造带、前陆陡坡、前陆缓坡、克拉通等）、油气源类型（如湖相、海相碳酸盐岩、煤系）、不同的圈闭类型（如背斜型、地层型、岩性型等）以及运聚单元的改造类型（如持续埋藏型、后期抬升型）等。

（3）区块/区带级刻度区：主要为区块和区带资源量的计算提供类比依据。刻度区的选择主要考虑刻度区的构造类型，如长垣型构造带、披覆背斜构造带、挤压背斜构造带、古潜山带、岩性带等。

（4）层区带刻度区：主要为常规重点目的层系、非常规油气资源量的计算提供类比依据。层区带刻度区的解剖和类比应用，为常规油气资源精细评价和剩余油气资源潜力及分布评价提供了条件。通过层区带刻度区解剖，获取层运聚系数、层资源丰度等类比关键参数。本次资源评价层区带刻度区的解剖在鄂尔多斯盆地石炭系—二叠系致密砂岩气、延长组石油、四川盆地震旦系—寒武系气藏、塔里木盆地奥陶系油气藏的精细评价中得到了很好的应用。

2. 本次资源评价建立的刻度区

在第三次油气资源评价基础上，按照新的评价需求，本次资源评价共完善和新增218个刻度区，其中国内190个，国外28个。

1）国内刻度区

按照补充完善已有刻度区、新建常规刻度区、新建非常规刻度区3个层次进行。共完善常规刻度区29个，新建常规刻度区118个，新建非常规刻度区43个。

2）北美刻度区

考虑到国内非常规油气勘探程度相对较低，为获取客观准确的类比参数，解剖了北美非常规刻度区28个，包括致密油10个、页岩气15个、致密砂岩气3个。涉及Williston、Alberta[1]、Gulf Coast、Appalachian、Fort Worth、Ardmore、Arkom、Horn River、West Canada等盆地。

二、刻度区分类方案

刻度区分类方案的设计在资源类比评价中非常重要。在对未知盆地/坳陷、区带/区块进行资源潜力评价时，首先要选择与评价单元具有类似地质条件的刻度区进行类比。因此，刻度区分类方案的合理性决定了类比评价的精度。

本次资源评价将常规油气资源按勘探领域、盆地类型、构造—沉积背景等划分出3大类25亚类46种类型（表3-1）。非常规油气资源按资源类型、构造沉积、源储组合、岩性特征等划分为4大类11亚类16种类型（表3-2），构建了一套完善的刻度区分类方案体系。

表3-1 常规油气资源刻度区分类方案表

大类	亚类	类型
构造型	裂陷盆地构造型	断陷陡坡带构造型
		断陷中央构造型
		断陷缓坡带构造型
	坳陷盆地	坳陷中央隆起型
		坳陷边缘隆起型

续表

大类	亚类		类型
构造型	克拉通盆地构造型		克拉通内部隆起型
			克拉通边缘隆起型
	压陷盆地构造型	前陆盆地	前陆冲断带构造型
			前陆前渊带构造型
			前陆前缘斜坡构造型
			前陆前缘隆起型
		古生代坳陷	坳陷内部构造型
			坳陷边缘构造型
		中新生代坳陷	坳陷内部隆起型
			坳陷边缘隆起型
岩性型	断陷型	陡坡	陡坡断阶——湖侵和高位扇三角洲、水下扇组合
		缓坡	多断裂系缓坡——湖侵和高位辫状河三角洲、水下扇组合
		中央构造带	多中央构造带——湖侵和高位扇三角洲、水下扇组合
		深断裂带	火山爆发相和溢流相组合
			次生岩性组合
	坳陷型	长轴	长轴缓坡——湖侵和高位/低位河流三角洲组合
		短轴	短轴陡坡——湖侵和高位/低位辫状河（扇）三角洲组合
			短轴缓坡——湖侵和高位/低位河流三角洲组合
	前陆型	陡坡	前陆陡坡——湖侵和高位/低位冲积扇、扇三角洲组合
		缓坡	前陆缓坡——湖侵和高位/低位河流三角洲、滩坝组合
	克拉通型	台缘	海侵礁滩组合
		台内	海侵礁滩组合
			海侵滩坝组合
			海陆过渡相高位三角洲组合
		古隆起	岩溶组合
地层型	地层超覆型	上超型	古隆起斜坡带披覆型
			盆地边缘斜坡带超覆型
			古河道下切区充填型
		下超型	下超后期掀斜区下超型

- 99 -

续表

大类	亚类		类型
地层型	地层削截型	剥蚀凸起型	碎屑岩古凸起残丘型
			断块封隔古凸起断块型
		剥蚀褶皱型	盆地古凸起背斜型
			盆缘斜坡带单斜型
	地层风化型	块体潜山型	盆内古潜山岩壳型
			盆缘古潜山岩体型
			盆内或盆缘岩块型
		层状潜山型	盆内古隆起裂缝型
			盆内古隆起缝洞型
			盆缘断壳型
	凹陷型		盆内基岩
	生物礁型		盆内生物礁

表 3-2 非常规油气资源刻度区分类方案表

大类	亚类	类型
致密砂岩气	构造型	前陆前缘隆起或挤压型盆地褶皱构造高部位
	斜坡型	前陆前缘斜坡或古克拉通盆地构造掀斜平缓斜坡区
	凹陷型	构造凹陷区或向斜带
致密油	浅海厌氧陆棚相	海进体系域——夹碳酸盐岩或砂岩/粉砂岩
		海进体系域——夹碳酸盐岩
	深海厌氧海盆相	深水海底扇——泥灰岩
	浅水相、潮汐三角洲相	浅水高能——扇前浊积岩，离岸沙坝，滨岸砂岩
	深湖相、河流—湖滨相	深湖——砂质碎屑流，生油岩内部的致密砂岩
		半深湖—浅湖——生油岩内部的碳酸盐岩夹层
		深湖相——页岩与砂岩互层，生油岩上下紧邻的致密砂岩
		咸化湖盆——高有机质含量的混杂体
页岩气	海相（深水—半深水陆棚相）	盆地内稳定型
		盆地周缘改造型
	海陆过渡相与陆相煤系	海陆交互相碎屑岩含煤建造、湖泊—沼泽相的煤系沉积
	湖相	深湖—半深湖相页岩
煤层气	前陆盆地	湖沼相煤层

第二节 刻度区解剖内容及流程

一、刻度区解剖内容

刻度区解剖内容主要包括四个方面：(1)刻度区油气地质条件与成藏特征的刻画，即梳理现有研究成果，研究关键地质问题，总结归纳符合本区特点的油气资源富集规律与成藏主控因素；(2)评价刻度区石油地质条件（烃源岩、储层、保存、圈闭及配套条件），建立刻度区地质评价参数体系；(3)对刻度区资源潜力进行客观评价，包括地质资源、可采资源、剩余资源；(4)确定刻度区的类比评价关键参数，为类比法、统计法、成因法三大类方法建立关键参数取值标准。

二、刻度区解剖流程

刻度区解剖的工作流程可以归纳为刻度区边界的确定、石油地质条件研究和类比参数的提取、资源量的计算、资源评价参数研究四个主要步骤，通过上述工作步骤，建立关键参数取值标准与预测模型，汇总刻度区解剖结果，编写刻度区研究报告，具体解剖流程如图 3-1 所示。

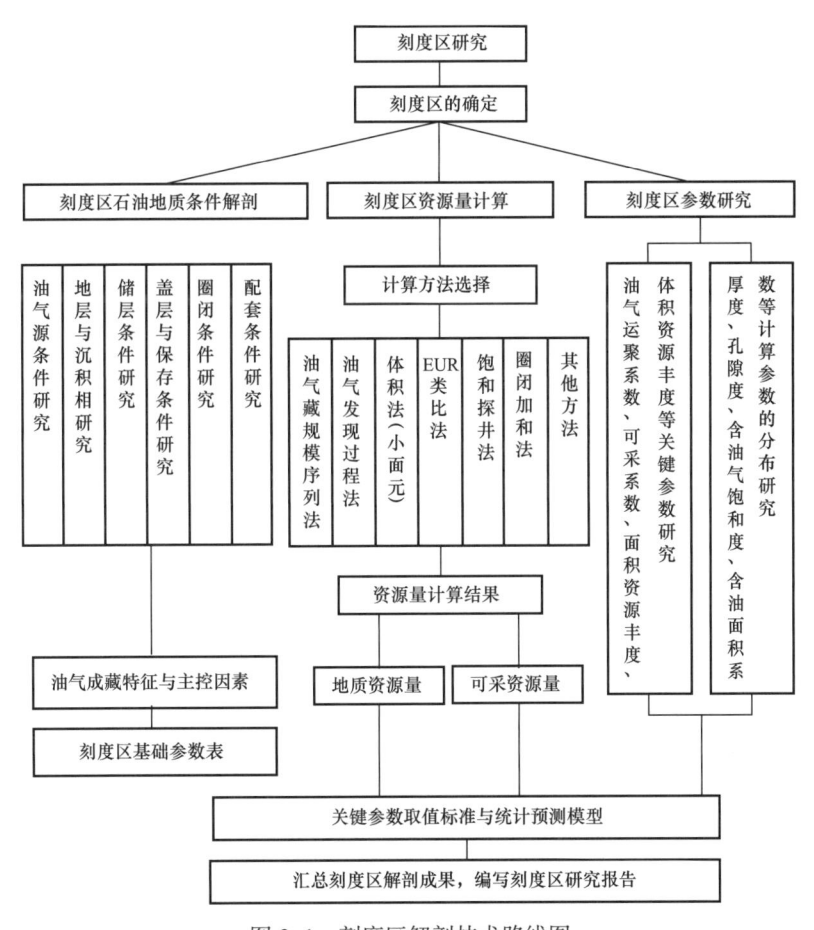

图 3-1 刻度区解剖技术路线图

1. 刻度区边界的确定

刻度区的面积资源丰度是评价所用的主要参数。因此，刻度区边界确定是计算面积资源丰度的前提。凹陷级和区块级刻度区的边界确定相对容易，运聚单元级刻度区边界的确定则需要进行含油气系统研究。

2. 刻度区石油地质条件解剖

刻度区的成藏条件主要包括烃源岩、储层、圈闭、保存和配套条件五个方面。针对刻度区的成藏地质条件进行解剖，建立刻度区基础参数表，分析油气成藏特征与主控因素，优选提取类比参数。

3. 刻度区资源量计算

刻度区资源量计算方法主要有规模序列法、发现过程法、体积法（小面元法）、EUR类比法、基于地质分析的圈闭面积丰度法或储量加和法。在运用过程中比较灵活，根据资源类型、刻度区类型进行优选，尽量采用多种方法相互验证，最后按特尔菲方法综合求取。

4. 刻度区资源评价参数研究

刻度区资源评价参数包括厚度、孔隙度、含油气饱和度、含油气面积系数等计算方法参数，以及运聚系数、资源丰度、可采系数等关键研究参数。

刻度区的资源评价参数是刻度区解剖最重要的结果。不同级别刻度区所得到的参数有所不同。凹陷级和运聚单元级刻度区的主要资源评价参数包括地质资源丰度、可采资源丰度、可采系数、运聚系数等。其中地质资源丰度和可采资源丰度是类比法计算资源量的关键参数，运聚系数是成因法计算资源量的关键参数。

三、刻度区数据库的建立

本次资源评价刻度区数据库建设涉及已有刻度区数据库的补充完善升级和新类型新领域刻度区的数据库建立两方面内容，包括常规与非常规两种类型刻度区，主要围绕三条主线开展：（1）常规与非常规油气刻度区分别建立；（2）已有刻度区补充完善与新建刻度区同步；（3）按照刻度区分类方案体系，分类存储刻度区解剖成果资料。依托数据库与图形库系统，形成了类型齐全、参数完善的刻度区数据库，具有如下六方面特点：

（1）刻度区数据库包括精细解剖刻度区与重点解剖区两类，有效区分了高勘探程度和高认识程度，满足了热点勘探领域/目标的类比评价需求。

（2）覆盖勘探领域齐全。包括海相碳酸盐岩、前陆盆地、成熟探区、复杂岩性区、海域及非常规等领域的油气资源。

（3）涵盖资源类型齐全。包括常规油气资源，致密油、致密砂岩气、页岩气、煤层气等非常规油气资源。

（4）刻度区级别类型齐全。包括坳陷/凹陷、运聚单元、区带/区块、层区带四个层级，满足了不同评价需求。特别是层区带刻度区的建立及其关键参数研究，为以勘探目的层为重点的油气资源精细评价奠定基础。

（5）刻度区入库参数齐全。涵盖刻度区基础数据、油气藏、烃源岩、储层、盖层、配置条件、圈闭、刻度区资源量、储量及勘探开发情况等数据项。

（6）解剖成果要素齐全。包括4图1表，即刻度区构造位置图、地层综合柱状图、油气藏剖面图、刻度区勘探成果图和刻度区解剖成果表。

第三节 常规油气类比刻度区解剖成果

一、成熟探区富油气凹陷典型刻度区

富油气凹陷发育构造、岩性、潜山等类型油气藏，类型丰富，呈现出"复式油气聚集"特征。湖相优质烃源岩丰度高，类型好，总体热演化程度适中，为油气成藏提供了基础。以河流—湖盆相多样化碎屑沉积储层为主，深部发育碳酸盐岩、变质岩潜山储层，储集性能较好，源储匹配条件佳。

富油气凹陷横向上"满凹含油"，纵向上"多层系含油"，因此凹陷整体资源丰度较高，普遍在 $30\times10^4 t/km^2$ 以上，运聚系数在10%左右。大民屯凹陷与南堡凹陷是渤海湾盆地两个典型的富油气凹陷，勘探程度较高，地质规律认识较清楚，地质评价参数见表3-3，资源评价参数见表3-4。

表3-3 富油气凹陷典型刻度区地质评价参数表

类别	参数	大民屯凹陷	南堡凹陷高尚堡—柳赞运聚单元	
油藏特征	油藏类型	岩性、构造、潜山	构造、岩性	
	主力产层	古近系碎屑岩/元古宇潜山/太古宇潜山	$Nm+Ng/Ed_1/Ed_3$	Es
	油层埋深，m	1000～3360/2450～3720/1300～4000	1540～3764	2649～2902
	原油类型	稀油、高凝油	轻质—中质油	轻质油为主
	原油密度，g/cm^3	0.668～0.741/0.767/0.841～0.879	0.848～0.910	0.704～0.856
	原油黏度（50℃）mPa·s	0.09～2.9/3.52/6.12～10.05	7.47～76.49	6.73～15.28
	油藏温度，℃	55～106/110～123/30～85	64～135	86～150
	地层压力，MPa	14.5～31.2/31.9～36.0/7.8～23.3	14.1～40.8	20.3～50.3
	压力系数	1.01	0.94～1.25	0.70～1.49
	含油饱和度，%	50～70	60	60
	气油比	72～152/48/25～32	26～61/78～100/85	88～253
	单井平均产量，t/d	1.2	2.9～118	0.2～96.9
烃源条件	烃源岩岩性	油页岩、泥岩	泥质岩	泥质岩
	烃源岩厚度，m	100～250（油页岩）/400～600（泥岩）	300～650	400
	沉积相	湖相	湖相	湖相
	有机质丰度 TOC，%	3～11（油页岩）/0.5～3（泥岩）	0.66～2.61	0.03～7.50（Es_1）/0.04～5.36（Es_3）
	有机质类型	Ⅰ、Ⅱ$_1$、Ⅱ$_2$	Ⅱ$_1$	Ⅱ$_1$—Ⅱ$_2$
	成熟度 R_o，%	0.5～1.8	0.5～0.96	0.27～1.56（Es_1）/0.40～1.26（Es_3）

续表

类别	参数	大民屯凹陷	南堡凹陷高尚堡—柳赞运聚单元	
烃源条件	主要排烃高峰期 Ma	28	20	36
储层条件	储层岩性	砂岩/碳酸盐岩/变质岩	砂岩	砂岩
	储地比,%	20~70	38~56/32/32	13~52
	沉积相	扇三角洲	辫状河、曲流河、扇三角洲前缘	扇三角洲前缘、水下扇
	储层埋深,m	1000~3360/2450~3720/1300~4000	1500~3900	2660~4247
	平均厚度,m	600/1000/1000	840	1240
	孔隙度,%	8.5~30/1~10/0.18~12.9	26.3/19.5/14.6	16.9~24.6
	渗透率,mD	5~1245/0.1~50/<0.1	485.1/189.7/33.8	29.4~378.3
	储集空间类型	粒间孔、裂缝等	孔隙型	孔隙型
配套条件	圈闭与生烃匹配	早	早	早
	生储盖配置	上生下储/下生上储/自生自储	自生自储/下生上储	自生自储/下生上储
	输导条件	断层/砂岩/不整合	断层/不整合面	断层/不整合面

注:"1000~3360/2450~3720/1300~4000"等类似三段数据分别对应各富油凹陷典型刻度区主力产层的参数。

表 3-4 富油气凹陷典型刻度区资源评价参数表

类别	参数	大民屯凹陷 ($Es_3/Es_4/Pt/Ar$)	南堡凹陷高尚堡—柳赞运聚单元 ($Nm+Ng/Ed/Es$)
刻度区研究参数	地质资源丰度,$10^4 t/km^2$	74.4	28.8/10.2/60.6
	可采资源丰度,$10^4 t/km^2$	16.6	7.2/1.4/11.0
	运聚系数,%	9.7	13.1/9.7/15.9
	可采系数	0.054~0.342	0.250/0.135/0.181
刻度区计算参数	圈闭含油面积系数	0.72/0.05/0.065/0.06	0.74/0.34/0.72/0.67
	圈闭面积勘探成功率,%	75	77/63/17/86
	圈闭个数勘探成功率,%	65	70/43.7/18.8/79.4
	油层有效厚度,m	163.5/1.2/24.9/27.2	23/15.1/5.5/32
	油层含油饱和度,%	100/50/63/7	58~61/60/60/60
	储层孔隙度,%	27.0/1.1/13.4/7.4	26.3/19.5/14.6/14.9~20.7
	油藏采收率,%	38.3/10.0/21.6/5.5	25.0/13.5/18.1
	油体积系数	1.52/1.07/1.23/1.42	1.05~1.11/1.22~1.27/1.21~1.34

注:"28.8/10.2/60.6"等类似多段数据分别对应各富油气凹陷典型刻度区主力产层的参数。

二、岩性油气藏典型刻度区

岩性油气藏是由岩性、物性变化或地层超覆尖灭、不整合遮挡等形成的油气藏。我国陆相坳陷湖盆平缓古地理环境形成的规模储集体错叠连片，具有源储交互叠置、广覆式生烃的特征。一般岩性油藏以发育三角洲、重力流—浊流沉积储层为主，发育在低渗透储层背景上，孔隙度通常小于12%。

岩性油藏运聚系数通常在8%～10%之间，单层资源丰度普遍在（5～40）×10⁴t/km²之间，如鄂尔多斯盆地长6岩性油藏由于靠近烃源岩，资源丰度可达$40×10^4t/km^2$。玛湖凹陷西斜坡带发育三叠系百口泉组、二叠系下乌尔禾组和风城组多个含油层系，整体资源丰度可达$90×10^4t/km^2$。华庆长6、玛湖凹陷西斜坡带两个刻度区位于构造斜坡部位，是鄂尔多斯盆地和准噶尔盆地岩性油藏勘探典型区带，勘探程度高，刻度区解剖结果见表3-5、表3-6。

表3-5 岩性—地层油藏典型刻度区地质评价参数表

类别	参数	伊陕斜坡华庆长6		玛湖凹陷西斜坡带	
油藏特征	油藏类型	岩性		岩性	构造岩性
	主力产层	长6		P	T
	油层埋深，m	2100		3610	2870～3500
	原油类型	稀油		稀油	稀油
	原油密度，g/cm³	0.840		0.847	0.824
	原油黏度（50℃），mPa·s	5		13	4.4
	油藏温度，℃	70.6		89.0	87.2
	地层压力，MPa	15.0		59.3	56.7
	压力系数	1.10		1.64	1.61
	含油饱和度，%	70		56	55
	气油比	115		18.1	19.1
	单井平均产量，t/d	9.5		10	8
烃源条件	烃源岩岩性	油页岩、泥岩		泥质岩	
	烃源岩厚度，m	油页岩	2～22	25～250	
		泥岩	3～24		
	沉积相	深湖—半深湖		深湖—半深湖	
	有机质丰度TOC，%	油页岩	1.7～7.3	0.3～3.3	
		泥岩	8.5～19.7/13.8		
	有机质类型	I、II₁		I、II	
	成熟度R_o，%	0.88		1.0～1.9	
	主要排烃高峰期，Ma	98		210～140	

续表

类别	参数	伊陕斜坡华庆长6	玛湖凹陷西斜坡带	
储层条件	储层岩性	砂岩	砂砾岩	砂砾岩
	储地比,%	28~68	20~95	26~93
	沉积相	重力流和浊流	三角洲	三角洲
	储层埋深,m	2060	1553~5697	1398~3899
	平均厚度,m	49	87	81
	平均孔隙度,%	11.7	5.7	6.0
	平均渗透率,mD	0.5	16.9	8.1
	储集空间类型	粒间孔、次生溶孔	孔隙—裂缝型	孔隙型
配套条件	圈闭与生烃匹配	早或同时	早	
	生储盖配置	下生上储	下生上储、自生自储	
	输导条件	砂岩体	断裂—不整合—砂砾岩体	

表3-6 岩性—地层油藏典型刻度区资源评价关键研究参数表

类别	各项参数	伊陕斜坡华庆长6	玛湖凹陷西斜坡带
刻度区研究参数	地质资源丰度,10^4t/km²	41.87	94.40
	可采资源丰度,10^4t/km²	7.96	14.20
	运聚系数,%	11.3	8.0
	可采系数	0.19	0.15
刻度区计算参数	圈闭含油面积系数	0.57	0.32~1.0
	油层有效厚度,m	15.6	13.1~31.8
	含油饱和度,%	70	56~58
	储层孔隙度,%	11.7	7.6~9.2
	油藏采收率,%	19	10~16
	体积系数	1.33	1.09~1.44

三、海相碳酸盐岩油气藏典型刻度区

海相碳酸盐岩主要分布于塔里木、四川、华北三个克拉通盆地。我国海相碳酸盐岩油气藏的主要特点是：（1）广泛发育碳酸盐岩—膏盐岩储盖组合，如塔里木盆地寒武系，膏盐岩厚度为50~1400m、分布面积达22×10^4km²；四川盆地寒武系膏盐岩厚度为20~50m，分布面积达18×10^4km²以上；鄂尔多斯盆地中奥陶统马家沟组膏盐岩厚度为20~400m，分布范围大于8×10^4km²。（2）发育干酪根热裂解型、原油裂解型两类成因气，都可以形成大油气田。（3）发育包括礁滩体、古岩溶和各种成因白云岩等多种类型储层，各种类型储层经历多期叠加改造，即使埋深较大仍可形成多期次生孔隙叠加发育带，形成规模优质储层。（4）克拉通盆地一般发育大型古隆起背景，有利于油气规模聚集成藏。目前，海相碳酸盐岩领域发现了轮南—塔河大油田、塔中Ⅰ号油气富集区以及高石梯—磨溪、靖边、龙岗等大气田。

塔北轮南低凸起奥陶系、塔中北斜坡奥陶系、高石梯—磨溪震旦系—寒武系为典型的碳酸盐岩油气藏刻度区，近年来勘探取得较大进展，刻度区解剖结果见表3-7、表3-8。由于勘探程度及地质认识程度的深化，海相碳酸盐岩天然气运聚系数与第三次油气资源评价相比，有较大幅度提升。例如，高石梯—磨溪灯影组拥有较好的成藏条件（台内古裂陷控源，古地貌控制颗粒滩，古隆起继承性"匹配成藏""立体供烃"），天然气资源丰度为 $2.0 \times 10^8 m^3/km^2$，运聚系数可达10.2‰（第三次油气资源评价2.2‰）。塔中北斜坡鹰山组为大型坳陷控源，台缘控制礁滩体，构造、断裂与岩溶"匹配成藏"，油气沿古隆起、断阶带、岩溶带富集，天然气资源丰度为 $3.2 \times 10^8 m^3/km^2$，运聚系数21.6‰（第三次油气资源评价4.0‰）。

表3-7 海相碳酸盐岩领域典型刻度区地质评价参数表

类别	参数	塔北轮南低凸起碳酸盐岩	塔中北斜坡碳酸盐岩	高石梯—磨溪地区震旦系—寒武系礁滩 灯影组/龙王庙组
油气藏特征	油气藏类型	构造、岩性、潜山	构造、岩性	岩性、构造、地层
	主力产层	奥陶系鹰山组、一间房组	上奥陶统良里塔格组、下奥陶统鹰山组	震旦系灯影组/寒武系筇竹寺组
	油层埋深，m	5200~6780	3640~6370	5067~5520/4200~5000
	油气类型	超重油、稠油、中质油、轻质油、凝析油	正常原油、凝析油、凝析气	天然气
	原油密度，g/cm^3	0.804~1.025	0.768~0.842	
	气藏温度，℃	124~163	128~153	152~154/140~142
	地层压力，MPa	45.05~76.01	49.46~71.94	56.71~59.44/72.02~75.98
	压力系数	0.85~1.16	1.05~1.49	1.10~1.60
	含油气饱和度，%	65~90	62~90	78~80/81~82
	溶解气油比	14~242（油藏）/3608~13746（凝析气藏）	180~19956	
烃源条件	烃源岩岩性	泥岩、石灰岩	油页岩、泥岩	泥质岩、碳酸盐岩
	烃源岩厚度，m	275	365	90~400
	沉积相	海相	海相	海相
	有机质丰度TOC，%	0.68	0.61	0.65~2.51
	有机质类型	II_1—I	II_1—I	II_1—I
	成熟度R_o，%	1.8~2.4	1.4~2.4	>1.8
	主要排烃高峰期，Ma	250	250	208~135
储层条件	储层岩性	礁滩体粒屑灰岩、粒屑灰岩、生物灰岩	砂砾屑灰岩、泥晶—粉晶灰岩	藻丘白云岩、砂屑白云岩/颗粒溶孔白云岩

续表

类别	参数	塔北轮南低凸起碳酸盐岩	塔中北斜坡碳酸盐岩	高石梯—磨溪地区震旦系—寒武系礁滩 灯影组/龙王庙组
储层条件	沉积相	台内滩、滩间海、台内洼地	台缘礁滩相、台内滩	藻丘、颗粒滩
	储层埋深，m	5200～6780	3700～5400	5067～5520/4400～5000
	单层厚度，m	25～45	25～45	17～86/16～36
	孔隙度，%	4.2～5.5	2.8～4.1	2.7～3.4/3.4～4.8
	渗透率，mD	0.89～3.02	0.56～1.56	0.8～1.2/2.1～4.75
	储集空间类型	裂缝—孔洞型	孔洞、裂缝	裂缝—孔洞型
配套条件	圈闭与生烃匹配	早	早	早
	生储盖配置	下生上储	下生上储	自生自储、下生上储
	输导条件	断层	断层	断层+裂缝+侧向对接

表 3-8 海相碳酸盐岩领域典型刻度区资源评价关键参数表

类别	各项参数	塔北轮南低凸起碳酸盐岩 奥陶系		塔中北斜坡碳酸盐岩 奥陶系		高石梯—磨溪地区震旦系—寒武系礁滩 灯影组/龙王庙组
		油，10^4t/km²	气，10^8m³/km²	油，10^4t/km²	气，10^8m³/km²	气，10^8m³/km²
刻度区研究参数	地质资源丰度	21.97	0.67	18.42	3.24	2.01/1.34
	可采资源丰度	3.74	0.4	2.75	1.94	1.13/0.94
	油气运聚系数	4.95‰	11.01‰	1.92‰	21.60‰	8.79‰～11.66‰/5.57‰～10.38‰
	油气可采系数	0.10～0.40/0.20	0.55～0.65/0.57	0.12～0.37/0.25	0.55～0.65/0.61	0.57/0.70
刻度区计算参数	圈闭含油气面积系数	0.79		0.9		0.74/0.82
	圈闭面积勘探成功率，%	89		83		
	油气层有效厚度，m	6.2～87.9/23.1		11.6～66.4/39.9		10.35/6.1
	含油气饱和度，%	69～90/75		62～80/75		78～82.3
	储层孔隙度，%	0.06～9.1/2.42		0.052～5/1.82		2.00～18.48/4.28
	油气藏采收率，%	10～40/21.87	55～65/57.01	12～37/25.73	45～70/61.17	56.7/70
	油气体积系数	1.069～1.74		1.632～1.901		0.00257～0.0027

注：类似"0.10～0.40/0.20"数据格式，代表"范围值/平均值"。

四、前陆盆地典型刻度区

我国前陆盆地主要表现为再生前陆盆地的特点,具有独特的构造演化特征与油气分布规律。前陆冲断带油气富集,资源丰度较高。克拉苏构造带、克—百断裂带都是前陆冲断带,属于喜马拉雅期再生前陆。前者以气藏为主,后者以油藏为主。解剖结果见表3–9、表3–10。

表3–9 前陆冲断带典型刻度区地质评价参数表

类别	参数	克拉苏构造带深层	准噶尔西北缘克—百断裂带			
	油藏类型	构造	岩性	地层岩性	断块	构造岩性
	主力产层	K_1bs	C	P	T	J
	油气层埋深,m	3600～7200	380～2900	1200～4100	150～2400	170～1800
	油气类型	干气、凝析气	稀油	稀油	稀油	重油
油气藏特征	原油密度,g/cm³	0.687～0.735	0.790～0.908	0.83～0.90	0.832～0.939	0.85～0.96
	原油黏度(50℃) mPa·s		14.5～187.7	6.57～76	9.4～5867	28～19800
	油气藏温度,℃	101～169/133	17～48	54～106	14～58	15～42
	地层压力,MPa	74.4～117.3/93.6	4.8～15.6	18.2～55.06	1.3～26.42	2.45～15.38
	压力系数	1.54～2.21/1.83	1.1～1.6	0.88～1.47	0.88～1.47	0.95～1.08
	含油气饱和度,%	65～89/72	55～90	51～66	52～70	52～67.5
	气油比		35～59	47～212	5～148	1～75
	单井平均产量,t/d		12.8	16.2	4.49	4.58
烃源条件	烃源岩岩性	泥岩、碳质泥岩、煤	泥质岩			
	烃源岩厚度,m	400～1600	25～250			
	沉积相	辫状河三角洲、扇三角州	深湖—半深湖			
	有机质丰度TOC,%	1.1～3.8/2.45	0.3～3.1			
	有机质类型	II_2—III	I、II			
	成熟度R_o,%	1.6～3.2/2.4	1.0～1.9			
	主要排烃高峰期	2～3	130～200			
储层条件	储层岩性	砂岩	火山角砾岩、安山岩	砂砾岩、火山碎屑岩、安山岩	砂砾岩、砂岩	砂岩、砂砾岩
	储地比,%	61～83	0～70		48～76	0～98
	沉积相	辫状河三角洲、扇三角州	火山喷发相	冲积扇、火山喷发相	冲积扇、三角洲	冲积扇、河流

续表

类别	参数	克拉苏构造带深层	准噶尔西北缘克—百断裂带			
储层条件	储层埋深，m	3477～7142	240～4368	886～4996	159～3223	96～2594
	平均厚度，m	80～200/100	50	150	230	180
	孔隙度，%	0.1～18.26/5.08	5.27	5.72	9.37	15.6
	渗透率，mD	0.0002～17.9/0.69	45.56	17.84	134.5	5218
	储集空间类型	裂缝—孔隙型	孔隙—裂缝型	孔隙—裂缝型	孔隙型	孔隙型
配套条件	圈闭与生烃匹配	早	早—同时—晚			
	生储盖配置	上生下储、下生上储、自生自储	上生下储、下生上储			
	输导条件	断层、砂岩、不整合	断裂、不整合、砂砾岩			

注：类似"101～169/133"数据格式，代表"范围值/平均值"。

表 3-10 前陆冲断带典型刻度区资源评价关键参数表

类别	各项参数	克拉苏构造带深层 气，$10^8 m^3/km^2$	准噶尔西北缘克—百断裂带 油，$10^4 t/km^2$	准噶尔西北缘克—百断裂带 气，$10^8 m^3/km^2$
刻度区研究参数	地质资源丰度	5.100	97.10	0.023
	可采资源丰度	3.366	23.30	0.015
	运聚系数，%	4.85	13.5	
	可采系数	0.66	0.24	0.67
刻度区计算参数	圈闭含气面积系数	0.34～1.0/0.94	0.12～1.0/0.75	0.4～1.0/0.7
	圈闭面积勘探成功率，%		63	63
	圈闭个数勘探成功率，%		51.2	51.2
	油气层有效厚度，m	1.3～104.8/56.46	2.6～121.5	15.5～39.8
	油气层含气饱和度，%	65～89/72	52～75	55～67
	储层孔隙度，%	5.3～13.6/7.7	1.3～30.8	6.5～11.6
	油气藏采收率，%	60～75/66	3～39.7/24	50～85/67
	油气体积系数		1～1.43	
	圈闭面积，km^2	5.5～159.7/42.5	3.9～61.4	3.1～130.0

注：类似"0.34～1.0/0.94"数据格式，代表"范围值/平均值"。

克拉苏构造带刻度区天然气储层厚度大，圈闭幅度高，资源丰度为 $5.1×10^8 m^3/km^2$，是典型的富气构造带。运聚系数高达 4.86%，相比第三次油气资源评价（1.23%）提高了 4 倍左右，这与克拉苏构造带得天独厚成藏条件的认识是一致的。克—百断裂带发育四套储盖组合，总体石油资源丰度高达 $97.1×10^4 t/km^2$，运聚系数为 13.5%，在石油资源各领域中属于较高的类型。

五、火山岩油气藏典型刻度区

我国东西部火山岩油气藏均分布广泛，松辽盆地北部徐家围子断陷和南部长岭断陷发育火山岩大气田。准噶尔盆地石炭系发现克拉美丽大气田，三塘湖盆地马朗凹陷火山岩勘探获得突破，展示出良好的勘探前景。火山岩发育原生孔隙、次生孔隙和裂缝三种储集空间类型，以次生孔隙和裂缝为主。火山岩岩性控制原生和次生孔缝发育，中酸性流纹质火山岩优质储层分布最为广泛。火山岩岩相控制优质储层分布，近火山口爆发相为最有利相带，溢流相上部亚相也是有利相带。风化淋滤程度控制火山岩大面积优质储层分布，裂缝发育程度是控制火山岩储层渗透性的关键因素。

松辽盆地徐家围子断陷安达凹陷、英台断陷为两个凹陷/断陷级刻度区，陆东凸起带位于准噶尔盆地腹部陆梁隆起东部，是区带级刻度区。刻度区解剖结果见表3-11、表3-12。火山岩气藏资源丰度较高，安达凹陷丰度高达 $3.90 \times 10^8 m^3/km^2$，英台断陷资源丰度为 $1.67 \times 10^8 m^3/km^2$，运聚系数分别为28.1‰和11.8‰，属于天然气运聚系数中较高的类型，具有近源运聚成藏特征。

表3-11 火山岩油气藏典型刻度区地质评价参数表

类别	参数	徐家围子断陷安达凹陷	英台断陷	陆东凸起带
气藏特征	气藏类型	岩性、构造	构造、岩性	潜山
	主力产层	营城组	营城组	石炭系
	气层埋深，m	3010	2321～4070	1665～3715
	天然气类型	干气	湿气	干气
	天然气密度，g/cm^3	0.62	0.60～0.73	0.63～0.66
	天然气中甲烷含量，%	81.54～96.58	80～92.5	88.34
	甲烷碳同位素，‰	−27.99～−23.35	−36.1～−26.8	−29.99
	气藏温度，℃	118～134	92～140	89～116
	地层压力，MPa	31.81～35.58	22.75～41.52	33.65～47.5
	地层压力系数	1.04～1.09	0.91～1.15	1.07～1.27
	含气饱和度，%	63.7～70.4	53～62	62.3～68.1
	单井平均产量，$10^4 m^3/d$	10.7	2～20	1.1～25.2/10.4
烃源条件	烃源岩岩性	泥岩	暗色泥岩	泥岩
	烃源岩厚度，m	350	100～700	50～350
	沉积相	深湖	深湖	深湖—半深湖
	有机质丰度TOC，%	0.8～3.2	0.4～1.95	0.22～1.77
	有机质类型	Ⅲ	Ⅱ₁—Ⅱ₂	Ⅱ—Ⅲ
	成熟度 R_o，%	1.88	0.71～1.98	0.51～1.83
	主要排烃高峰期	140	140	135

续表

类别	参数	徐家围子断陷安达凹陷	英台断陷	陆东凸起带
储层条件	储层岩性	流纹岩、安山岩、玄武岩	流纹岩、沉火山碎屑岩	火山岩
	储地比，%	43	20~45	
	沉积相	火山口相、近火山口相	喷溢相	喷溢相
	储层埋深，m	3030	2280~4315	607~4032
	平均厚度，m	90	5.8~135	522.8
	平均孔隙度，%	8.1	6.8~10	8.8
	平均渗透率，mD	0.15	0.36	13.85
	储集空间类型	孔隙—裂缝型	孔隙—裂缝型	裂缝—孔隙型
配套条件	圈闭与生烃匹配	早	早	早
	生储盖配置	下生上储	下生上储，自生自储	自生自储
	输导条件	储层、裂缝	储层、断层	断裂—不整合

表 3-12 火山岩油气藏典型刻度区资源评价关键参数表

类别	各项参数	安达凹陷	英台断陷	陆东凸起带
刻度区研究参数	地质资源丰度，$10^8 m^3/km^2$	3.90	1.67	0.58
	可采资源丰度，$10^8 m^3/km^2$	1.56	0.68	0.36
	运聚系数，‰	2.8	11.8	8.3
	可采系数	0.40	0.40	0.62
刻度区计算参数	圈闭含气面积系数	0.5	0.67	0.47~1.0
	圈闭面积勘探成功率，%		24.6	3.0
	圈闭个数勘探成功率，%		66.7	18
	气层有效厚度，m	12~306	20~100	30.3~129.4
	含气饱和度，%	64~70	52~62	62~68
	储层孔隙度，%	5~12	7.5~14.3	8.9~28.9
	气藏采收率，%	35~50	30~50	47~70
	天然气体积系数	0.00409~0.00419	0.00356~0.00364	0.00326~0.00372

六、南海海域典型刻度区

根据烃源岩分布特征，南海发育5类油气系统，包括始新统（主）/下渐新统（次）—渐新统/中新统油气系统、下渐新统（主）/始新统（次）—下渐新统/中新统油气系统、中新统（生）—中新统/上新统（储盖）油气系统、上渐新统（生）—中新统（储盖）油气系统、中上中新统（生）—中上中新统/上新统油气系统。惠州凹陷、白云凹陷分别属于前两类，表3-13、表3-14为这两个凹陷级刻度区的解剖结果。

表3-13 南海海域新生代断陷典型刻度区地质评价参数表

类别	参数	惠州凹陷	白云凹陷
油气藏特征	油气藏类型	构造	构造
	主力产层	上渐新统—下中新统	上渐新统—下中新统
	油层埋深，m	1563~3450	3030
	原油类型	稀油	干气
	单井平均产量，m³/d		149×10⁴
烃源条件	烃源岩岩性	泥岩	煤系泥岩、泥岩
	烃源岩厚度，m	始新统350，恩平组300	始新统800，恩平组500
	沉积相	半深湖—深湖	海陆过渡相、半深湖—深湖
	有机质丰度TOC，%	始新统1.2，恩平组1.2	始新统1.6，恩平组1.1
	有机质类型	始新统Ⅰ—Ⅱ$_a$，崖城组Ⅱ$_b$—Ⅲ	始新统Ⅰ—Ⅱ$_a$，崖城组Ⅱ$_b$—Ⅲ
	成熟度R_o，%	始新统1.0，恩平组1.0	始新统2.4，恩平组2.0
	主要排烃高峰期，Ma	20~50	20~50
储层条件	储层岩性	砂岩、生物礁	砂岩
	沉积相	三角洲和滨岸、滨浅海	三角洲、深水扇
	储层埋深，m	1563~3450	3030
	厚度，m	40~119	20~100
	孔隙度，%	6.6~25	17~26
	渗透率，mD	37.5~1680	85~1108
	储集空间类型	孔隙型	孔隙型
配套条件	圈闭与生烃匹配	早或同时	早或同时
	生储盖配置	下生上储	下生上储
	输导条件	侧向	侧向

表3-14 南海海域新生代断陷典型刻度区资源评价关键参数表

| 类别 | 各项参数 | 惠州凹陷 || 白云凹陷 ||
		油，10⁴t/km²	气，10⁸m³/km²	油，10⁴t/km²	气，10⁸m³/km²
刻度区研究参数	地质资源丰度	3.9	0.02	0.34	0.26
	运聚系数，%	6.8	0.77	3.98	0.4

第四节 非常规油气类比刻度区解剖成果

一、致密油典型刻度区

源储一体、"三明治"型紧密接触是致密油的重要地质特征。在区域构造背景下,致密油藏的形成过程主要受烃源岩生排烃强度、有利的源储配置、构造作用等因素控制,微裂缝、层理面和孔隙喉道中赋存的油气水关系复杂。致密油优质烃源岩成熟期生烃膨胀增压、脉冲式排烃与气体扩散作用是生排烃的主要动力,构造破裂缝与水力压裂形成的裂缝为主要运移通道,具有非浮力、非优势方位、一次运移或短距离二次运移、大面积聚集特征。

Elm Coulee 刻度区位于 Williston 盆地西南斜坡,Bakken 组上倾尖灭的部位,是 Bakken 致密油较早开发的区块,发现于 2000 年,勘探程度高[2]。鄂尔多斯盆地延长组 7 段、松辽盆地扶杨油层、四川盆地侏罗系大安寨组是国内较典型的致密油区带,解剖结果见表 3-15。

表 3-15 致密油领域典型刻度区资源评价参数表

类别	参数	Williston 盆地 Elm Colee	鄂尔多斯盆地西 23 井区	松辽盆地北部肇州	四川盆地公山庙
油藏条件	主力产层	Bakken 组	长 7	扶杨油层	侏罗系大安寨段石灰岩
	油层埋深,m	2900	1998	1820	2400~2500
	原油密度,g/cm³	0.82	0.84	0.87	0.798~0.846
	压力系数	1.35~1.58	0.75~0.85	1.19	1.47~1.65
	含油饱和度,%	80~90	60~90	56	83
	气油比	150~3000	118	15.7	186
	水平井 EUR,10^4t	1.8~11.4/5.9	2.4	3.4	0.8
烃源条件	烃源岩岩性	页岩	油页岩、黑色泥岩	暗色泥岩	页岩
	烃源岩厚度,m	上段:3~6 / 下段:3~15	泥岩:2~22 / 油页岩:3~24	57.2	37
	有机质丰度 TOC,%	上段:10~20 / 上段:8~16	泥岩:1.7~7.3 / 油页岩:8.5~19.7	2.9	1.55
	有机质类型	II₁	I、II₁	I	II
	成熟度 R_o,%	0.6~0.9	0.8~1.3	0.9	1.2
储层条件	储层岩性	粉砂质白云岩	砂岩	粉砂质细砂岩、粉砂岩	介壳灰岩
	平均厚度,m	12.0	8.0	8.4	7.6

续表

类别	参数	Williston 盆地 Elm Colee	鄂尔多斯盆地 西 23 井区	松辽盆地北 部肇州	四川盆地 公山庙
储层条件	平均孔隙度，%	7.0	7.2	9.0	0.85
	平均渗透率，mD	0.04	0.03	0.1	0.057
	储集空间类型	粒间+裂缝	粒间孔、次生溶孔	孔隙+微裂缝	裂缝、粒内孔、晶间隙、介壳间隙
关键参数	地质资源丰度，10^4t/km²	34.6	15.8	26.7	3.5
	运聚系数，%	11.5	7	6.16	6.75
	可采资源丰度，10^4t/km²	2.77	1.19	2.93	0.22
	采收率，%	7.7~8.4	7.5	11.0	6.3
	体积资源丰度 10^4t/(m·km²)	3.0	2.0	3.18	0.46

以 Bakken 为代表的陆棚相夹碳酸盐岩或粉砂岩型体积资源丰度达 3.0×10^4t/(m·km²)。松辽盆地扶杨油层、鄂尔多斯盆地长 7 等国内湖相砂岩致密油体积资源丰度也能达 2.0×10^4t/(m·km²)。四川盆地公山庙大安寨段湖相碳酸盐岩体积资源丰度不足 1.0×10^4t/(m·km²)，主要原因是烃源岩品质较差、生烃强度较低，且储集空间以裂缝、晶间隙、介壳间隙为主，储集能力有限。

二、致密砂岩气典型刻度区

致密砂岩气呈大面积连续性分布，一般在没有增产措施下，单井无自然产能或产能较低，局部存在富集甜点区。苏里格盒 8 段、山 1 段，安岳—合川须二段是我国比较典型的致密砂岩气藏，且勘探开发程度较高，刻度区解剖结果见表 3-16、表 3-17。

表 3-16 致密砂岩气领域典型刻度区解剖结果表

类别	参数	苏里格中部盒 8 段	苏里格中部山 1 段	安岳—合川须二段
气藏特征	气藏类型	岩性	岩性	构造—岩性气藏
	主力产层	盒 8 段	山 1 段	须二段
	气层埋深，m	3205~3435	3254~3560	2220
	气层有效厚度，m	7.2~10.9	5.6	16.0~22.8
	气藏温度，℃	103	104	76.4
	地层压力，MPa	29.5	28	30.74
	压力系数	1.01	1.0	1.3
	含气饱和度，%	60.1~64.2	60~72	59.9

续表

类别	参数	苏里格中部盒8段		苏里格中部山1段	安岳—合川须二段
烃源条件	层位	山西组，太原组，本溪组		山西组，太原组，本溪组	须一段+须二段
	烃源岩岩性	煤、暗色泥岩		煤、暗色泥岩	暗色泥岩
	烃源岩厚度，m	煤	6	6	35
		暗色泥岩	50	50	
	有机质丰度TOC，%	煤	70	70	1.0～2.4
		暗色泥岩	2	2	
	有机质类型	Ⅲ		Ⅲ	Ⅲ
	成熟度R_o，%	1.8		1.8	1.0～1.4
	生气强度，$10^8 m^3/km^2$	20		20	5
	关键时刻，Ma	100		100	156
储层条件	层位	盒8段		山1段	须二段
	储层岩性	砂岩		砂岩	砂岩
	储地比，%	40.0		30.3	10.0～20.0
	沉积相	河流相		分流河道	三角洲前缘水下分流河道
	储层埋深，%	3327		3400	2220
	平均厚度，%	24.9		13.5	16.0～22.8
	平均孔隙度，%	9.0		7.7	8.7
	平均渗透率，mD	0.92		0.55	0.44
	储集空间类型	粒间孔、裂缝		粒间孔、裂缝	裂缝—孔隙型
	成岩阶段	晚成岩阶段		晚成岩阶段	晚成岩阶段
关键参数	地质资源丰度 $10^8 m^3/km^2$	1.07		0.43	1.66
	可采资源丰度 $10^8 m^3/km^2$	0.64		0.22	0.75
	天然气运聚系数，%	3.46		1.42	4.00
	采收率，%	59.7		51.5	45.0
	体积资源丰度 $10^8 m^3/(m \cdot km^2)$	0.12～0.18		0.09～0.13	0.11～0.17

解剖结果表明，鄂尔多斯盆地上古生界致密砂岩气单层厚度薄（5~10m），储层致密（孔隙度<12%），生烃强度高（>20×10^{8}m^3/km^2，上古生界总资源丰度为 2×10^8~4×10^{8}m^3/km^2，总运聚系数可达 3.93%~8.02%。可分为山 1/山 2——近源，盒 8——高孔，盒 7 上——类常规气三种类型。（1）山 1/山 2——近源型：孔隙度 7.4%~8.0%，含气饱和度 57.7%~63.1%，含气面积系数 0.76，资源丰度 0.43×10^{8}m^3/km^2，运聚系数 1.42%。（2）盒 8——相对高孔型：孔隙度 8.2%~11.3%，含气饱和度 60.1%~64.2%，含气面积系数 0.9，资源丰度 1.07×10^{8}m^3/km^2，运聚系数 3.46%。（3）盒 7 上——类常规气型：孔隙度 6.0%~7.7%，含气饱和度 60%~72%，含气面积系数 0.42，资源丰度 0.29×10^{8}m^3/km^2，运聚系数 0.67%。

西加拿大盆地 Montney 组刻度区位于西加拿大盆地西北段，Dawson 致密气田即产自 Montney 组[3]。刻度区主要产层以 Montney 组上段为主，为近海——过渡带斜坡沉积，净厚度 70~130m（净厚度下限：孔隙度大于 3%，电阻率大于 10Ω·m），储层主要成分为长石白云质粉砂岩，含少量黄铁矿和云母，黏土成分分布在 10%~15% 之间，石英含量为 60%~70%。孔隙度分布在 4%~8% 之间，渗透率为 0.005~0.02mD。Montney 组下段主要为浊积岩，净厚 20~50m。解剖了 Montney 组上段核心区、核心边缘区、潜力区和有利区四个等级的致密砂岩气刻度区，获取了 EUR 类比法资源评价关键参数（表 3–17）。结果表明，Montney 致密气成藏条件优越，资源富集程度较国内致密气区带高很多，四个级别可采资源丰度分别为 4.4×10^{8}m^3/km^2、3.1×10^{8}m^3/km^2、3.1×10^{8}m^3/km^2、2.6×10^{8}m^3/km^2（表 3–17）。

表 3-17　西加拿大盆地 Montney 致密砂岩气刻度区资源评价参数表

刻度区名称		单位压裂段数 EUR 10^{4}m^3	统计井数口	统计压裂段数	单井压裂段数	地质资源丰度 10^{8}m^3/km^2	压裂段数	可采资源丰度 10^{8}m^3/km^2	采收率 %
Swan 核心区	初始井区	3679	19	88	4.6	5.5	40	4.4	80
	加密井区	2264	5	43	8.6					
Swan 核心边缘区		1981	16	105	6.6	4.9	40	3.1	62
Sunrise 潜力区		1981	9	61	6.8	5.5	40	3.1	56
Fairway 有利区		1613	13	82	6.3	3.5	9.9	2.6	69

三、页岩气典型刻度区

Barnett 页岩为北美最早开发的页岩气区带，第一大气田 Newark East 气田产量即来自 Barnett 页岩储层，长宁和焦石坝是我国成藏条件较好的页岩气田，解剖结果见表 3–18。

Barnett 页岩气核心区富集高产主控因素概括为两个方面：（1）处于黑色页岩沉积中心区，优质页岩厚度大。有机质丰度高、类型好，受 Mineral Wells-Newark East 断层系热流的加热作用影响，热成熟度高；（2）基质孔隙和裂缝发育。刻度区探明可采储量超 9061×10^{8}m^3，预测剩余可采资源量为 6738×10^{8}m^3，可采资源丰度达 1.64×10^{8}m^3/km^2。

表 3-18 海相页岩气领域刻度区资源评价参数表

刻度区		长宁	焦石坝	Barnett 核心区
层位		五峰组—龙马溪组底部（凯迪阶—鲁丹阶）	五峰组—龙马溪组底部（凯迪阶—鲁丹阶）	下石炭统Barnett 组
地层厚度，m		250~308	250~270	107
构造背景		平缓向斜	向斜内的箱状背斜	平缓斜坡
埋深，m		2300~3200	2400~3500	1981.2
有利面积，km²		2050	545	4100
TOC>2%页岩厚度，m		33~46	38~44	91~305
沉积环境		钙质深水陆棚	泥质深水陆棚	深水陆棚
岩相组合		硅质页岩、钙质硅质页岩和黏土质硅质页岩	硅质页岩、黏土质硅质页岩	硅质页岩、钙质硅质页岩
地球化学参数	TOC，%	1.9~7.3/4.0	1.5~6.1/3.5	4.5
	R_o，%	2.3~2.8/2.5	2.2~3.1/2.6	1.3~1.7
	有机质类型	Ⅰ、Ⅱ₁	Ⅰ、Ⅱ₁	Ⅱ₁
孔隙类型		基质孔隙为主，少量裂缝	基质孔隙和裂缝	有机质、基质孔隙和裂缝
宏观天然裂缝发育程度	裂缝段厚度，m	80~90	89	
	缝型与充填状况	层间缝为主，多充填黄铁矿	网状裂缝，多充填黄铁矿	充填碳酸盐胶结物
	裂缝密度描述	声波时差异常比1.2~1.4	裂缝密度1~20 条/m，裂缝发育区呈密集型斑块状分布	与断层走向相关的天然裂缝
物性	总孔隙度，%	3.4~8.2/5.4	5.0~7.8/6.2	4.0~6.3/5.4
	裂缝孔隙度，%	0~1.16/0.12	0.54~3.28/1.63（JY2 和 JY4 井区）	0.8~1.0
	渗透率，mD	0.00022~0.0019/0.00029	0.02~0.3/0.15	0.00015~0.0025
脆性	脆性矿物含量，%	石英25.8~67.6/41.1，长石0.4~14.1/4.6，方解石+白云石0~43.2/20.5，黏土10.3~52.8/30.5	脆性矿物50.9~80.3/62.4，石英44.4，长石8.3，白云岩+方解石9.7，黏土16.6~49.1/34.6	65~80/76
	泊松比	0.1~0.25	0.19~0.24	0.11~0.35
	杨氏模量，10⁴MPa	1.3~4.1	2.5~4.9	15~44

续表

刻度区		长宁	焦石坝	Barnett 核心区
含气性	地层压力系数	1.4～2.03	1.55	1.2
	含气饱和度，%	55.84～85.44/77.44	71.55～90.34/81.57	75
	吸附能力，m^3/t	1.07～3.97/2.30（温度70°，压力20MPa）	0.9～3.91/2.99（温度85°，压力37MPa）	2.2（温度85°）
	含气量，m^3/t	1.7～6.5/4.1	4.0～7.7/6.1	8.0～9.0/8.5
	游离气占比，%	60	80	
地应力	垂直压力，MPa	56～66	48～50	
	两向水平应力差 MPa	21.4～22.3	3.0～6.9	
关键参数	水平井段长度，m	1000	1500	1000
	单井 EUR $10^4m^3/$口	8000～10000	>12000	8500
	采收率，%	20	25	20
	可采资源丰度 $10^8m^3/km^2$	0.8～1.0	1.2～2.0	1.64
	可采资源量，10^8m^3	2050	650	6738

注：类似"1.9～7.3/4.0"数据格式，代表"范围值/平均值"。

长宁和焦石坝刻度区总体为高丰度页岩气田，页岩气赋存条件优越，生产特性好，但在裂缝发育程度、气藏类型、游离气含量和地应力方面存在差异，是两种不同类型的海相页岩气"甜点"区[4]。长宁刻度区总体为宏观层间缝发育、基质孔隙为主、两向地应力大（>10mPa）的高产气区，储集空间为基质孔隙型，开发难度相对较大，但在四川盆地斜坡带和向斜区等承压区具有广泛代表性，可以作为盆地内向斜区和燕山期—喜马拉雅期断褶区资源评价类比取值的重要参考对象。焦石坝刻度区总体为宏观网状缝和裂缝孔隙发育、游离气含量高、两向地应力小（<10MPa）的优质高产气田，气藏类型为基质孔隙+裂缝型，在四川盆地承压区具有特殊的构造背景，开发难度小，其页岩气赋存的基本地质参数可以作为川东地区页岩气资源评价类比取值的参考对象。

第五节　油气资源评价关键参数取值标准

油气资源评价参数体系涵盖盆地及区带地质评价参数、资源量计算中涉及参数的名称、单位、取值标准和规范等。第四次资源评价参数体系构成可概括为四个层次（图3-2）。按照盆地、区带两级评价单元，建立地质评价、资源评价两大类参数。按照评价要求可分为基础信息参数、资源评价方法参数、标准类比参数。在此基础上进一步开展参数取值标准、地质风险打分标准、关键参数取值标准与预测模型研究。具体地，评价参数体系主要涵盖：（1）常规资源地质评价参数、资源评价参数；（2）非常规资源地质评价参数、资源评价参数；（3）各探区、各领域地质风险参数与打分标准；（4）关键参数取值标准与预测模型。前两项参数见表3-19。

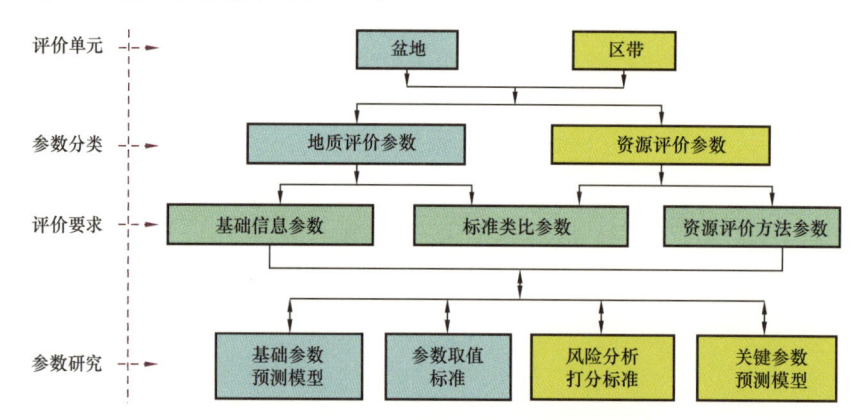

图 3-2 第四次资源评价参数体系构成图

表 3-19 常规与非常规油气资源评价参数体系

资源类型	参数分类		参数内容
常规资源	地质评价参数	油气藏特征	油气藏类型、主力产层、油气层埋深、油气类型、油气密度、原油黏度、油气藏温度、地层压力、压力系数、含油气饱和度、气油比、单井平均产量等
		烃源条件	烃源岩岩性、面积、厚度、沉积相、有机质丰度TOC、有机质类型、成熟度R_o、生烃强度、主要排烃高峰期等
		储集条件	岩性、埋深、厚度、孔隙度、渗透率、储集空间类型等
		保存条件	盖层岩性、盖层厚度、突破压力、断裂发育程度等
		配套条件	输导条件、生储盖组合、关键时刻等
		储量情况	探明地质储量、含油气面积、储量丰度、单储系数、采收率等
	资源评价方法参数	成因法	烃源岩有机碳下限、产烃率、排烃率、运聚系数等
		统计法	油藏储量、发现时间、探井进尺、探井成功率等
		类比法	面积资源丰度、含气面积系数等
非常规资源	地质评价参数	油气层特征	油气藏类型、油气层埋深、油气密度、原油黏度、油气藏温度、压力系数、含油气饱和度、气油比等
		烃源条件	烃源岩岩性、面积、厚度、沉积相、有机质丰度TOC、有机质类型、成熟度R_o、生烃强度等
		储集条件	岩性、埋深、厚度、孔隙度、渗透率、黏土矿物含量、脆性、微裂缝发育、储集空间类型等
		保存条件	断裂发育程度、水动力条件等
		生产情况	直井单井平均产量、水平井单井平均产量等
	资源评价方法参数	统计法	含油气面积、有效厚度、孔隙度、含油气饱和度、含气量等
		类比法	面积资源丰度、体积资源丰度、EUR、井控面积、可采系数等

关键研究参数共12项，是运用成因法、统计法、类比法三类方法进行资源评价时的重要参数（表3-20）。其中，含气量、含油/气饱和度、EUR和井控面积等参数是非常规资源体积法和EUR类比法评价时的关键参数。储量增长系数是老油田储量增长预测法计算常规油气资源量的关键参数。可采系数是类比评价技术可采资源的关键参数。当然，诸如面积、厚度、孔隙度等参数是最基础、最关键的参数，需要通过扎实的基础工作确定。

表3-20 三大类资源评价方法关键参数类型表

方法	关键参数	应用范围	
成因法	TOC恢复系数	常规	非常规
	TOC下限	常规	非常规
	产烃率	常规	非常规
	排烃率	常规	页岩油气
	运聚系数	常规	非常规
统计法	含气量		页岩气
	含油/气饱和度		致密油、致密砂岩气
	储量增长系数	常规	
类比法	资源丰度	常规	非常规
	EUR		非常规
	井控面积		非常规
	可采系数	常规	非常规

本章节仅对成因法中的产烃率、排烃效率和运聚系数，类比法中的资源丰度、EUR和可采系数，共6项关键参数进行论述。

一、生排烃效率

烃源岩评价是成因法评价的基础，有机质生烃理论新认识和实验模拟技术进步为烃源岩精细评价提供了条件。第四次油气资源评价基于改进的Rock-Eval（开放体系）岩石热模拟实验和金管实验（密闭体系），获取评价区目标层位烃源岩的干酪根成油、成气和油裂解成气动力学参数。结合目标层位烃源岩的地球化学资料，确定烃源岩的生排烃门限，采用目标层位烃源岩的实测R_o约束调整研究区地热史。基于此，将已经标定好的干酪根成油、干酪根成气和油裂解成气动力学参数结合研究区的地热史进行地质外推，获得评价区目标层位产烃率图版，并用已确定的生排烃门限佐证产烃率图版的准确性。

本次资源评价通过生烃模拟实验，应用生烃动力学方法，有效区分干酪根生油气、油裂解气演化过程，建立了分地区、分类型产烃率图版（图3-3），为各探区开展烃源岩精细评价和盆地模拟奠定了坚实的基础。

另外，针对煤系烃源岩（煤、碳质泥岩、Ⅲ型煤系泥岩）、湖相烃源岩（Ⅰ、Ⅱ$_1$、Ⅱ$_2$、Ⅲ型湖相泥岩）、海相烃源岩（Ⅰ、Ⅱ$_1$型泥岩）等我国主要类型烃源岩的油气生成一般化模式和生排烃图版进行了研究和总结，形成烃源岩生排烃图版；对不同演化程度下，Ⅰ、Ⅱ₁、Ⅱ₂、Ⅲ型湖相烃源岩的排烃效率及滞留烃进行了定量化评价，探讨了排烃效率的影响因素。

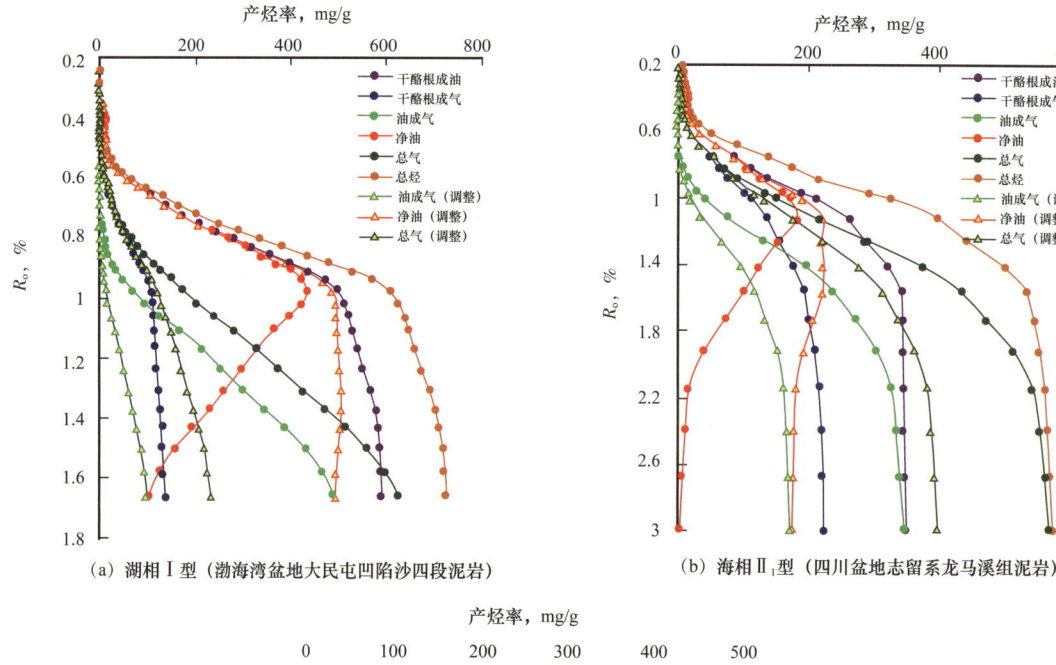

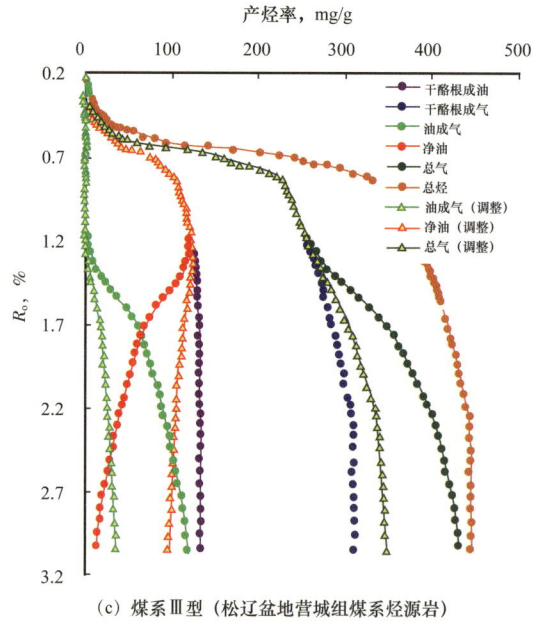

(a) 湖相Ⅰ型（渤海湾盆地大民屯凹陷沙四段泥岩）

(b) 海相Ⅱ₁型（四川盆地志留系龙马溪组泥岩）

(c) 煤系Ⅲ型（松辽盆地营城组煤系烃源岩）

图 3-3　第四次资源评价产烃率图版

1. 产烃率

1）煤系烃源岩

煤、碳质泥岩和煤系泥岩生气结束的成熟度界限可达到 4.5%～5.0%，煤与碳质泥岩的最大生气量为 200mg/g，煤系泥岩的最大生气量为 150mg/g；过成熟阶段仍有 20% 以上的生气能力。与前人研究相比，这种生气结束界限下延、生气潜力增加的"双增加"模式对天然气资源评价具有重要的意义。基于上述研究，建立煤系烃源岩在不同演化阶段的生烃模式（图 3-4）。

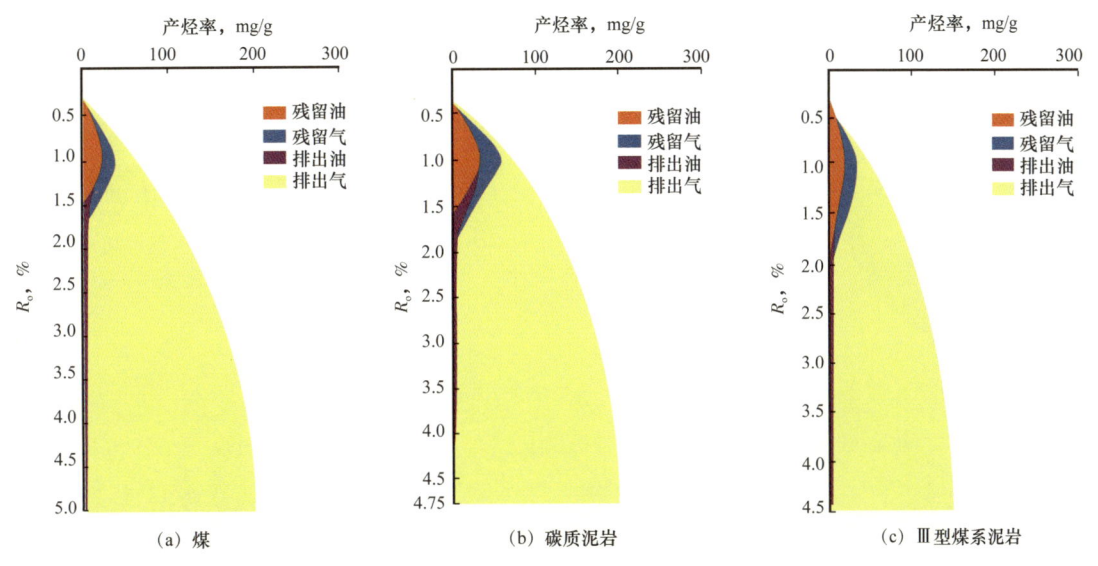

图 3-4 煤系烃源岩在不同演化阶段的生排烃模式

2）湖相烃源岩

湖相烃源岩按照类型分为 Ⅰ、Ⅱ₁、Ⅱ₂、Ⅲ型，湖相泥岩在高过成熟阶段产气率约占总生气量的 7%～20%，随类型变差高温阶段产率增加（图 3-5）。类型好的干酪根裂解生气结束较早，而类型差的干酪根裂解生气结束晚，生气持续时间长，生烃死亡线为 R_o = 3.5%～4.5%。

3）海相烃源岩

海相烃源岩类型普遍较好，按照类型分为 Ⅰ、Ⅱ₁ 型，海相泥岩生烃特征与湖相同类型烃源岩相近。在高过成熟阶段产气率占总生气量的 7%～13%，随类型变差高温阶段产率增加（图 3-6）。类型好的干酪根裂解生气结束较早，而类型差的干酪根裂解生气结束晚，生气持续时间长，生烃死亡线为 R_o = 3.5%～3.75%。

2. 排烃效率

Ⅰ、Ⅱ₁ 型湖相优质烃源岩在低成熟阶段（R_o < 0.8%）的排烃效率低于 20%；在主生油阶段（R_o = 0.8%～1.3%）的排烃效率可达 50%；在高成熟阶段（R_o = 1.3%～2.0%）的排烃效率可达 90%。相应阶段，Ⅱ₂ 型、Ⅲ 型有机质排烃效率相对前两者要低约 10%：低成熟阶段排烃效率低于 10%，主生油阶段排烃效率可达 40%，高成熟阶段排烃效率可达 85%。总体上，有机质丰度越高、类型越好、成熟度越高，排烃效率越高（图 3-7）；烃源岩厚度影响排烃效率，厚层泥岩不利于排烃；排烃效率受源储关系影响，砂泥互层更利于排烃。

在排烃效率研究的基础上，计算实验中滞留烃源岩中的烃量，形成滞留烃定量评价模型（图 3-8）。滞留烃含量受烃源岩有机质丰度、有机质类型控制，丰度越大，滞留烃含量越高。以 Ⅰ 型烃源岩为例，生油高峰期，TOC 为 1%～2% 的烃源岩滞留烃量最高为 205mg/g；TOC 为 2%～4% 的烃源岩滞留烃量分布在 205～240mg/g 之间；TOC 为 4%～6%

的烃源岩滞留烃量分布在 240~275mg/g 之间。滞留烃评价模型的建立对页岩油气资源的评价具有重要意义。

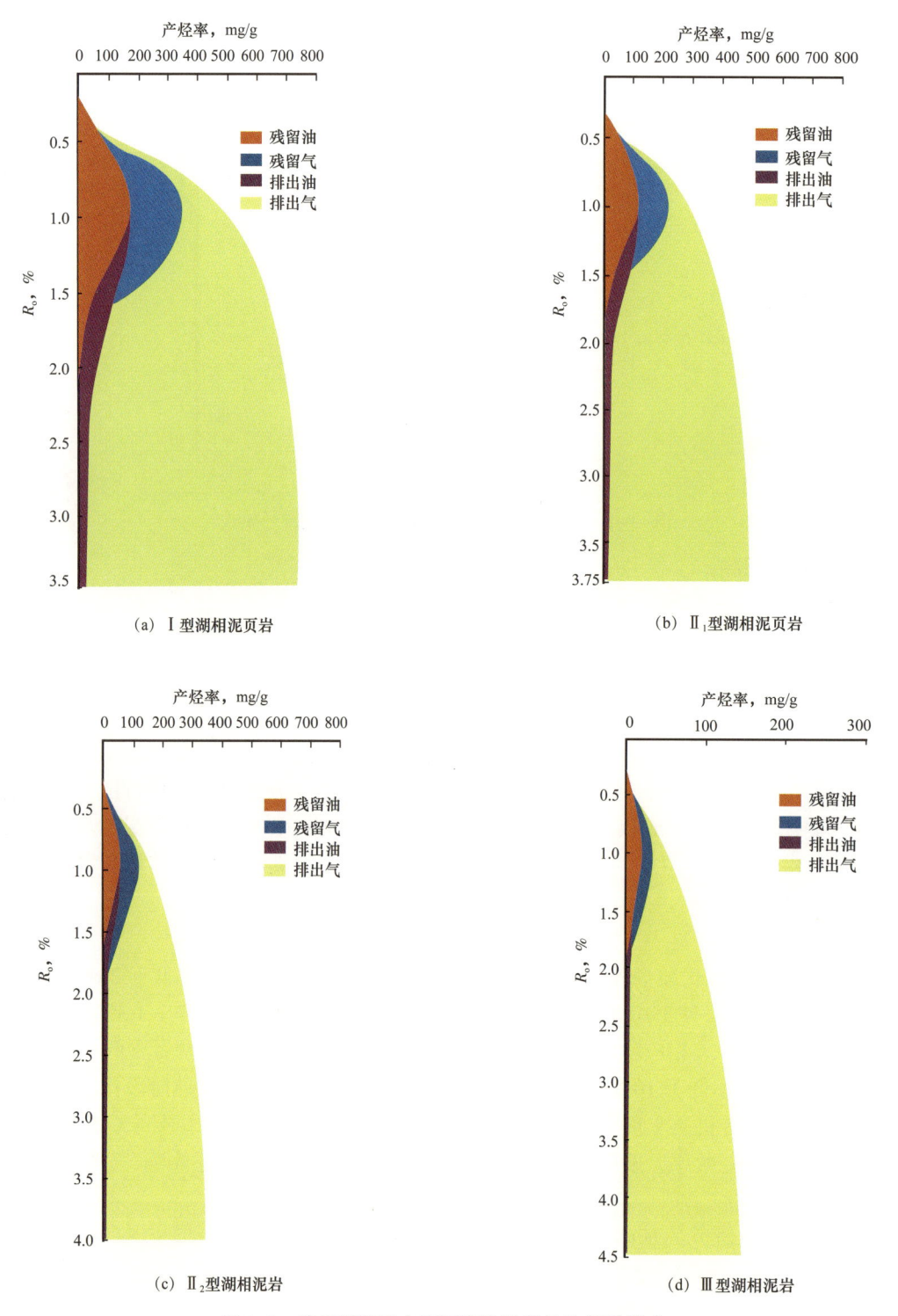

图 3-5 陆相烃源岩在不同演化阶段的生排烃模式

(a) Ⅰ型湖相泥页岩

(b) Ⅱ₁型湖相泥页岩

(c) Ⅱ₂型湖相泥岩

(d) Ⅲ型湖相泥岩

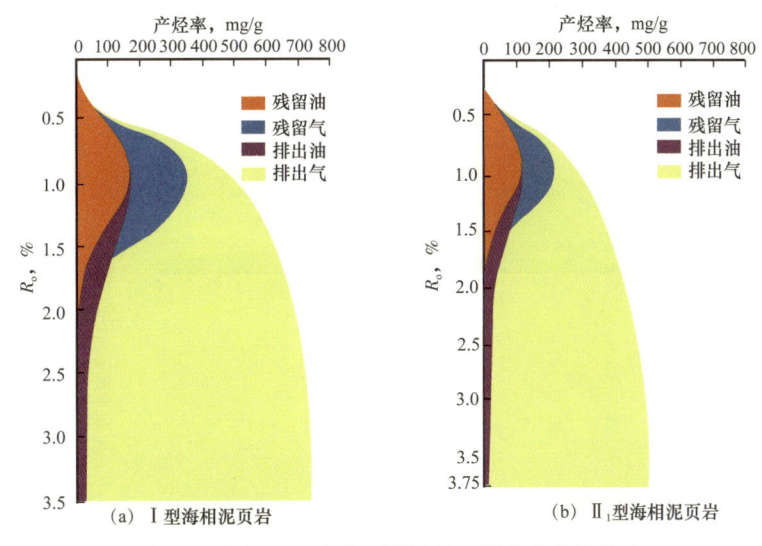

图 3-6 海相烃源岩在不同演化阶段的生排烃模式

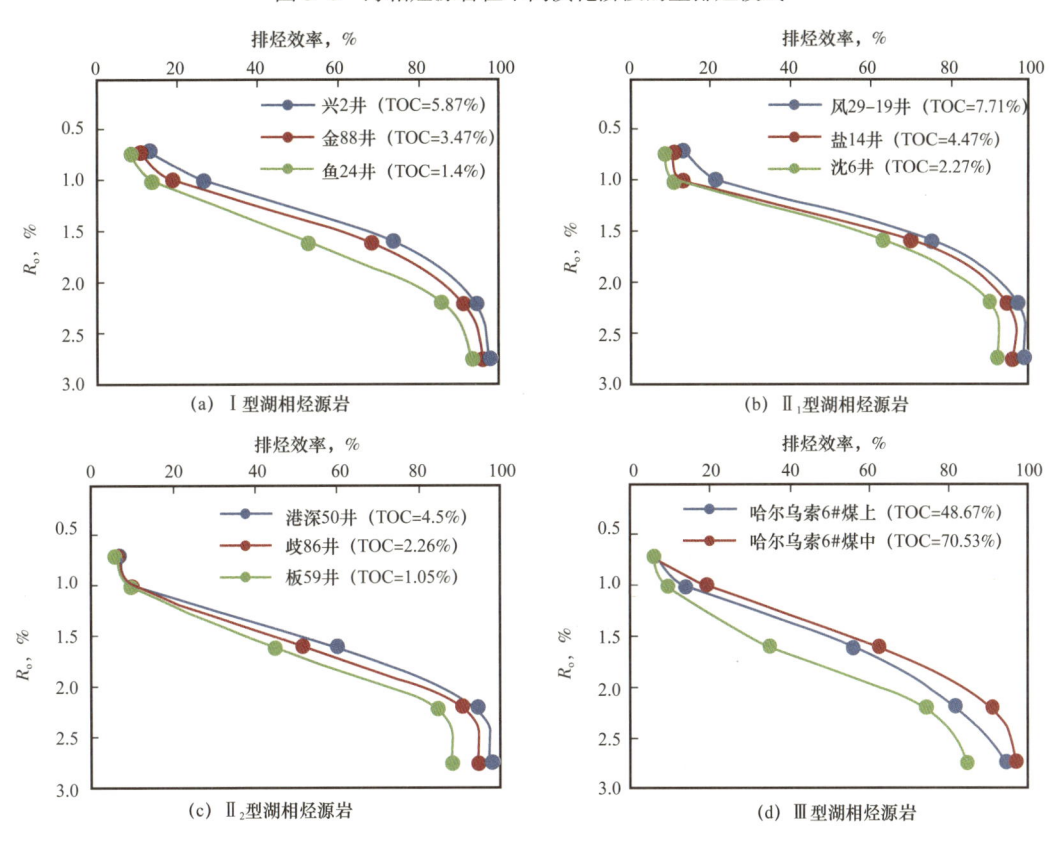

图 3-7 Ⅰ、Ⅱ₁、Ⅱ₂、Ⅲ型烃源岩排烃效率随演化程度的变化趋势

二、运聚系数

运聚系数是根据生烃量计算资源量时使用的系数，是运聚单元的资源量与生烃量的比值。运聚系数是成因法计算资源量时一个敏感的重要参数，它的取值对成因法计算结果有较大影响。

— 125 —

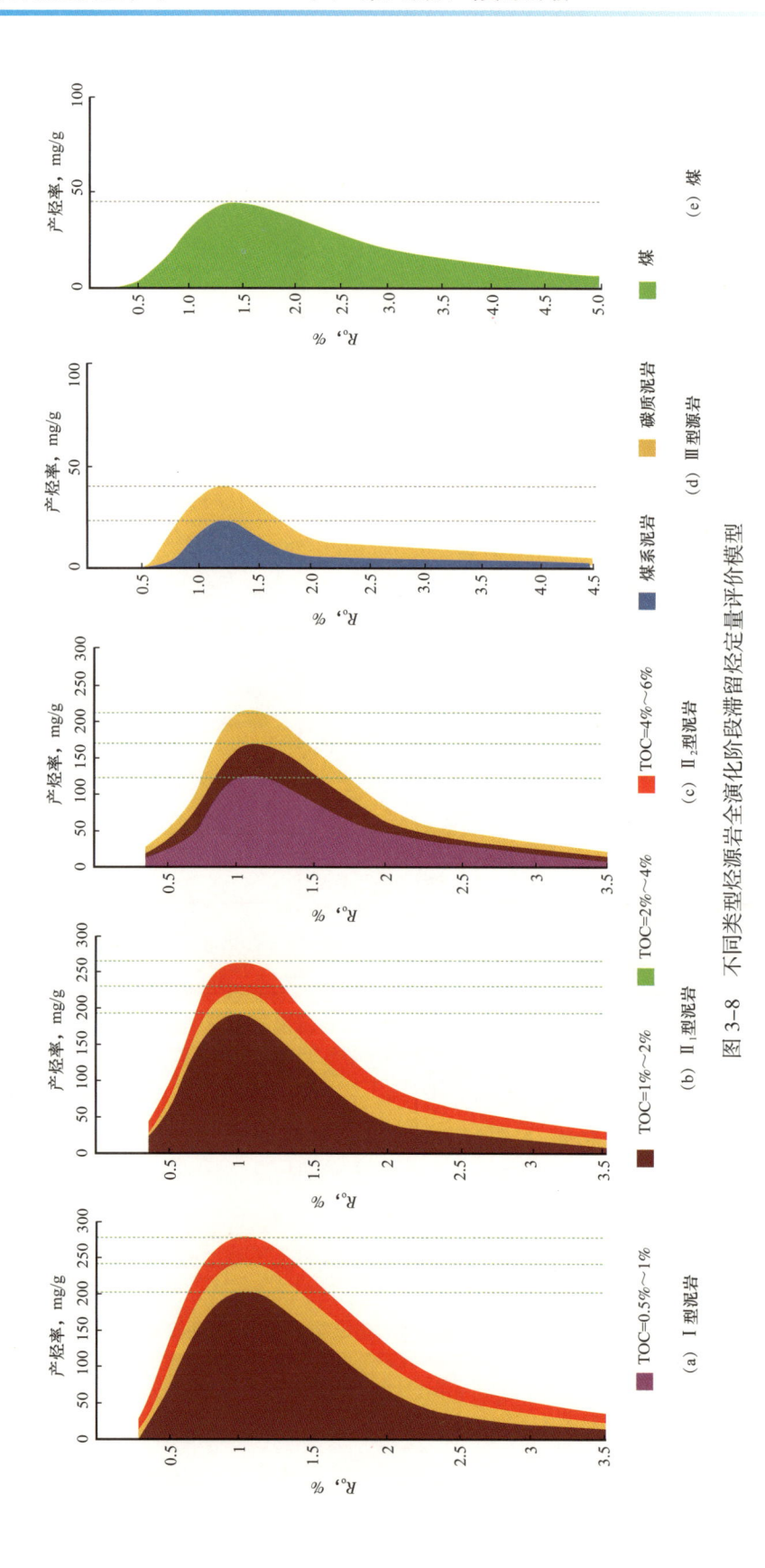

图 3-8 不同类型烃源岩全演化阶段滞留烃定量评价模型

1. 运聚系数取值标准

通过不同类型运聚单元刻度区解剖研究，按照成藏效率高低，将常规油气运聚系数划分为高、中、低三个等级（表3-21）。对于常规石油，断陷中央构造带、断陷陡坡带构造型、前陆冲断带构造型、断陷陡坡岩性型、地层风化壳潜山型等成藏运聚效率较高，运聚系数可达10%~15%。古生代克拉通古隆起、中生代—新生代坳陷型等运聚效率较低，运聚系数通常小于5%。

表3-21 常规油气刻度区运聚系数分类取值表

级别	低效率	中等效率	高效率
常规石油运聚系数	<5%	5%~10%	>10%~15%
刻度区类型	• 古生代克拉通古隆起 • 中生代—新生代坳陷内部隆起、边缘隆起型	• 中生代凹陷边缘构造型 • 断陷缓坡构造型、岩性型 • 前陆陡坡、缓坡岩性型	• 断陷中央构造带 • 断陷陡坡带构造型 • 前陆冲断带构造型 • 断陷陡坡岩性型 • 地层风化壳潜山型
常规天然气运聚系数	<5‰	5‰~10‰	>10‰~20‰
刻度区类型	• 断陷陡坡带构造型 • 断陷中央构造型 • 克拉通型—台内礁滩、滩坝组合	• 克拉通型—台缘礁滩组合 • 断陷缓坡构造型 • 古生代坳陷边缘构造型	• 前陆冲断带构造型 • 克拉通古隆起—岩溶组合 • 断陷深断裂带火山爆发相、溢流相组合 • 中生代—新生代坳陷内部、边缘隆起型

对于常规天然气，前陆冲断带构造型、克拉通古隆起—岩溶组合、断陷深断裂带火山岩型等成藏运聚效率较高，运聚系数可达10‰~20‰。断陷陡坡带构造型、断陷中央构造型、克拉通型—台内礁滩、滩坝组合等运聚效率较低，运聚系数通常小于5‰。

随着近源型或源内型油气的勘探及地质认识深化，对运聚系数的认识也发生了较大变化。以往，致密储层中油气资源都算作是运移路径中散失的烃类资源，没有纳入运聚成藏的资源范畴。如今，由于地质认识和技术进步，致密油气等非常规资源得到有效开发。另一方面，研究表明高成熟阶段烃源岩的排烃效率能到80%以上（如长7油页岩排烃率在70%~90%之间）；加上油气近源成藏，散失量小，聚集效率高。因此从整体来看，运聚系数较传统认识有提高。

以鄂尔多斯盆地中生界延长组和上古生界石炭系—二叠系为例。通过延长组（长1—长10）石油及上古生界石炭系—二叠系（本溪组—石千峰组）天然气"层刻度区"的解剖，获取各层区带的层运聚系数（表3-22、表3-23）。结果表明，紧邻烃源岩长6、长8及烃源岩内部的长7运聚效率高，单层运聚系数即可达4%~10%。通过区带类比评价表明，整个延长组石油运聚系数达10.2%，较第三次资源评价增加了5.9%。上古生界石炭系—二叠系天然气整体运聚系数最高能达到3.93%~8.02%，其中盒8段和山2段天然气运聚效率高，单层运聚系数可达2.0%以上。

表 3-22　鄂尔多斯盆地延长组"近源型"石油运聚系数分布

层区带	岩性	沉积环境	储盖组合	刻度区	孔隙度 %	渗透率 mD	源储距离 m	地质资源丰度 10⁴t/km²	层运聚系数 %
长1		亚相 平原 前缘 半深湖—深湖		耿32	14.6	4.58	520	5.58	0.62
				华池	15.2	8.4		2.23	0.21
长2		三角洲平原	下源组合	耿19	14.5	5.36	420	5.61	0.56
				化子坪	14	18.58		12.82	1.39
长3				镇北	13.6	13.46	300	6.26	0.89
				南梁	14.3	2.1		8.47	0.30
长4+5		三角洲平原		堡子湾	11.3	0.98	200	6.55	0.84
				环县	11.5	1.47		4.36	0.68
				白豹	11.7	0.57		6.05	0.82
长6		三角洲前缘	下源组合	安塞	12.1	1.2	100	24.37	8.40
				铁边城	12.2	1.29		33.45	9.29
				华庆	11.7	0.53		41.87	11.32
长7		半深湖—深湖	内源组合	西233	10.5	0.24	50	31.67	7.92
				安83	10.1	0.16		12.90	4.16
长8		三角洲平原	上源组合	西峰	10.5	1.01	100	24.34	4.42
				新庄	8.2	0.57		15.66	3.13
				吴起东	8.2	0.21		7.14	2.04
长9				黄39	12.3	11.27	200	3.77	0.75
				白257	10.2	1.24		2.40	0.53
长10				高52	12.6	5.25	300	10.95	1.04

表 3-23　鄂尔多斯盆地上古生界石炭系—二叠系近源型天然气运聚系数

层区带	岩性	生储盖	刻度区	平均孔隙度 %	平均含气饱和度，%	地质资源丰度 10⁸m⁴/km²	层运聚系数 %
石千峰组—上石盒子组			佳县	10.9	60	0.19	0.45
下石盒子组 盒5段—盒7段			米脂	6.8	69	0.29	0.67
下石盒子组盒8段			苏里格中部	9.0	62	1.08	3.46
			苏里格东部	9.0	63	0.72	3.11
			米脂	7.4	69	0.38	0.78
山西组山1段			苏里格中部	7.7	61	0.43	1.42
			榆林	7.4	59	0.16	0.54
山西组山2段			苏里格东部	7.2	61	0.23	0.53
			榆林	6.5	75	0.62	2.02
太原组			神木	7.7	70	0.48	1.67
本溪组			艾好峁	6.5	52	0.25	1.14

另外，海相克拉通天然气运聚系数也有了大幅度提高。第三次资源评价时，天然气运聚系数主体取值范围为 2‰~5‰。随着接力成气，多元、多期、立体供烃，高效成藏等地质认识和理论的出现，突破了传统认识。总体上该类型天然气运聚效率提升近 4 倍，运聚系数可达 10‰~20‰。其中，塔北轮南低凸起刻度区天然气运聚系数为 10.1‰（第三次资源评价 2.4‰），塔中北斜坡奥陶系刻度区天然气运聚系数为 21.6‰（第三次资源评价 4.0‰），四川盆地高石梯—磨溪灯影组刻度区运聚系数为 10.2‰（第三次资源评价 2.2‰）。

2. 运聚系数预测模型

1）常规石油

根据刻度区运聚系数解剖结果，对影响运聚系数的主要地质因素进行了统计分析。结果表明，烃源岩的年龄、成熟度、上覆地层区域不整合面的个数、运聚单元的圈闭面积系数与石油运聚系数有比较密切的关系（图 3-9）。

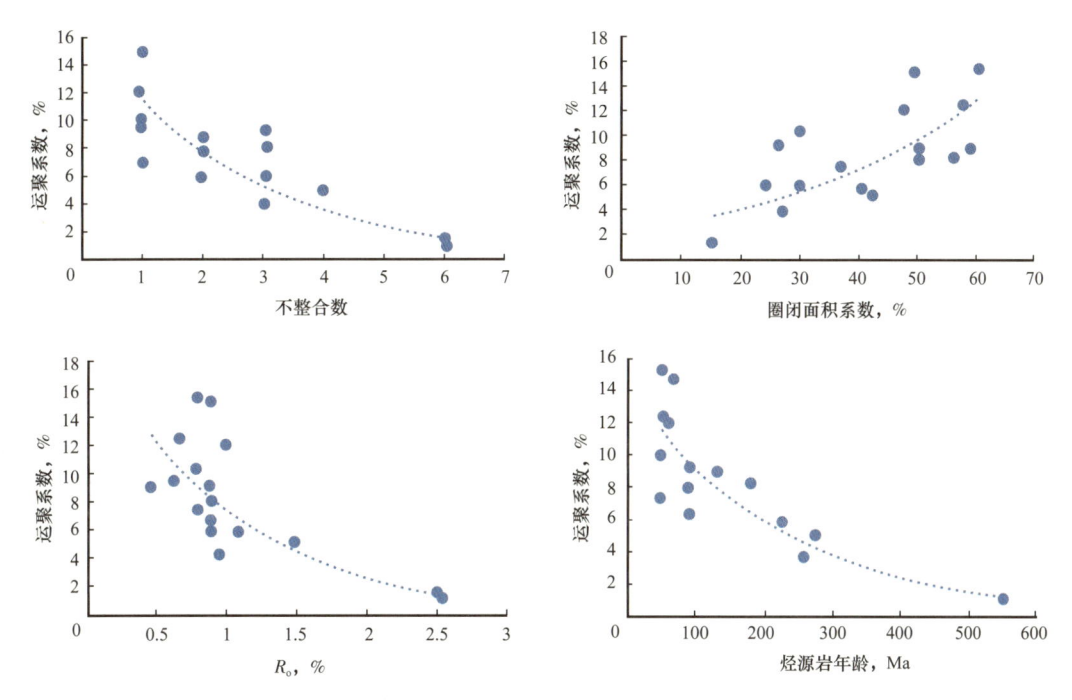

图 3-9 运聚单元石油运聚系数与主要地质参数的关系

采用多元回归和逐步回归的统计方法，建立了运聚单元石油运聚系数与主要地质因素之间定量关系的统计模型，包括双因素模型和多因素模型两种。双因素模型选用烃源岩年龄和圈闭面积系数两个地质因素，多因素模型选用了烃源岩年龄、烃源岩成熟度、区域不整合个数和圈闭面积系数四项地质因素。

双因素模型：

$$\ln y = 1.62 - 0.0032x_1 + 0.01696x_4 \left(R^2 = 0.85\right) \tag{3-1}$$

多因素模型：

$$\ln y = 1.487 - 0.00318x_1 + 0.186x_2 - 0.112x_3 + 0.02118x_4 \left(R^2 = 0.87\right) \tag{3-2}$$

式中　y——运聚单元的石油运聚系数，%；

　　　x_1——烃源岩年龄，Ma；

　　　x_2——烃源岩成熟度 R_o，%；

　　　x_3——不整合面个数；

　　　x_4——圈闭面积系数，%。

2）常规天然气

天然气运聚系数是天然气生成、运移、聚集成藏及成藏后的保存等诸多成藏地质条件优劣的综合反映，是多种因素综合影响的结果。通过对影响运聚系数的主要地质因素的分析可知，每个地质因素都不同程度地影响着运聚系数的取值，但单个地质因素与运聚系数之间的相关关系不明显。

将所有可以定量的参数与运聚系数进行相关分析，最终选取了七个与运聚系数的相关系数大于 0.5 的参数，最后经过多因素综合分析，得出了运聚系数与主控因素之间的关系模型：

$$y = 0.298 - 0.00259x_1 + 0.218x_2 - 0.00223x_3 - 0.00236x_4 \\ + 0.0009x_5 - 0.286x_6 + 0.000104x_7 \quad (3-3)$$

式中　y——天然气的运聚系数，‰；

　　　x_1——烃源岩年龄，Ma；

　　　x_2——烃源岩有机碳含量，%；

　　　x_3——成藏关键时刻，Ma；

　　　x_4——盖层厚度，m；

　　　x_5——盖层埋深，m；

　　　x_6——不整合数；

　　　x_7——储层年龄，Ma。

3）近源型油藏

通过鄂尔多斯盆地中生界延长组石油刻度区解剖与层运聚系数的研究（表3-22），发现长6与长7运聚系数最高，层区带呈现出越远离烃源岩，运聚系数逐渐降低的特征。通过研究，发现运聚系数与源储距离具有如下关系，如图3-10所示。

$$y = 871.46x^{-1.222} \quad (R^2 = 0.7566) \quad (3-4)$$

式中　y——层运聚系数，%；

　　　x——源储距离，m。

4）近源型气藏

通过鄂尔多斯盆地上古生界天然气刻度区解剖与层运聚系数的研究（表3-23），发现盒8段运聚系数最高，盒8段与山1段、山2段储层同样紧邻烃源岩发育，但盒8段储层物性较好，孔隙度相对较高，在致密储层中形成优势储集通道，有利于天然气富集。运聚系数与储层物性密切相关[式（3-5）]，相对高渗，储集空间相对较大，运聚系数越高，如图3-11所示。

$$y = 0.0678x_1 \cdot x_2 - 2.0093 \quad (R^2 = 0.8138) \tag{3-5}$$

式中　　y——层运聚系数，%；

　　　　x_1——平均孔隙度，%；

　　　　x_2——平均厚度，m。

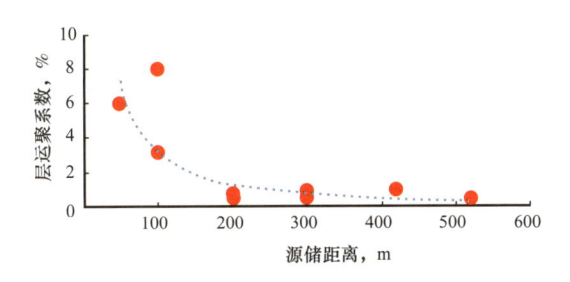

图 3-10　近源型油藏运聚系数与源储距离关系

图 3-11　近源型气藏运聚系数与储集空间关系

三、资源丰度

油气资源丰度是评价区或刻度区资源量与其面积/体积比值。资源丰度是类比法资源评价的关键参数，是刻度区解剖的核心参数，准确求取类比资源丰度是获取评价区准确客观资源量的前提。

1. 常规石油

1）石油资源丰度分布特征

对松辽、渤海湾、鄂尔多斯、塔里木、准噶尔、吐哈、柴达木、二连等盆地石油资源丰度的研究表明，不同类型刻度区石油资源丰度有很大差异。总体上，石油资源丰度分布集中化，呈"单极式"分布特征。绝大部分（90%）的刻度区石油资源丰度小于 $50 \times 10^4 t/km^2$，大部分（80%）的刻度区石油资源丰度小于 $30 \times 10^4 t/km^2$（图 3-12）。

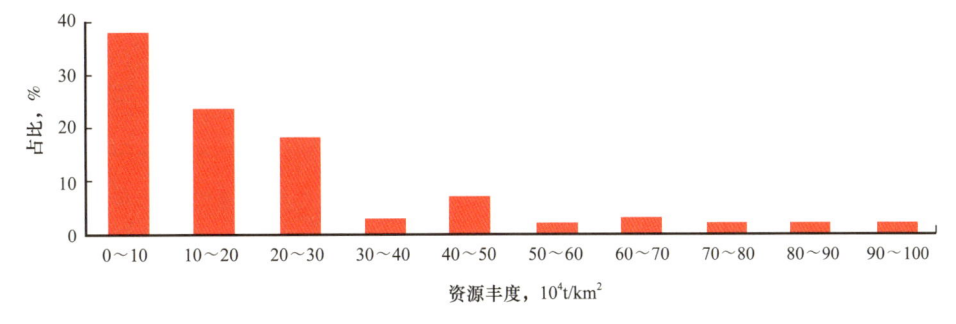

图 3-12　我国常规石油主要刻度区资源丰度分布图
统计范围：资源丰度小于 $100 \times 10^4 t/km^2$

石油资源丰度在 $100 \times 10^4 t/km^2$ 左右的刻度区有渤海湾盆地辽河坳陷冷东断裂构造带（210）、月海构造带（114）、兴隆台构造带（172）、欢曙斜坡带（138）、兴隆台潜山（114）、冀东坳陷南堡 1 号（147），准噶尔盆地鲁克沁（147）、玛湖西斜坡（94）、克百断阶带（97）等，主要集中在"满凹含油"的富油气凹陷、复式油气聚集带，纵向上往往具有多套含油层系。

- 131 -

2）资源丰度取值标准

根据石油资源丰度的分布特征，将不同刻度区类型划分出高丰度、中丰度、低丰度三个等级（表3-24）。高丰度刻度区资源丰度大于 $30\times10^4/km^2$，低丰度刻度区资源丰度小于 $10\times10^4/km^2$。地层风化壳潜山型、断陷中央构造带石油资源丰度最高，古生代坳陷边缘构造型等石油资源丰度较低。

表3-24　常规石油刻度区资源丰度分类取值表

级别	资源丰度，$10^4t/km^2$	刻度区类型
高丰度	>30	• 地层风化壳潜山型 • 断陷中央构造带
中丰度	10～30	• 断陷陡坡带构造型 • 断陷陡坡、缓坡岩性型 • 前陆陡坡岩性型 • 克拉通台缘、台内组合
低丰度	<10	• 古生代坳陷边缘构造型 • 前陆前缘隆起型

3）资源丰度预测模型

在刻度区解剖基础上，研究了各类型刻度区资源丰度与主要地质因素的相关关系。统计分析表明，烃源岩生烃强度、储层发育程度、烃源岩上覆地层区域不整合的个数及运聚单元的圈闭面积系数（圈闭面积与刻度区面积的比值）与刻度区石油资源丰度有比较密切的关系（图3-13）。

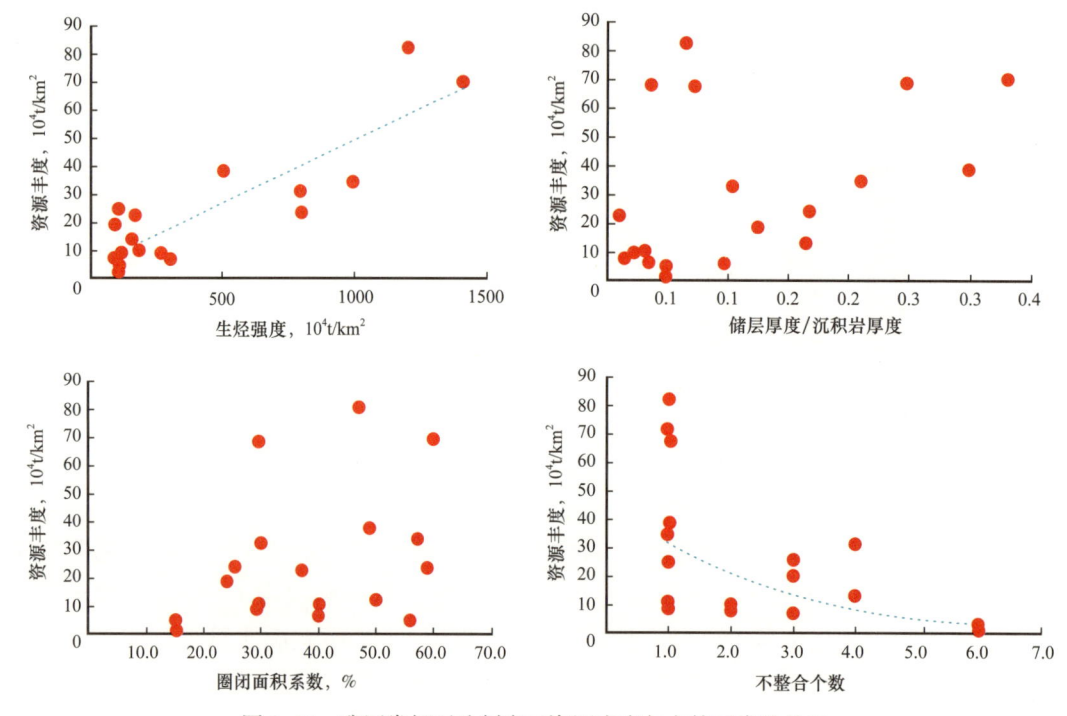

图3-13　我国常规石油刻度区资源丰度与主控因素的关系

采用多元回归分析建立石油资源丰度与主要地质因素之间定量关系的统计模型:

$$y = -5.688 + 0.4199x_1 - 9.369x_2 + 0.297x_3 + 0.291e^{-0.4349x_4} \qquad (3-6)$$

式中 y——运聚单元的石油资源丰度,10^4t/km^2;

x_1——烃源岩生烃强度,10^4t/km^2;

x_2——储层厚度与沉积岩厚度比值;

x_3——圈闭面积系数,%;

x_4——区域不整合个数。

2. 常规天然气

不同类型刻度区天然气资源丰度差异较大,总体上分布呈两极化,具有"双峰式"分布特征(图3-14)。地质资源丰度以 1.0×10^8m^3/km^2 为界限,各占50%。这种分布特征某种程度上体现了天然气资源对保存条件要求较高,保存条件好则容易形成高丰度气藏,保存条件较差则形成低丰度气藏。

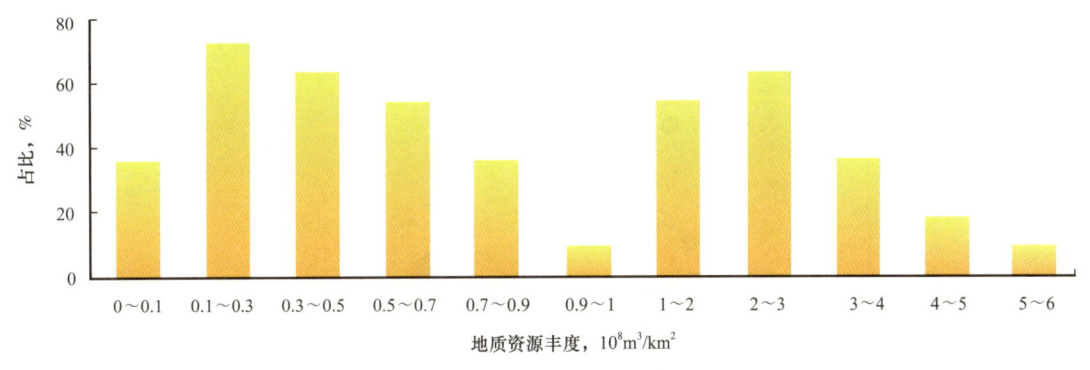

图3-14 我国常规天然气刻度区资源丰度分布图

根据天然气资源丰度的分布特征,将不同刻度区类型划分出高丰度、中丰度、低丰度三个等级(表3-25)。克拉通古隆起岩溶组合、前陆冲断带构造型、中生代—新生代坳陷边缘隆起型、深断裂带火山相组合等类型资源丰度高,均在 1.0×10^8m^3/km^2 以上。而古生代坳陷边缘构造型,断陷陡坡、缓坡带构造型等资源丰度较低,通常小于 0.5×10^8m^3/km^2。

表3-25 常规石油刻度区资源丰度分类取值表

级别	资源丰度,10^8m^3/km^2	刻度区类型
高丰度	>1.0	• 克拉通古隆起岩溶组合 • 克拉通台缘组合 • 断陷深断裂带火山岩型 • 中生代—新生代坳陷边缘隆起型
中丰度	0.5～1.0	• 断陷深断裂带次生岩性型 • 克拉通台内组合
低丰度	<0.5	• 古生代坳陷边缘构造型 • 断陷陡坡、缓坡构造型

3. 非常规油气

非常规油气资源具有连续型分布的特征，储层横向发育具有规模性。单纯考虑面积资源丰度难以避免有效储层厚度参数对资源丰度的影响，尤其是对于非常规油气资源，发育在烃源岩内部或者紧邻烃源岩层系，评价目的层系往往厚度较大，而真正的开采目的层可能是其中的有效富集层段。本次资源评价在非常规刻度区参数研究中，推荐采用体积资源丰度的概念。

图3-15为致密油刻度区解剖得到的面积资源丰度与体积资源丰度的相关关系图，由于评价层系厚度的影响，面积资源丰度与体积资源丰度没有显著的线性关系。Wolfcamp等致密油刻度区由于厚度大，导致评价的资源丰度很高，但是反映实际储集能力的体积资源丰度在$(1\sim2)\times10^4t/(m\cdot km^2)$之间，仅属于中等。Bakken、松辽盆地扶杨油层等区带由于评价层系的厚度不大，在5~30m之间，面积资源丰度并不是很高，但其体积资源丰度较大，资源储集能力较高。

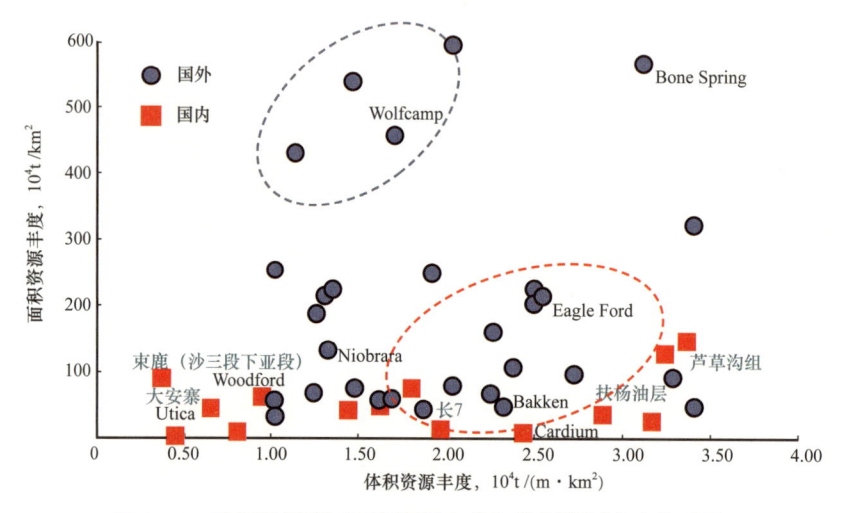

图3-15 致密油刻度区面积资源丰度与体积资源丰度关系图

体积资源丰度消除了厚度的影响，反映的是评价层的储集能力。因此，在类比评价应用时，体积资源丰度作为类比关键参数，更能客观地评价非常规油气资源潜力。

1）致密油

从面积资源丰度看，致密油资源丰度总体要高于常规石油（表3-26），国内致密油区带面积资源丰度平均值可达到$50\times10^4t/km^2$。吉木萨尔凹陷和马朗凹陷芦草沟组致密油面积资源丰度达到$100\times10^4t/km^2$以上，束鹿凹陷沙三段下亚段泥灰岩致密油达到$90\times10^4t/km^2$以上。

但从体积资源丰度看，以Bakken，Eagle Ford为代表的陆棚相夹碳酸盐岩或砂岩/粉砂岩型体积资源丰度平均能达到$2.0\times10^4t/(m\cdot km^2)$以上。松辽盆地齐家南（高台子）、肇州（扶杨）、长垣南（扶杨），准噶尔盆地吉木萨尔（芦草沟组）、鄂尔多斯盆地长7等国内湖相致密油体积资源丰度也能达到$2.0\times10^4t/(m\cdot km^2)$左右。而束鹿（沙三段下亚段）、公山庙（大安寨段灰岩）、沧东凹陷孔南（孔二段）、歧北斜坡（沙一段下亚段）等体积资源丰度小于$1.0\times10^4t/(m\cdot km^2)$。

第三章 油气资源评价类比刻度区与关键参数

表 3-26 不同类型致密油刻度区资源丰度分布表

大类	类型（特征）	典型刻度区	面积资源丰度 10^4t/km²	体积资源丰度 10^4t/(m·km²)
浅海厌氧陆棚相	海进体系域——夹碳酸盐岩或砂岩/粉砂岩	Bakken	68	2.25
		Woodford	61	1.01
	海进体系域——夹碳酸盐岩	Niobrara	131	1.31
		Eagle Ford	216	2.54
深海厌氧海盆相	深水海底扇——泥灰岩	Utica	56	0.62
		Wolfcamp	573	1.48
		Duvernay	75	1.49
		Bone Spring/Avalon	568	3.12
浅水三角洲相	浅水高能——扇前浊积岩、离岸沙坝、滨岸砂岩	Cardium	49	2.33
深湖相、河流—湖滨相	黑色页岩、泥岩、粉砂岩、碳酸盐岩	Uinta Wasatch/Uteland Butte/Green River	108	2.38
	深湖——砂质碎屑流生油岩内部的致密砂岩	齐家南（高台子）	12.1	2.42
		孔南（孔二段）	66.5	0.95
		歧北斜坡（沙一段下亚段）	46.2	0.66
		阿南（腾一段下亚段）	48.6	1.62
		西233（长7）	15.8	1.98
	半深湖—浅湖生油岩内部的碳酸盐岩夹层	雷家（沙四段）	70.5	1.79
		歧口西南缘（沙一段下亚段）	9.6	0.80
		束鹿（沙三段下亚段）	92.2	0.37
		吉木萨尔（芦草沟组）	126.4	3.24
		公山庙（大安寨段）	3.5	0.46
	深湖相生油岩上下紧邻的致密砂岩	长垣南（扶杨）	35.3	2.89
		肇州（扶杨）	26.7	3.18
		红岗（扶杨）	39.5	1.44
	咸化湖盆高有机质含量的混杂体	牛圈湖—马中（芦草沟组）	146.5	3.36

研究表明，致密油体积资源丰度与烃源岩、储层参数具有较好的相关性。因此，可以根据相关关系，建立资源丰度预测模型。

- 135 -

（1）烃源岩参数与体积资源丰度。

致密油属于近源聚集，资源富集一定程度上受控于烃源岩品质与生排烃能力。图 3-16 为致密油刻度区平均 TOC 与体积资源丰度的相关图，可见随着有机碳含量（TOC）的增加，对应的体积资源丰度也增加，两者具有一定的对数相关关系：

$$y = \begin{cases} \text{Max}: 1.90\ln x + 1.45 \\ \text{Avg}: 1.93\ln x + 0.45 \\ \text{Min}: 0.97\ln x - 0.45 \end{cases} \quad (3-7)$$

式中　y——体积资源丰度，$10^4 \text{t}/(\text{m}\cdot\text{km}^2)$；

　　　x——TOC，%。

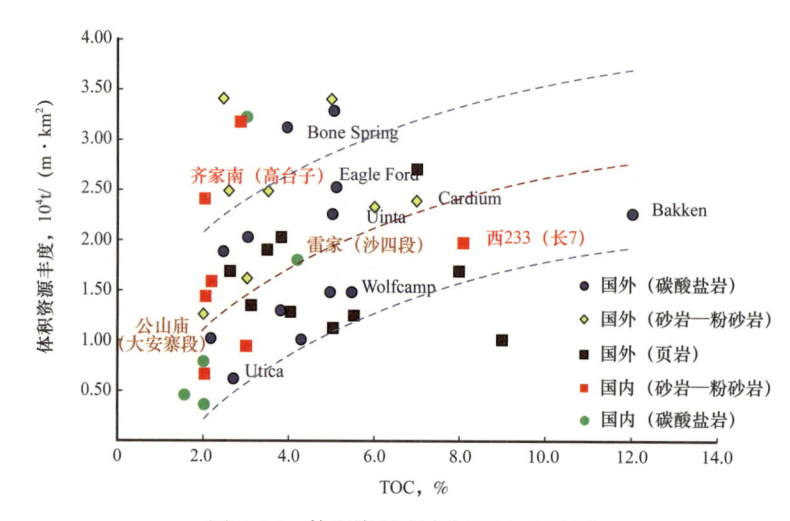

图 3-16　体积资源丰度与 TOC 相关图

据式（3-7），视评价区致密油烃源岩储层物性好坏及含油饱和度高低，选择相应的预测模型。例如，若评价区致密油烃源岩储层物性较好，含油饱和度较高，则选择 Max 模型；反之，选择 Min 模型；适中则选择 Avg 模型。因此，可通过烃源岩有机碳含量（TOC）来预测评价区体积资源丰度的取值分布。

（2）储层参数与体积资源丰度。

体积资源丰度在一定程度上反映的是致密油层的储集能力，因此储层可容纳石油的空间越大，体积资源丰度则越高。从图 3-17 可见，北美致密油刻度区体积丰度与孔隙度具有较好的对数相关性，随着孔隙度的增加，体积资源丰度随之增大。因此，建立预测模型如下：

$$y = \begin{cases} \text{Max}: 1.3052\ln x + 0.1135 \\ \text{Avg}: 1.5322\ln x - 1.0215 \\ \text{Min}: 1.6457\ln x - 2.0429 \end{cases} \quad (3-8)$$

式中　y——体积资源丰度，$10^4 \text{t}/(\text{m}\cdot\text{km}^2)$；

　　　x——孔隙度，%。

据式（3-8），视评价区致密油烃源岩生排烃强度的大小及含油饱和度的高低，选择相应的预测模型。例如,若评价区致密油烃源岩生排烃强度较大,含油饱和度较高,则选择 Max 模型;反之,选择 Min 模型;适中则选择 Avg 模型。

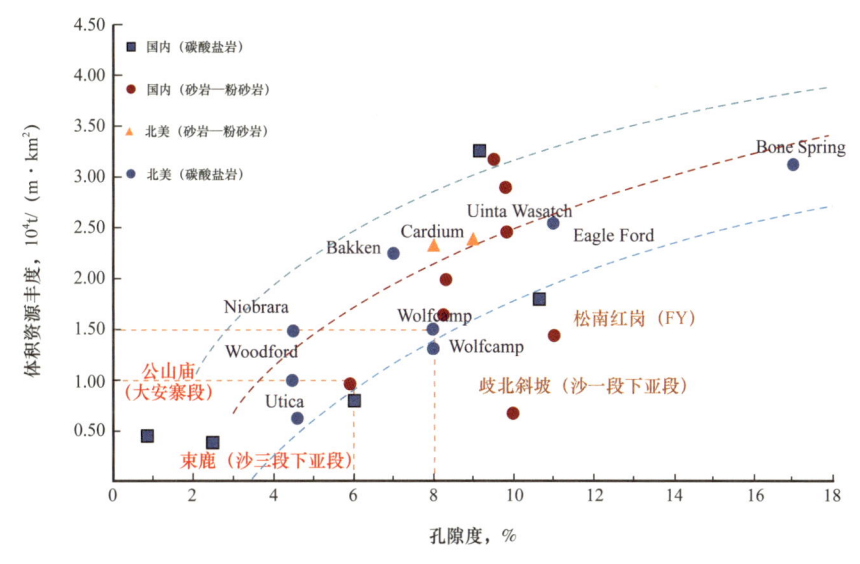

图 3-17 体积资源丰度与孔隙度相关图

结合图 3-16 数据,从图 3-17 中可见,当烃源岩有机碳 TOC 位于 2%~6% 之间时,体积丰度总体位于 Min 与 Avg 曲线值之间;当有机碳 TOC 位于 6%~12% 之间时,体积丰度位于 Avg 与 Max 曲线值之间。另外,致密油体积丰度在 $1.0 \times 10^4 t/(m \cdot km^2)$ 以上,孔隙度通常大于 6%;致密油体积丰度在 $1.5 \times 10^4 t/(m \cdot km^2)$ 以上,孔隙度得大于 8%。

2)致密砂岩气

表 3-27 为不同类型致密砂岩气刻度区资源丰度分布表。从面积资源丰度看,松辽盆地徐家围子安达西(沙河子组)、英台断陷(营二段),塔里木盆地库车东部(侏罗系)可达到 $2.0 \times 10^8 m^3/km^2$ 以上。从体积资源丰度看,鄂尔多斯盆地苏里格中、东部(盒 8 段)、苏里格中部(山 1 段)、榆林(山 2 段),四川盆地安岳—合川(须二段),松辽盆地英台断陷(营二段)体积资源丰度能达到 $0.07 \times 10^8 m^3/(m \cdot km^2)$ 以上,苏里格(盒 8 段)和安岳—合川(须二段)储集能力最好,能达到 $0.1 \times 10^8 m^3/(m \cdot km^2)$ 左右。而巴喀($J_1 b$ 水西沟群)、苏码头—盐井沟(侏罗系)等构造型致密砂岩气刻度区体积资源丰度低于 $0.01 \times 10^8 m^3/(m \cdot km^2)$。

西加拿大盆地 Montney 致密砂岩气资源丰度最高(Montney 上+下段),面积资源丰度可达 $12.2 \times 10^8 m^3/km^2$。Montney 上段为主要储层,面积资源丰度为 $5.5 \times 10^8 m^3/km^2$,体积资源丰度可达 $0.1 \times 10^8 m^3/(m \cdot km^2)$。

四、EUR

EUR(Estimated Ultimate Recovery)是单井最终可采资源量的简称,是已经生产多年以上的开发井,根据产能递减规律,运用趋势预测方法评估的该井最终可采资源量。EUR 类比法是目前评价非常规油气技术可采资源量的主要方法,因此单井 EUR 参数取值标准的建立尤显重要。

表 3-27　不同类型致密砂岩气刻度区资源丰度分布表

类型		刻度区		面积资源丰度 $10^8 m^3/km^2$	体积资源丰度 $10^8 m^3/(m \cdot km^2)$
构造型	前陆前缘隆起或挤压型盆地褶皱构造高部位	松辽盆地	徐中北（营四段）	0.86	0.019
		吐哈盆地	巴喀（J_1b 水西沟群）	2.20	0.008
		四川盆地	苏码头—盐井沟（侏罗系）	0.14	0.007
			平落坝—大兴（须二段）	1.30	0.021
斜坡型	前陆前缘斜坡或古克拉通盆地构造掀斜平缓斜坡区	鄂尔多斯盆地	佳县（石千峰组—上石盒子组）	0.19	0.034
			米脂（盒 5 段—盒 7 段）	0.29	0.053
			苏里格中部（盒 8 段）	1.06	0.123
			苏里格东部（盒 8 段）	0.60	0.081
			米脂（盒 8 段）	0.33	0.049
			苏里格中部（山 1 段）	0.43	0.079
			榆林（山 1 段）	0.16	0.030
			苏里格东部（山 2 段）	0.23	0.046
			榆林（山 2 段）	0.62	0.072
			神木（太原组）	0.48	0.058
			艾好峁（本溪组）	0.21	0.026
		四川盆地	广安（须四段）	0.81	0.043
			安岳—合川（须二段）	1.66	0.092
			川西北部（须二段）	0.71	0.041
		松辽盆地	安达西（沙河子组）	2.21	0.039
			英台断陷（营城组）	3.42	0.076
		渤海湾盆地	歧北（沙二段）	1.58	0.079
		塔里木盆地	库车东部（侏罗系）	6.23	0.032
		阿尔伯达盆地	Medicine-Hat/Milk River	0.37	0.046
		西加拿大盆地	Montney 上段	5.50	0.100

1. 致密油 EUR 取值与分布

1）北美典型致密油

北美致密油刻度区解剖结果表明，垂直井 EUR 分布范围很广，在（0.08～2.0）×10^4t 之间，期望值小于 1.0×10^4t。因此，直井 EUR 取值可以分为三类（图 3-18）：Ⅰ类（$P_{50}EUR > 1.0 \times 10^4$t）；Ⅱ类（$0.5 \times 10^4$t $\leqslant P_{50}EUR \leqslant 1.0 \times 10^4$t）；Ⅲ类（$P_{50}EUR < 0.5 \times 10^4$t）。

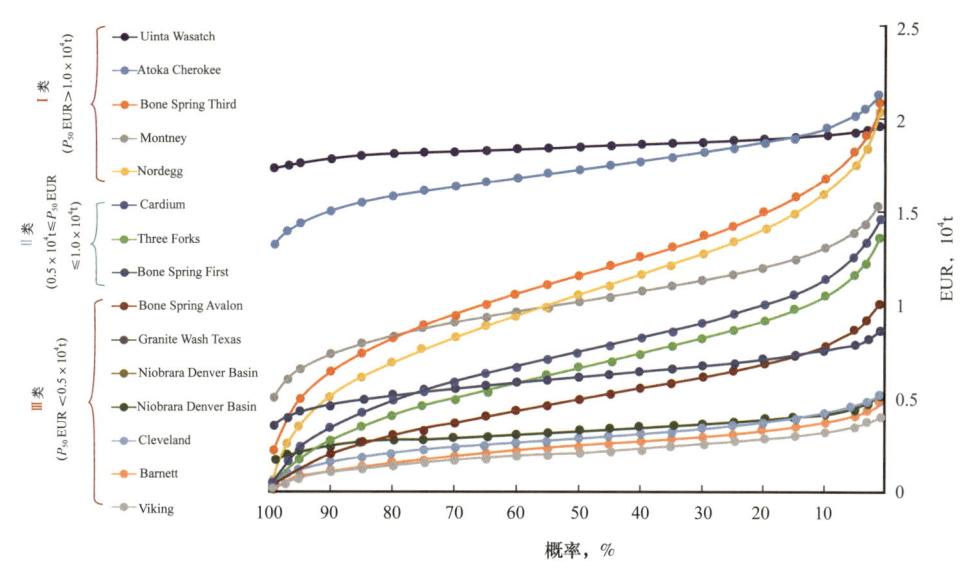

图 3-18　北美致密油垂直井 EUR 分布及分类图

水平井 EUR 分布范围为（0.12~17）×10⁴t，EUR 期望值小于 3.0×10⁴t。水平井 EUR 取值也可以分为三类（图 3-19）：Ⅰ类为 P_{50}EUR>3.0×10⁴t；Ⅱ类为 1.0×10⁴t≤P_{50}EUR≤3.0×10⁴t；Ⅲ类为 P_{50}EUR<1.0×10⁴t。

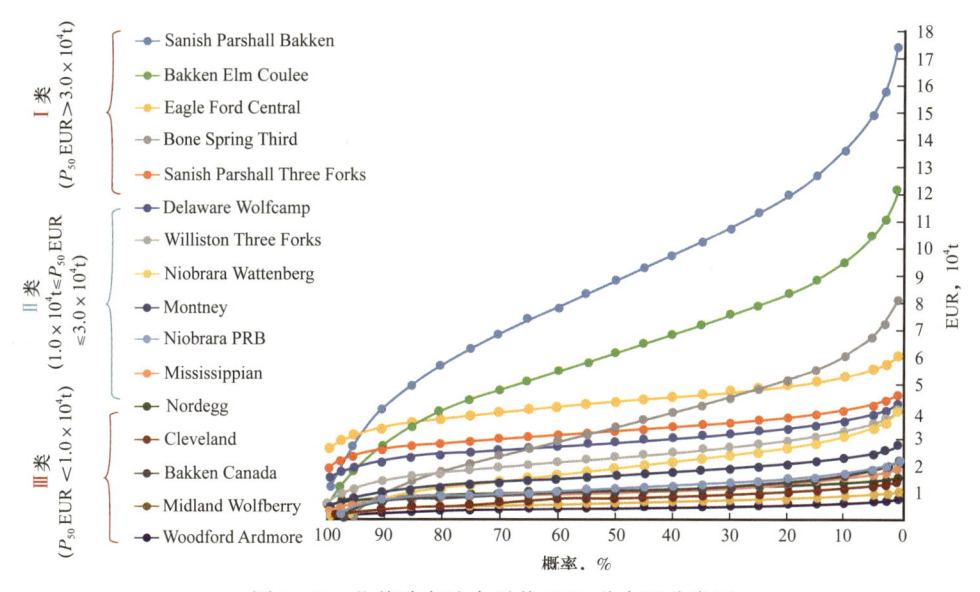

图 3-19　北美致密油水平井 EUR 分布及分类图

根据水平井 EUR 的分布特征，从岩性矿物、地质复杂性、储层性质、油层性质四个方面出发，建立了致密油水平井 EUR 的取值标准（表 3-28）。其中，Ⅰ类 EUR>3.0×10⁴t，Ⅱ类 EUR 为（1.0~3.0）×10⁴t，Ⅲ类 EUR<1.0×10⁴t。每一类对应有解剖刻度区实例，每个实例根据实际地质情况，可以选择高、中、低三种 EUR 取值水平（图 3-20）。

-139-

表 3-28 致密油水平井 EUR 取值参考标准

分类	岩性矿物（黏土矿物含量）	地质复杂性（非均质性）	储层孔隙度 %	油层性质（压力系数）	EUR 期望值 /10⁴t	典型刻度区
Ⅰ类	低	低—中等	>8.0	超压 / 高（>1.3）	>3.0	Bakken, Eagle Ford
Ⅱ类	中等	中等	5.0~8.0	超压—轻微超压 / 中等（1.0~1.3）	1.0~3.0	Wolfcamp, Montney
Ⅲ类	中等—高	中等—高	<5.0	轻微超压—低压 / 偏低（<1.0）	<1.0	Midland Wolfberry, Woodord

(a) Ⅰ类典型刻度区

(b) Ⅱ类典型刻度区

(c) Ⅲ类典型刻度区

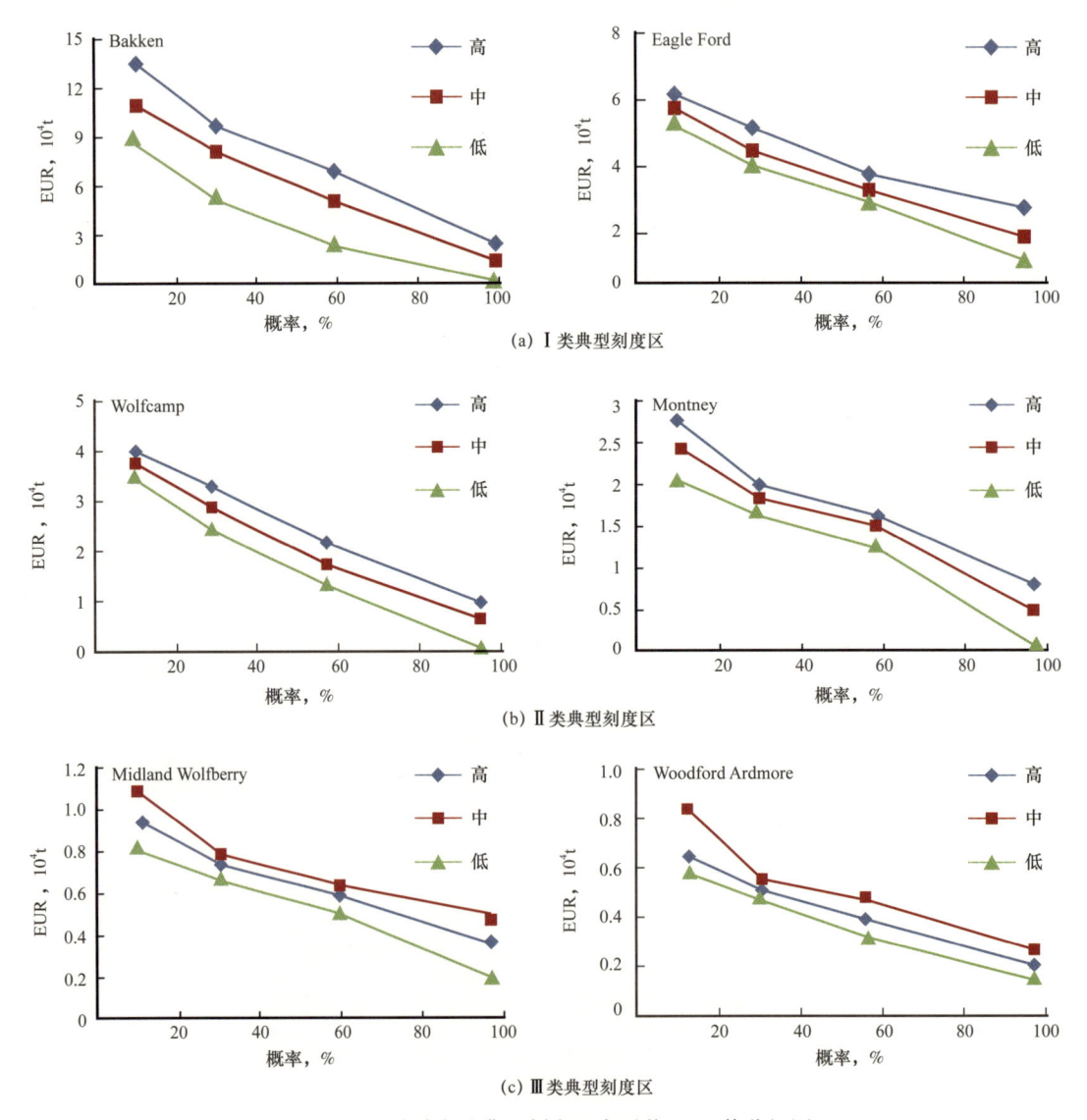

图 3-20 北美致密油典型刻度区水平井 EUR 值分级图

2）国内典型致密油

（1）鄂尔多斯盆地长 7。

鄂尔多斯盆地延长组长 7 致密油水平井 EUR 期望值可分为三类，Ⅰ类为 3.1×10^4t；Ⅱ类为 2.0×10^4t；Ⅲ类为 0.7×10^4t（图 3-21）。

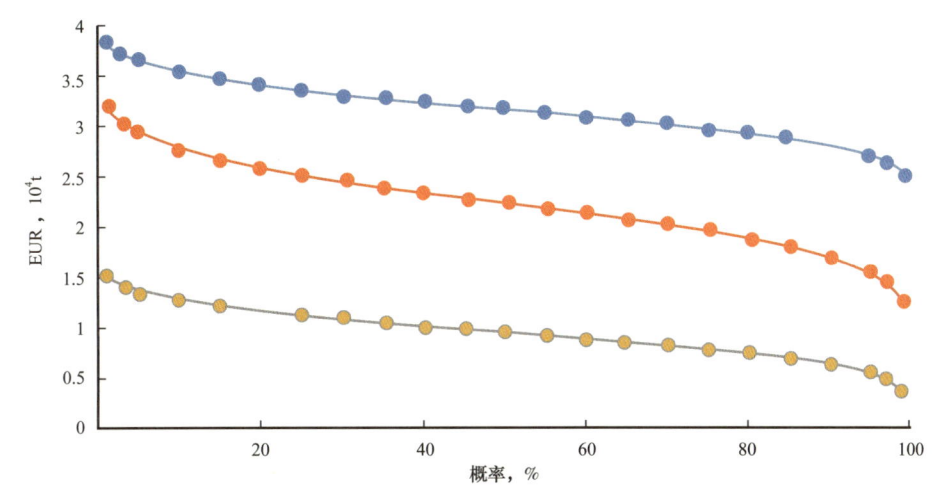

图 3-21　鄂尔多斯盆地长 7 致密油 EUR 概率分布图

（2）四川盆地侏罗系。

川中侏罗系大安寨段致密油 EUR 期望值可分为三类，Ⅰ类为 2.5×10^4t；Ⅱ类为 0.8×10^4t；Ⅲ类为 0.2×10^4t（图 3-22）。

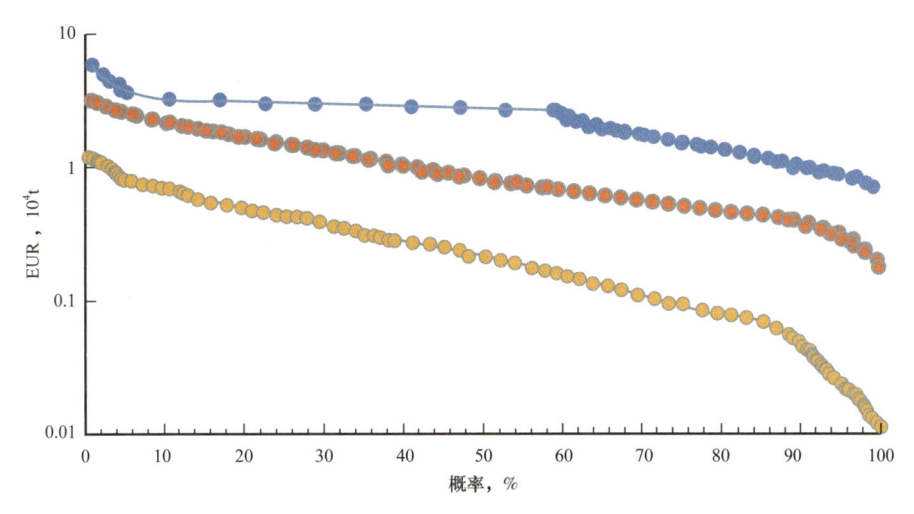

图 3-22　四川盆地川中侏罗系大安寨段致密油 EUR 概率分布图

2. 页岩气 EUR 取值与分布

北美页岩气刻度区解剖结果表明，水平井 EUR 分布范围为 $80\times10^4 \sim 4.5\times10^8\text{m}^3$，EUR 期望值小于 $1.0\times10^8\text{m}^3$。EUR 取值可以分为三类（图 3-23）：Ⅰ类为 $P_{50}\text{EUR}>1.0\times10^8\text{m}^3$；Ⅱ类为 $0.3\times10^8\text{m}^3 \leqslant P_{50}\text{EUR} \leqslant 1.0\times10^8\text{m}^3$；Ⅲ类为 $P_{50}\text{EUR}<0.3\times10^8\text{m}^3$。

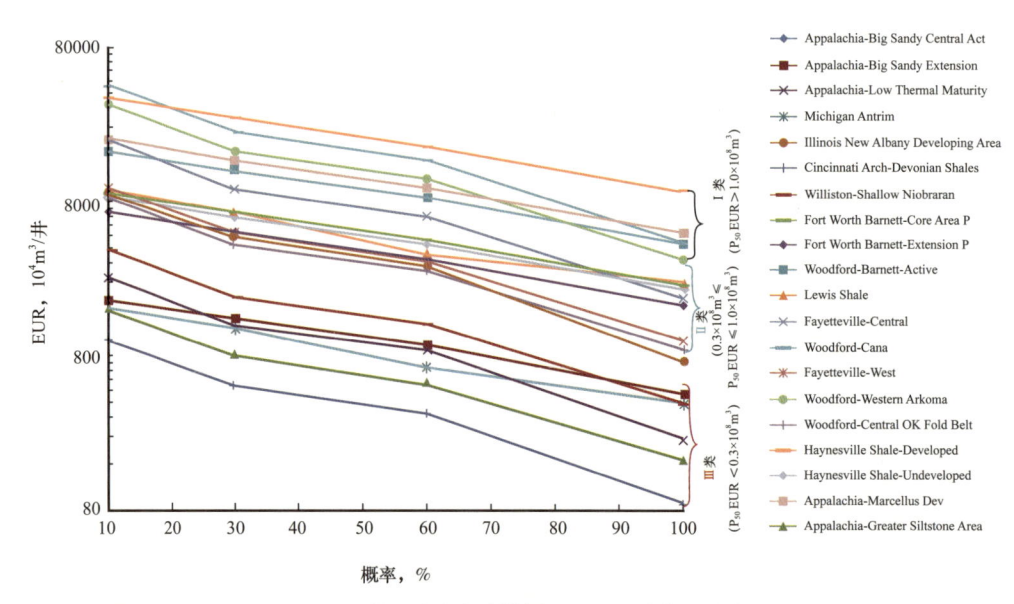

图 3-23 北美页岩气解剖刻度区 EUR 分布及分类图

根据水平井 EUR 的分布特征，从岩性矿物、地质复杂性、储层性质和气层性质四个方面出发，建立了页岩气水平井 EUR 的取值标准（表 3-29）。其中，Ⅰ类 EUR>$1.0\times10^8\text{m}^3$，Ⅱ类 EUR 为 $(0.3\sim1.0)\times10^8\text{m}^3$，Ⅲ类 EUR<$0.3\times10^8\text{m}^3$。每一类对应有解剖刻度区实例，每个实例根据实际地质情况，可以选择高、中、低三种情景，进行 EUR 取值（图 3-24）。

表 3-29 页岩气 EUR 取值参考标准

分类	岩性矿物（黏土矿物含量）	地质复杂性（非均质性）	烃源性质（TOC，%）	储层性质 孔隙度 %	储层性质 孔隙类型	气层性质 含气量 m³/t	气层性质 压力系数	EUR 期望值/10^8m^3
Ⅰ类	低（<45%）	低—中等	>4.0	>4.0	基质孔隙+裂缝	>4.0	>1.4	>1.0
Ⅱ类	中等（45%~65%）	中等	2.0~4.0	2.0~4.0	基质孔隙+少量裂缝	1.5~4.0	1.2~1.4	0.3~1.0
Ⅲ类	高（>65%）	中等—高	<2.0	<2.0	基质孔隙	<1.5	<1.2	<0.3

五、可采系数

1. 常规油气资源

（1）依据岩性划分为砂岩型、碳酸盐岩型、砾岩型、火山岩型、变质岩型、稠油型；

（2）依据目前油气开发实践特征划分为整装砂岩型、断块砂岩型、整装碳酸盐岩型、断块碳酸盐岩型；

第三章　油气资源评价类比刻度区与关键参数

(a) I 类典型刻度区

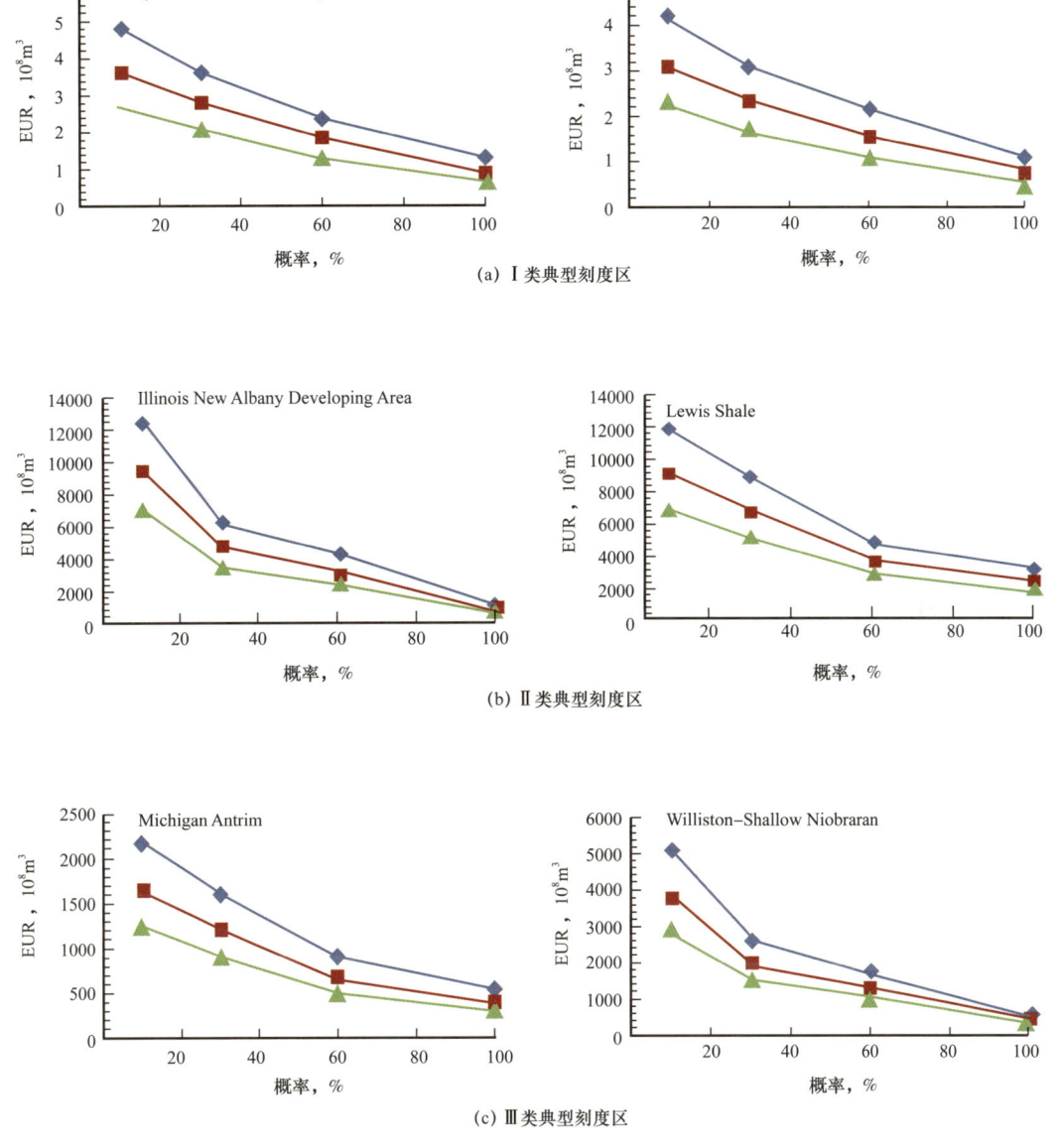

(b) II 类典型刻度区

(c) III 类典型刻度区

图 3-24　北美页岩气典型刻度区 EUR 值分级图

（3）依据油气藏渗透率高低与油田品质差异划分为高渗型、低渗型；

（4）综合上述三点，组合建立可采系数相关的油气赋存类型划分方案，包括：整装高渗砂岩型、整装低渗砂岩型、断块高渗砂岩型、断块低渗砂岩型、缝洞碳酸盐岩型、古潜山碳酸盐岩型、砾岩型、火山岩型、变质岩型、稠油型，共 10 种类型。

基于全国各油气田已标定的可采系数数据收集整理，共筛选出 16 个盆地石油可采系数数据 18000 个点，以储层岩性、圈闭类型、储集空间类型、渗透率为划分依据，建立了石油可采系数评价标准表（表 3-30）；统计分析 3200 多个天然气可采系数数据点，以储层岩性、圈闭类型、储集空间类型、渗透率为划分依据，建立天然气可采系数评价标准表（表 3-31）。

表 3-30　石油可采系数评价标准表

岩性	复杂程度	渗透性	可采系数，% 最小值	可采系数，% 均值	可采系数，% 最大值
砂岩	整装	中—高渗	17	27	37
砂岩	整装	低渗透	12	21.7	32
砂岩	断块	中—高渗	15	26.7	35
砂岩	断块	低渗透	14	23.5	32
碳酸盐岩	缝洞型		9	17.8	26
碳酸盐岩	潜山型		12	20.1	28
砾岩			11	21.3	31
火山岩			4	18.5	32
变质岩			12	17.8	24
稠油			12	19.6	28

表 3-31　天然气可采系数评价标准表

岩性	复杂程度	渗透性	可采系数，% 集中范围	可采系数，% 均值	可采系数，% 标准差
砂岩	构造	中—高渗	38～71	53.6	17.1
砂岩	构造	低渗透	32～68	49.8	18
砂岩	岩性	中—高渗	56～70	63.0	6.7
砂岩	岩性	低渗透	45～60	51.8	7.2
砂岩	构造—岩性	中—高渗	29～76	47.5	19
砂岩	构造—岩性	低渗透	32～66	49.4	17.2
碳酸盐岩	古隆起		38～69	53.6	15.8
碳酸盐岩	缝洞		52～96	70.0	13.0
砾岩			40～75	57.4	17.8
火山岩			41～64	52.2	11.8
变质岩			49～79	64	15.0

在不确定性分析中，采用累计概率法计算不同概率条件下的可采系数，可以很好地了解某一可采系数发生在某一区间的可能性，从而建立起有效的可采系数应用体系。石油可采系数的概率分布，如图 3-25 所示；天然气可采系数的概率分布，如图 3-26 所示。

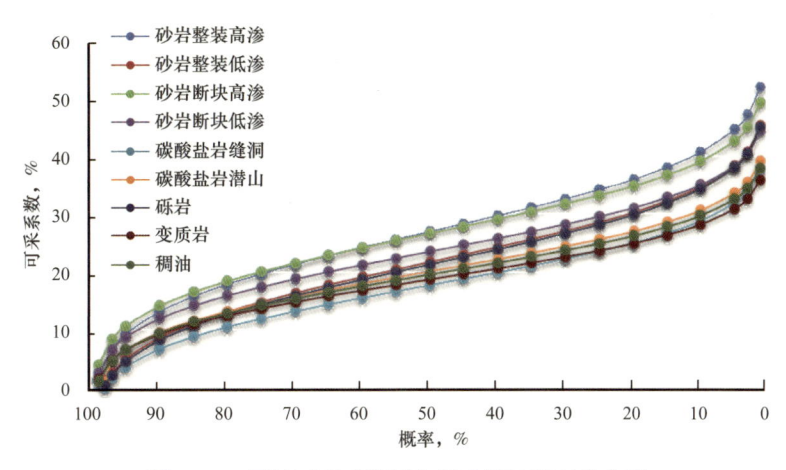

第三章 油气资源评价类比刻度区与关键参数

图 3-25 石油可采系数评价标准累计概率分布图

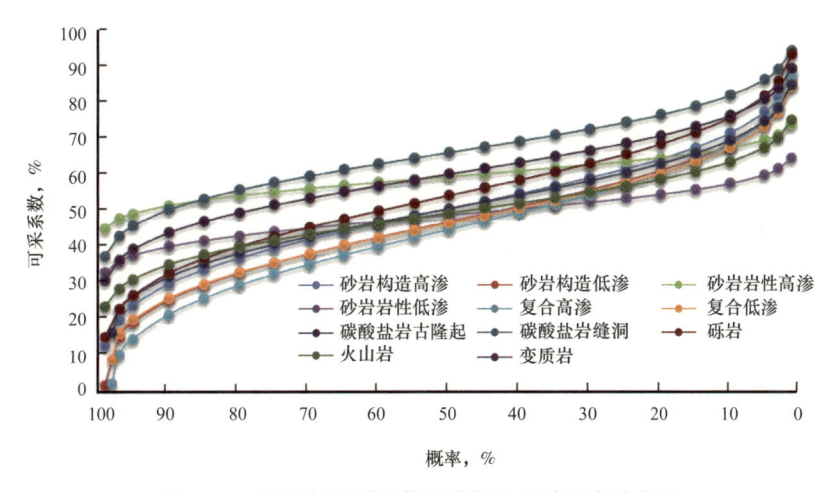

图 3-26 天然气可采系数评价标准累计概率分布图

2. 致密油资源

依据北美典型致密油区带解剖结果[5]，致密油可采系数分布范围为1%～9%（表3-32），平均值为3.5%。排除可采系数非常低（<1.5%）的区带，平均值为4.1%。随着未来开采技术和方式的转变，如：（1）井距缩小；（2）水平井段增加、压裂技术提高；（3）垂向上，单井眼射孔开发小层数增加；（4）平面上，逐渐扩边过渡到低产能部位；会导致可采系数的提高。

表 3-32 北美致密油可采系数一览表

盆地	区带	时代	油层压力	热成熟度（R_o）%	地层系数（B_{oi}）	可采系数 %
Williston	Bakken ND Core	密西西比纪—泥盆纪	超压	0.80	1.35	8.40
	Bakken ND Ext.	密西西比纪—泥盆纪	超压	0.80	1.58	7.70

- 145 -

续表

盆地	区带	时代	油层压力	热成熟度（R_o）%	地层系数（B_{oi}）	可采系数 %
Williston	Bakken MT	密西西比纪—泥盆纪	超压	0.75	1.26	3.90
	Three Forks ND	泥盆纪世	超压	0.85	1.47	8.20
	Three Forks MT	泥盆纪世	超压	0.85	1.27	3.60
Maverick	Eagle Ford Play #3A	晚白垩世	超压	0.90	1.75	8.10
	Eagle Ford Play #3B	晚白垩世	超压	0.85	2.01	9.00
	Eagle Ford Play #4A	晚白垩世	超压	0.75	1.57	4.20
	Eagle Ford Play #4B	晚白垩世	超压	0.70	1.33	5.80
Ft. Worth	Barnett Combo – Core	密西西比纪	轻微超压	0.90	1.53	1.50
	Barnett Combo – Ext.	密西西比纪	轻微超压	0.80	1.41	1.80
Permian	Del. Avalon/BS（NM）	二叠纪	轻微超压	0.90	1.7	1.90
	Del. Avalon/BS（TX）	二叠纪	轻微超压	0.90	1.74	2.10
	Del. Wolfcamp（TX Core）	二叠纪—宾夕法尼亚纪	轻微超压	0.92	1.96	3.40
	Del. Wolfcamp（TX Ext.）	二叠纪—宾夕法尼亚纪	轻微超压	0.92	1.79	1.30
	Del. Wolfcamp（NM Ext.）	二叠纪—宾夕法尼亚纪	轻微超压	0.92	1.85	2.40
	Midl. Wolfcamp Core	二叠纪—宾夕法尼亚纪	超压	0.90	1.67	1.90
	Midl. Wolfcamp Ext.	二叠纪—宾夕法尼亚纪	超压	0.90	1.66	1.60
	Midl. Cline Shale	宾夕法尼亚纪	超压	0.90	1.82	2.80
Anadarko	Cana Woodford – Oil	晚泥盆世	超压	0.80	1.76	8.40
	Miss. Lime – Central OK Core	密西西比纪	正常压力	0.90	1.29	3.10
	Miss. Lime – Eastern OK Ext.	密西西比纪	正常压力	0.90	1.2	0.60
	Miss. Lime – KS Ext.	密西西比纪	正常压力	0.90	1.29	1.30
Appalachian	Utica Shale – Oil	奥陶纪	轻微超压	0.80	1.46	2.10

续表

盆地	区带	时代	油层压力	热成熟度（R_o）%	地层系数（B_{oi}）	可采系数%
D-J	D-J Niobrara Core	晚白垩世	正常压力	1.00	1.57	2.10
	D-J Niobrara East Ext.	晚白垩世	正常压力	0.70	1.26	1.20
	D-J Niobrara North Ext. #1	晚白垩世	正常压力	0.70	1.37	4.60
	D-J Niobrara North Ext. #2	晚白垩世	正常压力	0.65	1.28	0.90

按照岩性矿物、地质复杂度、油层性质将可采系数分为三级（表3-33）。Ⅰ类为6%～9%，Ⅱ类为3%～6%，Ⅲ类为1%～3%。其中，满足"两低"（黏土矿物含量低、地质复杂度低），"两高"（压力系数高、含油饱和度高），则相应的可采系数取值越高。

表3-33 致密油可采系数取值标准表

分类	岩性矿物（黏土矿物含量）	地质复杂性（非均质性）	油层性质（压力系数/含油饱和度）	可采系数
Ⅰ类	低	低—中等	超压/高	6%～9%
Ⅱ类	中等	中等	超压—轻微超压/中等	3%～6%
Ⅲ类	中等—高	中等—高	轻微超压—低压/偏低	1%～3%

参 考 文 献

［1］郑民，王文广，李鹏，等. Dodsland油田致密油成藏特征及关键参数研究［J］. 西南石油大学学报（自然科学版），2017，39（1）：53-63.

［2］Walker Bill. "Elm Coulee Oil Field（Middle Bakken Dolomite），Richland County，Montana" Presentation to 14th Williston Basin Petroleum Conference［C］. 2006. https：//www.dmr.nd.gov/ndgs/wbpc/pdf/2006%20talks/Bill_WALKER.pdf.

［3］Zonneveld J P，Golding M，Moslow T F，et al. Depositional framework of the Lower Triassic Montney Formation，west-central Alberta and Northeastern British Columbia［C］. In CSPG/CSEG/CWLS Convention. May 2011.

［4］王玉满，黄金亮，王淑芳，等. 四川盆地长宁、焦石坝志留系龙马溪组页岩气刻度区精细解剖［J］. 天然气地球科学，2016，27（3）：423-432.

［5］EIA. Technically recoverable shale oil and shale gas resources：An assessment of 137 shale formations in 41 countries outside the United States［R］. Washington D C：U.S. Energy Information Administration，2013.

第四章　常规油气资源评价

油气资源评价是油气勘探开发与决策规划之间联系的纽带和桥梁，通过采用不同方法完成勘探目标预测、各类（或各级）资源量（或储量）估算等评价任务，为勘探开发整体部署、计划安排、工作量测算以及勘探开发效益分析提供科学的基础。按照中国石油第四次油气资源评价实施方案总体要求，分盆地（坳陷、凹陷）、区带两大评价层次，采用成因法、统计法、类比法等多种评价方法对常规油气资源进行综合评价，以特尔菲法综合求取各级资源量结果。为客观评价我国油气资源潜力，准确把握中国石油矿权区油气资源状况，"中国石油第四次油气资源评价"项目系统开展了 72 个含油气盆地 / 地区常规油气资源评价，并沿用国土资源部动态评价（2013）与新一轮资源评价（2005）中油气勘探进展变化不大的 29 个盆地 / 地区，汇总完成包含 101 个盆地 / 坳陷 / 凹陷 / 地区的全国常规油气资源评价结果。

中国石油矿权区内常规油气地质资源折合油气当量 $1705 \times 10^8 t$，致密油、致密气、页岩气和煤层气四类主要非常规资源折合当量 $1173 \times 10^8 t$，通过油气资源评价结果与近年油气勘探实践来看，常规油气资源仍然是勘探的主体。"十二五"期间，新增石油探明储量中岩性—地层（碎屑岩）仍是增储主体，占比由"十一五"的 48% 增加至 65%；该领域剩余石油地质资源量 $125 \times 10^8 t$，主要分布于我国中部鄂尔多斯盆地延长组，东部渤海湾盆地沙河街组与松辽盆地萨尔图—葡萄花—高台子油层组，西部准噶尔盆地与柴达木盆地干柴沟组，以富油气凹陷及富油气区带为主。新增天然气探明储量中海相碳酸盐岩、前陆是主体，分别占 43%、22%；海相碳酸盐岩领域剩余天然气地质资源量 $13 \times 10^{12} m^3$，主要集中分布于我国中西部三大海相叠合盆地下组合，四川盆地的川中古隆起区，塔里木盆地塔中与巴楚隆起区，鄂尔多斯盆地伊陕斜坡区的碳酸盐岩礁滩体、风化岩溶带与白云岩溶蚀带。

第一节　常规油气资源评价思路

常规油气资源与非常规油气相比，油气藏个体富集程度高，经过长距离二次运移甚至调整改造后，油气藏分布更依赖于油气基础地质条件与构造、沉积条件的结合。含油气系统内油气藏个体之间具有成因联系、地质特征上相似、油气藏规模服从统计学规律等一系列特征。因此，常规油气资源评价需要在构建资源评价技术规范、明确油气资源 / 储量分类体系、确定油气资源评价范围基础上，系统性开展盆地 / 坳陷 / 凹陷 / 区带级油气地质评价，分盆地、分领域开展典型刻度区解剖，结合分析测试工作确定油气地质评价与资源评价参数体系，确定油气资源关键类比参数取值标准，优选成因法、统计法、类比法等合适的评价方法开展常规油气资源评价。

一、评价层次与评价范围

1. 评价重点与评价层次

中国石油第四次油气资源评价引入全球油气资源评价通用的"成藏组合"概念，以盆地（坳陷、凹陷）为单元，以区带为重点，评价层系与单元油气资源量，最终汇总评价油气资源，进而获得中国石油矿权区内油气资源评价结果。通过不同构造尺度（包括盆地、一级构造单元、二级构造单元、区带或区块四个层次）开展层系资源评价，将资源评价结果落实到层单元，即含油气层系的每个构造单元都能实现单独油气资源潜力评价。平面上，每个层系资源量可以分配到单元；纵向上，每个单元上下所包含的层系都能实现资源评价（图 4-1）。

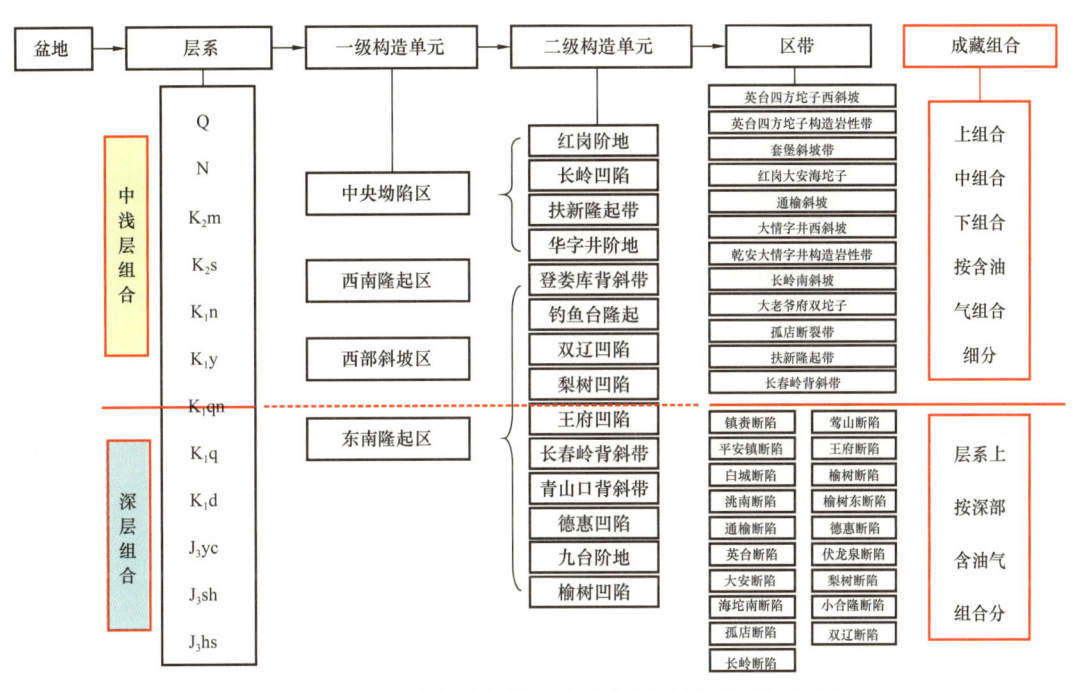

图 4-1 松辽盆地南部油气资源评价层次与评价单元划分框图

2. 常规油气资源评价范围

平面上：中国石油第四次油气资源评价的重点盆地是松辽、渤海湾、四川、鄂尔多斯、柴达木、吐哈、塔里木、准噶尔和南海海域这九大含油气盆地/地区，进一步按照油气勘探的重要程度评价中小含油气盆地资源潜力。比如目前已发现油气田或油气藏的酒泉盆地、三塘湖盆地、二连盆地、海拉尔盆地、依兰—依通盆地和已投入一定的勘探工作，并在勘探中有一定的发现，研究认为有较好含油气远景的三江盆地、潮水盆地、雅布赖盆地、伊宁盆地、银根盆地、武威盆地、河套盆地、六盘山盆地、巴彦浩特盆地、民和盆地、延吉盆地、大杨树盆地、漠河盆地、南华北盆地、花海盆地等中—小型盆地，共计 72 个含油气盆地（表 4-1）。

纵向上：自太古宇（AR）至新生界（Cz）第四系（Q）共 14 套层系，其中含油层系 12 套、含气层系 14 套。西部地区主要分为新生界（N、E）、中生界（K、J、T）、古生界

（C—P、O—∈）三套七个层系；东北区可分为新生界（E）、中生界（J、K）二套三个层系；华北区可分为新生界（N、E），中生界（K—J）、古生界（C—P、O—∈）与前古生界（PT—AR）四套五个层系。

表4-1 全国主要含油气盆地及评价单元汇总表

地区		评价单元（含油气盆地/坳陷/凹陷/地区）	数量
陆上	东部区	重点盆地：松辽（松辽北部、松辽南部、陆西凹陷、陆东凹陷、奈曼凹陷、龙湾筒凹陷）、渤海湾（辽河坳陷、黄骅坳陷、冀中坳陷、南堡凹陷、济阳坳陷、临清坳陷、昌维坳陷）、二连、海拉尔 中小盆地：汤原断陷、方正断陷、伊通、虎林、大杨树、三江、鸡西、孙吴—嘉荫、延吉、勃利、辽河外围（张强、钱家店、白音昆地凹陷、宋家洼陷、元宝山凹陷、建昌中—新元古界）	31
	中部区	重点盆地：鄂尔多斯、四川 中小盆地：河套、渭河、巴彦浩特、南华北	6
	西部区	重点盆地：塔里木、准噶尔、柴达木、吐哈、三塘湖、酒泉 中小盆地：伊犁、民和、银根—额济纳旗、雅布赖、潮水、焉耆、柴窝堡、库木库里、库米什、花海	16
	南方区	重点盆地：南襄、江汉、苏北、苏北（海安凹陷）、北部湾（福山凹陷） 中小盆地：百色、三水、合浦、茂名、鄱阳、洞庭、衡阳、清江、陇川、黔北坳陷、黔南坳陷、桂中坳陷、当阳复向斜	18
	青藏	重点盆地：羌塘、措勤、伦坡拉 中小盆地：比如、可可西里、昌都、日喀则、沱沱河、岗巴—定日、拉萨	10
海域	渤海黄海东海海域	重点盆地：渤海湾盆地（渤海海域）、东海盆地 中小盆地：北黄海盆地、南黄海盆地	4
	南海海域	重点盆地：北部湾、珠江口、莺歌海、琼东南、中建、中建南 其他盆地：台西南、万安、曾母、南薇西、南薇东、双峰、北康、礼乐、文莱—沙巴、西北巴拉望	16

注：黑体为本次常规资源评价的72个盆地/凹陷/地区，其中陆上56个、海域16个。

二、油气资源/储量分类方案

油气资源/储量分级、分类体系是油气资源评价工作必须遵循的基本准则。为建立起既能满足评价工作要求，又能在资源概念以及评价结果上与国际大油公司基本接轨的资源储量分类体系，本次评价开展了两方面调研工作：一方面对我国原有的资源储量分类体系进行调研，以确定我国原有资源储量分类体系的可用程度；另一方面对国际上广泛使用的资源储量分类体系，从各政府机构和监管团体、行业组织和专业委员会到各大油公司三个层面进行了深入细致的调研，重点分析了国际上不同层面组织的资源储量分类体系建立的目的、考虑因素以及资源储量概念上的差别。从调研结果看，国际上的资源储量分类体系基本符合麦凯尔韦分类体系，即主要从地质可靠程度和经济可行性两大方面进行资源储量的分类。我国原有的资源储量分类方案与国际相比最根本的差别在于，我国强调的是油气资源的聚集总量，而在资源的可采性和经济性方面考虑较少；国际上强调的是在评价期的经济与技术条件下最终可以探明并可采出的油气资源总量，充分考虑了资源的可采性与资源的经济性。

本着既考虑我国已有资源/储量分级、分类体系的连续性，又考虑国际资源/储量分级、分类体系的发展趋势；既保留我国以地质资源/储量管理为核心的油气资源/储量分级、分类特色，又在可采资源/储量上与国际接轨的原则，按照油气地质资源/储量系列和可采资源/储量系列两大系列建立了本次油气资源评价的资源/储量分级、分类体系（图4-2）。该分类体系中，三级储量和资源量的分级分类依据我国石油天然气资源/储量分类标准（GB/T 19492—2004）。按照SPE&WPC的分类定义，对储量与资源量两个部分，都考虑了技术可采和经济可采的概念。这样既保持我国原有地质资源管理的特色，也考虑了国际上通行的经济可采、剩余可采等符合市场需求的定义，使得本次的资源分类体系基本上可以与当前国际上的分类体系接轨。为真正实现本次油气资源评价在资源/储量的概念上、评价思路与方法上以及评价结果表现形式上的统一奠定了良好基础。

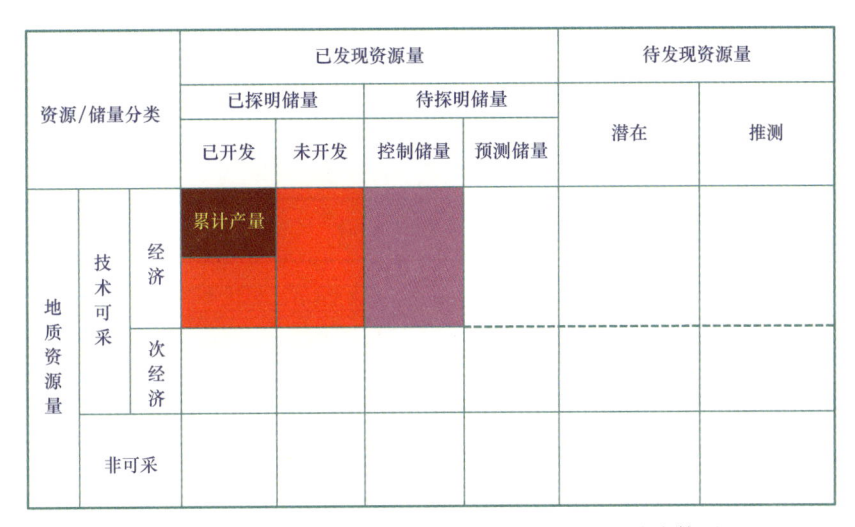

资源/储量分类			已发现资源量			待发现资源量	
			已探明储量		待探明储量		潜在	推测
			已开发	未开发	控制储量	预测储量		
地质资源量	技术可采	经济	累计产量					
|| 次经济							
	非可采							

图4-2　中国石油第四次油气资源评价资源、储量分类体系图

三、油气资源评价思路

1. 总体思路

本次评价引入了含油气系统研究思路以实现成因法对盆地或坳陷级资源总量的盆地模拟计算。全面引入了"成藏组合"概念，对评价单元空间立体上的各层系或层系组合进行目标评价。广泛而综合地运用成因法、统计法、类比法三大资源评价方法组合，对同一地区的油气资源进行交叉证实评价，提高资源定量估算结果的准确性。

总体评价思路以地质评价为基础，以资源评价为重点，以资源空间展布为目标，强调四大关键环节：（1）盆地油气基础地质研究与地质评价；（2）分类型典型刻度区精细解剖与关键类比参数求取；（3）盆地资源潜力评价与资源量的区带和层系分配关系；（4）基于资源评价结果和区带地质评价的勘探方向与目标评价。评价方法先进、评价参数完善、评价结果可靠，实现对油气勘探生产的指导性作用。

评价方法上：跟踪国际评价方法技术发展趋势，结合国内油气地质条件与富集特征，发展与完善我国现有评价方法体系，自主研发并形成适用我国油气地质特点与油气勘探实际的常规与非常规油气资源评价系统（HyRAS2.0）及含油气盆地模拟软件（Basims6.0）。

评价参数上：充分利用我国油气勘探实践与油气地质认识成果，根据三大油气资源评价方法体系的需要，构建地质评价参数、资源评价参数、地质风险参数、关键类比参数等参数体系，建立起油气资源评价数据库、图形库系统，实现油气资源的动态评价。

评价结果上：一是要与国际接轨，实现地质资源、可采资源两级资源动态管理；二是实现全国资源及中国石油矿权区资源的客观评价与单独管理；三是实现分层分单元油气资源—储量分配，明确剩余油气资源空间分布；四是评价工作紧密结合生产实践，指出重点勘探领域与有利勘探方向、有利目标区带。

2. 多方法综合评价技术

盆地或独立含油气系统的资源潜力，可以通过盆地模拟技术实现全盆地油气资源潜力评价，也可以通过最小评价单元（如层单元）经统计法、类比法得出资源量之后，汇总形成全盆地资源量。本次资源评价建立多方法综合评价技术，通过成因法把握盆地或独立含油气系统油气资源总量的范围，采用与勘探实践结合更紧密的类比法、统计法进行油气资源潜力精细评价，最终应用特尔菲法综合各油气资源评价方法获得的结果，确定盆地或独立含油气系统的油气资源潜力（图4-3）。

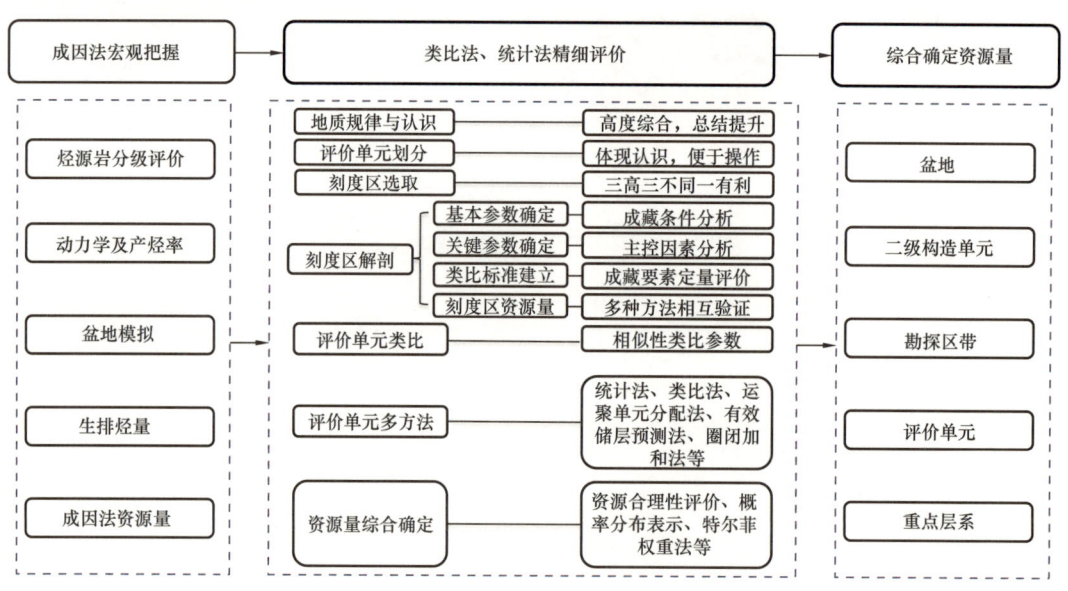

图4-3 常规油气资源多方法综合评价思路框图

油气资源评价工作，需要通过油气地质条件精细评价，建立评价单元与刻度区的地质风险参数取值，获得地质风险系数，建立评价单元与刻度区之间的相似系数（相似因子），从而获得评价单元的资源丰度，评价资源潜力。刻度区精细解剖是成因法、统计法、类比法等油气资源评价方法集中应用的典型单元，通过典型刻度区精细解剖获取运聚系数、资源丰度、可采系数等关键类比参数。通过地质风险系数求取的相似系数，将刻度区解剖获取的关键参数转移到评价单元之上，从而实现对评价单元进行油气资源评价的目的，所有评价单元资源量汇总即得到全盆地油气资源结果。

第二节 常规油气资源评价过程

实际油气资源评价更加重视地质评价，包括盆地级或区带级基础地质评价，一方面可以通过地质评价获取资源评价参数，另一方面可以明确油气资源分布富集规律，通过开展盆地模拟研究把握油气资源总量。然后根据刻度区解剖、关键参数获取、待评价单元资源潜力评价等工作，完成全盆地/坳陷/地区油气资源评价目的。本节将以渤海湾盆地冀中坳陷石油、松辽盆地北部中—浅层石油、塔里木盆地常规石油与天然气为例，论述油气资源评价过程。

一、渤海湾盆地冀中坳陷石油资源评价

1. 石油地质特征

冀中坳陷位于渤海湾盆地西部，北起燕山隆起，南抵邢衡隆起，西邻太行山隆起，东到沧县隆起，整体呈北东—南西走向。坳陷内以大兴凸起—容城凸起—高阳低凸起—藁城低凸起为界，分为西部凹陷带和东部凹陷带两大次级负向构造单元。东部凹陷带包括廊固、武清、大厂、霸县、饶阳、深县、束鹿和晋县 8 个凹陷，西部凹陷带沿太行山和燕山东缘走向分布，自北而南依次是北京、徐水、保定和石家庄 4 个凹陷。本次评价的层系为新近系、古近系、白垩系、侏罗系、二叠系、奥陶系、寒武系和前寒武系 8 套地层，评价重点是古近系生油凹陷及石炭系—二叠系煤系地层。

1）区域地质特征

冀中坳陷自太古宙以来，大体上经历过了地槽及前地槽发展阶段、地台发展阶段和裂谷发展阶段三个大的发展阶段，具有东西分带、南北分区的构造格局。各构造单元东西分带呈现出"一凸两凹"：（1）中央凸起带位于冀中坳陷的中央，包括大兴凸起、牛驼镇凸起、容城凸起和高阳低凸起、刘村—深泽低凸起、无极—藁城低凸起等，呈斜列式排列，北高南低。（2）西部凹陷带靠近太行山隆起边缘，主要包括北京、徐水、保定、石家庄等凹陷，属于早盛晚衰型凹陷，为山前湖泊相，含油气丰度低。（3）东部凹陷带包括大厂、廊固、武清、霸县、饶阳、深县、束鹿、晋县凹陷，属于继承性凹陷，为远离物源区的湖泊，含油气丰度高。

徐水—安新变换断裂（变换带）和衡水变换断裂（变换带）又将冀中坳陷分为北、中、南三区：（1）北区指徐水—安新变换断裂以北地区，包括北京、大厂、廊固、徐水、武清、霸县 6 个凹陷和大兴、牛驼镇、容城 3 个凸起。（2）中区位于徐水—安新变换断裂以南，衡水变换断裂以北的地区，包括饶阳、保定、深县 3 个凹陷和高阳、刘村—深泽 2 个低凸起。（3）南区位于衡水断层以南，邢衡隆起以北的地区，为南区伸展构造体系，本区包括石家庄、晋县、束鹿 3 个凹陷和无极—藁城低凸起、宁晋凸起。

2）烃源岩特征

冀中坳陷主要发育古近系泥岩和石炭系—二叠系煤系两大类共四套烃源岩，其中古近系烃源岩为冀中坳陷的主体，有沙一段下亚段（$Es_1^{下}$）、沙三段（Es_3）和沙四段—孔店组（Es_4—Ek）烃源岩。

（1）第一套（沙一段下亚段）：$Es_1^{下}$各项生油指标最好，但受热演化程度制约，是冀

中坳陷次要生油层,主要形成未熟—低熟油。分布范围广,在中部饶阳凹陷最为发育,其次是束鹿凹陷和霸县凹陷。饶阳凹陷重要的烃源层,为一套由富氢页岩、鲕灰岩、泥质白云岩、暗色泥岩组成的浅湖—较深湖相富氢烃源层。该套烃源岩层系厚度小,暗色泥岩厚度一般在100~506m之间,富氢页岩厚度一般在25~51m之间。有机质类型为II_1型,属于好烃源岩级别,饶阳凹陷内$Es_1^下$有机碳含量平均为1.07%,总烃高达1000μg/g,氯仿沥青"A"最高可达0.7%。束鹿凹陷内有机碳含量平均为1.50%,总烃为512μg/g。其他几个凹陷有机质丰度低,均为差—非烃源岩。

(2)第二套(沙三段):Es_3烃源岩丰度高,类型好,演化适中,是冀中坳陷的主要生油层段,目前发现的油藏主要来自沙三段烃源岩。整个冀中东部凹陷带内Es_3暗色泥岩都很发育,北厚南薄。北部廊固凹陷暗色泥岩最厚,可达2400m以上,主要集中在Es_3中、下部,较深湖相发育。霸县凹陷夹多层页岩和碳质泥岩,饶阳、深县—束鹿凹陷暗色泥岩与砂岩互层,以浅湖沉积为主,厚度一般在500~600m之间。Es_3有机质丰度以霸县凹陷和饶阳东部洼槽区最高,有机碳含量可达2.0%以上,有机质类型以II_1型为主,均为好烃源层。廊固凹陷有机碳含量多在1.25%~1.5%之间,有机质类型偏差,以II_2型为主,为中等—好烃源层。深县—束鹿凹陷$Es_3^上$有机碳含量小于0.5%,为差—非烃源岩。$Es_3^下$有机碳含量为1.34%,有机质类型为II_1型,为中等—好烃源层。西部凹陷带泥岩有机碳含量小于0.5%,为非烃源岩。

(3)第三套(沙四段—孔店组):Es_4—Ek烃源岩有机质丰度相对较低,且类型较差,但热演化程度较高,可作为良好的气源岩。暗色泥岩主要分布在廊固、霸县、晋县凹陷及饶阳凹陷南部,北厚南薄,北部廊固厚度最大可达2000m。孔店组上不含膏盐岩,沙四段中—上部夹砂砾岩和火山喷发岩,南部晋县凹陷北部是一套含膏盐岩、碳酸盐岩的盐湖沉积,暗色泥岩最厚可达600m。中部广大地区暗色泥岩不发育,厚度只有几十米或一二百米。廊固、霸县凹陷沙四段—孔店组按烃源岩质量可划分为沙四段上亚段和沙四段中亚段—孔店组两套。沙四段上亚段暗色泥岩有机质丰度较高,同沙三段相一致,有机碳含量多大于1.0%,有机质类型为II_2—III型,为中等烃源岩。而沙四段中亚段—孔店组暗色泥岩有机碳含量相对较低,多在0.5%左右,有机质类型为III型,主要为差—非烃源岩。晋县沙四段—孔一段有机碳含量不高,一般在0.5%~1.0%之间,但可溶有机质含量高,氯仿沥青"A"一般大于2%,有机质类型为II_2—III型,为中—好烃源层。饶阳与深县凹陷沙四段—孔店组有机碳含量在0.6%左右,有机质类型为III型,主要为差烃源岩。西部凹陷带有机碳含量普遍较低,主要为差—非烃源岩。

(4)第四套石炭系—二叠系煤系烃源层:石炭系—二叠系为一套煤系烃源岩,分布较为局限,是苏桥地区天然气的主要贡献者。煤系烃源层包括煤岩和暗色泥岩两种类型,主要分布在大城凸起、霸县凹陷苏桥—文安地区、廊固凹陷河西务地区及武清凹陷。大城凸起为聚煤中心,霸县凹陷苏桥—文安地区煤层厚10~25m,廊固凹陷河西务地区煤层厚度一般在10~15m之间,武清凹陷一般在10m左右。暗色泥岩在文安斜坡和武清凹陷最厚,一般在200m左右。石炭系—二叠系煤系烃源层在霸县凹陷、武清凹陷和大城凸起煤岩有机碳含量平均达到50%以上,暗色泥岩有机碳含量平均达到1.65%以上,为一套中—好烃源岩。廊固凹陷河西务构造带煤有机碳含量为41.02%,暗色泥岩有机碳含量平均为1.36%,为一套中等烃源岩。南部深县、束鹿凹陷丰度相对低些。

3）储层特征

冀中坳陷主要发育海相碳酸盐岩、碎屑岩、火山岩和变质岩四类储层。

（1）中新元古界—下古生界潜山海相碳酸盐岩油气储层主要分布于中元古界长城系高于庄组、蓟县系雾迷山组，下古生界寒武系府君山组和奥陶系，单井日产油数十吨至千吨，是冀中最重要的油气储层。均为浅海—滨海大陆架相碳酸盐岩，矿物成分简单，结构构造复杂，岩石类型多样，沉积旋回韵律性强。

本区三套主力潜山碳酸盐岩储层的发育程度与储集特征受岩性、埋深、层位及盖层条件制约。奥陶系以泥晶灰岩为主夹少量白云岩，如上无石炭系—二叠系覆盖，则岩溶发育，多构成溶洞裂缝型储集类型；若上有石炭系—二叠系覆盖或埋藏较深，岩溶不发育，多为微裂缝型储集类型；高于庄组角砾状白云岩，可形成似孔隙型储集类型；雾迷山组为泥质白云岩与藻云岩频繁互层，多形成孔洞缝复合型储集类型。根据深潜山碳酸盐岩油气藏统计，储集类型以微缝孔隙型占绝对优势，占总数的78.6%，似孔隙型、孔洞缝复合型及溶洞裂缝型储集类型占7.1%，表明深潜山油气藏产层以奥陶系为主，储集空间大缝洞不发育。

（2）碎屑岩是冀中坳陷古近系分布最广、最具储集意义的一类储集岩。据统计，碎屑岩中探明的地质储量约占古近系总探明地质储量的98%，其他储集岩类仅约占2%。冀中坳陷受构造、沉积控制，发育有洪（冲）积扇砂砾岩体、河道砂体、辫状河三角洲砂体、扇三角洲砂体、近岸水下扇砂体、滩、坝砂体、浊积砂体等多成因沉积砂体。

（3）火山岩储层属孔隙—裂缝型特低孔特低渗储层，主要分布于坳陷北部的廊固凹陷$Es_3^下$和$Es_4^中$、$Es_4^上$，以碱性辉绿岩岩床为主，其储集空间有构造缝、构造—溶蚀缝、溶孔等。孔隙度最高达10.5%（曹6井），平均为4%~6%；渗透率最高小于5mD，平均小于1mD，但仍具有一定产能。

（4）变质岩储层主要指廊固凹陷与火成岩侵入有关、因接触变质作用形成的斑点板岩，具有孔隙性质的网状缝储集空间。变质岩储层孔隙度最高达23.3%，平均为20.7%（曹8井）；渗透率最高为15.3mD，平均为5.24mD（曹6井），曹8井$Es_4^上$3891~3949m斑点板岩和辉绿岩日产液12.92m³。

4）油气成藏组合

依据生、储、盖层的时空配置关系及油气分布特征，冀中坳陷可划出三大类重要的生储盖组合，即新生古储组合、自生自储组合和下生上储组合。

（1）新生古储组合：以盆地基底的中—新元古界和下古生界海相碳酸盐岩为储集体，以古近系不同层段的滨浅湖相、较深湖相暗色泥岩作为烃源岩层，以古近系不同层段的泥岩或石炭系—二叠系煤系地层作为盖层形成的一套新生古储型组合。

（2）自生自储组合：此类组合广泛分布于冀中坳陷古近系的孔店组和沙河街组。孔店组和沙河街组沉积期在多旋回构造运动控制下，碎屑岩储层和泥质烃源岩层或封盖层在纵向上间互叠合，构成了多套自生自储型生储盖组合。据烃源岩、储集岩、封盖层及含油气层系的纵向分布特征，冀中坳陷古近系自下而上还可划分为9个主要自生自储型生储盖组合。

① 孔店组组合。孔三段、孔一段顶部发育两套湖进体系域滨浅湖—较深湖相含膏泥岩和膏盐岩层，具备良好的生烃与封盖能力。中部孔二段和孔一段下部发育高位体系域扇

三角洲、辫状河三角洲及河流相砂砾岩体，具有一定储集能力。形成以孔三段上部含膏泥岩和孔二段内部较深湖相泥岩夹层为烃源岩，以孔二段和孔一段下部扇三角洲、辫状河三角洲及河流冲积相砂体为储层，以孔一段含膏泥岩及膏盐岩为盖层的自生自储型生储盖组合。受湖盆演化制约，仅分布在冀中北部廊固凹陷和南部的晋县凹陷，且埋藏较深，物性较差，属局部性生储盖组合。

②孔一段—沙四段中亚段组合。以孔一段顶部及沙四段中亚段湖进体系域的浅湖、较深湖泥岩为烃源岩，以沙四段下亚段高位体系域辫状河三角洲、扇三角洲、近岸水下扇、河流相砂体为储集岩，以沙四段中亚段湖相暗色泥岩为封盖层组成的自生自储型生储盖组合。多分布于廊固与晋县，也属局部性生储盖组合。

③沙四段中亚段—沙三段下亚段组合。以沙四段上亚段高位体系域或湖进体系域辫状河三角洲、近岸水下扇为储层，以沙四段中亚段和沙三段下亚段浅湖、较深湖相暗色泥岩为烃源层，以沙三段下亚段为封盖层，构成的自生自储型生储盖组合。分布稳定，是一套较好的组合。

④沙三段下亚段组合。以沙三段下亚段浅湖、较深湖相暗色泥岩为烃源层和封盖层，以其中—下部辫状河三角洲、近岸水下扇、滩砂及湖底扇为储集体，构成自生自储型生储盖组合，为冀中坳陷最有利生储盖组合之一。

⑤沙三段下亚段—沙三段中亚段组合。该组合以沙三段下亚段和沙三段中亚段浅湖、较深湖相暗色泥岩为烃源岩，以沙三段中亚段高位体系域辫状河三角洲、近岸水下扇为储集体，以沙三段中亚段浅湖相暗色泥岩为封盖层构成自生自储型生储盖组合。该组合在冀中坳陷分布普遍，为最有利生储盖组合之一。

⑥沙三段中亚段—沙三段上亚段组合。该组合是以沙三段中亚段、沙三段上亚段浅湖相暗色泥岩为烃源岩，以沙三段上亚段高位体系域辫状河三角洲、近岸水下扇及滨浅湖滩砂和碳酸盐岩生物滩为储集体，以沙三段上亚段泥岩为封盖层构成的自生自储型生储盖组合。

⑦沙三段上亚段—沙一段下亚段组合。该组合以沙三段上亚段及沙一段下亚段浅湖相暗色泥岩为烃源岩，以沙二段河流体系域的河道、辫状河三角洲、扇三角洲砂体为储层，以沙二段顶部及沙一段下亚段泥岩为盖层构成的一套生储盖组合。

⑧沙一段下亚段组合。该组合以沙一段下亚段浅湖相暗色泥岩为烃源岩，以其中—下部的辫状河三角洲、滩砂及碳酸盐岩生物滩为储层，以其顶部的浅湖相泥岩为盖层构成自生自储型生储盖组合。

⑨沙一段下亚段—沙一段上亚段组合。该组合是以沙一段下亚段浅湖相暗色泥岩为烃源岩，以沙一段上亚段辫状河三角洲及河流相砂体为储层，以沙一段上亚段顶部湖进体系域滨浅湖相暗紫色、灰绿色泥岩为盖层构成的一套下生上储生储盖组合。由于缺少区域性盖层，属局部性生储盖组合。

（3）下生上储组合主要分布在东营组和新近系。东营组以沙一段下亚段湖相泥岩为烃源岩，以东三段、东二段河流相砂体为储层，以东二段河流相河泛平原微相及湖泊沼泽相海螺泥岩段为封盖层构成一套生储盖组合，为冀中最有利的生储盖组合之一。东一段和新近系馆陶组河泛平原相粉砂质泥岩作为局部盖层。与粉砂质泥岩相邻的河道砂体作为储集岩，与下伏沙一段或沙三段烃源岩相互配置，在有良好通道沟通油源情况下，也可形成有利的下生上储型生储盖组合。

2.评价单元划分

冀中坳陷常规油气资源评价主要围绕饶阳、霸县、廊固、深县、束鹿、晋县、武清、保定、石家庄、徐水、北京和大厂12个凹陷，新生界、古生界和中—新元古界三大勘探层系。对近年来投入大量工作的富油凹陷（饶阳、霸县、廊固）进行重点评价，投入工作量较少的凹陷（深县、束鹿、晋县、保定、武清）进行完善补充。

本着继承与发展的原则，分凹陷、层系、区带、区块逐次评价，以区带评价为重点，评价层次及单元划分如图4-4所示：层系划分主要为新生界、古生界、中—新元古界三大层系。其中，新生界可细分为新近系与古近系，新近系与古近系烃源岩可形成古生新储的新近系成藏组合，古近系为自生自储成藏组合。古生界、中—新元古界与古近系烃源岩可形成新生古储前古近系成藏组合。常规油气资源评价细化到层单元，即分层系分单元开展油气资源潜力评价与剩余油气资源空间分布预测，重点富油气凹陷将进一步细化至潜山（含C—P）、岩性—地层、复杂断块等不同油藏类型领域的资源潜力预测，突出富油气凹陷剩余资源评价及空间分布预测。

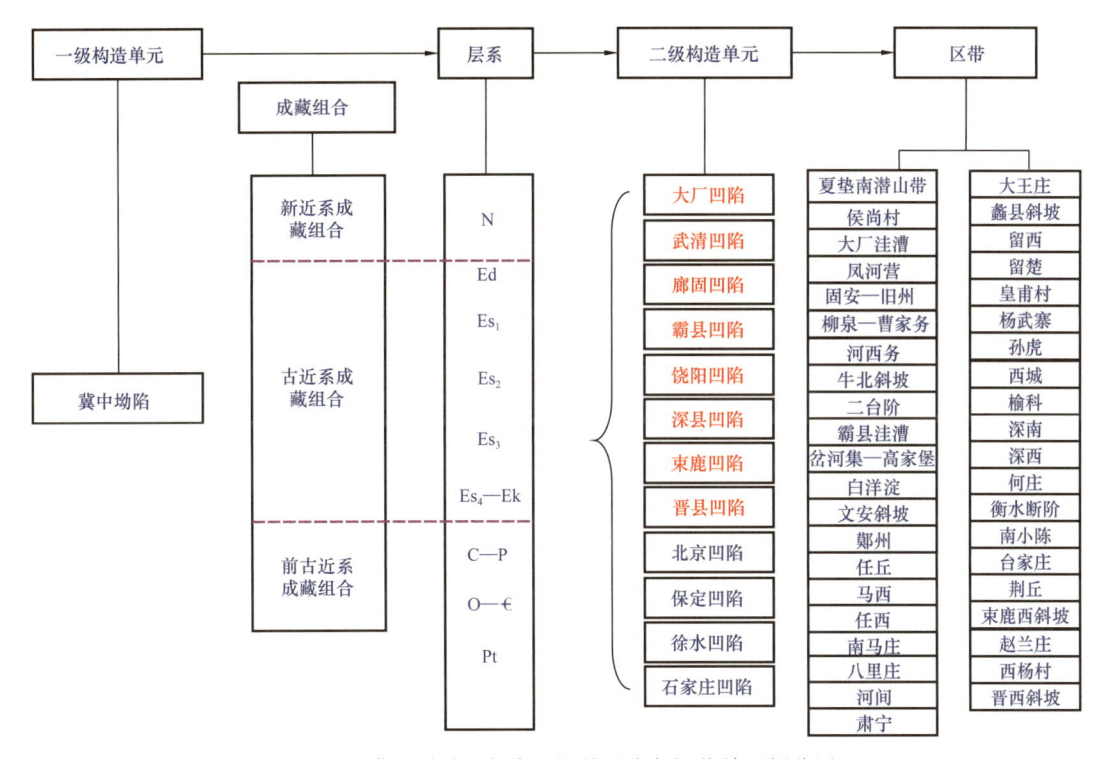

图4-4 冀中坳陷油气资源评价层次与评价单元划分图

3.刻度区解剖与参数取值

1）刻度区选择与分类

根据资源类型及油气藏类型，冀中坳陷精细解剖3大类12种类型（表4-2）共16个常规油气典型刻度区，在第三次资源评价基础上完善解剖了7个刻度区，共计23个刻度区。

表 4-2 冀中坳陷第四次资源评价刻度区分类表

大类	亚类		类型	刻度区名称
构造型	裂陷盆地构造型	断陷盆地	断陷陡坡带构造型	岔河集、荆丘、南马庄
			断陷中央构造型	别古庄、大王庄、凤河营、留楚、赵州桥、柳泉—曹家务
岩性型	断陷型	陡坡	陡坡断阶——湖侵和高位扇三角洲、水下扇组合	留西
		缓坡	多断裂系缓坡——湖侵和高位辫状河三角洲、水下扇组合	雁翎南—西柳、史各庄
地层型	地层风化型	块体潜山型	盆内古潜山岩壳型	任丘
			盆缘古潜山岩体型	二台阶
			盆内或盆缘岩块型	雁翎—刘李庄
			盆缘断壳型	苏桥

2）雁翎南—西柳刻度区解剖实例

（1）刻度区概况。

雁翎南—西柳刻度区位于饶阳凹陷蠡县斜坡北部，面积 255km^2，是在高阳古背斜东翼之上发育起来的宽缓斜坡，基底构造走向北东、呈东倾。断层相对发育，但断距小、延伸短，局部构造圈闭不发育，规模小。已完钻探井 46 口，发现了 Ed、Es$_1$、Es$_2$、Es$_3$ 等多套含油层系，建成了高阳、西柳、雁翎三个油田。探明沙一段—沙三段油藏 30 个，探明含油面积 97.08km^2、石油地质储量 4452.15×10^{4}t，属于断陷缓坡带构造—岩性油藏成藏区块典型类型。

（2）刻度区成藏地质条件。

雁翎南—西柳刻度区位于高阳—西柳鼻状构造北翼，为构造沉积斜坡，总体趋势呈西南抬、东北倾，但地层产状较为平缓，构造不发育，除斜坡北端受基底潜山隆升幅度相对较高影响形成的鼻状构造幅度、规模相对较大外，其他地区仅发育一些呈北西向展布的微幅度宽缓型鼻状构造。

蠡县斜坡的古近—新近系直接超覆在潜山之上，斜坡古近—新近系主要发育洪（冲）积扇、河流、扇三角洲、辫状河三角洲等七种沉积体系，为区内古近系多期生储盖组合和多种地层岩性油藏的形成奠定了基础。据生、储、盖层的时空配置关系，古近系可划出上生下储、自生自储和下生上储三大类七套生储盖组合。① 该区发育有 Es$_1^下$、Es$_3$ 和 Es$_4$—Ek 三套烃源层。由油页岩特殊岩性段构成的 Es$_1^下$ 为主力烃源岩，横向分布稳定、连续性好，有机质丰度高，已处于成熟阶段，为地层岩性圈闭形成规模油藏奠定了物质基础。② 蠡县斜坡的古近—新近系直接超覆在潜山之上，斜坡地层发育较全，自下而上为古近系孔店组、沙河街组、东营组和新近系的馆陶组、明化镇组以及第四系，主要目的层为沙一段下亚段砂岩和沙二段储层。③ 沙一段下亚段、东二段这两套泥岩层横向厚度变化都不大，分布稳定，对油气藏良好封闭条件的形成有重要作用。④ 北西向早期断裂体系使斜坡形成垒堑相间的构造格局,这些断层的交错切割,形成一系列断块断鼻圈闭。有利的构造背景上砂体与构造的良好配置可形成构造—岩性复合圈闭和岩性圈闭。在古近—新近系油藏中,构造—岩性油气藏占主导地位,从储量构成和发现的油藏类型看主要是构造油藏和构造背景下的构造—岩性油藏。

通过油气地质条件分析,建立刻度区石油地质基础参数表(表4-3),为地质风险打分分析奠定基础。

表4-3 雁翎南—西柳刻度区石油地质基础参数表

类比参数		取值
烃源岩条件	层位	Es_1,Es_{2+3},Es_4—Ek
	有效烃源岩厚度,m	150
	有机碳含量,%	1.5
	有机质类型	Ⅱ型
	成熟度 R_o,%	1.1
	生烃强度,$10^6 t/km^2$	650
	供烃面积系数,%	50
	生烃高峰时间,Ma	30
储层条件	输导体系类型	砂体(侧向)疏导
	供烃流线型式	平行流供烃
	储层层位	Es_1,Es_{2+3},Es_4—Ek
	单层平均厚度,m	6
	储层砂岩百分比,%	50
	孔隙度,%	16
	渗透率,mD	20
	沉积相	扇三角洲
保存条件	盖层层位	Ng,Ed,Es_1
	盖层平均厚度,m	50
	盖层以上区域不整合数个数	3
	断层破坏程度	弱破坏
圈闭条件	主要圈闭类型	岩性—构造
	圈闭面积系数,%	60.97
	圈闭闭合度,m	75
	圈闭形成时间,Ma	30
配套条件	生储盖配置关系	自生自储
	时间配置关系	形成早于运移
	运移方式	侧向运移

（3）刻度区资源潜力评价。

①评价方法优选。

根据刻度区勘探现状和资料条件，优选油藏规模序列法、油藏发现过程法、年发现率法、探井进尺发现率法、探井发现率法、老油田储量增长预测法、饱和勘探法，以及广义帕莱托分布法8种方法评价资源潜力。对每种方法估算的资源量采用权系数加和法，最终给出每个计算单元不同概率下的地质资源量和可采资源量。各方法基本原理与模型详见前述方法技术相关章节。

②刻度区资源量计算结果。

油藏规模序列法：雁翎南—西柳刻度区实际已探明油藏21个，预测最大油藏油气当量为$1607.765×10^4$t，最小限定为$10×10^4$t，预测油藏总数为67个；预测最大可采油气当量为$281.068×10^4$t，最小限定为$2.87×10^4$t，预测油藏总数为83个（图4-5）。通过地质归位，预测总地质资源量为$7208.90×10^4$t，总可采资源量为$1383.22×10^4$t（图4-6）。

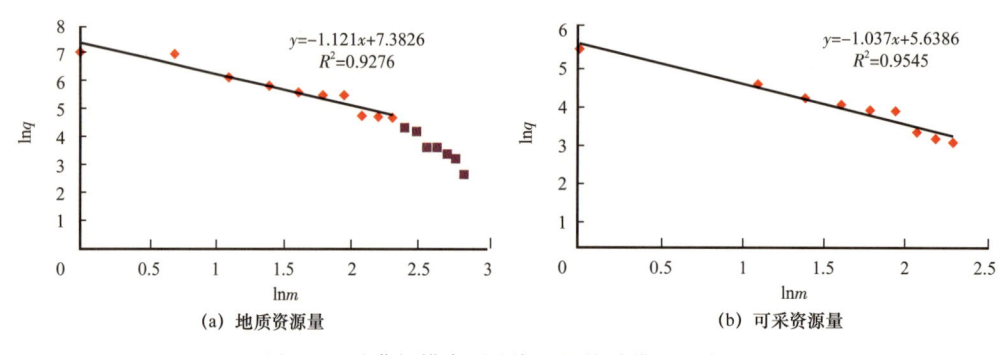

图4-5 油藏规模序列法资源量统计模型拟合图

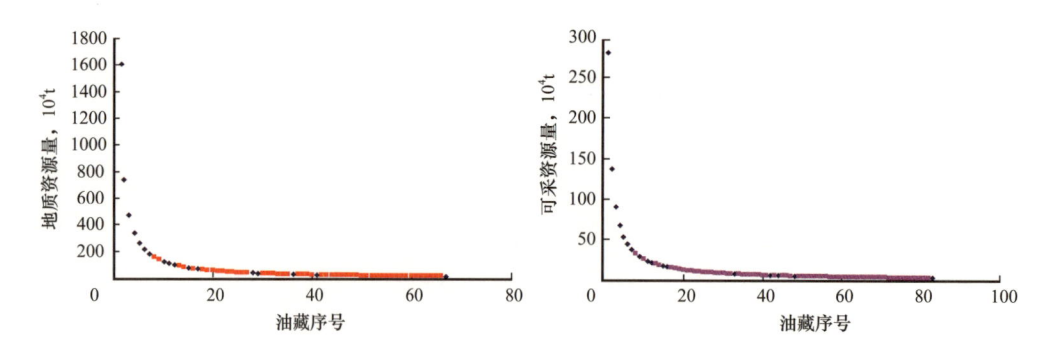

图4-6 油藏规模序列法已知油藏和预测油藏分布图

蓝色为实际探明，红色与紫红色为预测

年发现率法：拟合建立地质储量的回归方程为$y=-1.0929x+7.5152$，可采储量的回归方程$y=-0.9533x+5.8162$。根据递减趋势预计雁翎南—西柳刻度区勘探周期20年，预测总地质资源量为$5665.10×10^4$t，总可采资源量为$1256.07×10^4$t（图4-7）。

油藏发现序列法和广义帕莱托分布法：计算雁翎南—西柳刻度区总地质资源量为$8252.15×10^4$t，总可采资源量为$1198.66×10^4$t（图4-8、图4-9）。

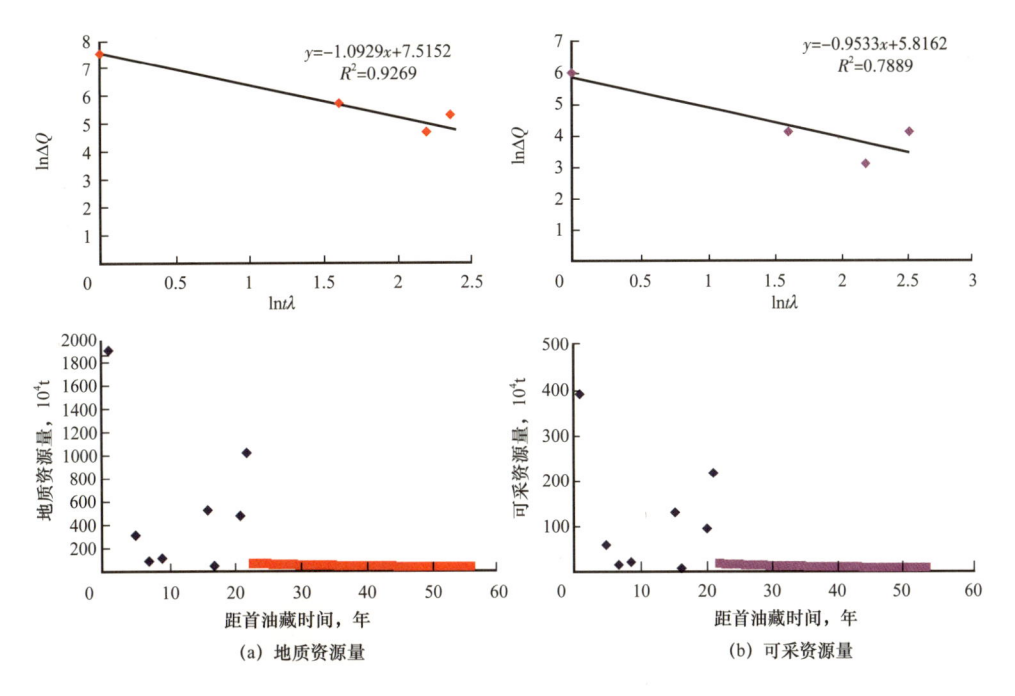

图 4-7　年发现率法预测雁翎南—西柳刻度区资源分布图

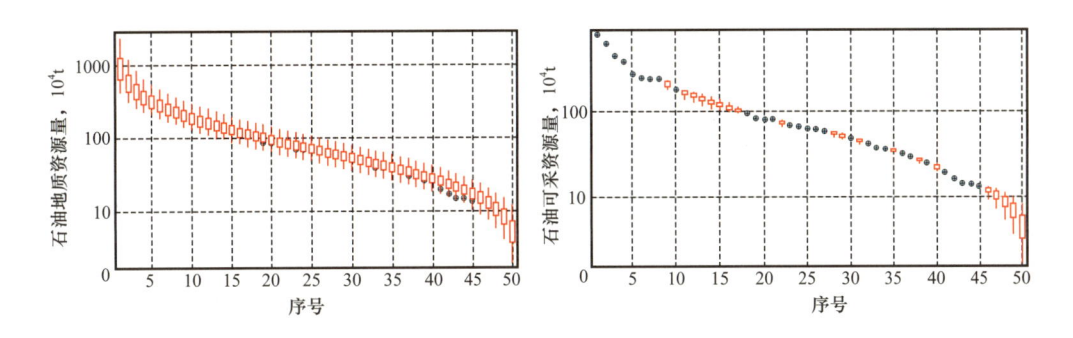

图 4-8　雁翎南—西柳刻度区油藏发现序列储量序列图

老油田储量增长法：通过老油田储量增长法计算，预测 20 年累计增长地质储量为 $910.178 \times 10^4 t$，可采储量为 $227.74 \times 10^4 t$。预测总地质资源量为 $5362.328 \times 10^4 t$，总可采资源量为 $1163.97 \times 10^4 t$（图 4-10）。

探井井数发现率法：通过探井井数发现率法确定饱和探井井数后，预测新增探井工作量投入的情况下可发现地质资源量 $1005.60 \times 10^4 t$、可采资源量 $160.418 \times 10^4 t$。预测总地质资源量为 $5457.75 \times 10^4 t$，总可采资源量为 $1096.647 \times 10^4 t$（图 4-11）。

探井进尺发现率法：截至 2012 年底（该刻度区工作启动时参数取值截止时间为 2012 年底）已累计钻探井 43 口，累计进尺 132987.4m。通过模型拟合，预测自 2013 年起每年钻探井 10 口，平均进尺 30000m，预测未来 20 年有新增探井进尺工作量投入的情况下可发现地质资源量 $652.03 \times 10^4 t$、可采资源量 $137.37 \times 10^4 t$。该方法预测总地质资源量为 $5104.17 \times 10^4 t$，总可采资源量为 $1073.6 \times 10^4 t$（图 4-12）。

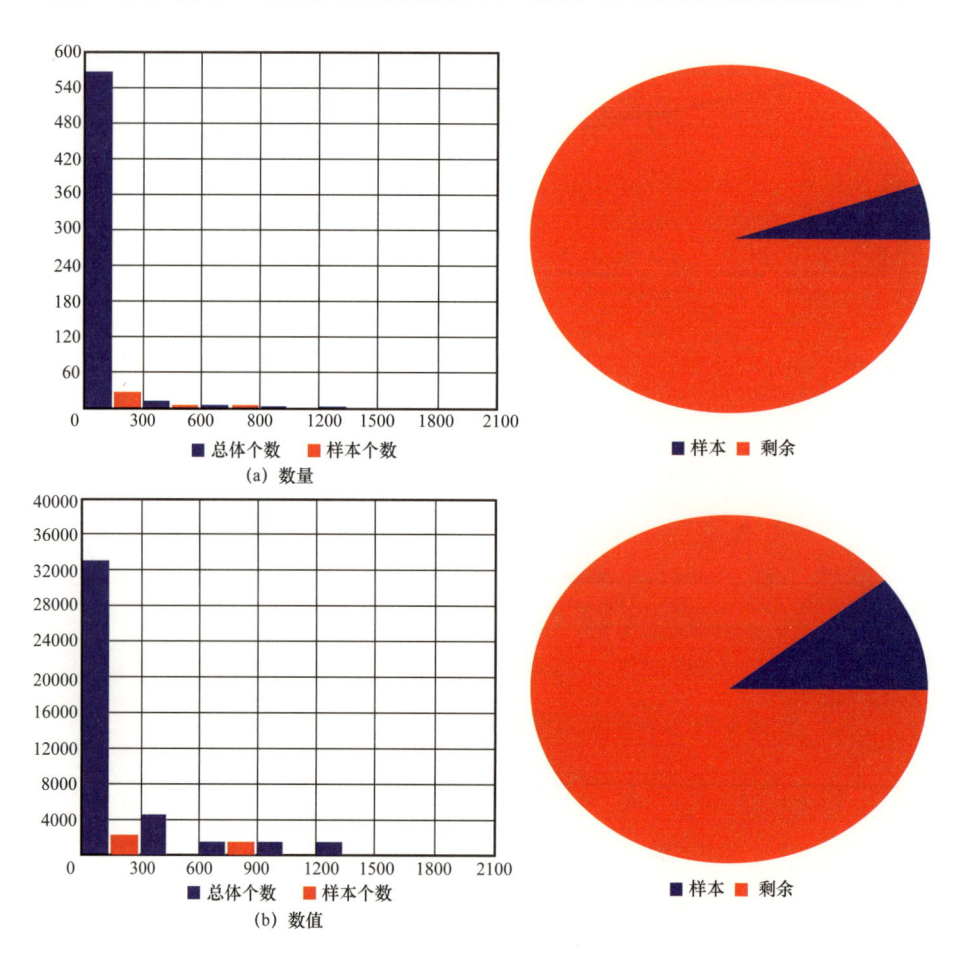

图 4-9　雁翎南—西柳结构分布与预测比例

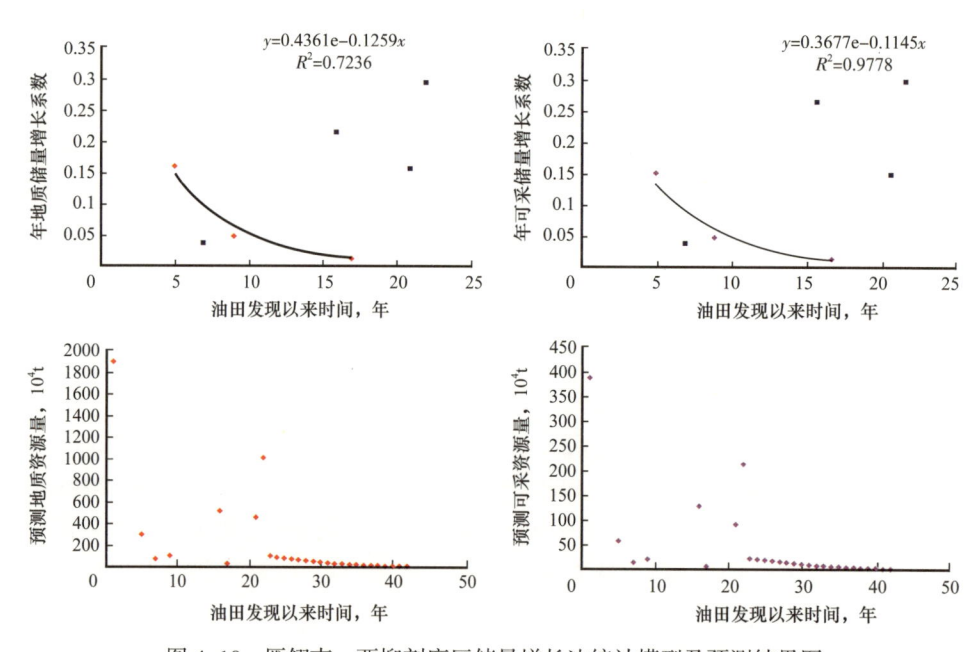

图 4-10　雁翎南—西柳刻度区储量增长法统计模型及预测结果图

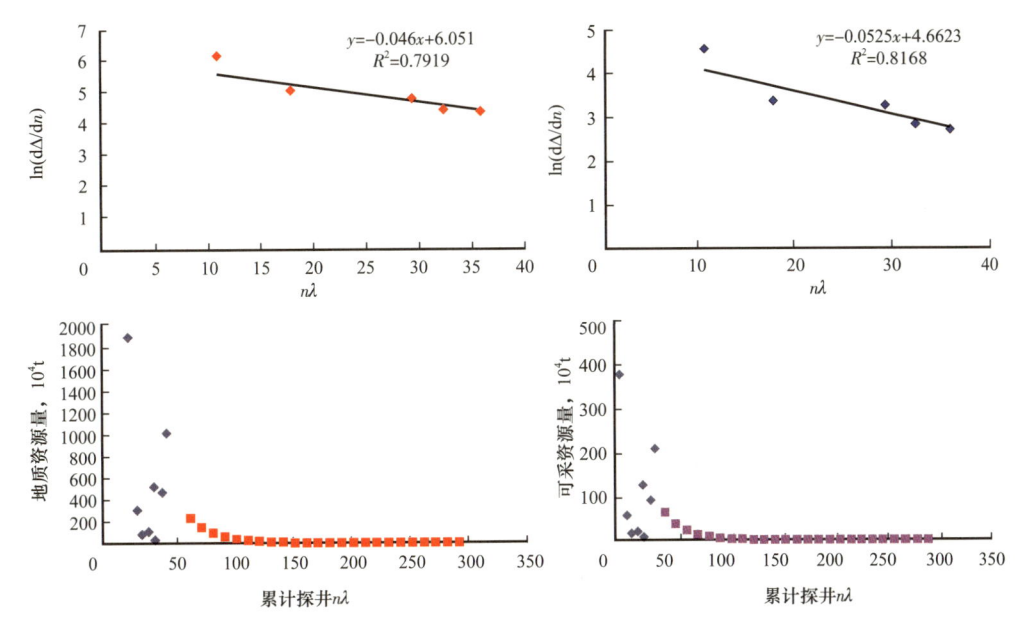

图 4-11　雁翎南—西柳刻度区探井井数发现率法统计模型及预测结果

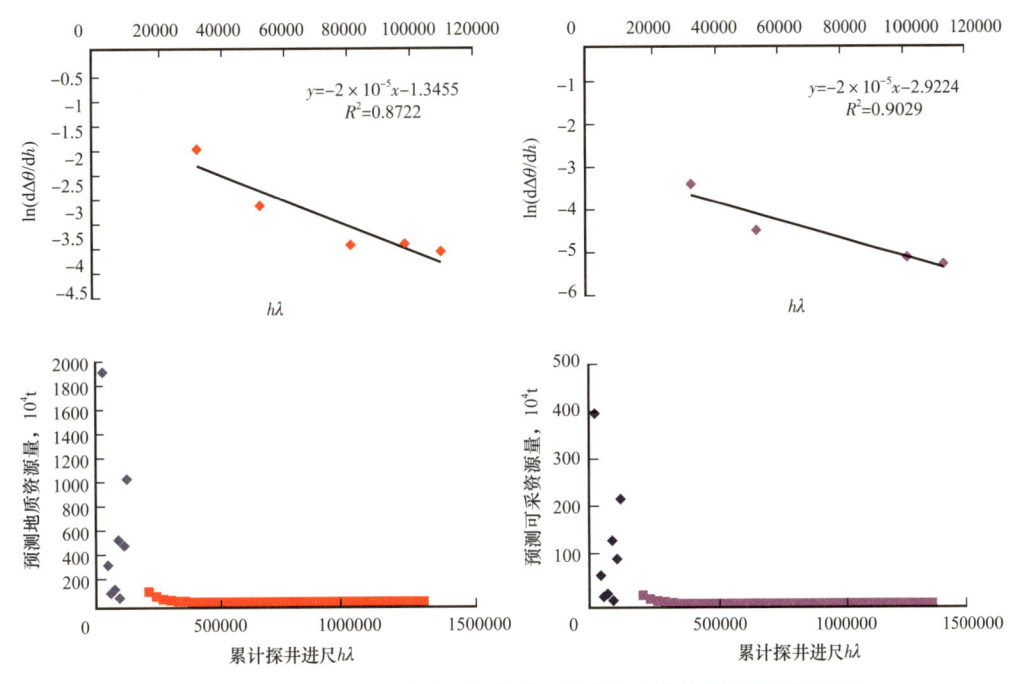

图 4-12　雁翎南—西柳刻度区探井进尺发现率法统计模型及预测结果

圈闭加和法：预测雁翎南—西柳刻度区总地质资源量为 7207.45×10^4t，可采资源量为 1441.49×10^4t。

刻度区综合资源评价结果：采用特尔菲概率加权法对油藏规模序列法、年发现率法、探井井数发现率法、探井进尺发现率法、老油田储量增长法、油藏发现序列法等评价结果进行综合评价（表4-4）。通过三角分布法，计算石油地质资源量期望值为 6951.30×10^4t，可采资源量期望值为 1368.65×10^4t。

表 4-4 雁翎南—西柳刻度区各种方法资源量计算结果汇总

资源量估算方法		权系数	地质资源量，10⁴t	权系数	可采资源量，10⁴t
油藏规模序列法		0.3	7208.90	0.3	1383.22
年发现率法		0.1	5665.1	0.1	1256.07
探井进尺发现率法		0.1	5104.17	0.1	1073.6
探井井数发现率法		0.1	5457.75	0.1	1096.65
老油田储量预测增长法		0.1	5362.33	0.1	1163.97
圈闭加和法		0.1	7207.45	0.1	1441.49
油藏发现序列法		0.1	7848.99	0.1	1653.00
广义帕莱托法		0.1	8252.15	0.1	1198.66
资源量汇总	5%		6967.851		1371.91
	期望值		6951.30		1368.55
	50%		6619.458		1303.31
	95%		6288.485		1238.144

从资源评价结果与三级储量的匹配关系看，雁翎南—西柳刻度区已探明地质储量为 $4452.15 \times 10^4 t$，占总地质资源量的 71.4%；探明可采储量为 $936.23 \times 10^4 t$，占总可采资源量的 71.7%，预测的资源规模符合高勘探程度现状。

（4）刻度区关键参数研究。

运聚系数：运聚系数是通过高勘探程度、高认识程度地区资源评价与生烃模拟结果计算求取，为其他类似盆地/地区运用盆地模拟法评价资源量提供参考。应用盆地模拟方法计算出雁翎南—西柳刻度区总生油量为 $6.02112 \times 10^8 t$，总排油量为 $3.535 \times 10^8 t$。由前述资源评价中得出的地质资源量期望值 $6951.30 \times 10^4 t$，代入"运聚系数=刻度区资源量/刻度区生烃量"公式，计算得到刻度区的石油运聚系数为 12%。

表 4-5 雁翎南—西柳刻度区盆地模拟结果

运聚单元	烃源层	体积，km³	总生油量，10⁸t	排油量，10⁸m³
雁翎南—西柳	$Es_1^下$	62.139	2.72865	1.38803
	Es_3	26.053	2.29719	1.32065
	Es_4+Ek	12.93	0.99528	0.82647
合计		101.122	6.02112	3.53515

可采系数：可采系数是指油藏中能够采出的石油量与油藏地质资源之比值。将雁翎南—西柳刻度区 Es_1 与 Es_3 两套不同成藏组合油藏可采系数做频率分布直方图（图 4-13），自生自储型与下生上储型油藏的可采系数平均值接近，从可采系数频率分布直方图可以看

出雁翎南—西柳两套成油组合的可采系数均分布在20%～22%之间，沙一段砂岩以及沙三段自生自储型油藏的可采系数普遍较高，可采系数较高的油藏储量丰度较高，因此可以看出可采系数较高的自生自储型油藏储量丰度普遍较高。

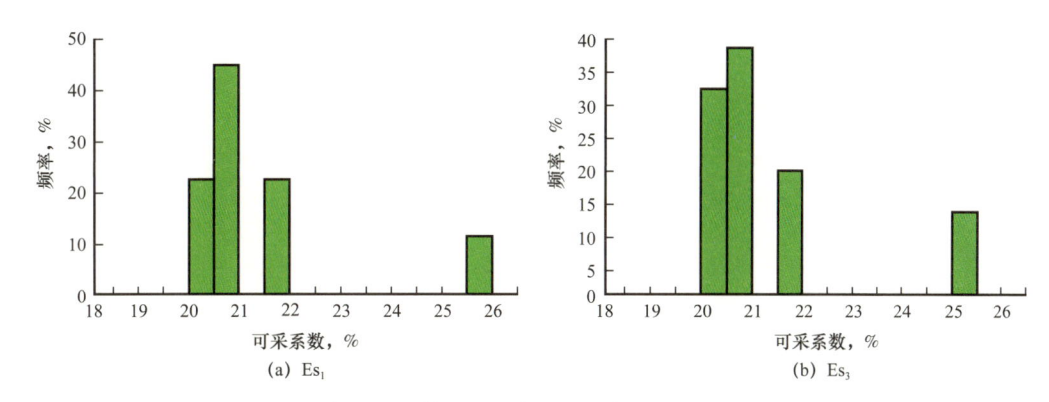

(a) Es_1

(b) Es_3

图4-13 雁翎南—西柳刻度区两套成油组合可采系数频率分布直方图

油气资源丰度与储量丰度：刻度区的资源丰度是刻度区内单位面积的资源量，它是刻度区资源量与刻度区面积的比值；储量丰度是单位面积的探明储量，是探明地质储量与已探明的含油气面积之比。首先计算出刻度区油气资源量和地质储量（控制储量、预测储量分别按75%和50%转化为探明储量）及可采储量、刻度区面积，然后计算前者与后者的比值。雁翎南—西柳刻度区地质资源量为$6951.30 \times 10^4 t$，可采资源量为$1368.65 \times 10^4 t$，刻度区面积为$255 km^2$，计算得该刻度区石油地质资源丰度为$27.3 \times 10^4 t/km^2$，可采资源丰度为$5.37 \times 10^4 t/km^2$；刻度区地质储量为$4452.15 \times 10^4 t$，可采储量为$936.23 \times 10^4 t$，刻度区内储量区面积为$97 km^2$，计算得刻度区油气地质储量丰度为$45.90 \times 10^4 t/km^2$，油气可采储量丰度为$9.65 \times 10^4 t/km^2$。

圈闭密度、含油面积系数：刻度区圈闭密度是单位面积刻度区中的圈闭面积，即刻度区中圈闭面积与刻度区面积的比值，这里所指的圈闭面积是刻度区内各储层圈闭的叠合面积，因此，圈闭密度是一个小于1的数，刻度区的圈闭密度也叫圈闭面积系数。雁翎南—西柳刻度区面积为$255 km^2$，Es_1圈闭面积为$88.49 km^2$，Es_2圈闭面积为$18.35 km^2$，Es_3圈闭面积为$123.77\ km^2$，层圈闭面积为$230.61 km^2$，叠合圈闭面积为$155.48 km^2$，刻度区圈闭密度为60.97%。

含油面积系数是指已发现圈闭（油气藏）的含油面积与圈闭面积的比值，也叫充满系数。雁翎南—西柳刻度区圈闭面积为$230.61 km^2$，总含油面积$97.08 km^2$，圈闭含油面积系数为42.10%。整个刻度区的平均圈闭含油面积系数是刻度区内的叠合含油面积与含油圈闭叠合面积的比值，也可以用单个油藏含油面积系数的平均值。

4. 冀中坳陷关键参数取值标准

根据华北油田的勘探开发研究现状，在整个冀中坳陷，按照凹陷类型、成藏组合特征共建立了23个常规评价刻度区。在刻度区解剖基础上，建立油气运聚成藏类型及对应关键参数取值标准，包括运聚系数、储量丰度、资源丰度、圈闭面积系数、含油面积系数、可采系数等（表4-6、表4-7），为后续资源类比评价提供参考依据。

— 165 —

表 4-6 冀中坳陷关键参数取值标准

关键参数	类别								
	Ⅰ	Ⅱ	Ⅲ	Ⅳ	Ⅴ	Ⅵ	Ⅶ	Ⅷ	Ⅸ
运聚单元类型	前古近纪中央潜山带	中生代中央背斜	中生代缓坡断阶	中生代中央洼槽	古近纪中央断背斜	古近纪中央断垒	古近纪陡坡背斜	古近纪缓坡断阶	前古近纪缓坡潜山
原油密度 g/cm³	0.85~0.86	0.85~0.90	0.87~0.90	0.85~0.87	0.85~0.90	0.85~0.90	0.87~0.90	0.87~0.90	0.85~0.86
原油体积系数 %	1.0~1.1	1.0~1.1	1.0~1.1	1.0~1.1	1.0~1.1	1.0~1.1	1.0~1.1	1.0~1.1	1.0~1.1
运聚系数 %	>15	10~15	8~10	8~10	6~8	6~8	6~8	6~8	3~6
含油饱和度 %	70~80	50~60	50~65	55~65	60~65	50~60	50~60	50~60	65~80
储量丰度 10⁴t/km²	100~400	40~130	50~150	30~90	70~200	50~120	50~120	15~130	20~50
资源丰度 10⁴t/km²	60~70	30~40	25~30	25~30	20~30	25~30	20~30	20~30	15~20
圈闭面积系数 %	20~40	10~30	50~80	50~80	80~100	80~100	30~50	50~80	10~20
含油面积系数 %	50~60	70~80	50~60	50~60	20~30	30~40	20~30	50~60	60~70

表 4-7 冀中坳陷可采系数取值标准

岩性	复杂程度	采收率			
		集中范围	样本数	均值	标准差
砂岩	整装	19~22	56	21.8	9.8
	断块	18~21	132	20.1	9.7
碳酸盐岩	潜山型	25~50	6	32	7.2

5. 冀中坳陷石油资源潜力评价

盆地级资源评价由盆地模拟法进行资源总量整体把控，主要以统计法与类比法实现层单元油气资源潜力评价。

1）地质评价及关键参数

通过对冀中坳陷油气地质条件与油气成藏地质认识新变化进行梳理与总结，提升对油气资源潜力变化的认识。总体来看，有以下三个方面的新变化：

（1）烃源岩精细评价，生烃基础有了全新认识。① 深层发现新的烃源层系，生烃规模增加，霸县凹陷兴隆 1 井、牛东 1 井、文安 1 井钻探表明，霸县凹陷深层沙四段—孔店组存在一套良好烃源岩,厚度可达 1000 多米,有机质丰度高,平均值为 1.5%,且热演化程度高,R_o 为 1.44%,仍处于大量生油气阶段。② 精细评价烃源岩,突出优质烃源岩生烃贡献,依据优质烃源岩(TOC≥2%)进行评价,冀中坳陷沙一段下亚段、沙三段及沙四段—孔店组均发育优质烃源岩,改变了之前冀中烃源岩丰度低的传统观点。沙三段优质烃源岩最发育,主要分布在东部凹陷带,最厚为 280m;沙一段下亚段厚度较小,最厚为 160m,但分布面积较大。

(2)开展模拟实验,产烃效率大为提高。在精细评价烃源岩的基础上,选择优质、中等、差源岩分别进行了热压模拟实验。产烃效率均超过第三次资源评价,中等烃源岩每克有机碳产油率为 350mg,产烃效率的提高导致生烃量大幅增长。

(3)有效储层下限向下延伸,深层仍具备储集能力。冀中坳陷缓坡带砂砾岩有效储层勘探下限最大为 6125m,洼槽带砂砾岩有效储层勘探下限最大可达 6900m。潜山碳酸盐岩储层随着埋藏深度的增加,孔隙度没有明显减小,大体保持在 5%~6% 之间。这表明碳酸盐岩储层早期形成的孔洞和裂缝受埋藏成岩作用的影响较小,潜山埋至深层后仍然能保存大量早期形成的孔洞和裂缝,具有较好的储集性能。

2)石油资源评价

(1)成因法石油资源量计算。

通过对含油气盆地烃源岩中烃类的生成量、排出量和吸附量、运移量以及散失耗损量等计算,确定油气藏中的油气聚集量。对含油气系统及流体势等分析划分运聚单元,最后根据相似刻度区的解剖结果确定运聚系数,计算出每个运聚单元内的资源量。汇总各单元的油气资源量,得出全区油气资源总量,评价流程和内容如图 4-14 所示。

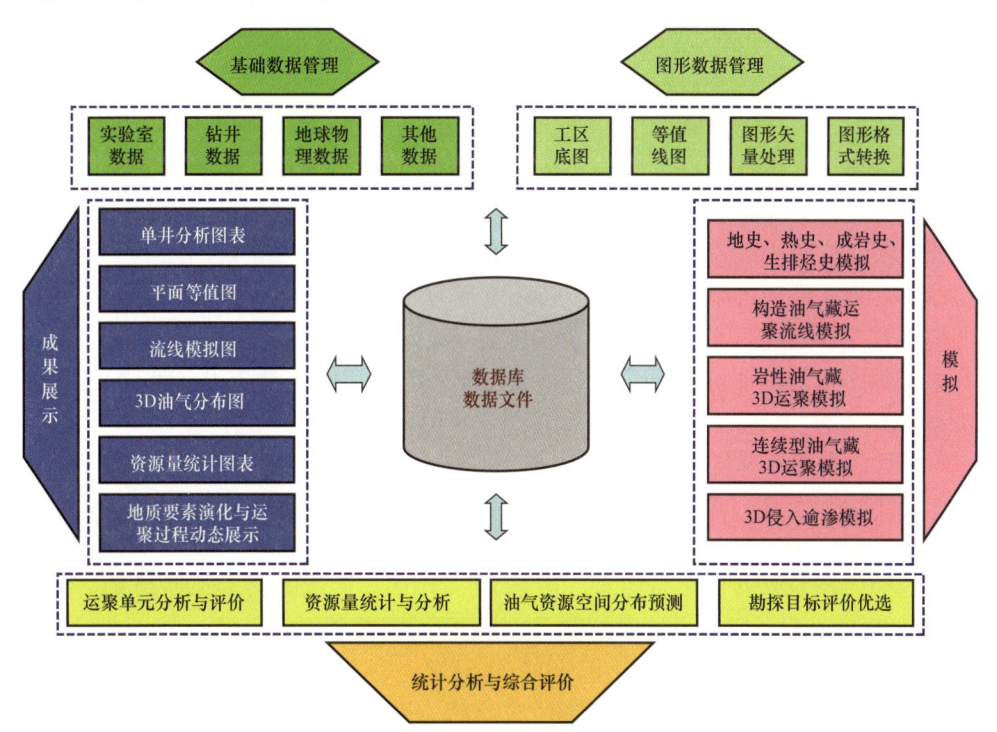

图 4-14 盆地模拟含油气系统综合分析流程

根据盆地类型开展四史反演，按地史、热史、生烃史和排烃史四个过程，分别选择不同的模拟计算模型，建立模拟所需的各项参数，再现盆地油气形成过程，计算生烃量、排烃量。在盆地四史动态模拟结束后，开展油气运聚史模拟。按照含油气系统的思路和方法，通过油气成藏关键时刻事件组合关系的建立和系统内油气运聚单元的解剖，指出油气藏的形成和分布规律，最终开展运聚单元的区带资源量估算和目标评价。启动程序运算得出模拟结果后，与工区实际资料，如已知井点的地层厚度、埋深、测温、测压数据，烃源岩热变程度 R_o 值，岩石物性实测值，以及已发现的油气比值、成藏时间等进行对比验证，反复修改和完善地质模型和模拟参数，使模拟计算结果符合于工区的客观实际。

盆地模拟法计算结果显示，冀中坳陷总生油量为 $336.41 \times 10^8 t$，总排油量为 $160.05 \times 10^8 t$。从层位上看，冀中坳陷的沙三段和沙四段为主力供烃层系，沙三段生油量约占总量的50%，沙四段生油量约占总量的38%（表4-8）。

表4-8 冀中坳陷全区不同层系烃源岩生排烃量一览表

层位	生油量，$10^8 t$ 烃源岩				排油量，$10^8 t$ 烃源岩			
	优质	中等	差	合计	优质	中等	差	合计
$Es_1^{下}$	30.89	7.43	1.76	40.07	12.26	2.89	0.2	15.35
Es_3	116.42	36.92	14.34	167.48	59.12	13.14	4.92	77.16
Es_4—Ek	71.72	42.13	15.01	128.86	73.18	17.62	6.74	67.54
合计	219.03	86.48	31.11	336.41	144.56	33.65	11.86	160.05

盆地模拟法仅能计算盆地主要烃源层系的总生烃量，地质资源量的计算需要乘以运聚系数来求取。按上文所述将冀中坳陷6个主要富油凹陷划分为33个运聚单元。根据各运聚单元类比打分结果与相应刻度区类比打分结果，求取运聚单元的运聚系数，用生烃量与运聚系数求积计算地质资源量。资源计算结果显示，冀中坳陷6个富油凹陷石油地质资源量为 $27.35 \times 10^8 t$，借助可采系数评价可采资源量为 $6.92 \times 10^8 t$。以饶阳凹陷、霸县凹陷和廊固凹陷最富集，占全区总资源量的83%（表4-9）。合并武清、大厂、北京、徐水、保定、石家庄等凹陷资源评价结果，冀中坳陷石油地质总资源量为 $28.9 \times 10^8 t$，总可采资源量为 $7.2 \times 10^8 t$。

（2）统计法石油资源量计算。

基于冀中坳陷整体，选用油藏规模序列法、油藏发现过程法、广义帕莱托分布法三种方法评价资源潜力，对每种方法估算的资源量采用特尔菲综合，给出每个计算单元不同概率下的地质资源量和可采资源量。截至2014年底冀中坳陷共发现油藏944个，其中探明油藏、控制油藏分别为845个、99个，按照三级储量折算公式，"已发现探明石油地质储量＝探明地质储量＋控制储量×0.75"计算，目前冀中坳陷已发现探明石油地质储量 $115500.47 \times 10^4 t$。通过油藏规模序列法计算，最大油藏为 $9061.25 \times 10^4 t$，最小限定为 $10 \times 10^4 t$，预测油藏总数为2000个；预测最大可采油藏为 $2487.32 \times 10^4 t$，最小限定为

6×10^4t，油藏总数为1316个。通过回归归位，预测总地质油气当量为219421.53×10⁴t，总可采油气当量为49075.15×10⁴t。限于冀中油藏结构特征，只限油藏规模序列法计算，特尔菲综合计算石油地质资源量期望值为21.95×10⁸t，可采资源量期望值为4.92×10⁸t（表4-10）。

表4-9 冀中坳陷运聚单元盆地模拟法石油地质资源量汇总表

凹陷	运聚单元名称	生油量 10⁴t	运聚单元分值	刻度区	刻度区分值	刻度区运聚系数 %	运聚单元运聚系数 %	运聚单元石油地质资源量，10⁸t	可采系数 %	可采资源量 10⁸t
廊固	凤河营	6.56	60	凤河营	76	4	3	0.21	13.96	0.03
廊固	柳泉—固安	30.26	77	柳泉	82	6	6	1.70	19.72	0.34
廊固	牛北斜坡	1.65	59	凤河营	76	4	3	0.05	30.1	0.02
廊固	河西务	19.29	63	廊东	85	6	4	0.86	22.28	0.19
霸县	二台阶	10.00	78	二台阶	84	8	7	0.74	29.69	0.22
霸县	岔河集	19.32	86	岔河集	85	8	8	1.56	28.92	0.45
霸县	鄚州	4.18	76	雁翎—刘李庄	85	7	6	0.26	25.41	0.07
霸县	白洋淀	5.91	84	雁翎—刘李庄	85	7	7	0.41	23.6	0.10
霸县	苏桥	20.12	32	苏桥	85	8	3	0.61	24.78	0.15
霸县	文安	20.58	72	史各庄	86	6	5	1.03	20.33	0.21
饶阳	蠡县北	18.01	70	雁翎南—西柳	72	12	12	2.10	21	0.44
饶阳	蠡县南	2.94	59	雁翎南—西柳	72	12	10	0.29	20	0.06
饶阳	任丘	21.19	94	任丘	97	20	19	4.11	33.7	1.38
饶阳	南马庄	9.86	70	南马庄	80	10	9	0.86	15.01	0.13
饶阳	肃宁	13.29	83	肃宁	86	18	17	2.31	22.05	0.51
饶阳	河间	8.57	82	肃宁	86	18	17	1.47	44.1	0.65
饶阳	八里庄	4.31	86	大王庄	84	15	15	0.66	23.05	0.15
饶阳	大王庄	8.31	91	大王庄	84	15	16	1.35	21.82	0.29
饶阳	留西	8.93	79	留西	87	15	14	1.22	23.63	0.29
饶阳	留楚	7.41	81	留楚	81	6	6	0.44	27.85	0.12

续表

凹陷	运聚单元名称	生油量 10^4t	运聚单元分值	刻度区	刻度区分值	刻度区运聚系数 %	运聚单元运聚系数 %	运聚单元石油地质资源量,10^8t	可采系数 %	可采资源量 10^8t
饶阳	皇甫村	5.01	66	留楚	81	6	5	0.24	25.11	0.06
饶阳	杨武寨—孙虎	13.50	62	留西	87	15	11	1.44	19.05	0.27
深县	榆科	2.08	76	榆科	82	7	6	0.13	15.19	0.02
深县	深南	5.53	82	深南	83	8	8	0.44	20.65	0.09
深县	深西—何庄	4.53	76	榆科	82	7	6	0.29	20.7	0.06
深县	衡水	1.67	69	榆科	82	7	6	0.10	18.93	0.02
束鹿	南小陈	1.56	79	荆丘	91	10	9	0.14	15.48	0.02
束鹿	台家庄	1.55	85	荆丘	91	10	9	0.15	27.1	0.04
束鹿	荆丘	2.64	83	荆丘	91	10	9	0.24	26.69	0.06
束鹿	束鹿西斜坡	5.95	70	荆丘	91	10	9	0.46	25.76	0.12
晋县	赵兰庄	3.55	71	赵州桥	87	10	8	0.29	24.81	0.07
晋县	西阳村	6.58	68	赵州桥	87	10	8	0.51	22.56	0.12
晋县	晋西斜坡	8.42	69	赵州桥	87	10	8	0.67	24.94	0.17
合计								27.34		6.92

表 4-10 冀中坳陷统计法石油资源量评价结果

概率	油地质资源量,10^4t	油可采资源量,10^4t
5%	180372.4	42905.5
50%	219891.5	49224.5
95%	259866.5	56247.4
期望值	219525.1	49229.1

（3）类比法石油资源量计算。

类比法是国际石油公司资源评价中使用最普遍和最成熟的资源评价方法，也是本次资源评价主要方法之一。油气资源丰度类比法的基本评价流程如下：① 类比刻度区的确定与类比刻度区的石油地质条件分析；② 根据预测区地质条件的分析确定类比内容及标准；③ 进行刻度区与预测区间的地质类比，求出预测区与每一类比刻度区的类比系数；④ 确定预测区的油气资源丰度；⑤ 预测区的油气资源量计算。在层区带划分的基础上，优选类比刻度区，确定每个评价区带的资源丰度，评价资源潜力，各区带汇总即得出冀中坳陷总石油地质资源量为 $24.39 \times 10^8 t$，可采资源量为 $6.8 \times 10^8 t$。

（4）石油资源综合评价。

盆地模拟法资源量估算时，运聚系数取值主要参考类比刻度区的取值，刻度区资源丰度比较高，造成运聚系数偏高，资源量计算结果也会偏高。统计法仅以（坳陷）盆地级为单位，应用已探明储量数据进行趋势预测，而且对于未发现区缺乏资源预测手段，计算结果保守。由于冀中已进入较高勘探程度，新凹陷成藏条件较差、资源规模小，统计法虽保守但对高勘探程度区的计算结果较为可靠。资源丰度类比法兼顾老区与新区，通过分别类比、分别取值计算资源量，评价结果更符合目前勘探形势。因此，最终特尔菲法预测资源量时，资源丰度类比法权重系数最高（表4-11），其次为统计法。最终油气资源预测结果，冀中坳陷石油地质资源量为 $24.56 \times 10^8 t$，可采资源量为 $6.39 \times 10^8 t$。

表4-11 特尔菲法冀中坳陷石油地质资源汇总表

资源量	类比法		统计法		盆模法		综合
	资源量	权重	资源量	权重	资源量	权重	
地质资源量，$10^8 t$	24.39	0.5	21.95	0.3	28.9	0.2	24.56
可采资源量，$10^8 t$	6.8	0.5	4.92	0.3	7.59	0.2	6.39

二、松辽盆地北部中—浅层石油资源评价

1. 石油地质特征

松辽盆地是在海西期褶皱基底之上发育起来的晚中生代裂陷盆地，先后经历了成盆先期褶皱阶段、初始张裂阶段、裂陷阶段、沉陷阶段和萎缩平衡阶段五个阶段。在早白垩世早期之前盆地以伸展作用为主，形成松辽盆地早期相互分割的断陷盆地。根据基底形态、盖层发育及中生代构造演化与构造特征等，松辽盆地中—浅层可以划分为西部斜坡、北部倾没区、中央坳陷区、东北隆起区、东南隆起区和西南隆起带六个一级构造单元。松辽盆地内充填有白垩系、古近系、新近系和第四系，最大厚度逾万米。松辽盆地北部中—浅层以上白垩统青山口组和嫩江组烃源岩为主，从上到下发育上（黑帝庙）、中（萨尔图、葡萄花、高台子）、下（扶杨）三套含油气组合，是松辽盆地北部主要的含油层组。

1）烃源岩特征

松辽盆地北部中—浅层烃源岩按照 $0.5\%\sim1\%$、$1\%\sim2\%$、$>2\%$ 的烃源岩分级评价标准开展精细评价，TOC>2% 的烃源岩主要发育在青一段、青二段和嫩一段；TOC 在 $1\%\sim2\%$ 之间的烃源岩主要发育在青二段、青三段、嫩一段和嫩二段；TOC 在 $0.5\%\sim1\%$ 之间的烃源岩分布范围局限。姚家组泥岩在古龙和长垣南部较发育，但只有古龙地区烃源岩成熟，有效烃源岩分布区域有限，嫩三段、嫩四段泥岩在中央凹陷区普遍较厚，但烃源岩成熟度较低，一般在未熟—低熟阶段，生排烃量有限。

（1）青山口组青一段烃源岩以Ⅰ型和Ⅱ₁型为主，"液态窗"内以生油为主，有机质丰度高（表4-12），平均 TOC 为 2.84%，氯仿沥青 "A" 为 0.421%，生油潜力为每克岩石 16.37mg，表现出大型湖相盆地优质烃源岩的丰度特征；青一段烃源岩的成熟区（$R_o>0.75\%$）范围主要分布在齐家—古龙凹陷、三肇凹陷、黑鱼泡凹陷、长垣南及王府凹陷，

而其他以外地区均处于未熟—低熟范围，R_o大于0.8%与R_o大于0.7%的烃源岩分布基本相似，只是范围略有增加。

表4-12 松辽盆地北部青山口组烃源岩有机质丰度数据表

地层	松辽盆地北部			三肇凹陷			古龙凹陷			齐家凹陷		
	TOC %	氯仿沥青"A" %	S_1+S_2 mg/g	TOC %	氯仿沥青"A" %	S_1+S_2 mg/g	TOC %	氯仿沥青"A" %	S_1+S_2 mg/g	TOC %	氯仿沥青"A" %	S_1+S_2 mg/g
K_2qn_{2+3}	1.11	0.148	6.05	0.65	0.056	2.43	0.91	0.205	7.38	1.36	0.144	2.38
K_2qn_1	2.84	0.421	16.37	2.84	0.626	16.95	2.47	0.552	7.66	2.56	0.441	15.25

地层	大庆长垣			宾县王府			朝阳沟阶地			黑鱼泡凹陷		
	TOC %	氯仿沥青"A" %	S_1+S_2 mg/g	TOC %	氯仿沥青"A" %	S_1+S_2 mg/g	TOC %	氯仿沥青"A" %	S_1+S_2 mg/g	TOC %	氯仿沥青"A" %	S_1+S_2 mg/g
K_2qn_{2+3}	1.4	0.058	9.28	1.37	0.166	7.46	1.18	0.166	8.11	1.32	0.166	5.38
K_2qn_1	3.15	0.503	20.43	3.15	0.48	20.5	3.76	0.445	22.7	2.05	0.184	12.13

青一段以有机碳大于2%为主，且分布范围较广，有机碳小于2%的厚度较小。有机碳为1%~2%的烃源岩，在长垣北和齐家—古龙凹陷及龙虎泡北厚度相对大一些，一般可以在20m以上，而在三肇凹陷及朝长、滨北及王府凹陷厚度一般多小于10m。有机碳大于2%的烃源岩分布明显不同于TOC为1%~2%的烃源岩，整体上厚度明显大，烃源岩厚度大的主要分布在长垣及其以东地区，如三肇、朝长、王府凹陷等，厚度一般大于40m，最厚超过了60m，齐家—古龙凹陷一般多在50~60m之间。反映出青一段烃源岩沉积时期，湖泊藻类等水生生物一直发育，湖底始终处于厌氧环境，从而形成了这种厚度较大的大套高丰度优质烃源岩。

（2）青山口组青二段、青三段烃源岩有机质类型从Ⅰ型到Ⅲ型均有分布，反映烃源岩有机质来源复杂多样，平均有机质丰度大大低于青一段，平均TOC为1.11%，平均氯仿沥青"A"为0.148%，生油潜力为每克岩石6.05mg；青二段、青三段烃源岩R_o大于0.75%范围主要分布在齐家—古龙凹陷、三肇凹陷、黑鱼泡凹陷南部，王府凹陷烃源岩未成熟，整体上成熟区的范围略小于青一段。

青山口组青二段、青三段中厚度大的主要是中—低丰度烃源岩，如TOC为1%~2%烃源岩在齐家—古龙南、长垣南，厚度一般大于100m，古龙和长垣南的厚度一般大于150m，最厚可达近200m。相对较高丰度的烃源岩（TOC>2%）厚度一般在10~50m之间，其中在长垣南及三肇地区相对较厚。

（3）嫩江组嫩一段烃源岩以Ⅰ型和Ⅱ$_1$型为主，液态窗内以生油为主，有机质丰度高，其中有机碳含量为0.473%~11.22%，平均值为2.36%；热解生烃潜力为每克岩石0.03~68.13mg，平均值为12.59mg/g；氯仿沥青"A"为0.0016~1.3507%，平均为0.1924%，综合评价该层段烃源岩为好烃源岩；嫩一段烃源岩的成熟区（R_o>0.7%）范围主要分布在齐家—古龙凹陷和三肇凹陷中部，而其他以外的地区均处于未熟—低熟范围，R_o 大于 0.8% 的烃源岩主要分布在古龙凹陷。

嫩江组嫩一段烃源岩 TOC 在 0.5%～1.0% 之间的分布广但厚度小，大部分不超过 10m，黑鱼泡一带厚度超过 20m，最大为 30m，分布局限。有机碳含量在 1%～2% 之间的主要分布在齐家—古龙凹陷和三肇凹陷，厚度相对大一些，一般在 40m 以上；滨北地区厚度一般多小于 40m。有机碳含量大于 2% 的烃源岩厚度分布明显不同于 TOC 为 1%～2% 的烃源岩，厚度大的主要分布盆地长垣及长垣南、古龙地区、三肇东部地区，厚度一般大于 50m；齐家、长垣北部、滨北地区等烃源岩厚度较薄，多小于 40m。

（4）嫩江组嫩二段烃源岩主要为Ⅰ型、Ⅱ$_1$型和Ⅱ$_2$型，有机质丰度较高，有机碳含量为 0.473%～12.95%，平均值为 2.06%；热解生烃潜力为每克岩石 0.03～70.88mg，平均值为 7.94mg/g；氯仿沥青"A"为 0.0030%～1.1403%，平均为 0.0985%；综合评价该层段烃源岩为中—好烃源岩；嫩二段烃源岩 R_o 大于 0.7% 的范围主要分布在古龙凹陷，整体上成熟区的范围略小于嫩一段。

嫩二段烃源岩 TOC 在 0.5%～1.0% 之间的厚度分布局限，只在龙虎泡南部有分布，大部分不超过 30m，只有很小部分能达到 60m。TOC 为 1%～2% 的在中央坳陷区厚度明显一般大于 60m，古龙、三肇和长垣南厚度多大于 100m，最大可超过 140m。嫩二段烃源岩 TOC 大于 2% 的厚度相对较薄且分布局限，厚度相对较大的主要分布在齐家北、长垣北和长垣中部，厚度大于 30m，在古龙和三肇地区厚度一般小于 30m。

2）储层特征

（1）纵向上来看，松辽盆地白垩系储层随着埋藏深度的加深，储层类型有逐渐变差的趋势。中部组合萨尔图、葡萄花、高台子储层是松辽盆地最主要的勘探开发油气藏；下部组合扶余、杨大城子储层也是松辽盆地勘探开发的主要目的层之一。

① 中部组合萨尔图、葡萄花、高台子储层。

中部组合萨尔图、葡萄花、高台子储层是松辽盆地最主要的勘探开发油气藏，该组合沉积条件好，是盆地发育坳陷期形成的大型河流—三角洲及滨浅湖相沉积砂体。

该组合储层砂岩以粗粒—细粒长石砂岩为主，离物源区较近的地区（如阿拉新气田等），岩屑含量较高，为长石质岩屑砂岩。砂岩储层中的填隙物以泥质为主，含量较低，一般小于 10%，填隙物总量小于 13%，胶结类型多以孔隙式或接触式为主。埋藏深度较浅，多小于 1200m，最大埋藏深度不超过 1500m，成岩作用较弱，多处于早成岩阶段。原生粒间孔隙发育，次生粒间扩大孔隙较发育。在大庆长垣以西的部分地区，如英台、古龙地区，由于埋藏较深（1500～1600m）已进入晚成岩阶段 A1 期，石英具次生加大与再生胶结，孔隙类型多以粒间缩小孔和部分次生粒间孔为主。大庆长垣、长垣以东和西部阿拉新等地区萨尔图、葡萄花、高台子油层砂岩储油物性好，多属Ⅰ类高孔高渗和高孔、中—高渗储层，孔隙度一般大于 20%，渗透率均大于 100mD。毛细管压力曲线分选好，粗粒度类型。在西部英台等地区，由于沉积相为扇三角洲，颗粒分选较差，为混合砂岩，埋藏（1500～1800m）较深，砂岩储层物性相对较差，为Ⅰ$_2$、Ⅱ$_1$类储层。

② 下部组合扶余、杨大城子储层。

下部组合扶余、杨大城子储层也是松辽盆地勘探开发的主要目的层之一。扶余、杨大城子油气储层岩性多为含泥细粒长石岩屑砂岩，胶结物含量较高，泥质含量普遍在 10%

以上，其填隙物和杂基总量一般大于15%，胶结类型以再生—孔隙式为主。沉积环境为河流—三角洲和滨浅湖相，但由于处在盆地向坳陷发育早期，气候较干热，水流量小，沉积物的分选程度较差，湖区面积较小，以游动性的洪水湖为主，沉积条件较中部含油气组合差。扶余、杨大城子储层埋藏深度变化范围多在100～2300m之间，在构造运动作用下，朝长地区和盆地南部埋藏深度均小于1000m，长春岭背斜带最浅仅100多米。成岩作用较强，大多都处在晚成岩阶段A期，化学胶结作用溶解作用很强，晚期石英次生加大和大量自生黏土矿物在粒间孔隙内沉淀生长，溶解作用造成可溶组分的部分溶蚀，使储层的正常粒间孔隙空间变为松辽盆地所有砂岩储层中最为复杂的结构组合类型：既有原生粒间孔隙、粒间缩小孔隙、黏土矿物晶间孔，又有次生粒间扩大孔隙、印膜孔、特大孔、粒内孔和胶结物内溶蚀孔等。储层物性在一般情况下与中部组合相比显著变差，类型多为中孔、低渗透Ⅱ—Ⅲ类储层，孔隙度一般为15%～20%，渗透率一般小于50mD，毛细管压力曲线为分选差，歪度类型。只有在宋站，如宋3井、新东2井区孔隙度为20%～28%，平均渗透率为640mD，最大可达1347mD。朝阳沟—长春岭等地区，在沉积和成岩作用条件均较好的情况下，次生孔隙发育，储层物性得到大大改善时，可出现I_2类，甚至出现I_1类的储层类型。这些储集层虽然比中部含油气组合相对较差一些，但还是松辽盆地大庆油田以外的次一级的主要产油气储层。

（2）平面上来看，松辽盆地有利储层主要分布在近物源方向上，即大型河流—三角洲分布的盆地北部；盆地同一层位的各储层从盆地边部向中心由好变差；盆地西部与南部也发育相应的河流三角洲砂体，与北部砂岩体构成了半环状分布模式。

松辽盆地北部由于物源长期稳定的供给，砂体条件较好，大多为较好的储层。在盆地北部大庆油田主要油气储层是中部组合的萨尔图、葡萄花和高台子油层，下部组合的扶余、杨大城子油层。其中部组合储层厚度大、分布广（有明显的砂岩尖灭区）：葡萄花油层在盆地北部范围内均有分布，萨尔图、高台子油层砂岩分布在西部及杏树岗以北地区。中部组合储层孔隙发育、储集物性好：有效孔隙度一般大于22%，部分可达28%～30%之间，少量样品孔隙度大于30%。渗透率以葡一组最高，喇嘛甸和萨尔图地区均大于1000mD，其他各油层组一般小于700mD。多属高孔隙度、中—高渗透率好储层。松辽盆地北部扶杨油层砂岩储层在平面上和纵向上的差异主要来自于沉积相带的控制和成岩作用的控制。

3）油气成藏组合

（1）扶杨油层油气藏形成与分布的主控因素。

下部含油气组合：位于上白垩统泉三段、泉四段，以青山口组一段为主要生油层，泉三段、泉四段（扶、杨油层）为储层，青山口组为区域盖层的含油气组合（图4-15）。

青一段生成的油气在超压的作用下，沿青山口组底部断层向下运移至扶杨油层的低水位砂体中聚集成藏，油气运移波及到的范围内，有效储层普遍含油。大庆探区近年来利用1571口钻遇扶杨油层的探井在全探区可勾画出较规则的油层深度包络面，该深度包络面之上，即油气运移波及到的范围内，有效储层普遍含油。该认识可以很好地指导松辽盆地北部扶杨油层的油气勘探。

（2）萨尔图、葡萄花、高台子油层油气藏形成与分布的主控因素。

中部含油气组合位于上白垩统姚家组和青山口组，以青一段为主要生油层，青二段、青三段（高台子油层）、姚一段（葡萄花油层）、姚二段、姚三段（萨尔图油层）为储层，上部嫩一段、嫩二段为区域盖层（图4-15）。

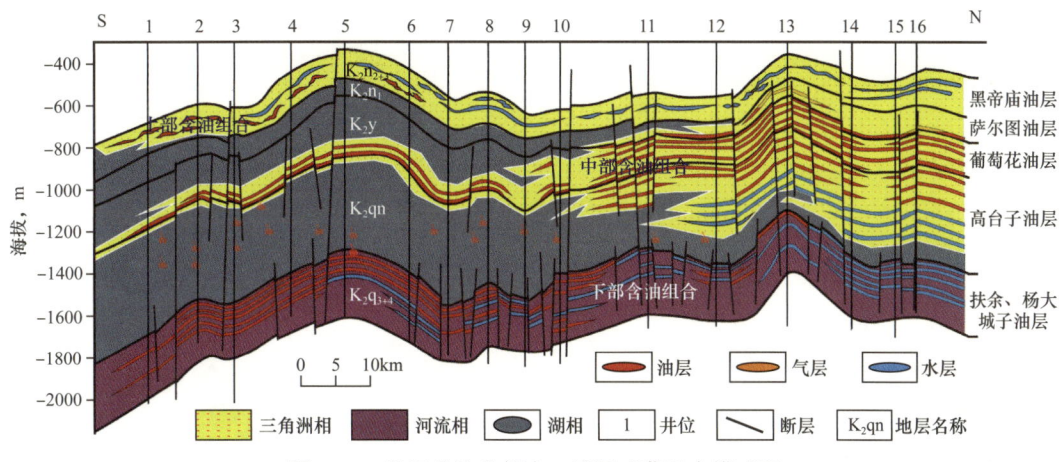

图4-15 松辽盆地北部中—浅层成藏组合模式图

受三角洲沉积体系储集砂体的类型、规模、平面分布位置以及区域构造背景等的影响，从构造—岩性和岩性油气藏的角度出发，平面上将葡萄花油层划分为构造油藏带、构造—岩性油藏带和岩性油藏带三个油藏带，各个带具有不同的油气成藏和分布特征。通过对松辽盆地北部长垣背斜、三肇凹陷和朝阳沟阶地葡萄花油层浅水湖泊三角洲沉积特征及其对油气分布规律的控制作用研究，指出古地貌、高频层序、沉积相带分布特征以及不同沉积相带的砂体类型和空间展布特征，控制了葡萄花油层油气藏类型由北向南有规律的分布；断层与砂体相互配置形成断层—岩性油藏，构成浅水湖泊三角洲油气藏的主体；横向连通性较差的砂体控制了油藏的分布边界，但相对构造高点和储层的物性条件却控制油气的富集。

（3）黑帝庙油层油气藏形成与分布的主控因素。

上部含油气组合位于上白垩统嫩江组，以下部嫩一段、嫩二段为生油层、嫩二段—嫩四段（黑帝庙油层）为储层，嫩四段、嫩五段为局部盖层，明一段为区域盖层（图4-15）。

烃源岩和断层是黑帝庙油层油气形成和分布的主控因素。由于黑帝庙油层为上部含油气组合，油气主要来自嫩江组一段，输导系统主要为断层，由于埋藏比较浅，储层的物性相对比较好，这时盖层的好坏成为油气能否聚集的重要因素。此外，如果盖层条件好，地下水条件自然就好，因此，黑帝庙油层油气成藏和分布主要受烃源岩、储集砂体、泥岩隔层和断层控制。

2. 评价单元划分

整体评价以盆地或断陷为单元，精细评价要细分到层单元，其中整体评价（成因法）单元29个，精细评价（以类比法为主）的层单元92个。精细评价的细分层评价单元划分原则：在基础地质研究基础上，以含油气系统理论为指导，以聚油单元为核心，同时紧密结合生产，纵向上便于分层计算，平面上便于构造单元内计算资源。具体划分情况如下：

1）上部含油组合

平面上划分4个评价单元，分别是长垣、古龙、齐家和龙虎泡。

2）中部含油组合

（1）萨尔图油层平面上划分为7个评价单元，分别是西部超覆带、泰康隆起带、龙虎泡阶地、齐家凹陷、古龙凹陷、长垣南部和长垣北部。

（2）葡萄花油层平面上划分为7个评价单元，分别是长垣北、长垣南、齐家地区、古龙、龙西—巴彦查干、三肇凹陷和朝阳沟。

（3）高台子油层常规油平面上划分为7个评价单元，分别是泰康隆起带、龙虎泡阶地、黑鱼泡凹陷、齐家凹陷、古龙凹陷、长垣背斜带和安达凹陷；此外，致密油平面上划分为3个评价单元，分别是长垣、龙虎泡和齐家南。

3）下部含油组合

扶杨油层常规石油平面上划分为9个评价单元，分别是泰康隆起带、龙虎泡阶地、齐家凹陷、长垣背斜带、安达凹陷、三肇凹陷、朝阳沟阶地、长春岭背斜带和宾县王府凹陷；此外，致密油平面上划分为9个评价单元，分别是长垣、古龙、三肇、龙虎泡、朝阳沟、齐家、安达、长春岭和宾县。

3. 刻度区解剖与参数取值

1）刻度区选择与分类

松辽盆地北部刻度区选择遵循"三高、三不同、一有利"的原则：三高是指勘探程度高、地质规律认识程度高和资源落实程度高；三不同是指涵盖不同层系，不同资源，不同油气藏；一有利是指有利于类比评价。依据分层、分区、分类选取刻度区，根据资源类型及油藏类型分别建立刻度区（表4-13），此分类确保了松辽北部中—浅层的完整性。本部分内容以常规油气刻度区为主，并以常规石油刻度区作为解剖实例与提取参数。

表4-13 松辽盆地北部第四次油气资源评价刻度区分类统计表

盆地	大类	亚类	类型	刻度区名称	层位	个数
松辽中—浅层	岩性型	坳陷型	长轴	长轴缓坡——湖侵和高位/低位河流三角洲组合	江桥	萨尔图	1
	岩性型	坳陷型	长轴	长轴缓坡——湖侵和高位/低位河流三角洲组合	齐家北	高台子	2
	非常规油气	坳陷型	长轴	长轴缓坡——湖侵和高位/低位河流三角洲组合	齐家北	扶杨	
	非常规油气	致密油	生油岩内部的致密砂岩油层	最大湖泛期源内致密砂岩	齐家南	高台子	1
	岩性型	坳陷型	长轴	长轴缓坡——湖侵和高位/低位河流三角洲组合	常家围子	黑帝庙	1
	非常规油气	致密油	生油岩上下紧邻的致密砂岩油层	水进期源下致密砂岩	长垣南	扶杨	1
	岩性型	坳陷型	长轴	长轴缓坡——湖侵和高位/低位河流三角洲组合	古龙南	葡萄花	1
	非常规油气	致密油	生油岩上下紧邻的致密砂岩油层	水进期源下致密砂岩	肇州	扶杨	1
	岩性型	坳陷型	长轴	长轴缓坡——湖侵和高位/低位河流三角洲组合	敖南	葡萄花	1

2）敖南地区葡萄花油层刻度区解剖实例

（1）刻度区概况。

敖南地区位于松辽盆地北部中央凹陷区的东南部，在区域构造上由西至东横跨齐家—古龙凹陷、大庆长垣、三肇凹陷以及朝阳沟阶地四个二级构造单元。勘探开发主要目的层为姚家组一段葡萄花油层、泉头组扶余油层和嫩江组黑帝庙油层。该区目前处于勘探的中—后期，刻度区内钻遇葡萄花油层的探井29口，进尺6.33×10^4m，含油面积224.1km^2；目前葡萄花油层石油探明地质储量3305.4×10^4t，探明可采储量698.9×10^4t。

（2）刻度区成藏地质条件。

控制本区葡萄花油层油气成藏的因素主要有生油凹陷（油源）、断层（运移通道）、岩性（储集体）等方面。

① 生油凹陷宏观上控制了油藏分布。葡萄花油层储盖组合为下生上储型，油源主要来自下伏青一段暗色泥岩。烃源岩综合评价表明，齐家—古龙凹陷生油条件最好，其次为三肇凹陷。油源对比分析证实油气主要来自齐家—古龙凹陷，其次为三肇凹陷，生油凹陷宏观上控制了油藏分布。

② 岩性为油气聚集的主要控制因素。主体构造对油气有诱导作用，但仍以岩性为主控因素，形成大面积的岩性油藏。葡萄花油层沉积时期，主要受北部三角洲沉积体系的控制，储集体主要为水下分流河道砂、席状砂及河口坝，砂岩厚度薄、层数较多。构造较高部位油气重力分异较好，多为纯油区；在构造低部位，油水分异较差，多为油水同产区或产水区，形成以岩性油藏为背景的构造—岩性油藏。

③ 构造类型及所处位置对油气具有控制作用。对向斜油藏的控制作用表现为在向斜的底部，由于地势平坦，储层岩石粒度细，孔喉狭窄，毛细管阻力大，储集物性差，束缚水饱和度高，基本上不存在可动水，浮力对石油侧向运移基本上不起作用，主要运移动力为超压作用，表现为产纯油为主。

往向斜两侧斜坡方向，砂体物性逐渐变好，地形上也存在一定的角度，因此，毛细管阻力在逐渐减小的同时，浮力所起的作用却越来越大，结果表现为先是产纯油，之后油水同产，最后只产水等特点。

往上在一些背斜、断鼻或断块等构造高部位，储集物性更加变好，浮力起到了主要作用，油水能够发生充分的重力分异，形成下水上油的正常分布特点。

④ 断层对油气藏的控制作用。敖南葡萄花油层断层十分发育，其延展方向主要以南北向及北北西向为主，间或有北北东向断层发育，但数量较少，平面上条带性较为明显。大断层基本为南北向展布，局部发育一些近北东—南西向和北西—南东向的小断层。断层大多数为继承性发育的断层，为中部含油气组合提供了运移及遮挡条件。

（3）刻度区资源潜力评价。

① 油气资源评价方法选择。针对敖南刻度区常规油资源选取的主要评价方法为容积法和规模序列法。

② 刻度区资源量计算。

容积法：

油层有效厚度——指储层中具有产油能力的那部分厚度，它是正确识别油层分布状况和准确计算石油地质资源储量的重要依据。此次研究分南北确定了油层、水层判别标准，有效厚度解释物性标准和电性标准，确定该刻度区所取有效厚度为2.8m。

有效孔隙度——葡萄花油层岩心分析资料统计结果，敖南油田北部物性较好，对应有效厚度段的有效孔隙度一般为20.3%~24.0%，平均为21.1%；南部一般为14.8%~21.2%，平均为17.1%，刻度区平均孔隙度为17.3%。

原始饱和度——由于岩心测试的饱和度资料相对较少，因此储层含油饱和度主要参照刻度区内储量的饱和度参数来确定，刻度区原始含油饱和度为53.5%。

容积法计算结果——根据上述储量参数选取结果，采用容积法计算敖南刻度区资源量为5023×10^4t，圈定刻度区面积为256.3km^2（表4–14）。

表4–14　敖南刻度区葡萄花油层资源量计算表

刻度区面积 km^2	有效厚度 m	有效孔隙度 %	含油饱和度 %	原油密度 t/m^3	体积系数	采收率 %	资源量 10^{4}t
256.3	2.8	17.3	53.5	0.85	1.124	22	5023

油藏规模序列法：根据该区已知油藏储量的发现情况，目前已发现最小油藏为65.5×10^4t，限定最小资源规模为20×10^4t，最大油藏个数小于50个，通过连续迭代类比油藏规模变化趋势（图4–16），确定油藏规模递变最合理斜率，应用规模序列法计算得资源量为5093.16×10^4t（图4–17）。

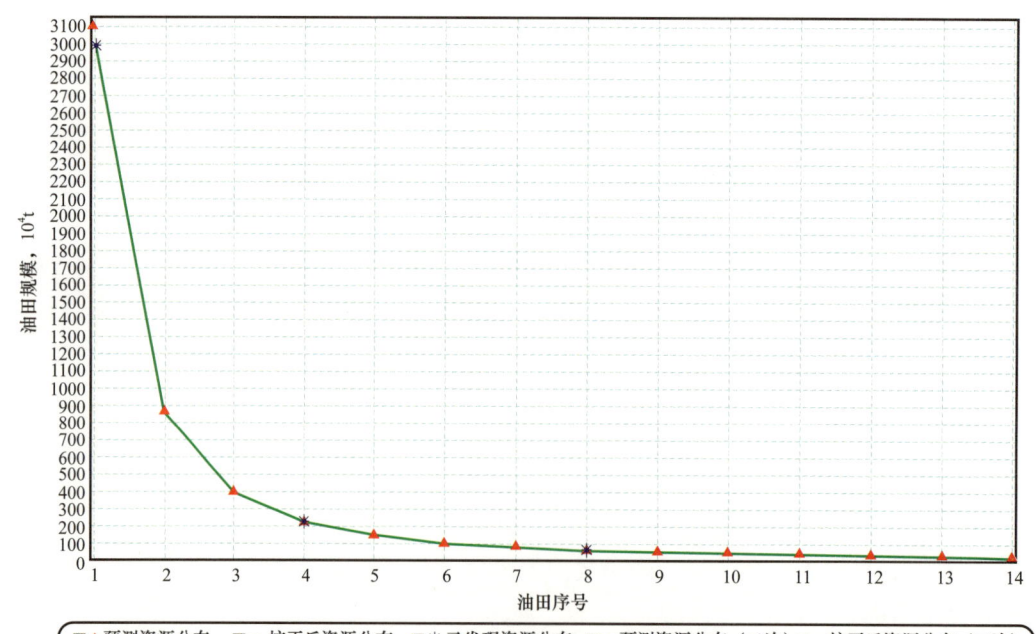

图4–16　敖南油田葡萄花油层规模序列图

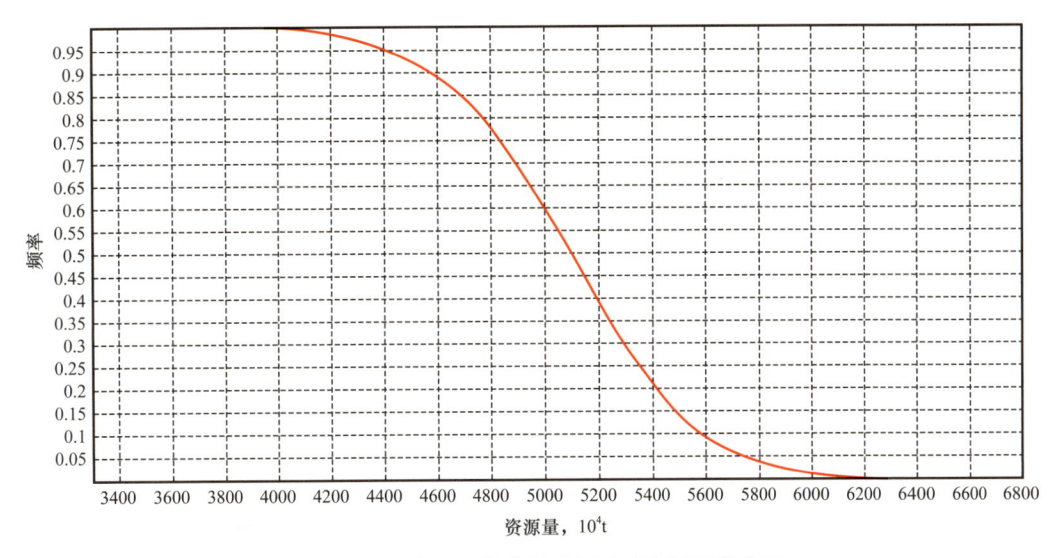

图 4-17 敖南油田葡萄花油层地质资源量分布图

资源量最终结果：通过特尔菲综合法，确定刻度区资源量 $5057×10^4$t。

（4）刻度区关键参数研究。

运聚系数：由于该刻度区为区块级刻度区，盆地模拟生烃量难以取值，因此在区域盆地模拟基础上，以关键时刻烃源层顶面油势为基础，结合构造、沉积特征等，划分油气运聚单元与刻度区供油范围，计算刻度区的生烃量，再利用刻度区资源量与生烃量之比即得出运聚系数。根据松辽盆地北部中—浅层盆地模拟确定敖南刻度区生油量为 $15.22×10^8$t，资源量期望值为 $0.5057×10^8$t，运聚系数为 3.32%。

可采系数：目前常规石油采收率一般通过分析研究区的地质特征和石油开发特征，考虑油藏的原油性质、储层孔渗条件等客观因素，以及开采布井方式等主观因素对油藏采收率的影响，采用公式法和类比法来确定。敖南刻度区葡萄花油层平均有效孔隙度为 17.5%；平均空气渗透率为 13.32mD；地层原油黏度为 5.4mPa·s；开发井网条件下的水驱控制程度为 65.2%；井网密度为 11 口 /km^2，按五个不同的通用公式计算，采收率分别为 21.0%、21.0%、15.0%、22.0% 和 24.0%，平均为 21.0%。而按照类比法，将刻度区内储量区块葡萄花油层与已开发的茂 72、葡 36、茂 74 油藏进行类比，储量区葡萄花油层标定采收率一般在 21%~24% 之间。综合公式法与类比法获得的可采系数，确定该刻度区最终可采系数为 22%。由此可以计算该刻度区可采资源量为 $1112.60×10^4$t。

油气资源丰度：通过综合地质研究准确划定刻度区的边界，确定了敖南刻度区面积为 256.3km^2，采用特尔菲概率加权确定本区石油资源量期望值为 $5057.1×10^4$t，石油可采资源量为 $1112.60×10^4$t；确定本区葡萄花油层石油资源丰度为 $19.7×10^4$t/km^2，可采资源丰度为 $4.35×10^4$t/km^2。

圈闭密度：通过统计刻度区扶余油层圈闭大小、面积及其在平面上的叠加情况，得出圈闭个数密度为 3.9 个 /100km^2，圈闭面积系数为 0.978（表 4-15）。

表4-15 松辽盆地北部敖南刻度区圈闭密度一览表

刻度区面积，km²		256.3
空白区圈闭	构造圈闭个数	7
	岩性圈闭个数	0
	圈闭总面积，km²	26.56
含油区圈闭	圈闭个数	3
	面积，km²	224.1
圈闭面积系数		0.978
圈闭个数密度，个/100km²		3.9

含油面积系数：含油面积系数是已发现圈闭（油气藏）的含油面积与圈闭面积的比值。整个刻度区的平均圈闭含油面积系数是刻度区内叠合含油面积与刻度区面积的比值，也可以用单个油藏含油面积系数的平均值。刻度区目前探明控制含油面积为224.1km²，含油圈闭面积为224.1km²，刻度区面积为256.3km²，含油面积系数为0.87。

4. 松辽盆地北部关键参数取值标准

在刻度区解剖基础上，建立油气运聚成藏类型及对应关键参数取值标准，共包括运聚系数、资源丰度、圈闭面积系数、含油面积系数、可采系数等（表4-16、表4-17），为松辽盆地北部中—浅层后续资源类比评价提供参考依据。

表4-16 松辽盆地北部中—浅层关键参数取值标准表

运聚单元类型	油藏类型		
	中生界白垩系缓坡型	中生界白垩系凹陷型	中生界白垩系构造型
构造背景	大型缓坡	凹陷带	坳陷内长垣构造
烃源岩时代	中生代	中生代	中生代
储层岩性	砂岩、细砂岩、粉砂岩	砂岩、细砂岩、粉砂岩	砂岩、细砂岩、粉砂岩
沉积相	河流—三角洲	河流—三角洲	河流—三角洲
储层厚度，m	10～30	2～23	5～83
孔隙度，%	8～35	6～25	10～35
含油气饱和度，%	42～65	60	42～61
圈闭发育程度	圈闭较发育，圈闭面积系数>10%	圈闭较发育，圈闭面积系数>50%	圈闭较发育，圈闭面积系数>10%
保存条件	区域盖层无破坏	区域盖层无破坏	区域盖层无破坏
运聚系数，%	1～3	2～8	5～10
资源丰度，10⁴t/km²	5～80	28	7～245
圈闭面积系数	>10%	>50%	>10%
含油气面积系数	>50%	20%～40%	>50%

表 4-17 松辽盆地北部中浅层可采系数取值标准表

岩性	复杂程度	渗透性	可采系数，%			
			集中范围	样本数	均值	标准差
砂岩	整装	中—高渗	9.8～60.6	114	25.9	9.9
		低渗透	10～60.6	104	17.8	6.7
	稠油		20～35	11	26.8	7.3
	致密油		8～13		10	

5.松辽盆地北部中—浅层石油资源潜力评价

松辽盆地常规石油与致密油在产出层系上是统一的，只是具体发育的沉积环境、储集岩性、成油组合等方面存在一定差异。常规石油与致密油来源、富集层位相同的情况下，通过盆地模拟评价，简单由运聚系数计算常规石油资源是非常难的。因此需要通过成因法评价计算常规石油与致密油组成的石油资源总量范围，再经详细地质评价区分常规石油与致密油分布，确定常规石油与致密油资源量。

1）地质评价及关键参数

（1）烃源岩精细评价。

松辽盆地北部的烃源岩主要为青山口组和嫩江组一段、二段，其中青一段烃源岩厚度薄一些，一般在40～80m之间；青二段烃源岩厚度一般在80～200m之间；青三段烃源岩厚度一般在70～200m之间；嫩一段烃源岩厚度一般在60～100m之间；嫩二段烃源岩厚度一般在100～200m之间。青山口组和嫩江组一段、二段烃源岩的有机碳含量普遍较高，其中主力烃源岩青一段和嫩一段烃源岩的有机碳含量基本大于2.0%；次要烃源岩青二段、青三段和嫩二段烃源岩有机碳含量大部分小于2.0%，有机碳主要分布在1%～1.6%之间。青一段烃源岩大部分均进入生烃高峰，成熟度普遍大于0.7%；嫩江组烃源岩仅古龙地区R_o大于0.7%，其他地区R_o一般在0.5%～0.6%之间。

（2）储层条件。

松辽盆地北部中—浅层各含油层系的储层孔隙度主要分布在10%～18%之间，平均为13.5%；渗透率主要分布在0.02～2560mD之间，平均为113.4mD。其中，上部含油气组合黑帝庙油层孔隙度主要介于10%～30%之间，平均为20.4%；渗透率主要分布范围为0.04～1280mD，平均渗透率为193.4mD。中部含油气组合各含油层孔隙度主要介于8%～30%之间，平均为19.2%；渗透率主要分布范围在0.02～2560mD之间，平均为213mD。下部含油气组合扶杨油层孔隙度主要介于6%～22%之间，平均为12.9%；渗透率通常低于60mD，平均为20.2mD。

（3）生储盖配置及输导条件。

松辽盆地北部中—浅层共发育三套含油气组合，分别形成上生下储、下生上储和自生自储的时空配置关系，烃源岩内生成的油气，在源内超压的作用下，以断裂、不整合为输导通道，向上部、下部及周边进行垂向及侧向运移。

2）石油资源评价

（1）成因法石油资源量计算。

松辽盆地北部中浅层盆模面积为68447.1km²，通过对38口密集取样井烃源岩的HI和S_1/TOC的精细分析研究，建立了松辽盆地TOC＞2%的烃源岩生排烃判识标准和湖相藻类烃源岩生排烃模式图，解决了烃源岩生排烃界限问题，确定了松辽盆地各凹陷区的排烃门限。

通过确定成因法评价所需各项参数，开展五史模拟，松辽盆地北部中—浅层烃源岩总生油量为1032.55×10^8t，总排油量为687.57×10^8t，总生气量为112.87×10^{11}m³，总排气量为91.70×10^{11}m³（表4-18）。青山口组总生油量914×10^8t；嫩江组总生油量105×10^8t；供油量的85%来自青山口组，突出了青山口组主体的生油地位，明确了主要勘探层系。

表4-18 松辽盆地北部各层位油气生排烃量统计表

层位			生油量，10^8t		排油量，10^8t		生气量，10^{11}m³		排气量，10^{11}m³	
K_2n_2	TOC	＞2%	26.68	51.30	2.55	2.64	0.29	0.85	0.08	0.09
		1%～2%	23.69		0.08		0.53		0.01	
		0.5%～1%	0.93		0.01		0.03		0	
K_2n_1	TOC	＞2%	37.66	53.79	14.21	15.89	0.84	1.57	0.61	0.77
		1%～2%	15.68		1.64		0.71		0.16	
		0.5%～1%	0.45		0.04		0.02		0.004	
K_2y_{2+3}	TOC	1%～2%	13.26	13.48	3.63	3.64	0.74	0.76	0.38	0.38
K_2y_1	TOC	0.5%～1%	0.22		0.01		0.02		0.003	
K_2qn_3	TOC	＞2%	20.83	152.34	17.53	80.81	1.21	22.40	1.05	15.71
		1%～2%	126.90		62.78		19.72		13.72	
		0.5%～1%	4.61		0.50		1.47		0.94	
K_2qn_2	TOC	＞2%	173.08	335.73	144.31	229.91	12.21	46.73	10.79	38.16
		1%～2%	159.31		85.20		32.93		26.31	
		0.5%～1%	3.34		0.40		1.59		1.06	
K_2qn_1	TOC	＞2%	400.16	425.91	341.67	354.68	34.56	40.56	31.79	36.59
		1%～2%	25.41		12.97		5.82		4.68	
		0.5%～1%	0.34		0.04		0.18		0.12	
合计			1032.55		687.57		112.87		91.70	

松辽盆地北部中—浅层划分了14个评价单元，5个油层组，2种资源类型。通过盆地模拟计算，松辽盆地北部石油（常规石油与致密油）的总资源量为$101.96 \times 10^8 t$；原油伴生气的总资源量为$4332.45 \times 10^8 m^3$（表4-19）。

表4-19　松辽盆地北部中—浅层各评价区各油层油气资源量计算结果

运聚单元	生油量 $10^8 t$	排油量 $10^8 t$	生气量 $10^{11} m^3$	排气量 $10^{11} m^3$	油运聚系数	气运聚系数	油资源量 $10^8 t$	溶解气资源量 $10^8 m^3$
西部带	423.72	282.45	52.54	44.4	0.035	0.012	14.83	647.66
中部带	462.73	306.18	50.12	40.18	0.16	0.067	74.04	3348.04
东部带	101.7	72.6	6.68	4.62	0.11	0.047	11.19	314.56
北部带	18.08	11.05	2.02	1.5	0.025	0.002	0.45	4.27
南部带	26.32	15.3	1.52	1	0.055	0.012	1.45	17.92
小计	1032.55	687.58	112.88	91.7	0.099	0.038	101.96	4332.45

（2）类比法石油资源量计算。

以含油气组合为基本单位，根据各层系的油气成藏特征，含油层系相同、构造位置相同、油气藏类型相同的评价单元（区带）与刻度区优选类比，含油层系不同、构造位置不同、油气藏类型相同的评价单元（区带）与刻度区可以类比；不同含油气组合的评价单元（区带）与刻度区不进行类比。根据上述类比原则分别对黑帝庙油层、萨尔图油层、高台子油层和扶杨油层的评价单元进行类比评价。其中，黑帝庙油层的4个评价单元与常家围子刻度区类比；萨尔图油层、高台子油层的14个评价单元与江桥刻度区、敖南刻度区、古龙南刻度区、齐家北刻度区（G）类比；扶杨油层的9个评价单元与江桥刻度区、齐家北刻度区（F）类比。

根据不同评价单元成藏规律分析选择与其构造位置、油气藏类型相同或相近的刻度区进行类比，确定相似系数，乘以刻度区的地质资源丰度和可采资源丰度，最终计算黑帝庙油层常规油地质资源量为$15884.3 \times 10^4 t$，可采资源量为$3373.7 \times 10^4 t$；萨尔图油层常规油地质资源量为$251343.6 \times 10^4 t$，可采资源量为$114063.3 \times 10^4 t$；葡萄花油层常规油地质资源量为$337304.1 \times 10^4 t$，可采资源量为$127693.1 \times 10^4 t$；高台子油层常规油地质资源量为$105680.0 \times 10^4 t$，可采资源量为$42725 \times 10^4 t$；扶杨油层常规油地质资源量为$105216 \times 10^4 t$，可采资源量为$20610.4 \times 10^4 t$；合计松辽盆地北部中—浅层常规油地质资源量为$815428 \times 10^4 t$，可采资源量为$308465.5 \times 10^4 t$。

（3）石油资源综合评价。

松辽盆地北部中—浅层综合成因法、类比法等方法资源量计算结果，充分考虑每种方法风险，确定最终资源量，共划分为泰康隆起带、龙虎泡阶地、齐家凹陷、古龙凹陷、长垣背斜带、三肇凹陷、黑鱼泡凹陷、朝阳沟阶地、西部超覆带、长春岭背斜带和王府凹陷11个评价单元，由于勘探程度较高，常规资源以类比法的结果为准取$81.54 \times 10^8 t$，致密油资源取类比法的结果$12.72 \times 10^8 t$（表4-20）。

表 4-20 松辽盆地北部中—浅层油气资源评价汇总表

领域	评价单元	类比法 石油地质资源量 常规油，10⁸t	类比法 石油地质资源量 致密油，10⁸t	成因法 石油地质资源量 10⁸t	最终取值 常规油地质资源量 10⁸t	最终取值 致密油地质资源量 10⁸t
松辽盆地中—浅层	大庆长垣	52.86	3.06	101.96	类比法 81.54	类比法 12.72
	古龙凹陷	6.25	0.28			
	齐家凹陷	2.05	1.83			
	三肇凹陷	9.45	3.57			
	泰康隆起带	1.59				
	龙虎泡阶地	3.02	2.22			
	朝阳沟阶地	4.10	1.17			
	长春岭背斜带	0.51	0.27			
	王府凹陷	0.25	0.32			
	西部超覆带	0.54				
	黑鱼泡凹陷	0.22				
	绥化凹陷	0.39				
	绥棱背斜带	0.20				
	明水阶地	0.12				
	小计	81.55	12.72	101.96	81.54	12.72
	合计	94.27		101.96	94.26	

三、塔里木盆地常规石油与天然气资源评价

1. 常规油气地质特征

塔里木盆地是一个由古生代克拉通盆地与中生代—新生代前陆盆地组成的大型复合、叠合盆地，盆地历经多次沉降、隆升，不同构造层呈现不同的复杂构造特征，通常以下古生界"四隆五坳"的构造格局将盆地划分为 9 个一级构造单元：塔北隆起、巴楚隆起、塔中隆起、塔东隆起、库车坳陷、北部坳陷、西南坳陷、塘古坳陷和东南坳陷。在一级构造单元之下，根据其区域结构特征和隆坳形态，又进一步细化出 38 个二级构造单元。塔里木盆地地层齐全，厚度巨大，从震旦系到第四系均有分布，残留最大厚度达 18000m，震旦系—下二叠统为海相沉积和海陆交互相沉积，上二叠统—第四系为陆相沉积，局部有海相沉积。

1）区域地质特征

自震旦纪以来到第四纪，塔里木盆地经历了从海相、海陆过渡相到陆相的完整海退旋回沉积，地层厚度达18000m。岩性由碳酸盐岩、碳酸盐岩与碎屑岩互层、碎屑岩组成。盆地内主要发育碎屑岩和碳酸盐岩两大类储层，碳酸盐岩分布于下古生界寒武系—奥陶系，碎屑岩分布于上古生界—新近系，目前在两大类储层中都发现了工业性油流。

下古生界寒武系为浅水碳酸岩盐台地的白云岩和浅海盆地相泥晶灰岩、硅质岩，夹部分白云质灰岩、石灰岩、藻云岩，少量膏泥岩。奥陶系则为开阔台地相深灰色泥晶灰岩、泥岩，沉积范围比寒武系广。志留系属滨岸相灰绿色砂泥岩互层或浅灰色砂岩。

上古生界泥盆系以陆相棕红色、暗紫色、褐色砂泥岩为主，部分地区为细粒石英砂岩的滨岸沉积，含少量砾岩。石炭系为灰色灰岩，绿灰色、暗紫色砂泥岩夹部分蒸发岩的浅水台地、海陆交互、滨浅海环境沉积。二叠系为由灰白色灰岩、白云岩和海陆交互相的灰绿色砂泥岩再转化为棕红色、暗紫色、褐色砂泥岩的陆相沉积。

中生界三叠系为以深灰色、灰色泥岩夹灰绿色砂砾岩为主的湖泊—扇三角洲沉积或湖泊—三角洲沉积。湖泊环境中，半深湖和深湖的面积占整个湖盆面积的60%左右。侏罗系以灰绿色、灰色、暗紫色砂泥岩滨浅湖沉积为主，由于经过长期剥蚀、充填，地形夷平，湖泊面积比三叠纪时有所扩大但深湖所占的面积较小。白垩系则以棕红色砂岩、粉砂岩为主，属于较典型的陆相强氧化冲积平原上的河流沉积。

新生界古近—新近系为内陆河流—浅湖沉积，局部如塔西南地区可能由于受到来自古地中海海侵的影响，发育有少量局限海湾沉积。

2）烃源岩特征

优质烃源岩在垂向上主要赋存于海相寒武系—奥陶系、海陆交互相石炭系—二叠系和陆相三叠系—侏罗系。陆相三叠系—侏罗系烃源岩为前陆区主要烃源岩，寒武系烃源岩为台盆区主要烃源岩。

（1）台盆区寒武系—奥陶系海相烃源岩。台盆区的烃源岩包括寒武系烃源岩和中—上奥陶统烃源岩。寒武系烃源岩具有厚度大、分布广、有机质丰度高的特点，而中—上奥陶统分布局限、厚度小、有机质丰度低。东部寒武系烃源岩主要分布于古城坡折带以东地区，以欠补偿深水盆地相的灰质硅质泥岩与泥灰岩为主，TOC为0.5%~5.52%，厚度为153~336m。西部寒武系发育下寒武统玉尔吐斯组和中—下寒武统烃源岩。玉尔吐斯组为欠补偿深水盆地相黑色页岩，星火1井钻遇该套烃源岩，厚度为33m，TOC高达7%~14%；中—下寒武统蒸发潟湖相烃源岩主要发育于巴楚断隆及其周缘，以泥质泥晶云岩及泥质泥晶灰岩为主，TOC值可高达2.43%，最厚可达195m。中—上奥陶统发育两种有机相烃源岩，一是主要分布于阿瓦提凹陷与柯坪断隆的萨尔干组黑色页岩，为半闭塞欠补偿海湾相，有机质丰度为0.5%~2.7%，厚度仅10余米；另一类是分布在塔中、塔北古隆起周缘斜坡部位的良里塔格组灰泥丘相泥灰岩，厚度在20~300m不等，呈孤岛状局限分布，TOC值为0.5%~5.54%。

（2）库车坳陷三叠系—侏罗系烃源岩。库车坳陷三叠系—侏罗系湖相、沼泽相巨厚、高过成熟烃源为库车前陆盆地大中型气田的形成提供充足的物质。库车坳陷三叠系—侏罗系发育沼泽相和湖相两大类烃源岩。其中三叠系黄山街组发育湖相泥质烃源岩，厚度在0~400m之间，最大厚度分布在大北—克拉2一线；侏罗系烃源岩累计厚度可达1000m，其中泥岩厚度达650m，碳质泥岩厚度达330m，煤层累计厚度超过50m。烃源岩类型以腐殖型和偏腐殖型为主，泥岩中富氢组分总体含量低，含量小于10%；碳质泥岩和煤中镜质组与惰质组的含量大于50%，高达80%左右。

3）储层特征

塔里木盆地储层条件优越，储层具有类型全、物性好、层位多、埋深大、分布广等特点。储层类型包括碎屑岩和碳酸盐岩，层位上包括震旦系到新近系几乎各个层系。目前，除泥盆系和二叠系未发现工业油气流外，震旦系、寒武系、奥陶系、志留系、石炭系、三叠系、侏罗系、白垩系、古近系、新近系均已获得工业油气流，从而构成塔里木盆地10个重要产油层系，其埋深一般在3000~7300m之间，目前有越来越深的趋势。

4）成藏组合特征

塔里木盆地油气类型多样，具有多种成藏模式。

（1）前陆盐下挤压背斜天然气成藏模式。

该类模式主要分布在前陆坳陷古近—新近系膏盐层以下层系，大北—克深油气藏等属于该类模式。前陆盆地形成于中生代—新生代，烃源岩为三叠系—侏罗系湖相—沼泽相煤系泥岩，储层为古近系底部砾岩和白垩系砂岩，盖层为古近—新近系发育的两套膏泥岩，圈闭主要为中生界、新生界在中新世以来受到强烈挤压作用形成的逆冲背斜。控藏的关键因素为晚期快速生烃作用、膏岩层优越封盖能力、快速沉积欠压实作用形成的优良储层及大型挤压背斜圈闭。具有多期油气充注特征，分别为吉迪克组沉积期、康村组沉积期和库车组沉积期，该时期主体烃源岩已达到高成熟—过成熟阶段，以大量生气为主，同时，盐下大量挤压背斜及膏岩盖层已经形成，在大断裂输导作用下，天然气注入到圈闭聚集成藏。

（2）前陆盐上构造—岩性残余油藏模式。

该类模式主要分布在前陆坳陷古近—新近系膏盐层以上层系，大宛齐油藏属于这种模式。大宛齐构造于喜马拉雅运动末期在南天山的挤压应力作用下，古近系苏维依组膏盐层塑性上拱形成的穹隆型盐拱背斜，储层为新近系康村组和第四系，直接盖层为上覆泥岩、粉砂质泥岩，构造与岩性共同控制油藏。该类油藏形成时间与盐下背斜气藏相近，背斜翼部的大断裂断穿膏岩层沟通了烃源岩、储层，是深部油气的垂向运移通道，由于储层之上缺乏膏泥岩，盖层的封盖能力相对较差，天然气和轻烃组分大量散失，只有分子量较大的重组分保留下来形成残余油藏。

（3）前陆前缘斜坡构造—岩性油气成藏模式。

该类模式主要分布在前陆坳陷前缘斜坡与台盆叠置区，油气可来自前陆坳陷侏罗系及台盆区古生界两大烃源岩层，东河油藏、轮南油藏、呀哈油藏和羊塔克油藏等属于该类模式。储层主要为侏罗系湖相和白垩系河流相砂体，经历了两期大量油气充注，一期是在晚白垩世，另一期是在新近纪，成藏时期主要为新近纪吉迪克组沉积期。前缘斜坡区构造相对平缓，圈闭类型主要为地层超覆、断块和构造—岩性，由于断层活动对油气运移控制作用较强，主要形成构造—岩性油气藏。前缘带上玉东—英买力地区工业油气流的突破，进一步证实了该成藏模式成藏比较有利。

（4）台盆古隆起碳酸盐岩风化壳—层间岩溶立体组合油气成藏模式。

该类成藏模式主要分布在台盆区塔北和塔中的寒武系—奥陶系碳酸盐岩剥蚀—风化

区，塔中Ⅰ号、塔北轮南等寒武系—奥陶系油藏属于该类模式。烃源岩主要为寒武系—下奥陶统海相灰质—硅质泥岩、泥灰岩和上奥陶统良里塔格组泥质泥晶灰岩与藻灰质泥岩，此外，原油裂解气也是一种重要气源。储层为奥陶系、寒武系碳酸盐岩和礁滩体，储集空间为中晚加里东期—海西早期形成的溶蚀缝洞，多沿断裂和古水系发育。盖层主要为区域分布的中—上奥陶统、石炭系和中生界—新生界泥岩。总体上，历经晚志留世—早泥盆世、白垩纪—古近纪、新近纪三个油气运聚期。第一期，塔中古隆起已经形成，大量汇聚油气，而塔北隆起未形成，呈零星分散充注，整体上以石油为主；第二期，由于在早海西期塔中与塔北的地势发生了逆转，塔北高出塔中3000m以上，并一直持续到古近纪，因此，塔北隆起大量汇聚油气，但仍以石油为主；第三期，塔北与塔中埋深基本相当，皆以充注寒武系—下奥陶统形成的高成熟—过成熟天然气及早期原油裂解气为主，局部地区上奥陶统自生自储形成油藏。整体上，隆起—斜坡之间发育多套碳酸盐岩丘风化面与层间岩溶储层，纵向叠置，横向连片，形成立体组合系统，控制油气分布。值得指出的是，由于裂缝—溶洞非均质性强，分隔层发育，晚期形成的天然气难以完全驱替石油，现今的气藏主要围绕2大隆起斜坡分布。近年塔里木油田在塔北古隆起斜坡区哈拉哈塘地区获得重大突破，充分说明了该类成藏模式具有巨大的勘探潜力。

（5）台盆古隆起碎屑岩复合油藏模式。

该类成藏模式主要分布在台盆区古隆起碳酸盐岩层上覆地层，含油气层系主要为志留系—三叠系，油气来源为寒武系—奥陶系烃源岩，大断层是重要输导通道。志留系柯坪塔格组、泥盆系东河塘组是两套优质的海相碎屑岩储层，岩性为石英砂岩，储集性能优良，已发现的英买34井区、英买35井区志留系油藏和哈得4井区泥盆系油田开发效果较好；三叠系为陆相碎屑岩储层，发现解放渠、吉南等高产油田。这里应该指出的是，三叠系为前陆与台盆过渡阶段的沉积，但大面积分布于台盆区域，油气源主要为台盆区深层海相烃源岩，所以列在该类成藏模式内。油气大量注入主要有两期：第一期为志留纪晚期—泥盆纪末期，该期区域盖层没有形成，并且隆升剥蚀作用强烈，油藏被破坏严重，分布广泛的志留系沥青砂岩为该阶段的产物。第二期为二叠纪晚期—三叠纪，该期石炭系和三叠系泥岩发育，成岩作用加强，形成良好区域盖层，使得二叠纪末期和三叠纪形成的油藏得以大量保存。之后的构造运动对台盆区深层改造较小，深层烃源岩形成的高成熟—过成熟天然气很少进入到上述层系。针对上古生界来说，油藏主要在二叠纪晚期—三叠纪形成。志留系、泥盆系和石炭系主要发育低幅度构造和地层岩性圈闭，同时由于储层埋藏较深，物性偏差，岩性对油气分布具有一定控制作用，总体上，以低幅度构造—岩性、地层—岩性油藏模式为主。该类油藏受砂层和断裂输导条件的影响较大，大断裂附近岩性、地层圈闭的成藏比较有利。

（6）台盆长期斜坡浅层反转构造—岩性油气成藏模式。

该类模式主要分布在盆地东缘孔雀河斜坡区，英南2气藏等属于该类模式。孔雀河斜坡区在震旦纪和寒武纪—早奥陶世末处于拉张状态，并产生少量正断层，中、晚奥陶世末期，正断层开始发生反转，出现一系列新的以北西西向为主的逆断层，随后，挤压运动逐渐加强，持续到三叠纪，不仅下古生界、志留系遭到部分剥蚀，还缺失了整个上古生界与三叠系。侏罗纪末发生小规模继承性构造运动，侏罗系遭到一定剥蚀，孔雀河斜坡最终定型。该区油气来自满加尔凹陷、英吉苏凹陷及研究区的寒武系—下奥陶统，储层为寒武系、奥陶系碳酸盐岩及中生界砂岩，油气充注主要在志留纪末、侏罗纪末和白垩纪末，志留纪末期主要是奥陶系—志留系内形成油气藏，二叠纪末开始注入大量高成熟、过成熟天然气并转变为凝析油气—湿气藏，后受印支运动和燕山运动影响古凝析油气藏被破坏，至侏罗纪末，部分油气沿断裂向上运移进入侏罗系，但构造运动频繁，盖层未形成，成藏概率较小。至晚白垩世末，寒武系—奥陶系烃源岩二次生气，侏罗系、白垩系泥岩和致密砂岩盖层形成，高成熟、过成熟天然气沿断裂注入圈闭得以保存。总体上，长期反转古斜坡的反转构造、岩性圈闭比较发育，以反转构造—岩性油气成藏模式为主。

（7）台盆长期凸起深层构造—岩性残余油气成藏模式。

该类成藏模式主要分布在台盆东南部的低凸起区深层，塔东2油藏属于该类模式。东南部的塔东低凸起对油气控制作用较大。该区在加里东末期普遍抬升开始向东翘起，变为东高西低的新构造面貌，塔东—罗南低凸起开始形成，海西—印支期逐渐大范围隆升，并向北迁移，使得英吉苏地区上古生界遭受一定的剥蚀，而塔东低凸起、古城鼻隆在印支末期基本定型，随后接受了4000m左右中生界—新生界。塔东低凸起北邻满加尔凹陷和英吉苏凹陷，寒武系—侏罗系发育多套储层，与层间和区域盖层形成良好组合。目前，该区还没有较大突破，只有塔东2井在寒武系获少量油气，该油气藏在寒武纪聚集，海西晚期—印支期被破坏导致油气大量散失后，残余的油气保留至今而形成，为寒武系残余古油藏。

2. 评价单元划分

塔里木盆地油气资源以常规油气为主。常规石油主要分布在塔中隆起志留系和石炭系、塔北隆起中西部奥陶系及其以上的含油层系、北部坳陷中西部、西南坳陷的麦盖提斜坡和塘古孜巴斯凹陷。常规天然气主要分布为库车坳陷中东部、西南坳陷天山山前构造带、北部坳陷东部、塔东隆起和东南坳陷。由于本次资源评价的评价包括盆地评价、构造单元评价、层系评价、区带评价与区块评价等层次，塔里木盆地油气资源评价单元划分将按盆地→区带→层系进行，常规油气评价分库车前陆盆地和台盆区两个部分进行资源评价，评价层系包括新近系、古近系、白垩系、侏罗系、三叠系、石炭系、泥盆系、志留系、奥陶系和寒武系，重点是白垩系、石炭系、奥陶系和寒武系评价，评价区带厘定为107个（表4-21）。

3. 刻度区解剖与参数取值

1）刻度区选择与分类

根据塔里木盆地地质特征与油气成藏特点，建立2大类、3亚类、6小类常规油气刻度区分类方案（表4-22）。运聚单元级刻度区包括克拉苏冲断带、塔中北部斜坡带、哈拉哈塘—轮南刻度区，补充细化牙哈构造带（N、E、K油气藏）、却勒—玉东—羊塔克构造带（E、K油气藏）、东秋—迪那区带、新垦—轮古西区带（O）、轮古东区带（O）、哈得逊构造带（C）、塔中26-82井区奥陶系礁滩体凝析气藏、中古8-43井区下奥陶统层间岩溶型凝析气藏、塔中45井区奥陶系油藏、塔中10号构造带、柯克亚构造带、塔中中央低凸起带、玛扎塔格构造带和轮南—桑塔木（T—C）区带等区带、区块级刻度区。

表 4-21 塔里木盆地区带评价分布表

序号	区带名称	序号	区带名称	序号	区带名称
1	乌什西—阿合奇构造带	37	七郎滩构造带	73	米兰构造带
2	西瓜岩性带	38	沙南构造带	74	罗西台缘带
3	古木别兹构造带	39	乌鲁桥构造带	75	罗布泊岩溶带
4	神木园构造带	40	阿满低凸起	76	巴什布拉克构造带
5	博孜—阿瓦特构造带	41	满西低梁构造带	77	乌恰构造带
6	大北—克深构造带	42	觉马构造带	78	喀什构造带
7	北部单斜带	43	群克构造带	79	阿图什构造带
8	依深构造带	44	满东构造带	80	西克尔构造带
9	吐格尔明构造带	45	大西海构造带	81	苏盖特构造带
10	依南构造带	46	龙口构造带	82	乌泊尔构造带
11	吐孜洛克构造带	47	维马克构造带	83	英吉莎构造带
12	明北构造带	48	英北构造带	84	棋北鼻状构造带
13	却勒构造带	49	英南构造带	85	棋北—固满构造带
14	西秋构造带	50	古城台缘带	86	柯克亚构造带
15	迪那—东秋构造带	51	乔来买提构造带	87	柯东构造带
16	阳北构造带	52	色力布亚构造带	88	克拉托构造带
17	塔北寒武系区带	53	康塔库木构造带	89	群苦恰克构造带
18	四石场构造带	54	康西构造带	90	阔什拉普构造带
19	沙井子构造带	55	古董山构造带	91	吐曼塔勒岩性带
20	大尤都斯构造带	56	卡拉沙依构造带	92	鸟山构造带
21	羊塔克构造带	57	曲许盖构造带	93	捷得帕星构造带
22	牙哈构造带	58	吐木休克构造带	94	布瓦什岩性带
23	红旗构造带	59	罗斯塔格构造带	95	玛东构造带
24	雅克拉岩溶带	60	巴东构造带	96	塘北岩溶带
25	英买 7 构造带	61	和田河构造带	97	塘南台缘带
26	英买 32 岩溶带	62	小海子构造带	98	塘南岩溶带
27	喀拉玉尔滚构造带	63	塔中 10 构造带	99	安迪尔北构造带
28	马纳力克构造带	64	塔中 1 号台缘带	100	塘古岩溶带
29	胜利构造带	65	中央构造带	101	民北构造带
30	英买 1-2 复合带	66	塔中北斜坡层间岩溶带	102	民南构造带
31	哈得逊复合带	67	塔中东部岩溶带	103	于田—雅尔通构造带
32	轮南区带	68	塔中寒武系岩溶带	104	策勒构造带
33	东河塘构造带	69	塔东构造带	105	江格萨依构造带
34	哈拉哈塘岩溶带	70	米兰南构造带	106	阿羌构造带
35	库南潜山带	71	古城构造带	107	若羌构造带
36	满加尔—顺南区带	72	英东阿拉干构造带		

表4-22 塔里木探区油气资源评价刻度区库建设分类统计表

大类	亚类	类型	刻度区名称	个数
构造型	压陷盆地构造型	前陆盆地	前陆冲断带构造型	克拉苏冲断带（E、K）、东秋—迪那构造带（E、N）、柯克亚构造带（N、E）	3
			前陆前缘隆起构造型	牙哈构造带（E、N、K）、却勒1—羊塔克构造带（E、K）	2
	克拉通盆地构造型		克拉通内部隆起型	群库恰克构造带（C）、玛扎塔格构造带（C、O）、塔中10号构造带（C、S）	3
岩性型	克拉通型	古隆起	岩溶组合	轮南低凸起刻度区（O）、轮古东带（O）、轮古西区带（O）、新垦—哈6区块（O）、塔中北斜坡碳酸盐岩（O）、中古8-43井区（O₁y）	6
		台缘	海侵礁滩组合	塔中26-82井区（O₃l）、塔中45-86井区（O₃l）	2
		台内	海侵滩坝组合	哈得逊构造带（C）	1
合计					17

2）克拉苏构造带刻度区解剖实例

（1）刻度区概况。

克拉苏构造带是库车前陆盆地前陆冲断带的主体，位于拜城凹陷与北部单斜带之间。该区油气成藏条件优越，发育优质储层、五套烃源岩、多条逆冲油源断层、成群成带的构造圈闭、优质的膏盐盖层、晚期大量生气和晚期成藏等，储层主要分布在库姆格列木组底砾岩（$E_{1+2}km$）、巴什基奇克组（K_1bs）和巴西盖组（K_1bx），储层相对低孔低渗，油气藏类型从圈闭成因上看主要为构造型油气藏，主要是完整背斜型（如克拉2气藏、克深1-2气藏）、断背斜型油气藏（如大北气藏），在大北地区断裂破碎部位存在断块型油气藏，油气藏具有明显的边底水特征。从相态类型上，该区油气藏主要为干气藏，但含少量的凝析油。克拉2气藏为干气藏，但在开发过程中截至2011年已累产油$2.98×10^4t$，大北气田探明凝析油储量$309×10^4t$，克拉3气藏也产有少量油。2012年博孜1井加深获得突破，为凝析油气藏。该区成藏特点具有断裂控藏，早油晚气，阶段聚气，油气不同源不同期的特点。由于构造演化的差异性，使得克拉苏构造带的构造与成藏具有明显的分带性和分段性。从西向东可划分为阿瓦特段、博孜段、大北—克深5段、克深1-2段和克拉3段，从北往南根据大断裂的发育，可划分为克拉区带、克深北区带和克深南区带。

克拉苏构造带油气藏具有异常高压的特征，其中克拉区带压力系数达到2.0~2.21，克深区带的压力系数也达到1.54~1.83。具有正常的温度系统，平均地温梯度为2.1~2.9℃/100m。

（2）刻度区成藏地质条件。

克拉苏构造带具有非常优越的油气成藏地质条件，具有形成万亿立方米大气区的资源基础：大型叠瓦冲断构造为大油气区的形成奠定了良好的圈闭基础；优越的烃源条件与晚期强充注为大气区的形成提供了充足的气源；深层发育大规模有效砂岩储层，为大气区的形成提供了良好的储集空间；巨厚膏盐岩为深层大气区的形成提供了优越的盖层保存条件；高源储压差为天然气的强充注提供动力条件；断储盖组合有效匹配，构造定型期与主生气期有效匹配为大气区的形成提供了很好的配套条件。

① 充足的气源及超压强充注是大气田形成的物质基础。

库车坳陷烃源岩分布范围广、厚度大。库车坳陷三叠系、侏罗系发育两大类烃源岩，即煤系烃源岩和湖相烃源岩，其沉积环境分别为沼泽相和湖相。这两大类烃源岩主要由六套烃源岩组成，分别是侏罗系恰克马克组（J_2q）、克孜勒努尔组（J_2k）、阳霞组（J_1y），三叠系塔里奇克组（T_3t）、黄山街组（T_3h）和克拉玛依组（$T_{2+3}k$）。其中克孜勒努尔组、阳霞组和塔里奇克组为煤系烃源岩，恰克马克组、黄山街组和克拉玛依组为湖相烃源岩。三叠系—侏罗系最大厚度及沉积中心位于库车坳陷北部，累计残余厚度为2000~3200m，其中烃源岩厚800~1000m。烃源岩类型以腐殖型和偏腐殖型为主，有机质丰度较高，成熟度在平面上差别较大，从低成熟至过成熟均有分布。巨厚高丰度、高成熟的Ⅲ型烃源岩是库车坳陷富含天然气的重要基础。

② 广泛分布的巨厚裂缝型砂岩储层是油气富集高产的关键。

中生代以来，库车前陆盆地总体呈现北山南盆的古地理格局，控制了沉积相带的展布。白垩系巴什基奇组由北向南依次为冲积扇、扇三角州或辫状河三角洲、滨浅湖沉积体系。冲积扇及扇三角州（或辫状河三角洲）垂向上表现为多期扇体间互叠置，横向上表现为多个扇体交互镶嵌，形成的冲积扇—扇三角州（或辫状河三角洲）复合体直接进入湖盆，构成了白垩系规模巨大的砂体。其中扇三角洲（或辫状河三角洲）前缘相带分布最广，涵盖了库车前陆冲断带北部单斜带以南的广大地区。克拉苏构造带整体处于三角洲前渊近端相带，微相类型以水下分流河道、河口坝为主，其中水下分流河道微相占绝对优势。白垩系巴什基奇克组沉积横向稳定、砂体连续性好，泥岩薄且不连续，顶部被剥蚀，总体呈东厚西薄趋势，厚41.5~361m，一般大于200m，砂地比70%左右。岩石类型为中细—细粒岩屑长石砂岩或长石岩屑砂岩，分选中等—好，成分成熟度、结构成熟度中等，储层总体上表现出大面积连片分布的特点。优质储层平面上主要分布在主扇体水下分流河道的断裂带、构造背斜核部，如大北—克深1—克深2构造带及博孜1井以北构造带。深层主扇体部位有效储层厚度大，一般达60~200m，优质储层厚度一般为120~180m。

储集空间以溶蚀孔、微孔和裂缝为主，大部分具有连通性，基质孔隙度主要分布在6%~8%之间，基质渗透率为0.01~0.1mD，储层整体表现为低孔低渗的特点，但裂缝比较发育，属于裂缝型砂岩储层。在测试中大部分井通过储层改造获得了高产气流，无阻流量达（160~280）×$10^4 m^3$/d，部分井未经储层改造即可获得日产百万立方米气的产能。裂缝的发育有效改善了储层的储集性能和渗透性能，尤其是晚期构造破裂作用形成的裂缝基本未充填，裂缝沟通孔隙形成了有效的油气运移通道。

③ 盐下大量构造圈闭的发育为油气聚集提供广阔空间。

精细构造解释与成图发现，库车前陆冲断带深层呈"多层楼"构造样式，大型构造成排成带展布。以克拉苏断层为界，可划分为北部克拉区带与南部克深区带。克深区带的构造样式主要表现为受克拉苏断层与拜城北断层共同夹持的楔形断块。受滑脱面的影响，楔形块体内发育一系列相同倾向的逆冲断层，其间夹持着背斜构造，构成逆冲叠瓦冲断构造。该类构造对于油气藏的形成极为有利，其中逆冲断层沟通深部烃源岩，成为油气向浅部运移的良好通道；而背斜构造则提供了良好的油气汇聚场所，在断层的控制下叠瓦状背斜差异升降使得地层差异对接，提供良好的侧向封挡条件，有利于大型油气藏的形成。目前，地震勘探于冲断带盐下深层共发现33个大型构造圈闭，总面积1544km²，平均单个圈闭面积47km²，最大圈闭面积165km²。从圈闭发育程度看，冲断带深层盐下大量发育的构造圈闭为油气聚集提供了广阔空间。

④ 区域性巨厚膏盐岩盖层是盐下油气富集的重要保证。

勘探实践表明，膏盐岩封盖能力强，是最佳的油气封盖层。库车前陆克拉苏构造带古近系膏盐岩、膏泥岩层基本覆盖全区，厚度较大（一般为100~300m），是该区大中型高压气田封盖和保存的关键条件。由于膏盐岩地层塑性流动及沉积差异，膏盐岩层不均衡分布，表现为厚度与岩相差异大，钻井揭示膏盐岩层厚度从几十米到几千米不等，局部厚达3000m以上。

分析库车坳陷油气分布以及盖层分布的匹配关系（图4-18），油气主要富集在库姆格列木组及吉迪克组盐岩和膏泥岩之下，大宛齐油藏调整原因取决于盐岩脆塑性转变过程，克拉5、克参1、克拉1等井的失利在于膏盐岩埋深浅于3000m，为脆性变形断裂切穿，不利于油气保存。整体分析，库车坳陷大面积分布具有塑性特征的膏岩和盐岩盖层，对油气藏的保存具有很重要作用。

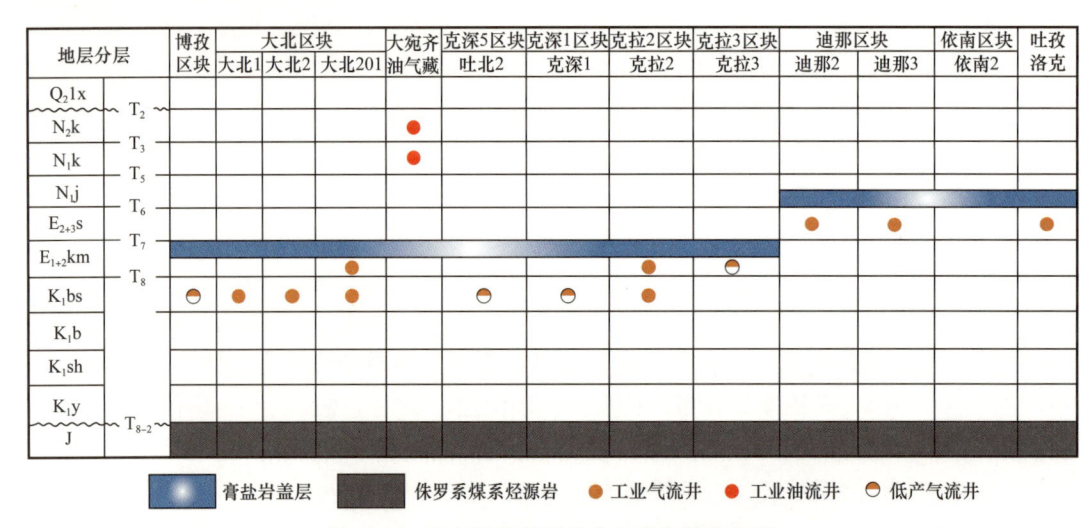

图4-18 库车坳陷盖层分布与油气分布关系

⑤ 主生气期与构造定型期良好匹配决定晚期高效成藏。

克深—大北地区盐下深层构造的形成与区域构造挤压关系密切，主要是晚喜马拉雅期强烈冲断挤压形成，上新世—第四纪是克拉苏构造带形成的主要时期，主体构造基本都是在库车中—晚期定型。而烃源岩生烃史研究也表明库车坳陷三叠系—侏罗系烃源岩主要生气期在库车组沉积以来。主生气期与构造定型期的良好匹配决定了克拉苏冲断带盐下晚期高效成藏，晚期构造定型有利于晚期生成的大量天然气的聚集和保持。主生气期与构造定型期的匹配，构造圈闭、储层与生气中心的有效叠合以及优质的储盖组合决定了大北—克拉苏构造带的晚期高效成藏及有效保存，是形成大气田的重要原因。

（3）刻度区资源潜力。

根据克拉苏构造带刻度区的构造圈闭控藏、目前圈闭落实程度较高、勘探历程也存在起伏、近期勘探发现大等特点，优选资源量计算方法有油藏规模序列法、圈闭加和法和圈闭地质类比法。

① 油藏规模序列法。

本次评价利用分段式规模序列法进行油气藏规模和数量的预测，符合实际地质情况。克拉苏构造带最大气藏应该已经发现，即克拉2气田为最大气田。最小气田规模则参考已发现最小气田克拉3的 $33.67 \times 10^8 m^3$ 和克深21圈闭的 $26.7 \times 10^8 m^3$，圈闭资源量取 $20 \times 10^8 m^3$。因为已发现气藏个数仍不能很好地满足气藏序列的准确预测，所以将基本落实的储备圈闭的资源量考虑进来与已发现油气藏放在一起进行规模序列的拟合，可以看出克拉苏构造带气藏至少符合2个以上的序列（图4-19）。利用分段拟合的方法对气藏的规模序列进行了预测，据此预测气藏个数为85个，预测剩余天然气资源量为 $15601.52 \times 10^8 m^3$，预测天然气总资源量为 $28826.2 \times 10^8 m^3$，仍有3~4个储量超过 $1000 \times 10^8 m^3$ 的大型气藏未被发现（图4-20）。

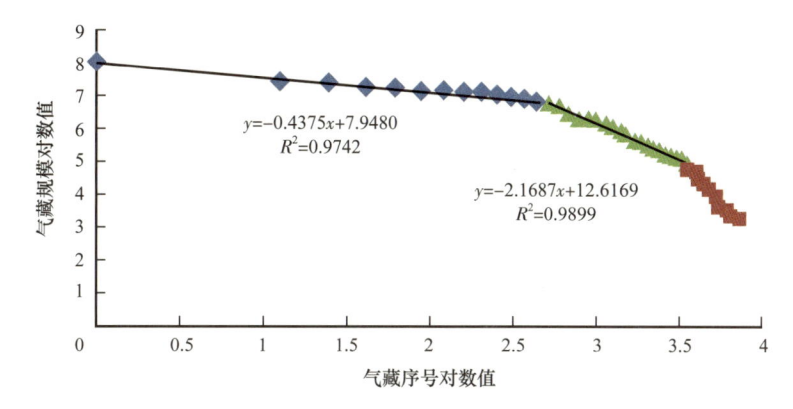

图4-19 克拉苏构造带已发现气藏或圈闭的序列号与气藏规模双对数图

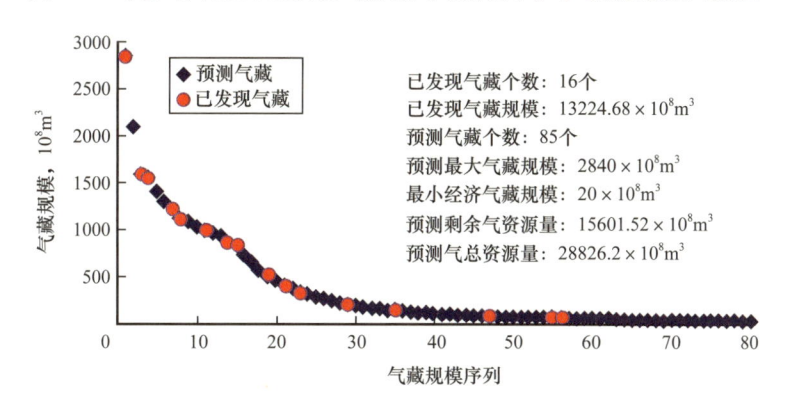

图4-20 克拉苏构造带天然气藏规模序列法预测结果

对于油藏，通过将预测圈闭资源量和已发现油藏储量放在一起进行规模序列拟合后，发现至少存在2个序列（图4-21）。目前已发现的博孜1油藏控制储量为 $980 \times 10^4 t$，可能并不是最大油藏，最大油藏可能为博孜4圈闭，预测最大油藏规模为 $1320 \times 10^4 t$，最小油藏规模参考已发现的大北2井区的 $35.09 \times 10^4 t$，取 $30 \times 10^4 t$。利用分段拟合的方法对油藏的规模序列进行了预测，预测油藏个数为36个，预测剩余石油资源量为 $9368.8 \times 10^4 t$，预测石油总资源量为 10494.84×10⁴t，仍有 7 个储量超过 400×10⁴t 的油藏未被发现，主要分布在克拉苏构造带西段（图 4-22）。

②圈闭加和法。

根据塔里木油田 2014 年最新圈闭评价结果，大北—克拉苏构造带深层共发育 46 个圈闭，其中已探明圈闭 9 个，已控制 2 个，已预测 3 个，已有油气发现 1 个，落实的圈闭 26 个，未落实圈闭 5 个。按照相应的圈闭类别采用相应的计算公式和方法，据此计算出的天然气总资源量为 29214.31×10⁸m³，剩余气资源量为 15989.63×10⁸m³（表 4-23）。

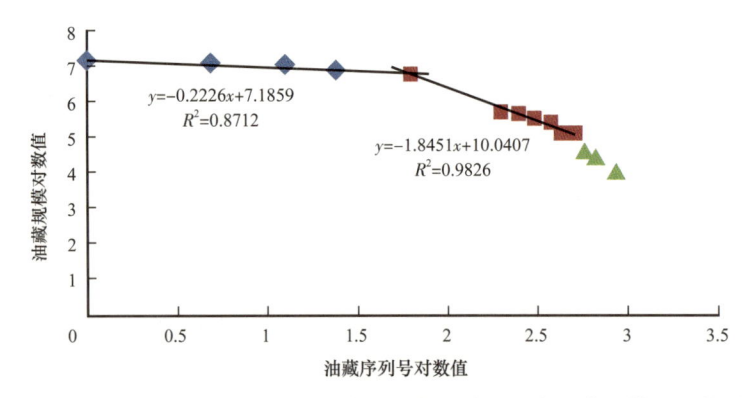

图 4-21 克拉苏构造带已发现油藏或圈闭的序列号与油藏规模双对数图

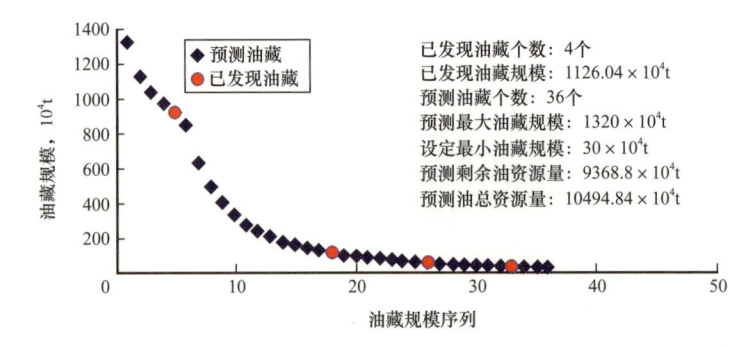

图 4-22 克拉苏构造带油藏规模序列法预测结果

表 4-23 克拉苏构造带刻度区圈闭分级及资源量计算表

圈闭级别	已探明	已控制	已预测	已有油气发现	已落实	未落实
圈闭个数，个	9	2	3	1	26	5
圈闭面积，km²				38.0	840.2	87.9
天然气储量，10⁸m³	8951.25	1892.79	2380.644	710.44	11925.67	3353.52
石油储量，10⁴t	204.84	505.52				

③圈闭地质类比法。

对大北克拉苏构造带的 35 个储备圈闭进行了地质条件评价和圈闭油气资源量的计算。通过圈闭地质类比法，预测大北—克拉苏刻度区的天然气总资源量为 29329.54×10⁸m³，石油总资源量为 10508.86t。克深段、大北段烃源岩成熟度高，为天然气聚集区，博孜段和阿瓦特段为油气并存,大部分剩余石油资源位于这两个区带。

④特尔菲法资源量汇总。

应用特尔菲加权法将上述三种方法计算的资源量进行综合(表4-24),由于不同方法的原理不同,根据其可信程度分别赋予不同的权重系数:规模序列法赋予0.2的权重;圈闭加和法赋予0.3的权重,圈闭地质类比法则是从地质条件类比出发,赋予最大的权重为0.5。最后计算得到克拉苏构造带刻度区天然气总资源量为$2.9 \times 10^{12} m^3$,石油资源量为$1.1 \times 10^8 t$。

表4-24 克拉苏构造带刻度区资源量汇总表

计算方法	天然气资源量,$10^8 m^3$	特尔菲权重	油资源量,$10^4 t$	特尔菲权重
规模序列法	28826.2	0.2	10494.84	0.4
圈闭加和法	29214.31	0.3		
圈闭地质类比法	29329.54	0.5	10508.86	0.6
特尔菲综合	29194.30		10503.25	

(4)关键参数研究。

①资源丰度与储量丰度。

克拉苏构造带刻度区天然气地质资源量为$29194.30 \times 10^8 m^3$,石油地质资源量为$10503.25 \times 10^4 t$,构造带的面积为$5718.07 km^2$,计算天然气平均地质资源丰度为$5.11 \times 10^8 m^3/km^2$,石油平均地质资源丰度为$1.84 \times 10^4 t/km^2$,为典型的富气构造带。

克拉苏构造带刻度区气藏储量丰度介于$(4.68 \sim 40.41) \times 10^8 m^3/km^2$之间,最大储量丰度为克拉2 K_1bs气藏,这主要是因为储层厚度大、圈闭幅度高,平均气藏储量丰度为$16.20 \times 10^8 m^3/km^2$。

②可采系数。

根据克拉苏构造带刻度区已发现油气藏的采收率统计分析,该区主要以气藏、凝析油气藏为主。天然气采收率介于60%~75%之间,平均为66.4%;凝析油采收率介于50%~60%之间,平均为54%。

③运聚系数。

本次解剖的克拉苏构造带刻度区并不是严格意义上的运聚单元级刻度区,其范围比其所在的运聚单元范围要小。根据地质认识,认为解剖的克拉苏构造带刻度区的资源量占其所在运聚单元范围内总资源量的80%,进而计算出真正运聚单元意义上的刻度区资源量为石油$10503.25 \times 10^4 t/80\% = 13129.06 \times 10^4 t$,天然气$29194.31 \times 10^8 m^3/80\% = 36492.89 \times 10^8 m^3$。通过盆地模拟,该运聚单元的生油量为$174.71 \times 10^8 t$、生气量为$751765.00 \times 10^8 m^3$,从而得到克拉苏运聚单元级刻度区的油运聚系数为0.75%、气运聚系数为4.85%。

4.塔里木盆地常规油气关键参数取值

通过刻度区解剖,建立评价参数体系和预测模型,获得地质条件定量描述参数、资源量计算参数,如运聚系数、资源丰度等关键参数,为塔里木盆地常规油气资源类比评价提供参考依据(表4-25至表4-27)。

表 4-25 塔里木盆地运聚单元级刻度区运聚系数统计表

刻度区名称	刻度区类型	油运聚系数，%	气运聚系数，%
克拉苏构造带	前陆冲断带构造型	0.6	3.42
塔中北斜坡	碳酸盐岩（O） 克拉通内部隆起岩溶储层	0.86	0.79
塔中北斜坡	碎屑岩 克拉通内部隆起构造圈闭型	0.16	0.01
塔中北斜坡	总体 克拉通内部隆起型	1.02	0.80
轮南低凸起	碳酸盐岩（O） 克拉通边缘隆起岩溶储层	4.24	0.46
轮南低凸起	碎屑岩 克拉通边缘隆起构造圈闭型	0.50	0.04
轮南低凸起	总体 克拉通边缘隆起型	4.74	0.50

表 4-26 塔里木盆地 18 个典型刻度区资源丰度统计表

刻度区名称	刻度区面积 km²	已发现折探明储量 油 10⁴t	已发现折探明储量 气 10⁸m³	综合法资源量结果 油 10⁴t	综合法资源量结果 气 10⁸m³	资源丰度 油 10⁴t/km²	资源丰度 气 10⁸m³/km²
牙哈构造带（E、N、K）	5174.80	3414.94	380.32	4442.46	553.72	7.73	0.96
东秋—迪那（E、N）	1420.55	1434.66	1872.31	2324.45	2990.80	1.64	2.11
却勒1—羊塔克构造带（E、K）	458.12	1133.86	304.55	2111.90	555.57	4.61	1.21
哈得逊构造带（C）	973.00	12763.58	15.28	17150.59	20.62	17.63	0.02
塔中10号构造带（C、S）	987.03	6527.49	6.33	8709.63	9.76	8.82	0.01
柯克亚构造带（E₂k）	480.00	221.97	46.35	221.97	46.35	0.46	0.10
柯克亚构造带（N）	480.00	2776.70	352.42	2776.70	352.42	5.78	0.73
群库恰克构造带（C）	390.00	7681.94	156.70	12593.10	293.35	32.29	0.75
玛扎塔格构造带（C、O）	421.00		616.94		1068.40		2.54
新垦—哈6区带（O）	882.50	24633.15	225.61	32117.43	294.16	36.39	0.33
轮古西区带（O）	287.60	12810.55	55.55	13181.61	57.16	45.83	0.20
轮古东区带（O）	678.80	855.93	1000.33	1375.19	1607.20	2.03	2.37
塔中26-82井区（O）	277.09	3994.07	922.71	3994.07	922.71	14.41	3.33
中古8-43井区（O）	515.69	10976.27	2524.48	10976.27	2524.48	21.28	4.90
塔中45井区（O）	82.50	2058.60	167.02	2058.60	167.02	24.95	2.02

表 4-27 塔里木盆地可采系数统计结果表

岩性	类型	层位	数据个数	极大值 %	分布区间 %	众数值 %	算术平均 %	探明已开发平均值 %	采用值 %	备注
碎屑岩	油	N	25	55	30~40	30	30.56	30.43	30	大宛齐、柯克亚、牙哈、迪那等
		E	19	55	40~50	40.01	36.95	39.46	39	英买力、牙哈、东河塘、羊塔等
		K	17	60	20~30	30	38.82		38	英买力、牙哈、神木1等
		J	7	40.07	20~30		23.2	30.925	30	轮南2、轮西1、东河塘、依奇克里克等
		T	53	56	10~20	10	22.5	29.72	29	轮南、桑塔木、塔河油田
		C	29	37.75	20~30	30	19.93	27.77	27	塔中、哈得逊、东河塘、巴什托普油田
		S	15	22.11	20~30	20.5	19.18	12.96	16	塔中11、47、50、16、英买34
	气	N	22	75	60~70	70	63.62	50.92	60	柯克亚、牙哈、迪那、吐孜
		E	24	75	50~60	55	60.25	67.57	65	英买力、牙哈、克拉2、玉东等
		K	21	75	60~70	60	63.62	64.99	65	克拉2、大北、克深、羊塔、玉东等
		J	5	75	70~80	70	69.99		70	轮南2井区、依南2、依深等
		T	10	80	50~60	50	58.7	57.86	58	吉拉克、桑塔木
		C	7	70.06	60~70		64.9	57.01	60	吉拉克、和田河
碳酸盐岩	油	O	76	40	10~20	12	21.18	13.15	17	轮南、塔河、塔中
	气	O	27	86	60~70	60	61.4	56.49	60	塔中Ⅰ号带、桑塔木、轮古东

5. 塔里木常规石油与天然气资源潜力评价

在盆地级资源量评价中，成因法主要是通过盆地模拟算出盆地的生烃量，通过运聚系数转化求得盆地资源量；统计法采用的是层系石油和天然气的规模序列法；类比法采用了区带类比法和层系类比法，区带类比法又分为直接类比法和综合类比法两种。

1）成因法油气资源量计算

盆地模拟包含地史模拟（沉降史、埋藏史、构造演化史等）、热史模拟（热流史、地温史、有机质演化史等）、成岩史模拟（单因素模拟、成岩阶段评价等）、生烃史与排烃史模拟（生烃量、生烃时间、排烃量、排烃时间等）、油气运移聚集史模拟等（2D构造油藏流线模拟、3D油气运移和充注模拟、3D达西流模拟等）。通过对18个评价层系、11个烃源层、3大类烃源岩（泥岩、煤岩、石灰岩）进行评价，划分11个模拟分区。在确定盆地模拟关键参数之后，开展地史模拟、热史模拟、生烃史与排烃史模拟。基于关键时刻的油势、气势、构造、R_o、生油气强度等图件，进行运聚单元的划分和评价；结合刻度区运聚单元运聚系数研究结果，分别对各运聚单元的运聚系数进行类比计算，由运聚单元的生油气量和运聚系数确定各运聚单元的资源量，最后计算整个盆地的资源量。

本次评价将寒武系—奥陶系烃源岩划分为10个运聚单元，石炭系划分为10个运聚单元，二叠系、三叠系各划分为7个运聚单元，侏罗系划分为9个运聚单元。根据运聚单元的运聚系数和生油气量求得各运聚单元资源量（表4-28、表4-29），汇总后得到成因法盆地常规资源量为石油 $97.53 \times 10^8 t$、气 $176919 \times 10^8 m^3$，油气当量 $238.52 \times 10^8 t$。

表4-28 运聚单元石油资源量结果表　　单位：$10^8 t$

烃源岩层	1	2	3	4	5	6	7	8	9	10	合计
侏罗系	0.89	1.69	0.02	0.11	0.10	0.02	0.03	0.28	0.05	0.04	3.23
三叠系	0.83	1.14	0.01	0.09	0	0	0	0	0	0	2.07
二叠系	0	0	0	0	0.05	0.13	0.17	0	0	0	0.35
石炭系	0.10	0.01	0	0	0	0.25	0.15	0	0	0	0.51
奥陶系良里塔格组	0.06	0.10	0	0	2.12	0	0	0	0.01	0	2.29
奥陶系一间房组	0.30	10.29	0.07	0.10	4.44	0.24	0	0	0	0	15.44
奥陶系鹰山组	0.17	13.72	0.46	0.55	2.85	1.52	0	0.01	0.17	0.11	19.56
奥陶系蓬莱坝组	0.01	6.43	0.24	0.24	2.14	0.63	0	0	0	0	9.69
上寒武统	0.01	2.66	0.22	0.68	0.66	0.44	0	0	0	0	4.67
中寒武统	0.16	7.91	0.22	0.44	3.99	0.51	0	0.10	0.18	0	13.51
下寒武统	0.64	17.62	0.31	0.37	6.25	0.56	0.21	0.10	0.14	0.01	26.21
合计	3.17	61.57	1.55	2.58	22.60	4.30	0.56	0.49	0.55	0.16	97.53

2）类比法油气资源量计算

类比法是一种通过油气成藏地质条件类比来进行资源评价的方法，它一般包括评价参数体系与取值标准建立、地质风险评价、相似系数计算方法和资源量计算等方面。因为一般都是通过资源丰度来类比计算，所以也称为资源丰度类比法。本次用区带类比法和层系类比法对盆地资源量进行了计算和评价。

（1）区带类比法资源量计算。

区带综合类比是待评价区不与某个特定的刻度区进行类比，而是与某大类（多个）刻度区的地质评分与资源丰度进行综合类比。通常某大类（多个）刻度区的资源丰度与地质综合评分呈正相关关系；通过数学方法，可建立两者的关系方程（线性、指数、幂次、二项式等）；将待评价区的地质综合评分代入关系方程即可得到待评价区的资源丰度。

表4-29 运聚单元气资源量结果表　　　　　　　　　　　单位：$10^8 m^3$

烃源层	1	2	3	4	5	6	7	8	9	10	合计
侏罗系	11257	2378	287	1419	1604	324	436	24630	4202	1770	48307
三叠系	25211	4371	113	1674	14	0	4	0	0	0	31387
二叠系	0	0	0	0	815	3086	3055	0	0	0	6956
石炭系	647	67	8	6	0	7469	3189	189	0	0	11575
奥陶系良里塔格组	58	37	0	0	1016	0	0	0	10	0	1121
奥陶系一间房组	191	2907	187	116	2572	331	0	0	0	0	6304
奥陶系鹰山组	81	4349	1144	821	1884	2002	0	0	108	62	10451
奥陶系蓬莱坝组	6	2080	540	293	1574	822	0	0	0	0	5315
上寒武统	5	930	452	804	559	582	0	0	0	0	3332
中寒武统	192	6257	1070	1095	8047	1157	0	55	506	0	18379
下寒武统	752	14626	1729	1402	12372	2103	344	51	387	26	33792
合计	38400	38002	5530	7630	30457	17876	7028	24925	5213	1858	176919

刻度区资源丰度与地质评分的相关性分析表明，线性方程、指数方程和乘幂方程的相关性均较好（表4-30），将分层系区带的评分值代入回归方程，求取三种方法获得的资源丰度，然后分别乘以区带有效勘探面积系数获得资源量。将各区带分层系的资源量累加可以获得区带的综合资源量，石油地质资源量为$73.50 \times 10^8 t$，天然气地质资源量为$118463.31 \times 10^8 m^3$。

表4-30 塔里木盆地刻度区地质评分与资源丰度拟合方程

拟合方法	碳酸盐岩石油区带	碎屑岩石油区带	碳酸盐岩天然气区带	碎屑岩天然气区带
线性方程	$y=312.94x-19.62$, $R^2=0.9192$	$y=258.54x-12.09$, $R^2=0.8981$	$y=48.01x-3.52$, $R^2=0.9355$	$y=41.43x-2.14$, $R^2=0.9779$
二项式方程	$y=1740.75x^2-76.83x$, $R^2=0.93$	$y=2074.82x^2-67.87x$, $R^2=0.91$	$y=287.35x^2-18.22x$, $R^2=0.92$	$y=151.01x^2+0.63x$, $R^2=0.99$
乘幂方程	$y=59308.13x^{3.98}$, $R^2=0.9361$	$y=10454.43x^{2.88}$, $R^2=0.7975$	$y=1163971x^{6.2495}$, $R^2=0.8298$	$y=7579.72x^{3.96}$, $R^2=0.8183$

注：x——地质条件评分系数；y——资源丰度；R^2——相关系数平方。

（2）层系类比法资源量计算。

首先按照层系评价标准，对各个评价层系的生油条件、储层条件、盖层及保存条件、圈闭条件、匹配条件五项石油地质要素进行评价与打分；然后将各地质要素的分值，加权相乘计算得到层系的地质综合评价分值；再依照刻度区地质评分与资源丰度的直线、二项式、乘幂三类数学关系（表4-30），计算得到各层系在三种算法下的资源丰度。最后，按权重0.4、0.4、0.2加权计算出其综合资源丰度，最后与有效勘探面积相乘，就是有利勘探区块的资源量（表4-31）。

表4-31 塔里木盆地各层系类比法资源量计算表

盆地评价分区	层系	综合评价	气油比	面积	有利面积系数	原油 10^4t	气 10^8m³	气折油 10^4t	层系合计 10^4t
前陆区	新近系	0.1152	0.28	19953	0.30	29045.03	13018.40	103732.25	132777.28
	古近系	0.1390	0.25	25584	0.20	33241.03	16686.99	132964.10	166205.13
	白垩系	0.1474	0.11	42432	0.33	44768.98	51948.24	413930.22	458699.20
	侏罗系	0.1334	0.01	28575	0.20	1409.25	17061.37	135947.17	137356.41
台盆区	侏罗系	0.0896	0.44	5671	0.10	6043.40	1728.13	13769.98	19813.38
	三叠系	0.1069	1.53	5735	0.20	18508.88	1518.21	12097.31	30606.19
	石炭系	0.1194	1.60	52151	0.08	86260.99	6766.10	53913.12	140174.10
	志留系	0.1008	1.78	9693	0.16	21868.44	1541.85	12285.64	34154.08
	奥陶系	0.1455	2.50	87459	0.20	457812.53	22982.19	183125.01	640937.54
	寒武系	0.1399	0.38	56784	0.07	44589.27	14726.19	117340.18	161929.44
合计						743547.8	147977.67	1179104.98	1922652.75

层系类比法全盆地资源量为石油 74.35×10^8t、天然气 147977.67×10^8m³（其中，常规天然气为 117977.67×10^8m³，非常规天然气为 3×10^{12}m³）。

6. 统计法油气资源量计算

在分析几种常用统计类方法原理的基础上进行了各种方法的试算，最终优选油藏规模序列法针对各勘探层系进行了统计法资源量的计算。分别对盆地内9个层系发现油气藏按油、气分类登记，对油藏所对应的探明、控制、预测三级储量，分别按折算系数1、0.71、0.49，折算成探明油储量。对气藏所对应的探明、控制、预测三级储量，分别按折算系数1、0.94、0.71，折算成探明气储量。按油气分类，以各层系已发现油气藏折探明储量作为样本，用规模序列法，分层系分别计算油、气资源量，计算结果总的石油资源量为 68.40×10^8t，总的天然气资源量 84399.91×10^8m³（表4-32、表4-33）。

表 4-32 规模序列法计算层系石油资源量结果表

序号	层系	预测油藏个数	最小油藏规模 10^4t	预测最大的油藏资源 10^4t	预测油资源量，10^4t 95%	50%	5%	期望值
1	新近系	1124	5	1221.07	16753.13	22793.57	28834.01	22793.57
2	古近系	1720	5	994.5	22170.43	31293.72	40417.01	31293.72
3	白垩系	1782	5	646.05	17418.1	25127.88	32837.66	25127.88
4	侏罗系	336	10	685.71	7574.9	10516.82	13458.74	10516.82
5	三叠系	1948	5	1226.25	25613.14	35442.03	45270.92	35442.03
6	石炭系	1374	10	6579	71562.6	88580.59	105598.58	88580.59
7	志留系	255	20	2093.3	15235.93	20396.63	25557.33	20396.63
8	奥陶系	3646	20	7389.23	326465.97	431862.04	570375.75	431821.03
9	寒武系	354	30	362.43	11966.35	18035.44	24104.53	18035.44
	各层系合计	12539			514760.55	684048.72	886454.53	684007.71

表 4-33 规模序列法计算层系天然气资源量结果表

序号	层系	预测气藏个数	最小气藏规模 10^8m^3	预测最大的气藏资源 10^8m^3	预测气资源量，10^8m^3 95%	50%	5%	期望值
1	新近系	2296	0.5	147.36	3230.32	4452.68	5675.12	4452.68
2	古近系	3054	0.5	843.66	10632.55	14155.8	17683.23	14155.8
3	白垩系	3347	1	2706.14	28942.1	37255.07	45568.04	37255.07
4	侏罗系	1875	0.5	1152.19	3795.03	4621.72	5448.41	4621.72
5	三叠系	672	0.5	66.26	797.59	1125.88	1454.17	1125.88
6	石炭系	923	0.5	157.42	2170.77	2756.77	3341.37	2756.77
7	志留系	23	1	3.15	24.38	33.6	42.82	33.6
8	奥陶系	2495	1	1372.69	15966.65	19854.17	23741.69	19854.17
9	寒武系	72	1	10.73	98.93	144.22	189.51	144.22
	各层系合计	14757			65658.32	84399.91	103144.36	84399.91

7. 盆地常规油气综合资源量

盆地模拟法在计算时范围涵盖盆地所有地区，计算的资源量也最大。其运聚系数结合刻度区研究，相对准确；但在低勘探程度地区由于基础资料限制，计算结果也具有推测性，风险性较大。地质类比法是通过与盆地自身勘探程度较高的刻度区进行类比，评价结果较为接近实际。虽然区带划分和层系勘探领域的主观判断均受勘探程度影响，但总体应能反映盆地内资源分布状况和目前的认识，其资源量应该为盆地总资源量的主体部分。统计法在勘探程度较高的地区较为准确，因塔里木盆地总体处于勘探程度早—中期，且部分地区因油气藏发现过少无法使用，使得计算结果偏小。

根据以上对不同方法的评估，特尔菲综合时对不同方法得到的盆地资源量赋予不同的权重，其中成因法权重0.1，层系类比法权重0.2，区带类比法0.5，统计法取权重0.2。根据以上权重设置和各方法计算的资源结果，汇总得到全盆地综合资源量（表4-34）。经计算，塔里木全盆地油资源量 $75.06 \times 10^8 t$，天然气资源量 $117396.94 \times 10^8 m^3$，油当量 $168.60 \times 10^8 t$。

表4-34 塔里木盆地常规油气地质资源量结果表

资源量	盆模法	层系类比	区带类比	层系统计法	特尔菲综合
权重	0.1	0.2	0.5	0.2	
油，$10^8 t$	97.55	74.35	73.50	68.40	75.06
天然气，$10^8 m^3$	176917.70	117977.67	118463.31	84399.91	117398.94
油当量，$10^8 t$	238.52	168.36	167.89	135.65	168.60

根据可采系数与盆地层系和构造单元的资源量，计算得到各层系和构造单元的可采资源量。塔里木全盆地石油可采资源量为 $19.11 \times 10^8 t$，天然气可采资源量为 $66236.13 \times 10^8 m^3$，可采的油气当量为 $71.85 \times 10^8 t$。

表4-35 塔里木盆地构造单元常规油气可采资源量表

一级构造单元	二级构造单元	面积 km²	油可采资源量 $10^8 t$	气可采资源量 $10^8 m^3$	总可采油当量 $10^8 t$
库车坳陷	北部单斜带	2406	0.08	618.68	0.57
	克拉苏冲断带	5616	0.17	16929.45	13.66
	秋里塔格冲断带	5008	0.81	5100.52	4.87
	乌什凹陷	5675	0.16	669.53	0.69
	阳霞凹陷	4177	0.04	1006.37	0.84
	依奇克里克冲断带	1950	0.12	1821.37	1.57
塔北隆起	库尔勒鼻状凸起	7444	0.00	66.52	0.06
	轮南低凸起	13572	9.39	2205.83	11.15
	轮台凸起	7204	0.79	3501.62	3.58
	温宿凸起	7128	0.09	78.77	0.15
	英买力低凸起	8225	0.74	1009.65	1.54

续表

一级构造单元	二级构造单元	面积 km²	油可采资源量 10⁸t	气可采资源量 10⁸m³	总可采油当量 10⁸t
北部坳陷	阿瓦提凹陷	25229	0.07	117.50	0.16
	古城低凸起	14174	0.16	2477.18	2.13
	孔雀河斜坡	9772	0.03	273.56	0.25
	满加尔凹陷	29347	0.09	282.52	0.31
	满西低凸起	41837	0.72	3436.72	3.46
	英吉苏凹陷	8852	0.16	655.15	0.68
巴楚隆起	巴楚隆起	37875	0.30	1800.00	1.73
塔中隆起	塔中北斜坡	9169	2.34	8671.71	9.25
	塔中中部凸起	16197	0.29	854.54	0.97
塔东隆起	罗布泊凸起	11409	0.01	2.06	0.01
	塔东低凸起	25023	0.26	697.47	0.82
西南坳陷	喀什北山前冲断带	10774	0.14	3962.78	3.30
	麦盖提斜坡	25138	0.29	655.19	0.81
	西昆仑山山前冲断带	28657	1.26	6967.25	6.81
	叶城凹陷	40439	0.03	293.87	0.27
塘古坳陷	玛东冲断带	17028	0.22	646.82	0.73
	塘古凹陷	47565	0.12	374.02	0.42
	塘南低凸起	15264	0.07	188.47	0.22
东南坳陷	民北凸起	8442	0.04	218.38	0.21
	民丰凹陷	16916	0.07	427.39	0.41
	且末凸起	19151	0.02	102.78	0.10
	若羌坳陷	29362	0.03	122.46	0.12
合计		556025	19.11	66236.13	71.85

第三节 常规油气资源评价结果及合理性分析

为客观把握全国油气资源潜力，体现第四次资源评价成果对油气勘探开发的指导作用，常规油气按全国含油气盆地、中国石油矿权区两个层次分别进行汇总。在本次评价范围72个盆地（地区）资源评价结果基础上，针对评价范围以外的29个盆地（凹陷）借鉴吸收其他部门（单位）资源评价成果，汇总得到全国101个盆地/坳陷/凹陷/地区资源评价结果。其中,渤海湾盆地油气资源评价结果由中国石油矿权区第四次油气资源评价结果、中国石化与中国海油油气资源动态评价结果(2013)汇总得到;东海海域与黄海海域沿用新一轮油气资源评价(2005)数据结果;矿权区外29个中小盆地沿用新一轮油气资源评价(2005)数据结果。根据油气资源评价结果合理性分析内容与步骤,严格对评价范围内所有油气资源进行合理性分析与论证,确保评价结果的客观、可靠。

一、全国常规油气资源量汇总结果

全国101个盆地常规石油地质资源量1080.31×10^8t,其中陆上792.16×10^8t,海域288.15×10^8t;常规天然气地质资源量78.44×10^{12}m³,其中陆上41.00×10^{12}m³,海域37.44×10^{12}m³(表4–36)。

表4–36 全国常规油气地质资源量汇总结果

地域	主要含油气盆地			石油,10^4t		天然气,10^8m³		备注
	盆地名称	面积,km²	探明地质储量	地质资源量	探明地质储量	地质资源量	
陆上	松辽盆地	260000.00	756990.34	1113720.64	4349.94	26734.89	*
	渤海湾(陆上)	133200.00	1092956.64	2149357.95	2670.56	23097.11	*
	鄂尔多斯	250000.00	538715.30	1165000.00	6877.52	23636.27	*
	塔里木	560000.00	212883.11	750550.11	16921.19	117398.96	*
	准噶尔	134000.00	260800.19	800813.10	2017.49	23071.31	*
	四川	200000.00	0	0	21557.35	124655.82	*
	柴达木	104000.00	62313.92	295890.80	3612.30	32126.99	*
	吐哈	53500.00	41146.15	100903.76	482.52	2434.57	*
	二连	109000.00	32961.86	133889.00	0	0	*
	南襄	17000.00	30612.34	51500.00	11.07	400.00	**
	苏北	35000.00	35372.13	62172.20	29.78	600.00	**
	江汉	28000.00	16213.76	51456.00	0	0	**
	海拉尔	79600.00	22780.12	100955.58	0	841.79	*
	酒泉	13100.00	16979.30	51056.90	0	416.09	*
	三塘湖	23000.00	8823.59	44770.78	0	0	*
	百色	830.00	1707.83	4162.00	7.00	60.00	**
	其他	1153287.00	12296.86	1045397.82	477.88	34572.35	
	小计	3153517.00	3143553.44	7921596.64	59014.60	410046.15	

续表

地域	主要含油气盆地		石油, 10^4t		天然气, 10^8m³		备注
	盆地名称	面积, km²	探明地质储量	地质资源量	探明地质储量	地质资源量	
海域	渤海湾（海域）	61800.00	331440.84	1102915.00	679.50	12977.00	***
	东海	250000.00	2709.50	72304.00	3154.87	36361.00	****
	黄海	169000.00	0	72201.00	0	1847.00	****
	南海	1116752.00	597062.75	1634117.27	82683.43	323191.00	*
	小计	1597552.00	931213.09	2881537.27	86517.80	374376.00	
合计		4751069.00	4074766.53	10803133.91	145532.40	784422.15	

注：（1）全国探明储量数据来自国土资源部2015年度《全国油气矿产储量通报》，探明储量数据截至2015年底；
（2）四川盆地侏罗系石油，全部归为致密油，探明地质储量 8240.62×10^4t，技术可采储量 527.88×10^4t；
（3）四川盆地三叠系须家河组与侏罗系天然气，全部归为致密砂岩气，致密砂岩气累计探明地质储量 12844.00×10^8m³，技术可采储量 5809.85×10^8m³；
（4）鄂尔多斯盆地石炭系—二叠系天然气，全部归为致密砂岩气，致密砂岩气累计探明地质储量 28770.24×10^8m³，技术可采储量 14759.36×10^8m³；非常规致密砂岩气统计包含了苏里格基本探明地质储量 32302.61×10^8m³，技术可采储量 16977.74×10^8m³；
（5）长庆油田探明长7—新安边油田，探明地质储量 10060.31×10^4t，探明可采储量 1177.05×10^4t，归为非常规致密油；
（6）* 为中国石油第四次油气资源评价；** 为中国石化2015年勘探年报；*** 为国土部动态评价（2013）；**** 为2005年全国新一轮油气资源评价。

全国101个盆地常规石油技术可采资源量 272.5×10^8t，其中陆上 190.16×10^8t，海域 82.35×10^8t；常规天然气技术可采资源量 48.45×10^{12}m³，其中陆上 22.41×10^{12}m³，海域 26.03×10^{12}m³（表4-37）。

表4-37 全国常规油气可采资源量汇总结果

地域	资源类型		石油, 10^4t		天然气, 10^8m³	
	盆地名称	面积 km²	探明技术可采储量	技术可采资源量	探明技术可采储量	技术可采资源量
陆上	松辽盆地	260000.00	299827.49	367575.11	2039.15	12214.67
	渤海湾（陆上）	133200.00	286256.63	545413.26	1434.40	11757.93
	鄂尔多斯	250000.00	95517.42	217818.04	4348.72	13959.95
	塔里木	560000.00	36583.98	191165.62	10572.79	66236.12
	准噶尔	134000.00	63861.33	173547.13	1219.95	10072.04
	四川	200000.00	0	0	14298.33	73859.57
	柴达木	104000.00	13137.40	55410.90	1967.86	15899.93
	吐哈	53500.00	10272.19	22614.47	320.89	1311.74
	二连	109000.00	6115.78	25439.00	0	0
	南襄	17000.00	9795.76	15300.00	2.78	100.00

续表

地域	资源类型 盆地名称	面积 km²	石油，10⁴t 探明技术 可采储量	技术 可采资源量	天然气，10⁸m³ 探明技术 可采储量	技术 可采资源量
陆上	苏北	35000.00	7956.98	13985.67	19.94	330.00
	江汉	28000.00	4931.08	15089.97	0	0
	海拉尔	79600.00	4460.91	20138.67	0	336.72
	酒泉	13100.00	4673.00	10864.00	0	287.10
	三塘湖	23000.00	1150.01	7302.42	0	0
	百色	830.00	375.35	1019.00	1.69	14.50
	其他	1153287.00	2219.56	218878.92	223.49	17715.64
	小计	3153517.00	847134.87	1901562.18	36449.99	224095.91
海域	渤海湾（海域）	61800.00	75486.63	253707.00	418.04	6099.00
	东海	250000.00	858.60	14812.00	1812.42	24753.00
	黄海	169000.00	0	15680.00	0	1071.00
	南海	1116752.00	198896.27	539258.52	58366.28	228439.03
	小计	1597552.00	275241.50	823457.52	60596.74	260362.03
合计		4751069.00	1122376.37	2725019.70	97046.73	484457.94

二、中国石油矿权区常规油气资源评价结果

本次评价区范围内共72个盆地（或地区）中，中国石油登记探矿权盆地63个，登记探矿权面积$137.69 \times 10^4 km^2$，约占全国总登记矿权面积的37%（截至2015年底）。通过对中国石油矿权区划分详细评价单元与精细评价，得到中国石油矿权区常规油气资源量结果。中国石油矿权区常规石油地质资源量$529.52 \times 10^8 t$，可采资源量$128.40 \times 10^8 t$（表4-38）；中石油矿权区常规天然气地质资源量$36.78 \times 10^{12} m^3$、可采资源量$20.99 \times 10^{12} m^3$（表4-38）。

三、常规油气资源评价结果合理性分析

油气资源评价是一项定性与定量相结合的科学研究工作，资源评价的结果有油气客观地质条件因素，也包含了油气勘探工作者对区域性油气资源的勘探思路。资源评价过程中存在多个工种、多项方法、多项技术，由于评价方法与技术之间对资料的要求程度、评价标准存在差异，其评价结果也存在一定差异，因此需要对油气资源评价结果进行合理性分析。资源评价合理性分析，即通过地质条件分析、勘探成效分析、关键参数对比、储量发现规律趋势总结、资源评价参数变化等方面的分析，以趋势分析与纵横对比方法，研究油气资源评价结果的可靠程度。

表 4-38 中国石油矿权区内油气资源评价结果基本情况表

序号	盆地	盆地面积 km²	开展评价油气田公司与科研院所	评价面积 km²	中国石油登记探采矿权面积 km²	石油地质资源量 10⁴t 探明储量	石油地质资源量 10⁴t 地质资源量	石油技术可采储量 10⁴t 探明可采储量	石油技术可采资源量 10⁴t 可采资源量	天然气探明储量 10⁸m³	天然气地质资源量 10⁸m³ 地质资源量	天然气技术可采储量 10⁸m³ 探明可采储量	天然气技术可采资源量 10⁸m³ 可采资源量
1	松辽	260000	大庆（松辽北部）	119506.00	70975.19	618812.62	815427.99	269624.89	308465.47	2397.46	10650.15	1147.24	5325.08
			吉林（松辽南部）	68460.00	56697.44	114188.37	225112.19	26458.89	48269.52	855.22	11312.59	452.15	4988.45
			辽河（开鲁坳陷）	4378.17	4378.17	11593.78	40101.12	1697.32	5854.13	10.28	152.15	3.29	46.14
			小计	192344.17	132050.80	744594.77	1080641.30	297781.10	362589.12	3262.96	22114.89	1602.68	10359.67
2	渤海湾（陆上）	133200	辽河	7637.00	12923.88	231482.71	409622.35	57986.27	88832.99	723.44	1292.52	461.65	832.59
			大港	13312.00	18744.38	115719.10	194053.90	28695.04	49109.71	635.95	3847.00	354.26	2134.78
			华北	24589.00	34696.05	106974.94	243867.70	30110.48	68048.12	275.79	3364.20	143.08	1949.01
			冀东	1932.00	7307.81	47840.50	121914.00	9817.24	25072.42	0	2501.39	0	1185.17
			小计	47470.00	73672.12	502017.25	969457.95	126609.03	231063.24	1635.18	11005.11	958.99	6101.55
3	鄂尔多斯	250000	长庆	89617.00	167705.74	405324.83	921422.79	80373.07	172130.61	6877.52	21196.76	4348.72	12530.32
4	四川	200000	西南	186754.00	163168.10	0	0	0	0	14933.65	105135.58	10367.19	64130.86
5	塔里木盆地	560000	塔里木	560000.00	174761.09	73911.87	446141.88	16825.24	114400.70	16166.56	91193.87	10278.22	51742.32

续表

序号	盆地	盆地面积 km²	开展评价油气田公司与科研院所	评价面积 km²	中国石油登记探采矿权面积 km²	石油地质资源量 10⁴t 探明储量	石油地质资源量 10⁴t 地质资源量	石油技术可采资源量 10⁴t 探明可采储量	石油技术可采资源量 10⁴t 可采资源量	天然气探明储量 10⁸m³	天然气地质资源量 10⁸m³ 地质资源量	天然气技术可采资源量 10⁸m³ 探明可采储量	天然气技术可采资源量 10⁸m³ 可采资源量
6	准噶尔盆地	134000	新疆	134000.00	76176.77	246944.47	757905.22	59312.51	162017.91	2017.49	20408.66	1219.95	8689.46
7	柴达木	104000	青海	104000.00	76313.36	62313.92	292898.17	13137.40	54808.53	3612.30	32053.55	1967.86	15864.79
8	吐哈盆地	55000	吐哈	53500.00	28709.07	41146.15	100903.76	10272.19	22614.47	482.52	2434.57	320.89	1311.74
9	三塘湖盆地	23000	吐哈	16170.39	8263.12	8823.59	44770.78	1150.01	7302.42	0	0	0	0
10	酒泉盆地	13100	玉门	12747.00	10203.25	16979.30	51056.90	4673.00	10864.00	0	416.09	0	287.10
11	二连	109000	华北	84600.00	28153.21	26993.64	109276.69	5275.7	20751.74	0	0	0	0
12	海拉尔	79600	大庆	79600.00	31584.39	22780.12	100955.58	4460.91	20138.67	0	841.79	0	336.72
13	苏北	35000	浙江	3310.00	6127.17	749.35	6772.20	122.23	901.90	4.17	200.00	2.51	110.00
14	其他	479802		421661.00	148711.22	9607.75	268093.81	1790.90	57279.47	46.85	16776.00	34.76	7208.01
陆上合计		2435702		1985773.56	1125599.41	2162187.01	5150297.03	621783.29	1236862.78	49039.20	323776.87	31101.77	178672.54
1	北部湾	23000	杭州院	22000.00	1404.28	1787.86	21887.00	458.37	6566.10	50.16	189.00	21.19	122.85
2	琼东南	68889	杭州院	68889	3961.85	0	4100.00	0	1353.00	0	3653.00	0	2593.00
3	中建	36928	杭州院	36928	28083.48	0	52728.00	0	17400.00	0	4327.00	0	3072.00
4	中建南	69012	杭州院	69012	6420.84	0	3886.00	0	1283.00	0	5928.00	0	4209.00
5	双峰	30000	杭州院	30000	30452.75	0	2313.00	0	763.29	0	2927.00	0	2078.17

续表

序号	盆地	盆地面积 km²	开展评价油气田公司与科研院所	评价面积 km²	中国石油登记探采矿权面积 km²	石油地质资源量 10⁴t 探明储量	石油地质资源量 10⁴t 地质资源量	石油技术可采资源量 10⁴t 探明可采储量	石油技术可采资源量 10⁴t 可采资源量	天然气地质资源量 10⁸m³ 探明储量	天然气地质资源量 10⁸m³ 地质资源量	天然气技术可采资源量 10⁸m³ 探明可采储量	天然气技术可采资源量 10⁸m³ 可采资源量
6	万安	79102	杭州院	79102.00	0	0	0	0	0	0	0	0	0
7	曾母	177484	杭州院	177484.00	16217.10	0	18692.00	0	6168.00	0	17380.00	0	12340.00
8	南薇西	46500	杭州院	46500.00	9925.56	0	12256.00	0	4044.00	0	2243.00	0	1593.00
9	南薇东	5505	杭州院	5505.00	8344.03	0	3372.00	0	1113.00	0	832.00	0	590.60
10	北康	55276	杭州院	55276.00	22334.67	0	25667.00	0	8470	0	6584.00	0	4674.00
	南海海域合计	591696		590696.00	127144.56	1787.86	144901.00	458.37	47160.39	50.16	44063.00	21.19	31272.62
	合计	3027398		2576469.56	1252743.97	2163974.87	5295198.03	622241.66	1284023.17	49089.36	367839.87	31122.96	209945.16

注：全国探明储量数据来自国土资源部2015年度《全国油气矿产储量通报》，探明储量数据截至2015年年底。

1. 合理性分析的基本内容

油气资源评价结果的合理性分析，需要首先详细把握油气资源评价结果及潜力变化特征，分析油气资源评价过程中的关键参数取值及变化，研究油气成藏相关的烃源岩、储层、成藏要素，结合油气勘探实践与油气勘探阶段，进行综合判断。

在合理性分析原则的基础上，建立了分析步骤及分析内容：

（1）变化分析：油气资源评价结果变化分析，包括增加、减少、调整等不同状况分析。

（2）关键参数：资源评价关键参数确定性分析，包括资源丰度、运聚系数、生排烃（生烃率、排烃率等）等关键参数分析。

（3）地质认识：资源变化的地质条件分析，包括烃源条件新认识、储集条件新认识、成藏研究新认识（成藏、盆模）等关键要素分析。

（4）勘探实践：勘探实践的匹配关系分析，包括资源储量的配位关系（勘探阶段）、油气勘探发现与储量变化、工作量投入与储量变化等分析。

2. 主要含油气盆地常规油气资源评价结果对比

主要盆地油气资源评价结果与第三次油气资源评价结果对比显示，陆上常规石油资源量减少 109.89×10^8 t，常规天然气资源增加 66003×10^8 m³。如果将致密油、致密气资源量一并考虑其中，则石油资源量微增长了 15.92×10^8 t、天然气资源量大幅增长了近 28.46×10^{12} m³（表4-39）。

本次评价结果外围中小盆地资源量减少较多，主要原因是项目组前期对全国中小盆地进行了筛选，对近十年勘探投入很少、地质评价认为油气资源远景较差的中小盆地资源量进行核减。

本次资源评价结果与第三次资源评价结果相比，主要有五种变化情况（表4-40）。

3. 资源评价结果合理性的总体判断

（1）依据最终评价结果，资源探明率符合目前油气勘探阶段总体认识，油气资源把握程度较高，资源评价结果可靠性强。

根据探明储量状况与本次评价结果，石油探明程度整体较高，高勘探程度（探明率超过50%）有两个盆地：松辽（68.2%）、渤海湾（51.5%）；中勘探程度（探明率30%~50%）有三个盆地：鄂尔多斯（47.8%）、准噶尔（31.8%）、吐哈（41.7%），如图4-23所示。

天然气勘探程度均低于30%。相对高勘探程度（探明率超过20%）盆地有两个，鄂尔多斯（29.1%），吐哈（25.3%）；相对中勘探程度（探明率10%~20%）盆地有五个，松辽（17.8%）、渤海湾（10.8%）、塔里木（12.6%）、柴达木（12.2%）、四川（17.7%），如图4-24所示。

（2）油气新增储量比例递变明显，天然气资源量增长应大于石油资源。

气油储量比由1984年1:39变化到2014年的1:1.7，天然气占比越来越大；天然气占油气资源的比重增加，天然气资源量增幅大于石油（图4-25）。

4. 实例：准噶尔盆地石油资源评价合理性分析

准噶尔盆地常规石油地质资源量减少了 5.79×10^8 t，总量上变化不大，增加致密油资源量 19.79×10^8 t。常规石油内部二级构造单元和层系之间资源量调整较大。

表 4-39　主要含油气盆地常规油气资源评价结果与第三次评价结果对比表

序号	盆地		石油资源量，10⁸t				天然气资源量，10⁸m³			
			第三次油气资源评价	第四次油气资源评价常规石油	变化	第四次油气资源评价致密油	第三次油气资源评价	第四次油气资源评价常规天然气	变化	第四次油气资源评价致密砂岩气
1	松辽		144.00	111.37	−32.63	22.41	14739.00	26735.00	11996.00	22481.62
2	渤海湾	辽河探区	42.61	40.96	−1.65	5.52	3650.00	1293.00	−2357	2471.60
		华北探区	24.80	24.39	−0.41	5.19	3782.00	3364.00	−418	
		大港探区	23.17	19.41	−3.76	7.10	3263.00	3847.00	584	1763.00
		冀东探区	9.32	12.19	2.87	2.19	489.00	2501.00	2012	
3	鄂尔多斯		88.00	116.50	28.50	30.00	69000.00	23636.00	−45364	133180.38
4	塔里木		107.60	75.06	−32.54	0	93896.00	117399.00	23503.00	12346.50
5	准噶尔		85.87	80.08	−5.79	19.79	11771.00	23071.00	11300.00	1468.00
6	四川		11.35	0	−11.35	15.01	71851.00	124656.00	52805.00	39844.90
7	柴达木		25.40	29.59	4.19	8.58	26273.00	32127.00	5854.00	
8	二连		10.30	13.39	3.09	0	0	0	0	
9	海拉尔		8.39	10.10	1.71	0	0	842.00	842.00	
10	吐哈		15.75	10.09	−5.66	0	2769.00	2435.00	−334.00	5087.66
11	酒泉		6.80	5.11	−1.69	1.29	0	416.00	416.00	
12	三塘湖		5.00	4.48	−0.52	4.63	0	0		
13	其他		81.9	27.65	−54.25	4.10	10491	15655	+5164	
	总计		690.26	580.37	−109.89	125.81	311974	377977	66003	218643.66

表 4-40　常规油气资源评价结果变化特征

序号	变化情况	主要盆地
1	增幅较大	石油：鄂尔多斯、柴达木、二连
		天然气：四川、塔里木、松辽
2	降幅较大	石油：塔里木、吐哈
3	常规与非常规切割而变化较大	石油：松辽、四川
		天然气：鄂尔多斯
4	总量变化不大、内部有调整	石油：准噶尔、渤海湾
5	基本无变化	石油：酒泉、海拉尔、三塘湖

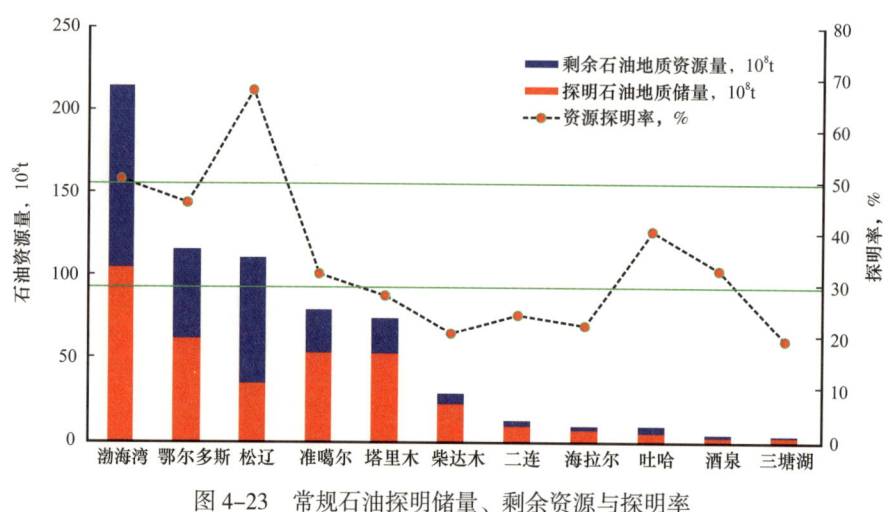

图 4-23 常规石油探明储量、剩余资源与探明率

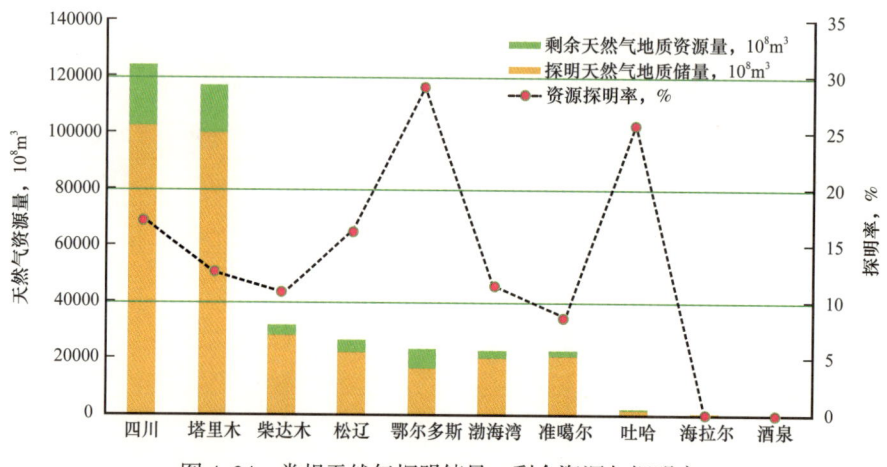

图 4-24 常规天然气探明储量、剩余资源与探明率

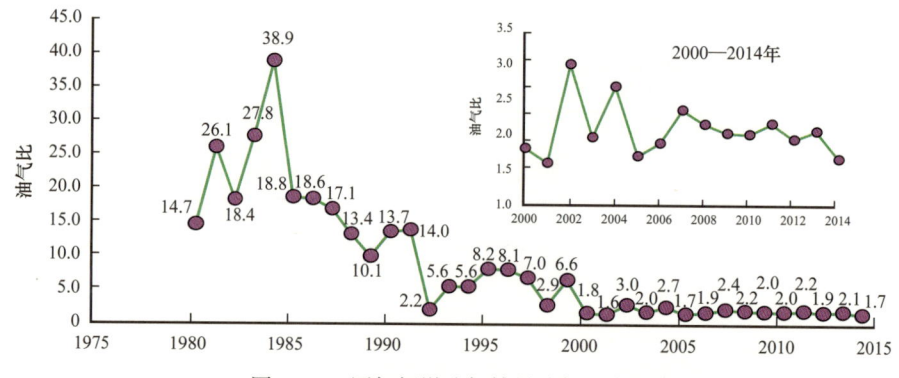

图 4-25 历年新增油气储量油气比变化

1）二级单元资源量变化/层系或含油组合变化/区带资源变化

二级构造单元的内部调整具备"七升七降"特征（表 4-41），层系分布上也有调整，C、T、N+E 资源量增长，呈"三升三降"（表 4-42）。

表 4-41 准噶尔盆地二级单元资源评价结果与第三次油气资源评价结果对比

一级构造单元	二级构造单元	面积 km²	石油资源量，10^8t 第三次油气资源评价	石油资源量，10^8t 第四次油气资源评价	资源量变化	致密油 10^8t
西部隆起	克百—乌夏断阶带区	3120	20.50	23.76	3.26	
西部隆起	红车断裂带、车排子凸起（红车断阶）	8839	4.30	12.52	8.22	
西部隆起	中拐凸起区	1497	3.90	4.13	0.23	
中央坳陷	玛湖凹陷区	4147	4.70	11.11	6.41	4.19
中央坳陷	莫南凸起、沙湾凹陷、阜康凹陷	17399		5.59	5.59	
中央坳陷	达巴松凸起、盆1井西凹陷	4990	1.00	2.81	1.81	
中央坳陷	马桥凸起区	3136	13.72	1.83	-11.89	
中央坳陷	莫北凸起区	969	3.20	1.49	-1.71	
中央坳陷	白家海凸起区	2356	3.76	1.41	-2.35	
中央坳陷	东道海子凹陷	5156		1.35	1.35	
陆梁隆起	三个泉凸起、夏盐凸起、三南凹陷、石西凸起	5858	4.40	4.37	-0.03	
陆梁隆起	石英滩凸起、英西凹陷	6406		0.07	0.07	
陆梁隆起	滴北凸起、滴南凸起、滴水泉凹陷	7129	5.32	0.47	-4.85	
陆梁隆起	石南凹陷区		1.00		-1.00	
东部隆起	五彩湾凹陷区	949	0.80	0.09	-0.71	
东部隆起	帐北断褶带区	8961	6.49	1.97	-4.52	3.20
东部隆起	吉木萨尔凹陷区	1278	1.10	2.45	1.35	12.40
东部隆起	石树沟凹陷—石钱滩凹陷区	15236	0.40	0.25	-0.15	
南缘冲断带	四棵树凹陷	6267	1.38	0.65	-0.73	
南缘冲断带	霍玛吐背斜带	6738	9.40	2.39	-7.01	
南缘冲断带	齐古断褶带	5777		0.56	0.56	
南缘冲断带	阜康断裂带	3946		0.66	0.66	
乌伦古坳陷	索索泉凹陷区	14716	0.50	0.15	-0.35	
合计		134870	85.87	80.08	-5.79	19.79

表4-42　准噶尔盆地分层系资源评价结果与第三次油气资源评价结果对比

层系	地质资源量			致密油
	第三次油气资源评价	第四次油气资源评价	变化	
N+E	2.92	5.12	2.19	
K	7.62	5.06	−2.56	
J	26.48	17.16	−9.32	
T	17.52	21.00	3.48	
P	21.69	17.22	−4.46	19.79
C	9.64	14.52	4.88	
合计	85.87	80.08	−5.79	

2）资源变化的地质条件分析

（1）刻画出6套烃源岩，重新建立生烃图版，生烃潜力增大。如玛湖西斜坡、陆东等地区识别出石炭系烃源岩及优质储层，重新确认了石炭系巴山组和滴水泉组的生烃能力，扩大生油含油面积。在东部、腹部、西北缘、南部分别建立不同烃源岩系的产烃率图版，相比第三次油气资源评价，生烃潜力平均提高100mg/g左右。盆地模拟总生油量$3308×10^8$t，相比第三次油气资源评价增长了$437.45×10^8$t。

（2）石炭系建立风化壳与内幕两种成藏模式，扩大勘探领域与勘探范围，增加了资源潜力，促进了单元之间的调整。西北缘断裂带上盘石炭系整体含油，局部富集。石炭系风化壳之下新建立多储盖成藏组合模式，发育相控—断控复合型、火山岩内幕相控型、基岩顶面潜山型三种成藏类型。

（3）以斜坡区岩性大面积成藏认识为指导，三叠系连片形成"百里油区"，增加了玛湖三叠系的资源潜力，促进了单元之间调整。勘探证实环玛湖凹陷百口泉组为大面积成藏层系，油气成藏受有利相带、鼻凸构造及断裂共同控制，具有"鼻凸带控聚、扇体控砂、优质储层控产"的特点；六大物源体系及叠置关系，有利砂体分布范围扩大2~3倍，连片形成"百里油区"，增加了玛湖三叠系的资源潜力。

（4）侏罗系双源（J+P）供给具备较大潜力，而河道形态与砂体规模决定了储集规模，导致资源下调。如阜东斜坡带发育多个鼻状构造，断裂发育，二叠系—白垩系广泛发育三角洲前缘沉积砂体，纵向上可多层系形成岩性型油气藏。然而河道砂岩毕竟受控于河道形态与砂体规模，其资源潜力下调。

3）资源评价关键参数确定性分析

（1）通过不同类型刻度区解剖，准确求取运聚系数等关键参数。盆地各复合运聚单元运聚系数普遍较低，在0.2%~11%之间，各单元之间分布差别较大，主体分布在2.0%左右，造成了不同二级单元资源量的调整变化。

（2）有效储层预测法准确求取资源丰度，预测岩性油藏资源量。不同油气成藏类型与地质条件，资源丰度差别较大。古生代坳陷边缘构造型资源丰度为$96.23×10^4$t/km^2，前陆陡坡——湖侵和高位／低位河流三角洲、滩坝组合资源丰度为 $35.14 \times 10^4 t/km^2$，古生代坳陷边缘构造型资源丰度为 $7.22 \times 10^4 t/km^2$，盆缘古潜山岩体型资源丰度为 $4.57 \times 10^4 t/km^2$，资源丰度的准确求取，明确了油气资源的分布规律。

4）勘探实践的匹配关系分析

（1）年新增探明储量下降，资源探明率出现跃升。前三次油气资源评价，油气探明率均降低，但随着近年油气勘探实践，逐渐提高了对资源分布规律的认识，符合当前油气勘探阶段的基本判断（图4-26）。

图4-26 准噶尔盆地储量发现与资源探明率变化

（2）分层系年新增探明储量状况。从2003—2014年油气资源探明储量的层系分配来看，侏罗系和二叠系占据了主要地位，2014年以来，石炭系储量有大幅增长，油气资源评价结果的内部调整符合当前油气勘探实际。

5. 实例：鄂尔多斯盆地石油资源评价合理性分析

1）一级构造单元资源量变化／层组／区带资源变化

鄂尔多斯盆地中生界石油地质资源量增加了 $58.5 \times 10^8 t$，其中包括长7致密油 $30 \times 10^8 t$。石油资源增量主要在伊陕斜坡三叠系延长组，平面上向伊陕斜坡集中，纵向上向三叠系延长组集中（表4-43）。

2）勘探地质认识分析

（1）陆相三角洲成藏认识不断深化，指导陕北和陇东规模储量发现。①陕北安塞—靖安，通过不断深化对曲流河三角洲砂体展布和油藏富集规律的研究，实现了陕北老区复合连片，预计可形成 $12 \times 10^8 t$ 储量规模。②陇东镇北—合水，长8发育辫状河三角洲沉积模式的构建，明确了分流河道砂体是石油富集的有利场所，发现了镇北、合水两大含油富集区，有望形成超 $10 \times 10^8 t$ 储量规模。③姬塬，在长4+5退覆式三角洲和长8浅水三角洲沉积规律研究的基础上，重点加强了石油运聚成藏机理研究，创建了多层系复合成藏模式，坚持立体勘探，长4+5、长6、长8等层系不断取得新突破，落实了 $16 \times 10^8 t$ 储量规模。

表4-43 鄂尔多斯盆地资源评价结果与第三次油气资源评价结果对比表

一级构造单元	面积 km²	第三次油气资源评价 层系	第三次油气资源评价 地质资源量	第四次油气资源评价 层组/层段	第四次油气资源评价 常规石油地质资源量 10⁸t	第四次油气资源评价 致密油地质资源量 10⁸t	变化
伊陕斜坡	67216	J	9.8	延安组	8.7		−1.1
		T	59.6	长1	1.0		69.5
				长2	8.6		
				长3	7.1		
				长4+5	11.3		
				长6	40.5		
				长7		30.0	
				长8	30.6		
天环坳陷	14437	J	3.7				−3.7
		T	11.0	长9	5.8		−2.9
				长10	2.3		
西缘断褶带	7964	J	0.2	延安组	0.6		0.4
		T	0.6	延长组	0.1		−0.5
渭北隆起	22805	J	0.2				−3.2
		T	3.0				
合计		Mz	88.0		116.5	30.0	58.5

（2）深湖—半深湖储集砂体发育的新认识，突破了勘探禁区。通过开展多学科联合攻关，构建了坳陷湖盆三角洲—重力流（砂质碎屑流、浊流等）复合沉积模式，突破了湖盆中部难以形成有效储集砂体的传统认识。湖盆中部长6有利储集砂体面积增加了$1.5 \times 10^4 km^2$。发现了华庆大油田，储量规模预计可达$12 \times 10^8 t$。

（3）延长组源下石油成藏条件新认识，发现了勘探新层系。长9、长10远离长7主力烃源岩，长期以来认为成藏条件不利。近年来通过综合研究，明确了延长组下组合成藏主控因素，构建了延长组源下石油成藏模式。① 两套烃源岩供烃：发育长7、长9两套烃源岩，其中长7为主力烃源岩；② 源储压差驱动：源储压差为石油运移的主要动力；③ 砂体裂缝输导：纵向叠置砂体和裂缝构成了延长组下组合有效输导体系；④ 岩性构造圈闭：油藏具有幕式充注、岩性—构造双重控制。长9、长10勘探取得重大发现，形成$3 \times 10^8 t$储量规模。

（4）致密油成藏理论与勘探技术的突破，长7成为新的勘探层系。长7沉积期为盆地三叠纪延长组沉积期最大湖侵期，在形成有效烃源岩的同时，发育了一套致密储层，地面渗透率一般小于0.3mD，勘探一直未获突破。近年来，通过联合技术攻关与综合地质研究，对致密油成藏地质条件有了进一步认识。①储层形成条件：分流河道和砂质碎屑流沉积砂体，发育微米—纳米级储集空间，孔喉连通性好。②充注成藏机理：高压持续充注、反复驱替。落实了 14 个含油有利区，建成了陇东西 233 等三个水平井体积压裂示范区，发现了新安边大油田，新增三级储量 7.38×10^8t，资源规模超 20×10^8t。

3）资源评价关键参数确定性分析

（1）生排烃。

优质烃源岩排烃效率高。通过盆地模拟计算，盆地中生界有效烃源岩总生烃量 1451.20×10^8t、总排烃量 859.44×10^8t。生烃量较第三次油气资源评价减少了 344.92×10^8t，排烃量增加了 397.64×10^8t。长 7 黑色页岩（TOC≥6%）排烃率主要分布在 70%~90% 之间，平均为 77.3%；长 7 暗色泥岩（TOC<6%）排烃率主要分布在 20%~80% 之间，平均为 42.7%；志丹、英旺地区长 9 黑色泥岩的平均排烃率为 33.7%。

优质烃源岩生烃贡献大，为主力烃源。长 7 烃源岩生烃量为 1255.36×10^8t，占总生烃量的 86.5%；排烃量为 830.4×10^8t，占总排烃量的 92.7%。

（2）运聚系数。

与历次资源量评价对比可知，本次资源评价资源量总体增加。尽管生烃量有明显降低，但运聚系数有较大幅度提高（表 4-44）。延长组石油近源成藏，源储叠置，高效聚集，整体运聚系数达 10.1%，符合该类资源的地质特点。

表 4-44 历次资源评价盆地模拟法资源评价结果数据对比表

层位	第三次油气资源评价 生烃量 10^8t	排烃量 10^8t	排烃效率 %	动态评价 生烃量 10^8t	排烃量 10^8t	排烃效率 %	层位	第四次油气资源评价 生烃量 10^8t	排烃量 10^8t	排烃效率 %
长 4+5				150.42	80.43	53.47				
长 6				178.74	108.58	60.75	长 6	26.95	8.09	30.02
长 7				1615.81	1024.84	63.43	长 7 页岩	850.86	657.71	77.30
长 8				62.97	15.94	25.31	长 7 泥岩	404.50	172.72	42.70
长 9				98.01	64.55	65.86	长 9	168.89	56.92	33.70
合计	1796.12	497.8	27.7153	2105.95	1294.34	61.46	合计	1451.20	895.44	61.70
运聚系数确定	生烃量：1796.12×10^8t 资源量：88.0×10^8t 运聚系数：88.0/1796.12=4.90%			生烃量：2105.92×10^8t 资源量：134.15×10^8t 运聚系数：134.15/2105.95=6.37%			生烃量：1451.2×10^8t 资源量：146.5×10^8t 运聚系数：146.5/1451.20=10.10%			

4）勘探实践的匹配关系分析

近年来，石油勘探立足三叠系延长组大型岩性油藏，持续深化成藏理论研究，突出规模效益勘探，不断探索新层系新领域，积极甩开勘探，寻找战略新发现，取得了以下主要成果和认识：（1）陕北和陇东地区规模储量不断扩大，预计储量规模超 40×10^8t；（2）湖盆中部华庆地区整体勘探获得重大进展，可形成 $12×10^8t$ 储量规模；（3）延长组下组合长9、长10石油勘探取得了重要进展，预计储量规模达 $3×10^8t$；（4）致密油成藏理论与勘探技术的突破，使致密油储量规模达到 $10×10^8t$。

常规石油地质储量持续、快速增长。截至2015年，累计探明石油地质储量 $53.7×10^8t$。按本次资评结果，资源探明率为46.1%，处于勘探中期阶段，符合勘探实际。

6. 实例：四川盆地天然气资源评价合理性分析

1）二级单元资源量变化/层系或含油组合变化/区带资源变化

四川盆地常规天然气地质资源量 $12.5×10^{12}m^3$，较第三次油气资源评价增加 $5.3×10^{12}m^3$（表4-45）。其中，寒武系、震旦系累计增加 $46266×10^8m^3$，增幅最大；下二叠统增加 $8734×10^8m^3$，长兴组+飞仙关组增加 $7819×10^8m^3$。三叠系、侏罗系天然气划归为致密砂岩气资源，合计 $4.8×10^{12}m^3$。

表4-45 四川盆地资源评价结果与第三次资源评价结果对比

层位	常规天然气，10^8m^3			致密砂岩气
	第三次油气资源评价	第四次油气资源评价	变化	第四次油气资源评价
J	8273		-8273	8278
T_3	12178		-12178	39845
T_2l	3527	7532	4005	
T_1j	5509	8110	2601	
T_1f+P_2	20383	28202	7819	
P_1	6325	15059	8734	
C	9759	12827	3068	
S	1175	2306	1131	
O	1173	805	-368	
$\in$	1334	21822	20488	
Z	2215	27993	25778	
总计	71851	124656	52805	48123

2）资源变化的地质认识分析

地质条件及勘探认识新变化，支持本次资源评价数据的变化调整：

（1）台内裂陷的发现，是古老克拉通碳酸盐岩油气成藏理论的重大创新，回答了四川盆地下古生界三个"规模"问题。① 规模资源：发现台内裂陷，找到了震旦系—寒武系生烃中心，带来优质烃源岩的重新认识。② 规模储层：台内裂陷两侧发现震旦系灯影组优质储层，厚度大，呈带状大面积分布；发现了寒武系龙王庙组层状优质储层，分布面积大。③ 规模聚集：台内裂陷两侧存在最佳源储成藏组合条件；台内裂陷封堵与东侧古隆起形成岩性地层油气藏。

（2）二叠纪长兴组沉积期"三隆三凹"古地理格局控制滩体发育，海槽西侧及台内高带是富气区等新认识，推动礁滩气藏勘探从川东北拓展到川中并获突破。

（3）下二叠统广泛发育层状白云岩储层和岩溶储层的新认识，推动双探1井和南充1井等在川西北、川中二叠系栖霞组、茅口组系获高产工业气流，展示出良好勘探前景。

（4）雷口坡组风化壳气藏研究取得了创新认识，认为储层和地层尖灭形成的大型岩性、地层圈闭气藏是有利勘探领域，龙岗地区风化壳雷口坡组气藏获得突破。

（5）石炭系地层—构造复合气藏、嘉陵江组滩相分布规律取得新认识。

3）资源评价关键参数确定性分析

（1）生烃量。

台内裂陷的发现，重新厘定了筇竹寺组烃源岩厚值区，新发现了麦地坪组、灯影组两套优质烃源岩。裂陷槽内筇竹寺组烃源岩厚300～450m，是邻区三倍；有机碳含量大于2%，是邻区两倍；生气强度大于$100 \times 10^8 m^3/km^2$，是邻区三倍。盆地模拟表明，下古生界生气量较第三次油气资源评价新增$1200 \times 10^{12} m^3$。

（2）运聚系数。

紧邻古裂陷生烃中心、在古隆起背景上古丘滩体和古岩性地层圈闭继承性发育，"四古"配置条件好，具备大油气田形成条件。灯四段具有"上生下储、下生上储、旁生侧储"三种成藏组合；龙王庙组具有"下生上储"成藏组合。台内裂陷巨厚泥质岩侧向封堵与侧翼台缘带形成大型岩性地层圈闭。环台内裂陷是近源成藏的最有利区，刻度区解剖表明该种类型成藏模式成藏区运聚系数达10.22‰。

4）勘探实践的匹配关系分析

四川盆地油气勘探向深层—超深层、新领域新层系进军，不断有新发现。近年来，勘探发现"单体、整装、大型"气田特征明显。安岳震旦系—寒武系大气田的发现，开拓了四川盆地震旦系—下古生界勘探新局面，勘探周期将进一步延伸。据帕累托"大气田优先发现"原则，资源量结果将有明显改变。

截至2015年，常规天然气探明储量由2001年时的$6400 \times 10^8 m^3$，增加到$21557 \times 10^8 m^3$，增幅达237%。勘探认识程度加深，储量快速增长，需要合理的资源量匹配，形成有序的资源结构。按照本次资评结果，常规天然气资源总体探明率降低，由40.3%降至17.3%。

第四节　常规油气资源分布特征

一、全国常规油气资源分布特征

1. 全国油气地质资源海陆分布特征

石油地质资源量$1080.31 \times 10^8 t$，其中陆上资源$792.16 \times 10^8 t$，占比73%，海域资源$288.15 \times 10^8 t$，占比27%。陆上石油资源以非青藏区为主，非青藏区含油气盆地资源量占92%；海域石油资源中，南海$163.41 \times 10^8 t$，占比57%，其中曾母与文莱—沙巴盆地合计$94 \times 10^8 t$，珠江口$25 \times 10^8 t$。

天然气地质资源量78.44×10^{12}m^3，其中陆上资源41×10^{12}m^3，占比52%，海域资源37.44×10^{12}m^3，占比48%。陆上天然气资源以非青藏区为主，占比96%；海域天然气资源中，南海海域32.32×10^{12}m^3，占比86%，其中曾母盆地12.4×10^{12}m^3（图4-27）。

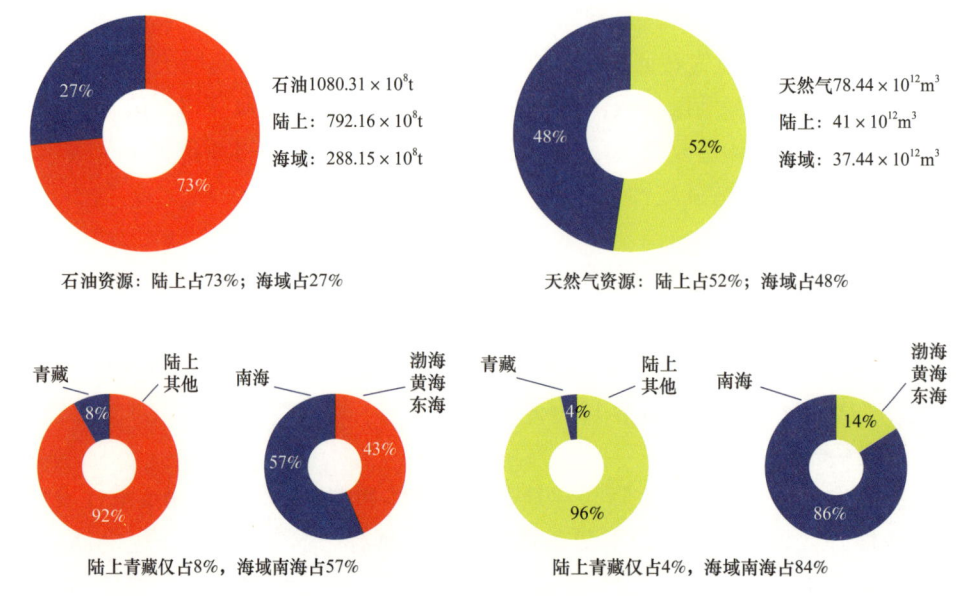

图4-27 全国油气地质资源海陆分布状态图

2. 全国油气地质资源大区分布特征

按照我国油气地质情况，划分为东北油气区、华北油气区、西北油气区、华南油气区和青藏油气区五大油气区，以及海域，总共6大油气区。

陆上常规石油地质资源量主要分布在华北油气区、西北油气区和东北油气区（表4-46），其中东北区石油地质资源量为149.55×10^{8}t，占陆上石油资源的18.88%；华北区石油地质资源量为351.08×10^{8}t，占陆上石油地质资源的44.32%；西北区石油地质资源量为214.57×10^{8}t，占陆上石油地质资源的27.09%；华南区石油地质资源量为12.00×10^{8}t，占陆上石油地质资源的1.51%；青藏区石油地质资源量为64.96×10^{8}t，占陆上石油地质资源的8.20%。

陆上天然气资源主要分布在西北油气区和华南油气区，其中东北区地质资源量为3.41×10^{12}m^3，占陆上地质资源量的8.32%；华北区地质资源量为5.23×10^{12}m^3，占陆上地质资源量的12.75%；西北区地质资源量为17.71×10^{12}m^3，占陆上地质资源量的43.20%；华南区地质资源量为13.17×10^{12}m^3，占陆上地质资源量的32.12%；青藏区地质资源量为1.48×10^{12}m^3，占陆上地质资源量的3.61%。

海域油气地质资源量以南海海域占比较大，其中南海石油地质资源163.41×10^{8}t，占比57%；南海天然气地质资源32.32×10^{12}m^3，占比86%。但南海石油与天然气资源主要分布在南部。

表 4-46 全国油气地质资源量大区分布表

盆地	盆地面积 km²	发现油气田 个	石油地质资源量，10⁴t 探明储量	石油地质资源量，10⁴t 总资源量	天然气地质资源量，10⁸m³ 探明储量	天然气地质资源量，10⁸m³ 总资源量
东北油气区	552860	油田：108 气田：29	821018.04	1495474.82	4395.68	34111.98
华北油气区	648043	油田：329 气田：13	1668194.95	3510759.28	9581.51	52295.94
西北油气区	1115037	油田：107 气田：39	605724.30	2145727.43	23061.53	177082.52
华南油气区	408605	油田：55 气田：123	48616.15	120035.10	21575.88	131716.71
青藏油气区	428972	油田：0.0 气田：0.0	0	649600.00	0	14839.00
陆上合计	3153517		3143553.44	7921596.63	58614.60	410046.15
渤海湾（海域）	61800	油田：66 气田：2	331440.84	1102915.00	679.50	12977.00
北黄海	24000		0	42400.00	0	0
南黄海	145000		0	29801.00	0	1847.00
东海	250000	油田：6 气田：10	2709.50	72304.00	3154.87	36361.00
南海海域北部	566439	油田：79 气田：27	123462.75	476144.00	10055.94	97343.00
南海海域南部	550313		473600.00	1157973.27	72627.49	225848.00
南海海域合计	1116752		597062.75	1634117.27	82683.43	323191
海域合计	1597552		931213.09	2881537.27	86517.8	374376
全国合计（不含南海）	3634317		3477703.78	9169016.63	62448.97	461231.15
全国合计（含南海）	4751069		4074766.53	10803133.9	145132.4	784422.15

3. 全国陆上油气地质资源量的盆地分布

常规石油地质资源量主要分布于渤海湾（陆上）、鄂尔多斯、松辽、准噶尔、塔里木和柴达木六大含油气盆地（图4-28），这六大盆地的石油地质资源量为 $627.54 \times 10^8 t$，占陆上常规石油地质资源量的79%。其中，石油地质资源量大于 $100 \times 10^8 t$ 的有渤海湾（陆上）、鄂尔多斯、松辽三大含油气盆地；地质资源量在 $(50 \sim 100) \times 10^8 t$ 之间的有塔里木、准噶尔两大含油气盆地；地质资源量在 $(10 \sim 50) \times 10^8 t$ 之间的有柴达木、二连、吐哈、海拉尔四个盆地；其他盆地的石油远景资源量一般小于 $10 \times 10^8 t$。

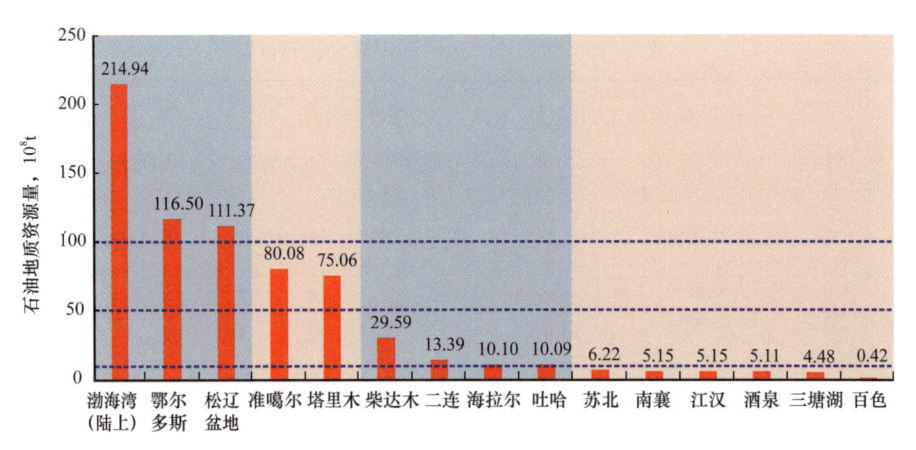

图 4-28　陆上盆地石油地质资源量分布状况

常规天然气地质资源量集中分布在塔里木、四川两大含气盆地，这两大含气盆地天然气地质资源量均超过 $10\times10^{12}m^3$，合计资源量 $24.21\times10^{12}m^3$，占陆上总地质资源量的59%。松辽、渤海湾、鄂尔多斯、准噶尔、柴达木五个盆地天然气地质资源量均在 $(2\sim3)\times10^{12}m^3$ 之间，属于第二层次的常规天然气资源潜力盆地（图4-29）。

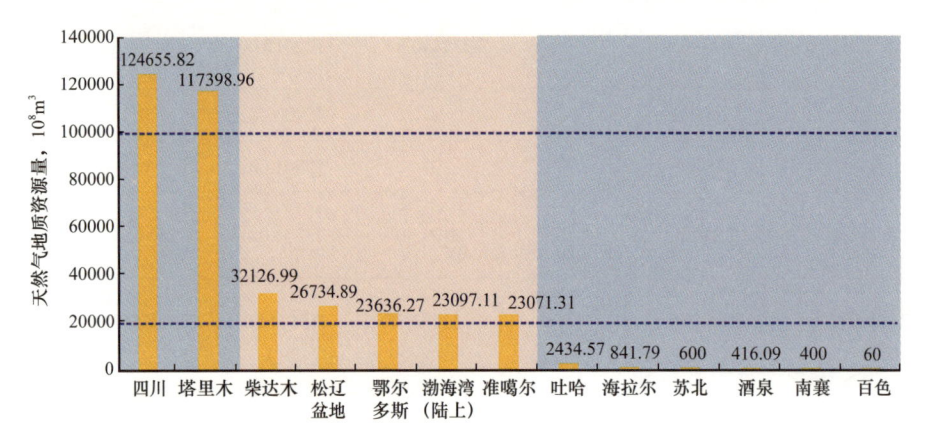

图 4-29　陆上盆地天然气地质资源量分布状况

二、中国石油矿权区常规油气资源分布特征

1. 油气资源的层系分布

自太古界至新生界，按照15个层系开展常规油气资源评价（表4-47，图4-30、图4-31），包括新生界（Q、N、E）、中生界（K、J、T）、上古生界（P、C、D）、下古生界（S、O、∈）、元古宇（Z、Ch）、太古界（Ar）。

中国石油矿权区（陆上）常规石油资源集中分布于中生界、新生界，地质资源量合计 423.31×10^8t，约占总地质资源量的82%；常规天然气资源分布层系相对均衡，其中，新生界地质资源量 $6.66\times10^{12}m^3$、中生界地质资源量 $11.23\times10^{12}m^3$、上古生界地质资源量 $4.62\times10^{12}m^3$、下古生界地质资源量 $7.13\times10^{12}m^3$、元古宇—太古界地质资源量 $2.75\times10^{12}m^3$。

表 4-47 中国石油矿权区陆上盆地分区分层系石油与天然气地质资源量分布表

油气区		新生界			中生界			上古生界			下古生界			元古宇		太古宇
		Q	N	E	K	J	T	P	C	D	S	O	ϵ	Z	Ch	AR
陆上石油 10^8t	东北		8.62	9.51	133.57											
	华北			72.61	3.55	6.97	85.24		1.98			8.32			1.41	10.34
	西北		17.22	20.88	13.40	25.75	25.26	19.14	23.30		1.88	22.57	2.78			
	华南			0.73												
陆上天然气 10^8m³	东北			4128.60	25132.38											
	华北	1428.04		7402.65	1351.98	241.00			275.24		1098.48	25102.14	5131.82		81.24	77.22
	西北	9193.70	12098.33	32272.11	46187.41	11742.63	2804.30	3143.30	7993.41	731.75	978.14	15168.92				
	华南			58.00			24793.99	23308.77	10732.13			50.00	23720.52	27348.67		

图 4-30 中国石油矿权区（陆上 + 海域）分层系石油资源分布状况

图 4-31 中国石油矿权区（陆上 + 海域）分层系天然气资源分布状况

不同地区常规油气资源层系分布有很大差异。

陆上：东北区石油资源主要分布在中生界白垩系，约占该地区石油地质资源量的93%；华北区石油资源主要分布在新生界和中生界，约占该地区石油地质资源量的89%；西北区石油资源主要分布在中生界和上古生界，约占该地区石油地质资源量的62%；华南区石油资源主要分布新生界古近系。东北区天然气资源集中分布在中生界白垩系，约占该区天然气地质资源量的86%；华北区主要集中在下古生界奥陶系，约占该区天然气地质资源量的70%；西北区天然气资源集中分布在新生界和中生界，约占该区天然气地质资源量的78%；华南区天然气资源相对均衡分布于中生界、上古生界、下古生界和元古宇，其中中生界约占22%，上古生界约占31%，下古生界约占22%，元古宇震旦系约占24%。

海域：石油资源集中分布在白垩系、古近系和新近系三个层系，主体集中在新近系和古近系。白垩系石油地质资源量 0.40×10^8t，占3%；古近系 6.60×10^8t，占46%；新近系 7.48×10^8t，占52%。天然气资源同样集中在这三个层系，其中新近系占主体。白垩系天然气地质资源量 $475.97 \times 10^8 m^3$，占1%；古近系天然气地质资源量 $8322.66 \times 10^8 m^3$，占19%；新近系 $35264.37 \times 10^8 m^3$，占80%（表4-48）。

表 4–48 南海海域中国石油矿权区分层系石油与天然气地质资源量

地质层位		石油资源量，10^4t				天然气资源量，10^8m^3			
		地质资源量		技术可采资源量		地质资源量		技术可采资源量	
界	系	探明储量	总资源量	探明可采储量	总可采资源量	探明储量	总资源量	探明可采储量	总可采资源量
新生界	新近系	0	74843.97	0	24698.44	0	35264.37	0	25036.99
	古近系	1787.86	66023.03	458.37	21171.07	50.16	8322.66	21.19	5897.71
中生界	白垩系	0	4034.00	0	1290.88	0	475.97	0	337.92

2. 油气资源的深度分布

按照《石油天然气储量计算规范（DZ/T 0217—2005）》，将油气资源的深度分布划分为四个级别，即中—浅层（<2000m）、中—深层（2000~3500m）、深层（>3500~4500m）和超深层（>4500m）。中国石油矿权区陆上、海域油气资源按深度分布如下。

陆上：常规石油资源主要分布在中—浅层、中—深层，占比 74.8%，其中，中—浅层石油地质资源量 200×10^8t，中—深层石油地质资源量 185×10^8t；深层、超深层石油地质资源量合计 129.69×10^8t，占 25.18%。常规天然气资源主要分布在深层、超深层，占 73.3%。其中，超深层地质资源量 13.03×10^{12}m^3，约占 40.2%；深层天然气地质资源量 10.71×10^{12}m^3，约占 33.1%；中—深层天然气地质资源量 6.19×10^{12}m^3，约占 19.1%；浅层天然气地质资源量 2.46×10^{12}m^3，约占 7.6%（表 4–49）。

表 4–49 中国石油矿权区常规油气资源深度分布

含油气区	资源分布深度，m	石油地质资源量，10^4t		天然气地质资源量，10^8m^3	
		探明储量	总资源量	探明储量	总资源量
陆上	中—浅层	1306593.42	2000076.08	4280.18	24593.38
	中—深层	624054.55	1853334.12	5881.94	61881.25
	深层	157654.43	713590.39	13763.42	107050.15
	超深层	73884.61	583296.46	25113.55	130252.09
南海海域	中—浅层	624.29	93792.54	0	24834.56
	中—深层	1163.57	34618.30	50.16	13873.77
	深层	0	10808.27	0	3271.80
	超深层	0	5681.89	0	2082.88
中国石油矿权区合计	中—浅层	1307217.71	2093868.62	4280.18	49427.94
	中—深层	625218.12	1887952.42	5932.10	75755.02
	深层	157654.43	724398.66	13763.42	110321.95
	超深层	73884.61	588978.35	25113.55	132334.97

海域：海域常规石油资源主要分布在中—浅层、中—深层，两者合计在海域资源中占比88.62%。其中，中—浅层石油地质资源量9.38×10⁸t，占比64.73%；中—深层石油地质资源量3.46×10⁸t，占比23.89%。海域常规天然气资源分布与陆上不同，仍然主要分布在中—浅层和中—深层，两者合计占比87.85%。其中，中—浅层地质资源量2.48×10¹²m³，约占56.36%；中—深层天然气地质资源量1.39×10¹²m³，约占31.49%（表4-49）。

3. 油气资源的地理环境分布

自然地理环境分为平原、草原、戈壁、黄土塬、滩海、沼泽、沙漠、山地和丘陵九类，油气资源地理环境分布特征如下。

陆上常规石油资源主要分布在平原，石油地质资源量207.37×10⁸t，占40.26%；其次是戈壁、黄土塬和沙漠，地质资源量分别为119.29×10⁸t、92.14×10⁸t和43.53×10⁸t，分别占23.16%、17.89%和8.45%；山地和滩海石油地质资源量分别为12.73×10⁸t和13.80×10⁸t，各占2.47%和2.68%。

陆上常规天然气资源主要分布在山地，地质资源量17.02×10¹²m³，占52.58%；其次为平原区和沙漠区，地质资源量分别为4.71×10¹²m³和4.10×10¹²m³，占14.53%、12.65%；戈壁和黄土塬天然气地质资源量分别为3.19×10¹²m³和2.12×10¹²m³，分别占9.84%、6.55%（表4-50）。

表4-50 中国石油矿权区常规油气资源的地理环境分布表

含油气区	常规石油资源分布地理环境	石油地质资源量，10⁴t 探明储量	石油地质资源量，10⁴t 地质资源量	天然气地质资源量，10⁸m³ 探明储量	天然气地质资源量，10⁸m³ 地质资源量
陆上合计	平原	1221133.12	2073660.01	4992.88	47060.84
	草原	49773.76	210232.27	0	841.79
	黄土塬	405324.83	921422.79	6877.52	21196.76
	丘陵	110.00	51574.97	3.72	2505.68
	山地	35131.11	127252.08	26043.87	170241.94
	沙漠	80660.44	435300.53	5576.09	40972.30
	戈壁	334438.90	1192863.37	4002.58	31862.57
	沼泽			1451.25	6826.75
	滩海	35614.85	137991.00	91.29	2268.22
南海海域	中—浅海	1787.86	21887.00	50.16	189.00
	深海	0	123014.00	0	43874.00

而海域油气资源按水深来区分，石油天然气主要分布在深海，其中深海石油地质资源量12.30×10⁸t，在海域石油资源中占比84.90%；深海天然气地质资源量4.39×10¹²m³，占比99.57%（表4-50）。

4. 油气资源品位分布

按照《石油天然气储量计算规范（DZ/T 0217—2005）》，将油气资源品位分为特高渗、中高渗、低渗和特低渗四类。陆上以低渗资源为主，石油地质资源量为 $208.27 \times 10^8 t$，天然气地质资源量为 $21.56 \times 10^{12} m^3$（表4–51）。海域油气资源整体以中高渗为主。

表4–51 中国石油矿权区陆上常规油气资源的品位分布

资源品位	石油资源量，$10^8 t$ 探明地质储量	剩余地质资源量	地质资源量	天然气资源量，$10^8 m^3$ 探明地质储量	剩余地质资源量	地质资源量
特高渗	76460.25	75648.13	152108.38	53.69	186.85	240.53
中高渗	638499.54	798270.44	1436769.98	13557.45	46647.40	60204.85
低渗	939613.15	1143135.87	2082749.70	27940.09	187674.40	215614.48
特低渗	507614.04	971054.93	1478668.97	7487.97	40229.03	47717.00

第五章　非常规油气资源评价

我国非常规油气勘探程度和认识程度较低，不同非常规资源类型地质特征和分布规律又各有特点，准确获取评价关键参数对客观评价非常规油气资源潜力至为重要。本次非常规油气资源评价，重点加强刻度区解剖和参数研究，共解剖国内 43 个非常规刻度区、国外 28 个非常规刻度区，建立了 71 个非常规刻度区，为资源评价提供了类比关键参数与取值标准。在非常规资源评价方法上，主要采用新研发的小面元容积法、EUR 类比法、分级资源丰度类比法，部分资源沿用容积法/体积法、含气量法等，最终完成对我国七类非常规油气资源的系统评价。

第一节　致密油资源评价

一、致密油内涵及评价范围

1. 致密油内涵

按照中国石油近年来致密油的勘探实践和研究认识，本次资源评价把致密油界定为夹持在或紧邻生油岩的在致密碎屑岩或碳酸盐岩中聚集的石油，储层覆压基质渗透率不大于 0.1mD。单井一般无自然产能或自然产能低于工业油流下限，但在一定经济条件和技术措施下可获得工业产量。这些措施包括酸化压裂、多级压裂、水平井等。

依据储层与烃源岩的位置关系，致密油可分为源上、源下和源内三种类型（图 5-1），以源内为主（表 5-1）。储层根据岩性可划分为三类：（1）砂岩，主要为三角洲前缘和前三角洲形成的砂—泥薄互层沉积体，以及砂质碎屑流和浊流形成的以砂质为主的丘状混合沉积体。（2）碳酸盐岩，包括白云岩、白云石化岩类、介壳灰岩、藻灰岩和泥质灰岩等。（3）混积岩，包括在同一岩层中陆源碎屑与碳酸盐组分、沉凝灰岩等的混合，以及陆源碎屑与碳酸盐岩层、沉凝灰岩等构成交替互层或夹层的混合。烃源岩根据岩性和有机质丰度可划分为四类：（1）高丰度纹层状藻类页岩，其有机质丰度最高，为我国陆相盆地的致密油主力烃源岩；（2）中—高丰度泥岩，有机质丰度较高，为我国陆相致密油重要烃源岩；（3）中—高丰度沉凝灰岩、泥灰岩，有机质丰度较高，为我国陆相致密油另一类重要烃源岩；（4）低丰度泥页岩，有机质丰度一般，生油能力偏差，但也能形成规模致密油区（表 5-2）。

2. 评价范围

涵盖已发现致密油的含油气盆地以及具有致密油成藏条件的重点层系和外围中小盆地，主要包括鄂尔多斯盆地上三叠统长 7 段、松辽盆地上白垩统扶余油层和高台子油层，准噶尔盆地吉木萨尔凹陷中二叠统芦草沟组，渤海湾盆地冀中坳陷束鹿凹陷古近系沙三段、歧口凹陷沙四段、沧东凹陷孔二段、辽河西部凹陷雷家和大民屯凹陷沙四段，三塘湖盆地马朗凹陷中二叠统条湖组、芦草沟组，柴达木盆地扎哈泉地区上干柴沟组，二连盆地白垩系阿尔善组和腾一段等。

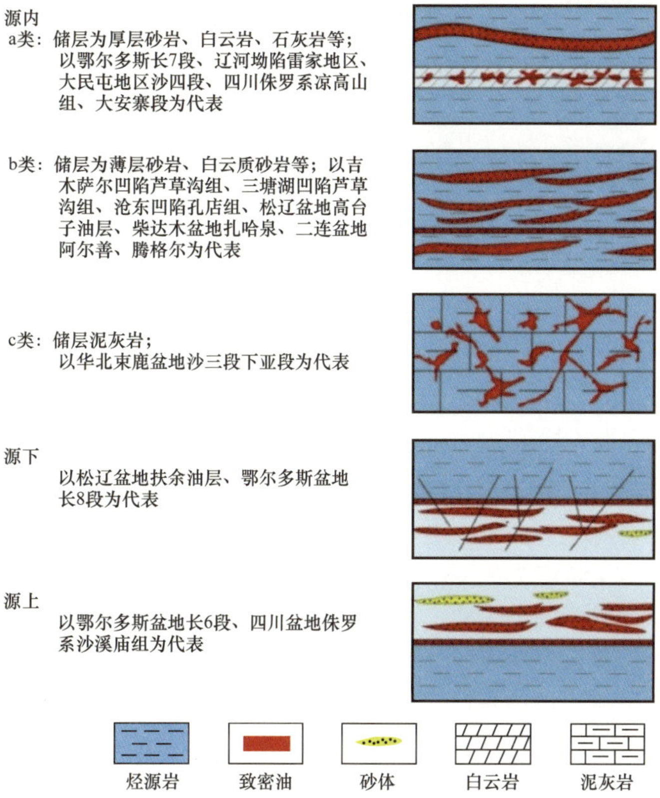

图 5-1　致密油成藏类型

表 5-1　中国重点盆地致密油参数表

盆地	层位	压力系数	原油密度, g/cm³	含油饱和度, %	类型
渤海湾	沙河街组	1.30~1.80	0.67~0.85	60~70	源内
四川	大安寨段	1.23~1.72	0.76~0.87	70~80	源内
松辽	泉四段	1.20~1.58	0.78~0.87	40~60	源下
松辽	青二段、青三段	1~1.2	0.86	60~70	源内
鄂尔多斯	延长组	0.75~0.85	0.82~0.86	70~80	源内
准噶尔	芦草沟组	1~1.32	0.88~0.92	60~95	源内
三塘湖	芦草沟组	1.2~1.3	0.75~0.85	50~92	源内

二、地质评价及关键参数

1. 地质评价

致密油整体呈连续或准连续状分布于含油气盆地中。致密油在储层中赋存状态复杂，其分布不同于常规油气受控于二级构造单元，分布范围不受构造带等控制，而是呈大面积连续型分布于盆地中心、斜坡区等。受相对稳定构造背景、广覆式分布烃源岩、大面积分布非均质储层以及源储紧邻或一体等地质条件控制，呈现大面积连续分布和局部富集的特征。

表 5-2 陆相盆地致密油烃源岩类型划分表

类别	TOC，%	R_o，%	生烃潜力，mg/g	实例
高丰度泥页岩	5.0~20.0	0.5~2.0	12.0~75.0	鄂尔多斯盆地长 7_3 段、准噶尔盆地芦草沟组、松辽盆地青一段、渤海湾盆地沙三段、沙四段—孔店组
中—高丰度泥岩	2.0~8.0	0.5~2.0	3.0~21.0	鄂尔多斯盆地长 7_2 段、松辽盆地青一段、渤海湾盆地沙一段
中—高丰度沉凝灰岩、泥灰岩	1.0~15.0	0.7~1.2	5.0~75.3	渤海湾盆地束鹿凹陷沙三段下亚段、三塘湖盆地二叠系
低丰度泥页岩	0.5~1.5	0.6~1.8	2.0~5.0	四川盆地大安寨段、柴达木盆地 N_1—E_3

勘探实践表明，致密油形成条件和主控因素与常规油有显著区别。

（1）宽缓的坳陷—斜坡区为致密油成藏有利背景。通常情况下，致密油一般发育在前陆或坳陷盆地的平缓斜坡上，地层倾角小于 5°。鄂尔多斯盆地长 7 段致密油发育在坳陷盆地的平缓斜坡上，地层倾角 2°~5.5°；四川盆地中—下侏罗统致密油发育在前陆—陆内坳陷的平缓斜坡上，地层倾角 2°~5°。

（2）广覆式分布的优质烃源岩，热演化程度适中。目前我国已发现的致密油储量区块均位于大面积分布的优质烃源岩区，热演化程度 R_o 为 0.6%~1.3%。从图 5-2 来看，除四川盆地侏罗系、柴达木盆地干柴沟组和渤海湾盆地束鹿凹陷泥灰岩丰度较低（TOC 平均为 1.0%）外，我国致密油烃源岩丰度普遍较高，平均高于 2.0%。尤以鄂尔多斯盆地长 7 段优质烃源岩 TOC 值最高，平均 13% 以上。

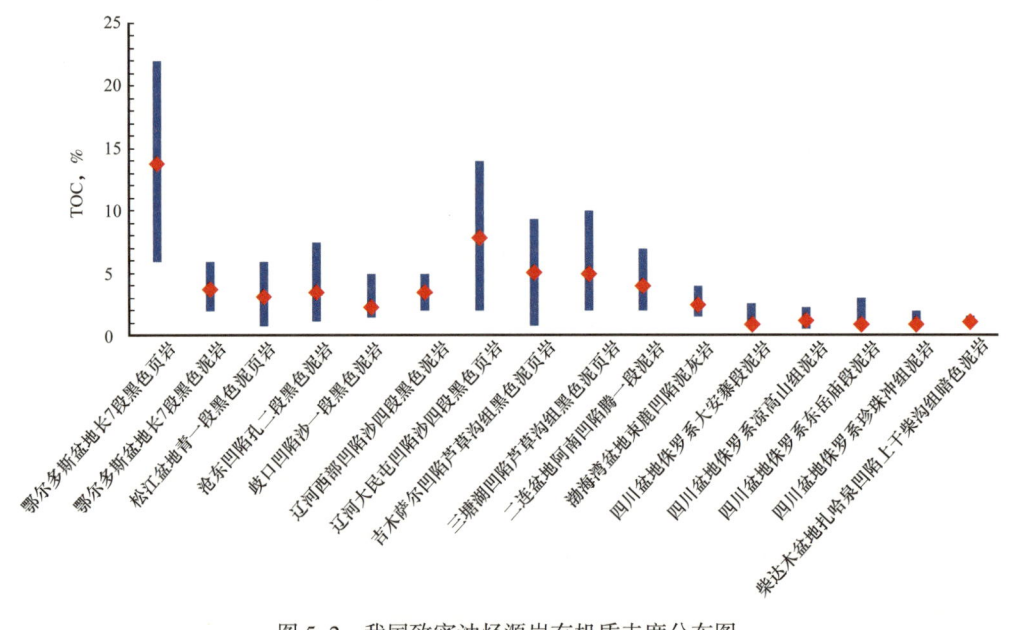

图 5-2 我国致密油烃源岩有机质丰度分布图
蓝色条为分布范围，红色菱形点为均值

需要指出的是，尽管四川盆地侏罗系、柴达木盆地干柴沟组和渤海湾盆地束鹿凹陷泥灰岩丰度较低，但由于该类烃源岩形成于咸化湖盆环境，烃类转化效率高，也可以形成扎哈泉、公山庙和束鹿等规模致密油藏。

（3）烃源岩和储集体大面积紧密接触。致密油以短距离运聚为主，烃源岩与储集体大面积紧密接触是成藏的关键条件。如鄂尔多斯盆地长 7 段致密砂岩储层与优质黑色油页岩、暗色泥质、深灰色泥岩呈互层交互，叠置面积大于 $4 \times 10^4 km^2$。纵向上，多期砂体往往错综叠置，累计厚度大，一般为 30~100m，平面上延伸范围距离可达 150~200km，埋深为 2000~4500m。

（4）储集体总体致密、物性差是致密油基本特征。由于沉积物成熟度低，颗粒细，分选差，胶结物含量高，成岩作用强烈，导致储层孔隙度低，变化幅度大，一般不大于 12%，地下渗透率多小于 0.1mD，横向非均质性更强（表 5-3）。鄂尔多斯盆地三叠系延长组长 7 段砂岩、准噶尔盆地二叠系芦草沟组白云质粉砂岩储层孔隙度一般为 4%~10%，地下渗透率小于 0.1mD 的样品比例占 80%~92%，与美国的 60%~95% 相近，均超过了 50%。致密油层多为砂泥岩交互，粉砂岩与白云岩、泥灰岩互层，砂层及白云岩厚度及层间渗透率变化大。

表 5-3 我国陆相致密油储层物性表

盆地类型	盆地/层位	主要岩性	有利面积 km²	单层厚度 m	孔隙度 %	渗透率 mD
坳陷湖盆	鄂尔多斯延长组长 7 段	粉细砂岩	2.5×10^4	3~15	4~10	<0.3
	松辽盆地扶余油层	粉砂岩、泥质粉砂岩	1.8×10^4	1~5	5~12	<1
	松辽盆地高台子油层	粉砂岩、泥灰岩	1.5×10^4	0.5~3	4~12	0.02~1
	四川盆地侏罗系大安寨段	介壳灰岩	3.8×10^4	0.3~1.2	1~3	<0.1
	柴达木盆地西部 E_3^2	藻灰岩、泥晶灰（云）岩	1200	8~20	3~7	0.1~10
	柴达木盆地柴西南 N_1	粉细砂岩	1100	2~6	3~8	0.1~1
断陷/裂谷湖盆	渤海湾束鹿凹陷沙三段下亚段	泥灰岩	270	1~15	0.5~2.5	0.04~4
	渤海湾盆地沧东孔二段	粉细砂岩、白云岩	1500	8~30	6~13	0.06~1
	渤海湾盆地歧口沙一段	白云岩、砂质云岩	1200	0.5~12	2~16	<1
	渤海湾辽河西部凹陷沙四段	泥质云岩	300	1~20	4~12	<1
	准噶尔吉木萨尔凹陷芦草沟组	云质粉细砂岩、砂屑云岩	1300	1~27	6~16	<0.1
	三塘湖盆地芦草沟组	石灰岩、白云岩、沉凝灰岩	1000	10~50	2~16	0.01~1

（5）生烃增压、微裂缝沟通、微纳米级孔喉发育是致密油聚集的关键，"甜点"控制富集高产。强大的源储压差是致密油连续充注聚集的原动力，如鄂尔多斯盆地长 7 段源储压差一般为 5~15MPa，是致密油运移聚集的主要动力；微裂缝沟通有利于致密油的垂向运聚，如鄂尔多斯盆地长 7 段高角度缝、水平缝较发育，高角度缝密度 0.23 条/m；致密油储集空间以微米级孔隙为主，运聚通道以纳米级喉道为主，鄂尔多斯盆地长 7 段孔隙半

径主要分布在 2~12μm 之间。

致密油"甜点"控制富集。"甜点"体发育区除具有较好的构造背景、优质烃源岩和储层大面积分布以及保存条件较好外，通常其基质孔隙度高、覆压渗透率高和裂缝发育等特征较为突出。鄂尔多斯盆地长 7 段致密油储层孔隙度一般小于 8%，渗透率小于 0.2mD，而"甜点"体孔隙度可达 8%~12%，渗透率为 0.2~0.4mD。

从上述分析看，致密油主要分布在湖盆内部碳酸盐岩发育区和相对深水的水下三角洲砂体、重力流砂体发育区。三种不同成因类型致密油的分布特征分别为：（1）湖相碳酸盐岩致密油。分布广泛，凹陷和斜坡区都有发现，该类油层夹持在半深湖—深湖相暗色泥页岩中，埋深适中，一般小于 3500m。目前该类致密油在准噶尔盆地和三塘湖盆地二叠系、柴达木盆地和渤海湾盆地古近系等均有发现。例如，准噶尔盆地吉木萨尔凹陷中二叠统芦草沟组纵向上发育上下两套"甜点"，上"甜点"体为碳酸盐岩滩、坝沉积，厚度为 10~40m；下"甜点"体为三角洲远沙坝与席状砂白云质粉细砂岩，厚度为 20~70m。平面上均分布于有效烃源岩分布区，上"甜点"大于 10m 的面积为 410km^2，下"甜点"大于 20m 的面积为 963km^2。（2）湖相水下三角洲砂岩致密油。该类致密油在中国分布最广泛，松辽盆地青山口组和泉头组、渤海湾盆地沙河街组、鄂尔多斯盆地延长组以及四川盆地中—下侏罗统中均有发现。例如，松辽盆地上白垩统致密油，纵向上主要分布在泉头组（扶余油层）与青山口组青二段、青三段（高台子油层）的致密砂岩中，多套薄层砂体纵向叠置发育，埋藏深度一般小于 2000m；平面上，以三角洲前缘相为主，主要分布在松北的大庆长垣、齐家—古龙与三肇周边以及松南的大安北、高家、查干泡、让字井与大情字井等地区。（3）深湖重力流砂岩致密油。该类致密油在鄂尔多斯盆地延长组、渤海湾盆地沙河街组等地层中均有发现，其中最典型的代表是鄂尔多斯盆地上三叠统延长组长 7 段致密油（图 5-3），具有油藏规模大、砂层厚（平均油层厚度 10.7m）、分布范围广（有利面积 3×10^{4}km^2）、构造背景简单等特征。纵向上，致密砂岩油层主要发育在长 7$_1$ 亚段、长 7$_2$ 亚段；平面上，致密砂岩油层主要分布在紧邻生烃中心的姬塬地区三角洲前缘和湖盆中部陇东地区重力流砂体。

2. 关键参数

致密油资源评价参数包括地质评价参数和资源计算关键参数。表 5-4 为致密油资源评价参数总表，涵盖了评价区的各类参数，如基本石油地质特征、烃源岩特征、储层特征、生产情况等。

致密油资源计算的关键参数主要包括：评价区面积，储层有效厚度，含油饱和度，有效孔隙度，类比系数，EUR，单井控制面积，可采系数等。

评价区面积是致密油资源评价中最关键的评价参数。无论是类比区的建立、EUR 法单井控制面积的确定，还是评价区不同地质条件下评价单元的划分，面积参数是非常重要的评价参数，在资源评价结果的表述中，也常常用单位面积的地质资源量和可采资源量（即资源丰度）来说明一个地区的资源富集程度。

致密油层有效厚度是指达到资源量起算标准的含油层系中具有产油能力的储层厚度，是影响容积法计算资源量最关键的评价参数。

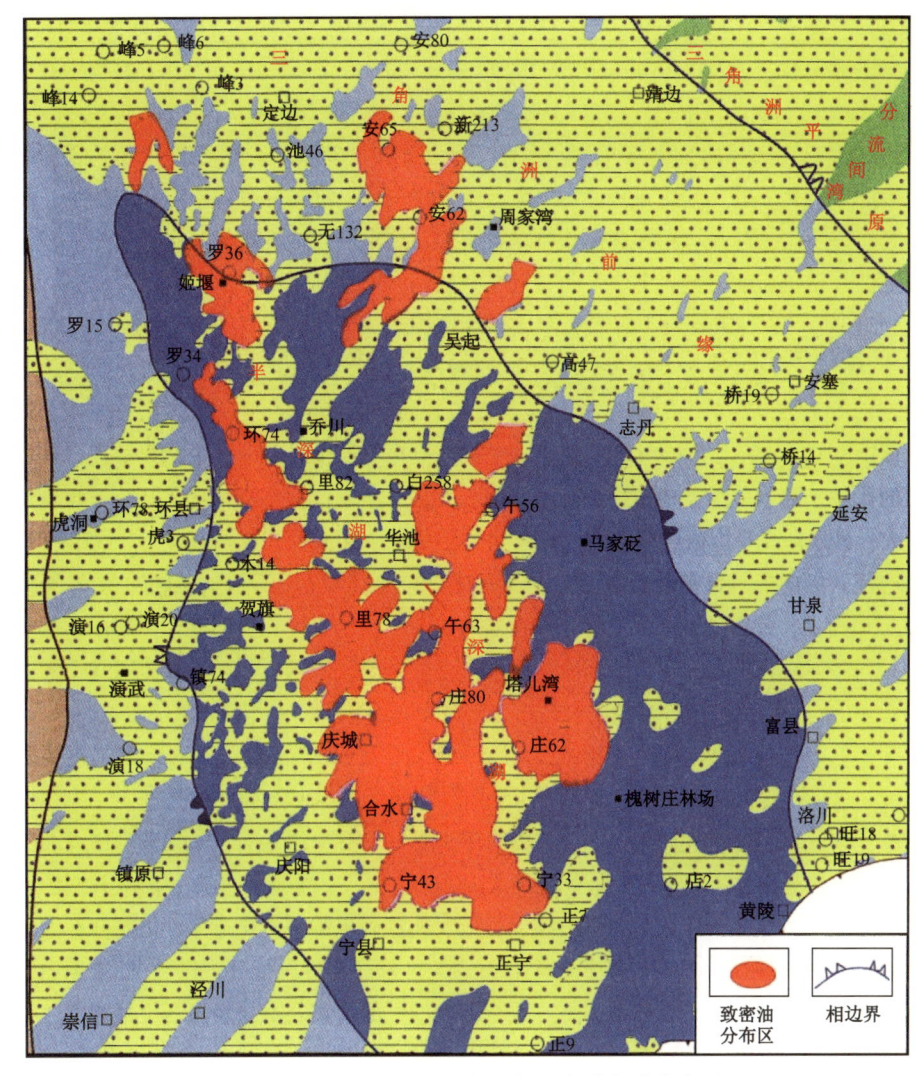

图 5-3　鄂尔多斯盆地延长组长 7 段致密油分布图

含油饱和度是容积法计算致密油资源量的关键参数，是油层有效孔隙中含油体积和岩石有效孔隙体积之比，以百分数表示。即 $S_o=V_o/V_p\times100\%$，S_o 为含油饱和度，%；V_o 为油层岩石有效孔隙中的含油体积；V_p 为油层岩石的有效孔隙体积。

孔隙度是评价储层的重要参数，有效孔隙度是指岩石中互相连通的孔隙体积与岩石总体积之比，又可分为基质孔隙度和裂缝孔隙度。致密油储集空间以微米—纳米孔为主。根据现行的储层分类标准和国内外勘探开发实践，一般情况下，致密油储层孔隙度小于 12%。依据统计结果可将致密油储层划分为三类：Ⅰ类储层的孔隙度大于 8%，Ⅱ类储层的孔隙度在 4%～8% 之间，Ⅲ类储层的孔隙度小于 4%。孔隙度小于 4% 的致密储层以纳米孔为主，仍赋存一定的资源，但由于开发成本高，经济开采难度大，资源品质较差。

表 5-4 致密油资源评价参数表

参数类型	参数名称	单位
基本地质特征	所属盆地	
	构造单元	
	构造位置	
	主要储层	
	主要烃源岩层	
储层特征	埋深	m
	储层厚度	m
	储层百分比	%
储层特征	孔隙类型	
	孔隙度	%
	渗透率	mD
主要烃源层特征	烃源岩厚度	m
	有机碳含量	%
	成熟度 R_o	%
	有机质类型	
	生烃强度	$10^4 t/km^2$
生产情况	前 30 天平均产量	t
	第一年递减率	%
	平均递减率	%
	月生产数据	
	井控面积	km^2
	估算最终可采储量 EUR	$10^4 t$
	估算最终采收率	%
	单位面积可采资源量	$10^4 t/km^2$
	单位面积地质资源量	$10^4 t/km^2$

EUR（Estimated Ultimate Recovery）是单井最终可采储量的简称，指已经生产多年以上的开发井，根据产能递减规律，运用趋势预测方法评估的该井最终可采储量。根据已开发井 EUR 推测评价区探井平均 EUR，然后计算评价区致密油资源量。该参数是国外最常用的非常规油气资源评价中的关键参数。单井 EUR 计算的关键是选择典型生产井作为刻度井，并通过多井建立不同类型生产井的 EUR 概率分布曲线，依此作为类比评价的依据。

井控面积是 EUR 法应用的关键。井控面积的准确度，决定了 EUR 法资源量计算的精度。不同地区、不同井型的井控面积差异较大。井控面积的确定一般以储层研究为基础，充分利用动态分析成果，形成动静结合的井网优化技术，确定合理井控范围。

可采系数是指某区块内致密油可采资源量与总地质资源量之比。该参数受开发技术水平影响较大，随开采技术水平的提高而不断提高，它只能大致反映某一阶段资源的可采状况。从北美多年的致密油开发实践来看，不同类型和不同盆地致密油可采系数变化较大，一般介于 4%～12% 之间。

（1）评价区面积：源储叠合范围 + 致密油气层厚度 + 埋深 + 地质 + 地貌综合取值。

（2）有效厚度：依据露头、井下资料，结合构造、沉积分析，按频率分布，综合取值。

（3）有效孔隙度：根据样品实测资料，结合测井和地震数据，按频率分布，综合确定取值。

（4）类比系数（相似系数）：根据油气成藏条件地质风险评价结果，逐一类比评价区与所选的刻度区，求出对应相似系数。计算公式如下：

$$a = R_f / R_c \tag{5-1}$$

式中　a——评价区与刻度区类比的相似系数；

　　　R_f——评价区油气成藏条件地质评价结果，即把握系数；

　　　R_c——刻度区油气成藏条件地质评价结果，即把握系数。

（5）可采系数：可采资源量与地质资源量的比值。可采系数的大小与油气性质、油气藏特征、储层物性及其非均质性等多项因素有关。由于我国致密油勘探开发时间短，可采系数研究还不成熟，本次研究主要采用类比法和单井 EUR 推算法。即通过类比确定不同条件下资源的可采系数。通常要先建立刻度区，确定刻度区可采系数后再进行类比评价。类比的对象可以是同一盆地，也可以是其他盆地，甚至可以是国外致密油气盆地。

EUR 外推法确定可采系数。首先采用单井生产曲线外推，确定单井最终可采储量，再根据该井单井控制地质储量，计算单井可采系数。如准噶尔盆地吉木萨尔凹陷中二叠统芦草沟组致密油上下"甜点"区单井可采系数，通过近两年生产曲线的拟合，上部致密油段吉 172-H 水平井 EUR 为 2.74×10^4t，根据压裂数据（压裂段长、水平井长），可计算单井控制的泄油面积和体积（图 5-4），计算出泄油体积内的地质资源量为 45.55×10^4t 后，求出该井的可采系数为 6%。同样对于下致密油段，采用直井吉 174 生产曲线，可以计算该井的可采系数为 5.1%。

三、致密油资源评价结果

本次评价主要采用资源丰度类比法、小面元容积法和 EUR 类比法等，系统评价了 9 个重点盆地的致密油资源量。评价结果为致密油地质资源量 125.8×10^8t，可采资源量 12.34×10^8t。目前已探明地质储量 6.3×10^8t。

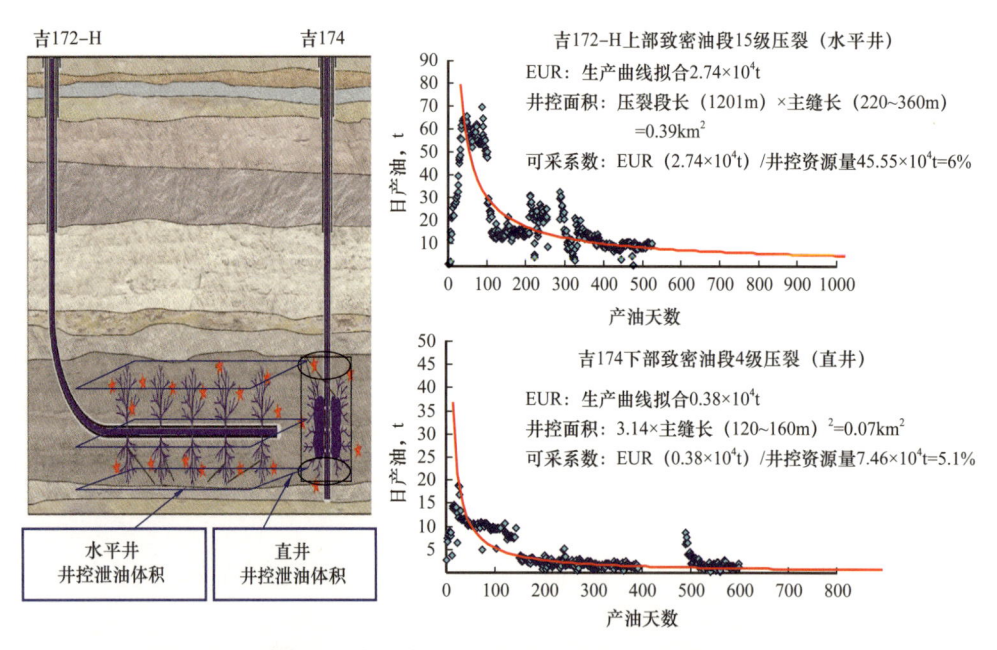

图 5-4 准噶尔盆地吉木萨尔凹陷芦草沟组单井可采系数计算过程图

致密油资源集中分布在鄂尔多斯盆地、松辽盆地、渤海湾盆地、准噶尔盆地和四川盆地（表 5-5，图 5-5），以鄂尔多斯致密油资源潜力最大，地质资源量 30×10^8t；可采资源量 3.51×10^8t；其次是松辽盆地，地质资源量 22.4×10^8t，可采资源量 2.7×10^8t；渤海湾盆地和准噶尔盆地资源量相当，地质资源量分别为 20×10^8t、19.8×10^8t，可采资源量分别为 2.2×10^8t、1.2×10^8t。需说明的是，本书所指的渤海湾盆地致密油资源量，不包括中国石化矿权区致密油资源。此外，从致密油地质资源量与可采资源量评价结果看，准噶尔盆地、四川盆地致密油地质资源量尽管较大，但由于储层非均质性很强，物性差，可采系数低，可采资源量相对较低。

表 5-5 中国陆上重点盆地致密油资源量表

盆地	层位	面积 km²	地质资源量，10^8t 探明	剩余	总资源量	可采资源量，10^8t 探明	剩余	总资源量
鄂尔多斯	上三叠统延长组 7 段	78879	1.006	28.994	30	0.118	3.392	3.51
松辽	K_2qn_{2+3}，K_1q_4	20507	2.588	19.818	22.406	0.463	2.263	2.727
渤海湾	Es_1，Es_2，Es_3，Ek_2	16703	0.968	19.029	19.997	0.146	2.055	2.201
准噶尔	P_2l，P_1f，P_2p	8026	0.320	19.470	19.790	0.075	1.168	1.242
四川	J	53010	0.812	15.316	16.128	0.051	1.237	1.288
柴达木	N_1，N_2，E_3	8050	0.066	8.510	8.576	0.009	0.688	0.697
三塘湖	P_2t，P_2l	2239	0.330	4.301	4.630	0.021	0.220	0.240
二连	K_1	896	0	2.983	2.983	0	0.310	0.310
酒泉	K_1g_{2+3}	231	0.188	1.101	1.289	0.030	0.096	0.126
合计			6.277	119.522	125.799	0.913	11.428	12.341

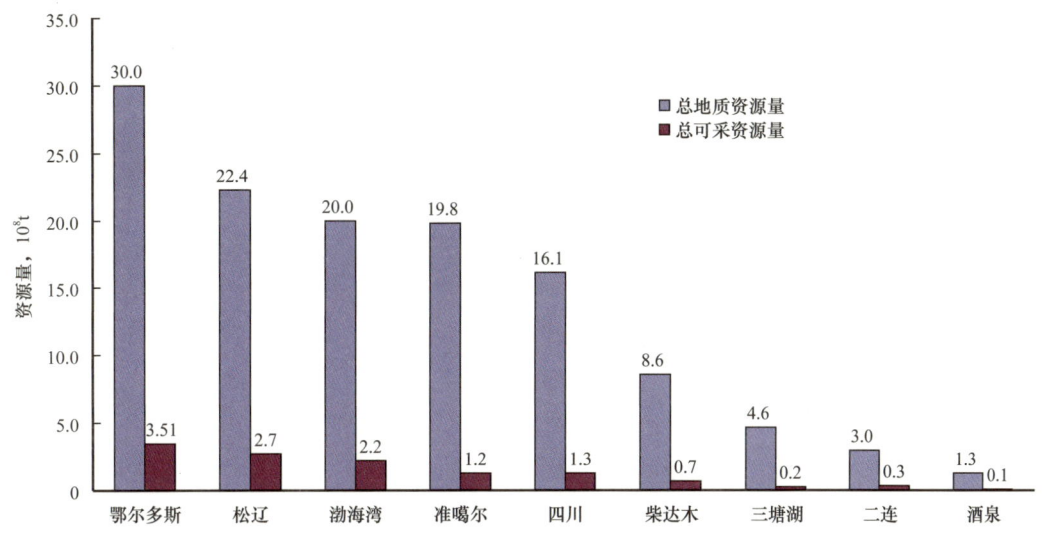

图 5-5 中国陆上重点盆地致密油地质与可采资源量

考虑到我国部分中小盆地也可能具有非常规资源形成的地质条件，本次研究，优选了部分盆地开展致密油气形成条件和资源潜力评估。由于中小盆地勘探程度低，地质资料缺乏，目前评价结果主要依据已有地质资料对认为可能发育致密油气的盆地进行估算，未将评价结果纳入资源总量，评价结果仅供参考。评价结果为：22 个中小盆地致密油地质资源量为 $13.8 \times 10^8 t$，可采资源量为 $1.05 \times 10^8 t$，致密气地质资源量为 $1.3 \times 10^{12} m^3$、可采资源量为 $0.7 \times 10^{12} m^3$（表 5-6）。

表 5-6 我国部分中小盆地致密油气资源估算结果

地区	盆地/凹陷	分布层系	盆地面积 km²	评价区面积 km²	致密油 地质资源 $10^4 t$	致密油 可采资源 $10^4 t$	致密气 地质资源 $10^8 m^3$	致密气 可采资源 $10^8 m^3$
东部	勃利	K₁	9020	456	3994	319.5	286.2	143.1
	大杨树	K₁	15460	85	418	33.4	20	10
	虎林	K₁	9510	292	877	70.2	85.9	43
	鸡西	K₁	3780	656	5192	415.4	255.3	127.7
	三江	K₁	33730	215	2713	217	126.3	63.2
	延吉	K	1670	12	30	2.4	2.3	1.2
	小计		73170	1716	13224	1057.9	776	388.2
中部	银根—额济纳旗天草	K₁b	1900	139.7	973.6	77.89		
	银根—额济纳旗查干	K₁b	2000	895.17	10723.7	857.696		

续表

地区	盆地/凹陷	分布层系	盆地面积 km²	评价区面积 km²	致密油 地质资源 10⁴t	致密油 可采资源 10⁴t	致密气 地质资源 10⁸m³	致密气 可采资源 10⁸m³
中部	雅布赖	J₂x	4600	624.5	14367.5	1005.7		
	巴彦浩特	C	16140.82	6812.25	13580	1086.4		
	民和	J₂y	11300	526.98	19044.5	1523.56		
	六盘山	J₂	9000	2070	4161	291.3		
	石拐	J₁₋₂	660	500	10419.4	833.552		
	中口子	J₁j	5300	523.6			320.9	121.9
	武威	C₃t	27500	2490.9			1495.5	747.8
	民乐	K₁	2610	275.8			272.2	108.9
	南祁连木里	T₃g	2113.9	610.5			684.8	260.2
	武川	J₁₋₂	2920	318			455.2	204.8
	沁水	P₁s	23923	9488.963			7669.8	4417.8
	小计		109967.72	25276.363	73269.7	5676.098	10898.4	5861.4
西部	伊犁	P₂t	28497	4698	34300	2744		
	精河	P₂t	7000	3000	5081.4	406.5		
	福海	J（油）P₂（气）	10700	4000	6775.2	542	793.08	301.37
	吐拉	J	8000	3450	5843.61	43.3	684.03	259.93
	小计		54197	15148	52000.21	3735.8	1477.11	561.3
	合计		237334.72	42140.363	138493.91	10469.798	13151.51	6810.9

第二节 致密砂岩气资源评价

一、致密砂岩气内涵及评价范围

致密砂岩气（以下称致密气）是指覆压基质渗透率不大于 0.1mD 的致密砂岩气层，单井一般无自然产能或自然产能低于工业气流下限，但在一定经济条件和技术措施下可获得工业天然气产量。通常情况，这些措施包括压裂、水平井、多分支井等。

本次致密气评价的范围主要包括已实现致密气开发或发现致密气的盆地及层系，主要包括鄂尔多斯盆地石炭系—二叠系、四川盆地三叠系须家河组、吐哈盆地侏罗系、准噶尔盆地二叠系、松辽盆地白垩系沙河子组和营城组、塔里木盆地侏罗系阿合组、渤海湾盆地沙河街组等。

本次评价对致密储层范围界定标准为覆压基质渗透率不大于0.1mD的致密储层所占比例大于80%，平面上分布范围较大。烃源岩界定标准为Ⅱ型、Ⅲ型煤系烃源岩要求R_o一般大于1.0%，以Ⅰ型、Ⅱ型为主的烃源岩一般要求TOC大于1.5%、R_o大于1.3%，分布范围较大。

二、形成条件及富集主控因素

勘探实践表明，致密气成藏与常规油气有显著区别。致密气成藏主要受构造背景、优质烃源岩、大面积非均质致密储层、源储紧密接触等因素控制。

1. 稳定宽缓的构造背景

致密气储层几乎分布在所有盆地类型中，陆相断陷盆地、坳陷盆地、前陆盆地和海相克拉通盆地均普遍发育。虽然盆地类型不同，致密储集体和展布特征不同，但均具有稳定宽缓的构造背景。

稳定宽缓的构造背景，主要特征是以整体升降作用为主，沉积地层变形弱，发育大面积平缓的斜坡，利于形成浅水三角洲砂体（图5-6）、水下扇扇端砂体、浊积砂和深水席状砂发育，多呈环（条）带状和席状大面积分布。

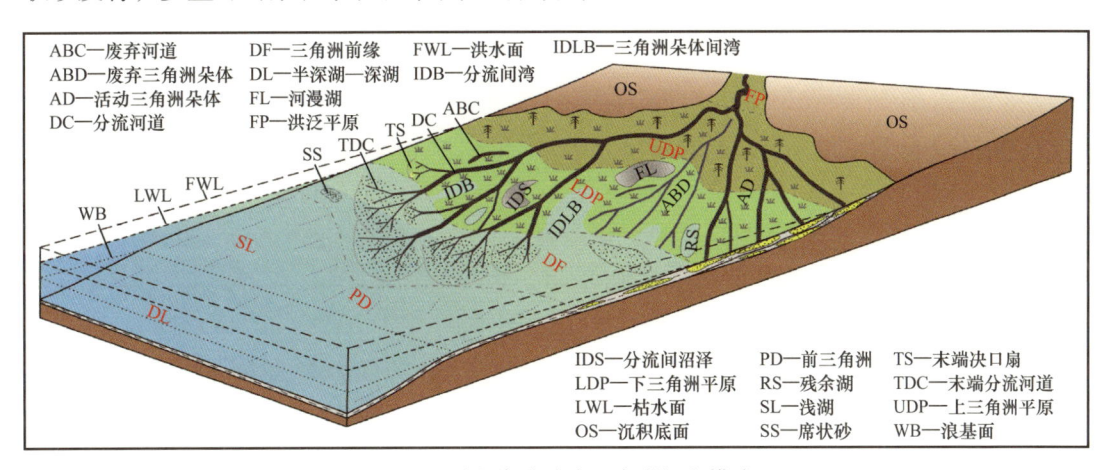

图5-6 陆相湖盆浅水三角洲沉积模式

稳定区是致密储层发育的有利区，包括陆相断陷盆地的缓坡一侧、克拉通内坳陷湖盆中央的凹陷—斜坡区、裂谷背景上的坳陷型盆地内部、前陆湖盆的前陆凹陷—斜坡一侧和克拉通盆地内部的广阔地区等。这些地区的共同特征是控制沉积作用和差异升降断裂不发育，构造相对稳定，利于致密储层大面积分布，在不同地质历史时期的古地理环境下，沉积层序总体由凹陷向斜坡区减薄、相变，甚至尖灭缺失，以岩性圈闭、地层—岩性圈闭为主，致密储层纵向上相互叠置，平面上复合连片大面积分布。

2. 广覆式优质烃源岩发育

大面积优质的烃源岩是致密气形成的重要物质基础，致密气藏的烃源岩以煤系地层为主，如北美落基山地区白垩系—古近系致密砂岩气藏，我国鄂尔多斯盆地石炭系—二叠系与四川盆地上三叠统须家河组致密砂岩气藏。与常规油气相比,致密气更强调大面积高丰度烃源岩源内或近源短距离供烃特征,其他生烃指标与演化参数等特征基本相同。

煤系烃源岩具有有机碳含量高、成熟度高和生气量大的特征。通过分析中国与北美典型致密气藏的成藏地质条件(表5-7),发现主要以煤系地层的Ⅲ型干酪根为主,分布面积广,热演化程度高,生气高峰期出现早、持续时间较长,甚至现今仍在生气,为致密气持续充注提供了充足气源。我国煤系烃源岩发育,为致密气形成创造了有利条件。

表5-7 中美主要致密气盆地烃源岩特征对比

盆地	北美落基山地区			中国	
	阿尔伯达(加)	大绿河	圣胡安	鄂尔多斯	四川
层位	下白垩统	上白垩统—古近系	上白垩统	石炭系—二叠系	须家河组
岩性	煤层和暗色泥页岩	煤层和含有机质泥页岩	煤层和含有机质泥页岩	煤系和泥岩	煤系和泥岩
沉积环境	浅海相沉积平原、三角洲平原	冲积平原—三角洲平原	滨海平原沼泽	河流—三角洲—湖泊	河流—扇三角洲—湖泊
有机质类型	Ⅲ型为主	Ⅲ型为主	Ⅲ型为主	Ⅲ型为主	Ⅲ型为主
TOC,%	10~80,平均10	0.04~20.5,平均2.04	>2	1.92~3.2(泥岩),62.9(煤层)	1.9
R_o,%	0.9~1.3	0.8~1.3	0.8~1.45	1.1~2.8	1.0~2.0
煤层厚度,m	3~9	12	9~15	6~20	4.1
分布面积,$10^4 km^2$	13		1.94	13.8	5
总生气量,$10^{12} m^3$	257	2.4	2.3		2.6

3. 非均质致密储层大面积分布

在宽缓的凹陷与斜坡地区,相带宽、发育稳定,利于形成大面积致密储层。沉积环境变化、岩石类型分异、成岩作用不同和构造改造程度差异等因素,导致致密储层非均质性强。

致密砂岩储层的形成主要受沉积作用、成岩作用和构造作用三大因素影响。沉积环境能量相对较低、成分和结构成熟度低、杂基含量高等因素是储层致密的基本条件;破坏性成岩作用(胶结、压实和充填作用等)导致原生孔隙大量减少,以及建设性成岩作用产生次生孔隙欠发育是储层致密的重要因素;受构造作用控制的溶蚀孔和破裂等建设性作用的发育程度是致密储层区优质储层发育的关键因素。因此,致密砂岩的成因可以划分为两种类型:一类是受沉积条件的控制,分选不好,造成原始状态以致密砂岩为主;另一类是复杂成岩作用和构造作用导致储层致密。

致密砂岩储层孔隙类型以粒间及粒内溶孔、粒间微孔、微裂缝等次生孔隙为主,原生孔隙少见。储层孔隙度、渗透率低是致密砂岩储层的基本特征(图5-7a),孔隙度一般在2%~10%之间,渗透率在0.001~1mD之间。例如,四川盆地上三叠统须家河组致密砂岩储层孔隙以次生孔为主，少量原生孔，局部发育裂缝。据铸体薄片鉴定，孔隙以次生孔隙（85%）为主，少量残余粒间孔（7%）、杂基微孔（8%）；储层物性差（图5-7b），孔隙度、渗透率之间相关性较差，相关系数（R_2）仅为0.27，表明渗透率大小不仅与总孔隙多少有关，更主要受孔隙结构、裂缝发育状况控制。

(a) 中国典型盆地致密砂岩储层

(b) 四川盆地上三叠统须家河组致密砂岩储层

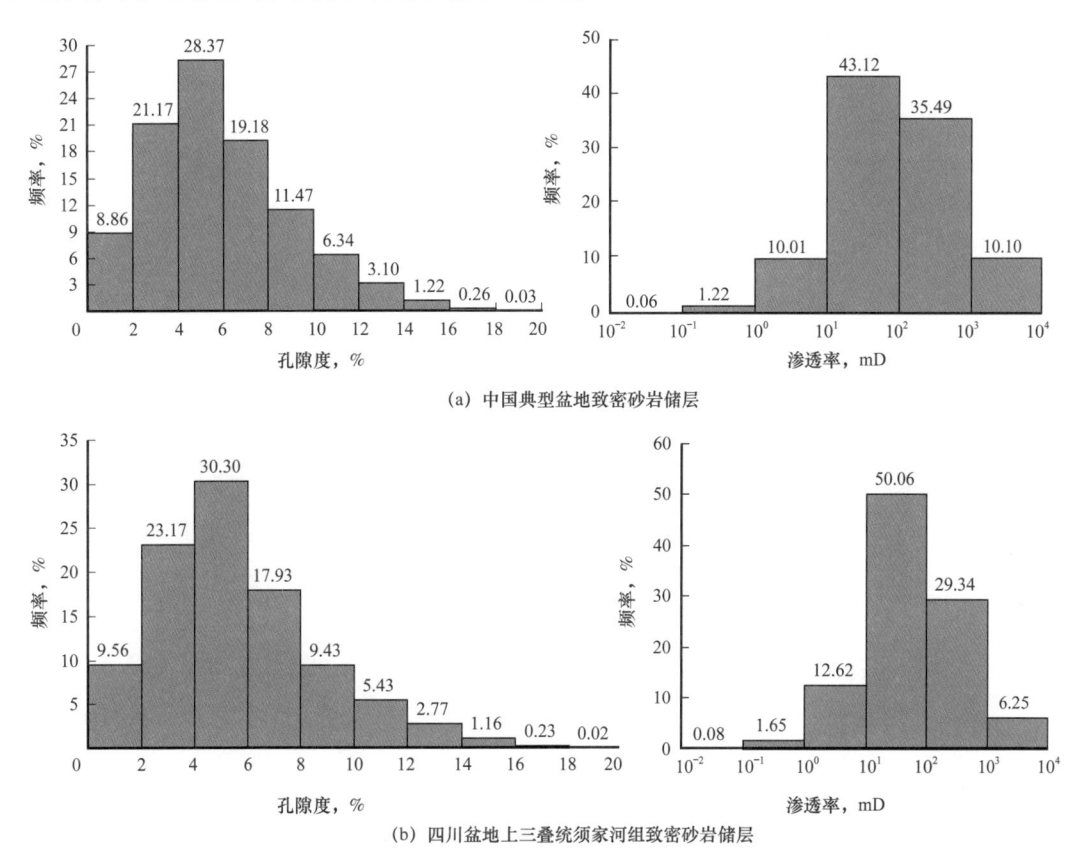

图5-7 致密砂岩储层孔隙度、渗透率分布频率直方图

4. 源储紧邻、近源运聚

源储紧密接触是致密气的重要地质特征。我国鄂尔多斯盆地下二叠统山西组和下石盒子组、四川盆地三叠系须家河组等致密气，均具有典型的源储紧邻特征。与常规油气相比，致密气强调大面积源储共生，紧密接触。

致密气烃源岩与储层大范围紧密接触。目前发现的致密气普遍具有源储大范围紧密接触的配置特征。鄂尔多斯盆地石炭系—二叠系石盒子组和山西组、四川盆地三叠系须家河组均为煤系地层沉积体系，表现为湖盆宽阔、水体不深、砂体连片发育，平面上非均质性致密储层与烃源岩紧密接触大范围连续成藏。由于河流改道、交叉、归并频繁，但保持时间较长，因而形成的相带宽泛，单期河道数量多、规模有限，多期河道叠置、归并、侧接而形成宏观上呈席状、微观上有较大非均质性的砂岩复合体。

例如，广安气田是四川盆地须家河组已发现的主要气田之一，其主力气层为须四段和须六段。根据测井和岩心物性分析资料，须六段共解释出六个储集段，分别为气层、气水同层和含气水层。这六个储层段中间被致密砂岩或泥岩隔开，使得单个气层高度较小，一般在4~12m之间，面积为51.0~218.5km²。储层段的物性较好，孔隙度为10.0%~11.8%，渗透率为0.67~0.89mD，排替压力为0.34~1.32MPa，以中砂岩和中—细砂岩为主。隔层的物性较差，孔隙度为2.8%~5.5%，渗透率为0.01~0.05mD，排替压力为0.94~8.38MPa，都是非常致密的砂岩或泥岩，厚4~13m，分布面积大。

短距离运移聚集是致密气成藏的主要方式。在平缓区域构造背景下，致密气藏的形成过程主要受烃源岩热演化、生排烃过程和构造作用等因素控制，微裂缝、层理面和孔隙喉道中赋存的气水关系复杂。通常认为致密气烃源岩生烃膨胀增压、脉冲式排烃和气体扩散作用是生排烃的主要动力，构造破裂缝与水力压裂形成的裂缝为主要运移通道，具有非浮力、非优势方位、一次运移或短距离二次运移、大面积聚集特征。与常规油气遵循达西渗流机理、浮力聚集、重力分异，以及具有优势运移方位和通道、远距离二次运移等运聚特征形成鲜明对比。

由于致密储层渗流能力较差，在不存在优势运移通道情况下，天然气可以在微孔喉中运移，在源内或近源呈层状聚集。四川盆地须家河组能够形成大型气区，是须家河组源储一体、超压驱替、近距离运移和层状聚集等典型特征的综合体现（图5-8）。

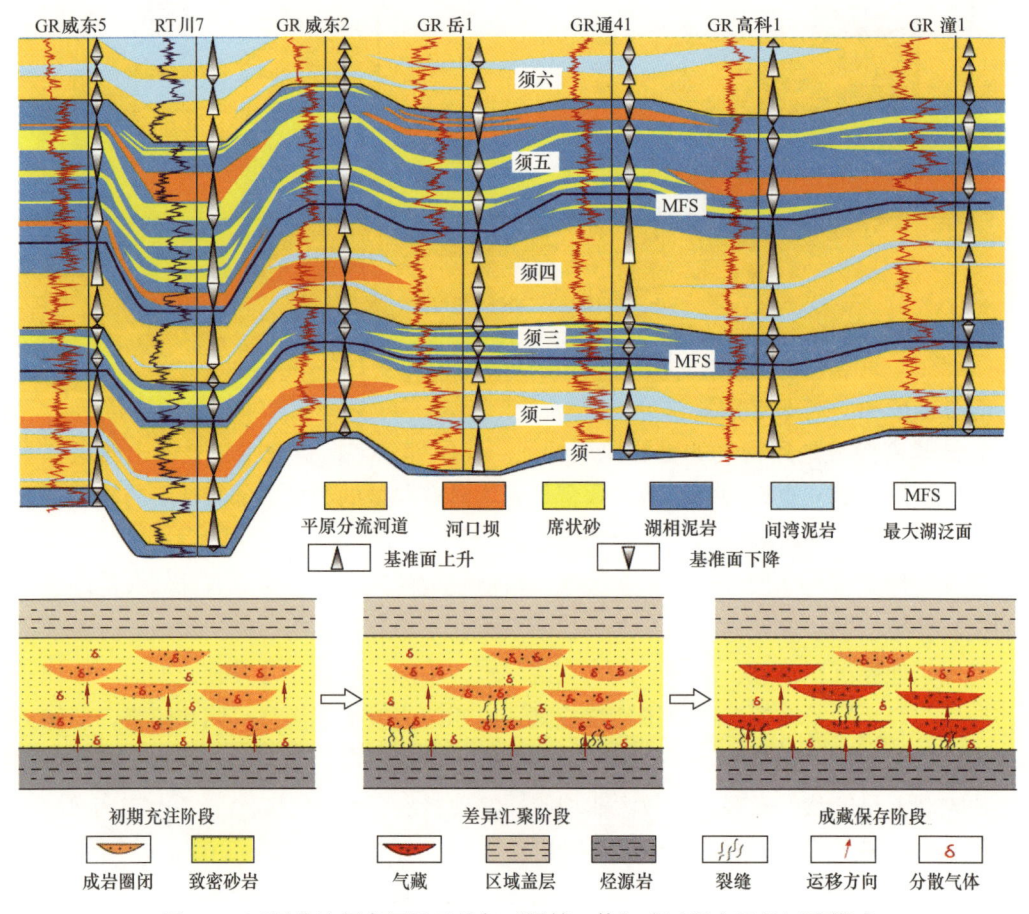

图5-8 四川盆地须家河组天然气"源储一体"式近距离层状运聚模式

总体来看，我国致密气成藏特征主要表现为天然气在致密储集体中大规模成藏，气田大型化分布，呈现大面积与大范围成藏两种典型特征。大面积成藏指"甜点砂岩"和致密砂岩均不同程度聚集天然气，类似于国外所称的连续性聚集，主要形成于烃源岩大面积分布且总体生气强度较高的地区。大范围成藏指由于气源灶或储集体的不连续性，导致相同或相似条件下的天然气藏总体在大范围内不连续分布。

我国致密气总体属低丰度气藏。如鄂尔多斯盆地苏里格中部盒 8 段刻度区，面积为 4826.95km^2，储层平均有效厚度为 4.09m，平均孔隙度为 9.01%，平均含气饱和度为 62.33%，地质资源量为 5138.01×10^{8}m^3，资源丰度为 1.06×10^{8}m^3/km^2；苏里格中部山 1 段刻度区，面积为 4826.95km^2，储层平均有效厚度为 5.5m，平均孔隙度为 7.68%，平均含气饱和度为 60.82%，地质资源量为 2094.27×10^{8}m^3，资源丰度为 0.43×10^{8}m^3/km^2；四川盆地安岳—合川须二段刻度区，面积为 6733km^2，储层平均有效厚度为 19.1m，平均孔隙度为 8.6%，平均含气饱和度为 58%，地质资源量为 11187.11×10^{8}m^3，资源丰度为 1.66×10^{8}m^3/km^2。

三、致密砂岩气资源评价结果

本次研究利用小面元容积法、资源丰度类比法和快速评价法等非常规油气资源评价新方法，系统评价了 7 个重点盆地的致密气资源量（表 5-8）。评价结果为致密气地质资源量 21.86×10^{12}m^3；可采资源量 10.9×10^{12}m^3；目前已探明地质资源量 7.4×10^{12}m^3，可采资源量 3.96×10^{12}m^3；剩余地质资源量 14.4×10^{12}m^3，可采资源量 7×10^{12}m^3。

表 5-8 中国陆上重点盆地致密气资源量表

盆地	层位	面积 km^2	致密气地质资源量，10^{8}m^3 探明	剩余	地质	致密气可采资源量，10^{8}m^3 探明	剩余	可采
鄂尔多斯	C—P	120000	60189.51	72990.87	133180.38	33334.02	38023.32	71357.34
四川	T$_3$x，J	128976	12844.03	27000.85	39844.88	5779.82	12150.38	17930.20
塔里木	J$_1$a	3157	530.35	11816.15	12346.50	265.17	6338.39	6603.56
松辽	K$_1$yc、K$_1$sh、J$_3$h	19333	372.99	22108.63	22481.62	159.20	9090.12	9249.32
吐哈	J$_2$x，J$_1$	17000	132.35	4955.31	5087.66	50.30	1890.30	1940.60
渤海湾	Es$_1$，Es$_2$，Es$_3$	19934	103.98	4130.62	4234.60	48.53	1760.58	1809.11
准噶尔	P$_1$j	1373		1468.00	1468.00		496.00	496.00
合计			74173.21	144470.43	218643.64	39637.04	69749.09	109386.13

致密气资源集中分布在鄂尔多斯盆地的石炭系—二叠系，地质资源量 13.32×10^{12}m^3，可采资源量 7.14×10^{12}m^3。其次是四川盆地三叠系和侏罗系，地质资源量 3.98×10^{12}m^3，可采资源量 1.79×10^{12}m^3；其中三叠系须家河组资源量最大，地质资源量 3.16×10^{12}m^3，侏罗系仅为 8277×10^{8}m^3。松辽盆地的白垩系致密气集中发育在营城组和沙河子组，松辽南部火石岭组也有一定的资源潜力，全盆地致密气地质资源量 2.25×10^{12}m^3、可采资源量 9249×10^{8}m^3。塔里木盆地库车坳陷侏罗系阿合组发育致密气，地质资源量 1.23×10^{12}m^3、

可采资源量 $6603\times10^8\mathrm{m}^3$。吐哈盆地、准噶尔盆地和渤海湾盆地具有一定致密气资源潜力，地质资源量多小于 $5000\times10^8\mathrm{m}^3$。

第三节 页岩气资源评价

一、页岩气内涵及评价范围

页岩气是以吸附态或游离态赋存于黑色富有机质、极低渗透率的页岩、泥质粉砂岩和砂岩夹层系统中的天然气。在覆压条件下，页岩基质渗透率不大于 0.001mD。单井一般无自然产能或自然产能低于工业气流下限，但在一定经济条件和技术措施下可以获得工业天然气产量，通常情况下，这些措施包括水平井、多级压裂等。

本次页岩气资源评价，主要针对我国发育的三种页岩气资源展开评价：（1）海相页岩气资源，主要包括南方地区寒武系筇竹寺组和志留系龙马溪组；（2）海陆交互相和陆相煤系地层页岩气资源，主要包括鄂尔多斯盆地的石炭系—二叠系、四川盆地三叠系、吐哈盆地和准噶尔盆地的侏罗系；（3）湖相页岩气资源，主要包括鄂尔多斯盆地三叠系、渤海湾盆地古近—新近系沙河街组、松辽盆地白垩系青山口组、准噶尔盆地二叠系芦草沟组等。海相页岩气资源是本次评价的重点。

二、地质评价及关键参数

1. 页岩气基本地质特征

1）海相页岩气基本特征

中国海相富有机质页岩发育在早古生代（图5-9，表5-9），以克拉通内坳陷或边缘坳陷半深水—深水陆棚沉积为主。南方海相页岩分布范围广、层系多、厚度大，TOC含量高，有机质类型好，以Ⅰ型—Ⅱ型为主，热演化程度以原油热裂解成气为主，气源充足，页岩储层有机质孔隙丰富，脆性矿物含量高，页岩气形成与富集条件整体优越，页岩气资源前景好。

南方海相页岩分布面积为 $9.7\times10^4\mathrm{km}^2$（石炭系旧司组）～ $87\times10^4\mathrm{km}^2$（寒武系筇竹寺组），累计厚度为 200～1500m，平均厚度为 500m。川西南、川南—黔北、川东—鄂西、川北、当阳—张家界、盐城—扬州、宁国—石台、黔南—桂中等地区厚度大。据TOC分布统计，海相页岩为连续型高 TOC 组合（图5-9），连续厚度大，TOC 含量为 0.43%～25.73%，平均为 1.23%～4.71%。目前，四川盆地局部地区实现了五峰组—龙马溪组海相页岩气规模工业化开发，筇竹寺组等层系勘探取得发现。五峰组—龙马溪组海相页岩气富集高产主要受沉积环境、岩相组合、热演化程度和保存条件四要素控制。

（1）半深水—深水陆棚沉积环境控制富有机质页岩分布，发育富有机质页岩集中段，横向分布稳定，是五峰组—龙马溪组页岩气形成与富集的最有利沉积相带。五峰组—龙马溪组富有机质页岩集中段位于其底部，TOC 大于 2%，连续厚度一般为 20～100m，横向分布稳定。据实钻资料统计，富顺—永川地区集中段页岩厚度介于 40～100m 之间，威远地区厚度介于 30～40m 之间，长宁地区厚度介于 30～60m 之间，涪陵地区厚度介于 38～45m 之间。

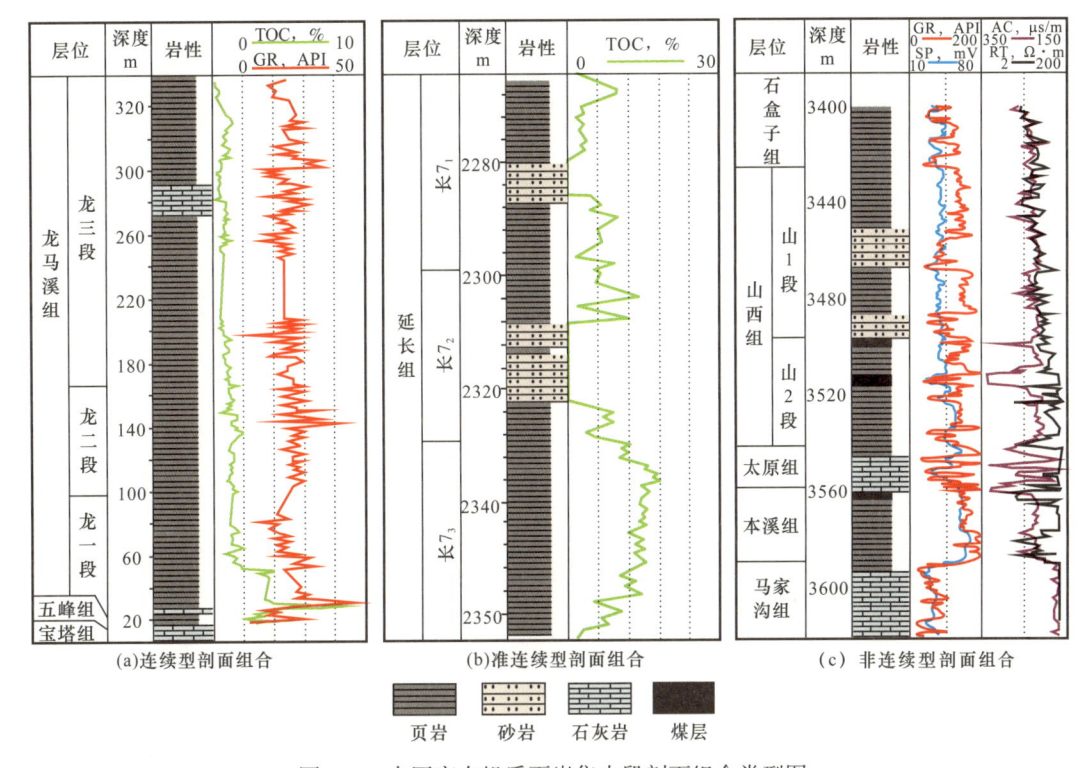

图 5-9　中国富有机质页岩集中段剖面组合类型图

海相页岩连续厚度大；陆相页岩连续厚度大，有砂岩夹层；海陆过渡相页岩互层、连续厚度小

（2）富硅质、富钙质页岩，发育基质孔隙和裂缝，是页岩气储层最有利的岩石类型。五峰组—龙马溪组页岩气主力产层以硅质页岩、钙质页岩为主，富含放射虫、海绵骨针等微体化石。硅质、钙质为生物成因或生物化学成因，高硅高钙有利于形成页岩基质孔隙与裂缝。一般孔径介于 5~200nm 之间，孔隙度为 2.78%~7.08%、平均为 4.65%；渗透率为 0.001~0.058mD，平均为 0.012mD，达到优质页岩储层的孔渗条件。

（3）有机质丰度高、类型好，以热裂解成气为主，为页岩气形成与富集提供了丰富的气源。四川盆地及邻区五峰组—龙马溪组钻探普遍含气，筇竹寺组 TOC 值虽也较高，但含气量普遍低于 2.0m³/t，单井测试初始产量为（1.0~2.8）×10⁴m³/d。推测筇竹寺组热演化程度过高（R_o 均大于 3.4%），造成页岩有机质碳化、有机质孔降低，导致含气量降低。

（4）构造稳定、良好保存条件及地层超压控制页岩气富集与高产。焦石坝、长宁、威远气田均属构造稳定区，水平井单井测试初始平均产量 10×10⁴m³/d 以上。昭通、彭水含气区块构造复杂，含气性普遍较差。地层超压也是页岩气保存条件好的重要表现。四川盆地内五峰组—龙马溪组压力系数均大于 1.2，为超压，页岩含气量大于 4m³/t，普遍好于筇竹寺组。分析认为五峰组—龙马溪组产层上覆巨厚黏土质页岩，下伏泥质含量高、稳定性好的宝塔组石灰岩，自封闭能力强，易于形成超压页岩气层。

表 5-9 中国海相富有机质页岩基本特征表

地区	页岩名称	时代	页岩面积 km²	页岩厚度, m (区间/平均)	TOC, % (区间/平均)	有机质类型	热成熟度 (R_o), %	脆性矿物含量 %	黏土矿物含量, % (区间/平均)
华北地区	下马岭组	Pt_2x	>20000	50~170	0.85~24.3/5.14	I	0.6~1.65	45.1~67.3	23.1~33.5
	洪水庄组	Pt_2h	>20000	40~100	0.95~12.83/2.84	I	1.1	42.9~59.3	25.3~40.3
	平凉组	O_2p	15000	50~392.4/162	0.1~2.17/0.4	I—II	0.57~1.5	30.7~68.2	23.1~44.5
四川盆地及南方地区	陡山沱组	Z_2d	290325	10~233/60	0.58~12/2.02	I	2.0~4.5	28.5~56	25~42
	筇竹寺组	ϵ_1q	873555	20~465/225	0.35~22.15/3.44	I	1.28~5.2	28~78	8~47
	五峰组—龙马溪组	O_3w—S_1l	389840	23~847/225.75	0.41~25.73/2.57	I—II	1.6~3.6	21~44	10~65
	应堂组—罗富组	$D_{2+3}y$—$D_{2+3}l$	236355	50~1113/425	0.53~12.1/2.36	I—II	0.99~2.03	32~74	21~57/43
	旧司组	C_1j	97125	50~500/250	0.61~15.9/3.07	I—II	1.34~2.22	18~43	51~82/67.9
塔里木盆地	玉尔吐斯组	ϵ_1t	130208	0~200/80	0.5~14.21/2.0	I—II	1.2~5.0	55~82	4~44
	萨尔干组	$O_{2+3}s$	101125	0~160/80	0.61~4.65/2.86	I—II	1.2~4.6	54~86	14~45
	印干组	O_3y	99178	0~120/40	0.5~4.4/1.5	I—II	0.8~3.4	32~57	24~36
羌塘盆地	肖茶卡组	T_3x	141960	100~747/253	0.11~13.45/1.63	II	1.13~5.35	中等	低
	布曲组	J_2b	79830	25~400/181	0.3~9.83/0.55	III	1.79~2.4	中等	低
	夏里组	J_2x	114200	78~713/366	0.13~26.12/2.03	II	0.69~2.03	中等	中等

2）海陆过渡相页岩气基本特征

海陆过渡相页岩主要为形成于石炭系—二叠系海陆交互相碎屑岩含煤建造中的富有机质页岩，有机质以陆源高等植物为主，页岩常与煤层共生、与砂岩互层。包括准噶尔盆地石炭系滴水泉组—巴山组（C_1d—C_2b）、华北地区石炭系本溪组（C_2b）、二叠系太原组（P_1t）、山西组（P_1s）和南方地区二叠系龙潭组（P_2l）（图5-10、图5-11）。华北地区石炭系—二叠系页岩分布面积为（10~20）×10⁴km²，总厚度为60~200m，最大累计厚度为300m，单层厚8~15m，最大单层厚40m。南方地区上二叠统龙潭组分布面积达87×10⁴km²，四川盆地二叠系页岩最大厚度达150m以上，平均厚度大于50m，富有机质页岩厚度为20~60m。与海相相比，海陆过渡相页岩气形成与富集特征主要为（表5-10、表5-11）：

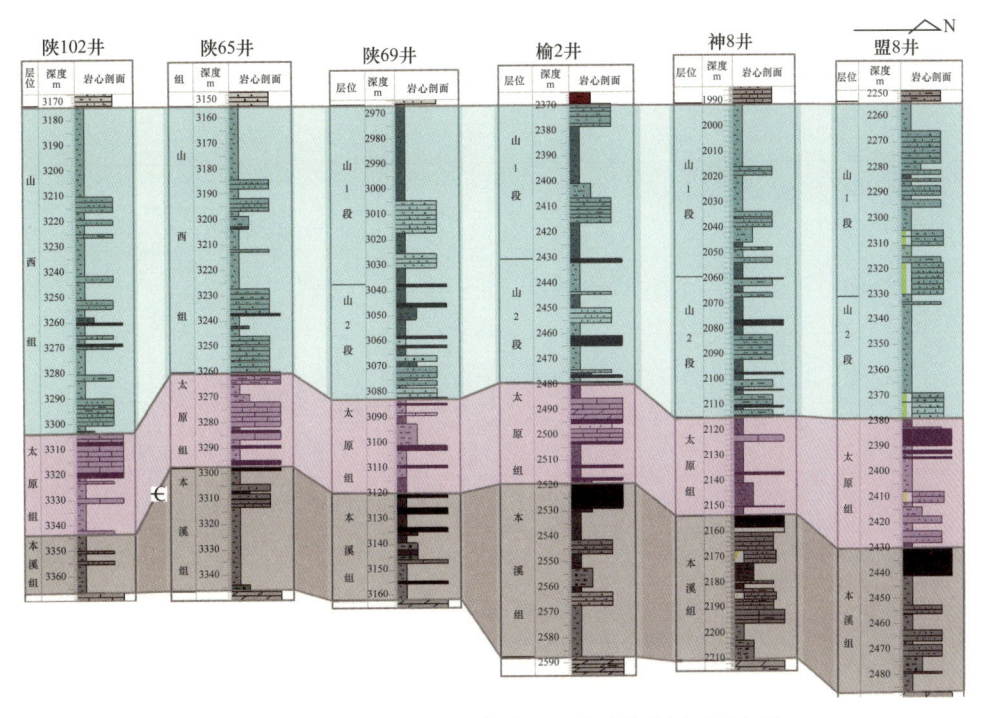

图 5-10 鄂尔多斯盆地石炭系—二叠系钻井剖面对比图

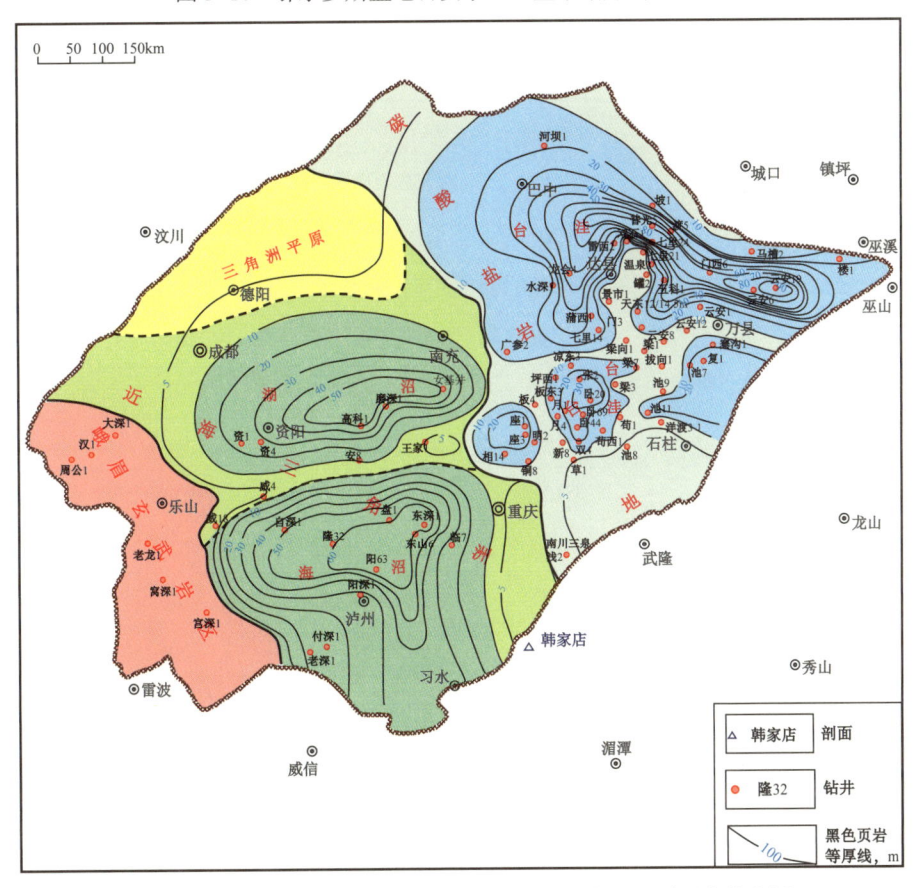

图 5-11 四川盆地上二叠统龙潭组沉积相与富有机质页岩分布图

表 5-10 海陆过渡相富有机质页岩分布与页岩气成藏特征表

地区	页岩名称	时代	面积 km²	厚度 m	TOC，% （区间/平均）	有机质类型	热成熟度 R_o,%（范围、均值）	脆性矿物含量，%
四川盆地	梁山组—龙潭组	P_1l–P_2l	18900	20~170	0.5~12.55/2.91	Ⅲ	1.8~3.0	35~60
滇东—鄂西	龙潭组	P_2l	132000	20~200	0.35~6.5/0.9	Ⅲ	2.0~3.0	30~50
中—下扬子	龙潭组	P_2l	65700	20~600	0.1~12/2.12	Ⅲ	1.3~3.0/1.8	30~50
华南	龙潭组	P_2l	84400	50~600	0.1~10/1.9	Ⅲ	2.0~4.0/3.0	30~50
鄂尔多斯盆地	太原组	C_3t	250000	30~180	0.5~36.79/4.2	Ⅲ	0.6~3.0/1.8	30~50
鄂尔多斯盆地	本溪组	P_1b	250000	30~180	0.5~25/4.0	Ⅲ	0.6~3.0/1.8	30~50
鄂尔多斯盆地	山西组	P_1sh	250000	30~180	0.5~31/2.9	Ⅲ	0.6~3.0/1.8	30~50
渤海湾盆地	二叠系	P	200000	20~160	0.5~3.0/1.5	Ⅲ	0.5~2.6/1.1	30~50
渤海湾盆地	石炭系	C	200000	20~180	0.5~3.0/1.5	Ⅲ	0.5~2.8/1.2	46.8~49.2

表 5-11 鄂尔多斯、四川盆地海陆过渡相与陆相页岩含气量测试数据表

盆地	井号	层位	井深，m	岩性	含气量，m³/t	压力系数
鄂尔多斯	J57	山西组	933.15	深灰色粉砂质页岩	0.05	<1.0
鄂尔多斯	J57	山西组	938.20	灰黑色页岩	0.04	<1.0
鄂尔多斯	J57	山西组	960.75	深灰色粉砂质页岩	0.04	<1.0
鄂尔多斯	J57	山西组	962.36	灰黑色粉砂质页岩	0.04	<1.0
鄂尔多斯	J57	山西组	963.55	灰黑色页岩	0.07	<1.0
鄂尔多斯	J57	山西组	965.87	灰黑色砂质页岩	0.04	<1.0
鄂尔多斯	苏373	山西组	3451.57	灰黑色砂质泥岩	0.93	<1.0
鄂尔多斯	苏373	山西组	3455.43	灰色砂质泥岩	0.40	<1.0
鄂尔多斯	苏373	山西组	3495.11	黑色碳质泥岩	0.73	<1.0
四川	剑门103	须一段	4966.8	灰黑色页岩	2.94	2.03
四川	剑门103	须一段	4974.9	灰黑色页岩	3.06	2.03
四川	剑门104	须三段	4589.3	深灰色粉砂质页岩	3.02	2.0
四川	剑门104	须三段	4590.7	灰黑色页岩	2.71	2.0
四川	剑门104	须三段	4592.50	灰黑色页岩	3.77	2.0

（1）页岩大面积广覆式分布，湖沼相控制富有机质页岩厚度和分布规模。（2）有利岩相组合为黏土质页岩和粉砂质页岩，脆性程度高。（3）储集空间以基质孔隙（黏土矿物晶间、粒间孔、溶蚀孔）等为主，存在有机质孔隙，局部发育裂缝。（4）成气条件好，有机质类型以 II_2 型—III 型为主，处在成气高峰阶段，为常规天然气资源提供了气源。（5）赋存与保存好，构造稳定，埋深适中，受盆地类型和生烃作用控制，前陆盆地坳陷区普遍超压。（6）富集区特点是连续厚度大、上覆盖层好、地层超压区带有利于页岩气富集，形成有利区。

迄今，海陆过渡相页岩气钻井不多，仅少数井获气流，无生产井，其资源前景有不确定性。

3）陆相页岩气基本特征

陆相富有机质页岩主要分布于中生代—新生代陆相盆地，发育时代和层系多，从二叠纪至古近—新近纪均有发育（表5-12）。二叠系陆相页岩主要发育在准噶尔盆地，包括风城组（P_1f）、夏子街组（P_2x）、乌尔禾组（$P_{2+3}w$）。三叠系陆相页岩在鄂尔多斯、四川盆地有发育，为大型坳陷湖盆沉积，长 9 段（T_3ch_9）、长 7 段（T_3ch_7）和须家河组（T_3x_1—T_3x_5）为优质页岩层段。中西部地区侏罗系发育大范围湖相—湖沼相含煤建造，在四川盆地为内陆浅湖—半深水湖沉积，下—中侏罗统发育自流井组（$J_{1+2}z$）页岩。白垩系陆相页岩主要分布于松辽盆地，包括青山口组、嫩江组、沙河子组和营城组。古近系页岩主要分布于渤海湾盆地，发育沙河街组沙一段（E_3s_1）、沙三段（E_3s_3）、沙四段（E_3s_4）和孔店组（E_3k）。

陆相富有机质页岩成因与分布模式主要有三种类型：（1）坳陷湖盆中央坳陷区大面积缺氧环境的水体分层模式，富有机质页岩横向分布相对稳定，且范围广；（2）断陷湖盆洼陷区缺氧环境的水体分层模式，富有机质页岩厚度大，横向变化大；（3）前陆湖盆坳陷区缺氧环境的水体分层模式，富有机质页岩厚度大，斜坡区发育煤系富有机质页岩。深湖—半深湖区以细粒物质垂直沉降为主，凝絮作用形成的有机质团粒加速了沉积物堆积，同时水体分层造成底水缺氧，有利于有机质保存。

陆相页岩形成时间晚，有机质主要来源于湖生浮游生物及陆源高等植物，有机质类型为 I 型—II 型，岩石类型主要为厚层状黑色页岩、粉砂岩，热演化程度低，主体处于生油阶段。陆相页岩气可能有生物成因气—低成熟气区和盆地中心或埋深较大区热成因气两种，四川盆地、鄂尔多斯盆地陆相页岩气前景较好，塔里木盆地、准噶尔盆地、松辽盆地、渤海湾盆地等也有一定前景。与其他两类页岩气相比，陆相页岩气具有"四优四劣"特征（图5-12，表5-13）：

"四优"：（1）深水—半深水湖盆中心和斜坡带富有机质页岩发育，分布广；（2）富有机质页岩总厚度大，集中段较发育（一般厚20~200m）；（3）有机质丰度高（TOC 含量2%~8%），母质类型好，以 I 型—II 型为主；（4）构造简单，保存条件好，地层一般超压。"四劣"：（1）热演化低，R_o 为 0.6%~1.1%，以生油为主；（2）黏土矿物含量高，成岩程度低，页岩脆性相对较差；（3）有机质孔不发育，物性总体偏低；（4）生气范围小，占湖盆面积的10%~30%，埋深较大。

表 5-12 中国陆相富有机质页岩分布与页岩气成藏特征表

地区	页岩名称	时代	面积 km²	厚度 m	TOC,% （区间/平均）	有机质类型	热成熟度 R_o,% （区间/平均）	脆性矿物含量,% （区间/平均）
松辽盆地	青一段	K_1q_1	184673	50~500	0.4~4.5/2.2	Ⅰ—Ⅱ	0.5~1.5	20~31
	青二段、青三段	K_1q_{2+3}	164538	25~360	0.2~1.8/0.9	Ⅱ	0.5~1.4	20~31
渤海湾盆地	沙一段	E_3s_1	8816	50~250	0.8~27.3/2.4	Ⅱ₂	0.7~1.8	20~31
	沙三段	E_3s_3	8874	10~600	0.5~13.8/3.5	Ⅰ—Ⅱ₁	0.4~2.0	20~31
	沙四段	E_3s_4	7911	10~400	0.8~16.7/3.2	Ⅱ₁	0.6~3.0	20~31
四川盆地	须家河组	T_3x_1	41800	50~300	1.0~4.0/1.6	Ⅲ+Ⅱ₂	1.6~3.6	36~55/47
		T_3x_3	45000	20~100	1.5~8.0/2.7	Ⅲ	1.2~3.6	
		T_3x_5	63900	10~200	1.0~9.0/2.9	Ⅲ	1.2~3.3	
	自流井组	$J_{1+2}zh$	90000	40~180	0.8~2.0	Ⅰ—Ⅱ₁	0.6~1.6	20~31
鄂尔多斯盆地	长7段	T_3ch_7	37000	10~45	0.3~36.22/8.3	Ⅰ—Ⅱ₁	0.6~1.16	37.5~52.5/43
	长9段	T_3ch_9	14000	10~15	0.36~11.3/3.14	Ⅰ—Ⅱ₁	0.9~1.3	29~56.4/45
吐哈盆地	八道湾组+三工河组	J_1b+J_1s	20050	100~600	0.5~20/1.5	Ⅲ	0.5~1.8/0.8	30~50
	西山窑组	J_2x	18870	100~600	0.5~20/1.0	Ⅲ	0.4~1.6/0.7	30~50
塔里木盆地	黄山街组	T_3h	133450	200~550	1.0~30	Ⅲ	0.6~2.8	
	塔里奇克组	T_3t	125500	100~600	15.5~23.7	Ⅲ		
	阳霞组	J_1y	83400	40~120	2.5~20.0	Ⅲ	0.4~1.6	
	克孜勒努尔组	J_2k	130480	50~700	1.9~15.86/8.6	Ⅲ	0.6~1.6	30~50
准噶尔盆地	滴水泉组—巴山组	$C_1d—C_2b$	50000	120~300	0.17~26.76/4.13	Ⅲ	1.6~2.626	
	八道湾组	J_1b	97100	50~350	0.6~35/3.3	Ⅲ	0.5~2.5/1.0	30~50
	三工河组	J_1s	93430	25~240	0.5~31/2.5	Ⅲ	0.5~2.4/1.0	30~50
	西山窑组	J_2x	90500	25~250	0.5~20/1.5	Ⅲ	0.5~2.3/0.9	30~50
	风城组	P_1f	31800	50~300	0.47~21/5.34	Ⅰ—Ⅱ₁	0.54~1.41	19.1~31/25
	夏子街组	P_2x	57200	50~150	0.41~10.8/2.42	Ⅰ—Ⅱ₁	0.56~1.31	15~27/21
	乌尔禾组	$P_{2+3}w$	63400	50~450	0.7~12.08/4.76	Ⅰ—Ⅱ₁	0.8~1.0	20~31

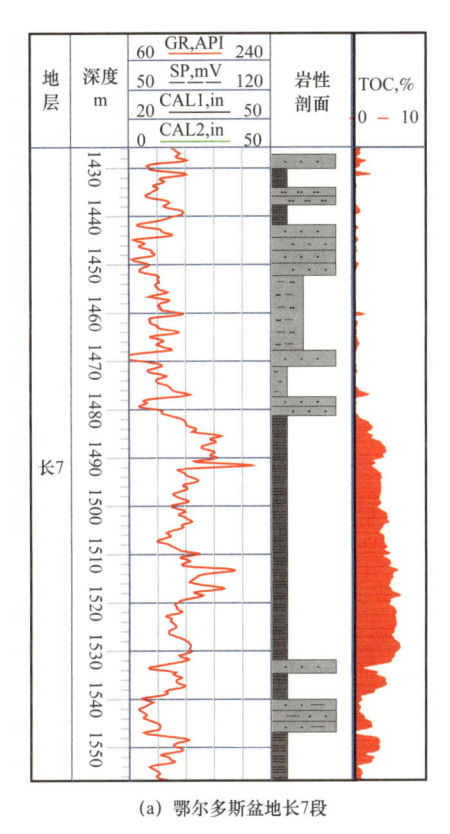

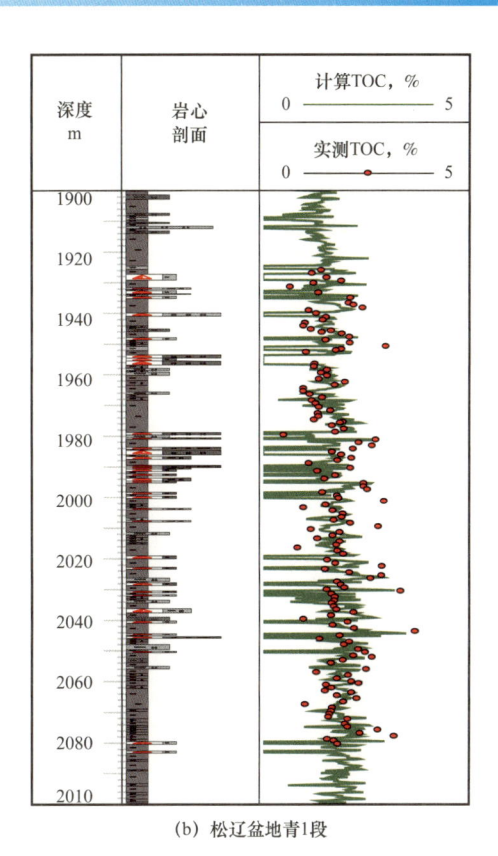

(a) 鄂尔多斯盆地长7段　　　　　　　　(b) 松辽盆地青1段

图 5-12　陆相富有机质页岩集中段剖面特征图

表 5-13　典型盆地陆相有利页岩规模统计表

盆地	层系	TOC>2% 页岩面积，$10^4 km^2$	TOC>2% 页岩厚度，m	R_o>1.2% 面积 $10^4 km^2$	占比，%	埋深，m
松辽	青一段	2.5	50～200	0.25	10	>1500
渤海湾	沙河街组	3.7	50～300	0.93	25	>4000
鄂尔多斯	长7段	4.0	10～80	0.44	11	>1200
四川盆地	侏罗系	1.66	10～40	0.23	14	>4000

评价认为，热成熟度较高、埋深适中的凹陷斜坡区是陆相页岩气的有利区。截至目前，陆相页岩气钻井集中在鄂尔多斯盆地三叠系，有近50余口井获气流，测试初始产量差异大，递减快，未形成工业产能，资源前景有待进一步落实。

2. 页岩气评价关键参数

页岩含气性受有机质丰度、类型、热演化程度、储层物性、断层发育程度、顶底板、岩石力学性质以及地应力场等多种因素控制，导致页岩气丰度、资源可采性以及经济性有很大差异。国内外页岩气勘探实践表明，具有工业开发价值的页岩气，至少应满足如下基本地质条件（表5-14）：有机质丰度TOC含量大于2%、热演化成熟度R_o大于1.1%（煤系>0.7%），脆性矿物含量较高，即石英、长石、碳酸盐等矿物含量大于40%，黏土矿物含量小于30%，页岩储层单层有效厚度大于15m。此外，还要具有较好的保存条件、较高的地层压力。上述条件决定了页岩气"甜点区"分布，是页岩气勘探的重点地区（表5-15）。

表5-14 页岩气形成与富集关键地质参数

参数	好	中	差
TOC，%	>2	1.0～2.0	<1.0
R_o，%	1.6<R_o<4.0	1.1～1.6，4.0～5.0	<1.1，>5.0
有效页岩厚度，m	>15	10～15	<10
含气量，m^3/t	>2.0	1.0～2.0	<1.0
含气孔隙度	>2.0	1.0～2.0	<1.0
渗透率，10^{-6}mD	>100	1～100	<1.0
脆性矿物，%	>40	30～40	<30
黏土矿物，%	<30	20～30	>30

1）海相页岩气关键参数

（1）有效厚度确定。

为确定页岩气资源量计算中的页岩有效厚度，首先必须确定富有机质页岩集中段厚度。我国海相富有机质页岩集中段发育，连续厚度大，分布稳定。海相富有机质页岩集中段大多分布在各页岩地层段的中—下部。根据我国南方地区的统计，下寒武统筇竹寺组页岩层段总厚度为23～670m，TOC含量大于2.0%的富有机质页岩层段厚2～180m，富有机质页岩占页岩层段总厚度比例为0.7%～80%，区域平均厚度比例为34%，集中段厚度为30～90m。五峰组—龙马溪组页岩层段总厚度为16～677m，TOC含量大于2.0%的富有机质页岩层段厚度为1～135m，富有机质页岩占页岩层段总厚度比例为0.7%～46%，区域平均厚度比例为19%，集中段厚度为20～120m。在富有机质页岩集中段确定基础上，以Ⅰ型、Ⅱ型干酪根R_o不小于1.1%为条件，划分出成气页岩层段，该层段即为有效厚度段。

（2）有利区确定。

页岩气资源量计算，主要计算有利区范围内的页岩气资源。页岩气有利区的确定是在富有机质页岩层段（有效厚度）确定基础上进行的。当确定了有效厚度后，再增加埋深（800～4500m）、连续分布面积（>100km²）、地表地形条件、构造保存条件（如远离断裂带≥3.5km）等条件后，通过编制各单因素图件和单因素图形叠加落实页岩气有利区范围。通过上述方法，逐一落实我国海相页岩气有利区。南方海相页岩气有利面积为$26×10^4$km²，其中上扬子区为$17.5×10^4$km²，占67.3%。

四川盆地下寒武统筇竹寺组页岩气有利区面积为28000km²，有效页岩厚50～70m，平均埋深为4000m；上奥陶统五峰组—下志留统龙马溪组页岩气有利区面积为57000km²，有效页岩厚40～90m，平均埋深为3200m。

滇黔桂地区下寒武统筇竹寺组页岩气有利区面积为60400km²，有效页岩厚70～90m，平均埋深为2300m；上奥陶统五峰组—下志留统龙马溪组页岩气有利区面积为12250km²，有效页岩厚30～50m，平均埋深为1500m；该区南部中—上泥盆统页岩气有利区面积为35560km²，有效页岩厚20～40m，平均埋深为3500m；下石炭统旧司组页岩气有利区面积为32900km²，有效页岩厚50～70m，平均埋深为1500m。

渝东—湘鄂西地区下寒武统筇竹寺组页岩气有利区面积为66000km²，有效页岩厚70～90m，平均埋深为3500m；上奥陶统五峰组—下志留统龙马溪组页岩气有利区面积为24080km²，有效页岩厚50～70m，平均埋深为2500m。

中扬子地区下寒武统筇竹寺组页岩气有利区面积为61750km²，有效页岩厚30～50m，平均埋深为4000m；上奥陶统五峰组—下志留统龙马溪组页岩气有利区面积为58950km²，有效页岩厚20～30m，平均埋深为3500m；中—上泥盆统页岩气有利区面积为14000km²，有效页岩厚20～60m，平均埋深为2800m。

下扬子地区下寒武统筇竹寺组页岩气有利区面积为64780km²，有效页岩厚70～90m，平均埋深为4000m；上奥陶统五峰组—下志留统龙马溪组页岩气有利区面积为11280km²，有效页岩厚25～35m，平均埋深为3200m。

鄂尔多斯盆地中奥陶统平凉组页岩TOC大于2%的页岩范围为3702.57km²，厚25～35m，塔里木盆地寒武系—奥陶系页岩埋深普遍大于4500m，无有效面积；羌塘盆地仅在侏罗系落实68.57km²，厚13～40m，羌塘盆地海拔超过4000m，实际无页岩气勘探价值。

（3）含气量确定。

北美已开发页岩的含气量为1.1～9.9m³/t，Rimrock Energy、Schlumberger、EIA等认为有利页岩气区的含气量最低下限为2m³/t。我国页岩气勘探实践处于早期评价与先导试验阶段，页岩含气量数据有限，对页岩含气性的判断较大程度上依据已有钻井的气显示。对20余口南方海相页岩气井页岩含气量测试数据统计，发现海相页岩含气性与北美含气页岩特征相似，具有较好的含气性，尤其在高TOC页岩段含气性非常好，一般都能达到页岩气资源富集条件的最低要求，且页岩含气量与TOC关系明显（图5-13）。

五峰组—龙马溪组页岩含气量：通过五峰组—龙马溪组含气量测试结果统计，常压区TOC含量2.5%～3.7%，含气量2.2～5.0m³/t（平均为2.9m³/t）；超高压区及TOC含量2.0%～4.7%，含气量4.0～7.7m³/t（平均为6.1m³/t）。

筇竹寺组页岩含气量：TOC含量2.5%～3.7%，含气量2.2～5.0m³/t（平均为2.9m³/t）。筇竹寺组页岩含气性在深度上的变化与龙马溪组既有相似性也有差异，总的变化趋势为随深度增加含气量增加。

据此判断，中国海相富有机质页岩有较好的含气潜力，尤其是南方古生界海相页岩含气量均达到或超过了北美有利页岩气区含气量最低下限。

(a) 五峰组—龙马溪组页岩含气量与TOC、地层压力系数关系

(b) 筇竹寺组页岩含气量与TOC关系

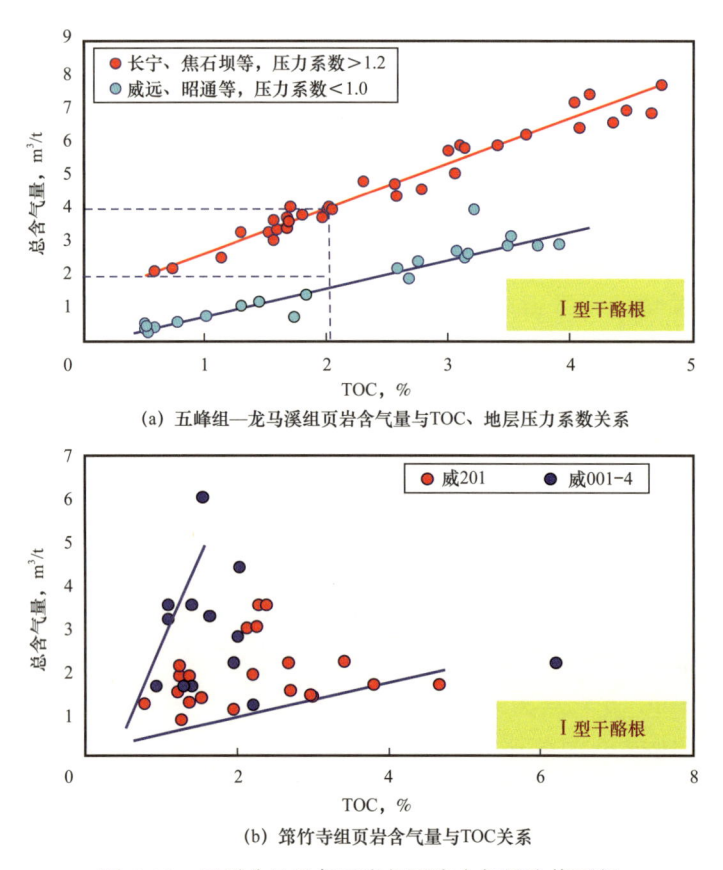

图5-13 四川盆地及邻区海相页岩含气量取值图版

2）海陆过渡相页岩气关键参数

（1）有效厚度确定。

我国海陆过渡相页岩分布范围广泛，集中段不发育，横向连续性差。如鄂尔多斯盆地石炭系—二叠系页岩普遍分布，没有一套稳定分布的富有机质页岩集中段。初步统计，华北地区石炭系—二叠系煤系泥页岩单层厚8~15m，南方地区二叠系页岩单层厚5~15m。总体而言，TOC大于2%的富有机质页岩厚度大致占页岩总厚度的$1/3$。

（2）有利区确定。

依据有利区评价标准，对南方地区上二叠统龙潭组、鄂尔多斯盆地和渤海湾盆地石炭系—二叠系等页岩气的有利区进行了预测。其中四川盆地二叠系梁山组—龙潭组有利区面积为$5.27 \times 10^4 km^2$，有效页岩厚15~20m，平均埋深为4200m；南方其他地区二叠系龙潭组有利区面积为$5.2 \times 10^4 km^2$，有效页岩厚15~20m，平均埋深为1200m；鄂尔多斯盆地石炭系—二叠系有利区面积为$13.7 \times 10^4 km^2$，有效页岩厚10~60m，平均埋深为2200m；渤海湾盆地石炭系—二叠系有利区面积约为$1.5 \times 10^4 km^2$，有效页岩厚10~100m，平均埋深为3300m。

（3）含气量确定。

海陆过渡相页岩实测含气性数据较少。根据四川盆地、鄂尔多斯盆地石炭系—二叠系的少量含气量实测结果（图5-14，表5-15），海陆过渡相页岩气含气量分两个端元，多

数小于1m³/t，少数异常高压发育区大于2m³/t，四川盆地二叠系龙潭组超压区TOC含量为0.12%～3.82%，含气量为2.45～3.3m³/t。

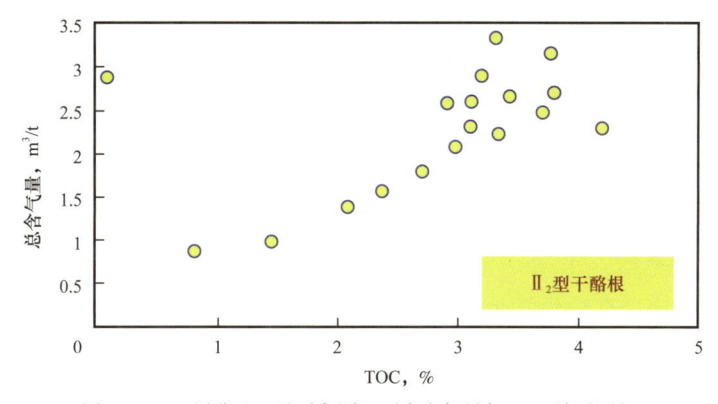

图5-14 四川盆地二叠系龙潭组页岩含气量与TOC关系图版

表5-15 四川盆地、鄂尔多斯盆地海陆过渡相页岩含气量测试数据表

盆地	井号	层位	井深，m	岩性	含气量，m³/t	压力系数
鄂尔多斯	J57	山西组	933.15	深灰色粉砂质页岩	0.05	<1.0
			938.20	灰黑色页岩	0.04	<1.0
			960.75	深灰色粉砂质页岩	0.04	<1.0
			962.36	灰黑色粉砂质页岩	0.04	<1.0
			963.55	灰黑色页岩	0.07	<1.0
			965.87	灰黑色砂质页岩	0.04	<1.0
	苏373		3451.57	灰黑色砂质泥岩	0.93	<1.0
			3455.43	灰色砂质泥岩	0.40	<1.0
			3495.11	黑色碳质泥岩	0.73	<1.0

3）陆相页岩气关键参数

（1）集中段厚度确定。

我国陆相泥页岩分布广泛，集中段发育，横向连续性较好。如松辽盆地嫩江组和青山口组两套页岩十分发育，嫩江组在全盆地稳定分布，中央坳陷区厚度超过250m，但由于尚未进入大量生油阶段，更缺乏页岩气生成的基本条件。青山口组一段在中央坳陷区几乎全部为黑色页岩，集中段厚度为60～80m。

鄂尔多斯盆地延长组长7段主要为深湖—半深湖沉积，富有机质页岩平均有机碳含量高达14%，集中段厚度为20～40m，分布面积超过$4\times10^4 km^2$。渤海湾盆地沙河街组有机质丰度高，厚度大，但相带变化较快。沙四段上亚段、沙三段下亚段和沙一段有机质丰度高于沙三段中亚段。沙四段上亚段TOC为1.5%～6%，最高为10.24%；沙三段TOC为2%～5%，最高为16.7%；沙一段TOC为2%～7%，最高为19.6%；沙三段中亚段TOC为1.5%～3%，最高为7.5%。总体集中段厚度为50～300m。

四川盆地中—下侏罗统泥页岩累计厚度大，为160～260m。集中段厚度为50～90m，但范围有限，主要分布在阆中、巴中等地区，层位主要为自流井组的东岳庙和大安寨段。

准噶尔盆地发育二叠系风城组、夏子街组和乌尔禾组三套页岩，重点分布于玛湖凹陷和阜康凹陷，其中以中—上二叠统泥页岩乌尔禾组页岩气赋存条件最有利，TOC为1.0%～15.9%，平均为3.5%，R_o为0.5%～1.7%，集中段厚度为100～300m，平均为200m。

（2）有利区的确定。

我国陆相泥页岩为一套优质烃源岩，有机碳含量平均在2%以上，厚度一般为20～200m，有机质类型以Ⅰ型—Ⅱ型为主，成熟度不高，R_o在0.6%～1.3%之间。由于陆相页岩与海相页岩均具有以生油为主的Ⅰ型—Ⅱ型干酪根，因此，本次页岩气有利区的评价标准主要借鉴我国海相页岩气评价标准，泥页岩厚度至少大于15m；有机碳含量大于2.0%，最好3.0%以上；R_o大于1.1%。依据陆相页岩气有利区评价标准，初步对渤海湾盆地古近系沙河街组、松辽盆地白垩系青山口组、鄂尔多斯盆地上三叠统延长组、四川盆地中—下侏罗统、准噶尔盆地二叠系等陆相页岩气有利区进行了预测。松辽盆地白垩系青山口组陆相页岩气有利区面积2500km^2，有效页岩厚50～400m，平均埋深2200m；渤海湾盆地古近系沙河街组有利区面积9250km^2，有效页岩厚50～450m，平均埋深3400m；鄂尔多斯盆地上三叠统延长组有利区面积4400km^2，有效页岩厚30～50m，平均埋深2200m；四川盆地中—下侏罗统有利区面积2000km^2，有效页岩厚40～100m，平均埋深3800m；准噶尔盆地中—上二叠统有利区面积6000km^2，有效页岩厚50～150m，平均埋深3900m。

（3）含气量确定。

目前，陆相页岩油气的勘探和研究刚起步，仅在部分盆地取得了进展。初步统计，截至2010年底，渤海湾盆地济阳坳陷320余口探井在沙河街组泥页岩中见油气显示，其中30余口井获工业油气流。此外，在冀中凹陷、辽河凹陷和歧口凹陷的沙河街组泥页岩段均见到了工业性油气流，展示了渤海湾盆地沙河街组页岩油气具有一定的勘探开发前景。如四川盆地川北元坝地区元坝11井常规测试获气14.44×10^{4}m^3/d；元坝101井、元坝102井、元坝5-侧1井酸化压裂测试获气分别为13.5×10^{4}m^3/d、23.8×10^{4}m^3/d和14.1×10^{4}m^3/d；元坝21井常规测试获气50.7×10^{4}m^3/d。

从少量的含气量实测数据来看，我国陆相泥页岩的含气量明显低于美国海相页岩气平均3.81m^3/t的水平。如四川盆地北部元坝地区元陆4井下侏罗统千二段、东岳庙段—大安寨段页岩段，实测页岩含气量分别为1.365m^3/t和1.48m^3/t；川东涪陵地区兴隆1井东岳庙段—大安寨段页岩段平均含气量为1.55m^3/t。

三、页岩气资源评价结果

1. 海相页岩气资源

重点对南方地区古生界筇竹寺组、五峰组—龙马溪组页岩气资源进行了计算，同时对其他层系也做了预测，并兼顾了全国海相页岩气资源情况，包括鄂尔多斯盆地中奥陶统平凉组、塔里木盆地寒武系—奥陶系、羌塘盆地中生界等海相页岩气进行了资源初步评估。

根据以上关键参数落实，利用面积丰度类比法和含气量法对我国海相页岩气技术可采资源量进行了计算（表5-16）。根据EIA 2011年数据，美国页岩气有利区面积约

$77\times10^4km^2$，页岩集中段厚度平均为60m，含气量为$3\sim6m^3/t$，页岩气技术可采资源量为$24.4\times10^{12}m^3$，资源丰度为$0.32\times10^8m^3/km^2$。对比我国海相页岩气资源，主要集中在南方地区，尤以四川盆地及其周边地区最为集中。我国南方海相页岩有利区叠合面积$15\times10^4km^2$，是美国有利区的1/5；集中段平均厚度为$40\sim260m$，大致与美国相当；含气量为$2\sim3m^3/t$，比美国略低；岩石密度为$2.55\sim2.65g/cm^3$；页岩气可采资源丰度取值$0.27\times10^8m^3/km^2$；采收率为$8\%\sim25\%$，平均为12%。综合评价我国海相页岩气可采资源量为$8.82\times10^{12}m^3$，其中四川盆地$5.14\times10^{12}m^3$（Ⅰ+Ⅱ类近$5\times10^{12}m^3$）。

表 5-16 我国海相页岩气资源总量预测

地区/盆地	层系	面积 km²	厚度 m	地质资源量, 10⁸m³ 95%	50%	5%	期望值	技术可采资源量, 10⁸m³ 95%	50%	5%	期望值
四川	Z—S	49162	40~220	233183	257202	278219	257202	46637	51440	55644	51440
滇黔桂	Z—C	44374	40~220	55984	61483	66481	61483	11197	12297	13296	12297
渝东—湘鄂西	Z—S	29906	40~260	69150	76165	82679	76165	13830	15233	16536	15233
中扬子	€、S	17565	30~120	29765	32621	34976	32621	5953	6524	6995	6524
下扬子	€、S	6957	40~200	12722	13865	15008	13865	2544	2773	3002	2773
合计		147964	13~260	400804	441336	477364	441336	80161	88267	95473	88267
占全国比例，%		34.79		60.30	55.02	53.03	55.02	72.96	68.69	67.04	68.69

从前述对页岩气资源量评价关键参数取值看，本次评价剔除了构造改造区和埋深小于1000m等地区的页岩气评价，实际包含了部分经济性评价的内涵，并非单纯是技术可采资源量，而是一类偏经济的技术可采资源量，可以作为国家现阶段制定政策的依据，有较好的稳妥性：（1）基础数据取值的稳妥性。通过分析富有机质页岩集中段、厚度与分布、有机碳含量（TOC）、成熟度（R_o）与脆性矿物含量等关键指标，建立了页岩气有利区评价优选的标准，与美国建立了一致的评价基础。（2）页岩气有利区选值的稳妥性。通过排除法，剔除地面条件差、强烈改造区、埋深大和埋深过小的页岩气分布区，保证预测的稳妥性。（3）方法选择更适应现阶段评价，保证数量级的稳妥性。

2. 海陆过渡相页岩气资源

本次对南方地区上二叠统龙潭组、渤海湾盆地和鄂尔多斯盆地石炭系—二叠系等重点地区进行了资源评价。

在类比中，采用美国San Juan盆地Lewis煤系页岩气的参数：地质资源丰度$(0.09\sim0.55)\times10^8m^3/km^2$，钻探成功率60%~80%，可采系数取5%~15%。我国大部海陆过渡相页岩有利区存在异常高压，因此可采资源面积丰度取值范围为$(0.05\sim0.14)\times10^{12}m^3/km^2$。评价结果显示，海陆过渡相页岩气技术可采资源量$2.42\times10^{12}m^3$。其中四川盆地煤系页岩气资源最大，期望值$0.9\times10^{12}m^3$（表5-17）。

表 5–17 我国海陆过渡相页岩气资源量计算表

地区/盆地	层系	面积, km²	厚度, m	地质资源量, 10⁸m³				技术可采资源量, 10⁸m³			
				95%	50%	5%	期望值	95%	50%	5%	期望值
四川	P	34692	7～50	61229	74881	82338	74881	7347	8986	9881	8986
南方其他	P	52000	10～150	45527	55958	61333	55958	5463	6715	7360	6715
鄂尔多斯	C—P	99770	10～60	50435	62331	68046	62331	6052	7480	8166	7480
渤海湾	C—P	4862	10～50	6495	8325	12017	8325	779	999	1442	999
合计		191324	7～150	163686	201495	223734	201495	19642	24179	26848	24179
占全国比例, %		44.99		24.62	25.12	24.86	25.12	17.88	18.82	18.85	18.82

3. 陆相页岩气资源

我国陆相泥页岩主要发育在三叠系—古近系，TOC 为 0.5%～10%，平均大于 2%；R_o 为 0.5%～2.0%，平均小于 1.0%。从页岩气形成的特点来看，页岩的成熟度必须达到大量生气阶段，方可产生一定数量的天然气。由于我国陆相页岩多数成熟度不高，主体处于生油阶段，仅在埋深大的凹陷区演化至生气阶段，因此，陆相页岩气资源分布比较局限。

由于陆相页岩总体成熟度低，R_o 大于 1.1% 的面积较小，本次计算陆相页岩气技术可采资源总量不大，期望值为 $1.6 \times 10^{12} m^3$（表 5–18）。

表 5–18 我国陆相页岩气资源量计算结果

地区/盆地	层系	面积, km²	厚度, m	地质资源量, 10⁸m³				技术可采资源量, 10⁸m³			
				95%	50%	5%	期望值	95%	50%	5%	期望值
松辽	K_1qn	4506	10～70	2565	8905	12960	8905	256	890	1296	890
渤海湾	Es_{3+4}	1358	30～130	1454	5103	7366	5103	145	510	737	510
鄂尔多斯	T_3y	9393	10～40	4422	15481	24583	15481	442	1548	2458	1548
四川	J_1	12466	10～80	4425	15491	24598	15491	443	1549	2460	1549
	T_3x	52025	5～50	80389	98711	108143	98711	8039	9871	10814	9871
吐哈	J	1222	30～200	943	2481	3721	2481	113	298	447	298
准噶尔	J	2430	10～80	3126	4167	5209	4167	313	417	521	417
	P_2	616	10～100	912	3650	4562	3650	91	365	456	365
柴达木	J	288	20～100	492	1294	1940	1294	49	129	194	129
塔里木	J	1689	30～200	1511	3975	5963	3973	181	477	716	477
合计		85993.4	10～200	100239	159257	199046	159255	10073	16055	20098	16055
占全国比例, %		20.22		15.08	19.86	22.11	19.86	9.17	12.49	14.11	12.49

根据页岩气源岩特性和页岩气赋存条件的相似性，将我国页岩气资源按海相、海陆过渡相—湖沼相煤系和湖相三类页岩气资源进行了统计归类。海相页岩气资源构成不变，煤系页岩气包含了海陆过渡相和陆相中的湖沼相煤系地层页岩气资源，湖相页岩气只统计Ⅰ型—Ⅱ型有机质类型的页岩气资源，即上述陆相页岩气资源中的一部分资源，与海陆过渡相资源合并为海陆过渡相—湖沼相页岩气资源。新的统计结果见表5-19、表5-20。我国海相页岩气地质资源量为 $44.12 \times 10^{12} m^3$，可采资源量为 $8.83 \times 10^{12} m^3$；海陆过渡相—湖沼相煤系页岩气地质资源量为 $31.2 \times 10^{12} m^3$，可采资源量为 $3.54 \times 10^{12} m^3$；湖相煤系页岩气地质资源量为 $4.86 \times 10^{12} m^3$，可采资源量为 $0.49 \times 10^{12} m^3$。

表 5-19 我国海陆过渡相—湖沼相页岩气资源量估算结果统计表

地区/盆地	层系	面积，km^2	厚度，m	地质资源量，$10^8 m^3$ 95%	50%	5%	期望值	技术可采资源量，$10^8 m^3$ 95%	50%	5%	期望值
四川	T_3x	52025	5~50	80389	98711	108143	98711	8039	9871	10814	9871
	P	34692	7~50	61229	74881	82338	74881	7347	8986	9881	8986
南方其他	P	52000	10~150	45527	55958	61333	55958	5463	6715	7360	6715
鄂尔多斯	C—P	99770	10~60	50435	62331	68046	62331	6052	7480	8166	7480
渤海湾	C—P	4862	10~50	6495	8325	12017	8325	779	999	1442	999
柴达木	J	288	20~100	492	1294	1940	1294	49	129	194	129
吐哈	J	1222	30~200	943	2481	3721	2481	113	298	447	298
准噶尔	J	2430	10~80	3126	4167	5209	4167	313	417	521	417
塔里木	J	1689	30~200	1511	3975	5963	3973	181	477	716	477
合计		248978	5~200	250145	312123	348711	312120	28337	35371	39539	35371
占全国比例，%		58.54		37.63	38.91	38.74	38.91	25.79	27.53	27.76	27.53

表 5-20 我国湖相页岩气资源量估算结果统计表

地区/盆地	层系	面积，km^2	厚度，m	地质资源量，$10^8 m^3$ 95%	50%	5%	期望值	技术可采资源量，$10^8 m^3$ 95%	50%	5%	期望值
松辽	K_1qn	4506	10~70	2565	8905	12960	8905	256	890	1296	890
渤海湾	Es_{3+4}	1358	30~130	1454	5103	7366	5103	145	510	737	510
鄂尔多斯	T_3y	9393	10~40	4422	15481	24583	15481	442	1548	2458	1548
四川	J_1	12466	10~80	4425	15491	24598	15491	443	1549	2460	1549
准噶尔	P_2	616	10~100	912	3650	4562	3650	91	365	456	365
合计		28339	10~130	13780	48630	74069	48630	1378	4863	7407	4863
占全国比例，%		6.66		2.07	6.06	8.23	6.06	1.25	3.78	5.20	3.78

第四节　煤层气资源评价

一、煤层气评价范围

煤层气是赋存在煤层中以甲烷为主要成分、以吸附在煤基质颗粒表面为主、部分游离在煤孔隙中或溶解于煤层水中的烃类气体，是煤的伴生矿产资源，属非常规天然气。

本次煤层气资源评价，主要针对32个盆地（群）开展，包括东部三江—穆棱河、松辽、伊兰—伊通、延边、敦化—抚顺、浑江—红阳、辽西、豫西、太行山东麓、徐淮、冀中、京唐、豫北—鲁西北、海拉尔、二连、阴山、沁水、大同、宁武，中部的鄂尔多斯、四川，西部的准噶尔、吐哈、三塘湖、塔里木、柴达木、河西走廊、天山，南部的滇东黔西、萍乐、川南黔北、桂中。评价的煤类包括低煤阶（褐煤，$R_o<0.65\%$），中煤阶（长焰煤、气煤、肥煤、焦煤、瘦煤，$0.65\%\leq R_o\leq 1.9\%$），高煤阶（贫煤、无烟煤，$R_o>1.9\%$）。评价层系为上古生界、中生界和新生界。评价深度按照风化带至1000m、1000~1500m、1500~2000m分别计算，其中1500~2000m可采资源储量为首次计算。

计算单元：纵向上，以单一煤层为计算单元，煤岩、煤质和煤体结构特征差别不大的煤层组可以合并为一个计算单元；横向上，以单一煤层底部或煤层组中部埋深线作为边界划分计算单元。在计算过程中，可根据实际情况进一步划分出次一级计算单元。划分原则是以地质边界或人为技术边界为划分依据，例如构造线、煤厚突变线、煤阶变化线、煤层含气边界、井田或采区边界、预测区边界、网格边界、水平标高线、煤炭储量级别等。

二、地质评价及关键参数

1. 煤层气成藏的基本地质特征

由于煤岩独特的微观结构，大量的甲烷气体可以在一定压力作用下，以吸附的形式赋存于微孔极为发育的煤双重孔隙—裂隙介质中，以"近似流体"形式存在。一般情况下，对于煤阶和组分相近的煤岩在相同压力下其吸附能力相同，如果地层压力降低，这种吸附平衡被打破，甲烷分子就会从微孔中解吸出来"运移"到裂隙或割理中，进而通过其他通道运移到常规储层形成常规气藏或者最终逸散到大气中去。所以煤层气富集成藏是有一定条件的。

1）源储一体

与常规天然气经过一定距离的一次/二次运移聚集成藏不同，煤储层既是烃源岩，也是储层，属于典型的自生自储，这一特征表明煤储层的规模控制气藏规模，成为煤层气勘探的基本出发点。

煤层甲烷的烃源岩就是煤岩本身。煤富含有机质，在埋藏过程中，有机质通过热降解作用和生物化学作用生成天然气，有一定数量被保存在煤层里，形成煤层甲烷气藏。常规油气的烃源岩主要是富含有机质的泥岩、页岩或石灰岩，也包括煤岩。

煤层同时又是煤层气的储层，煤的孔隙度很小，除低煤阶以外，一般均小于10%，中、低挥发分烟煤孔隙度只有6%或者更小。渗透率的大小依赖于煤层裂隙（割理）发育和开启程度，通常小于1mD。而石油和天然气的储集岩主要是砂岩、碳酸盐岩及少量裂缝性泥质岩、火山岩等，其孔隙度、渗透率比煤层大，变化也大。

2）运移机制

煤层气生成之后，一部分通过分子扩散途径或通过裂缝运移至邻近的砂岩、石灰岩等储层中，另一部分气体的绝大部分以吸附状态保存在煤孔隙结构里，一般不发生运移或不发生显著运移。只有当煤层压力下降时，比如煤层抬升变浅，煤层吸附气体发生解吸，解吸气体在煤基质和裂隙中发生扩散运移，导致散失。而石油和天然气的运移以扩散渗流方式为主，分初次运移和二次运移，在储层中富集成藏，其主要动力是构造应力、水动力和浮力。

3）圈闭机制

煤层甲烷绝大多数在压力作用下呈吸附状态被保存在煤层的微孔隙中，没有明显的圈闭条件。

4）流体存在状态

煤层气藏内的天然气以吸附气、游离气和水溶解气存在，以吸附气为主。煤层气赋存状态有三种形式：吸附在煤孔隙表面的吸附气、分布在煤孔隙内和分布在煤裂隙内。

5）产量低

不同于常规天然气衰竭式开采，煤储层孔隙主体被水占据，煤层气需要长期排水降压生产。

2. 煤层气富集主控因素

1）含气性

煤层甲烷包括煤化作用阶段产生的原生（早期）生物成因、热成因和煤化作用期后产生的次生生物气三类。我国最主要的四个成煤期是晚石炭世—早二叠世、晚二叠世、早—中侏罗世以及晚侏罗世—早白垩世。国家"973"煤层气项目诸多学者通过对中国一些地区煤层气的地质地球化学综合研究，相继识别并提出了一系列煤层气的成因类型及其相应的综合示踪指标体系。具体包括：原生生物成因煤层气（新疆沙尔湖地区煤层气为典型实例）、热降解煤层气（甘肃宝积山地区煤层气为典型实例）、热裂解煤层气（山西沁水盆地南部煤层气为典型实例）、次生生物成因煤层气（山西李雅庄煤层气为典型实例）和混合成因煤层气（即次生生物气与热成因气的混合气，安徽淮南煤层气为典型实例）。构成了目前最系统的煤层气成因类型划分方案与综合示踪指标体系。中国煤层气的甲烷 $\delta^{13}C_1$ 为 $-80‰\sim-6.6‰$，也显示出成因很复杂。

煤层中甲烷气以游离、吸附和溶解三种状态赋存于煤层中。一般中—高煤阶煤层气以吸附状态为主，低煤阶煤层气则存在大量游离气。

测试表明，全国煤层含气量主要分布在 $0.5\sim27\text{m}^3/\text{t}$ 之间，分布上东部高于西部，高煤阶明显高于中—低煤阶。对应吸附饱和度主要在 $20\%\sim91\%$ 之间，平均约 45%。

2）顶底板封盖能力影响

良好的封盖层可以保持地层压力，阻止地层水的交替，维持游离气、吸附气和溶解气三者之间的平衡关系，使气体主要以吸附状态存在，并减少游离气和溶解气的散失，从而使甲烷气在煤层中得以保存和富集。

由图 5-15 可知，煤储层顶底板封盖能力直接影响煤层气富集，泥岩、泥质岩封盖能力明显优于石灰岩和砂岩等。由于低煤阶生气能力较差，顶底板封盖能力对于低煤阶煤层气富集起到更为关键的作用。

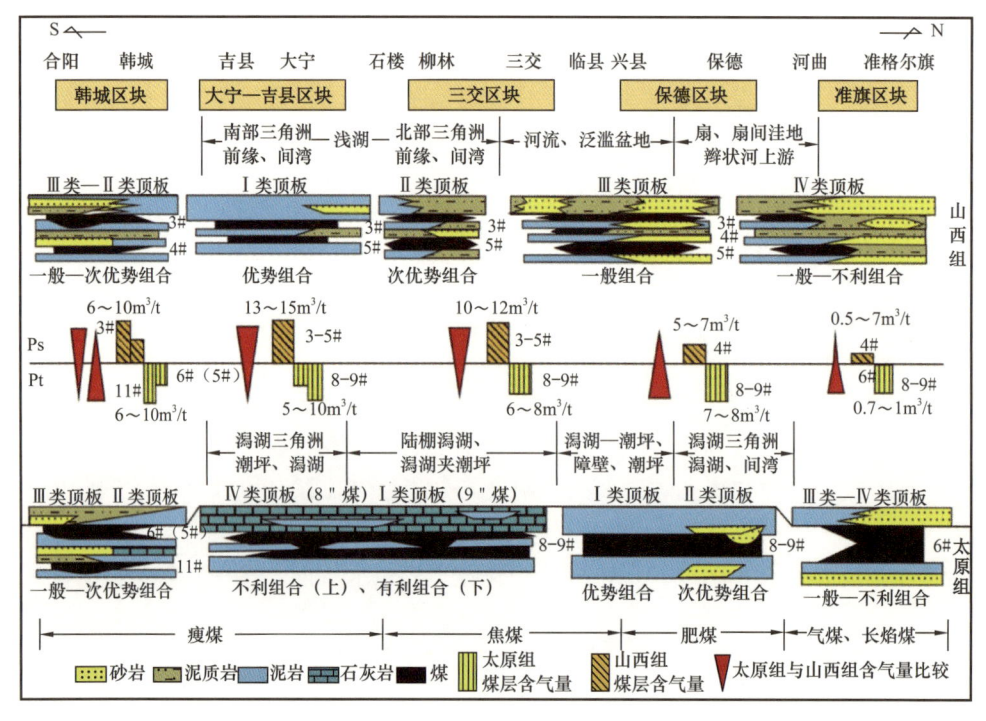

图5-15 鄂尔多斯东缘煤层顶底板组合类型与含（产）气量关系

3）煤岩宏观类型影响

煤岩宏观类型与灰分产率、割理密度及含气量存在明显相关性。光亮型煤含气量高，灰分产率低，割理密度大，利于煤层气富集高产。

沁水盆地中东部及南部属低位沼泽相、较深覆水森林沼泽相、潮湿森林沼泽相和干燥森林沼泽相，多发育半亮—光亮型煤，3#约占50%，15#约占60%。

4）煤储层物性影响

我国大部分煤岩压实作用强烈，储层物性差，致密低渗，存在一定量结构煤。

孔隙度一般不足5%，且连通性较差，割理多被矿物充填。煤层气试井渗透率普遍较低，介于0.002～16.17mD之间，平均为0.97mD，以0.1～1mD为主，小于0.1mD的占35%，0.1～1mD的占37%（图5-16）。

5）水动力影响

煤岩水动力是煤层气富集的主要保存因素，同时可能影响生物气生成。

地下水滞流—弱径流区是中—高阶煤煤层气富集区。以樊庄、大宁—吉县为例对比发现，煤层含气量与水动力分区有明显对应关系（图5-17、图5-18）。

在滞流—弱径流区域，樊庄大于18m³/t，大宁—吉县大于12m³/t，饱和度大于80%；而在地下水补给区，樊庄小于12m³/t，大宁—吉县小于10m³/t，饱和度小于50%。

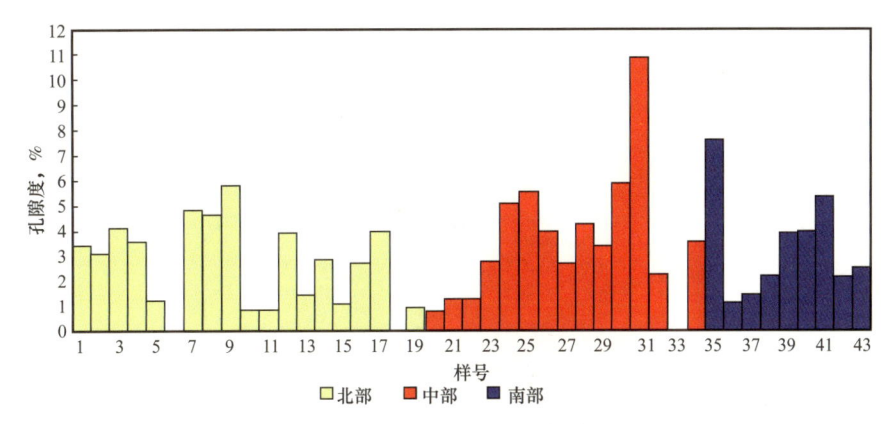

图 5-16　沁水盆地煤岩孔隙度分布柱状图

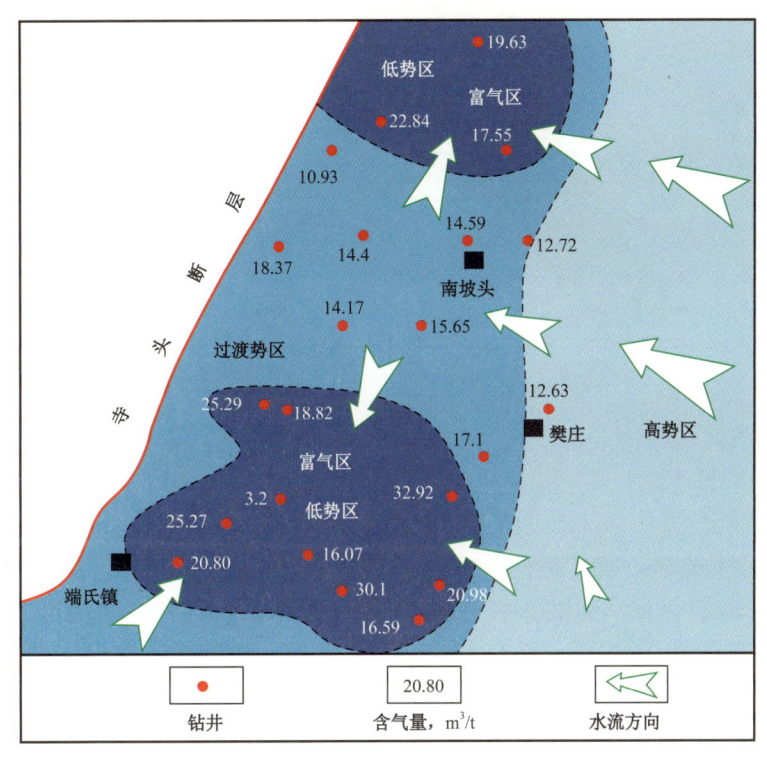

图 5-17　樊庄区块水文分区与含气量等值线图

3. 关键参数

1）煤层气资源量计算关键参数确定的原则

（1）煤炭资源量、储量选取。煤炭预测资源量可通过收集最新煤炭资源潜力数据资料获得。煤炭储量选取可通过收集并分析相对应的计算单元内的煤田地质精查和详查报告获得。

（2）煤储层含气面积选取。通过煤田、油气勘探获得的钻井数据、地球物理数据确定，在煤储层埋深图、煤储层底板构造图上圈定。

（3）煤储层厚度选取。可通过煤田、油气勘探获得的钻井数据、地球物理数据确定煤储层厚度，在煤储层厚度图上圈定。

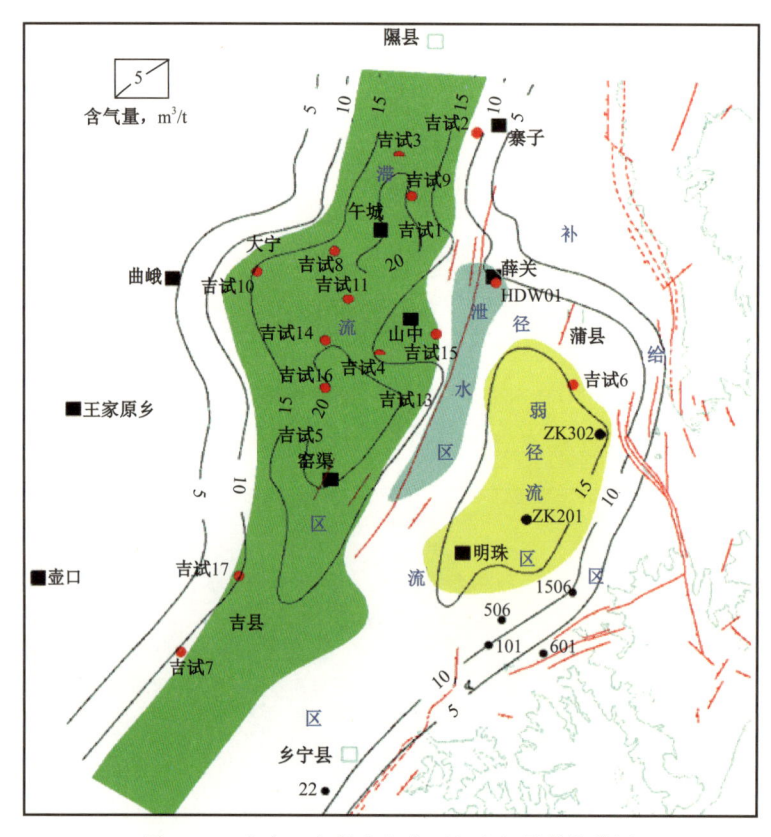

图 5-18 大宁—吉县水文分区与含气量等值线图

（4）煤层气风化带的选取。对于本次油气资源评价，规定中—高煤阶煤层气中气态烃含量小于 80% 作为划分煤层气风化带的界限；低煤阶煤层气以含气量小于 $1m^3/t$ 作为风化带。

（5）煤密度的选取。通过实验测试或类比法获得，以煤的视密度为准。

（6）兰氏体积/兰氏压力的选取。通过等温吸附实验获得，或采用相同变质程度临近单元内实际测试数值，以空气干燥基为准。

（7）废弃压力的选取。在评价过程中，可依据拥有的实际资料，开展废弃压力参数研究。建议贫煤和无烟煤区采用 1.38MPa，长焰煤—瘦煤区采用 0.7MPa，褐煤采用 0.4MPa。

2）关键参数确定

（1）煤储层含气量。

煤储层含气量值的选用有实测法、类比法、推测法等方法。目前实测法主要针对 1000m 以浅煤层含气量选取，深部只能依靠推测法。实验证明，不同煤阶吸附量随埋深变化特征明显，均是先增加后减小；不同煤阶存在最大吸附临界深度带，低煤阶临界深度带介于 1400～2000m 之间，中—高煤阶介于 1000～2000m 之间（图 5-19）。

而低煤阶煤层实测含气量又受到测试方法的影响，由于原测试方法主要针对吸附气占主要状态煤层，而有研究表明，低煤阶游离气比例远大于中—高煤阶，最大可超过 50%，所以对实测数据也需要校正。

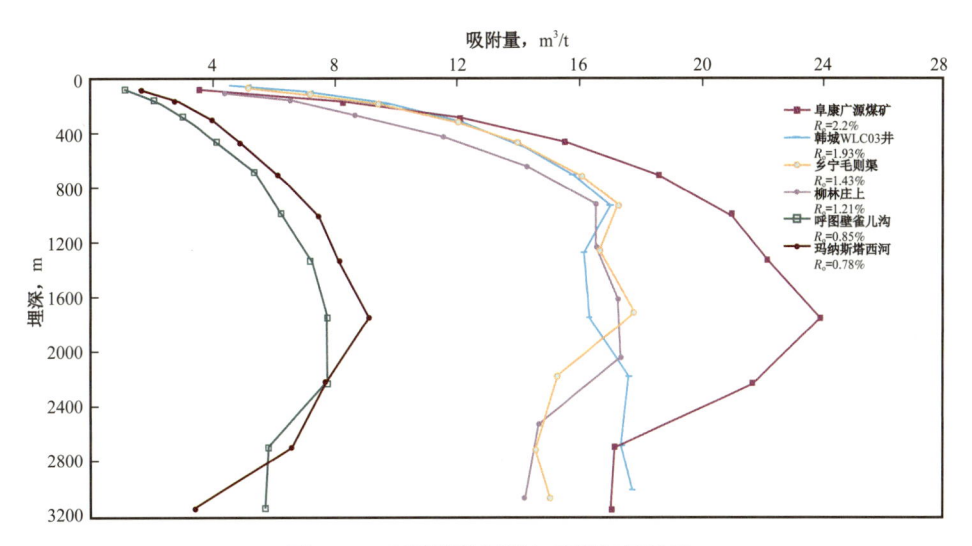

图 5-19　不同煤阶埋深与吸附气量关系

本次油气资源评价现场含气量实测数据大大增加，而测试数值却远小于以往预期，综合以上影响，准噶尔、吐哈等原勘探开发程度较低的低煤阶煤层气藏资源量明显减少（表 5-21）。

表 5-21　准噶尔盆地部分煤层气探井实测含气量及校正数据

井号	深度，m 顶	深度，m 底	含气量，m³/t 原始	含气量，m³/t 校正	兰氏体积，m³	兰氏压力，MPa
石树 011	458.67	466.82	0.47	0.92	4.82	3.09
火泉 1	625.26	635.83	0.23	1.14	7.19	4.63
火泉 1	892.53	897.19	0.19	1.43	8.64	4.41
DJD-01E	555.00	596.10	0.65	1.26	3.56	2.49
DJD-02E	537.26	580.27	0.22	4.05	4.65	3.08
DJD-04E	683.00	711.25	0.42	2.44	5.56	3.21
DJD-05E	760.75	823.74	0.56	2.26	6.12	2.83
DJD-06E	526.60	559.66	0.18	3.08	2.72	2.87
DJD-07E	570.30	587.67	0.16	5.02	4.04	2.95
DJD-08E	453.83	463.60	0.22	2.85	2.96	2.75
DJD-10E	361.82	404.50	0.67	0.97	4.32	4.03
DJD-10E	428.60	431.56	0.86	0.86	3.59	2.83
DJD-10E	483.53	485.50	0.75	0.91	4.40	3.90
DJD-10E	491.36	494.96	0.75	2.49	12.09	3.91
DJD-11E	489.40	511.30	0.27	2.42	4.8	3.88
DJD-13E	499.60	510.50	0.34	2.83	3.58	2.08
DJD-13E	583.25	623.10	0.36	1.69	2.11	1.91

- 265 -

（2）可采系数。

以类比法为最主要方法，结合中国石油内部三交、保德、樊庄三个刻度区开展类比。同时根据不同盆地勘探开发现状以及数据掌握情况，部分采用了产量递减法、数值模拟法、等温吸附曲线法等方法。

数值模拟法是利用数值模拟软件对已获得的储层参数和实际的生产数据（或试采数据）进行拟合匹配，最后获取气井的预计生产曲线和可采资源量/储量（图5-20）[必须能够模拟煤储层的独特双孔隙特征和气、水两相流体的三种流动方式（解吸、扩散和渗流）及其相互作用过程，以及煤体岩石力学性质和力学表现等]。

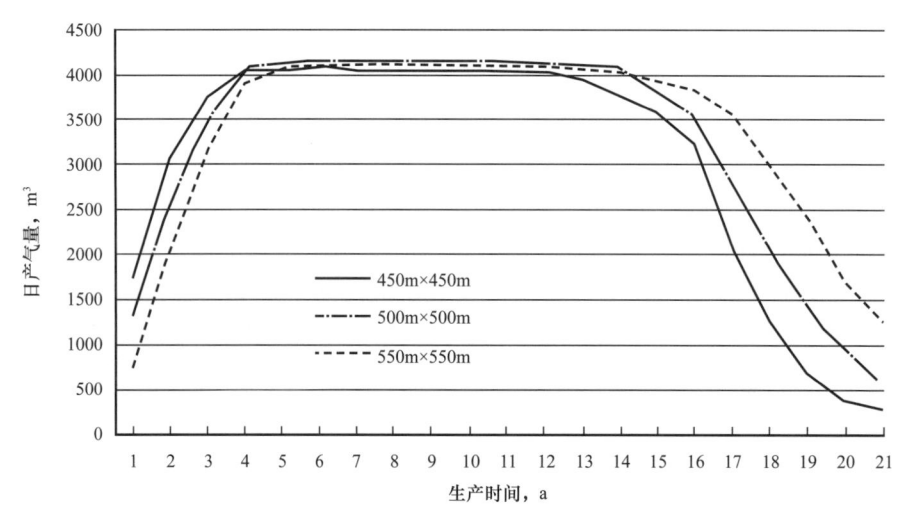

图5-20 保德一井组数值模拟可采储量拟合图

保德低煤阶煤层气井组可采资源量和可采系数数值模拟研究，以500m×500m井距为例，如废弃年限为20年，其可采资源量达$2360 \times 10^4 m^3$，采收率为50.99%。

产量递减法是预测煤层气技术可采资源量最为可靠的方法。煤层气藏经过增产、稳产后出现规律性产量随时间下降趋势，对于已进入递减阶段的油气田，阿尔浦斯（Arps）根据矿场进行了统计分析，从理论上提出了指数递减类型、双曲递减类型和调和递减三种类型。

产量递减法应用于煤层气井评价中，需要研究煤层气井的产气规律、产量、压力、液面等生产特征，分析气井的开采特征和历史资料来预测储量，一般是在煤层气井经历了产气高峰并开始稳产或出现递减后，利用产量递减曲线的斜率对未来产量进行计算。产量递减法实际上是煤层气井生产特征外推法，必须满足的条件有：选用的生产曲线具有典型的代表意义；可以明确界定气井的产气面积；产量—时间曲线上在产气高峰后至少3个月以上稳定的气产量递减曲线斜率值；有效排除由于市场减缩、修井、检泵或地表水处理等非地质原因造成的产量变化对递减曲线斜率值判定的影响。

沁水盆地樊庄煤层气区块递减规律如图5-21所示。该地区水平井递减率为5.1%~27.2%，平均为18.3%；直井递减率为6.8%~37.5%，平均为21.6%，水平井递减略缓。利用静态法预测井控地质储量，该地区煤储层参数平均值见表5-22，计算已进入递减阶段直井、水平井的可采系数和可采资源量。

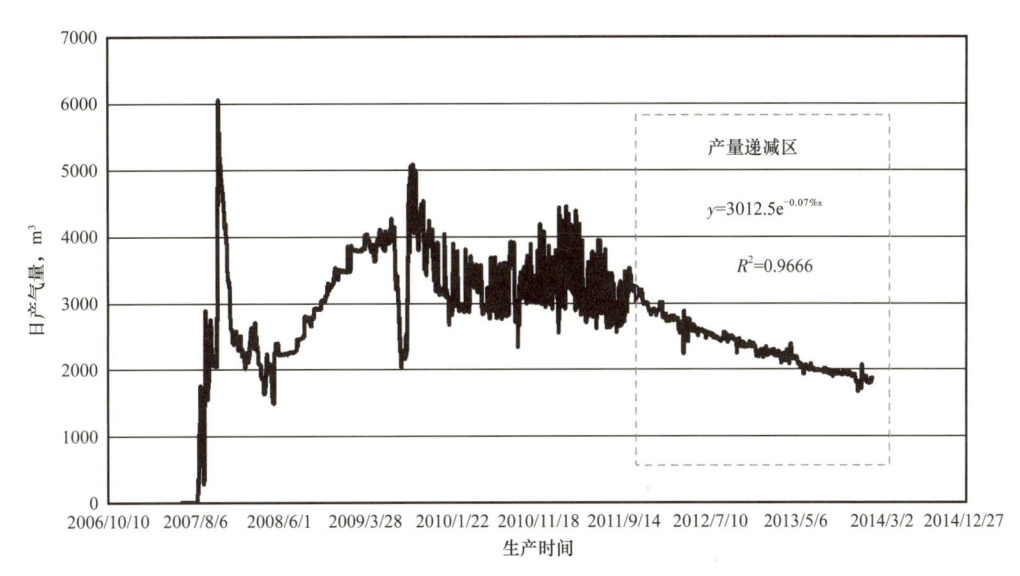

图 5-21　樊庄煤层气区块出现递减规律井生产曲线

表 5-22　樊庄煤层气区块不同井型可采资源量计算参数

井型	直井	水平井
井控半径，km	0.15	
井控面积，km²	0.07	0.4
煤密度，g/cm³	1.47	
储层厚度，m	6	
含气量，m³/t	20	
地质资源量，10⁴m³	1246	7056
单井产量，m³/d	500	
开采年限，年	12～15	24～28
产量递减率，%/a	6.8～37.5（平均为 21.6）	5.1～27.2（平均为 18.3）
可采系数	0.59～0.64	0.73～0.74
可采资源量，10⁴m³	735～797	5150～5221

等温吸附曲线法通过试验获得等温吸附曲线及相关参数，利用下面公式获得可采系数。

$$R = 1 - \frac{V_L p_a}{C_i (p_L + p_a)} \tag{5-2}$$

式中　C_i——煤储层原始含气量，m³/t；

　　　V_L——煤储层兰氏体积，m³/t；

　　　p_L——煤储层兰氏压力，MPa；

　　　p_a——废弃压力，MPa。

如图 5-22 所示，以东北某煤层气区带为例，实测含气量为 9.65m³/t，兰氏体积为 17.3 m³/t，兰氏压力为 3.32MPa，该气藏煤阶为长焰煤—气煤，废弃压力取值为 0.7MPa。通过公式计算可知，该地区可采系数达 0.688。该煤层气区带地质资源量约为 $23.06 \times 10^8 m^3$，其可采资源量约为 $16.241 \times 10^8 m^3$。

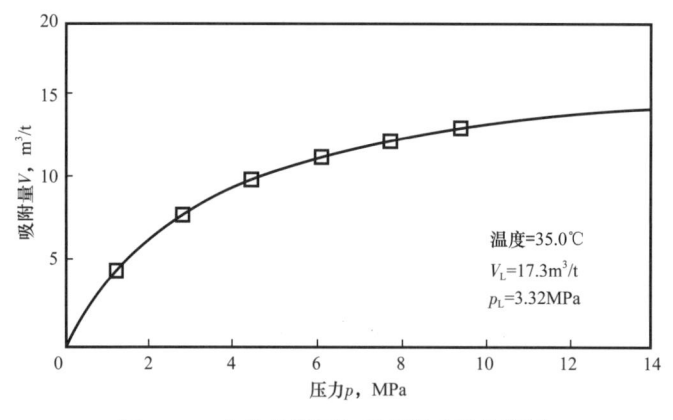

图 5-22 东北某煤层气藏等温吸附曲线图

三、煤层气资源评价结果

本次油气资源评价采用体积法计算地质资源量，利用可采系数法计算可采资源量。在准确计算煤层含气量和可采系数取值的基础上开展系统的煤层气资源评价，评价结果见表 5-23，煤层气地质资源量 $29.8 \times 10^{12} m^3$，可采资源量 $12.5 \times 10^{12} m^3$。综合煤阶埋深分布来看，煤层气地质资源量和可采资源量高煤阶、低煤阶以 1000m 以浅为主，中煤阶以 1000~2000m 埋深为主。

表 5-23 煤层气资源量评价结果

盆地	煤层时代	煤炭资源量 $10^8 t$	评价面积 km^2	煤层气地质资源量 $10^8 m^3$	煤层气可采资源量 $10^8 m^3$
三江—穆棱河	K_1	273.15	2565.03	3103.38	533.71
松辽	K_1	5.65	601	39.34	5.10
伊兰—伊通	E	5.56	54.46	52.51	12.08
延边	E	10.22	135.63	29.12	7.01
敦化—抚顺	E	24.06	198.22	109.77	56.62
浑江—红阳	C—P	63.10	1196.31	1186.44	683.62
辽西	J_3	21.04	155.52	162.19	125.47
豫西	C—P	368.88	5923.51	6744.07	1756.99
太行山东麓	C—P	246.92	2245.18	4314.19	766.99
徐淮	C—P	721	3490.66	5784.61	2429.07

续表

盆地	煤层时代	煤炭资源量 10^8t	评价面积 km²	煤层气地质资源量 10^8m³	煤层气可采资源量 10^8m³
冀中	C—P	164.45	937	1773.32	761.08
京唐	C—P	117.64	700.35	1418.66	525.53
豫北—鲁西北	C—P	171.97	4081.41	1180.73	179.54
海拉尔	J_3	4797.67	12986.09	12968.57	7561.50
二连	J	6819.69	34853.62	11816.95	4475.41
阴山	J	98.25	436.47	817.68	149.47
沁水	P、C	2448	53049	40003.87	15256.41
大同	P_1s、C_3t	314.77	948.25	1428.11	470.63
宁武	P_1s、C_3t	377.18		3643.58	1807.67
鄂尔多斯	J、C—P	14504.69	132177.9	72599.12	27959.10
四川	P、T	608.63	19684.57	6042.09	2717.48
准噶尔	J_{1+2}	5290.87	26126	31087.70	13615.00
吐哈	J	4479.55	13318	11644.32	6531.84
三塘湖	J	937.3	4695	3181.81	1812.43
塔里木	J_1k、J_2y	1098.95	5877.13	12972.68	5959.48
柴达木	J	165.78	1229.68	1411.76	798.21
河西走廊	P_1、J_2、C_3	441	5626	1171.95	581.64
天山	J_{1+2}	4821.1	20632	16261.54	8968.25
滇东黔西	P_2	2658.28	16055.15	34723.77	14052.43
萍乐	P、T	27.19	509.31	339.65	149.58
川南黔北	P_2、T_3、C_1	672.31	11007.28	10099.42	4383.39
桂中	P_2、E、C_1	6.72	384.7	98.55	49.17
合计		52761.58		298211.45	125141.90

从煤层气煤阶资源量分布看，高煤阶、中煤阶、低煤阶地质资源相当，分别为 10.26×10^{12}m³、9.14×10^{12}m³ 和 10.43×10^{12}m³，但可采资源量低煤阶明显高于高煤阶和中煤阶，分别为 4.96×10^{12}m³、3.52×10^{12}m³ 和 4.04×10^{12}m³。

埋深 500～1000m 的地质资源量为 11.11×10^{12}m³（高煤阶 4.51×10^{12}m³，中煤阶 1.52×10^{12}m³，低煤阶 5.08×10^{12}m³），1000～1500m 埋深的地质资源量为 8.97×10^{12}m³（高煤阶 2.79×10^{12}m³，中煤阶 3.26×10^{12}m³，低煤阶 2.92×10^{12}m³），1500～2000m 埋深的地质资源量为 9.75×10^{12}m³（高煤阶 2.96×10^{12}m³，中煤阶 4.36×10^{12}m³，低煤阶 2.43×10^{12}m³）。500～1000m 埋深的可采资源量为 4.36×10^{12}m³（高煤阶 2.04×10^{12}m³，中煤阶 0.58×10^{12}m³，低煤阶 1.74×10^{12}m³），1000～1500m 埋深的可采资源量为 4.13×10^{12}m³（高煤阶 1.54×10^{12}m³，

中煤阶 $1.39\times10^{12}m^3$，低煤阶 $1.2\times10^{12}m^3$），1500～2000m 埋深的可采资源量为 $4.03\times10^{12}m^3$（高煤阶 $1.38\times10^{12}m^3$，中煤阶 $1.55\times10^{12}m^3$，低煤阶 $1.1\times10^{12}m^3$）。

第五节　油页岩资源评价

一、油页岩评价范围

油页岩是指高灰分的固体可燃有机岩，它可以是腐泥、腐殖或混合成因的，其发热量一般不小于4.19kJ/g。它和煤的主要区别是灰分超过40%，与碳质页岩的主要区别是含油率大于3.5%。

油页岩资源评价主要针对我国重点盆地、重点矿区、重点区带开展，其中东部区评价的盆地主要包括：敦密、松辽、柳树河、大杨树、老黑山、林口、罗子沟、杨树沟、依兰—伊通、抚顺、黑山、朝阳、建昌、阜新、丰宁、燕河营、渤海湾、胶莱、济宁；西部区评价的盆地主要包括：民和、西宁、柴达木、准噶尔盆地、阿坝；中部区：鄂尔多斯、四川、六盘山；南方区评价的盆地主要包括：茂名、那彭、钦州、句容、北部湾、新宁、湘乡、吉安、萍乡、楚雄、思茅—兰坪；青藏区评价的盆地主要包括：羌塘、伦坡拉。盆地内评价的深度为1000m以浅。

二、地质评价及参数

1. 油页岩基本特征

1）油页岩的岩性特征

油页岩为一种致密沉积岩，其中有机质与未成熟的干酪根含量丰富并且干酪根颜色一般呈黄褐色或黑褐色，岩石层理细密，颗粒细致。因其中含有的有机质大多为成油物质且不溶于有机溶剂（即"油母"），故油页岩又被称为"油母页岩"。国际上将每吨能产出0.25桶以上页岩油的油页岩称为矿，含油率大于3.5%的油页岩有开采价值；我国一般将含油率在5%以上的油页岩定为富矿，否则为贫矿。油页岩相对密度为1.4～2.7g/cm³，灰分很高（>40%），成分中的有机质与矿物质呈均匀细密混合状，很难用常规选煤的方法筛选出来。

2）油页岩的沉积类型

根据油页岩母质及形成环境的不同，可以将其分为陆地油页岩、湖相油页岩和海相油页岩三类。

陆相油页岩中的有机质主要为富含脂质的有机物，它们在还原条件下经过成岩及煤化作用，可转化为可燃的有机岩，这种油页岩也可称为腐泥煤；湖相油页岩的母质主要为淡水和半咸水中的藻类及低等浮游生物，这些藻类在半深湖或深湖中沉积埋藏后，在水体还原或强还原的作用下，逐渐变成油页岩的有机质；海相油页岩的沉积环境包括大型湖盆、浅海环境、小型湖盆及沼泽等，其有机质母质的主要成分为海藻、未知单细胞微生物和海生鞭毛虫。我国以陆相为主，国外则以海相居多。

3）油页岩形成的古地理环境

根据油页岩形成的古地理环境的不同，可以将油页岩的矿床类型分为两类：近海型和内陆湖泊型。近海型是指形成于湖海湾、滨岸三角洲边缘以及其他滨海环境中的油页岩。这种油页岩具有与碳酸盐岩共生、矿层分布面积广、层数多的特点。我国广东茂名、新疆妖魔山，波罗的海盆地的爱沙尼亚和圣彼得堡均分布着该类型油页岩。内陆湖泊型油页岩是指在内陆湖泊环境中形成的油页岩，常与煤共生，或以互层形式出现。这种油页岩虽然矿层较厚，但横向变化大。我国辽宁抚顺、美国著名的科罗拉多绿河油田均含有大量内陆湖泊型油页岩，尤其是后者，经济开采价值很高。研究表明，我国油页岩在各个时代的地层中均有分布，以新生代断陷湖盆居多，国外油页岩的时代分布范围也十分广泛，从寒武纪、奥陶纪到白垩纪及古近纪。

4）沉积构造背景

中国油页岩资源总体分布与我国构造大区构造演化、沉积盆地形成密切相关；东部属于太平洋构造域作用区，中部为太平洋与古亚洲洋构造作用区，西部为古亚洲洋与古特提斯构造作用区，南方为特提斯与太平洋构造作用区，西藏为新特提斯与古亚洲洋构造作用区。我国油页岩矿床总体分布与沉积盆地发育一样表现为北富南贫，北部主要分布于大型坳陷型沉积盆地与古近—新近纪小型断陷中；中西部主要分布于大型继承性坳陷与前陆盆地、山间断陷盆地中；南方主要分布于残留断陷盆地与古近—新近纪新生断陷中；西藏地区主要分布于特提斯构造域影响下的残留海相前陆盆地与古近—新近纪新生断陷中。我国油页岩资源总体也相应呈现东部、中西部、南方、西藏四大构造区域格局分布特征。从油页岩资源评价的结果看，我国中西部油页岩主体形成于陆相沉积环境中；从形成的地质时期看，以古生代和中生代为主。

2. 油页岩形成及主控因素

油页岩富集成矿主控因素有四个，分别是盆地类型及古构造、古气候、沉积环境和古地貌，其中古气候和沉积环境是油页岩发育的主要因素。不同地区油页岩富集成矿的主控因素略有不同。

1）东部地区

主要包括松辽盆地、抚顺盆地、桦甸盆地、依兰盆地等。

（1）古气候条件。

气候对湖泊初始生产力、有机质保存、油页岩层数、厚度的控制。气候变化是影响有机质生产力的主要因素。温湿的气候有利于植物的生长，而干燥少雨的气候植物生长受到限制。在干燥少雨的气候条件下，入湖径流量小，陆源有机质输入减少，湖水营养矿物质含量降低，使水生浮游生物生长受限制，原始有机质生产力低下；在潮湿多雨气候条件下，入湖径流量大，带来丰富的陆生植物和营养物质，水生浮游生物得以繁荣，从而使有机质生产力提高。

桦甸盆地油页岩段沉积时期，气候表现为干湿交替的波动变化，反映了此时湖平面也存在波动性变化。当气候温暖湿润时，降雨量大于蒸发量，湖泛作用使湖平面上升，导致湖水中营养物质含量升高，使湖泊生产力提高，有利于油页岩的形成；当气候转为干旱时，降雨量小于蒸发量，导致湖平面下降，湖泊水体变咸化，有利于有机质的保存。气候通过影响湖泊水体蒸发量与补给量的平衡而控制着湖平面的变化,从而控制了油页岩的层数和厚度。

(2)古沉积条件。

沉积相展布控制了油页岩的平面展布和成因类型。沉积物供给与构造沉降通过影响可容空间大小共同控制了沉积相的叠加和沉积体系展布,从而间接控制了油页岩的平面展布特征,当沉积物供给速率较小且发生湖侵条件下即水进体系域时期。抚顺盆地以湖沼相和湖相为主,桦甸以湖相和扇三角洲相为主,农安以半深湖相和深湖相为主,依兰盆地以冲积扇相、扇三角洲相、湖相为主。抚顺盆地形成了浅湖相和深湖相油页岩,桦甸盆地形成了浅湖相、半深湖相油页岩,而依兰盆地则形成了湖沼相油页岩。上述不同成因油页岩的形成主要与沉积演化有关。

(3)古构造条件。

构造对于油页岩矿的控制作用体现在两个方面,一方面是同沉积时期的控制作用,另一方面是沉积之后的改造作用。同沉积时期的古构造特征在盆地演化过程中的活动体现着不同的同沉积构造运动形式。它们或者同期发展,对盆地沉积和油页岩的聚集产生复合作用,或者在某个阶段单独表现明显。并且,这些不同形式的同沉积构造运动既具有成因联系,又具有各自的特点。因此,断陷盆地和坳陷型盆地的古构造控制作用也有一定的不同。

以抚顺盆地为例,盆地主要构造为控盆断裂和同沉积构造。其中,控盆断裂主要控制了油页岩的沉积位置、沉积厚度和含油率;同沉积构造主要表现在控制了盆地内部油页岩的展布形式以及油页岩的块段分布。纵向同沉积正断层控制了盆地的轴向,因此控制了油页岩矿带整体的东西向展布形式;横向同沉积正断层控制了较厚油页岩的块段分布。

松辽盆地是一个大型坳陷盆地,盆地后期的作用主要体现在对油页岩产状、厚度、含油率等的改造。晚白垩世嫩江组沉积末期—明水组沉积时期,松辽盆地从以断块作用为主转化为褶皱作用,形成一系列褶皱构造。伴随着褶皱构造形成,东南隆起区整体构造抬升,由于油页岩埋深整体变浅。而在背斜构造发育的地区,剥蚀作用强烈,导致部分油页岩出露于地表,甚至上部油页岩层全部被剥蚀。构造演化特征对松辽盆地南部油页岩分布和厚度起到了重要的改造作用。

2)中西部地区

主要包括鄂尔多斯盆地、民和盆地、准噶尔盆地等。

(1)含有丰富的有机质是油页岩矿产形成的物质基础。

中西部分布着许多大型含油气盆地,盆地中烃源岩的分布控制油页岩的分布,总的特征为高丰度的有机质分布是油页岩形成的物质基础,优质烃源岩的分布即为油页岩。对中国其他地区的研究也显示,含油率与有机碳之间的正相关关系比较明显,并得出当有机碳值大于6%时,含油率大于3.15%。

(2)偏还原的沉积环境有利于高含油率油页岩的形成。

生物标志化合物组成特征可以反映有机质的沉积环境。通常认为Pr/Ph大于1指示了氧化—弱氧化环境,而当Pr/Ph小于1时指示了还原环境。从中西部Pr/Ph比值与含油率的相关性看,Pr/Ph比值小于1时,比值越小的偏还原沉积环境,其含油率越高;当Pr/Ph大于1时,含油率明显变小。因此,还原环境有利于含油率高的油页岩的形成,氧化环境不利于油页岩矿的形成。

（3）高位水进体系域有利于油页岩的形成。

中西部油页岩发育在大型内陆湖泊中的坳陷期。我国中西部油页岩的主要形成环境为湖、沼泽和海陆过渡环境。在准噶尔盆地南缘油页岩发育在二叠系芦草沟组，该时期的构造沉降较大并且持续的时间长，在博格达山形成深坳陷。并且，当时的气候温暖潮湿，植物繁盛，水生生物极为发育，有机质丰富，在半深湖—深湖沉积环境沉积了巨厚的油页岩。

民和盆地也是西部有一定代表性的小型湖泊—沼泽类型的含油页岩盆地，形成于中生代，油页岩与煤层伴生，油页岩位于煤层之上，因为该类型油页岩有机质母质有较多的陆源高等植物输入，所以主要的有机质类型为腐泥腐殖型、腐殖型。

3）南方地区

主要包括茂名盆地、钦县盆地、句容盆地、北部湾盆地等。

南方地区处于太平洋与特提斯构造域作用带，油页岩矿床主要发育于受新生代太平洋构造域影响的我国被动大陆边缘、于晚白垩世—新近纪发生的拉张断陷盆地中。目前，已发现了茂名、钦县、句容、北部湾等含油页岩盆地，以茂名盆地为典型代表。

南方盆地油页岩的形成主要受构造、沉积环境、气候等因素控制。对于陆相断陷盆地，气候和构造运动对内陆盆地油页岩的形成、赋存和分布起着重要控制作用，很大程度上决定了矿产形成和分布规律。构造运动控制了新生代沉积盆地的基本形态，进而决定了油页岩形成的沉积环境和空间条件，同时也影响油页岩的保存与破坏。在温暖潮湿、亚热带气候条件下，湖盆易于保持一定的水体深度，有机质丰盛，水介质具有一定盐度，有利于油页岩的形成。

4）西藏地区

主要指羌塘盆地、伦坡拉盆地。

西藏地区处于古亚洲洋与特提斯构造域作用带，油页岩矿床主要发育于受新生代特提斯构造域影响，于燕山期晚三叠世—新近纪发生的残留前陆盆地与残留断陷盆地中。已发现伦坡拉、羌塘等含油页岩盆地，以羌塘盆地为典型代表。

西部—青藏区油页岩的形成明显受到古地理环境的控制和古气候的影响，其中古地理是控制油页岩展布的关键。油页岩的生成与海平面的升降或潟湖的间歇性开放也有密切关系，海水的侵入导致盐度密度分层而形成缺氧环境。而古气候的变化是决定油页岩生成的根本原因，湿热的气候环境有利于油页岩的形成，干旱炎热的气候环境限制了生物的大量繁殖，不利于油页岩的形成。

3. 资源评价关键参数

1）资源体系

油页岩资源是指根据产出形式、数量和质量，预期最终开采技术上可行、经济上合理的油页岩。

在资源体系中（图5-23），油页岩可分为油页岩和油页岩油两大资源系列。油页岩资源包括油页岩地质资源与技术可采资源，油页岩技术可采资源是指油页岩资源在现有和未来可预见的技术条件下可以采出的油页岩资源总量（包括已经采出的）；可采系数是指油页岩资源中，在现有和未来可预见的技术条件下可以采出部分所占的百分比。

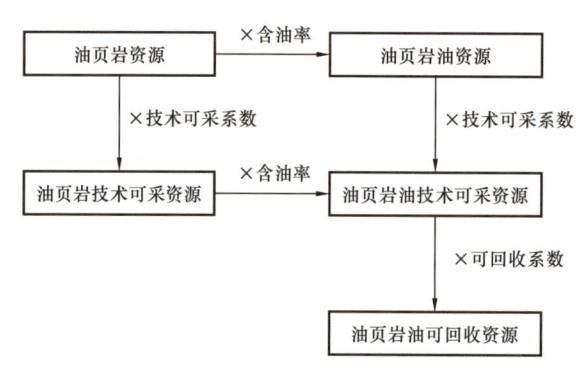

图 5-23 油页岩资源序列相互关系

油页岩油资源包括油页岩油地质资源、技术可采资源和可回收资源。油页岩油是油页岩低温干馏时有机质热分解的产物。油页岩油资源为油页岩资源乘以相应的含油率，相当于常规油气的地质资源量。油页岩含油率是指油页岩中页岩油所占的质量百分比。油页岩油可回收资源是指油页岩油技术可采资源在现有和未来可预见的技术条件下可以干馏出的页岩油总量，即油页岩油可回收资源＝油页岩油资源 × 技术可采系数 × 可回收系数，它相当于常规油气的可采资源量。油页岩油可回收系数是指页岩油技术可采资源中，在现有和未来可预见的技术条件下可以干馏出部分所占的百分比。

油页岩两大资源体系中，按地质可靠程度细分查明资源和潜在资源。

查明资源是指经勘查工作已发现的油页岩资源，按地质可靠程度分探明的、控制的和推断的。油页岩探明资源是指矿区的勘探范围依照勘探的精度详细查明了矿床的地质特征、矿体的形态、产状、规模、矿石质量、品位及开采技术条件，矿体的连续性已经确定，矿产资源数量计算所依据的数据详尽，可信度高。

潜在资源是指预测的资源量，是根据地质评价预测而未经查证的那部分油页岩资源。

2）关键参数

（1）边界品位。当前经济技术条件下，用来划分矿与非矿界线的最低品位，本次油气资源评价将边界品位（含油率）定为大于 3.5%。其中块段含油率不小于 5.0% 达到工业品位。

（2）最小可采厚度。矿石质量符合要求时，在目前经济技术条件下，有开采价值的单层矿体最小厚度为 0.7m。

（3）埋深。限于目前油页岩勘探开发手段及技术水平的约束，随着油页岩埋深的增大必然会使勘探难度加大、成本提高。因此，现阶段油页岩潜在资源通常是指埋深小于 1000m 的中浅层油页岩资源。

（4）面积。面积过小的含矿区开发价值有限，以面积不小于 $0.1km^2$ 作为起算值。

根据以上起算值，油页岩含矿区参数不足起算值的区块直接否决，有新资料的区块进行资源重新计算、核查或修订；无新资料的沿用前人成果。参数的确定依据根据勘查程度不同而不同（表 5-24）。

表 5-24　油页岩资源评价参数确定依据表

参数 勘探阶段	面积	厚度	埋深	含油率	可采系数
勘探/详查	利用钻孔控制点确定边界	利用钻孔资料确定各层厚度	利用钻孔资料确定各层埋深	整理前期基础数据表，实测最低含油率3.5%（边界品位），平均含油率5.0%（工业品位）	0～100m，60%～80%，露天开采； 100～500m，30%～50%，巷道开采； 500～1000m，8%～20%，原位开采
普查	利用地质图、模式图预测范围	利用剖面图确定各层厚度	利用地质图件确定埋深		
预查	利用地质图预测范围	利用地质图件预测厚度	利用地质图件预测埋深		
备注		最低可采厚度0.7m	并无埋深大于1000m的油页岩开采成功先例，按$D\leq500m$，$500<D\leq1000m$两个区间统计	低品位（$3.5\%<\omega\leq5\%$）； 中品位（$5\%<\omega\leq10\%$）； 高品位（$\omega>10\%$）	

3）本次油页岩资源评价原则、评价方法

在2005年的全国油页岩资源评价中，油页岩资源储量的评价方法使用了体积法。表5-25为《中石油矿权区油页岩资源潜力评估与对外合作区块优选》项目中建立的油页岩资源评价方法体系。

表 5-25　油页岩资源评价方法体系表

类型	评价方法	适用性
统计法	体积法	低勘探程度评价单元应用类比法，通过与地质条件相似的中、高勘探程度区类比，预测评价单位的资源量；中勘探程度评价单元主要应用体积丰度类比法或类比法；高勘探程度评价单元应用体积法计算评价单元的资源量
统计法	矿区加和法	
统计法	成矿因素分析法	
类比法	面积丰度类比法	
类比法	体积丰度类比法	
地球化学法	未成熟烃源岩预测法	
地球化学法	热解模拟法	
地球化学法	有机碳法	

由于本次油页岩资源评价是在2005年全国油页岩资源评价基础上开展，重点是根据我国非常规油气资源勘探与开发形势，针对我国重点盆地、重点矿区、重点区带进一步开展资源评价、落实资源，目的是要服务于油页岩勘探与开发战略方向、战略选区。研究范围较为具体，研究目标进一步聚焦，研究时间与研究工作量也大大收缩，故本次资源评价

原则应有别于前期资源评价原则。

本次油页岩资源评价原则：简化资源与储量级别，向常规油气资源评价级别靠拢；突出油页岩资源的战略意义，不开展油页岩资源与储量经济评价；突出重点盆地、重点矿区、重点区带；运用用类比法与体积法。

本次油页岩资源评价的具体做法：东北地区、南方地区1000m以浅，采用刻度区类比法计算；西部地区进行关键参数再评价，主要采用体积法计算；南方与西藏地区进行评价参数核实，主要采用体积法计算。资源评价分为资源、查明资源量、潜在资源量三个级别；西部、中部、西藏油页岩实物工作量投入较少，其油页岩资源、储量落实程度较低，将其前期资源、储量级别均下调一级；勘查与开采战略方向为主要针对资源基础好，地理条件较好，工业基础较好，具示范推广作用的地区进行优选；而南方资源基础较差、资源分散，西藏属高原环境，生态脆弱不予考虑。

三、油页岩资源评价结果

本次油页岩资源评价结果见表5-26，中国油页岩资源总量达$9734×10^8$t，技术可采资源量$3215×10^8$t；油页岩油总地质资源量$533.7×10^8$t，总可采资源量$164.0×10^8$t，总可回收资源量$131.8×10^8$t。油页岩资源集中于松辽、鄂尔多斯、准噶尔、伦坡拉四大盆地；松辽盆地油页岩资源$3974×10^8$t，占全国的40.8%；鄂尔多斯盆地油页岩资源$3558×10^8$t，占全国的36.6%；准噶尔盆地油页岩资源$652.4×10^8$t，占全国的6.7%；伦坡拉盆地油页岩资源$383.98×10^8$t，占全国的3.9%。资源品质较好的油页岩矿多位于东部新生代小型断陷盆地群，多与煤伴生或共生。

表5-26 全国油页岩资源评价结果

大区	盆地	含矿区	层系	勘查程度	埋深，m	油页岩总地质资源量，10^4t	油页岩总可采资源量，10^4t	油页岩油总地质资源量，10^4t	油页岩油总可采资源量，10^4t	油页岩油总可回收资源量，10^4t
东部地区	敦密	桦甸	新生界	勘探	0～500	70523	43119	6059	3644	2733
		梅河	新生界	预查	0～1000	29219	8766	1411	423	318
	松辽	扶余长春岭	中生界	勘探	0～500	3708500	1446300	175800	68600	51400
					500～1000	738000	287800	36100	14100	10600
		前郭—农安	中生界	勘探	0～500	3091600	1205700	141286	55100	41300
		深井子	中生界	勘探	0～500	1489500	580900	77305	30100	22600
		预测区	中生界	预测	0～500	11657000	3730240	559536	167742	125806
					500～1000	19060000	6099200	914880	274269	205702

续表

大区	盆地	含矿区	层系	勘查程度	埋深，m	油页岩总地质资源量，10^4t	油页岩总可采资源量，10^4t	油页岩油总地质资源量，10^4t	油页岩油总可采资源量，10^4t	油页岩油总可回收资源量，10^4t
东部地区	柳树河	五林	新生界	勘探	0～500	11035	3814	938	324	243
	大杨树	阿荣旗	中生界	预测	0～500	532572	199715	37440	11224	8418
	老黑山	老黑山	中生界	预测	0～1000	22066	7723	3339	1001	751
	林口	林口	新生界	预测	0～500	68971	22415	6904	2070	1552
	罗子沟	罗子沟	中生界	勘探	0～800	109126	44977	6595	2497	1873
	杨树沟	敖汉旗	中生界	普查	0～110	4519	3164	252	76	57
		奈曼	中生界	普查	0～800	26789	18717	1472	1029	772
	依兰—伊通	达连河	新生界	勘探	0～1000	19416	7429	1330	508	381
		舒兰	新生界	预测	450～1000	76829	21195	4248	1277	958
	抚顺	抚顺	新生界	勘探	0～750	365195	283369	21412	16788	12591
	黑山	阜新野马套海	中生界	普查	14～400	37069	19831	1874	1027	770
	朝阳	朝阳七道泉子	中生界	勘探	20～500	130176	65329	6053	3106	2330
	建昌	建昌碱厂	中生界	普查	10～300	10829	7580	443	310	233
		凌源	中生界	预测	12～960	234314	88153	11668	3878	2908
	阜新	义县万佛堂	中生界	普查	0～210	1621	681	72	31	23
	丰宁	丰宁大阁	中生界	详查	0～350	3024	1869	184	115	86
	燕河营	卢龙鹿尾山	中生界	详查	20～300	615	369	42	25	19
	渤海湾	昌乐五图	新生界	普查	200～850	42283	14876	2507	881	661
	胶莱	安丘周家营子	新生界	普查	10～560	30675	11760	2479	950	712
		黄县	新生界	勘探	60～1000	75830	44014	10478	6081	4561
	济宁	兖州鲍家店	古生界	勘探	360～710	832	408	99	48	36
		兖州南屯	古生界	详查	360～710	5363	3754	924	647	485
	小计					41653491	14273167	2033130	667871	500879
西部地区	民和	炭山岭	中生界	勘探	0～1000	84383	27425	7173	2499	1874
		窑街	中生界	勘探	0～1000	51596	16769	4386	1528	1146
		海石湾	中生界	勘探	340～910	86768	28200	7375	2570	1927
		预测区				1688568	548785	128238	44678	33509

续表

大区	盆地	含矿区	层系	勘查程度	埋深, m	油页岩总地质资源量, 10⁴t	油页岩总可采资源量 10⁴t	油页岩油总地质资源量, 10⁴t	油页岩油总可采资源量 10⁴t	油页岩油总可回收资源量 10⁴t
西部地区	西宁	小峡	中生界	勘探	0~800	5716	4287	486	169	127
	柴达木	大煤沟	中生界	勘探	0~1000	10373	4668	882	307	230
		鱼卡	中生界	预测	800~1000	1670161	58471	14200	4947	3710
	准噶尔盆地	妖魔山	上古生界	详查	0~590	861122	299240	73195	25501	19126
		水磨沟	上古生界	普查	0~350	194038	67428	16493	5746	4310
		三工河	上古生界	普查	0~500	2044217	710365	173758	60537	45403
		大龙口	上古生界	普查	0~500	634365	218856	39648	13679	10259
		博格达山北麓预测	上古生界	预测	0~1000	2790123	969568	237160	82627	61970
	阿坝	阿坝	新生界	预测	0~500	80363	26118	4950	1609	1207
	小计					10201793	2980180	707944	246397	184798
中部地区	鄂尔多斯	彬县	中生界	普查	0~500	61097	19551.04	4582	1466	1154
		铜川	中生界	普查	0~250	92664	29652.48	6048	1935	1757
		淳化	中生界	普查	0~450	30901	9942.32	2318	742	579
		华亭	中生界	详查—预查	0~1000	16205	5185.6	1215	389	303
		崇信	上古生界	详查	0~180	2013	644.16	131	42	34
		伊金霍洛旗	中生界	勘探	0~150	825	264	32	10	8
		东胜	中生界	预测	0~400	34085	10907.2	2556	818	613
		蒲县	上古生界	普查	0~250	658	210.56	29	9	8
		保德	上古生界	预测	0~250	811	259.52	35	11	9
		南部预测区	上古生界	预查	0~500	13460000	4307200	640000	204800	153600
			上古生界	预查	500~1000	21880000	7001600	1012000	323840	242880
	六盘山	中宁中卫	上古生界	普查	0~500	1732	624	77	26	20
	四川	宜宾—内江	中生界	预测	0~500	406269	152351	17185	6445	4834
	小计					35926163	11538391.88	1686208	540533	405799

续表

大区	盆地	含矿区	层系	勘查程度	埋深,m	油页岩总地质资源量,10^4t	油页岩总可采资源量10^4t	油页岩油总地质资源量,10^4t	油页岩油总可采资源量10^4t	油页岩油总可回收资源量10^4t
南方地区	茂名	茂名	新生界	勘探	0～722	157744	128842	10208	8399	6299
		高州	新生界	勘探	0～850	264858	218846	14854	11869	8902
		电白	新生界	勘探	0～850	254728	168244	16759	11068	8301
		茂名盆地	新生界	预测	400～1000	329672	123627	21428.68	7929	5946
	那彭	那彭	新生界	普查	0～150	226	111	14	7	5
	钦州	钦州	新生界	普查	0～330	1819	1189	117	81	61
	句容	金坛	新生界	勘探	26～190	3625	1369	155	60	45
	北部湾	儋州	新生界	勘探	30～357	261767	243330	12742	12082	9062
		海口	新生界	普查	0～500	13238	7491	641	364	273
	新宁	宁远	中生界	预测	86～218	3090	1004	241	79	59
	湘乡	湘乡	新生界	普查	0～600	3945	1538	142	56	42
	吉安	敖城	中生界	预测	0～75	180	63	9	3	2
	萍乡	萍乡	中生界	普查	0～600	6620	1758	342	91	68
		宜春	中生界	预测	0～70	349	105	19	6	5
	楚雄	楚雄	中生界	普查	200～1000	160	72	8	4	3
	思茅—兰坪	维西	新生界	勘探	0～600	2143	711	105	34	26
	小计					1304164	898300	77784.68	52132	39099
西藏地区	羌塘	通波日	中生界	预测	0～500	9062	3207	832	294	221
		毕洛错	中生界	预测	0～200	4343338	1303001	398718	119616	89712
	伦坡拉	江加错	新生界	预测	0～550	3839808	1151942	433130	12939	97454
	小计					8192208	2458150	832680	132849	187387
	合计					97338916	32148189	5337747	1639782	1317962

东部地区油页岩总地质资源量达 4165×10^8t，集中于松辽盆地；松辽盆地油页岩总地质资源量为 3974×10^8t，占东部的 95.4%；油页岩油总地质资源量为 190.5×10^8t，占东部的 93.7%；油页岩油总可回收资源量为 45.74×10^8t，占东部的 91.3%。

中部地区油页岩资源总量达 3593×10^8t，集中于鄂尔多斯盆地；鄂尔多斯盆地油页岩总地质资源量为 3558×10^8t，占中部的 99%；油页岩油总地质资源量为 166.9×10^8t，占中部的 98.9%；油页岩油总可回收资源量为 40.1×10^8t，占中部的 99%。

西部地区油页岩总地质资源量达 1020.2×10^8t，集中于准噶尔盆地；准噶尔盆地油页岩总地质资源量为 652×10^8t，占西部的 63.9%；油页岩油总地质资源量为 54×10^8t，占西部的 76.3%；油页岩油总可回收资源量为 14.1×10^8t，占西部的 76.3%。

南方地区油页岩总地质资源量达 130×10^8t，集中于茂名盆地；茂名盆地油页岩总地质资源量为 100.7×10^8t，占南方地区的 77.2%；油页岩油总地质资源量为 6.3×10^8t，占南方地区的 81%；油页岩油总可回收资源量为 2.9×10^8t，占南方地区的 75.3%。

西藏地区油页岩总地质资源量达 819.2×10^8t，集中于伦坡拉盆地；伦坡拉盆地油页岩总地质资源量为 383.98×10^8t，占西藏地区的 46.9%；油页岩油总地质资源量为 43.3×10^8t，占西藏地区的 52%；油页岩油总可回收资源量为 9.74×10^8t，占西藏地区的 52%。

第六节 油砂资源评价

一、油砂评价范围

油砂又称沥青砂，是一种含有天然沥青的砂岩或其他岩石。通常是由砂、沥青、矿物质、黏土和水组成的混合物。在油层温度条件下，将黏度大于 10000mPa·s 并且埋藏深度不大于 200m（油砂储量规范）的称为油砂油。

本次油砂资源评价共评价了 10 个盆地，主要包括东部的松辽盆地、二连盆地；中部的四川盆地；西部的准噶尔盆地、塔里木盆地、柴达木盆地、酒泉盆地、中口子盆地；南方的百色盆地、桂中盆地。评价的深度为 200m 以浅。

二、地质评价及参数

1. 油砂矿形成及主控因素

我国油砂形成主要有两期：燕山期和喜马拉雅期。古生代油砂矿和沥青形成于燕山期，且分布局限，主要分布于南方的残留盆地中。如麻江—瓮安地区、桂中坳陷、南盘江坳陷等古生界中的油砂和沥青砂。这些盆地中的古生界烃源岩于加里东或印支期进入生油高峰，并形成古油藏。燕山运动使古油藏抬升，遭受氧化等形成油砂矿。这些油砂矿还可能受到后期改造运动进一步改造，使油砂质量变差，甚至变成干沥青矿。

中生代、新生代油砂矿均形成于喜马拉雅期，且分布广泛、资源丰富，是我国重要的油砂成矿期。如准噶尔盆地、松辽盆地、四川盆地、鄂尔多斯盆地中生代的油砂矿。这些盆地中的烃源岩于燕山晚期或喜马拉雅早期进入生油高峰，并形成油藏。喜马拉雅运动使油藏抬升，遭受氧化等形成油砂矿或使油藏破坏，油气再次运移到地表或浅部储层中形成油砂。

1）构造运动对大型油砂矿的控制作用

油砂的形成和展布与中生代、新生代构造运动有着紧密的关系，展布受控于全球新生代造山褶皱带的分布。中生代、新生代构造运动导致古油藏遭受破坏，常规油运移进入浅部，甚至地表，遭受生物降解、水洗和游离氧的氧化，形成油砂。全球油砂沿两个带展布，即环太平洋带和阿尔卑斯带。在任何含油气地区，无论油砂资源赋存于何处，其空间展布均遵守着同一规律，即展布于盆地（或凹陷）的边缘斜坡和凸起之上或边缘，以及断裂构造带的浅部层系。

从层位上讲，绝大部分的油砂资源赋存于白垩系和古近—新近系中。而古生界赋存的该类资源则以天然沥青为主，这与构造活动的破坏和氧化有关。

2）盆地常规油及稠油资源对大型油砂矿的控制作用

盆地具有相当规模的常规油气聚集是形成稠油、油砂资源的前提。足够数量的石油由非连通系统进入连通系统，遭受各种稠变因素的作用，并使相当数量的原油在连通系统中聚集。这样，最终才可在连通系统中形成重油油砂。在一个盆地或凹陷中，油源愈充足、区域盖层越完整，则其油气聚集的丰度就越高。在这一前提下，后期构造运动的发生和运动的方式与特征则是重油沥青资源形成与聚集的必要条件。因为只有它才能造成盆地区域盖层的局部缺失或遭受断层的切割，使油气由非连通系统泄漏进入连通系统。泄漏进入连通系统的石油越多、在连通系统内创造的封盖条件越好，越有利于重油油砂资源的大规模形成。

大型油砂矿均产于稠油资源丰富的盆地，例如准噶尔盆地、松辽盆地、二连盆地、渤海湾盆地的稠油资源丰富，相应的油砂矿规模也比较大。

3）运移通道及输导层对油砂成矿的控制作用

位于深处的原油及稠油只有运移至较浅部位才能形成油砂，因此不整合面、断裂体系、孔渗较好的输导层对形成油砂矿有重要的控制作用。

（1）不整合面对油砂成矿的控制作用。

由于不整合面是一个风化剥蚀面，长期的风化、淋滤作用，使得溶蚀孔隙十分发育，所以，在不整合面附近往往发育储集条件较好的储层。另外，不整合面也是地层水运移、活动的重要通道，含有机酸、无机酸的地层水可改造不整合面上下的储层，使其成为油气聚集场所。准噶尔盆地西北缘的油砂大多分布在石炭系与侏罗系、白垩系不整合面附近。

（2）断裂体系对油砂成矿的控制作用。

大型断裂控制油砂矿的分布，小型局部断裂控制油砂矿的富集，输导层对油砂成矿有控制作用。深部的稠油沿盆地边缘的大型石炭系内部断裂上升到石炭系不整合面，在运移到白垩系中形成油砂，这些盆缘逆冲断层控制了油砂的分布。局部的小型断裂为稠油的运移提供了良好通道和局部遮挡，为油砂成矿富集形成了良好条件。准噶尔盆地西北缘白垩系吐谷鲁组底砾岩厚度大，胶结松散、渗透性好，成为稠油产层以及油砂成矿的良好疏导层。

4）储集砂体对油砂成矿的控制作用

准噶尔盆地西北缘物性较好的河流及冲积扇砂体成为有利的储集空间。

（1）扇体对油砂成矿的控制作用。

西北缘斜坡区多物源供给和多水流系统时空演化的特点，造就了沉积体系的多样性。除主要生烃区和几套区域盖层外，高砂（砾）/泥比是该区剖面的基本特征。该区有利的沉积相带——断崖扇体、洪冲积扇体、扇三角洲体为油气聚集提供了良好空间，成为稠油及油砂富集的良好场所。以黑油山三区西三叠系油砂为例。该区发育5个规模大小不等的（洪）冲积扇体，扇体主体部位砂砾岩厚度大，形成了较好的稠油藏，上倾的扇体根部则埋深浅，形成油砂（图5-24）。油砂的发育部位受扇体控制。

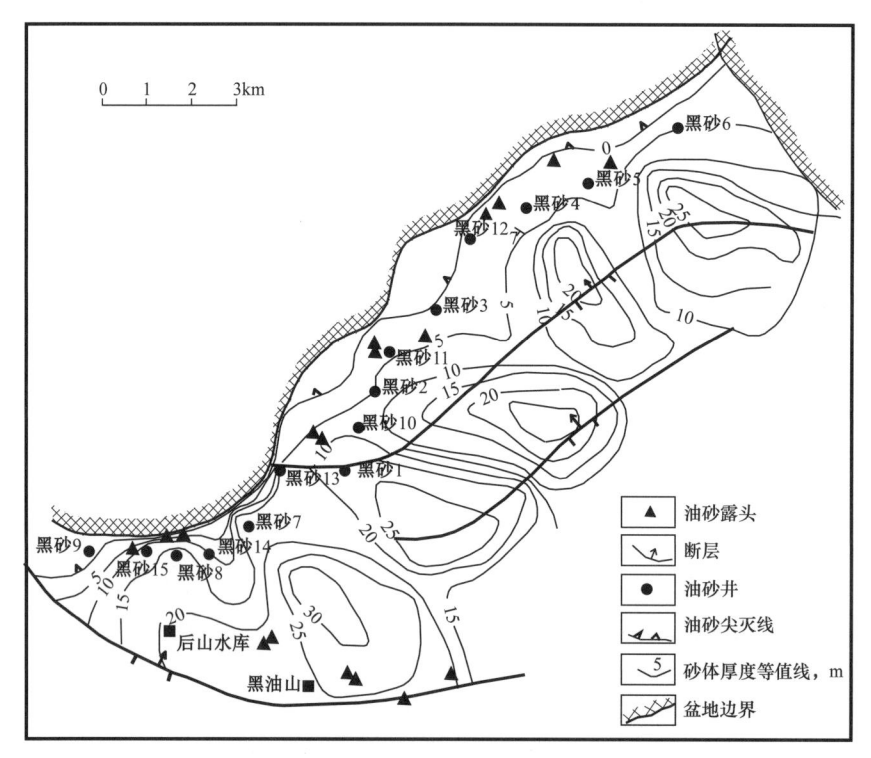

图 5-24 黑油山三区西三叠系扇体分布图

（2）河流砂体对油砂成矿的控制作用。

在准噶尔盆地西北缘，侏罗系齐古组（J_3q）稠油藏及油砂的分布受河流沙堤的控制作用最为明显。以风城区块为例。侏罗系齐古组发育三层砂体，为辫状河心滩沉积（图 5-25）。稠油藏及油砂的分布就分布在辫状河心滩砂体中。向北部齐古组逐步尖灭，因而稠油藏和油砂也不复存在。

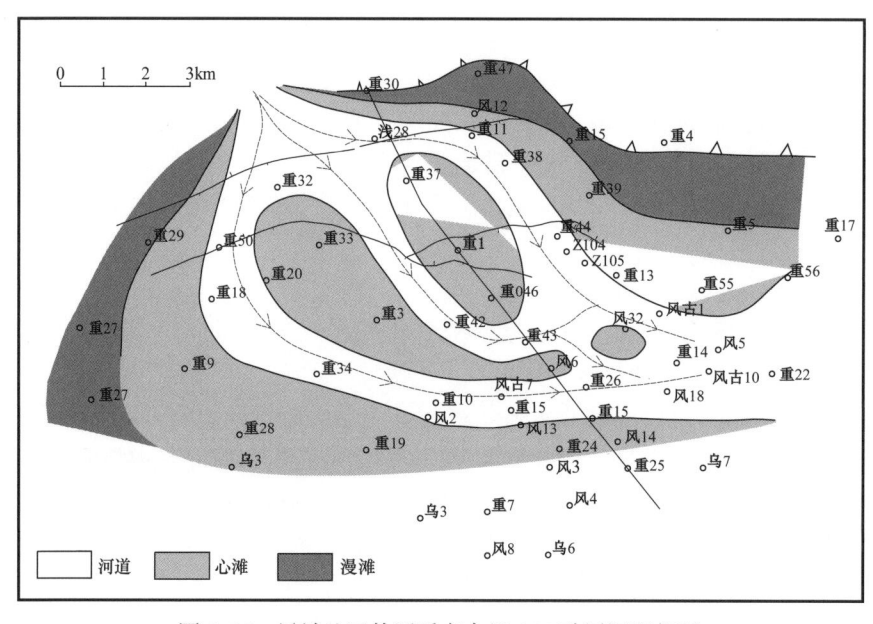

图 5-25 风城地区侏罗系齐古组 G22 砂层沉积相图

5）后期构造抬升对油砂成矿的控制作用

伴随后期构造抬升，会形成一系列的断裂及褶皱，为原油的向上运移及稠油成藏、油砂成矿提供了必要条件。后期构造抬升有利于原油稠化形成油砂，也使得原来埋藏深度大的油藏变浅、稠化，最终形成油砂。

6）稠化作用对油砂成矿的控制作用

油砂沥青的黏度及密度都很大，只有经过稠化作用才能形成严格意义上的油砂，稠化作用是油砂形成过程中一个必不可少的条件。国内有不少油砂矿点，其稠化作用不彻底，因而多为轻质油，含油率低、易挥发，不属于严格意义上的油砂，无法按油砂矿进行开采。

2. 资源评价关键参数

1）评价方法

目前国内外通行的油砂储量评估方法主要为体积法，并可进一步细分为重量法（含油率法）和容积法（含油饱和度法）。当可测得油砂的含油率和岩石密度时，可采用重量法；当可求得孔隙度和含油饱和度时，可采用容积法。由于埋藏较浅或露头油砂矿的特殊性，含油率参数较易获取，油砂矿埋藏深度为0～200m时普遍采用重量法，而埋藏深度为200～500m时主要采用容积法，为了搞清研究区块的油砂储量，也可采用其他方法分别计算，以便相互验证。还有极少数小型油砂矿计算储量时，以及研究区控制储量、预测储量或资源量计算时，也可采用类比法及其他方法。

（1）重量法（含油率法）。

该方法是根据油砂中石油的质量百分含量进行储量计算的方法。露天开采油砂储量的计算一般采用重量法。含油率是计算资源/储量的关键参数，即是沥青与含沥青岩石（油砂）的质量之比值。资源量或地质储量与可采储量的计算采用下列公式：

$$N=100 \times A \times h \times \rho_y \times \omega \tag{5-3}$$

$$NR=N \times ER \tag{5-4}$$

式中　N——油砂沥青地质储量（或资源量），10^4t；

　　　A——纯油砂面积，km^2；

　　　h——纯油砂厚度，m；

　　　ρ_y——油砂岩石密度，t/m^3；

　　　ω——含油率；

　　　ER——可采系数（采收率）；

　　　NR——油砂沥青可采储量，10^4t。

（2）容积法（含油饱和度法）。

该方法实质是求得油砂中沥青体积从而进行储量计算的方法。热采油砂储量的计算一般采用容积法。孔隙度和含油饱和度是两个关键参数，孔隙度即是油砂中孔隙体积与油砂岩石体积之比值，含油饱和度即是孔隙中沥青体积与孔隙体积之比值。也可简化成公式，石油单储系数即是单位体积油砂中含有沥青的质量数[t/（km^2·m）]。资源量或地质储量与可采储量的计算采用下列公式：

$$N=100Ah\phi S_{oi}\rho_o/B_{oi} \quad (5-5)$$

$$N=10^{-4}AhS_{of} \quad (5-6)$$

$$NR=N \times ER \quad (5-7)$$

式中　N——油砂沥青地质储量，10^4t；

　　　A——纯油砂面积，km^2；

　　　h——纯油砂厚度，m；

　　　ϕ——有效孔隙度；

　　　S_{oi}——原始含油饱和度；

　　　ρ_o——油砂沥青密度，t/m^3；

　　　B_{oi}——石油体积系数；

　　　S_{of}——石油单储系数，$t/(km^2·m)$；

　　　NR——油砂沥青可采储量，10^4t；

　　　ER——可采系数（采收率）。

2）关键参数

油砂资源评价涉及关键参数五项：厚度、含油率、深度、密度、可采系数（表5-27）。

表5-27　资源评价参数确定方法表

评价参数	求取方法
含油率	采用索式抽提、常规抽提、干馏和热解等多种方法对比分析，确定了采用索式抽提法获得含油砂岩中的沥青质量分数来求取含油率，工业品级分三级：低品位（3%<ω≤6%）；中品位（6%<ω≤9%）；高品位（ω>9%）
厚度	根据油砂露头测量、赋存状态、沉积相、砂体发育规律、钻井资料等预测油砂矿厚度
埋藏深度	根据油砂矿赋存状态、产状、地形横剖面、构造图、钻井资料等预测油砂矿顶板埋藏深度，分0~100m，100~200m两个区间评价
面积	结合构造和砂体特征及油砂成矿规律，根据井下实际数据绘制油砂分布及埋深图，采用计算机软件分别计算0~100m、100~200m埋深的油砂面积。与油田稠油区重叠面积应扣除。在低研究程度区，采用圈闭加和方法得出油砂面积
可采系数	评价可采系数露天可采（0~100m）取70%，地下可采（100~200m）取50%

考虑资源丰度、实际技术条件、开采成本，本次计算油砂资源量选取：以埋深200m以浅，含油率不小于3%，单层厚度不小于0.5m，夹矸剔除厚度0.2m，作为起算值。经过地面地质调查，否决了部分上次资评中油砂品质极低的矿点；有新资料的区块，进行资源重新计算、核查或修订；无新资料的沿用前人成果。

三、油砂资源评价结果

本次油砂资源评价共评价了10个盆地，结果见表5-28，全国油砂地质资源量$12.55×10^8$t，可采资源量$7.67×10^8$t。其中0~100m埋深的油砂地质资源量$7×10^8$t，可采

资源量 $4.89\times10^8 t$；100～200m 埋深的油砂地质资源量 $5.55\times10^8 t$，可采资源量 $2.78\times10^8 t$。各盆地油砂资源量分布不均，准噶尔、柴达木、四川、松辽、塔里木等大盆地油砂资源量较大，其他中小盆地油砂资源量较小。资源品质较好、有开发前景的油砂矿位于准噶尔盆地西北缘、松辽盆地西斜坡以及二连盆地。

表 5-28 全国油砂资源评价结果

大区	盆地	总地质资源量，$10^4 t$	总可采资源量，$10^4 t$
西部地区	准噶尔盆地	64593	39645.3
	塔里木盆地	7945	4502.1
	柴达木盆地	22374	13860.2
	酒泉盆地	360	192.2
	中口子盆地	32	19.2
中部地区	四川盆地	18624	11772.28
东部地区	松辽盆地	8913.02	5111.53
	二连盆地	2425	1474.6
南方地区	百色盆地	138	96.6
	桂中坳陷	91	63.7
合计		125495.02	76737.71

本次油砂资源评价是划分东、中、西三个地区进行详细评价。

西部地区是我国油砂资源较为集中的一个地区，油砂资源量最多，西部地区的油砂资源主要分布在准噶尔盆地、柴达木盆地、塔里木盆地，其中，准噶尔盆地和柴达木盆地的油砂资源规模较大，地质资源分别为 $6.46\times10^8 t$ 和 $2.23\times10^8 t$。新疆准噶尔盆地周边可见到大量的各式各样的油气显示，油砂主要分布在西北缘，准噶尔盆地东部的沙丘河，准噶尔盆地南部也有出露。主要矿点有西北缘的风城、红山嘴、三区西、白碱滩，其次有西北缘的车排子、百口泉，准噶尔盆地东部沙丘河。本次评价否决了上轮资源评价中准噶尔盆地南部部分油砂矿点。

中部地区主要是四川盆地。四川盆地是上扬子准地台内通过北东向及北西向交叉的深断裂形成的菱形构造—沉积盆地，处于扬子准地台上偏西北一侧，是扬子准地台的一个次一级构造单元，面积约 $23\times10^4 km^2$，油砂地质资源量为 $1.86\times10^8 t$，可采资源量为 $1.18\times10^8 t$。盆地在印支期已具有雏形，后经喜马拉雅运动全面褶皱形成现今构造面貌。除川西北厚坝地区和天井山背斜外，其他油显示点达不到油砂标准。

东部地区主要为松辽盆地和二连盆地。松辽盆地油砂主要分布于松辽盆地西部斜坡带的图牧吉、镇赉西地区，地质资源量为 $0.89\times10^8 t$。二连盆地位于内蒙古自治区中北部，目前发现有三个区块有油砂出露：包楞、吉尔嘎朗图和巴达拉湖，本次评价结果，地质资源量为 $0.24\times10^8 t$。

第七节 天然气水合物资源评价

一、天然气水合物评价范围

天然气水合物是由天然气与水在高压低温下形成的类冰状结晶物质，因其外形像冰一样，而且遇火即可燃烧，所以又称为可燃冰。

天然气水合物主要评价海域和陆上冻土带。南海评价范围：东沙海域、神狐海域、西沙海域、琼东南海域、中建南海域、万安北海域、北康北海域、南沙中海域、礼乐东海域、台西南海域；东海海域评价冲绳海槽；陆上评价范围：青藏高原，东北地区。

二、天然气水合物基本地质特征

天然气水合物在自然界广泛分布在陆地永久冻土带和水深大于300m的海底及海底以下数百米的沉积层内，一般以分散胶结物颗粒状、结核状、团块状和薄层状的集合体形式赋存，或者以细脉状、网脉状形式充填于沉积物裂隙中。生成天然气水合物的烃类气体主要来自于沉积物中微生物对有机质的分解，即生物甲烷气；个别地区的部分气体来自深部沉积层中有机质的热分解作用。目前，国际上发现的天然气水合物主要为块状、脉状，而我国发现了均匀分散状实物样品且水合物丰度高。概括起来，水合物具有以下几大特征：

1. 分布广泛

目前，实际上在大陆边缘水深大于300～500m的大陆斜坡上均已发现了天然气水合物，已发现天然气水合物矿藏的面积估计占全部海洋面积的30%以上。

2. 资源量巨大

据保守计算，世界上天然气水合物所含天然气的总资源量为$(1.8～2.1)\times 10^{16} m^3$，其热当量相当于全球已知煤、石油和天然气总热当量的2倍。

3. 规模大

天然气水合物矿层一般厚数厘米至数百米，分布面积数千平方千米至数十万平方千米，单个海域水合物中天然气的资源量可达数万亿立方米至数百万亿立方米，其规模之大，是其他常规天然气气藏无法比拟的。例如美国东部大陆边缘布莱克海台南部一个30nmile×100nmile的地区，其水合物资源量约为$350\times 10^8 t$油当量，按美国目前年消耗量计算，能够满足美国未来105年的需要；加拿大温哥华（Vancouver）岛大陆坡的天然气水合物资源量也十分丰富，其蕴藏的天然气估计约$10\times 10^{12} m^3$，按加拿大目前年消耗量计算，可满足加拿大未来200年的需要；日本静冈县御前崎近海水合物蕴藏的天然气储量达$7.4\times 10^{12} m^3$，可满足日本未来140年的需要。

4. 埋藏浅

在深海，水合物矿藏赋存于海底以下0～2000m的沉积层中，而且多数赋存于自表层向下厚数百米（500～800m）的沉积层中。与常规石油和天然气比较，天然气水合物矿藏埋藏较浅，有利于商业开发。

5. 能量密度高

在标准状态下，水合物分解后气体体积与水体积之比为164∶1，也就是说，一个单位体积的水合物分解至少可释放 164 个单位体积的甲烷气体。这样的能量密度是常规天然气的 2~5 倍，是煤的 10 倍。

6. 清洁

水合物分解释放的天然气主要是甲烷，它比常规天然气含有更少的杂质，燃烧后几乎不产生环境污染物质，因而是未来理想的清洁能源。

三、天然气水合物形成及富集主控因素

天然气水合物在自然界的赋存主要受控于温度、压力、孔隙水盐度、气源、构造条件和沉积条件等基本因素的相互作用。第一，温度要低，以 0~10℃为宜；第二，压力要大，但也不能太大，零度时，30MPa 以上就可能生成；第三，沉积物孔隙水盐度对水合物的形成在一定程度上起抑制作用；第四，有充足气源。

1. 气源条件

从气源条件来看，水合物气源主要分为生物成因、热解成因和混合成因三种，无机成因气源目前还没验证。

一般认为生物成因气总量虽然大，但是丰度低，且以渗透方式运移，很难局部富集，往往呈分散状分布，仅限于局部地区形成分散的水合物矿藏。而热解成因气往往以断层为运移通道，在合适的温度、压力条件下，容易局部富集成矿。经研究揭示高丰度大规模水合物矿藏中残余气体部分含有源于地壳深处的氦稀有气体，而这种气体不可能原地形成于近海底沉积物中，因此推测大型高丰度水合物所需烃类气体多源于深部地层生烃窗内的热成因裂解气。

因此，在分析气源条件时，对其下部是否有丰富热解气来源的研究非常重要。所以，富含油气盆地（如墨西哥湾）更容易在浅层形成大规模高丰度水合物矿藏。

2. 沉积条件

沉积条件主要从沉积速率、沉积物性质、沉积相和有机碳含量对水合物矿藏造成影响。

1）沉积速率

沉积速率是控制水合物聚集的最主要因素之一，快速沉积提供了大量的有机质，从而为水合物的生成提供了气源，同时也有利于水合物富集与成藏。究其原因，主要是沉积速率高的区域易形成欠压实区，从而可构成良好的流体输导体系，有利于水合物的形成与成藏。大多数海洋天然气水合物为生物甲烷气，在快速沉积的半深海沉积区聚积了大量的有机碎屑物，由于迅速埋藏在海底未遭受氧化作用而保存下来，并在沉积物中经细菌作用转变为大量的甲烷。因此，在快速沉积区，结合气源分析，通常可预测存在丰富天然气水合物的有利区域。含天然气水合物地层的沉积速率一般较快，超过 3cm/ka。西太平洋美国大陆边缘中的四个水合物聚集区内，有三个与快速沉积区有关，其中布莱克海台晚渐新世—全新世沉积物沉积速率可达 16~19cm/ka。

2）沉积物性质

如果沉积物粒度太粗，则封盖条件不够；如果太细，则不能提供足够的储积空间；所以根据具体情况，对沉积物的性质有具体要求。越来越多的研究实例表明，水合物偏向存在于细粒级沉积物中。

3）沉积相

从沉积相角度讲，重力流沉积和半远洋（近海）沉积物，尤其是等深流和浊流沉积是阵发性、短暂的、快速沉积事件的产物，为天然气水合物的良好储层，基本满足了天然气水合物成藏的物质基础。这是由于其通常具有大量悬浮物质，快速沉积，沉积物的含砂率较为适中，密度较大；有足够的孔隙空间，具备形成良好的孔、渗性能的条件，在适当的温度、压力条件下，就可形成水合物矿藏。沉积相往往与水合物重要的识别标志——BSR在空间上有重要的对应关系（图5-26）。

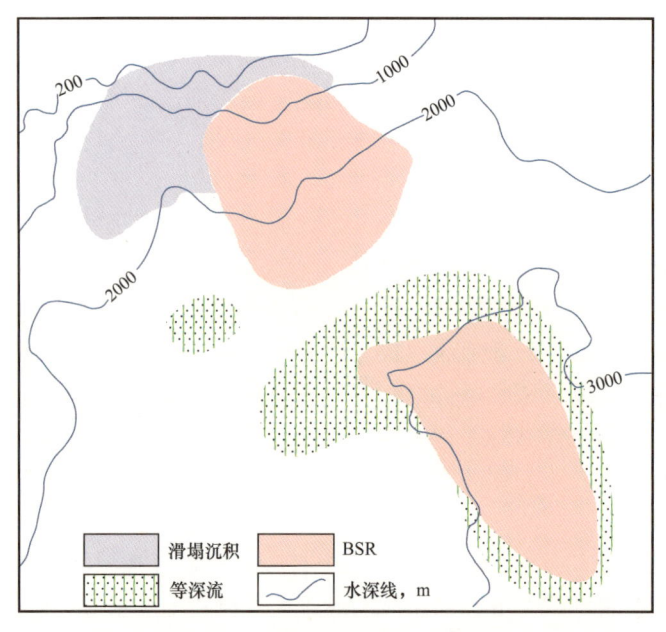

图5-26 沉积相与BSR对应关系图

4）有机碳含量

此外，沉积物中有机碳含量也决定着水合物矿藏规模。海洋沉积中要形成一定规模的天然气水合物需要大量的甲烷气体。因此，沉积物中的有机碳含量对水合物的形成有着密切关系。当地层总有机碳含量小于0.5%时，就不可能形成水合物。而且世界其他已知水合物区的有机碳含量也都在0.5%以上。

生物成因水合物矿藏因为其气源来自沉积地层中，甲烷主要由微生物还原沉积有机质中的CO_2而产生。因此，沉积物中有机碳含量对生物成因水合物矿藏的丰度有着直接的控制作用。大型生物成因水合物矿藏沉积物中有机碳含量一般都很高，如美国东南布莱克海台地区155m以下的沉积地层的平均TOC含量为0.8%~1.4%，加拿大卡斯卡迪亚大陆边缘沉积地层有机碳含量在1.5%左右，而鄂霍次克海有机碳含量一般在1.5%以上。

3. 构造条件

构造环境是天然气水合物富集成藏的重要控制因素，构造既是流体运移通道，又是水合物成矿场所。通过水合物矿藏的构造控制因素，可以直接对水合物矿藏分类。陆缘地区主要有俯冲—增生、断裂—褶皱、底辟或泥火山、滑塌四种成矿地质模式，形成增生楔型和海脊型、盆缘斜坡型、埋藏背斜型、断裂—褶皱型、滑塌构造型和底辟型六类水合物矿藏（图5-27）。

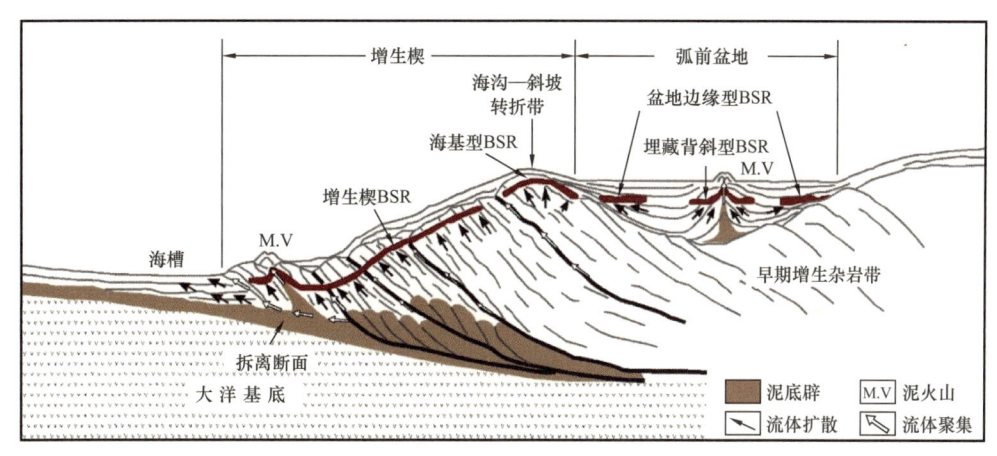

图 5-27 水合物赋存 BSR 显示与构造关系图

天然气水合物形成的控制因素很多，其中，主要有温压条件、气源条件、沉积条件、构造条件等。这些条件控制着天然气水合物矿藏的赋存状态、形成规律和规模大小，所以，对这些控制因素的研究是天然气水合物勘探和开发必不可少的手段。一般情况下，天然气水合物要求温度较低，必须小于 10℃，大于 10℃水合物基本分解；压力一般大于 10MPa。温度和压力条件往往可以相互补偿，即温度高的情况下，压力大可以保持水合物的稳定存在，反之亦然。

总之，气源条件是水合物形成的物质基础，直接控制着水合物气藏类型；沉积条件控制着水合物容矿场所，并提供封盖条件；构造条件控制天然气运移通道。三者都对天然气水合物矿藏的富集起着直接控制作用，三方面条件都有利的话，往往能形成大规模、高丰度的天然气水合物矿藏。而且成藏气源条件、沉积条件和构造条件往往是相互影响、相互作用的。其中，构造条件往往控制着气源条件和沉积条件。构造活动直接产生断裂带，是深部热解气源的必要通道，也是沉积层中生物气聚集的重要场所；沉积作用直接受构造运动控制，大的构造背景控制着沉积物源；沉积物形成的底辟作用也是断层发育的重要因素。所以，在分析天然气水合物成藏控制因素的时候，往往既要单因素分析，又要多因素结合，才能正确得出某个具体天然气水合物矿藏的成藏控制因素，为天然气水合物勘探开发做出实际指导。

四、天然气水合物评价关键参数

1. 冻土区参数选择

水合物分布面积和厚度：在本次研究中，利用蒙托卡罗法分别对青藏高原、东北冻土带水合物资源量进行了初步测算。青藏高原和东北冻土区评价区面积分别为 $140 \times 10^4 km^2$ 和 $38.2 \times 10^4 km^2$；稳定带厚度在 0~760m 之间，平均取 260m。由于受资料的限制，在计算陆地资源量时，结合祁连山木里地区水合物钻探情况，将水合物稳定带的厚度与成藏厚度比例的乘积取代了水合物成矿带的厚度来计算水合物资源量，其中成藏厚度比例取值 26%。

孔隙度、饱和度和产气因子：经取样测试分析显示，木里地区含水合物砂岩的孔隙度介于3.21%～10.23%之间，平均为5.27%；水合物的饱和度为2.01%～8.16%，平均5.1%；产气因子取121.5～160.0，平均取150。这三个参数主要参考木里地区的参数值。

2. 南海区参数选择

水合物的分布面积：佐藤干夫根据1992年以前公开发表的具有良好BSR分布的海域分析发现，BSR的分布面积与研究区海域面积具有一定的统计规律，一般BSR分布的区块面积占该海域的20%～25%。据计算，南海海域水合物稳定带的厚度大于50m、水深在3000m以浅的陆坡区面积约为817453.35km^2。如果按照其面积的25%作为南海海域BSR潜在分布区的话，其面积约为204363.3km^2。但是，严格来说，这个数值作为计算南海水合物资源量的面积参数具有很大的不确定性。为获得更加准确的资源量评价数据，对南海海域所获取的所有地震剖面进行了分析研究，以BSR的出现为依据，在南海划分出了10个水合物远景分布区，分别是东沙海域、神狐海域、西沙海域、琼东南海域、中建南海域、万安北海域、北康北海域、南沙中海域、礼乐东海域和台西南海域。统计出了各远景区块水合物的有效分布面积，最后得到整个南海海域水合物潜在的分布面积约为124979km^2。在上述十个区块中，东沙海域、神狐海域、西沙海域和琼东南海域四个区块水合物的分布是根据近几年水合物的勘探成果确定的，因此，可靠性较高。而其他海域，主要根据以往的地震调查资料结合水合物形成的地质构造条件、水深条件、温度和压力条件等综合确定，可靠性相对较低。

水合物层的厚度：为了获得整个南海海域潜在水合物分布区的有效面积和含水合物层的厚度，在研究中，根据南海海域的海水深度、温度和海底热流资料对水合物稳定带的厚度和水合物潜在的分布区域进行了预测，同时对该地区以往所获取的所有地震剖面进行了分析研究，以各区水合物稳定带厚度作为确定含水合物层厚度的基础数据，然后参考各区典型BSR深度以及振幅空白带厚度来修正含水合物层的有效厚度，在已经开展水合物资源调查的海域，直接将BSR之上弱振幅带的厚度作为含水合物层的厚度，南海海域含水合物层厚度大体在19～508m之间。其中，东沙海域、神狐海域、西沙海域和琼东南海域四个区块水合物层的厚度是根据近几年水合物的勘探成果确定的，可靠性较高。而其他海域，主要根据以往的调查资料来确定，可靠性相对较低。

孔隙度：近年在南海北部水合物勘探中，利用地震速度计算了东沙海域、西沙海槽、神狐海域和琼东南海域水合物成矿带所在地层的孔隙度，其分布范围大多在40%～75%之间，其平均值与ODP184钻孔实测值比较接近。在计算水合物资源量时，上述四个海域含水合物层的孔隙度根据地震速度来计算确定，分别为取30%～75%、25%～60%、40%～75%和50%～82%。但是在南海西部和南部海域，由于没有开展水合物勘探工作，孔隙度一律取30%～75%，平均取40%。

饱和度：含水合物饱和度是很难把握的参数。根据ODP钻井结果分析，水合物不可能在整个稳定带中均有分布，尽管在特定含有较多水合物的层位其饱和度可能较高（>15%），但在整个成矿带内，其平均饱和度不太可能很高。参考布莱克海台地震速度下的饱和度值（表5-29），结合神狐海域钻探，南海水合物饱和度取2%～10%，平均值取5%。

表 5-29 天然气水合物饱和度估计

位置	ODP 钻孔 m	孔隙水 Cl⁻, %	孔隙水 氧同位素, %	保压取心 %	地震速度 %	电阻率测井 %	声波测井 %
卡斯卡迪大陆边缘	889				11～20		>15
布莱克海台	994	1.3	6	0～9	2	3.3	3.9
布莱克海台	995	1.8		0～9	5～7	5.2	5.7
布莱克海台	997	2.4	12	0～9	5～7	5.8	3.8

产气因子：我国南海水合物成矿地质条件与布莱克海台有一定的相似性，根据相关资料分析，水合物最可能的产气因子范围在 121.5（满足 70% 气体填充率）至 160.5（水合物指数 6.2）之间。因此，在计算我国水合物资源量时，产气因子取 121.5～160，平均取 150。

3. 东海区参数选择

孔隙度、饱和度和产气因子：由于在我国东海海域水合物勘探程度较低，这三个参数主要参考南海的取值。孔隙度取 30%～75%；水合物饱和度取 2%～10%；产气因子取 121.5～160（平均取 150）。

水合物分布面积和厚度：研究表明，东海水合物分布的有利远景区主要在冲绳海槽西南部，在北纬 24°～28°，东经 122°～128° 区域范围内。许红等（2001）利用该海域的海底温度、地温梯度、海水深度和盐度参数，计算了纯甲烷体系中的水合物稳定带厚度。在该海域 92 个计算点中，除有三个点由于地温梯度低，水合物稳定带厚度超过 500m 外，其余点水合物稳定带厚度均在 500m 以下，分布区间在 50～491.7m 之间，平均值为 141m。水合物稳定带的分布面积约 5290km²。

五、天然气水合物资源评价结果

50% 概率条件下，我国水合物资源量约 $153 \times 10^{12} m^3$，其中，南海海域、东海海域、青藏高原、东北冻土区水合物资源量分别为 $88.15 \times 10^{12} m^3$、$4.09 \times 10^{12} m^3$、$47.7 \times 10^{12} m^3$ 和 $13.12 \times 10^{12} m^3$。计算可采资源量量约 $53 \times 10^{12} m^3$，见表 5-30。

表 5-30 全国天然气水合物资源评价结果

大区	地区	区块	面积 km²	厚度 m	孔隙度 %	饱和度 %	产气因子	地质资源量, 10⁸m³	技术可采资源量, 10⁸m³
海域	南海海域	东沙海域	15419	19～169	30～75	2.0～10.0	121.5～160	53070	18377
海域	南海海域	神狐海域	5970	50～400	25～60	2.0～10.0	121.5～160	34120	11815
海域	南海海域	西沙海域	5717	70～400	40～75	2.0～10.0	121.5～160	59210	20503
海域	南海海域	琼东南海域	11872	70～400	50～82	2.0～10.0	121.5～160	128280	44421
海域	南海海域	中建南海域	12635	76～221	30～75	2.0～10.0	121.5～160	64310	22269

续表

大区	地区	区块	面积 km²	厚度 m	孔隙度 %	饱和度 %	产气因子	地质资源量，10⁸m³	技术可采资源量，10⁸m³
海域	南海海域	万安北海域	7563	126～215	30～75	2.0～10.0	121.5～160	50020	17321
		北康北海域	26123	100～300	30～75	2.0～10.0	121.5～160	184980	64055
		南沙中海域	8256	95～234	30～75	2.0～10.0	121.5～160	50940	17639
		礼乐东海域	7482	70～178	30～75	2.0～10.0	121.5～160	33550	11618
		台西南海域	23942	20～508	30～75	2.0～10.0	121.5～160	223060	77241
	东海海域	冲绳海槽	5290	50～491.7	30～75	2.0～10.0	121.5～160	40880	14156
陆域	青藏高原	青藏高原	1400000	0～700	3.2～10.2	2.01～8.16	121.5～160	476960	165161
	东北地区	东北地区	382000	0～700	3.2～10.2	2.01～8.16	121.5～160	131180	45425
合计			1912269	0～700	30～75	2～10	121.5～160	1530560	530000

第八节 非常规油气资源评价结果

从本次系统评价的七类非常规油气资源总量看，我国非常规油气资源非常丰富，其中主要含油气盆地非常规石油地质资源量 $672.08 \times 10^8 t$，可采资源量 $151.81 \times 10^8 t$；非常规天然气地质资源量 $284.95 \times 10^{12} m^3$，可采资源量 $89.3 \times 10^{12} m^3$（表5–31）。其中，致密油地质资源量 $125.8 \times 10^8 t$，可采资源量 $12.34 \times 10^8 t$；致密气地质资源量 $21.86 \times 10^{12} m^3$，可采资源量 $10.94 \times 10^{12} m^3$；页岩气地质资源量 $80.21 \times 10^{12} m^3$，可采资源量 $12.85 \times 10^{12} m^3$；煤层气地质资源量 $29.82 \times 10^{12} m^3$（2000m以浅），可采资源量 $12.51 \times 10^{12} m^3$；油砂油地质资源量 $12.55 \times 10^8 t$（200m以浅），可采资源量 $7.67 \times 10^8 t$；油页岩油地质资源量 $533.73 \times 10^8 t$（1000m以浅），可采资源量 $131.8 \times 10^8 t$；天然气水合物地质资源量 $153.06 \times 10^{12} m^3$，可采资源量 $53 \times 10^{12} m^3$。

非常规石油以油页岩油资源潜力最大，可采资源量 $131.8 \times 10^8 t$，是致密油的10倍以上。非常规天然气以天然气水合物资源最大，可采资源量约 $53 \times 10^{12} m^3$，是致密气的5倍。但由于油页岩油和天然气水合物勘探程度太低，尽管资源量很大，但目前难以动用，只能为作为未来的战略资源。此外，在非常规石油领域，页岩油资源也不容忽视，根据目前的研究和勘探进展，页岩油资源也相当可观，但由于尚未建立系统资源评价方法，勘探程度低，本次未把页岩油纳入评价的范畴。

表 5-31　全国非常规油气资源评价结果

资源类型		地质资源量		可采资源量	
		主要盆地	中小盆地	主要盆地	中小盆地
非常规石油 10^8t	致密油	125.8	13.8	12.34	1.05
	油砂油	12.55		7.67	
	油页岩油	533.73		131.8	
	合计	672.08	13.8	151.81	1.05
非常规天然气 10^{12}m^3	致密气	21.86	1.3	10.94	0.7
	页岩气	80.21		12.85	
	煤层气	29.82		12.51	
	天然气水合物	153.06		53	
	合计	284.95	1.3	89.3	0.7

从资源的现实性来看，最现实的为致密油、致密气、页岩气和煤层气资源，致密油可采资源量约 13.39×10^8t，致密气、页岩气和煤层气可采资源量分别为 11.64×10^{12}m^3、12.85×10^{12}m^3 和 12.51×10^{12}m^3，三类资源基本相当。但三类资源的富集成藏特征、储层特性和天然气赋存状态，有比较大的差异，页岩气和煤层气是源储一体的成藏类型，致密气为外源型，页岩气和煤层气为游离气和吸附气赋存状态，尤其是煤层气几乎为吸附气，致密气为游离气。因此，三类资源尽管可采资源量相当，但可开发动用的难易程度必然有很大的不同，这就决定了在现有技术条件下三类非常规天然气资源发展的定位不同。

与常规油气相比，非常规油气地质认识深度与勘探开发程度都还很低，资源潜力仍有不断增加的趋势，开发利用前景十分广阔，在未来油气工业发展中将会占据重要地位。资源量是一个动态概念，随着研究认识程度与勘探开发技术的进步，可采资源量还会发生变化。

第六章 油气资源分布与勘探方向

油气资源评价结果的主要变化和剩余油气资源分布特征，是确定油气勘探重点领域和勘探方向的重要依据，历来为国家和企业所关注。本章简要分析了第四次油气资源评价结果的变化，重点分析了常规剩余油气资源潜力与分布特征，以及非常规油气资源潜力与分布特征，提出了未来勘探重点领域与勘探方向，评价优选近期有利区带，提出了"十三五"勘探方向与重点目标，为勘探战略和规划部署提供决策依据。

第一节 油气资源评价结果的主要变化

中国石油第四次油气资源评价对常规油气与七种非常规油气资源进行了系统评价，与全国新一轮油气资源评价（2005年）结果相比，各类资源评价结果都有不同程度的变化。全国常规石油地质资源量相比全国新一轮资源评价结果减少了 $207 \times 10^8 t$，天然气地质资源量增加了 $8 \times 10^{12} m^3$（包含陆域与海域）。首次系统评价全国七类非常规油气资源，资源量结果变化较大：一是增加了致密油、致密气、页岩气和天然气水合物四种资源类型，二是煤层气、油页岩油和油砂油资源量均发生了变化。

一、陆上常规石油、天然气资源量有所减少

1. 常规石油资源量变化

中国石油第四次油气资源评价结果显示，全国石油地质资源量为 $1080.31 \times 10^8 t$，其中陆上常规石油地质资源量为 $792.16 \times 10^8 t$，占比73%。与全国新一轮油气资源评价（2005年）陆上常规石油地质资源量 $934.07 \times 10^8 t$ 相比，减少 $141.91 \times 10^8 t$（表6-1）。

常规石油资源量减少幅度较大的主要含油气盆地有七个，包括松辽盆地、塔里木盆地、准噶尔盆地、四川盆地、吐哈盆地、酒泉盆地和三塘湖盆地，合计减少 $94.85 \times 10^8 t$。常规石油资源减少的原因主要有两种情况：一是按照评价标准将部分石油资源划归为致密油资源，从而导致常规资源评价面积和层系减少，资源量相应减少，主要有松辽盆地、四川盆地等；松辽盆地扶余油层、高台子油层本次评价致密油资源量 $22.41 \times 10^8 t$，松辽盆地常规石油资源量减少 $32.63 \times 10^8 t$，石油资源量存在 $10.22 \times 10^8 t$ 的净减少；四川盆地侏罗系石油资源全部划归为致密油，评价结果为致密油资源量 $16.13 \times 10^8 t$，原常规石油资源量 $11.35 \times 10^8 t$ 归零，石油总资源量存在 $4.78 \times 10^8 t$ 净增长。第二种情况是根据勘探实践情况，油气地质研究有了新认识，资源储量的落实程度逐渐提高，重新计算后资源量减少，例如塔里木盆地石油地质资源量为 $75.06 \times 10^8 t$，相比全国新一轮资源评价（2005年）减少了 $38.49 \times 10^8 t$。

常规石油资源增加幅度较大的主要有鄂尔多斯盆地、柴达木盆地、渤海湾盆地（陆上）、二连盆地和海拉尔盆地五个，石油地质资源量共增加 $59.26 \times 10^8 t$。其中，鄂尔多斯盆地增加 $28.5 \times 10^8 t$，柴达木盆地增加 $14.55 \times 10^8 t$，渤海湾盆地（陆上）增加 $11.42 \times 10^8 t$，

增加的主要原因是勘探形势变化较大,促进了油气地质研究,提升了油气资源潜力新认识。例如鄂尔多斯盆地近年来持续深化大型坳陷湖盆三角洲成藏理论认识,含油范围大为扩展,尤其是湖盆中心发育大面积重力流砂体,突破了深湖—半深湖区勘探禁区,多层系、大面积连片含油,石油资源量增幅较大。

表 6-1 陆上常规油气资源评价结果比较

序号	盆地	陆上常规石油资源量,10^8t 新一轮	第四次	变化	陆上常规天然气资源量,10^8m^3 新一轮	第四次	变化
1	松辽	144	111.37	-32.63	18036.09	26734.89	8698.80
2	渤海湾(陆上)	203.52	214.94	11.42	16553.33	23097.11	6543.78
3	鄂尔多斯	88.00	116.50	28.50	107025.00	23636.27	-83388.73
4	塔里木	113.55	75.06	-38.49	113369.94	117398.96	4029.02
5	准噶尔	84.59	80.08	-4.51	11771.00	23071.31	11300.31
6	四川	11.35	0	-11.35	71851.00	124655.82	52804.82
7	柴达木	15.04	29.59	14.55	26273.22	32126.99	5853.77
8	二连	10.30	13.39	3.09	0	0	0
9	海拉尔	8.40	10.10	1.70	3522.78	841.79	-2680.99
10	吐哈	15.75	10.09	-5.66	2769.00	2434.57	-334.43
11	酒泉	6.80	5.11	-1.69	0	416.09	416.09
12	三塘湖	5.00	4.48	-0.52	0	0	0
13	其他	227.77	121.45	-106.32	60526.56	35632.35	-24894.21
	总计	934.07	792.16	-141.91	431697.92	410046.15	-21651.77

2. 常规天然气资源量变化

本次评价显示全国天然气地质资源量为 78.44×10^{12}m^3,其中陆上常规天然气资源量为 41.00×10^{12}m^3。与全国新一轮油气资源评价结果相比,陆上常规天然气资源量总量减少 2.17×10^{12}m^3。

常规天然气资源减少的盆地包括三个主要含油气盆地和部分中小盆地,天然气地质资源量共减少 11.13×10^{12}m^3。其中鄂尔多斯盆地、海拉尔盆地和吐哈盆地三个主要含油气盆地共减少 8.64×10^{12}m^3,主要原因是按照新的评价标准将鄂尔多斯盆地上古生界天然气整体划归为致密气,导致常规天然气地质资源量减少 8.34×10^{12}m^3,海拉尔盆地和吐哈盆地常规天然气资源通过重新评价略有减少。陆上其他中小盆地本次评价天然气地质资源量减少 2.49×10^{12}m^3。

常规天然气资源增加的盆地主要包括松辽盆地、渤海湾盆地(陆上)、塔里木盆地、准噶尔盆地、四川盆地、柴达木盆地等,天然气地质资源量合计增加 8.92×10^{12}m^3,主要原因是在新区、新领域获得天然气勘探发现,重新认识天然气成藏条件和有利地区,从而导致资源量增加。四川盆地天然气资源增幅最大，共增加 $5.28 \times 10^{12} \mathrm{m}^3$，主要是由于川中古隆起震旦系—寒武系、川西二叠系以及川东北二叠系—三叠系礁滩等获得天然气重大发现，重新揭示烃源岩发育条件与晚期油裂解气成藏等新认识，导致天然气资源潜力认识发生较大变化。

二、首次系统评价七类非常规油气资源，资源总量大幅增加

2005 年全国新一轮油气资源评价仅评价了油砂、油页岩和煤层气三类非常规油气资源。本次评价首次系统评价了致密油、致密气、页岩气、煤层气、油页岩油、油砂油和天然气水合物七类非常规油气资源，与全国新一轮油气资源评价相比，资源种类和资源量结果均有较大变化（表 6-2）。

表 6-2 非常规油气资源评价结果与全国新一轮资源评价结果对比表

资源类型		全国新一轮		第四次油气资源评价	
		地质资源量	可采资源量	地质资源量	可采资源量
非常规石油 $10^8 \mathrm{t}$	致密油	—	—	125.8	12.34
	油砂油	59.7	22.58	12.55	7.67
	油页岩油	476	120	533.73	131.8
	合计	535.7	142.58	672.08	151.81
非常规天然气 $10^{12} \mathrm{m}^3$	致密气	—	—	21.86	10.94
	页岩气	—	—	80.21	12.85
	煤层气	36.81	10.87	29.82	12.51
	天然气水合物	—	—	153.06	53
	合计	36.81	10.87	284.95	89.3

中国石油第四次油气资源评价对油砂油、油页岩油和煤层气三类非常规资源重新进行了评价，相比 2005 年全国新一轮油气资源评价结果有一定变化。油砂油资源量减幅较大，地质资源量减少 $47.15 \times 10^8 \mathrm{t}$，可采资源量减少 $14.91 \times 10^8 \mathrm{t}$，通过进一步评价证实我国油砂资源分布较为局限，富集程度不高。油页岩油资源量有所增加，地质资源量增加 $57.73 \times 10^8 \mathrm{t}$，可采资源量增加 $11.8 \times 10^8 \mathrm{t}$。煤层气资源量总体变化不大，地质资源量减少了 $6.99 \times 10^{12} \mathrm{m}^3$，可采资源量增加 $1.64 \times 10^{12} \mathrm{m}^3$。

中国石油第四次油气资源评价对致密油、致密气、页岩气和天然气水合物四类非常规资源首次开展了全国性系统评价。依据最新勘探开发进展明确了非常规资源成藏地质条件、分布规律和控制因素，建立了资源分级评价标准，获得了四类非常规资源量结果，相信随着勘探力度加大和基础研究加强，对我国非常规油气资源潜力认识将进一步深化。

第二节 常规剩余油气资源潜力与分布

中国石油第四次油气资源评价以常规剩余油气资源评价为重点，详细评价主要含油气盆地剩余油气资源潜力，分析剩余油气资源分布规律，为油气勘探领域优选与有利目标区评价提供依据。

一、全国常规剩余油气资源

全国常规石油地质资源量 1080.31×10^8t，已探明 407.48×10^8t，剩余地质资源量 672.84×10^8t（见表4–36）。其中，陆上剩余石油地质资源量 477.81×10^8t、海域剩余石油地质资源量 195.03×10^8t。全国常规石油剩余可采资源 160.26×10^8t，其中陆上剩余可采资源 105.44×10^8t，海域剩余可采资源 54.82×10^8t（图6–1）。

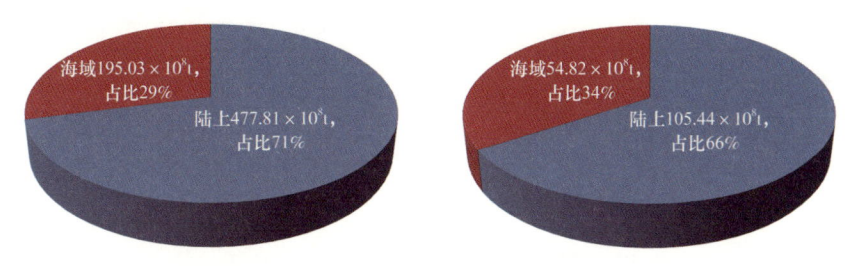

图6–1 全国陆上和海域剩余石油地质资源量、剩余可采资源量状况

全国常规天然气剩余地质资源量 $63.89\times10^{12}\mathrm{m}^3$、剩余可采资源量 $38.74\times10^{12}\mathrm{m}^3$。其中，陆上剩余天然气地质资源量 $35.14\times10^{12}\mathrm{m}^3$、剩余可采资源量 $18.78\times10^{12}\mathrm{m}^3$；海域剩余天然气地质资源量 $28.75\times10^{12}\mathrm{m}^3$、剩余可采资源量 $19.96\times10^{12}\mathrm{m}^3$（图6–2）。

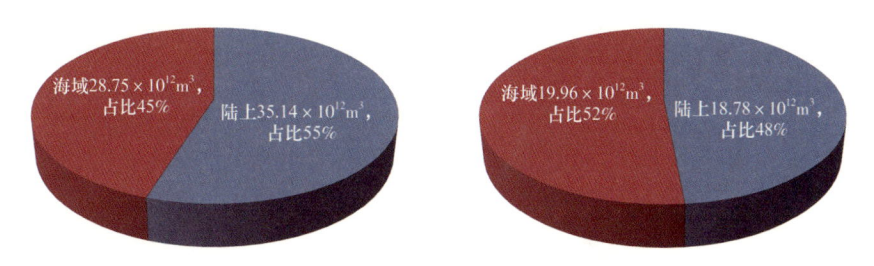

图6–2 全国陆上和海域剩余天然气地质资源量、剩余可采资源量状况

从陆上剩余资源盆地分布看（表6–3），剩余石油资源主要分布于渤海湾（陆上）、鄂尔多斯、准噶尔、塔里木、松辽和柴达木六大盆地，剩余石油地质资源量 335.07×10^8t，占陆上剩余石油地质资源量的70%；剩余天然气资源主要分布于四川、塔里木两大盆地，剩余天然气地质资源量 $20.35\times10^{12}\mathrm{m}^3$，占陆上剩余天然气地质资源量的58%。

表 6-3 陆上主要含油气盆地剩余油气地质资源分布表

盆地	石油剩余资源量,10^8t		天然气剩余资源量,10^8m^3	
	地质	可采	地质	可采
松辽	35.67	6.77	22384.95	10175.52
渤海湾（陆上）	105.64	25.92	20426.55	10323.53
鄂尔多斯	62.63	12.23	16758.75	9611.23
四川	—	—	103098.47	59561.24
塔里木盆地	53.77	15.46	100477.77	55663.33
准噶尔盆地	54	10.97	21053.82	8852.09
柴达木盆地	23.36	4.23	28514.69	13932.07
吐哈盆地	5.98	1.23	1952.05	990.85
三塘湖盆地	3.59	0.62	—	—
酒泉盆地	3.41	0.62	416.09	287.1
二连	10.09	1.93	—	—
海拉尔	7.82	1.57	841.79	336.72
其他	111.85	23.57	35506.62	18082.82
合计	477.81	105.12	351431.55	187816.5

注：鄂尔多斯盆地上古生界天然气归致密气，四川盆地侏罗系石油归致密油。

二、中国石油矿权区常规剩余油气资源潜力、分布

中国石油陆上矿权区内常规剩余石油地质资源量 298.81×10^8t、剩余天然气地质资源量 $274737.7 \times 10^8m^3$（表 6-4），分别占全国剩余油气资源量的 63%、78%。

从盆地分布看，中国石油剩余石油资源主要分布于鄂尔多斯、渤海湾（陆上）、塔里木、准噶尔、松辽和柴达木六大盆地；剩余天然气资源主要分布于四川和塔里木两大盆地，柴达木、松辽、准噶尔、鄂尔多斯四大盆地剩余天然气地质资源量均超过 $1 \times 10^{12}m^3$。

表 6-4 中国石油陆上矿权区剩余油气资源状况表

盆地	石油剩余资源量,10^8t		天然气剩余资源量,10^8m^3	
	地质	可采	地质	可采
松辽	33.6	6.48	18851.93	8756.99
渤海湾（陆上）	46.74	10.45	9369.93	5142.56
鄂尔多斯	51.61	9.18	14319.24	8181.6
四川	0	0	90201.93	53763.67

续表

盆地	石油剩余资源量，10⁸t		天然气剩余资源量，10⁸m³	
	地质	可采	地质	可采
塔里木	37.22	9.76	75027.31	41464.1
准噶尔	51.1	10.27	18391.17	7469.51
柴达木	23.06	4.17	28441.25	13896.93
吐哈	5.98	1.23	1952.05	990.85
三塘湖	3.59	0.62	0	0
酒泉	3.41	0.62	416.09	287.1
二连	8.23	1.55	0	0
海拉尔	7.82	1.57	841.79	336.72
其他	26.45	5.63	16924.98	7280.74
合计	298.81	61.53	274737.7	147570.8

从地理环境分布看，常规剩余油气资源地理环境较差，剩余石油资源中戈壁、沙漠、黄土塬、山地占比66%；剩余常规天然气资源中，山地占53%，戈壁、沙漠占比27%（图6-3、图6-4）。

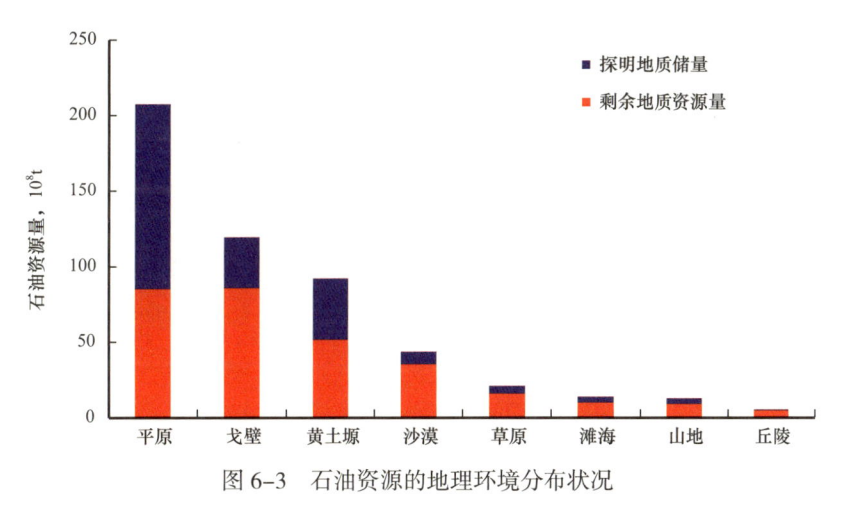

图6-3 石油资源的地理环境分布状况

从深度分布看，常规剩余石油资源以中深层、中浅层为主，中深层剩余石油资源占比41%，中深层与浅层剩余资源合计占比64%；剩余天然气资源则以深层、超深层为主，超深层占比38%，超深层与深层合计占比72%（图6-5）。

从层系分布看，剩余石油资源以新生界、中生界为主，占比84%；剩余天然气资源则以中生界、下古生界、元古宇为主，占比71%。

从资源品位看，剩余石油资源以低渗、特低渗为主，占比73%；剩余天然气资源以低渗为主，占比65%。

图 6-4 天然气资源的地理环境分布状况

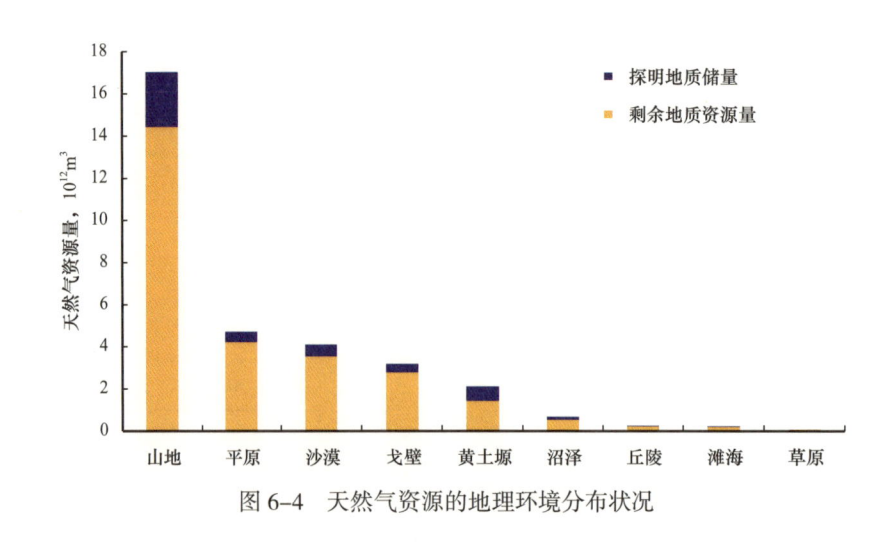

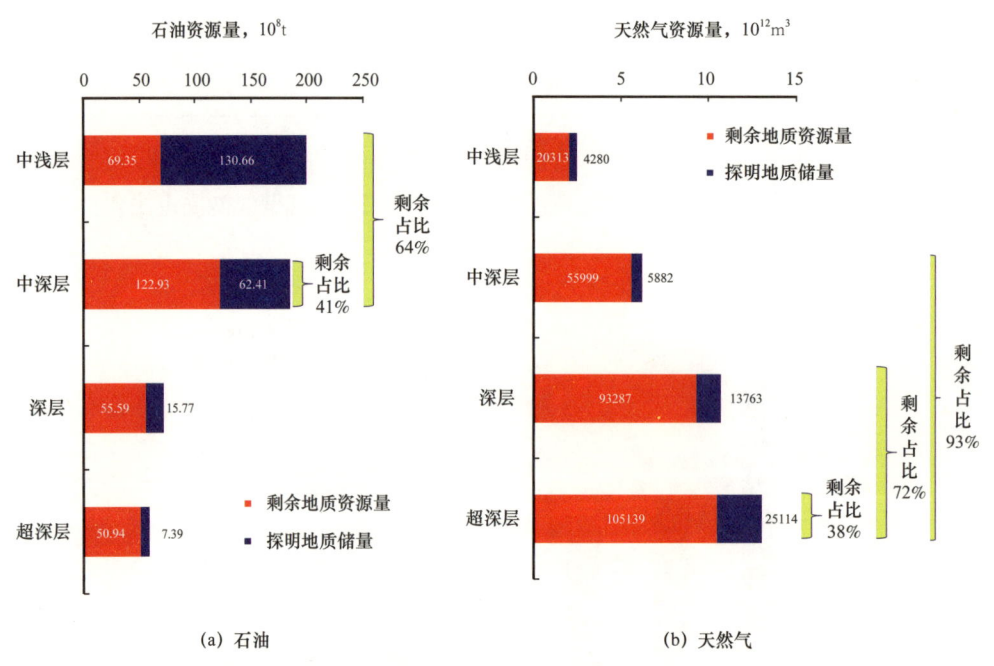

图 6-5 中石油矿权区剩余油气资源的深度分布状况
(a) 石油　　(b) 天然气

中浅层＜2000m，中深层为2000～3500m，深层为3500～4500m，超深层＞4500m

三、重点盆地中国石油矿权区剩余油气资源潜力及分布

1. 松辽盆地

松辽盆地常规石油地质资源量 $111.37×10^8t$，剩余地质资源量 $35.67×10^8t$；天然气地质资源量 $2.67×10^{12}m^3$，剩余地质资源量 $2.24×10^{12}m^3$。该盆地油气勘探工作主要包括中国石油大庆油田、吉林油田、辽河油田，中国石化东北油气分公司等，其中中国石油辽河油田主要在松辽盆地开鲁坳陷进行油气勘探工作。中国石油矿权区内常规石油地质资源量 $108.06×10^8t$，剩余地质资源量 $33.6×10^8t$；天然气地质资源量 $2.21×10^{12}m^3$，剩余地质资

源量 $1.89 \times 10^{12} m^3$。

1）中浅层石油剩余资源及有利区带

松辽盆地中浅层沉积环境主要为三角洲相，油藏类型以岩性油藏为主，油藏主控因素为有效烃源岩的分布范围和砂体的展布特征。松辽盆地中浅层砂体展布由于油气源对油气分布的控制作用，资源主要分布于中央坳陷及沿江一带的西坡和扶新等地区，剩余石油资源赋存形式以岩性—地层型、岩性—构造复合型和构造型油藏为主，分布于黑帝庙、萨尔图、葡萄花、高台子和扶杨五个油层组。松辽盆地北部剩余石油资源主要分布在萨尔图、葡萄花和高台子三个油层组，剩余石油地质资源量 $15.25 \times 10^8 t$；松辽盆地南部剩余石油资源主要分布在萨尔图和扶杨油层组，剩余石油地质资源量 $9.68 \times 10^8 t$（表6-5）。

表6-5 大庆探区与吉林探区剩余常规石油资源的层系分布

探区	油层组（层组或层段）	石油资源量，$10^4 t$			
		地质资源量		技术可采资源量	
		剩余地质资源量	总地质资源量	剩余可采资源量	总可采资源量
大庆探区	黑帝庙（嫩江组三四段）	12534.45	15884.30	2643.06	3373.70
	萨尔图（嫩江组一段、二段+姚家组二段、三段）	58574.56	251343.63	11095.96	114063.30
	葡萄花（姚家组一段）	61500.49	337304.10	11498.48	127693.05
	高台子（青山口组二段、三段）	32392.99	105680.00	6600.06	42725.01
	扶杨（扶余+杨大城子）（泉头组三段、四段）	31612.88	105215.96	7003.02	20610.41
吉林探区	黑帝庙（嫩江组三段、四段）	14584.35	19027.55	3247.99	4281.39
	萨尔图（嫩江组一段、二段+姚家组二段、三段）	65869.56	115072.00	12651.65	23086.79
	葡萄花（姚家组一段）				
	高台子（青山口组二段、三段）				
	扶杨（扶余+杨大城子）（泉头组三段、四段）	30934.17	91012.64	6058.12	20901.34

葡萄花油层：综合烃源岩、储层及已有勘探成果等要素，优选有利勘探区带5个。松辽北部的龙虎泡、杏西—葡西、榆西—丰乐和茂兴—肇源共4个有利区，松辽南部的乾安情字井地区1个有利区。其中龙虎泡、杏西—葡西和榆西—丰乐有利区，油水关系复杂，油层厚2～8m，孔隙度为10%～20%，估算资源潜力 $6500 \times 10^4 t$；茂兴—肇源有利区，以纯油为主，但油层厚度小于2m，孔隙度小于15%，估算资源潜力 $2000 \times 10^4 t$。乾安情字井地区的葡萄花油层为典型浅水三角洲沉积，可形成大面积岩性油藏，有利面积为 $2500 km^2$，资源量为 $1.4 \times 10^8 t$。

萨尔图油层：综合储层及已有勘探成果优选泰康、齐家—龙虎泡、西部斜坡带、英台—四方坨子和红岗大安海坨子5个有利区。其中泰康地区和西部斜坡带位于成熟烃源岩区外，油水复杂，但孔隙度较大，有效厚度为2m，孔隙度为18%~35%。齐家—龙虎泡、英台—四方坨子和红岗大安海坨子等位于成熟烃源岩区内，孔隙度为10%~20%，油水关系复杂，发育纯油区，储量区外共有工业油流井35口，低产油流井14口，有效厚度为0.6~4.9m。

黑帝庙油层：油藏具有规模小、埋藏浅、易动用的特点，优选古龙、沿江构造—岩性成藏带、乾安断层—岩性成藏带和大情字井地区岩性成藏带4个有利区带。其中古龙地区考虑断裂与砂体的匹配关系，优选有利区估算圈闭资源量 $5100 \times 10^4 t$；沿江构造—岩性、岩性构造带剩余有利面积 $450 km^2$，剩余资源量 $4000 \times 10^4 t$；乾安断层—岩性油藏带剩余有利面积 $130 km^2$，剩余资源量 $2000 \times 10^4 t$；大情字井岩性油藏带剩余有利面积 $400 km^2$，剩余资源量 $4000 \times 10^4 t$。

2）中浅层常规石油剩余资源平面分布特征

松辽盆地共划分为7个一级构造单元，油气资源主要分布在西部斜坡区、中央坳陷区、东南隆起区、东北隆起区和开鲁坳陷5个一级构造单元内。西部斜坡带剩余石油地质资源 $3.58 \times 10^8 t$，中央坳陷区剩余石油地质资源 $25.76 \times 10^8 t$，东南隆起区剩余石油地质资源 $0.88 \times 10^8 t$，东北隆起区剩余石油地质资源 $0.59 \times 10^8 t$，开鲁坳陷剩余石油地质资源 $2.85 \times 10^8 t$，总体来看剩余石油地质资源主要分布在中央坳陷区（表6-6）。

3）深层天然气剩余资源及有利区带

松辽盆地深层发育泉一段—登娄库组以河流相为主的次生碎屑岩气藏，以及营城组、沙河子组、火石岭组以扇三角洲相、水下扇相为主的原生碎屑岩气藏，营城组、火石岭组的火山岩气藏。大庆探区剩余天然气地质资源量 $8252 \times 10^8 m^3$，主要分布在徐家围子、林甸—古龙、莺山—双城三个断陷的营城组火山岩。吉林探区剩余天然气地质资源量 $10457 \times 10^8 m^3$，主要分布在英台、王府、长岭、梨树、德惠等断陷内。

徐家围子断陷营城组火山岩是该断陷深层天然气的主要储集层段之一，以营三段为主，地层厚70~700m。除西部控陷断裂以西缺失火山岩外，安达凹陷主体营三段火山岩连续分布，总体表现为西部火山岩厚度大，以爆发相为主；东部火山岩厚度薄，以溢流相为主。

松辽盆地南部泉一段—登娄库组次生碎屑岩气藏，主要分布于英台、德惠、梨树、王府、伏龙泉，资源量为 $3062 \times 10^8 m^3$。剩余资源主要为有较好构造背景的岩性气藏，如王府断陷的山东屯构造带、小城子构造带通过近几年钻探证实泉一段—登娄库组断裂与砂体有机配置，形成大面积叠置构造岩性气藏，局部富集高产，整体具有 $500 \times 10^8 m^3$ 资源潜力，但是具有效益开发前景。另外，德惠断陷的华家构造带、兰家构造带、伏龙泉反转构造带及西部斜坡带，英台断陷的五棵树构造带、大屯构造带以及梨树断陷的多个构造带均已证实存在构造背景下连片岩性气藏的特征，剩余资源为 $3000 \times 10^8 m^3$，是吉林探区近期效益勘探的重点领域。

松辽盆地南部深层营城组和火石岭组发育大规模火山岩气藏，本次资源评价计算火山岩气藏资源量为 $6891 \times 10^8 m^3$，目前已探明储量为 $1263 \times 10^8 m^3$，提交三级储量为 $3675 \times 10^8 m^3$。英台断陷与长岭断陷的营城组、王府断陷的火石岭组、德惠断陷的营城组和火石岭组火山岩发育广泛，是深层天然气勘探的有利区。

表 6-6 松辽盆地常规石油资源分构造单元分布情况表（中国石油矿权区）

一级构造单元	二级构造单元	地质资源量，10⁸t 剩余地质资源量	地质资源量，10⁸t 总地质资源量	技术可采资源量，10⁸t 剩余可采资源量	技术可采资源量，10⁸t 总可采资源量
西部斜坡区	西部超覆带	0.54	0.5	0.14	0.14
西部斜坡区	泰康隆起带	1.56	1.59	0.39	0.40
西部斜坡区	西部斜坡区	1.48	1.69	0.25	0.28
中央坳陷区	黑鱼泡凹陷	0.22	0.22	0.05	0.05
中央坳陷区	龙虎泡阶地	1.79	3.02	0.36	0.63
中央坳陷区	齐家—古龙凹陷	4.48	8.30	0.96	1.76
中央坳陷区	大庆长垣	6.86	52.86	1.29	24.94
中央坳陷区	明水阶地	0.12	0.12	0.02	0.02
中央坳陷区	三肇凹陷	1.76	9.45	0.32	2.01
中央坳陷区	朝阳沟阶地	1.17	4.10	0.19	0.70
中央坳陷区	红岗阶地	0.91	3.18	0.20	0.76
中央坳陷区	长岭凹陷	4.91	7.41	0.95	1.46
中央坳陷区	华字井阶地	1.08	1.46	0.20	0.24
中央坳陷区	扶新隆起带	2.46	7.97	0.50	1.89
东南隆起区	长春岭背斜带	0.37	0.51	0.06	0.09
东南隆起区	宾县王府凹陷	0.20	0.25	0.03	0.04
东南隆起区	长春岭背斜带	0.16	0.39	0.02	0.05
东南隆起区	登娄库背斜带	0.15	0.41	0.06	0.15
东北隆起区	绥棱背斜	0.20	0.20	0.03	0.03
东北隆起区	绥化凹陷	0.39	0.39	0.06	0.06
开鲁坳陷区		2.85	4.0	0.42	0.59
合计		33.66	108.02	6.5	36.29

2. 渤海湾盆地（陆上）

渤海湾盆地（陆上）常规石油地质资源量 214.94×10^8t，剩余地质资源量 105.64×10^8t；天然气地质资源量 2.31×10^{12}m³，剩余地质资源量 2.04×10^{12}m³。该盆地油气勘探工作主要包括中国石油辽河油田、大港油田、华北油田、冀东油田、中国石化胜利油田、中原油田 6 家油田公司（表 6-7）。

表 6-7　渤海湾盆地（陆上）各油田公司剩余资源状况

评价油田公司		评价面积 km²	石油，10⁸t				天然气，10⁸m³			
			地质资源量		技术可采资源量		地质资源量		技术可采资源量	
			剩余资源量	总地质资源量	剩余可采资源量	总可采资源量	剩余资源量	总地质资源量	剩余可采资源量	总可采资源量
中国石油	辽河	7637.00	17.81	40.96	3.08	8.88	569.08	1292.52	370.94	832.59
	大港	13312.00	7.83	19.41	2.04	4.91	3211.05	3847.00	1780.52	2134.78
	华北	24589.00	13.69	24.39	3.79	6.80	3088.41	3364.20	1805.93	1949.01
	冀东	1932.00	7.41	12.19	1.53	2.51	2501.39	2501.39	1185.17	1185.17
小计		47470.00	46.74	96.95	10.44	23.1	9369.93	11005.11	5142.56	6101.55
中国石化	胜利	30900.00	52.46	105.62	14.09	28.37	8047.61	8417.00	3826.97	4002.63
	中原	18000.00	6.44	12.37	1.38	3.07	3009.01	3675.00	1354.00	1653.75
小计		48900.00	58.90	117.99	15.47	31.44	11056.62	12092.00	5180.97	5656.38
合计		96370.00	105.64	214.94	25.91	54.54	20426.55	23097.11	10323.53	11757.93

1）中国石油矿权区各公司剩余油气资源状况

中国石油矿权区内常规石油地质资源量 $96.95\times10^8\text{t}$，剩余地质资源量 $46.74\times10^8\text{t}$；天然气地质资源量 $1.10\times10^{12}\text{m}^3$，剩余地质资源量 $0.94\times10^{12}\text{m}^3$。中国石油矿权区内剩余油气资源以岩性—地层油气藏、岩性—构造型复合油气藏、潜山油气藏等为主，湖相碳酸盐岩、火成岩油气藏也占一定比重。

辽河油田探区辽河坳陷剩余油气资源主要分布在潜山、岩性和火山岩三大勘探领域，滩海剩余油气资源主要分布在潜山、构造和岩性油气藏等勘探领域。（1）潜山油气藏剩余资源主要分布在太古宇变质岩、元古宇变质岩和碳酸盐岩储层内。太古宇变质岩岩性为潜山内幕成藏，储集空间以裂缝为主；元古宇变质岩主要为石英岩、板岩，其与碳酸盐岩成互层状组合，在油源充足的情况下可形成多个层状油层或块状油藏（断裂发育情况下）。（2）岩性油气藏剩余资源主要分布在洼陷带或坡洼过渡带，岩性为砂岩、砂砾岩，埋藏较深，物性较差，一般为低孔、低渗储层。（3）火山岩油气藏剩余资源主要分布在东部凹陷，火山岩成藏优势岩性主要为粗面质火山角砾岩、角砾化粗面岩、粗面质角砾熔岩、粗面岩和凝灰质砂岩。在综合分析研究基础上，优选出未来油气勘探有利区带 10 个，静安堡潜山带、小洼—月海潜山带、兴隆台潜山带、欢曙斜坡带、冷东—雷家陡坡带、茨榆坨潜山带、黄于热—黄沙坨构造带、欢喜岭—曙光潜山带、前进—韩三家子潜山带和边台—法哈牛潜山带等，10 个区带剩余油气资源量 $5.82\times10^8\text{t}$，是辽河油田近期油气勘探的重点。

大港油田探区常规石油剩余地质资源量 $7.83\times10^8\text{t}$，常规天然气剩余资源量 $3211.05\times10^8\text{m}^3$。剩余油气资源主要分布在歧口凹陷、沧东凹陷的盖层地层，以及潜山油气藏中。在已发现的奥陶系白云岩、二叠系砂岩、中生界砂岩、火山岩等五套含油层系中，奥陶系潜山已发现的资源主要为天然气，二叠系和中生界主要为油。(1) 歧口凹陷石油勘探工作按照"中央隆起带精细勘探、斜坡区岩性油气藏拓展勘探和外围新区带突破勘探"三个层次展开。中央隆起带以北大港构造带、南大港构造带等为勘探重点区带。斜坡区岩性油气藏，重点针对板桥斜坡、歧北斜坡、歧南斜坡、埕海断坡等展开拓展勘探，实现规模效益增储和规模储量升级。外围新区带发现板桥沙一段泥岩、歧口西南缘的油页岩、高丰度的暗色泥岩在低演化阶段具有一定的生排烃能力，能够形成低熟油藏。经综合分析锁定板桥凹陷西段刘岗庄地区、歧口凹陷西北缘大中旺地区可作为甩开预探首选地区。(2) 沧东凹陷油气勘探依然按照"构造带主体精细勘探、斜坡区岩性油藏拓展勘探和新领域突破勘探"三个层次展开。孔店构造带探明储量 $4.07\times10^8 t$，剩余资源量 $1\times10^8 t$，优选沈家铺—自来屯地区、段六拨—小集—叶三拨地区作为首选勘探区带。斜坡区岩性油藏剩余地质资源量 $2.63\times10^8 t$，优选南皮斜坡、孔西斜坡、孔东斜坡展开勘探，实现规模效益增储。新领域突破勘探方面，沧东次凹沙河街组具备形成低熟油气的能力，有一定的资源；西部物源的扇三角洲砂体在生油岩范围内形成多套岩性圈闭，利于形成自生自储低熟岩性油藏，同时该区孔店组顶部膏岩层段钻探见到良好油气显示。(3) 潜山油气具有广阔的勘探前景，潜山油气藏类型包括古生古储和新生古储油气藏类型。古生古储型主要是以石炭系—二叠系煤为烃源岩层形成的煤成油气藏，有利区带主要集中在孔西潜山带的孔古4含油构造、王官屯潜山带王古1井含气构造、乌马营潜山乌深1含气构造。新生古储成藏体系中油气成藏作用受控于中生界或古生界与新生界含油系统的复合关系，舍女寺断垒构造带以及孔店中央隆起带仍然是新生古储潜山目标搜索的主要靶区。

华北油田探区冀中坳陷常规石油剩余资源 $13.69\times10^8 t$，天然气剩余资源 $3088\times10^8 m^3$，常规油气藏类型主要包括前古近系潜山油气藏与古近—新近系砂砾岩油气藏，油藏类型多样，富集规律与主控因素有所差别。冀中坳陷目前主要勘探领域分为构造、潜山及岩性地层领域，岩性油藏领域最具勘探潜力，是未来的主攻领域。构造油藏主要集中在正向构造带，但仍有一些勘探程度较低的层系（沙河街组深层）与区带（洼槽区、斜坡带）具备勘探潜力。潜山领域勘探难度最大，以深小潜山及潜山内幕等隐蔽型潜山为勘探方向。(1) 依据"洼槽聚油"理论，冀中坳陷可划分出马西、任西等11个主要生烃洼槽，留西洼槽区、河间洼槽区、霸县洼槽区、桐南—柳泉洼槽区剩余资源量均在亿吨级以上，勘探潜力巨大。围绕富油洼槽的大王庄、肃宁、蠡县斜坡中北段、留西、文安斜坡、岔高郑构造带、柳泉构造带、固安—旧州构造带等构造带，剩余油气资源量均 $5000\times10^4 t$ 以上。马西、杨武寨、留楚、霸县主洼槽、河西务构造带也达到 $(3000\sim5000)\times10^4 t$ 级。以上区带均是未来勘探的主攻区带。(2) 冀中天然气主要分布在北部廊固、霸县凹陷及武清凹陷，剩余资源集中在潜山与沙河街组。潜山领域资源最丰富，剩余地质资源量为 $1237.6\times10^8 m^3$，霸县凹陷牛东、苏桥、文安潜山带，以及廊固凹陷的河西务潜山带是勘探重点区带。沙河街组剩余地质资源量 $2028\times10^8 m^3$，廊固柳泉、固安—旧州构造带为重点勘探区带。武清凹陷勘探程度低，尚需加深认识，以作为接替区。

冀东油田探区南堡凹陷石油地质资源量为 $12.19\times10^8 t$，可采资源量为 $2.51\times10^8 t$；天然气地质资源量 $2503\times10^8 m^3$，天然气可采储量 $1016.5\times10^8 m^3$。截至2015年底，南堡凹陷累计探明石油地质储量为 $47840.5\times10^4 t$，控制石油地质储量为 $35077.9\times10^4 t$，预测石油地质储量为 14507.2×10⁴t，总资源探明率为 39.2%，南堡凹陷仍具有较大的勘探潜力。（1）南堡凹陷石油剩余资源主要分布在分布高柳地区和南堡 1 号、2 号构造，其资源量分别为 1.44×10⁸t、1.25×10⁸t、1.61×10⁸t，其勘探潜力巨大，是下一步勘探的重点区带。（2）南堡 1 号构造和南堡 2 号构造天然气资源量较大，分别达到了 605×10⁸m³ 和 625×10⁸m³。南堡凹陷天然气剩余资源主要应分布在分布南堡 1 号、2 号和 5 号构造，其剩余资源量分别为 413×10⁸m³、517×10⁸m³ 和 304×10⁸m³，目前探明程度较低，是下一步勘探的重点区带。

2）中国石油矿权区各单元剩余油气资源状况

中国石油矿权区油气资源主要分布在辽河坳陷、黄骅坳陷、冀中坳陷这 3 个一级构造单元内，包括大民屯凹陷、辽河西部凹陷、辽河东部凹陷、歧口凹陷、沧东凹陷等 18 个二级构造单元。从剩余油气资源来看，辽河坳陷剩余石油地质资源量为 17.81×10⁸t，黄骅坳陷剩余石油地质资源量为 15.24×10⁸t，冀中坳陷剩余石油地质资源量为 13.69×10⁸t，3 个一级构造单元剩余资源量相当（表 6-8）。

表 6-8 渤海湾盆地常规石油资源平面分构造单元分布情况表（中国石油矿权区）

一级构造单元	二级构造单元	地质资源量，10⁴t 剩余地质资源量	地质资源量，10⁴t 总地质资源量	可采资源量，10⁴t 剩余可采资源量	可采资源量，10⁴t 总可采资源量
辽河坳陷	大民屯凹陷	29023.95	63614.33	4299.03	12336.91
辽河坳陷	西部凹陷	99606.10	272501.58	16289.22	61809.25
辽河坳陷	东部凹陷	49509.58	73506.43	10258.48	14686.84
黄骅坳陷	歧口凹陷	48507.99	123455.90	14438.23	35396.41
黄骅坳陷	沧东凹陷	29826.81	70598.00	5976.46	13713.32
黄骅坳陷	南堡凹陷	74073.50	121914.00	15255.18	25072.42
冀中坳陷	廊固凹陷	16691.41	26686.30	5875.19	8402.10
冀中坳陷	霸县凹陷	23654.63	41655.40	7106.77	11969.80
冀中坳陷	饶阳凹陷	60142.03	130198.20	17306.65	37907.50
冀中坳陷	深县凹陷	5312.57	8599.00	1340.64	1967.20
冀中坳陷	束鹿凹陷	5456.26	8899.80	1430.14	2400.20
冀中坳陷	晋县凹陷	10250.93	12384.00	2059.55	2573.62
冀中坳陷	武清凹陷	4567.00	4567.00	755.30	755.30
冀中坳陷	保定凹陷	6383.00	6383.00	1338.90	1338.90
冀中坳陷	徐水凹陷	829.00	829.00	142.00	142.00
冀中坳陷	石家庄凹陷	1124.00	1124.00	187.30	187.30
冀中坳陷	北京凹陷	282.00	282.00	52.70	52.70
冀中坳陷	大厂凹陷	2199.93	2260.00	342.50	351.50
中国石油矿权区合计		467440.69	969457.94	104454.24	231063.27

中国石油矿权区剩余天然气地质资源量 $6878.85 \times 10^8 m^3$，其中辽河坳陷 $569.08 \times 10^8 m^3$，冀中坳陷 $3088.42 \times 10^8 m^3$，黄骅坳陷 $3221.35 \times 10^8 m^3$。剩余天然气资源主体分布在黄骅坳陷大港油田探区，以及冀中坳陷。

3. 鄂尔多斯盆地

鄂尔多斯盆地拥有探采矿权的油气公司有中国石油长庆、中国石油煤层气、中国石化、延长油矿、陕西省地方等，中生界石油总地质资源量 $116.50 \times 10^8 t$（表6-9），其中中国石油矿权区石油地质资源量 $92.14 \times 10^8 t$，截至2015年底探明地质储量 $40.53 \times 10^8 t$，剩余石油地质资源量 $51.61 \times 10^8 t$。全盆地常规天然气地质资源量 $2.36 \times 10^{12} m^3$（上古生界天然气划归致密气资源），其中中国石油矿权区内天然气地质资源量 $2.12 \times 10^{12} m^3$，截至2015年底探明地质储量 $0.69 \times 10^{12} m^3$，剩余天然气地质资源量 $1.43 \times 10^{12} m^3$。

1）剩余石油资源勘探领域

鄂尔多斯盆地石油资源主要分布在伊陕斜坡、天环坳陷、西缘断褶带3大一级构造单元的三叠系和侏罗系中，其中伊陕斜坡剩余石油地质资源量为 $54.98 \times 10^8 t$，天环坳陷剩余石油地质资源量为 $7.07 \times 10^8 t$，西缘断褶带剩余石油地质资源量为 $0.58 \times 10^8 t$，主体位于伊陕斜坡内（表6-9）。

表 6-9 鄂尔多斯盆地常规石油资源分构造单元分布情况表（全盆地）

一级构造单元	含油层系		石油资源量，$10^4 t$			
			地质资源量		技术可采资源量	
	系	层组/段	剩余地质资源量	总地质资源量	剩余可采资源量	总可采资源量
伊陕斜坡	J	延安组+直罗+富县	38167.57	86832.00	11066.75	21708.00
	T	长1	6396.97	10100.00	1324.09	1818.00
		长2	37546.90	85500.00	9365.03	15390.00
		长3	49256.72	70500.00	10498.81	12690.00
		长4+5	55759.26	112500.00	10759.99	20250.00
		长6	172386.26	405000.00	34127.24	76950.00
		长8	190257.14	306400.00	33058.88	55152.00
天环坳陷		长9	51538.13	58000.00	7867.82	8700.00
		长10	19157.72	23098.00	2875.67	3464.70
西缘断褶带	J	延安组	5142.07	6168.00	1238.00	1542.00
	T	延长组	675.96	902.00	118.34	153.34
合计			626284.70	1165000.00	122300.62	217818.04

剩余石油资源主要分布在侏罗系与三叠系延长组，其中侏罗系剩余资源占比6.92%，延长组剩余资源占比93.08%。中生界石油有利勘探方向主要集中在志靖—安塞地区、陇

东地区、姬塬地区和华庆地区。其中，志靖—安塞地区位于鄂尔多斯盆地中东部，主力目的层为长6油层，目前在长6_1、长6_2油层共发现7个含油富集区，面积$450km^2$，落实储量规模$2.0×10^8t$以上。长8油层是陕北老区首次发现的新的含油层系，初步落实了7个有利含油目标，面积约$300km^2$，展示出较好的勘探前景。长10油层是陕北地区现实的勘探接替层系，已提交探明储量$3780×10^4t$，预测储量$6382×10^4t$，形成4个含油富集区，面积达$651.4km^2$。陇东地区位于鄂尔多斯盆地西南部，立足长8主力目的层，兼探长3油层，获得了重大发现。长8油层：发现了镇83、里47、环42等8个含油富集区，有利含油面积约$800km^2$，储量规模达$4.0×10^8t$。长3油层：发现了21个长3含油有利区，面积约$200km^2$，储量规模达$9000×10^4t$。姬塬地区位于鄂尔多斯盆地中西部，为多层系复合含油富集区，主要发育延长组长4+5、长6及长8油藏，部分区块长4+5、长6、长8与长2及侏罗系多层系复合含油。华庆地区位于鄂尔多斯盆地延长组沉积期湖盆中部，主力目的层为延长组长6、长8油层组。围绕长6_3含油主砂带整体勘探、整体评价，快速落实了元284、白209、白255和山139四个整装规模储量区，已提交探明地质储量$2.63×10^8t$、控制地质储量$2.01×10^8t$。在重点针对长6油层勘探的同时，坚持立体勘探，长8油层获得了重要发现。目前共有工业油流井50口，发现了六个含油富集区，有利含油面积约$400km^2$，预计储量规模可达亿吨。

2）剩余天然气资源勘探领域

鄂尔多斯盆地剩余常规天然气地质资源$16758.75×10^8m^3$，其中伊陕斜坡$14365.98×10^8m^3$，西缘冲断带$70.20×10^8m^3$，渭北隆起$1530.26×10^8m^3$，天环坳陷$792.31×10^8m^3$（表6-10）。

表6-10 鄂尔多斯盆地常规天然气资源分构造单元分布情况表（全盆地）

一级构造单元	地质资源量，10^8m^3		可采资源量，10^8m^3	
	剩余地质资源量	总地质资源量	剩余可采资源量	总可采资源量
伊陕斜坡	14365.98	21243.50	8178.66	12527.38
西缘冲断带	70.20	70.20	42.12	42.12
渭北隆起	1530.26	1530.26	915.06	915.06
天环坳陷	792.31	792.31	475.39	475.39
合计	16758.75	23636.27	9611.23	13959.95

常规天然气剩余资源从层系上来看，主要分布在马家沟组上组合马$五_{1+2}$和马$五_4$亚段，约占下古剩余资源量的51.36%，马家沟组中组合的马$五_5$、马$五_6$、马$五_7$亚段和礁滩—缝洞体有一定剩余资源量，而马$五_8$、马$五_9$、马$五_{10}$亚段剩余资源量很少。区域上，盆地常规气剩余资源量主要分布在靖边地区，为$11887.74×10^8m^3$，占总剩余资源量的71%。

4. 四川盆地

四川盆地为大型叠合盆地，天然气资源丰富，全盆地常规天然气地质资源量$12.47×10^{12}m^3$，剩余地质资源量$10.31×10^{12}m^3$（表6-11）；中国石油矿权区内常规天然气地质资源量$10.51×10^{12}m^3$，剩余地质资源量$9.02×10^{12}m^3$，剩余常规天然气资源主体以碳酸盐岩勘探领域为主（表6-12）。

表 6-11　四川盆地常规天然气资源分构造单元分布情况表（全盆地）

一级构造单元	地质资源量，10⁸m³		可采资源量，10⁸m³	
	剩余地质资源量	总地质资源量	剩余可采资源量	总可采资源量
川东高陡构造带	26467.76	35560.69	12456.90	18937.13
川南低陡构造带	14487.65	16177.87	6037.60	7158.95
川西坳陷带	10882.71	11078.44	7526.23	7629.92
川北坳陷带	7878.54	10797.71	5362.86	6985.09
川中隆起带	43381.81	51041.12	28177.65	33148.48
合计	103098.47	124655.83	59561.24	73859.57

表 6-12　四川盆地常规天然气资源分层系分布情况表（中国石油矿权区）

地质层位			地质资源量，10⁸m³		可采资源量，10⁸m³	
界	系	地层符号	剩余资源量	总资源量	剩余可采资源量	总可采资源量
新生界	第四系	Q	0	0	0	0
	新近系	N	0	0	0	0
	古近系	E	0	0	0	0
中生界	白垩系	K	0	0	0	0
	侏罗系	J	0	0	0	0
	三叠系	T	20953.73	24793.99	12449.02	15132.14
上古生界	二叠系	P	20723.03	22429.27	13914.86	15250.41
	石炭系	C	8320.17	10732.13	3820.93	5489.58
	泥盆系	D	0	0	0	0
下古生界	志留系	S	0	0	0	0
	奥陶系	O	49.45	50.00	42.52	43.00
	寒武系	€	16487.33	20891.16	10402.63	13485.31
元古宇	震旦系	Z	23668.22	26239.03	13133.70	14730.41
	长城系	Ch	0	0	0	0
太古宇		Ar	0	0	0	0
合计			90201.93	105135.58	53763.66	64130.85

1）层系上：主攻灯影组、龙王庙组及下二叠统勘探领域

从各层系的资源—储量转化情况来看，四川盆地各个层系均有相当大的勘探潜力，尤其是震旦系灯影组、寒武系、下二叠统，待发现资源量均在 $1.40 \times 10^{12} \mathrm{m}^3$ 以上，资源勘探

潜力巨大，应放在优先勘探的位置。震旦系灯影组待发现资源高达 $1.93\times10^{12}m^3$，资源发现率达 31.16%，但仍然具有最大的勘探潜力，次为寒武系 $1.69\times10^{12}m^3$，第三为下二叠统 $1.41\times10^{12}m^3$。石炭系虽然资源发现率已达 21.12%，勘探程度较高，但其待发现资源量高达 $1.01\times10^{12}m^3$，仍然具有较大的勘探潜力。飞仙关组、上二叠统、嘉陵江组与雷口坡组的资源发现率偏低，均小于 20%，尤其是雷口坡组和上二叠统，转化率仅 6.72% 和 6.36%，资源潜力均较大，勘探难度也较大。

2）区块上：发展川中、川东，挖潜川南，开拓川西、川北

从各区块的资源—储量转化情况来看，四川盆地天然气勘探的主战场应摆在川中和川东两个区块，待发现资源最多的是川中区块 $3.53\times10^{12}m^3$，次为川东区块 $2.96\times10^{12}m^3$。这两个区块虽资源发现率已较高，分别达 30.8% 和 16.62%，但因其天然气资源总量丰富，是 5 大区块中仅有的两个上 $2\times10^{12}m^3$ 的区域。待发现资源量居第三位的川南区块，为 $1.48\times10^{12}m^3$，虽然老气田较多，但资源发现率较低 8.26%，仍然具有很大的潜力可挖。待发现资源量分别居第四、第五位的川西和川北区块，待发现总资源量较大，发现率较低（前者为 4.69%，后者仅 6.67%），发展前景可观，是今后应努力开拓的两个后备区块。

5. 塔里木盆地

塔里木全盆地常规石油资源量 75.06×10^8t，常规天然气地质资源量 $11.75\times10^{12}m^3$；全盆地剩余石油地质资源量 53.77×10^8t，剩余天然气地质资源量 $10.05\times10^{12}m^3$。中国石油矿权区内石油地质资源量 44.61×10^8t，占全盆地石油地质资源量的 59.4%；天然气地质资源量 $91194\times10^8m^3$，占全盆地天然气地质资源量的 77.6%。中国石油矿权区内剩余石油地质资源量 37.22×10^8t，占比 69.2%；剩余天然气地质资源量 $75027.31\times10^8m^3$，占比 75%。

1）分构造单元油气资源

从各一级构造单元的剩余地质资源量（未发现地质资源量）来看，石油勘探前景最大的是塔北隆起，剩余 22.58×10^8t 有待发现，占全盆地未发现石油地质资源量的 42%；其次是塔中隆起、西南坳陷和北部坳陷，分别尚有 8.73×10^8t、6.15×10^8t 和 5.62×10^8t 有待发现。天然气勘探前景最大的是库车坳陷，尚有 $3.65\times10^{12}m^3$ 有待发现；其次是西南坳陷、塔中隆起和北部坳陷，分别剩余 $1.94\times10^{12}m^3$、$1.37\times10^{12}m^3$ 和 $1.32\times10^{12}m^3$ 有待发现（表 6—13）。

不同的一级构造单元都有自己独特的成藏组合和勘探目的层：库车坳陷以白垩系、古近系的勘探潜力最大；其中石油分别占 47% 和 31%，天然气分别占 76% 和 12%。塔北隆起石油以奥陶系、石炭系的勘探潜力最大，分别占 80% 和 9%；天然气以奥陶系、白垩系的勘探潜力最大，分别占 32% 和 22%。塔中隆起石油以奥陶系、石炭系的勘探潜力最大，分别占 81% 和 10%；天然气以奥陶系、寒武系的勘探潜力最大，分别占 76% 和 21%。西南坳陷石油以古近系、新近系的勘探潜力最大，分别占 30% 和 25%；天然气以白垩系、古近系层位的勘探潜力最大，分别占 37% 和 36%。

2）分层系油气资源

塔里木盆地最富油的层系为奥陶系，石油地质资源量为 46.15×10^8t，占全盆地石油资源量的 61.49%，可采资源量为 12.48×10^8t；截至 2015 年底，提交石油三级储量 22.86×10^8t，剩余资源量 23.29×10^8t。其次是石炭系，石油地质资源量为 7.90×10^8t，占全盆地石油资源量的 10.53%，可采资源量为 1.15×10^8t；已提交三级储量 2.29×10^8t，剩余

资源量 5.61×10^8t。再次是寒武系，石油地质资源量为 4.84×10^8t，占全盆地石油资源量的 6.45%，可采资源量为 0.63×10^8t；已提交三级储量 0.03×10^8t，剩余资源量 4.81×10^8t。

表 6-13 塔里木盆地油气资源分构造单元分布情况（全盆地）

一级构造单元	石油，10^8t 地质资源量 剩余地质资源量	石油，10^8t 地质资源量 总地质资源量	石油，10^8t 可采资源量 剩余可采资源量	石油，10^8t 可采资源量 总可采资源量	天然气，10^{12}m³ 地质资源量 剩余地质资源量	天然气，10^{12}m³ 地质资源量 总地质资源量	天然气，10^{12}m³ 技术可采资源量 剩余可采资源量	天然气，10^{12}m³ 技术可采资源量 总可采资源量
库车坳陷	4.541171	4.636287	1.342213	1.372651	3.65	4.63	1.98	2.61
塔北隆起	22.582285	42.563726	7.711943	11.013911	1.00	1.21	0.58	0.69
北部坳陷	5.616274	5.616274	1.225216	1.225216	1.32	1.32	0.72	0.72
巴楚隆起	1.610257	1.610257	0.298898	0.298898	0.27	0.33	0.14	0.18
塔中隆起	8.726651	9.90147	2.313574	2.63273	1.37	1.73	0.73	0.95
塔东隆起	1.562121	1.562121	0.274707	0.274707	0.13	0.13	0.07	0.07
西南坳陷	6.148826	6.185761	1.725141	1.731977	1.94	2.03	1.14	1.19
塘古坳陷	2.370373	2.370373	0.412553	0.412553	0.22	0.22	0.12	0.12
东南坳陷	0.608742	0.608742	0.153916	0.153916	0.15	0.15	0.09	0.09
合计	53.7667	75.055011	15.458161	19.116559	10.05	11.75	5.57	6.62

层系中天然气最富集的为白垩系，天然气地质资源量为 4.59×10^{12}m³，可采资源量为 2.52×10^{12}m³；已提交天然气三级储量 1.49×10^{12}m³，剩余资源量 3.1×10^{12}m³。其次是奥陶系，天然气地质资源量为 2.59×10^{12}m³，可采资源量为 1.42×10^{12}m³；已提交三级储量 0.98×10^{12}m³，剩余资源量 1.61×10^{12}m³。再次为古近系，天然气地质资源量 1.51×10^{12}m³，可采资源量为 0.98×10^{12}m³；已提交三级储量 0.29×10^{12}m³，剩余资源量 1.22×10^{12}m³。寒武系地质资源量排在第四，总地质资源量为 1.29×10^{12}m³，但由于发现少，目前三级储量只有 26.75×10^8m³，剩余 1.28×10^{12}m³ 没有发现，剩余资源量排在第三位（表 6-14）。

3）重点勘探领域

塔里木盆地三大阵地战（库车坳陷、塔北隆起、塔中隆起）虽已发现了大量油气资源，但仍具有很大的勘探潜力，是今后油气勘探的主战场；西南坳陷和北部坳陷也是今后勘探的主要方向。对于区域勘探，塔里木盆地重点可以围绕以下四个领域展开：西南坳陷、寒武系盐下、秋里塔格构造带和满西低凸起。

第一是西南坳陷。西南坳陷石油总地质资源量为 6.19×10^8t，天然气总地质资源量为 2.03×10^{12}m³，油、气分别占盆地油、气总地质资源量的 8.2% 和 17.3%。油气资源非常丰富，有望成为盆地新的接替领域。目前认为，柯克亚构造带、群古恰克构造带和柯东构造带是西南坳陷油气最富集的区带。

第二是寒武系盐下。塔里木盆地盐下寒武系已经在塔中中深地区勘探获得突破，中深 1 井、中深 1C 井和中深 5 井都获得油气，表明寒武系仍有很大的潜力。通过盆地模拟分析认为寒武系是塔里木盆地台盆区油气主力烃源岩，围绕寒武系寻找原生油气藏成为今后勘探的重点领域。通过资源评价，认为塔里木盆地寒武系盐下层资源量为石油 $3.52\times10^8\mathrm{t}$，天然气 $1.23\times10^{12}\mathrm{m}^3$，油当量 $13.35\times10^{12}\mathrm{m}^3$，油、气分别占整个盆地资源量的 4.69%、10.47%。

表6-14 塔里木盆地分层系油气资源分布情况表（中国石油矿权区）

地质层位 界	地质层位 系	石油, $10^8\mathrm{t}$ 地质储量与资源量 剩余资源量	石油, $10^8\mathrm{t}$ 地质储量与资源量 总资源量	石油, $10^8\mathrm{t}$ 技术可采储量与资源量 剩余可采资源量	石油, $10^8\mathrm{t}$ 技术可采储量与资源量 总可采资源量	天然气, $10^{12}\mathrm{m}^3$ 地质储量与资源量 剩余资源量	天然气, $10^{12}\mathrm{m}^3$ 地质储量与资源量 总资源量	天然气, $10^{12}\mathrm{m}^3$ 技术可采储量与资源量 剩余可采资源量	天然气, $10^{12}\mathrm{m}^3$ 技术可采储量与资源量 总可采资源量
新生界	第四系	0	0	0	0	0	0	0	0
新生界	新近系	1.71	1.74	0.46	0.47	0.51	0.57	0.29	0.33
新生界	古近系	3.77	3.80	1.47	1.48	1.20	1.43	0.79	0.93
中生界	白垩系	3.84	3.93	1.04	1.06	3.48	4.34	1.83	2.38
中生界	侏罗系	0.55	0.61	0.15	0.16	0.30	0.30	0.16	0.16
中生界	三叠系	0.73	1.39	0.16	0.38	0.14	0.15	0.08	0.08
上古生界	二叠系	0	0	0	0	0	0	0	0
上古生界	石炭系	4.31	6.09	0.41	1.01	0.13	0.20	0.07	0.12
上古生界	泥盆系	0	0	0	0	0	0	0	0
下古生界	志留系	1.47	1.70	0.42	0.46	0.11	0.11	0.06	0.06
下古生界	奥陶系	18.08	22.57	5.29	6.04	1.12	1.52	0.59	0.83
下古生界	寒武系	2.75	2.78	0.36	0.36	0.51	0.51	0.28	0.28
合计		37.21	44.61	9.76	11.42	7.50	9.13	4.15	5.17

第三是库车坳陷秋里塔格构造带。秋里塔格构造带与克拉苏冲断带石油地质条件相似，分别位于拜城坳陷生烃中心的南北两翼，油气生成条件非常优越，而且秋里塔格构造也和克拉苏冲断带一样，发育厚层膏盐岩塑性层，对油气保存非常有利。秋里塔格构造位于库车坳陷油气向南运移到前缘隆起带的必经之路，前缘隆起带已经在油气勘探方面获得成功，因此秋里塔格构造带的地理条件非常优越。本次油气资源评价认为秋里塔格构造带石油地质储量为 $1.1\times10^{12}\mathrm{m}^3$，天然气资源量为 $0.76\times10^{12}\mathrm{m}^3$，原油探明率12.33%，天然气探明率22.87%，仍有很大的勘探潜力。

第四是满西低凸起。目前认为塔中和塔北坳陷系油气系统可能是一个大的含油气系统，满西低凸起是连接塔中和塔北两个隆起的关键部位。通过本次油气资源评价，认为满西低凸起三级区带石油、天然气资源量分别为 $3.8\times10^8\mathrm{t}$、$0.9\times10^{12}\mathrm{m}^3$，油当量为

10.98×10^8t，油、气分别占盆地油气资源量的 5%、7.7%，目前仍没有大规模发现，勘探潜力很大。

6. 准噶尔盆地

准噶尔盆地石油资源总量为 80.08×10^8t，剩余石油资源总量约为 54×10^8t。盆地天然气资源总量为 $23071.3\times10^8\text{m}^3$，剩余天然气资源总量为 $21053.81\times10^8\text{m}^3$。中国石油矿权区石油总地质资源量为 75.79×10^8t，剩余地质资源量为 51.10×10^8t；天然气总地质资源量 $2.04\times10^{12}\text{m}^3$，剩余地质资源量为 $1.84\times10^{12}\text{m}^3$（表6-15、表6-16）。

表6-15 准噶尔盆地油气资源分构造单元分布情况（全盆地）

一级构造单元	石油，10^8t 地质资源量 剩余地质资源量	石油，10^8t 地质资源量 总地质资源量	石油，10^8t 可采资源量 剩余可采资源量	石油，10^8t 可采资源量 总可采资源量	天然气，10^8m^3 地质资源量 剩余地质资源量	天然气，10^8m^3 地质资源量 总地质资源量	天然气，10^8m^3 技术可采资源量 剩余可采资源量	天然气，10^8m^3 技术可采资源量 总可采资源量
西部隆起	21.23	40.41	4.27	9.09	1151.84	1484.09	624.47	846.46
中央坳陷	23.19	25.59	4.72	5.32	6707.42	6947.03	2576.75	2711.61
陆梁隆起	2.67	4.91	0.62	1.15	3416.59	4507.78	1873.43	2484.93
东部隆起	3.06	4.76	0.56	0.88	296.68	305.01	148.41	153.41
南缘冲断带	3.70	4.26	0.78	0.89	9453.66	9799.77	3619.35	3865.95
乌伦古坳陷	0.15	0.15	0.02	0.02	27.62	27.62	9.67	9.67
合计	54.00	80.08	10.97	17.35	21053.81	23071.3	8852.08	10072.03

表6-16 准噶尔盆地油气资源分层系分布情况（中国石油矿权区）

地质层位 界	地质层位 系	石油，10^4t 地质储量与资源量 剩余资源量	石油，10^4t 地质储量与资源量 总资源量	石油，10^4t 技术可采储量与资源量 剩余可采资源量	石油，10^4t 技术可采储量与资源量 总可采资源量	天然气，10^8m^3 地质储量与资源量 剩余资源量	天然气，10^8m^3 地质储量与资源量 总资源量	天然气，10^8m^3 技术可采储量与资源量 剩余可采资源量	天然气，10^8m^3 技术可采储量与资源量 总可采资源量
新生界	新近系	19971.01	21453.20	8425.63	9025.64	3.32	8.20	2.99	7.38
新生界	古近系	18299.74	18575.16	4451.95	4530.65	1867.24	2181.12	1344.23	1570.19
中生界	白垩系	35531.36	47222.24	8357.07	11389.35	2350.16	2362.20	670.09	678.60
中生界	侏罗系	75539.43	157325.77	17309.76	40617.68	5724.60	6037.57	2080.55	2261.21
中生界	三叠系	128434.27	208085.29	27751.70	47977.83	1307.70	1353.85	338.85	363.89
上古生界	二叠系	118373.18	169418.78	20174.47	29379.99	2877.40	3143.30	1309.52	1494.37
上古生界	石炭系	114811.76	135824.78	16234.81	19096.76	4260.74	5322.41	1723.28	2313.82
合计		510960.75	757905.2	102705.4	162017.9	18391.16	20408.65	7469.51	8689.46

富油气系统内的继承性正向构造单元（西北缘断阶带、莫索湾凸起、莫北凸起、白家海凸起、中拐凸起、陆西凸起、陆东凸起、北三台凸起、南缘山前断褶带等）位于富油气系统的生烃区之内或其周缘，多发育不同期次断裂和不整合面，运移通道条件良好，不同程度地具备了形成古源型、中源型或混源型油气藏的条件，且时空匹配条件良好。已发现的各级储量和商业油流井皆分布于这些继承性构造单元及相关的斜坡带上，仍是今后盆地油气勘探的主战场。

（1）侏罗系、白垩系有利勘探区主要有盆地腹部（陆西地区、莫北、莫索湾及莫南地区）、东部阜东斜坡带、白家海凸起带。上述区带的有利地质条件是：① 均位于富油气系统或油气系统叠加范围内；② 多为继承性正向构造单元或其斜坡，部分地区发育继承性鼻凸和油气源断裂，是长期的油气运移指向区；③ 除莫索湾以外，储层埋藏适中，多位于扇三角洲前缘相带，物性相对较好，且发育不整合，易形成岩性圈闭、地层—岩性圈闭和构造—岩性圈闭；④ 有多源或多期油气供给条件，资源丰度大，区域性、区带型及局部盖层发育，油气藏保存条件好，具备形成大中型、中小型油气藏的有利条件。

（2）三叠系有利勘探区主要在环玛湖凹陷区，包括玛湖凹陷东西斜坡带、达巴松凸起、中拐凸起等，发育扇三角洲前缘砂体，岩性较粗，以砂砾岩为主，物性整体偏差，随着近年来试油工艺技术的进步，极大地解放了这类相对偏差的储层。储层条件相对侏罗系、白垩系偏差外，其他成藏条件基本相同，也是盆地近期勘探的重点目的层。

（3）石炭系—二叠系勘探的有利地区主要有西北缘断裂带、玛湖东西斜坡带下组合、中拐凸起带、陆东凸起带、莫索湾凸起带以及东部白家海凸起带、北三台凸起带等。上述地区油气资源丰富，油气聚集条件清楚，是盆地深层寻找大中型油气田或油气藏的重要领域。由于该领域单储层质量较差，必须加强储层预测和评价，优选勘探目标，以保障储量、产量的持续增长。

7. 柴达木盆地

柴达木盆地常规石油总地质资源量为 $29.59 \times 10^8 t$，常规天然气总地质资源量为 $3.21 \times 10^{12} m^3$。盆地剩余石油地质资源量为 $23.35 \times 10^8 t$，剩余天然气地质资源量为 $2.84 \times 10^{12} m^3$（表6-17）。反映柴达木盆地油气勘探仍然具有较大潜力。其中，中国石油矿权区内石油总地质资源量 $29.28 \times 10^8 t$，剩余石油地质资源量 $23.06 \times 10^8 t$；天然气总地质资源量 $2.96 \times 10^{12} m^3$，剩余天然气地质资源量 $2.54 \times 10^{12} m^3$。

表6-17 柴达木盆地油气资源分构造单元分布情况（全盆地）

一级构造单元	石油资源量，$10^8 t$				天然气资源量，$10^8 m^3$			
	地质资源量		可采资源量		地质资源量		可采资源量	
	剩余地质资源量	总地质资源量	剩余可采资源量	总可采资源量	剩余地质资源量	总地质资源量	剩余可采资源量	总可采资源量
西部坳陷区	18.55	24.38	3.31	4.54	6303.44	6315	3493.03	3499.00
柴东凹陷区	0	0	0	0	10759.96	13657.7	4396.85	5962.7
北缘块断带	4.80	5.21	0.92	1.00	11377.85	12080.85	6007.05	6403.09
合计	23.35	29.59	4.23	5.54	28441.25	32053.55	13896.93	15864.79

1）油气勘探方向

柴达木盆地石油剩余资源主要分布于柴西地区（常规石油剩余地质资源量为 185530.33×10^4t），特别是柴西南狮子沟—大乌斯、跃进—乌南区带石油剩余资源丰度相对较高，其中最丰富的区带为狮子沟—大乌斯区带，常规石油剩余地质资源量为 57241.24×10^4t；其次为跃进—乌南区带，常规石油剩余地质资源量为 29939.83×10^4t，反映柴西地区仍为柴达木盆地石油勘探的重点区域。

柴达木盆地常规天然气剩余资源主要分布于阿尔金山前东段、伊北凹陷、柴西北及三湖北斜坡区。常规天然气剩余地质资源量最高的区带为三湖坳陷三湖北斜坡区带，剩余地质资源量为 $5868.36\times10^8m^3$；其次为北缘块断带阿尔金山前东段区带东坪区块，剩余地质资源量为 $2523.29\times10^8m^3$。目前，柴东第四系生物气勘探程度相对较高；柴北缘煤型气勘探已发现大型气田，是近几年柴达木盆地天然气勘探的主攻领域，总体勘探程度不高，仍有待进一步深化；柴西北古近系—新近系油型气仍处于探索起步阶段，目前已展露良好苗头。

2）重点勘探领域与有利目标区

根据本次油气资源评价成果，柴达木盆地盆内晚期构造带、盆缘古隆起及斜坡区、盆内凹陷—斜坡带剩余油气资源丰富，是近期重点勘探领域。

（1）盆内大型晚期构造带勘探领域。

在喜马拉雅晚期新构造运动作用下，由柴西至柴北缘，柴达木盆地内部发育成排成带的大型晚期构造背斜隆起构造带，普遍形成于新近纪上新世中期之后。

① 柴西地区。柴西地区晚期构造圈闭形成期与古近纪—新近纪烃源岩生油高峰期匹配较好，对油气成藏具有建设性作用。在源上晚期构造成藏模式指导下，在英东发现了高丰度油气田。揭示柴西地区众多晚期构造是有利油气勘探目标。其中，英雄岭构造带油源优越，储层条件好，具备上、中、下组合整体含油的优势。目前其剩余石油资源量仍有 4.593×10^8t；剩余天然气资源量为 $1442\times10^8m^3$，仍然具有较大勘探潜力。柴西北区浅层上组合石油合作开发成效显著，近期钻探在中组合见到良好天然气显示，进一步揭示其潜力。

② 柴北缘地区。柴北缘下侏罗统烃源岩分布区分布若干晚期构造带，下侏罗统烃源岩进入生油高峰早，自中新世至今始终处于生气高峰；晚期构造圈闭形成于上新世之后，不利于捕获早期生成的石油，却有利于天然气聚集，是天然气勘探有利目标。其中，鄂博梁—冷湖构造带位于下侏罗统生烃凹陷，天然气剩余资源丰度高。深层钻探在侏罗系内幕见到良好天然气显示，值得深入探索。

（2）盆缘古隆起—斜坡带勘探领域。

长期发育的古隆起有利于油气运聚，结合柴达木盆地烃源岩分布情况，邻近生烃凹陷的阿尔金山前、祁连山前西段具备良好勘探前景。近年来，在马北古隆起、昆仑山前西段昆北断阶带、祁连山前西段平台古隆起、阿尔金山前东段东坪和牛东鼻隆等区油气勘探接连获得重大突破。

① 阿尔金山前东段。紧邻伊北侏罗系生烃凹陷，是油气长期运聚指向，有利于形成各类气藏，剩余天然气资源丰富。目前在高断阶已获重大发现，低断阶距烃源岩更近，是下步有利重点勘探区带。

② 阿尔金山前西段。紧邻柴西北生烃凹陷，下组合有利于油气成藏。整体勘探程度不高，有待深入探索。

③ 祁连山前西段。邻近中侏罗统优质烃源岩，已发现了冷东近源构造—岩性油气藏、平台—驼南源外古隆起气藏和九龙山源内斜坡岩性油藏，展示该区良好勘探前景。目前勘

探程度仍不高，是下步勘探有利目标。

（3）盆内凹陷—斜坡带岩性及非常规油气勘探领域。

柴达木盆地生烃凹陷众多，凹陷—斜坡区岩性及非常规油气刚刚起步，初步已在扎哈泉斜坡取得良好成效，潜力仍较大。如柴西新近系凹陷—斜坡区、柴北缘中—下侏罗统凹陷—斜坡区、柴东—里坪—三湖凹陷斜坡区。

8. 吐哈盆地

吐哈盆地常规石油资源包括上、下含油气系统石油资源，石油探明储量 4.11×10^8t，总地质资源量 10.1×10^8t，剩余地质资源量 5.98×10^8t；上含油气系统石油地质资源量 4.84×10^8t，下含油气系统石油地质资源量 5.26×10^8t。吐哈盆地常规天然气资源主要分布于上含油气系统，主要位于台北凹陷内，天然气总地质资源量 $2434.57\times10^8m^3$，剩余地质资源量 $1412.55\times10^8m^3$（表6-18）。

表6-18 吐哈盆地油气资源分构造单元分布情况（全盆地）

一级构造单元	二级构造单元	石油，10^8t				天然气，10^8m^3			
		地质资源量		可采资源量		地质资源量		可采资源量	
		剩余地质资源量	总地质资源量	剩余可采资源量	总可采资源量	剩余地质资源量	总地质资源量	剩余可采资源量	总可采资源量
吐鲁番坳陷	台北凹陷	5.70	9.81	1.15	2.18	1412.55	2434.57	837.48	1311.74
	托克逊凹陷	0.16	0.17	0.05	0.05				
哈密坳陷	三堡凹陷	0.12	0.12	0.04	0.04				
合计		5.98	10.1	1.24	2.27	1412.55	2434.57	837.48	1311.74

上组合石油总地质资源量与剩余地质资源量均主要分布于鄯善弧形带，其次为西部弧形带；下组合石油资源分布于台北、哈密、托克逊各个凹陷，其中台北凹陷依然是主要油气资源分布区。台北凹陷细分为四个区带，即鲁克沁—红连带、北部山前带、鄯善弧形带和环小草湖带。从平面分布来看，剩余石油资源量主要分布在鲁克沁—红连带和北部山前带，其次是鄯善弧形带和环小草湖带。

（1）鄯善弧形带为台北凹陷中部的富油气区带，紧邻丘东生油凹陷，区带面积约 $840km^2$，石油地质资源量为 22677.80×10^4t、剩余地质资源量 6364.28×10^4t，石油地质资源丰度为 $27.0\times10^4t/km^2$。勘探实践表明鄯善—丘陵地区继承性构造发育区是构造—岩性油藏扩展的主要区域，晚燕山期是鄯善弧形带主要成藏期，温米—丘东地区晚喜马拉雅期构造被强烈改造，古油藏被改造调整，天然气充注，形成气藏，调整后的油气向古构造两翼重新聚集，古构造两翼是侏罗系岩性油气藏发育的有利部位，也是油气精细扩展勘探的有利地区。

（2）西部弧形带石油地质资源量为 8343.33×10^4t，剩余地质资源量为 3413.85×10^4t，石油地质资源丰度为 $13.81\times10^4t/km^2$，是近期油气勘探上产增储的主攻领域。西部弧形带油藏多以地层、岩性、构造复合型圈闭为主，该区东面紧靠胜北主力生烃洼陷，油源条件优越，侏罗纪以来胜北洼陷持续快速深埋，有利于侏罗系水西沟群烃源岩演化成熟，油气沿中晚燕山期—喜马拉雅期古构造脊线和侏罗系—白垩系、古近系/白垩系不整合面长距离运移，在油气运移路径上众多构造圈闭、地层圈闭、岩性圈闭均可成藏。

（3）鲁克沁—红连带是吐哈盆地下含油气系统最为有利的勘探区带，石油地质资源量

为 30944.90×10^4t，剩余地质资源量为 17155.21×10^4t，石油地质资源丰度为 28.44×10^4t/km^2。该构造带以三叠系克拉玛依组和二叠系梧桐沟组为主要储层，油藏类型上梧桐沟组以层状构造—岩性油藏为主、三叠系克拉玛依组以底水块状油层为主，下含油气系统油气成藏规律为断陷控源、古凸控砂、鼻隆控藏，紧邻二叠系生烃凹陷周缘的古凸起前缘是前侏罗系的有利勘探方向。

第三节 非常规油气资源潜力与分布

我国非常规油气资源勘探开发起步较晚，认识程度总体较低，本次评价充分吸收了勘探开发实践及成藏地质研究进展，对七类非常规油气资源进行了系统评价。依据本次资源评价结果，详细分析我国非常规油气资源分布特征，为有利区评价优选提供依据。

一、致密油资源潜力及分布

评价结果表明，我国致密油资源在各地区广泛分布，其中中东部地区资源更为丰富（表6-19）。截至目前，已探明致密油地质储量 6.28×10^8t，剩余地质资源量 119.52×10^8t。

表 6-19 全国致密油资源大区分布表

地区	面积，km^2	地质资源量，10^{8}t			可采资源量，10^{8}t		
		探明储量	剩余资源量	总资源量	探明储量	剩余资源量	总资源量
东部	37210	3.56	38.85	42.40	0.61	4.32	4.93
中部	141066	2.07	56.90	58.98	0.21	5.72	5.93
西部	10265	0.65	23.77	24.42	0.10	1.39	1.48
合计	188541	6.28	119.52	125.80	0.92	11.43	12.34

中部地区致密油资源最富集，总地质资源量 58.98×10^8t，总可采资源量 5.93×10^8t。已探明地质储量 2.07×10^8t，剩余地质资源量 56.9×10^8t。

东部地区致密油资源较富集，总地质资源量 42.4×10^8t，总可采资源量 4.93×10^8t。已探明地质储量 3.56×10^8t，剩余地质资源量 38.85×10^8t。

西部地区致密油资源相对较少，资源探明率低。本次评价该区致密油总地质资源量 24.42×10^8t，总可采资源量 1.48×10^8t。已探明地质储量 0.65×10^8t，剩余地质资源量 23.77×10^8t。

1. 盆地分布

致密油主要分布在鄂尔多斯、松辽、渤海湾和准噶尔四大盆地（表6-20），其中鄂尔多斯盆地致密油地质资源量 30×10^8t，松辽盆地 22.406×10^8t，渤海湾盆地 20×10^8t，准噶尔盆地 19.79×10^8t，合计 92.196×10^8t，占总资源量的73.3%。已探明地质储量集中在松辽盆地、鄂尔多斯盆地、渤海湾盆地，其中松辽盆地探明致密油地质资源 2.588×10^8t，剩余地质资源量 19.818×10^8t；鄂尔多斯盆地探明致密油地质资源 1.006×10^8t，剩余地质资源量 28.99×10^8t。

致密油剩余资源主要集中在鄂尔多斯盆地、松辽盆地、准噶尔盆地和渤海湾盆地，是

表 6-20　全国重点盆地致密油地质资源量盆地分布表

盆地	公司	层位	面积 km²	地质资源量，10⁸t						技术可采资源量，10⁸t				
				探明储量	剩余资源量	总地质资源量				探明储量	剩余资源量	总可采资源量			
						Ⅰ类	Ⅱ类	Ⅲ类	合计			Ⅰ类	Ⅱ类	Ⅲ类	合计
鄂尔多斯	长庆	上三叠统延长组7段	78879	1.006	28.99	22.89	7.11	0	30	0.118	3.39	2.678	0.832	0	3.51
松辽	吉林	K_1q_4	5313	2.588	7.095	7.843	1.840	0	9.683	0.463	0.911	1.097	0.277	0	1.374
	大庆	$K_2qn_{2,3}$	1962	0	1.565	1.565	0	0	1.565	0	0.125	0.125	0	0	0.125
		K_1q_4	13232	0	11.158	7.568	3.590	0	11.158	0	1.227	0.832	0.395	0	1.227
	合计		20507	2.588	19.818	16.976	5.430	0	22.406	0.463	2.263	2.054	0.672	0	2.726
渤海湾	辽河	Es_3	60	0	0.520	0	0.520	0	0.520	0	0.052	0	0.052	0	0.052
		Es_4	780	0	5.000	3.700	1.300		5.000	0	0.428	0.324	0.104		0.428
	华北	$Es_3^下$	248	0	1.959	1.493	0.248	0.218	1.959	0	0.167	0.130	0.020	0.017	0.167
		$Es_1^下$	1214	0	1.852	0.730	0.528	0.594	1.852	0	0.176	0.069	0.062	0.046	0.177
		$Es_3^中$—$Es_1^上$	458	0	1.382	0.990	0.241	0.151	1.382	0	0.132	0.088	0.026	0.018	0.132
	大港	Es_1	3060	0.763	2.505	1.700	1.243	0.326	3.269	0.114	0.376	0.255	0.187	0.048	0.490
		Es_2	3060	0.075	0.658	0.381	0.278	0.073	0.732	0.011	0.097	0.056	0.041	0.011	0.108
		Es_3	5280	0.130	1.784	0.964	0.698	0.253	1.914	0.020	0.277	0.149	0.108	0.040	0.297
		Ek_2	1760	0	1.180	0.566	0.401	0.212	1.180	0	0.177	0.085	0.060	0.032	0.177
	冀东	Es_1	679	0	1.330	0.740	0.320	0.270	1.330	0	0.107	0.060	0.026	0.021	0.107
		Es_3	103	0	0.86	0.53	0.16	0.17	0.86	0	0.067	0.042	0.012	0.013	0.067
	合计		16702	0.968	19.03	11.794	5.937	2.267	19.998	0.145	2.056	1.258	0.698	0.246	2.202

续表

盆地	公司	层位	面积 km²	探明储量	剩余资源量	地质资源量, 10⁸t 总地质资源量 I类	II类	III类	合计	探明储量	剩余资源量	技术可采资源量, 10⁸t 总可采资源量 I类	II类	III类	合计
准噶尔	新疆	P₂l	1278	0	12.4	3.291	6.752	2.358	12.400	0	0.651	0.173	0.354	0.124	0.651
		P₁f	2312	0.11	4.08	0	0	4.190	4.190	0.016	0.320	0	0	0.335	0.335
		P₂p	4436	0.21	2.99	0	0	3.200	3.200	0.059	0.197	0	0	0.256	0.256
	小计		8026	0.320	19.470	3.291	6.752	9.748	19.791	0.075	1.168	0.173	0.354	0.715	1.242
四川	西南	J	53010	0.812	15.316			16.128	16.128	0.051	1.237			1.288	1.288
柴达木	青海	N₁	1800	0	3.292	2.199	0.809	0.285	3.292	0	0.264	0.176	0.065	0.023	0.264
		E₃	1350	0.066	1.331	0.727	0.506	0.164	1.397	0.009	0.075	0.044	0.030	0.010	0.084
		N₂	4900	0	3.887	1.588	1.850	0.449	3.887	0	0.350	0.143	0.166	0.040	0.349
	小计		8050	0.066	8.510	4.514	3.165	0.898	8.577	0.009	0.689	0.363	0.261	0.073	0.698
三塘湖	吐哈	P₂t	562	0.330	1.101	1.056	0.242	0.133	1.431	0.021	0.059	0.059	0.013	0.007	0.079
		P₂l	1677	0	3.199	0.193	1.363	1.643	3.199	0	0.160	0.010	0.068	0.082	0.160
	小计		2239	0.330	4.3	1.249	1.605	1.776	4.630	0.021	0.219	0.069	0.081	0.089	0.239
二连	华北	K₁	896	0	2.983	0.934	1.229	0.821	2.984	0	0.310	0.082	0.145	0.082	0.309
酒泉	玉门	K₁g₂₊₃	231	0.188	1.101	0.122	0.454	0.712	1.288	0.030	0.096	0.011	0.039	0.076	0.126
合计				6.278	119.518	61.77	31.682	32.350	125.802	0.912	11.428	6.688	3.082	2.569	12.339

今后致密油勘探的重点盆地。

2. 层系分布

我国致密油资源主要分布于中生界、新生界，其中三叠系地质资源量 30×10^8 t，古近系、白垩系和二叠系资源量相近，分别为 21.394×10^8 t、26.678×10^8 t 和 24.419×10^8 t，侏罗系为 16.128×10^8 t，新近系为 7.18×10^8 t（表6-21）。

表6-21 全国重点盆地致密油地质资源量层系分布表

层系	地质资源量，10^8t						技术可采资源量，10^8t					
	探明地质储量	剩余地质资源量	总地质资源量				探明可采储量	剩余可采资源量	总可采资源量			
			Ⅰ类	Ⅱ类	Ⅲ类	合计			Ⅰ类	Ⅱ类	Ⅲ类	合计
N	0	7.179	3.787	2.659	0.734	7.18	0	0.613	0.319	0.231	0.063	0.613
E	1.034	20.360	12.520	6.443	2.431	21.394	0.155	2.130	1.301	0.728	0.256	2.285
K	2.775	23.903	18.032	7.113	1.533	26.678	0.493	2.669	2.148	0.856	0.158	3.162
J	0.812	15.316	0	0	16.128	16.128	0.051	1.237	0	0	1.288	1.288
T	1.006	28.994	22.89	7.11	0	30	0.118	3.392	2.678	0.831	0	3.509
P	0.650	23.771	4.539	8.356	11.524	24.419	0.095	1.387	0.241	0.436	0.805	1.482
合计	6.277	119.523	61.768	31.681	32.35	125.799	0.913	11.428	6.687	3.083	2.570	12.339

二、致密砂岩气资源潜力及分布

据本次评价结果，我国致密气资源分布广泛，其中中部地区最为丰富（表6-22）。

表6-22 全国致密砂岩气资源大区分布表

地区	面积，km^2	地质，$10^8 m^3$			可采，$10^8 m^3$		
		探明储量	剩余资源量	总资源量	探明储量	剩余资源量	总资源量
东部	39267.00	476.97	26239.25	26716.22	207.73	10850.70	11058.43
中部	248975.99	73033.54	99991.72	173025.26	39113.83	50173.70	89287.54
西部	21530.06	662.70	18239.46	18902.16	315.47	8724.69	9040.16
合计	309773.05	74173.21	144470.43	218643.64	39637.03	69749.09	109386.13

中部地区致密砂岩气地质资源量 $17.3 \times 10^{12} m^3$、可采资源量 $8.93 \times 10^{12} m^3$。截至目前，已探明地质储量 $7.3 \times 10^{12} m^3$，剩余地质资源量 $10 \times 10^{12} m^3$。

东部地区致密砂岩气地质资源量 $2.67 \times 10^{12} m^3$、可采资源量 $1.11 \times 10^{12} m^3$。已探明地质储量 $0.05 \times 10^{12} m^3$，剩余地质资源量 $2.62 \times 10^{12} m^3$。

西部地区致密砂岩气地质资源量 $1.89 \times 10^{12} m^3$、可采资源量 $0.9 \times 10^{12} m^3$。已探明地质储量 $0.07 \times 10^{12} m^3$，剩余地质资源量 $1.82 \times 10^{12} m^3$。

1. 盆地分布

致密砂岩气资源主要分布在鄂尔多斯盆地、四川盆地、松辽盆地和塔里木盆地（见表5-9），其是今后致密气勘探的重点盆地。其中鄂尔多斯盆地致密气地质资源量 $13.32 \times 10^{12} m^3$，四川盆地 $3.98 \times 10^{12} m^3$，松辽盆地 $2.25 \times 10^{12} m^3$，塔里木盆地 $1.23 \times 10^{12} m^3$，合计 $20.8 \times 10^{12} m^3$，占总资源的95%。已探明地质储量集中在鄂尔多斯和四川盆地，其中鄂尔多斯盆地上古生界探明致密气地质资源量 $6.02 \times 10^{12} m^3$，剩余地质资源量 $7.3 \times 10^{12} m^3$；四川盆地探明致密气地质资源量 $1.28 \times 10^{12} m^3$，剩余地质资源量 $2.7 \times 10^{12} m^3$。

2. 层系分布

致密砂岩气资源以上古生界最为丰富，地质资源量 $13.5 \times 10^{12} m^3$，占61.6%；其次是中生界，地质资源量 $7.98 \times 10^{12} m^3$，占36.5%；新生界最少，仅占2%（表6-23）。

进一步细分层系，致密气资源以二叠系、三叠系最为丰富，其次是侏罗系、白垩系。这些致密气层系以含煤地层为主，反映了煤系地层有利于致密气近源充注、大面积成藏的特点。

表6-23 全国致密砂岩气资源层系分布表

层系		致密气地质资源量，$10^8 m^3$			致密气可采资源量，$10^8 m^3$		
		探明储量	剩余地质	总地质资源	探明可采储量	剩余可采资源量	总可采资源量
新生界	E	104	4131	4235	49	1761	1809
中生界	K	373	22109	22482	159	9090	9249
	J	5374	20338	25712	2435	9834	12269
	T	8133	23434	31567	3660	10545	14205
	小计	13880	65881	79761	6254	29469	35723
古生界	P	60155	70457	130613	33314	36522	69836
	C	34	4002	4036	20	1997	2018
	小计	60189	74459	134649	33334	38519	71854
合计		74173	144471	218645	39637	69749	109386

三、煤层气资源潜力及分布

本次评价结果，煤层气资源总量和地区分布状况没有根本变化，地质资源量新进展主要体现在随着勘探开发深入，含气量等评价参数更加翔实可靠，导致部分盆地资源量有变化（图6-6）。

横向上，全国煤层气地质资源量以东部最多，占33%；中部和西部各占26%；南方最少，占15%。可采资源量也以东部、西部最高，各约占30%；中部占24%；南方最少，占15%（图6-7）。

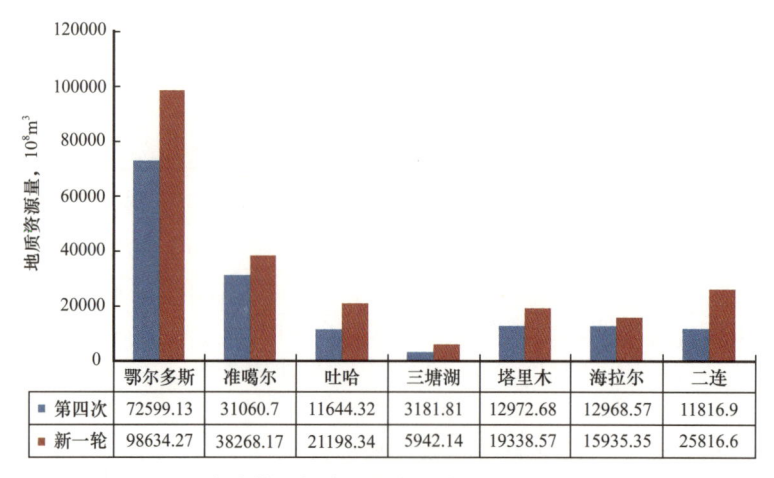

	鄂尔多斯	准噶尔	吐哈	三塘湖	塔里木	海拉尔	二连
第四次	72599.13	31060.7	11644.32	3181.81	12972.68	12968.57	11816.9
新一轮	98634.27	38268.17	21198.34	5942.14	19338.57	15935.35	25816.6

图 6-6 本次煤层气资源量发生变化的主要盆地对比

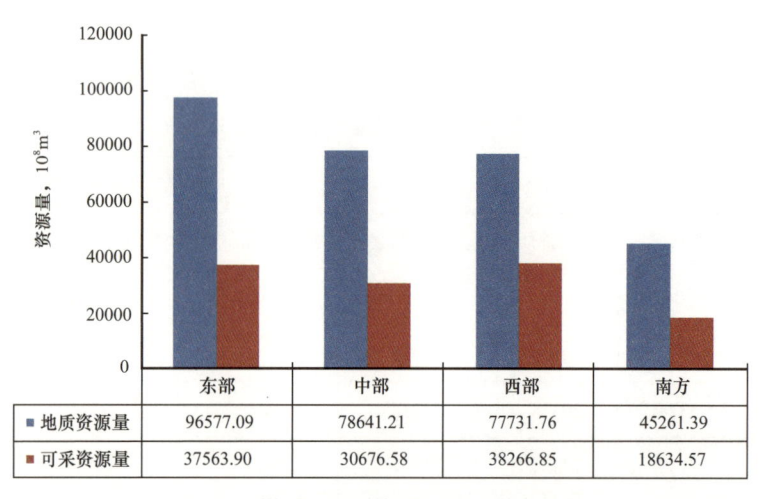

	东部	中部	西部	南方
地质资源量	96577.09	78641.21	77731.76	45261.39
可采资源量	37563.90	30676.58	38266.85	18634.57

图 6-7 煤层气地质资源量和可采资源量

层系上，全国煤层气地质资源中生界和古生界各占约 50%，新生界地质资源量极少（图 6-8 至图 6-10）。

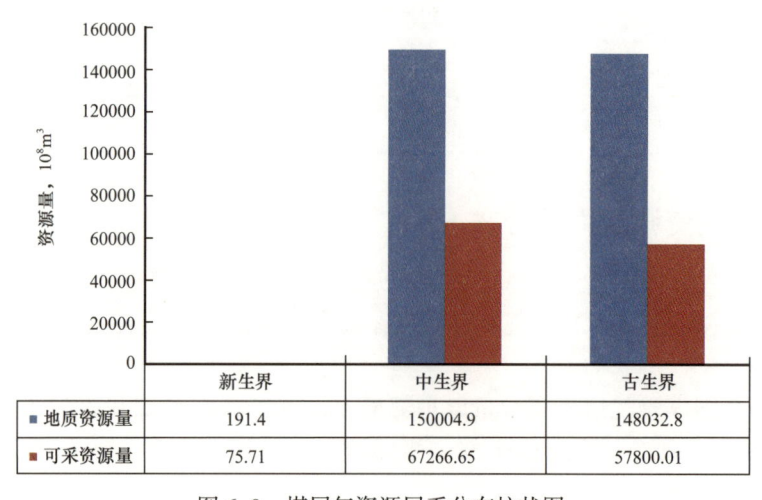

	新生界	中生界	古生界
地质资源量	191.4	150004.9	148032.8
可采资源量	75.71	67266.65	57800.01

图 6-8 煤层气资源层系分布柱状图

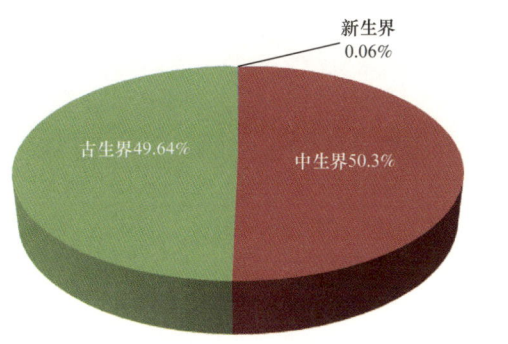

图 6-9　煤层气地质资源量层系分布 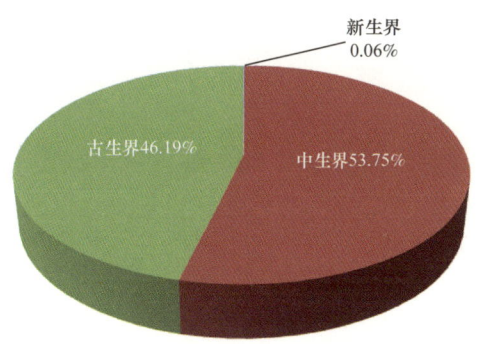　　　　图 6-10　煤层气可采资源量层系分布

煤阶上，高煤阶、低煤阶略高于中煤阶地质资源量，但由于渗透率值差异，低煤阶可采资源量明显高于高煤阶和中煤阶（图 6-11 至图 6-13）。

	低煤阶 地质资源量	低煤阶 可采资源量	中煤阶 地质资源量	中煤阶 可采资源量	高煤阶 地质资源量	高煤阶 可采资源量
500~1000m	45086	20357	15158	5762	50821	17377
1000~1500m	27925	15442	32554	13931	29191	11986
1500~2000m	29573	13801	43587	15489	24315	10998
总计	102584	49600	91299	35182	104327	40361

图 6-11　不同煤阶煤层气埋深分布

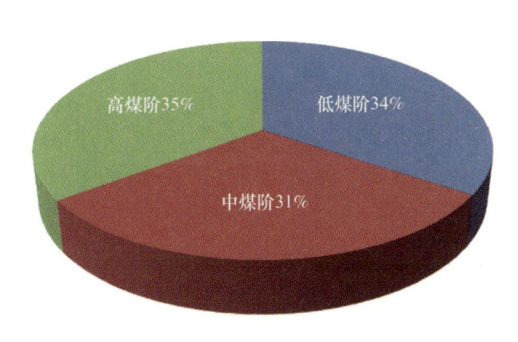

图 6-12　不同煤阶煤层气地质资源量分布 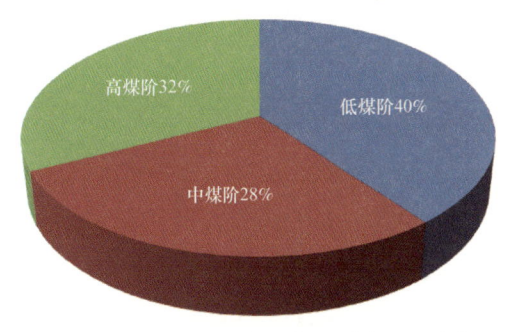　　　　图 6-13　不同煤阶煤层气可采资源量分布

埋深上，对于地质资源量，风化带至 1000m 最大，占 37%；1500~2000m 次之，占 33%；1000~1500m 最少，占 30%。对于可采资源量，风化带至 1000m 最大，占 35%；1000~1500m 次之，占 33%，1500~2000m 最少，占 32%（图 6-14、图 6-15）。

综合煤阶、埋深，高煤阶、低煤阶资源量以 1000m 以浅为主，中煤阶以 1000~2000m 埋深为主。

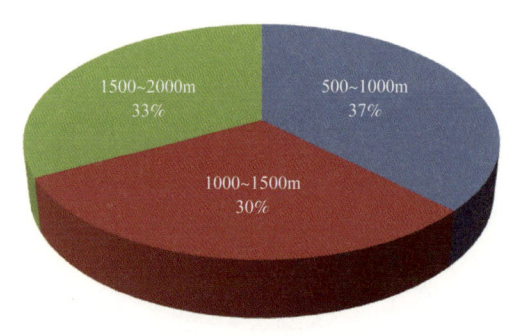

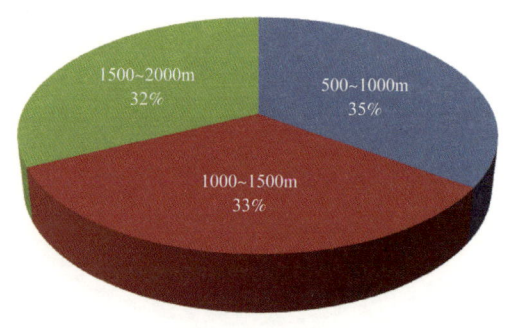

图 6-14 不同埋深煤层气地质资源量分布　　　　图 6-15 不同埋深煤层气可采资源量分布

同时根据矿权区分布与煤储层叠合实际，采用资源丰度类比法预测了中国石油主要油气矿权区内煤层气地质资源量，中国石油油气矿权区内主要含煤层气盆地 15 个，油气矿权区内煤层气地质资源约 $13.4 \times 10^{12} m^3$，占全国 44.9%；可采资源量约 $5.79 \times 10^{12} m^3$，占全国 46.3%（表 6-24）。

表 6-24　中国石油主要油气矿权区煤层气资源量

盆地	面积，km^2	资源丰度，$10^8 m^3/km^2$	地质资源量，$10^8 m^3$	可采资源量，$10^8 m^3$	占盆地地质资源量，%
三江—穆棱河	2004.33	1.21	2425.00	417.04	78.14
塔里木	870.26	2.21	1920.94	882.45	14.81
松辽	270.45	0.07	17.70	2.30	45.00
宁武	349.82	1.15	400.79	198.84	11.00
滇东黔西	802.76	2.16	1736.19	702.62	5.00
河西走廊	1125.20	0.21	234.39	116.33	20.00
三塘湖	4695.00	0.68	3181.81	1812.43	100.00
二连	11617.87	0.34	3938.98	1491.80	33.33
四川	19684.57	0.31	6042.09	2717.48	100.00
川南黔北	3302.18	0.92	3029.83	1315.02	30.00
沁水	13792.74	0.75	10401.01	3966.67	26.00
海拉尔	8101.21	1.00	8090.28	4717.15	62.38
吐哈	13318.00	0.87	11644.32	6531.84	100.00
鄂尔多斯（J）	54136.31	0.45	24425.27	9004.10	60.00
鄂尔多斯（C—P）	33560.55	0.76	25512.24	10361.85	80.00
准噶尔	26126.00	1.19	31087.70	13615.00	100.00
总计	193757.25		134088.54	57852.92	

中国石油矿权区以中部地区资源量最大，西部次之，东部、南方较少；2/3资源量来自于中生界煤储层；不同深度煤层气资源占比，1500～2000m埋深略多，各深度占全国对应深度煤层气资源量比例在40%～51%之间；低煤阶占51%，中煤阶占30%，高煤阶仅占19%。

由以上资源分类特点可以看出，煤层气资源主要集中在东部的沁水盆地、二连盆地、海拉尔盆地，中部的鄂尔多斯盆地，西部的准噶尔盆地、塔里木盆地、吐哈—三塘湖盆地。

四、页岩气资源分布特征

1. 我国页岩气资源丰富，以海相页岩气资源为主

从评价结果的总资源看，我国页岩气技术可采资源总量为 $11.0 \times 10^{12} m^3$（P95）～$14.24 \times 10^{12} m^3$（P5），期望值为 $12.85 \times 10^{12} m^3$（≈P50），以海相页岩气为主。海相页岩气技术可采资源总量为 $8.00 \times 10^{12} m^3$（P95）～$9.55 \times 10^{12} m^3$（P5），期望值为 $8.82 \times 10^{12} m^3$（≈P50），海相页岩气资源占我国页岩气总资源量的68.7%。海陆过渡相页岩气技术可采资源总量为 $1.96 \times 10^{12} m^3$（P95）～$2.68 \times 10^{12} m^3$（P5），期望值为 $2.42 \times 10^{12} m^3$（≈P50），海陆过渡相页岩气资源占我国页岩气总资源量的18.8%。陆相页岩气技术可采资源总量为 $1.0 \times 10^{12} m^3$（P95）～$2.0 \times 10^{12} m^3$（P5），期望值为 $1.61 \times 10^{12} m^3$（≈P50），陆相页岩气资源占我国页岩气总资源量的12.5%。

海相页岩气落实有利叠合面积 $14.8 \times 10^4 km^2$，厚20～260m，可采资源总量 $8.82 \times 10^{12} m^3$，主要分布在三大领域。一是四川盆地，技术可采资源总量为 $4.66 \times 10^{12} m^3$（P95）～$5.56 \times 10^{12} m^3$（P5），期望值为 $5.14 \times 10^{12} m^3$（≈P50），占海相页岩气总资源量的58.3%。其次是四川盆地周边，包括滇东—黔北、渝东—湘鄂西，技术可采资源总量为 $2.5 \times 10^{12} m^3$（P95）～$2.98 \times 10^{12} m^3$（P5），期望值为 $2.75 \times 10^{12} m^3$（≈P50），占海相页岩气总资源量的31.2%。三是中—下扬子地区，技术可采资源总量为 $0.85 \times 10^{12} m^3$（P95）～$0.99 \times 10^{12} m^3$（P5），期望值为 $0.93 \times 10^{12} m^3$（≈P50），占海相页岩气总资源量的10.0%。由此可见，四川盆地及周缘是海相页岩气资源的主体，技术可采资源总量为 $7.16 \times 10^{12} m^3$（P95）～$8.54 \times 10^{12} m^3$（P5），期望值为 $7.89 \times 10^{12} m^3$（≈P50），占海相页岩气总资源量的89.5%。

海陆过渡相页岩气资源分布局限，仅限于南方地区群及华北地区，初步落实海陆过渡相页岩气有利面积 $19.13 \times 10^4 km^2$，厚10～150m，技术可采资源总量为 $2.42 \times 10^{12} m^3$，主要分布在两大盆地及一个地区。两大盆地一是四川盆地，技术可采资源总量为 $0.72 \times 10^{12} m^3$（P95）～$0.99 \times 10^{12} m^3$（P5），期望值为 $0.89 \times 10^{12} m^3$（≈P50），占海陆过渡相页岩气总资源量的37%。二是鄂尔多斯盆地，技术可采资源总量为 $0.55 \times 10^{12} m^3$（P95）～$0.75 \times 10^{12} m^3$（P5），期望值为 $0.67 \times 10^{12} m^3$（≈P50），占海陆过渡相页岩气总资源量的31%。一个地区是中—下扬子地区，技术可采资源总量为 $0.53 \times 10^{12} m^3$（P95）～$0.71 \times 10^{12} m^3$（P5），期望值为 $0.65 \times 10^{12} m^3$（≈P50），占海陆过渡相页岩气总资源量的27.3%。

陆相页岩气有限，尽管初步落实了陆相页岩气有利面积为 $9.28 \times 10^4 km^2$，但不确定性较大。陆相页岩气技术可采资源总量为 $1.61 \times 10^{12} m^3$，主要分布在四川盆地及鄂尔多斯盆地。四川盆地陆相页岩气技术可采资源量为 $0.85 \times 10^{12} m^3$（P95）～$1.33 \times 10^{12} m^3$（P5），期望值为 $1.14 \times 10^{12} m^3$（≈P50），占陆相页岩气总资源量的68.7%。鄂尔多斯盆地陆相页岩气技术可采资源量为 $0.04 \times 10^{12} m^3$（P95）～$0.24 \times 10^{12} m^3$（P5），期望值为 $0.15 \times 10^{12} m^3$（≈P50），占陆相页岩气总资源量的9%。

2. 我国海相页岩气资源地区分布较集中，以四川盆地及周边为主

区域上，我国页岩气资源重点分布在两个盆地及一个地区，两个盆地是四川盆地、鄂尔多斯盆地，一个地区则为中—下扬子地区。四川盆地及周边有利页岩气总面积为 $22.5×10^4km^2$，页岩气技术可采资源量为 $8.8×10^{12}m^3$（P95）~ $10.9×10^{12}m^3$（P5），期望值为 $10.0×10^{12}m^3$（≈P50），占我国页岩气总资源量的78%。鄂尔多斯盆地页岩气技术可采资源量为 $0.65×10^{12}m^3$（P95）~ $1.1×10^{12}m^3$（P5），期望值为 $0.9×10^{12}m^3$（≈P50），占我国页岩气总资源量的7%。中—下扬子地区页岩气技术可采资源量为 $1.26×10^{12}m^3$（P95）~ $1.57×10^{12}m^3$（P5），期望值为 $1.45×10^{12}m^3$（≈P50），占我国页岩气总资源量的11%。

3. 我国页岩气资源地质时代分布以下古生界为主，上古生界次之

我国页岩气资源在时代上为三分，寒武系—志留系、石炭系—二叠系、三叠系—侏罗系，尤以寒武系—志留系为主。寒武系—志留系有利页岩气叠加面积为 $14.8×10^4km^2$，页岩气技术可采资源量为 $7.0×10^{12}m^3$（P95）~ $9.55×10^{12}m^3$（P5），期望值为 $8.82×10^{12}m^3$（≈P50），占我国页岩气总资源量的68.7%。石炭系—二叠系有利页岩气叠加面积为 $19.2×10^4km^2$，页岩气技术可采资源量为 $2.0×10^{12}m^3$（P95）~ $2.7×10^{12}m^3$（P5），期望值为 $2.45×10^{12}m^3$（≈P50），占我国页岩气总资源量的19.1%。三叠系—侏罗系有利页岩气叠加面积为 $7.95×10^4km^2$，页岩气技术可采资源量为 $0.96×10^{12}m^3$（P95）~ $1.76×10^{12}m^3$（P5），期望值为 $1.46×10^{12}m^3$（≈P50），占我国页岩气总资源量的11.3%。

五、油页岩油资源分布特征

1. 大区分布特征

大型含油气盆地主要分布于我国北方，油气主要集中分布于北方，油页岩资源也主要分布于北方，均表现为北富南贫。本次计算我国油页岩总资源（埋深0~1000m）为 $9734×10^8t$，查明资源储量为 $1122×10^8t$，潜在资源量为 $8612×10^8t$。油页岩油总资源为 $534×10^8t$，查明资源储量为 $57×10^8t$，潜在资源量 $477×10^8t$。可回收油页岩油总资源为 $131×10^8t$，查明可回收资源储量为 $19×10^8t$，潜在可回收资源量 $112×10^8t$。

本次计算全国油页岩资源量比2005年全国新一轮油页岩资源油页岩油资源量增加 $58×10^8t$，可回收页岩油资源量增加 $12×10^8t$（表6-25）。主要原因是：（1）松辽盆地勘

表6-25 本次油页岩资源评价与上轮油页岩资源评价数据对比

	油页岩干馏油，10^8t		油页岩干馏油可采资源量，10^8t		油页岩干馏油可回收资源量，10^8t	
	2015年	2005年	2015年	2005年	2015年	2005年
东部区	203.33	167.67	66.79	57.46	50.09	43.1
中部区	168.62	97.95	54.05	32.03	40.58	24.02
西部区	70.79	72.78	24.64	25.94	18.48	19.46
南方区	7.78	11.46	5.21	6.31	3.91	4.73
青藏区	83.27	126.58	13.28	37.98	18.74	28.5
小计	533.78	476.44	163.98	159.72	131.8	119.81

探工作研究程度加大，查明资源量显著增多；（2）中部地区增加鄂尔多斯全盆地预测区；（3）青藏地区适当调减；（4）不符合参数起算值的不列入计算范围。

中国油页岩资源集中于松辽盆地、鄂尔多斯盆地、准噶尔盆地和伦坡拉盆地。松辽盆地油页岩资源 3974×10^8t，占全国的 40.8%；鄂尔多斯盆地油页岩资源 3558×10^8t，占全国的 36.5%；准噶尔盆地油页岩资源 652×10^8t，占全国的 6.7%；伦坡拉盆地油页岩资源 383.98×10^8t，占全国的 3.9%。

东部地区油页岩资源总量达 4165×10^8t，集中于松辽盆地。松辽盆地油页岩资源为 3974×10^8t，占东部的 95.4%；油页岩油资源为 190.5×10^8t，占东部的 93.7%；可回收油页岩油资源为 45.74×10^8t，占东部的 91.3%。

中部地区油页岩资源总量达 3593×10^8t，集中于鄂尔多斯盆地。鄂尔多斯盆地油页岩资源为 3558×10^8t，占中部的 98.9%；油页岩油资源为 166.9×10^8t，占中部的 98.9%；可回收页岩油资源为 40.1×10^8t，占中部的 99%。

西部地区油页岩资源总量达 1020.2×10^8t，集中于准噶尔盆地。准噶尔盆地油页岩资源为 652×10^8t，占西部的 63.9%；油页岩油资源为 54×10^8t，占西部的 93.15%；可回收页岩油资源为 14.1×10^8t，占西部的 76.3%。

南方地区油页岩资源总量达 130×10^8t，集中于茂名盆地。茂名盆地油页岩资源为 100×10^8t，占南方地区的 76.9%；油页岩油资源为 6.3×10^8t，占南方地区的 81%；可回收油页岩油资源为 2.9×10^8t，占南方地区的 74%。

青藏地区油页岩资源总量达 819.2×10^8t，集中于伦坡拉盆地。伦坡拉盆地油页岩资源为 383.98×10^8t，占西藏地区的 46.9%；油页岩油资源为 43.3×10^8t，占西藏地区的 52%；可回收油页岩油资源为 9.74×10^8t，占西藏地区的 52%。

2. 盆地分布特征

我国现在油页岩资源量排前 10 位的油气盆地分别是松辽盆地、鄂尔多斯盆地、准噶尔盆地、羌塘盆地、伦坡拉盆地、民和盆地、柴达木盆地、茂名盆地、大杨树盆地和四川盆地（图 6-16），前 10 位盆地油页岩资源量为 9558×10^8t，占全国油页岩资源量的 98.2%；而前两位的松辽与鄂尔多斯盆地油页岩潜在资源量为 7532×10^8t，占全国油页岩资源量的 77.4%；排前六位的是松辽盆地、鄂尔多斯盆地、准噶尔盆地、羌塘盆地、伦坡拉盆地和民和盆地。

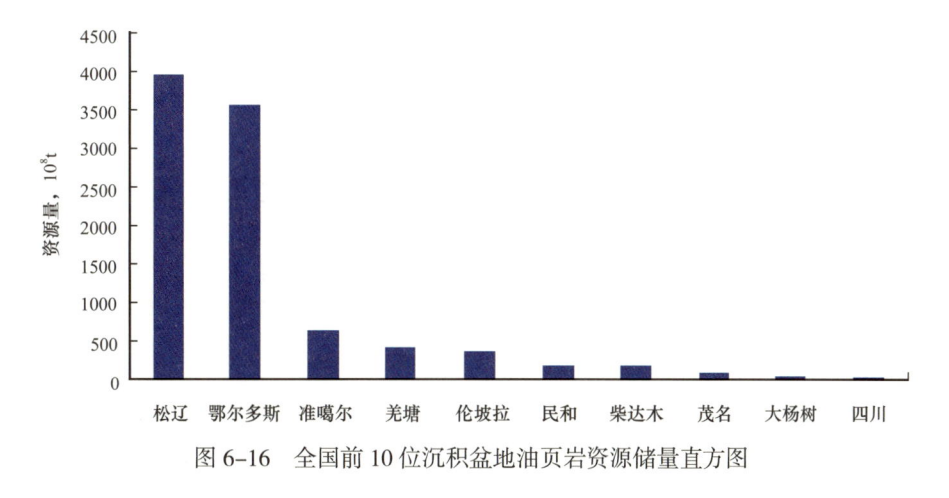

图 6-16　全国前 10 位沉积盆地油页岩资源储量直方图

从我国现在油页岩查明地质资源量排前10位的含油气盆地分析（图6-17），发现前10位盆地油页岩查明资源储量为1093.2×10⁸t，占全国已查明油页岩资源储量的97.4%；排前六位的是松辽盆地、茂名盆地、抚顺盆地、北部湾盆地、民和盆地和鄂尔多斯盆地。虽然准噶尔盆地油页岩丰富，但是资源落实程度较低，缺乏相应的地质钻井资料，强化油页岩资源储量勘查应是重点工作。

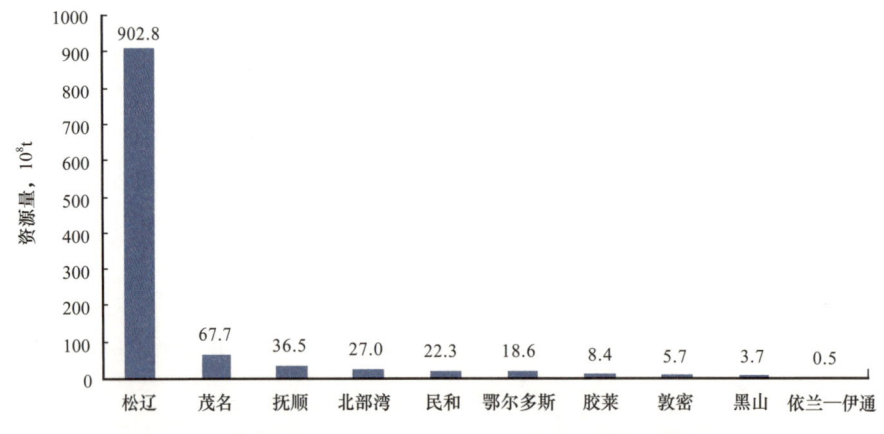

图6-17 全国前10位沉积盆地油页岩查明地质资源量直方图

3. 品级分布特征

按我国油页岩矿床含油率级别进行评价，3.5%~5%含油率级别范围内，油页岩资源为3500×10⁸t，占油页岩总资源的35.96%，油页岩油资源为192×10⁸t，可回收油页岩油资源为47×10⁸t；5%~10%含油率级别范围内，油页岩资源为5608×10⁸t，油页岩油资源为277.9×10⁸t，可回收油页岩油资源为70×10⁸t；大于10%含油率级别范围内，油页岩资源为625.5×10⁸t，油页岩油资源为63.6×10⁸t，可回收油页岩油资源为14.3×10⁸t（图6-18）。大于10%含油率级别油页岩资源主要分布于西藏高原伦坡拉与羌塘两大残余沉积盆地之中。

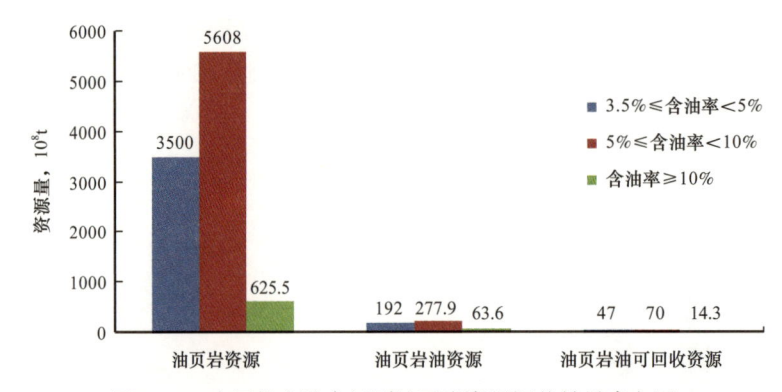

图6-18 全国按含油率级别油页岩资源评价结果直方图

六、油砂油资源分布特征

中国石油矿权范围的油砂点多面广。本次调查评价了10个盆地，在这10个盆地中发现了规模不等的油砂出露，共评价出油砂油地质资源量12.56×10⁸t，可采资源

量为 7.67×10^8t。其中，0～100m 埋深的油砂油地质资源量为 7×10^8t，可采资源量为 4.89×10^8t；100～200m 埋深的油砂油地质资源量为 5.56×10^8t，可采资源量为 2.78×10^8t。

2008 年 1 月 3 日《关于新一轮全国资源评价和储量产量趋势预测报告》评价结果为全国油砂油地质资源量为 59.7×10^8t，可采资源量为 22.6×10^8t。本次油砂资源量相比 2005 年全国油砂资源评价结果变少的原因主要有：（1）本次评价埋深计算范围为 0～200m，新一轮评价埋深计算范围为 0～500m；（2）通过近几年的勘探，过去预测认为连片分布的油砂资源，被证实为是孤立的几个矿点，面积大幅减少，例如松辽西斜坡过去认为是从图牧吉到白城连片分布，现今钻探证实油砂仅分布在图牧吉及镇赉西；（3）经本次踏勘评价，去掉了部分油苗点及南方碳酸盐岩油砂，例如准噶尔盆地南部安集海以及贵州瓮安麻江；（4）新一轮 0～100m 埋深范围内的可采系数为 85%，100～500m 埋深范围内的可采系数为 60%，专家认为可采系数偏高，根据近年来风城油砂矿挖掘实验及中试结果，本次资源评价可采系数有所调整，第四次油气资源评价 0～100m 埋深范围内的可采系数为 70%，100～200m 埋深范围内的可采系数为 50%。

各盆地油砂资源量分布不均。在综合考虑资源量、油砂品质、开采条件的基础上，对 10 个盆地油砂资源进行了排队（表 6-26），其中，准噶尔、柴达木、四川、松辽、塔里木等大盆地油砂资源量较大，其他中小盆地油砂资源量较小。

中国石油范围油砂含油率变化较大，3%～11% 均有分布，含油率主要分布在 6%～10% 之间，属中等品级的油砂（图 6-19）。其中，含油率大于 10%，埋深 0～200m 的油砂油地质资源量为 0.16×10^8t，占 1.3%；含油率在 6%～10% 之间，埋深 0～200m 的油砂油地质资源量为 8.3×10^8t，占 66.1%；含油率在 3%～6% 之间，埋深 0～200m 的油砂油地质资源量为 4.1×10^8t，占 32.7%。

表 6-26 中国石油矿权区主要盆地油砂资源量汇总表

盆地	0～100m 埋深 地质资源量, 10^4t	100～200m 埋深 地质资源量, 10^4t	总地质资源量, 10^4t	排名
准噶尔	36744	27849	64593	1
柴达木	13366	9008	22374	2
四川	12300.94	6323.25	18624.19	3
松辽	6056.76	2856.26	8913.02	4
塔里木	2648	5297	7945	5
二连	1312	1113	2425	6
酒泉石油沟	61	299	360	7
中口子	16	16	32	8
百色盆地	138	—	138	9
桂中坳陷	91	—	91	10
合计	72733.7	52761.51	125495.21	

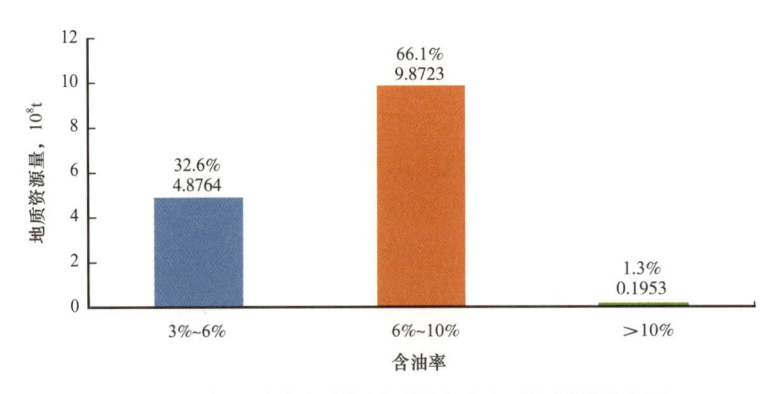

图 6-19　中国石油油砂资源不同含油率下资源量分布图

第四节　未来油气勘探重点领域与勘探方向

一、常规油气勘探领域

依据本次资源评价结果，结合近10年来油气勘探进展及探明储量状况，对剩余油气资源分布的领域进行了详细分析评价（表6-27）。分析结果表明，中国石油矿权区内，陆上常规剩余油气资源主要分布在岩性—地层（碎屑岩）、海相碳酸盐岩、前陆冲断带和复杂构造四大重点领域。其中，陆上剩余石油资源主要分布在岩性—地层（碎屑岩）和复杂构造带两个领域，陆上剩余天然气资源主要分布在海相碳酸盐岩和前陆冲断带两个领域。海域油气资源也较为丰富，中国石油矿权区内海域油气资源主要分布在构造和深水岩性两个领域。

表 6-27　中国石油矿权区常规油气资源勘探领域分布汇总表

勘探领域			石油地质储量与资源量，10^8t			天然气地质储量与资源量，$10^8 m^3$		
			探明地质储量	剩余地质资源量	总地质资源量	探明地质储量	剩余地质资源量	总地质资源量
陆上	岩性—地层（碎屑岩）		95.81	135.42	231.23	3276.54	24776.62	28053.16
	海相碳酸盐岩		4.05	22.54	26.59	26751.36	130176.88	156928.24
	前陆冲断带		19.96	32.66	52.62	10223.23	58231.14	68454.37
	复杂构造		82.31	81.08	163.39	4315.14	30267.60	34582.74
	复杂岩性	潜山	9.93	10.48	20.41	770.43	7954.94	8725.37
		火山岩	2.29	11.28	13.57	3695.25	18962.08	22657.33
		湖相碳酸盐岩	1.87	5.35	7.22	7.25	4368.41	4375.66
海域	构造		0.18	6.23	6.41	50.16	14505.34	14555.50
	生物礁		0	3.10	3.10	0	7509.00	7509.00
	深水岩性		0	4.58	4.58	0	21159.50	21159.50
	基岩潜山		0	0.40	0.40	0	839.00	839.00
合计			216.4	313.12	529.52	49089.36	318750.51	367839.87

1. 中国石油矿权区常规石油剩余资源领域分布

中国石油矿权区内陆上常规石油剩余资源量 $298.81 \times 10^8 t$，其中岩性—地层（碎屑岩）领域剩余地质资源量 $135.42 \times 10^8 t$，复杂构造领域剩余地质资源量 $81.08 \times 10^8 t$，两者合计剩余资源量 $216.50 \times 10^8 t$，占陆上剩余石油资源的 72.45%（图 6-20）。前陆冲断带、海相碳酸盐岩、复杂岩性（潜山、火山岩和湖相碳酸盐岩）三个领域剩余石油地质资源量相当，合计 $82.31 \times 10^8 t$，占陆上剩余石油地质资源量的 27.55%。

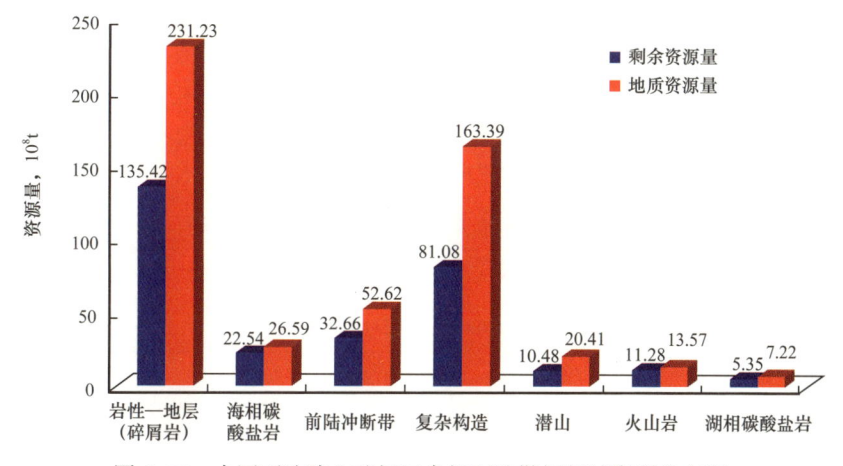

图 6-20　中国石油陆上矿权区常规石油勘探领域资源分布图

岩性—地层（碎屑岩）领域又可根据沉积相划分为湖相碎屑岩和海相碎屑岩两类。其中，湖相碎屑岩剩余石油地质资源量为 $128.99 \times 10^8 t$，而海相碎屑岩剩余地质资源量为 $6.43 \times 10^8 t$，石油地质资源量绝大部分集中分布于湖相碎屑岩岩性—地层领域。该领域剩余石油地质资源主要分布于我国中部地区鄂尔多斯盆地延长组；东部地区渤海湾盆地沙河街组，松辽盆地萨尔图、葡萄花和高台子油层组；西部地区准噶尔盆地与柴达木盆地干柴沟组；以富油气凹陷及富油气区带为主。

复杂构造是指主体勘探背斜构造之外的低幅度构造、断背斜、断鼻构造等小型复杂构造，该领域蕴含较丰富资源，常规石油总地质资源量 $163.39 \times 10^8 t$，目前已探明地质储量 $82.31 \times 10^8 t$，剩余地质资源量 $81.08 \times 10^8 t$。存在复杂构造领域剩余石油资源分布的盆地或地区共有 48 个，从该领域剩余石油资源的盆地间分布来看，剩余资源量仍然分布在主要含油气盆地（表 6-28），如松辽盆地、渤海湾盆地（陆上）、柴达木盆地、海拉尔盆地、吐哈盆地、二连盆地等，合计剩余资源 $59.60 \times 10^8 t$，占该领域剩余资源的 73.5%。由于经过 50 多年的勘探，主要含油气盆地碎屑岩构造型油气藏多已被发现与开发，勘探程度均较高。现今在主要含油气盆地富油气凹陷碎屑岩构造型油气藏发现难度越来越大，多以复杂断块构造为主，而众多中小含油气盆地目前剩余的碎屑岩构造型石油资源面临勘探程度低、资源丰度低、分布分散不集中、发现规模储量难度大等问题。

海相碳酸盐岩领域剩余地质资源量 $22.54 \times 10^8 t$，主要集中分布于我国西部的塔里木盆地，并且以塔北隆起区与塔中隆起区富油气区带为主。前陆冲断带剩余地质资源量 $32.66 \times 10^8 t$，主要集中分布于我国西部的准噶尔盆地与塔里木盆地，并且以准噶尔盆地西北缘与南缘、塔里木盆地库车与塔西南富油气区带为主。

表 6-28 复杂构造领域剩余石油资源量盆地分布统计表

序号	盆地或地区	地质储量与资源量，10^4t			技术可采储量与资源量，10^4t		
		探明地质储量	剩余地质资源量	地质资源量	探明可采储量	剩余可采资源量	可采资源量
1	松辽	582046.25	199586.23	781632.48	258493.19	42930.50	301423.69
2	渤海湾（陆上）	117433.25	115630.36	233063.61	32366.20	29402.98	61769.18
3	柴达木	26701.59	97655.61	124357.20	5396.54	18725.36	24121.90
4	海拉尔	22780.12	78175.46	100955.58	4460.91	15677.76	20138.67
5	吐哈	41146.15	59757.61	100903.76	10272.19	12342.28	22614.47
6	二连	11810.00	45196.00	57006.00	2214.30	8823.95	11038.25
7	伊通	7975.86	30826.64	38802.5	1490.82	6827.51	8318.33
8	汤原	0	23400.00	23400.00	0	5850.00	5850.00
9	河套	0	21846	21846.00	0	4369	4369.00
10	方正	309.86	21697.24	22007.10	77.47	5424.31	5501.78
	其他	12894.97	117074.14	129969.11	2882.73	25549.33	28432.06
	合计	823098.05	810845.29	1633943.34	317654.35	175922.98	493577.33

复杂岩性领域主要包括潜山、火山岩和湖相碳酸盐岩三个次级领域。潜山领域剩余地质资源量 10.48×10^8t，主要集中分布于我国东部的渤海湾盆地，并且以辽河坳陷、冀中坳陷和黄骅坳陷富油气凹陷潜山为主。火山岩领域剩余地质资源量 11.28×10^8t，主要集中分布于我国西部准噶尔盆地与东部渤海湾盆地，并且以准噶尔盆地西北缘断裂带与东缘隆起区富油气区带、渤海湾盆地辽河坳陷、冀中坳陷、黄骅坳陷富油气凹陷为主。

2. 中国石油矿权区常规天然气剩余资源领域分布

中国石油矿权区陆上常规天然气剩余资源 27.47×10^{12}m^3，其中海相碳酸盐岩领域剩余地质资源 13.02×10^{12}m^3，前陆冲断带领域剩余地质资源 5.82×10^{12}m^3，两者合计剩余资源量 18.84×10^{12}m^3，占陆上剩余天然气资源的 68.58%（图 6-21）。岩性—地层（碎屑岩）、复杂构造和复杂岩性（潜山、火山岩和湖相碳酸盐岩）三个领域剩余天然气地质资源量相当，合计 8.63×10^{12}m^3，占陆上剩余资源的 31.42%。

海相碳酸盐岩领域是天然气勘探的重点领域，总地质资源量 156928.24×10^8m^3，目前共探明地质储量 26751.36×10^8m^3，剩余地质资源量 130176.88×10^8m^3；主要集中分布于我国中西部三大海相叠合盆地下组合，四川盆地的川中低隆起区、塔里木盆地塔中与巴楚隆起区、鄂尔多斯盆地伊陕斜坡区的碳酸盐岩礁滩体、风化岩溶带与白云岩溶蚀带。

前陆冲断带领域剩余地质资源量 58231.14×10^8m^3，主要集中分布于我国西部前陆型叠合盆地，塔里木盆地库车坳陷与塔西南坳陷，准噶尔盆地南缘北天山山前坳陷区，柴达木盆地柴北缘与三湖坳陷区。

复杂构造领域剩余天然气资源较为分散（表 6-29），主要分布在中小含油气盆地。同样面临着构造复杂、勘探程度低、资源丰度低、分布分散不集中、发现规模储量难度大等问题。

图 6-21 中国石油陆上矿权区常规天然气勘探领域资源分布图

表 6-29 复杂构造领域剩余天然气资源量盆地分布统计表

序号	盆地或地区	地质储量与资源量，$10^8 m^3$			技术可采储量与资源量，$10^8 m^3$		
		探明地质储量	剩余地质资源量	总地质资源量	探明可采储量	剩余可采资源量	总可采资源量
1	柴达木	3114.2	17461.82	20576.02	1683.08	9018.22	10701.30
2	伊通	16.53	3519.87	3536.40	13.42	1411.48	1424.90
3	吐哈	482.52	1952.05	2434.57	320.89	990.85	1311.74
4	三江	0	1013.50	1013.50	0	253.38	253.38
5	渤海湾（陆上）	221.37	950.77	1172.14	158.94	677.24	836.18
6	渭河	0	941.45	941.45	0	470.72	470.72
7	海拉尔	0	841.79	841.79	0	336.72	336.72
8	河套	0	793.43	793.43	0	396.72	396.72
9	鸡西	0	762.00	762.00	0	190.50	190.50
10	汤原	26.21	565.99	592.20	19.39	128.66	148.05
11	勃利	0	400.20	400.20	0	100.50	100.50
12	松辽	449.68	373.59	823.27	233.83	200.85	434.68
13	民和	0	270.43	270.43	0	135.31	135.31
14	苏北	4.17	195.83	200.00	2.51	107.49	110.00
15	巴彦浩特	0	110.10	110.10	0	55.05	55.05
	其他	4315.14	30267.60	34582.74	2432.28	14534.08	16966.36
	合计	8629.82	60420.42	69050.24	4864.34	29007.77	33872.11

复杂岩性——火山岩领域探明天然气地质储量 $3695.25\times10^8m^3$，剩余地质资源量 $18962.08\times10^8m^3$，总地质资源量 $22657.33\times10^8m^3$；主要集中分布于我国东部大陆型坳陷盆地下组合断陷，西部大型叠合盆地下组合裂陷，松辽盆地断陷火山岩和准噶尔盆地石炭系火山岩。

3. 中国石油南海海域矿权区常规剩余油气资源领域分布

中国石油在海域的矿权区主要集中在南海海域，剩余油气资源较为丰富。其中常规石油剩余地质资源量主要集中构造与深水岩性两大领域，构造领域剩余石油地质资源量 6.23×10^8t，深水岩性领域剩余石油地质资源量 4.58×10^8t，两者合计 10.81×10^8t，占中国石油海域剩余石油资源的 75.54%。常规天然气剩余地质资源量也主要集中于构造与深水岩性两大领域，其中构造领域剩余天然气地质资源量 $1.45\times10^{12}m^3$，深水岩性领域剩余天然气地质资源量 $2.12\times10^{12}m^3$，两者合计 $3.57\times10^{12}m^3$，占中国石油海域剩余天然气资源的 81.14%（图 6-22、图 6-23）。

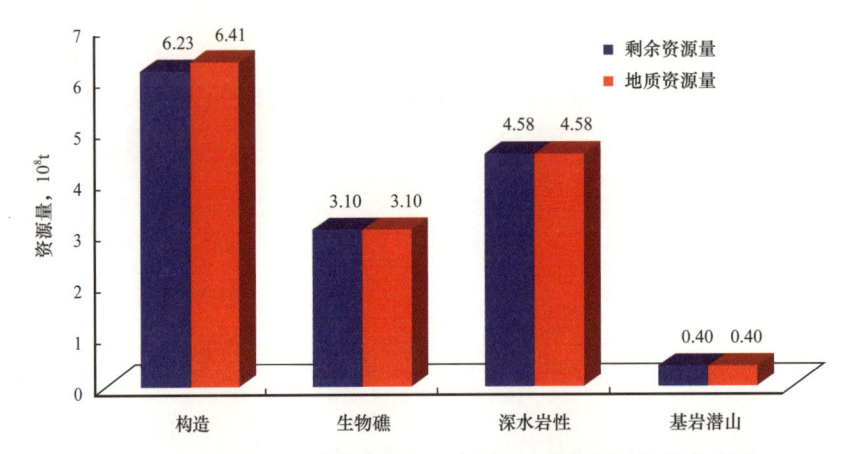

图 6-22 中国石油南海海域矿权区常规石油勘探领域资源分布图

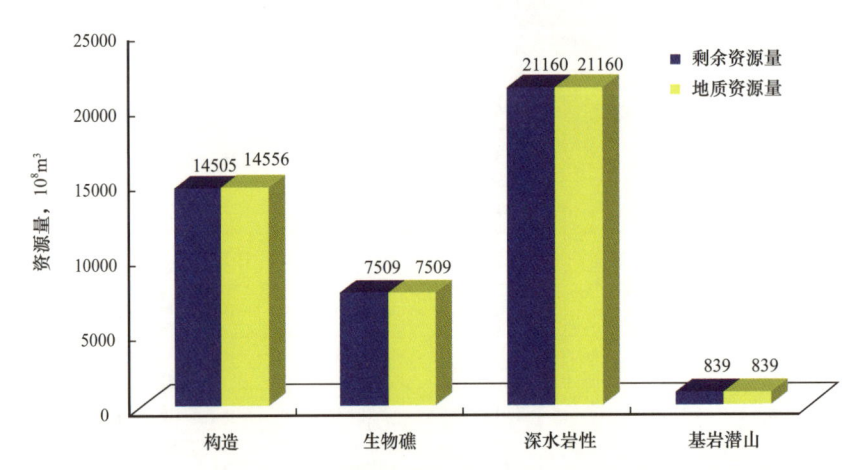

图 6-23 中国石油南海海域矿权区常规天然气勘探领域资源分布图

从评价结果来看，在南海海域，油气资源主要集中分布于南海海域南部，多集中于曾母盆地、文莱—沙巴盆地、万安盆地和巴拉望盆地。我国南海海域油气资源勘探开发主要集中分布于南海海域北部的北部湾、珠江口、莺歌海和琼东南四大盆地；而中国石油介入海域勘探较晚，主要在南海海域深水区登记油气勘查区块，油气资源主要集中分布于曾母、中建、中建南和北康四大盆地。

中国石油南海海域构造领域剩余石油地质资源量 $6.23 \times 10^8 t$，主要集中分布于南海北部的中建盆地与中建南盆地，南海南部的北康盆地。深水岩性领域剩余石油地质资源量为 $4.58 \times 10^8 t$，主要集中分布于南海北部的中建盆地与中建南盆地，南海南部的北康盆地。

中国石油南海海域构造领域剩余天然气地质资源量为 $14505.34 \times 10^8 m^3$，主要集中分布于南海北部的中建南盆地，南海南部的曾母盆地与北康盆地。深水岩性剩余天然气地质资源量为 $21159.5 \times 10^8 m^3$，主要集中分布于南海北部的中建南盆地，南海南部的曾母盆地与北康盆地。

从探明储量与剩余油气资源分布与绝对数量来看，中国石油未来油气勘探仍然以立足发现规模储量为首要任务。陆上常规石油勘探仍然要立足富油气凹陷岩性—地层领域，即中部鄂尔多斯盆地伊陕斜坡区、东部松辽盆地与渤海湾盆地富油气凹陷、西部准噶尔盆地西北缘与柴达木盆地柴西坳陷富油气区带深化挖潜；积极扩大前陆冲断带与海相碳酸盐岩领域，即西部准噶尔盆地西北缘与南缘，塔里木盆地塔北、塔中、巴楚隆起区。陆上常规天然气勘探仍然要立足海相碳酸盐岩与前陆冲断带领域，即碳酸盐岩立足中西部四川川中低隆起区、塔里木海相台盆区、鄂尔多斯盆地伊陕斜坡区，前陆冲断带立足西部塔里木盆地库车与塔西南坳陷区深层、准噶尔盆地南缘北天山山前坳陷区深层。

二、非常规油气重点勘探领域

通过近几年在非常规油气领域的积极探索，在致密油、致密气、页岩气和煤层气领域均取得较大进展，获得了一批储量和产量，成为现实的勘探领域，尤其是致密气资源，产量已占到我国天然气年产量的1/3，成为天然气大发展的重要保证。从表 6-30 分析可以发现，致密油、煤层气、页岩气探明程度很低，剩余资源量巨大，具有很大的发展空间。油页岩、油砂、天然气水合物等其他非常规资源，由于勘探程度更低，是未来非常规油气勘探的储备领域。

表 6-30 四类重点非常规油气剩余资源分布

类型	地质资源量			可采资源量		
	探明	剩余	总资源量	探明	剩余	总资源量
致密油，$10^8 t$	6.28	119.52	125.80	0.91	11.43	12.34
致密气，$10^8 m^3$	74173.20	144470.40	218643.60	39637.00	69749.10	109386.10
煤层气，$10^8 m^3$	6292.69	291918.36	298211.05	3167.41	121974.97	125142.38
页岩气，$10^8 m^3$	5441.29	796644.53	802085.82	1360.33	127140.79	128501.12

致密油目前仅探明可采储量 $0.91 \times 10^8 t$，剩余可采资源量 $11.43 \times 10^8 t$。从剩余资源分布来看，可采资源量大于 $1 \times 10^8 t$ 的主要集中在鄂尔多斯盆地、松辽盆地、渤海湾盆地、准噶尔盆地和四川盆地。依据致密油成藏条件的差异，主要勘探领域为鄂尔多斯的长 7 致密油，松辽盆地的扶余致密油，渤海湾盆地辽河西部凹陷—大民屯凹陷—束鹿凹陷—沧东

凹陷—歧北斜坡沙河街组致密油，准噶尔盆地吉木萨尔凹陷致密油等。

致密气目前探明可采储量 $3.96\times10^{12}m^3$，是已探明总资源量的 1/3 多，探明率达到 36.2%，剩余可采资源量 $6.97\times10^{12}m^3$。从剩余资源量分布看，未来致密气的勘探领域仍集中在鄂尔多斯盆地和四川盆地，松辽盆地深层致密气也不容忽视，是潜在的勘探领域。

页岩气目前仅探明可采储量 $1360\times10^8m^3$，探明程度极低，剩余可采资源量 $12.7\times10^{12}m^3$。从剩余资源量分布看，页岩气资源主要富集在海相地层，尤其是南方寒武系和志留系海相页岩气。未来页岩气勘探领域主要在四川盆地的寒武系和志留系，鄂尔多斯盆地海陆过渡相石炭系—二叠系页岩气剩余资源也比较大，该领域也应给予关注。

煤层气目前探明可采储量 $3167\times10^8m^3$，探明程度很低，剩余可采资源量 $12.2\times10^{12}m^3$。从剩余资源分布来看，主要在鄂尔多斯的石炭系—二叠系、准噶尔盆地的侏罗系、沁水盆地的石炭系—二叠系、滇东黔西的二叠系，上述这些盆地和地区是煤层气未来重要的勘探领域。

基于上述分析，结合业务发展战略，针对比较现实的四大非常规领域的勘探应采取不同的发展思路，要积极准备、有序推进，使其尽快成为增储上产的重要力量：

（1）非常规致密砂岩气现已成为天然气勘探与开发的现实接替领域，应立足鄂尔多斯盆地石炭系—二叠系与四川盆地三叠系须家河组、侏罗系；积极拓展东部松辽盆地深层断陷，西部准噶尔盆地二叠系、塔里木盆地库车坳陷与吐哈盆地侏罗系。

（2）非常规致密油正在形成石油勘探与开发的接替领域，应立足陆相大型坳陷型盆地优质烃源岩发育区，分别是鄂尔多斯盆地长 7 段、松辽盆地扶余油层、准噶尔盆地二叠系芦草沟组、四川盆地侏罗系、渤海湾盆地沙三段—孔二段、柴达木盆地柴西缘。

（3）积极准备非常规页岩气，应立足我国南方中—上扬子地台区下古生界海相优质页岩扶余区，四川盆地的志留系龙马溪组。

（4）积极准备非常规煤层气，应立足我国主要含煤沉积盆地，在努力拓展沁水盆地、鄂尔多斯盆地东缘、东部与南方中小型盆地中—高阶煤层气领域的同时，积极准备准噶尔盆地、鄂尔多斯盆地、松辽盆地、海拉尔盆地、二连盆地和吐哈盆地低阶煤。

三、区带评价优选

依据本次资源评价建立的区带地质评价参数标准，充分考虑各油田公司油气勘探生产需要，对常规石油、常规天然气、非常规区带或有利区进行综合评价，明确了勘探重点。

1. 常规石油区带优选

着眼于主要含油气盆地，开展常规油气区带优选，是相对现实、稳妥、有效的方法。本次油气资源评价常规石油区带优选立足于松辽盆地、渤海湾盆地、鄂尔多斯盆地、塔里木盆地、准噶尔盆地、柴达木盆地、吐哈盆地、二连盆地、海拉尔盆地和酒泉盆地 10 个盆地。

1）划分标准

10 个主要含油气盆地评价石油区带共计 393 个。在双对数坐标下，常规石油区带的剩余地质资源量与探明地质储量基本呈线性关系，并且都围绕在外部包络线以内（图 6-24）。说明常规石油勘探实践与油气富集规律呈正相关关系，即油气相对富集地区，同样是油气勘探的主体地区，油气勘探程度与认识程度是油气富集规律的一个体现。

为进一步明确常规石油区带剩余石油资源分布特征，对区带剩余石油资源规模进行概率统计，并制作概率分布直方图（图 6-25）。从图 6-25 中可见，剩余石油资源以量小、块多为主要特点。$1×10^8$t 以下区带 325 个，个数占比 83%。上述 10 个盆地剩余常规石油地质资源量 $271.02×10^8$t，$1×10^8$t 以上区带合计剩余资源量 $195.66×10^8$t，占比 72%。由此可见 $1×10^8$t 以上区带数量占比 17%，剩余资源量占比 72%，是剩余资源的绝对主体。

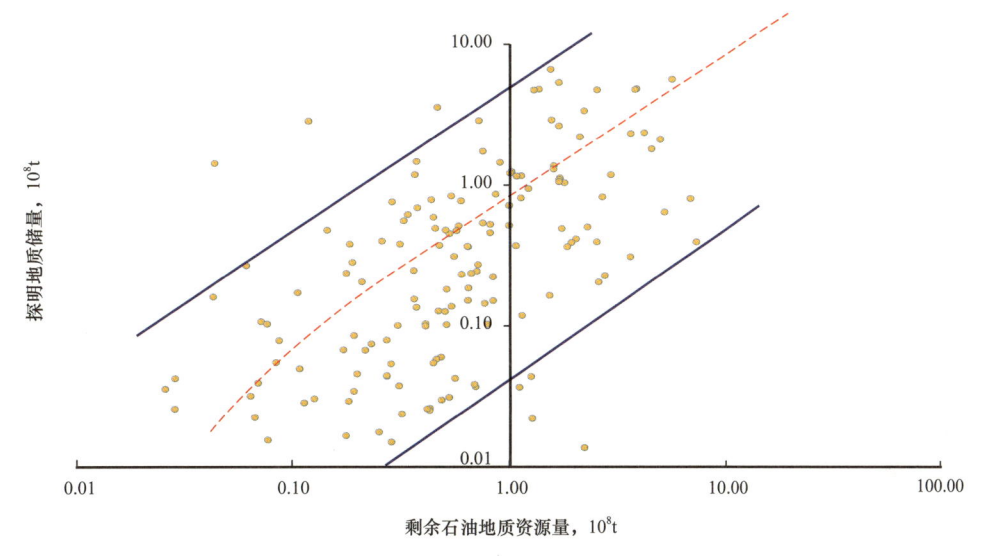

图 6-24　常规石油区带剩余石油地质资源与探明地质储量双对数对比关系

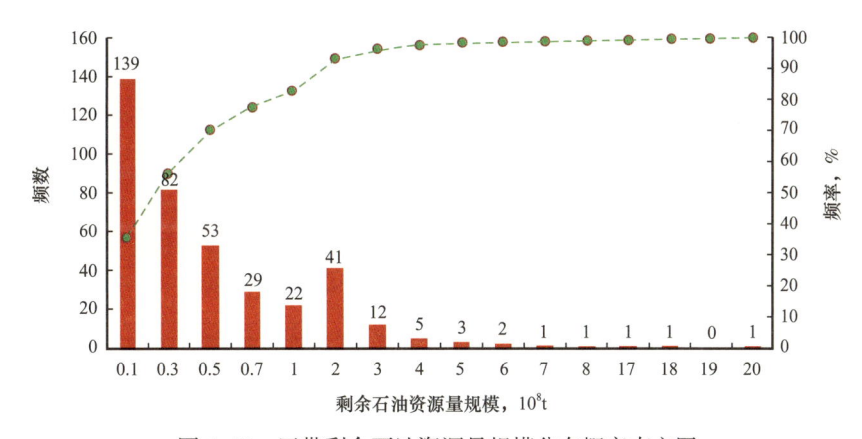

图 6-25　区带剩余石油资源量规模分布概率直方图

393 个常规石油区带资源丰度主体为 $10×10^4$t/km^2，而资源丰度较高的区带往往是油气勘探的重点区带，其探明率也较高（图 6-26）。如松辽盆地大庆长垣萨尔图油组与葡萄花油组合并资源丰度高达 $87×10^4$t/km^2，其探明率高达 89%，此种类型剩余油气资源以深挖潜与扩边勘探为主。

根据对剩余石油地质资源规模及资源丰度的立体分析，$1×10^8$t 以下剩余规模所占比重小、块多、丰度低，相对分散，因此最终优选 $1×10^8$t 以上剩余规模作为重点区带优选的一个下限条件。在此基础上结合油气勘探实践、油气资源可探明状况、储量可升级状况、近期油气勘探成果等多个方面，将区带优选结果划分为三类：Ⅰ类为现实区带，Ⅱ类为接替区带，Ⅲ类为准备区带。

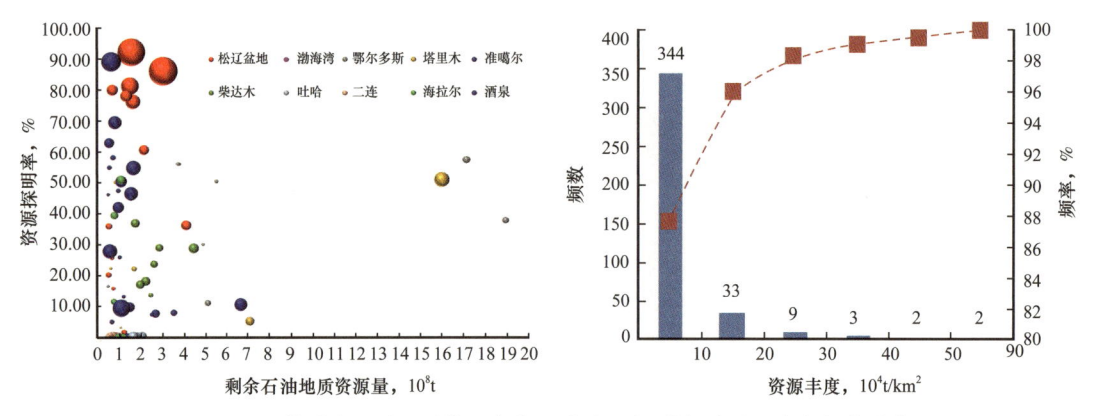

图 6-26　区带剩余石油地质资源与资源丰度、探明率关系及丰度概率分布图

2）优选结果

根据区带分级标准，在 393 个区带基础上筛选出剩余石油地质资源在 1×10^8t 以上区带 68 个。综合资源丰度、资源探明率进行分析，预测每个区带的未来储量规模，大致方法有三种：（1）根据区带剩余探明储量、控制储量和预测储量的升级比率，将控制储量和预测储量进行升级处理；（2）计算不同单元最大探明率，与当前探明率之差为可提升空间；（3）根据科学预测法和头脑风暴法，开展专家预测。在此基础上优选出石油现实区带 20 个（表 6-31），接替区带 15 个（表 6-32），准备区带 10 个（表 6-33）。

20 个现实区带剩余石油地质资源量 138.71×10^8t，预计储量规模 41.79×10^8t，可以满足未来 5～10 年油气勘探的需要。

15 个接替区带主要分布在松辽、渤海湾、准噶尔、柴达木、吐哈、三塘湖、酒泉、海拉尔等盆地，剩余石油地质资源量 46.75×10^8t，预计储量规模 15.73×10^8t，能够达到未来油气勘探有序接替的需要。

10 个准备区带主要分布在鄂尔多斯、准噶尔、柴达木、塔里木、松辽等盆地，剩余石油地质资源量 33.58×10^8t，预计储量规模 15.07×10^8t。

表 6-31　常规石油未来勘探的 20 个现实区带及潜力

盆地名称	区带	面积 km^2	层系	探明地质储量 (10^8t)	剩余地质资源量 (10^8t)	地质资源丰度 10^4t/km^2	探明率 %	预计储量规模 10^8t	近期突破
渤海湾	辽河西部岩性	3315	Es$_{1+2}$、Es$_3$、Es$_4$	12.44	5.34	53.63	69.97	0.54	清水洼陷、鸳鸯沟洼陷
渤海湾	饶阳岩性	5280	Es、Ed、Nj	2.29	5.13	14.05	30.86	2.52	河间、马西、留西
渤海湾	霸县岩性	2400	Es、Ed、Nj	1.33	1.98	13.79	40.18	0.79	文安斜坡、岔河集
准噶尔	玛湖凹陷	4147	T$_1$b	0.8	6.76	18.23	10.58	3.34	玛 131、玛湖 1

续表

盆地名称	区带	面积 km²	层系	石油资源量，10^8t 探明地质储量	石油资源量，10^8t 剩余地质资源量	地质资源丰度 10^4t/km²	探明率 %	预计储量规模 10^8t	近期突破
准噶尔	红车断裂带	8839	C、P_2x、K_1q、N_1s	2.03	7.61	10.91	21.06	2.96	金龙、中拐
吐哈	台北凹陷侏罗系	10100	J_{2+3}	2.21	2.09	4.26	51.4	0.2	红台
塔里木	轮南低凸起	13572	O	16.78	16.11	24.23	51.02	1.45	哈拉哈塘、跃满
塔里木	塔中北斜坡	9169	O	0.4	7.18	8.27	5.28	3.93	中古15、中古434
塔里木	英买力低凸起	8225	O	0.49	1.73	2.7	22.07	0.66	英卖力油田
松辽	大庆长垣	2472	K_1n_{1+2}、K_1y_{2+3}；K_1y_1；K_1qn_{2+3}	44.76	6.22	206.23	87.8	0.14	中浅层
松辽	长岭凹陷	6305	K_1n_{1+2}、K_1y_{2+3}	2.36	4.14	10.31	36.31	2.22	让字井，鳞字井
松辽	齐家—古龙凹陷	5312	K_1y_1	3.38	2.18	10.47	60.79	0.64	龙西、古龙南
松辽	三肇凹陷	5743	K_1y_1、K_1qn_{2+3}、K_1q_{3+4}	7.69	1.76	16.45	81.38	0.5	宋芳屯
海拉尔	贝尔凹陷	3010	K_1n_1、K_1n_2、K_1d、K_1t	1.59	1.97	11.83	44.66	0.4	贝西
海拉尔	乌尔逊凹陷	2240	K_1n_1、K_1n_2、K_1d、K_1t	0.69	1.84	11.29	27.27	0.51	乌南—乌东
柴达木	茫崖凹陷	5982	N、E	2.65	7.13	16.35	27.1	1.99	狮子沟、英雄岭
柴达木	尕斯断陷	3253	N、E	0.92	4.28	15.99	17.69	1.6	扎哈泉、乌南
鄂尔多斯	姬源	12500	长6等多层系	15.23	19.77	28	43.51	4.25	长6等多层系
鄂尔多斯	陕北	16100	长9、长10	12.18	7.82	12.42	60.9	0.32	长9、长10
鄂尔多斯	环江（镇北—合水）	20200	长3—长8等	6.33	27.67	16.83	18.62	12.83	长3—长8等
合计				136.55	138.71			41.79	

表 6-32 常规石油未来油气勘探的 15 个接替区带及潜力

盆地名称	区带	面积 km²	层系	石油资源量，10⁸t 探明地质储量	石油资源量，10⁸t 剩余地质资源量	地质资源丰度 10⁴t/km²	探明率 %	预计储量规模	近期突破
渤海湾	辽河潜山	4206	潜山	3.55	4.59	19.35	43.61	1.67	茨榆坨、曙光
渤海湾	辽河东部岩性	3431	Es₃、潜山	1.07	3.87	14.4	21.66	2.26	牛居、大湾
渤海湾	沧东凹陷	1760	Ek₁	2.65	1.67	24.55	61.34	0.31	南皮斜坡、小集—王官屯
渤海湾	歧口凹陷岩性	5280	Es₁、Es₂ 和 Es₃	3.36	3.3	12.61	50.45	0.98	板桥、北大港
准噶尔	玛湖凹陷	4147	P₂w	0.23	2.72	7.11	7.8	1.42	玛湖 1、玛湖 012
准噶尔	乌夏断裂带	1630	C、P₁f、T₂k、J₃q	2.11	7.02	56.01	23.11	2.59	风城 1
三塘湖	马朗凹陷	1142	J₂x、T₂k	1.02	2.41	30.04	29.74	0.37	马 706
吐哈	台北凹陷（P—T）	10100	P₃w、T₂k	1.47	3.5	4.92	29.58	0.89	鲁克沁
塔里木	麦盖提斜坡	25138	C	0.04	1.1	0.45	3.51	0.62	罗斯 2
松辽	扶新隆起带	3135	K₁q₃₊₄	5.38	1.68	22.52	76.2	0.31	大情字井
酒泉	青西凹陷	1297	K₁g、K₁c、E、S	1.53	1.56	23.82	49.51	0.36	
海拉尔	巴彦呼舒等凹陷	7510	K₁d—K₁t	0	2.73	3.64	0	1.5	楚 9（巴中次洼）
柴达木	大风山凸起	6590	N、E	1.19	5.01	9.41	19.19	1.79	
柴达木	昆北断阶带	3494	E	1.04	1.78	8.07	36.88	0.32	昆北切 12 井区
鄂尔多斯	伊陕斜坡侏罗系	67216	J₁y+J₂z	4.87	3.81	1.29	56.11	0.34	延 9、延 10

表 6-33 常规石油未来油气勘探的 10 个准备区带及潜力

盆地名称	区带	面积 km²	层系	探明地质储量	剩余地质资源量	地质资源丰度 10⁴t/km²	探明率 %	预计储量规模
准噶尔	莫南—沙湾—阜康	17399	P、J	0.21	3.58	2.18	5.54	1.95
准噶尔	克百断裂带—中拐凸起	2987	C	1.38	3.42	16.07	28.75	1.07
准噶尔	盆 1 井西地区	4990	T	0	1.66	3.33	0	1
准噶尔	霍玛吐背斜带	6738	E	0	1.58	2.34	0	0.95
塔里木	满西低凸起	41837	€、O	0	3.06	0.73	0	1.84
塔里木	西昆仑山山前冲断带	28657	N、E	0	3.04	1.06	0	1.82
塔里木	秋里塔格冲断带	5008	E	0	1.32	2.64	0	0.79
松辽	泰康隆起带	4021	K_1n_{1+2}、K_1y_{2+3}	0.02	1.26	3.18	1.56	1.11
柴达木	祁连山前带	29236	N、E、J、Pt、C	0.4	4.81	1.78	7.68	2.28
鄂尔多斯	华庆	5600	长 6、长 8	7.15	9.85	30.36	42.06	2.26

3）分类特征

从优选出的 20 个现实区带、15 个接替区带和 10 个准备区带的剩余石油地质资源量、地质资源丰度、探明率三者之间的关系来看（图 6-27），A 区资源探明率低于 30%、剩余石油地质资源量大于 $5×10^8$t，有 6 个区带；B 区资源探明率高于 30%，但剩余石油地质资源量也大于 $5×10^8$t 规模，有 7 个区带；C 区剩余石油地质资源量小于 $5×10^8$t，资源探明率低于 30%；D 区资源探明率高，剩余石油地质资源量小。但从区带的现实性来看，B 区和 D 区是目前勘探程度和认识程度相对较高的地区，通过挖潜与扩边，油气储量现实程度更高。

2. 常规天然气区带优选

天然气区带总体以低丰度为主，资源丰度在（0.1~0.5）×10^8m³/km² 之间的区带占 91.4%，资源丰度在（0.5~1.0）×10^8m³/km² 之间的区带占 5.3%，资源丰度大于 1.0×10^8m³/km² 的区带占 3.3%（图 6-28）。

区带剩余地质资源量在（100~500）×10^8m³ 之间的占 57.8%，其中小于 200×10^8m³ 的占 31.1%；剩余地质资源量在（500~1000）×10^8m³ 之间的占 14.1%；在（1000~5000）×10^8m³ 之间的占 23.7%；在（5000~10000）×10^8m³ 量的占 2.6%；大于 10000×10^8m³ 的占 1.8%（图 6-29）。

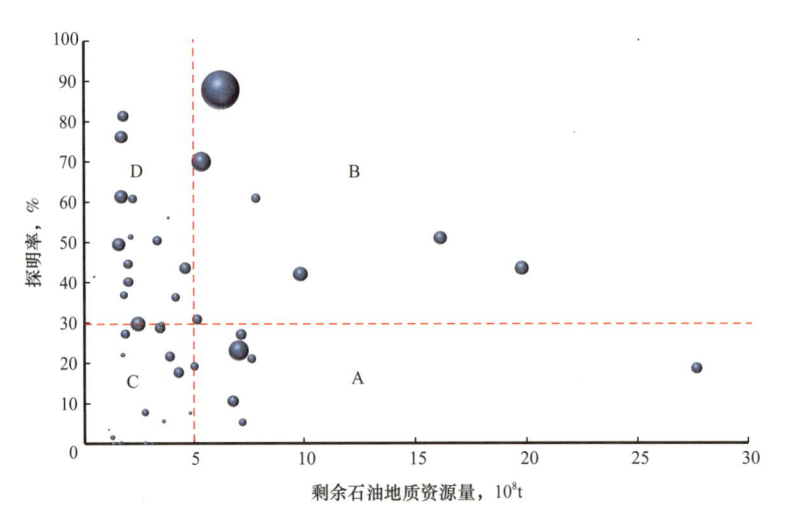

图 6-27　剩余石油地质资源量、探明率以及资源丰度的对比关系
图形大小代表资源丰度大小

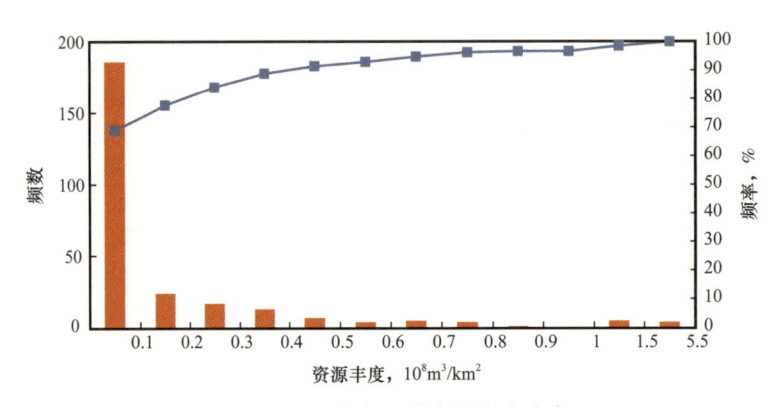

图 6-28　天然气区带资源丰度分布

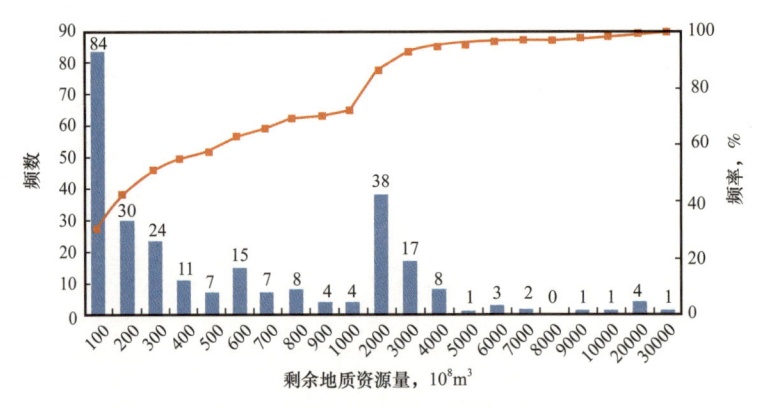

图 6-29　天然气区带剩余地质资源量分布

区带勘探程度总体较低，探明率不大于 30% 的占 86.8%，其中低于 20% 的占 72.8%；探明率在 30%~60% 之间的占 9.6%；探明率在 60% 以上的占 3.6%（图 6-30）。

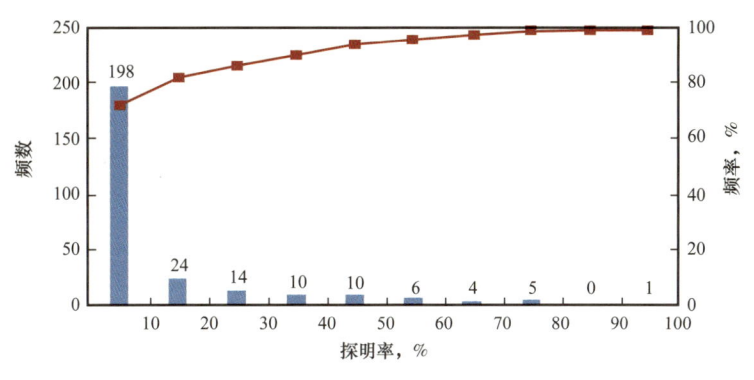

图 6-30 天然气区带探明率分布

1）优选思路

根据 272 个天然气区带的剩余地质资源量、天然气资源丰度、探明率等情况，结合天然气勘探实践，综合评价优选现实区带、接替区带和准备区带三类。现实区带剩余地质资源量总体大于 $5000\times10^8m^3$，接替区带剩余地质资源量总体介于（1000～5000）$\times10^8m^3$ 之间，准备区带剩余地质资源量基本小于 $1000\times10^8m^3$。

2）优选结果

按照天然气区带划分优选的基本思路，优选出现实区带 10 个（表 6-34），接替区带 20 个（表 6-35），准备区带 18 个（表 6-36）。

表 6-34 常规天然气未来勘探的 10 个现实区带及潜力

盆地名称	区带	面积 km²	目的层符号	天然气资源量，10^8m^3 探明地质储量	天然气资源量，10^8m^3 剩余地质资源量	地质资源丰度 $10^8m^3/km^2$	探明率 %	预计储量规模 10^8m^3	近期突破
柴达木	阿尔金山前带	20885	N、E	7.69	8289.31	0.4	0.09	3308.04	牛东、牛中、东坪
鄂尔多斯	靖西	14500	O	2200	15608	1.23	12.35	8216.99	桃38、靳探1
鄂尔多斯	盆地东部	19000	O	0	5435	0.29	0	3532.75	双3、双5等
四川	川中隆起带震旦系—下古生界	40488	Z、€	6974.64	28354.58	0.87	19.74	14250.49	安岳气田
松辽	徐家围子断陷	3900	K_1yc	1973.05	3706.97	1.46	34.74	380.46	徐探1
塔里木	克拉苏冲断带	5616	K、E	7764.27	22850.47	5.45	25.36	4487.55	克深气田
塔里木	塔中北斜坡	25366	€、O	3534.79	13249.1	0.66	21.06	3171.75	中古10、塔中24
准噶尔	克拉美丽山前带	7129	C	1053.34	3134.47	0.59	25.15	465.39	克拉美丽气田
四川	川东石炭系	48261	C	2529.88	9452.26	0.25	21.11	4620.85	
塔里木	古城低凸起	14174	€、O	0	4503.97	0.32	0	2026.79	古城6、古城8、古城9

表 6-35 常规天然气未来油气勘探的 20 个接替区带及潜力

盆地名称	区带	面积 km²	目的层符号	探明地质储量 (天然气资源量, $10^8 m^3$)	剩余地质资源量 (天然气资源量, $10^8 m^3$)	地质资源丰度 $10^8 m^3/km^2$	探明率 %	预计储量规模 $10^8 m^3$	近期突破
柴达木	祁连山前带（赛昆、德令哈）	27150	N、E、J、基岩、C	703	11288.09	0.44	5.86	3853.45	冷东1
鄂尔多斯	宜川—黄龙	5000	O	600	930.26	0.31	39.21	239.92	
四川	川北礁滩	23493	T_1f、P_2	2919.17	2011.52	0.21	59.2	217.16	龙岗、元坝
四川	川东礁滩	48261	T_1f、P_2	6076.07	6550.68	0.26	48.12	1433.25	普光
四川	川西下二叠统	35881	P_1	108.39	4726.24	0.13	2.24	3202.41	双探2
四川	川西海相震旦系—三叠系	35881	T_1f、P_2、T_2l、T_1j、Z	87.34	5734.47	0.16	1.5	3928.1	成都气田
四川	川中隆起带下二叠统	40488	P_1	8.61	3722.87	0.09	0.23	2597.42	南充1
四川	川中隆起带二叠系—三叠系	40488	T_1f、P_2、T_2l、T_1j、C	676.06	11212.38	0.29	5.69	7211.05	
松辽	梨树断陷	1600	K_1q_1、K_1d	0	1017.19	0.64	0	406.88	
松辽	林甸—古龙断陷	6526	K_1yc	0	1990.7	0.31	0	796.28	
松辽	长岭断陷	2090	K_1yc	387.96	2753.14	1.5	12.35	761.21	
松辽	英台断陷	570	K_1yc_1	244.97	709.33	1.67	25.67	201.65	
塔里木	轮南低凸起	13572	O	665.77	2564.11	0.24	20.61	625.31	玉科
塔里木	依奇克里克冲断台	1950	J、K	0	2771.36	1.42	0	1247.11	
塔里木	英买力低凸起	8225	K、E	80.17	1356.29	0.17	5.58	534.63	黄买7、玉东气田
吐哈	台北凹陷	10100	J_{2+3}	932.63	1367.44	0.23	40.55	229.25	
准噶尔	南缘冲断带	12515	K、J、$E_{1+2}z$	313.88	7786.11	0.65	3.88	2812.73	齐古1
准噶尔	西北缘石炭系—二叠系	10634	C、P_3w、P_1j	234.7	1921.91	0.2	10.88	559.61	中拐、车排子

表 6-36 常规天然气未来油气勘探的 18 个准备区带及潜力

盆地名称	区带	面积 km²	目的层符号	天然气资源量, $10^8 m^3$ 探明地质储量	剩余地质资源量	地质资源丰度 $10^8 m^3/km^2$	探明率 %	预计储量规模
柴达木	三湖凹陷生物气	47186	N、Q_{1+2}	2897.74	7900.36	0.23	26.84	1040.03
四川	川东海相震旦系—三叠系	48261	Z、∈、S、P_1、T_1j、T_2l	486.98	10216.6	0.22	4.55	6686.78
四川	川南低陡构造带	38631	Z、∈、S、P_1、T_1j、T_2l、T_1f、P_2	1689.67	14023.3	0.41	10.75	8308.34
松辽	德惠断陷	1300	K_1yc、K_1sh	0	920.4	0.71	0	368.16
松辽	双辽断陷	560	J_1hs	0	869.8	1.55	0	347.92
松辽	莺山—双城断陷	1290	K_1yc	0	1790	1.39	0	716
松辽	王府断陷	960	J_3hs、K_1q_1、K_1d	4.34	1596.09	1.67	0.27	634.11
塔里木	巴楚隆起	37875	∈、O、C	622.11	2646.34	0.09	19.03	687.15
塔里木	西昆仑山山前冲断带	28657	K、E、N	398.77	11222.7	0.41	3.43	4665.11
塔里木	秋里塔格冲断带	5008	K、E、N	1752.18	6614.55	1.67	20.94	1591.31
塔里木	喀什北山前冲断带	10774	K、E、N	446.44	6264.79	0.62	6.65	2402.41
塔里木	满西低凸起	41837	∈、O	0	5929.63	0.14	0	2668.33
塔里木	轮台凸起	7204	K、E、N、∈	1099.9	4590.75	0.79	19.33	1178.53
塔里木	阳霞凹陷	4177	E	0	1225.51	0.29	0	551.48
塔里木	乌什凹陷	5675	J	0	1137.14	0.2	0	511.71
塔里木	北部单斜带	2406	T	0	1124.88	0.47	0	506.2
塔里木	玛东冲断带	17028	∈、O	0	1167.36	0.07	0	525.31
准噶尔	腹部岩性	24481	C、P、J_3q、J_1b	27.35	3591.15	0.15	0.76	1409.32

现实区带总体分布在柴达木、鄂尔多斯、四川、松辽、塔里木、准噶尔等盆地，10个现实区带剩余地质资源量 $11.46 \times 10^{12} m^3$，预计未来储量规模 $4.45 \times 10^{12} m^3$，可以满足未来 5~10 年油气勘探的需要。

接替区带总体分布在柴达木、鄂尔多斯、四川、松辽、塔里木、吐哈、准噶尔等盆地，20个接替区带剩余地质资源量 $7.04 \times 10^{12} m^3$，预计未来储量规模 $3.09 \times 10^{12} m^3$，基本可以实现接替目标。

准备区带主要分布在柴达木、四川、松辽、塔里木、准噶尔盆地，18个准备区带的剩余地质资源量约 $8.28 \times 10^{12} m^3$，预计未来储量规模约 $3.48 \times 10^{12} m^3$。

3）分类特征

从优选出的10个现实区带、20个接替区带和18个准备区带的剩余天然气地质资源量、地质资源丰度、探明率三者之间的关系来看（图6-31），A区资源探明率低于15%，剩余地质资源量大于 $5000 \times 10^8 m^3$；B区资源探明率高于15%，剩余地质资源量也大于 $5000 \times 10^8 m^3$；C区剩余地质资源量小于 $5000 \times 10^8 m^3$，资源探明率也低于15%；D区资源探明率高，剩余地质资源量小。

区带优选结果中，剩余地质资源量与探明率具有一定的关系（图6-31），如在现实区带中，四川盆地川中隆起带震旦系—下古生界与塔里木盆地克拉苏冲断带，其剩余地质资源量均大于 $2 \times 10^{12} m^3$，同时探明率也大于20%。但在接替区带中情况存在不同，如柴达木盆地祁连山前带和四川盆地川中隆起带二叠系—三叠系，其剩余地质资源量在 $1 \times 10^{12} m^3$ 以上，但两者探明率均不到6%。总体上，在个别层区带单元中，剩余地质资源量越大，探明率相对较高。克拉苏冲断带（K）剩余资源量大，资源丰度高，探明率26%，相对较高；徐家围子断陷（K_1yc）剩余资源量较大，资源丰度较高，探明率35%，相对较高；长岭断陷（K_1yc）剩余资源量较大，资源丰度较高，探明率仅12%；英台断陷（K_1yc_1）、双辽断陷（J_3hs）资源丰度较高，分别达到 $1.67 \times 10^8 m^3/km^2$、$1.55 \times 10^8 m^3/km^2$，前者探明率26%，后者未探明资源。

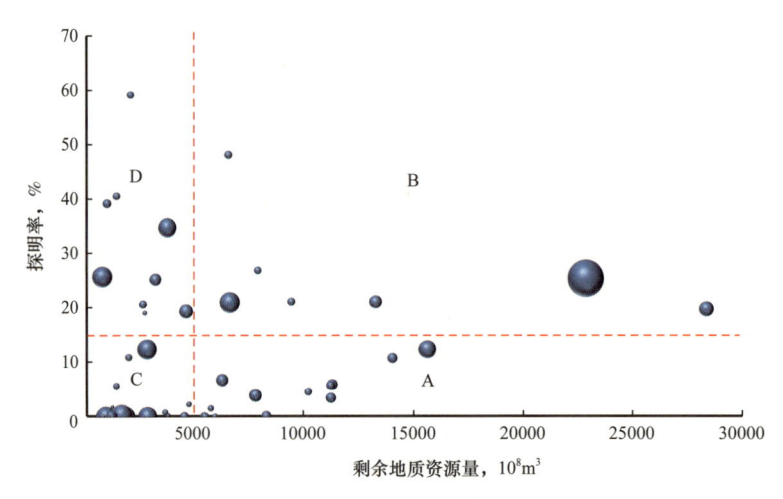

图6-31 天然气区带分类特征图

3. 非常规油气有利区评价优选

目前致密气、煤层气、页岩气、致密油等非常规资源已进入储量序列，成为比较现实的油气勘探领域，为加快非常规油气资源勘探开发进程，使其尽快成为常规油气的接替领域，在地质评价和资源潜力认识的基础上，优选了适合我国中长期发展的非常规油气勘探领域和目标。

1）致密油

本次评价结果表明，我国致密油资源主要分布在鄂尔多斯盆地、松辽盆地、准噶尔盆地和渤海湾盆地。鄂尔多斯盆地长7段致密油资源最丰富，2013年在西233井区整体提

交 3.8×10^8t 控制储量，2014 年在新安边油田首次提交探明储量 1.0×10^8t，提交预测储量 2.58×10^8t，三级储量达 7.38×10^8t，已建成西 233、安 83、庄 183 和宁 89 共 4 个致密油试验区，致密油水平井体积压裂试验取得了重大突破与进展，获得日产百吨的高产水平井 12 口，截至 2015 年 11 月 20 日，已有 9 口井累计产量超过 1×10^4t，其中西 233 试验区的阳平 7 井达到 1.95×10^4t，已建产能 107.2×10^4t，水平井单井平均初期产量 8.5t/d。同时，陕北致密油也见到了很好的苗头，2015 年陕北地区有 26 口井钻遇油层，9 口井获工业油流，单井平均试油产量 13.55t/d，发现 7 个含油有利区，面积约 450km^2，形成陇东、新安边和陕北三大含油富集区。

松辽盆地北部致密油资源包括泉四段和青二段、青三段 2 个层系，2012 年以来不断完善水平井体积压裂等关键技术，取得了重要进展，葡平 2、肇平 6 等多口井初期日产量突破 70t，5 口井累计产量超过 1×10^4t，其中垣平 1 达到 1.84×10^4t。截至目前，已建成垣平 1、龙 26 和齐平 2 共 3 个试验区。形成年产 16×10^4t 产能，进一步落实长垣、三肇、齐家—古龙三个致密油有利勘探区。松辽盆地南部致密油主力层系为泉四段，近几年勘探也取得了重大突破，多口井获得工业油流，其中让平 1 井初期日产油 80.8t，已累产 1.03×10^4t。鳞字井、大遐字井、别字井、新北—庙西、余字井 5 个地区为致密油勘探有利勘探区，预计"十三五"期间可新增储量 1×10^8t 以上。

准噶尔盆地吉木萨尔凹陷芦草沟组致密油是勘探重点。该凹陷芦草沟组致密油层可分为上、下两个甜点体，吉 172_H 井在上甜点体试油初期日产油 77.8t，目前已累计产油 14847t。上甜点体有利区内共有 9 口井钻遇致密油层，5 口井试油。2015 年按照"先优后劣、先易后难"的原则，开始探索上甜点体直井常规改造试验，吉 37 井获日产 6.31t 的工业油流，吉 176 井获日产 5.27t 的工业油流，从而证实了上"甜点体"Ⅰ 类有利区直井常规压裂可以获得工业油流。预测上甜点体一类区面积 113km^2，计算资源量 1.45×10^8t。

渤海湾盆地辽河探区发育 3 个致密油有利区：西部凹陷雷家—曙光地区沙四段杜家台油层与高升油层碳酸盐岩，西部凹陷双台子地区沙三段砂岩，大民屯凹陷沙四段致密油；华北探区发育 3 个致密油有利区：束鹿凹陷沙三段下亚段泥灰岩，饶阳凹陷沙一段下亚段混积岩，霸县凹陷沙三段中—上亚段砂岩；大港探区发育 3 个致密油有利区：沧东凹陷孔二段砂岩与混积岩，歧北斜坡沙一段下亚段砂岩，歧口西南缘沙一段下亚段白云岩。

此外，柴达木、三塘湖、酒泉等盆地致密油也具有一定的勘探潜力。

初步优选致密油有利区 12 个，面积 20223km^2，地质资源量 39×10^8t，主要分布在鄂尔多斯、松辽和渤海湾等盆地（表 6-37）。

2）致密砂岩气

本次评价结果表明，我国重点盆地致密气资源前景广阔，主要分布在鄂尔多斯盆地、四川盆地、松辽盆地和塔里木盆地。鄂尔多斯盆地致密气资源最丰富，近年来，不断加大盆地上古生界致密气勘探评价力度，截至目前，已上报探明地质储量 6.02×10^{12}m^3，苏里格气田已建成年生产能力 246×10^8m^3，神木气田已建成年生产能力 20×10^8m^3，子洲气田已建成年生产能力 15×10^8m^3。2015 年，盆地中东部 12 口探井在本溪组获工业气流，其中麒 13 等 5 口井日产量超过 10×10^4m^3，形成苏里格、盆地东部、盆地中东部三大含气富集区。

四川盆地致密气资源丰富，主要分布在上三叠统须家河组。截至目前，已上报探明地质储量 0.81×10^{12}m^3，已建成年生产能力 15×10^8m^3，形成川中万亿立方米大气区的勘探局面。

表 6-37　重点盆地致密油有利区分布表

盆地	层系	有利区	面积，km²	地质资源量，10⁸t	可采资源量，10⁸t
鄂尔多斯	长 7 段	陇东、新安边、陕北	14300	17.0	1.99
松辽	大庆泉四段	长垣、齐家—古龙、三肇	1188	8.1	0.89
松辽	大庆青二段、青三段	齐家	1052	1.1	0.09
松辽	吉林泉四段	鳞字井、大遐字井	500	1.3	0.19
准噶尔	二叠系芦草沟组	吉木萨尔上甜点体	113	1.45	0.08
渤海湾	华北束鹿沙三段下亚段	束鹿洼槽区	74	1.04	0.09
渤海湾	华北霸县沙一段、沙三段中—上亚段	霸县洼槽区	229	1.92	0.1
渤海湾	辽河西部沙四段	雷家—曙光	120	1.15	0.1
渤海湾	大民屯沙四段	大民屯	47	1.14	0.1
柴达木	柴西 N₁	扎哈泉	828	1.98	0.16
柴达木	柴西北 N₂	小梁山—南翼山	1500	1.75	0.15
三塘湖	二叠系条湖组	牛圈湖—马东	272	1.12	0.06
合计		12 个	20223	39.05	4

松辽盆地致密气资源丰富，分布在白垩系火石岭组、沙河子组、营城组和登娄库组 4 个层段，盆地北部有利区主要分布在徐家围子断陷，盆地南部有利区主要分布在东部断陷带和中部断陷带。

塔里木盆地致密气资源较为丰富，集中分布在库车东部下侏罗统阿合组，截至目前，已上报探明地质储量 $530.35 \times 10^8 m^3$，落实迪北地区为有利区。

另外，吐哈、准噶尔等盆地也都具有一定的勘探潜力。

初步优选致密气有利区 4 个，分布面积 78911km²，地质资源量 $7.73 \times 10^{12} m^3$，主要分布在鄂尔多斯、松辽和四川等盆地（表 6-38）。

表 6-38　重点盆地致密气有利区分布表

盆地	层系	有利区	面积，km²	地质资源量，10¹²m³	可采资源量，10¹²m³
鄂尔多斯	上古生界	苏里格、盆地东部、盆地中东部	71500	6.35	3.4
四川	上三叠统须家河组	川中	4330	0.65	0.29
松辽	吉林：营城组、沙河子组、火石岭、登娄库组	梨树、王府、德惠	2948	0.61	0.27
塔里木	库车东部下侏罗统阿合组	迪北	133	0.12	0.06
合计		4 个	78911	7.73	4.02

第六章 油气资源分布与勘探方向

3）煤层气

中国含煤层气盆地众多，在鄂尔多斯东缘、沁水盆地以及南方蜀南区块均取得较大突破，但勘探开发成功经验仍局限在中—高煤阶范畴；当前煤层气勘探开发思路，依旧突出强调煤层气的非常规性，单一吸附气勘探，优选高含气厚煤层区域，移植适宜高渗透煤层、以钻井工程为主导的美国技术体系，而由于中国煤层气高应力、低渗透、断块型等特征，未能达到预期开发效果。

根据煤层气盆地类型，应着重研究华北地区克拉通盆地煤层气藏和西北前陆冲断带盆地。根据资源分类，未来勘探开发重点在低煤阶煤层气，可以兼顾深层煤层气勘探，继续关注高煤阶煤层气。例如低煤阶的准噶尔盆地南缘、东缘；塔里木盆地北缘；东北海拉尔盆地伊敏及周边；鄂尔多斯盆地深部煤层气；南方高煤阶蜀南地区等。

煤系立体勘探有利区为大宁—吉县、石楼西、三交北和白家海。

煤层地下生物气化工程有利区以筠连、夏店—沁南、保德、宁武南四个地区作为最现实目标区，以鸡西、武威等作为产能接替目标区，以盘关、霍林河等区块作为战略突破目标，以呼和胡、乌审旗等区块作为重点潜在目标区。

最终优选出夏店—沁南、蜀南、宁武南部和保德4个Ⅰ类最有利建产目标区，2个Ⅱ类产能接替目标区，9个Ⅲ类战略突破目标，累计资源量达 $5.4 \times 10^{12} m^3$，可采资源量约 $2.35 \times 10^{12} m^3$（表6–39）。

表6–39 煤层气有利区优选结果

勘探对象	分类	有利目标	主煤层深 m	主煤层厚 m/层	R_o, %	面积 km²	地质资源量 $10^8 m^3$	可采资源量 $10^8 m^3$
中—高煤阶	Ⅰ	夏店—沁南	200~1200	7~19/2	1.9~4.3	5334	8900	5340
		蜀南筠连	500~650	3	2.0~3.2	350	923	461.5
		宁武南部	800~1500	11~14/1	1.0~1.3	534	1665	832.5
	Ⅱ	鸡西	400~1500	2~18/2~6	1.1~1.4	1014	1400	630
		武威营盘	600~900	5~14/2	0.9~1.4	912	944	424.8
	Ⅲ	盘关	500~1500	6~13/2	0.8~3.4	610	1900	855
		阳泉—和顺	150~1500	9~12/2~3	1.9~2.2	2668	6448	2901.6
低煤阶	Ⅰ	保德	300~1300	5~22/2~3	0.6~1.4	476	774	349.98
	Ⅲ	霍林河	300~900	7~34/5	0.3~0.6	380	1025	410
		准格尔	500~1200	38597	0.4~1.0	2565	3100	1240
		鹤岗	400~1500	2~18/2~6	0.7~1.0	1014	1533	613.2
		昌吉—阜康	300~1200	25~32/3	0.6~0.9	2080	5600	2240
		呼和湖	350~1500	7~30/2~3	0.4~0.6	800	1325	463.75
		乌审旗	900~1200	15~48/3	05~0.6	16930	17000	5950
		神木	300~1500	10~35	0.6~1.4	1359	2281	798.35
合计						37026	54818	23510.68

4）页岩气

我国在海相页岩气取得重大突破，海陆过渡相和陆相页岩气尚在探索之中。未来5~10年，仍将以海相页岩气为重点，并积极谋求海陆过渡相突破，持续探索陆相。有利页岩气层位是下古生界海相页岩气、石炭系—二叠系海陆过渡相页岩气及三叠系—侏罗系陆相页岩气，重点是下古生界海相页岩气。重点页岩气勘探领域及目标为四川盆地长宁、威远、富顺—永川、涪陵、内江—大足、璧山—江津6个一类页岩气资源富集区（表6-40）。

5）油页岩油

油页岩油资源评价把全国划分为大区、盆地、含矿区和勘查区（预查区）四类评价单元，将有利开发目标区优选的评价单元划定为含矿区。

含矿区优选的是从全国72个油页岩含矿区中选取。共筛选出正在开发利用的油页岩含矿区6个：吉林桦甸、罗子沟、辽宁抚顺、甘肃窑街、山东黄县和黑龙江达连河；达到勘探阶段的油页岩含矿区13个：广东电白、高州、茂名，吉林前郭—农安，松辽柳树河，海南儋州，陕西铜川，甘肃炭山岭，河北丰宁大阁，卢龙鹿尾山，山东兖州，青海小峡和广西钦州；达到详查阶段的油页岩含矿区6个：内蒙古奈曼，河北丰宁四岔口，山东昌乐五图，甘肃华亭、崇信，新疆妖魔山。

油页岩矿评价优选参数、赋值和权重见表6-41。评价结果揭示，排除我国目前已开发的油页岩含矿区，我国油页岩资源适合地表露天挖掘式开采目标区块选择中期开发区域：（1）茂名盆地高州—电白矿区；（2）松辽盆地东南缘农安矿区；（3）松辽盆地外围柳树河盆地；（4）民和盆地西北缘炭山岭矿区；（5）准噶尔盆地东南缘博格达山前妖魔山—三工河矿区；（6）渤海湾盆地南部隆起区昌乐五图矿区（表6-42）。

适合我国油页岩资源地下原位式开采区块需要选择埋深较深且含油率较高的区块：（1）松辽盆地东南缘预测区；（2）鄂尔多斯盆地东南缘盆地预测区；（3）准噶尔盆地博格达山北麓预测区；（4）茂名盆地预测区。

6）油砂油

综合考虑油砂油资源量、资源丰度、面积、厚度、含油率、埋藏深度、剥采比等地质条件，以及地理环境、交通、水电等经济地理条件，对中国石油范围内规模较大的23个重点油砂矿点进行了综合评价及优选。前10个重点油砂矿依次为：准噶尔西北缘的风城、红山嘴、黑油山，柴达木油砂山，四川厚坝，松辽西斜坡图牧吉，准噶尔盆地白碱滩，二连盆地吉尔嘎朗图，准噶尔车排子和盆地东缘（表6-43）。

这10个重点油砂矿点100m以浅的油砂油地质资源量为5.1×10^8t，总可采资源量为3.46×10^8t。

在钻探及综合评价的基础上优选出准噶尔盆地西北缘的红山嘴、黑油山、乌尔禾，柴达木盆地油砂山和四川盆地厚坝5个有利开采目标。

（1）风城。油砂厚3~15m，含油率8%，100m以浅面积19.4km^2、油砂油资源量3353×10^4t。其中，上层油砂油大规模出露地表，剥采比为0，易于开采。乌尔禾油砂已大面积出露地表，地表为戈壁，交通方便，2012年新疆油田已在该区进行了SAGD现场试验，已初步具备SAGD规模开发条件。

第六章 油气资源分布与勘探方向

表 6-40 四川盆地及鄂尔多斯盆地页岩气重点勘探领域及目标

层位	序号	区块名称	面积 km²	有效厚度 m	埋深 m	可采资源量 10⁸m³	评价级别
筇竹寺组							
龙马溪组（四川盆地及周边）	1	长宁	4493	40~80	2000~4500	3931.38	I
	2	威远	2790	20~60	2600~4500	2232.00	I
	3	富顺—永川	6660	80~100	3000~4500	14985.00	I
	4	涪陵	2340	60~90	2200~4500	2866.50	I
	5	内江—大足	3790	40~80	2000~3500	3790.00	I
	6	璧山—江津	3680	40~80	2600~4500	5520.00	I
		小计	23753	20~80	2000~4500	33324.88	
	7	石柱—利川	2360	60~100	2200~4500	2312.80	II
	8	巫山	1660	20~60	4000~4500	996.00	II
	9	叙永	300	20~40	2000~3000	126.00	II
	10	江安—永富—屏山	3340	60~100	2000~3500	5010.00	II
	11	犍为	1910	10~50	3500~5000	534.80	II
	12	南川—綦江—习水	1470	20~30	1200~4500	411.60	II
	13	江津东线状区块	790	20~40	4000~4500	414.75	II
		小计	11830	10~100	1200~4500	9805.95	
	14	綦江北线状区块	400	20~30	2600~4500	175.00	III
	15	江北—邻水	810	20~30	3500~4350	226.80	III
	16	长寿—垫江	980	20~30	3800~4500	343.00	III
	17	威远	2190	20~30	3500~4500	744.80	III
		小计	6244	20~140	2600~4500	5559.66	
		小计	6244	20~140	2600~4500	5559.66	
	18	长宁	3525	70~100	2000~4500	1307.78	III
	19	古蔺	1330	80~100	1500~2500	634.41	III
		小计	4855	70~100	1500~4500	1942.19	
		合计	48872	100~140	1200~4500	51377.48	I—III

层位	序号	区块名称	面积 km²	有效厚度 m	埋深 m	可采资源量 10⁸m³	评价级别
山1段（鄂尔多斯盆地）	1	延安	33978	15~30/20	1200~4000/3200	2547.00	III
	2	怀县	4432	15~30/20	1200~4000/3200	332.00	III
	3	靖边	2011	15~20/18	1200~4000/3200	151.00	III
	4	鄂托克前旗	7433	15~20/18	1200~4000/3200	557.00	III
	5	榆林	3983	15~20/18	1200~4000/3200	299.00	III
	6	佳县	1344	15~20/18	1200~4000/3200	101.00	III
	7	神木	2056	10~25/15	1200~4000/3200	154.00	III
		小计	55237		1200~4000	4141.00	
山2段	8	庆城	4668	15~30/20	1200~4000/3200	350.00	III
	9	延安	12092	15~30/20	1200~4000/3200	907.00	III
	10	定边	3301	15~30/20	1200~4000/3200	247.00	III
	11	神木	1786	15~30/20	1200~4000/3200	134.00	III
	12	鄂托克前旗	2245	15~30/20	1200~4000/3200	168.00	III
		小计	24092	15~30	1200~4000	1806.00	
太原组	13	苏里格	7209	15~20/18	1400~4000	540.00	III
	14	神木	1977	15~20/18	1400~4000	148.00	III
		小计	9186	15~20	1200~4000	688.00	
本溪组	15	延安	2989	15~25/20	1600~4000	224.00	III
	16	榆林	7428	15~30/20	1600~4000	557.00	III
	17	苏里格	838	15~30	1600~4000	63.00	III
		小计	11255	15~30	120~4000	844.00	
长7段	18	富县	6478	15~70/29.45	500~2300/1700	1166.00	II
长9段	19	志丹—甘泉	2915	15~34.6/21.59	942~2233/1772	382.00	II
		小计	9393	15~70	500~2300	1548.00	
		合计	102470	10~70	500~4000	9027.00	II—III

表 6-41 基于开发地质资源因素与技术经济指标参数赋分及权重表

指标层	条件层	参数层	分级赋分 一级 70~100	分级赋分 二级 30~70	分级赋分 三级 0~30	权重
地质资源因素	资源条件	含油率，%	>10	5~10	3.5~5	0.2763
		发热量，MJ/kg	>10.4	7~10.4	4.18~7	0.0722
		灰分，%	40~66	55~85	>85	0.0448
		全硫含量，%	<1.5	1.5~4	>4	0.0448
		主采矿层厚度，m	>3.5	1.3~3.5	0.7~1.3	0.0448
		储量，10^8t	>20	2~20	<2	0.2763
		资源丰度，10^4t/km^2	>6000	6000~1000	<1000	0.1203
		共伴生可利用矿产	正在利用	有且可利用	无	0.1203
技术经济因素	开采条件	开采方式	原位开采	露天开采	井巷开采	0.0225
		水文地质条件	简单	中等	复杂	0.0418
		工程地质条件	简单	中等	复杂	0.0418
		环境地质条件	简单	中等	复杂	0.0793
		构造复杂程度	简单	中等	复杂	0.1284
		矿体稳定程度	稳定	较稳定	不稳定	0.0418
		矿体埋深，m	0~100	100~500	500~1000	0.0418
	开发条件	水源	就地解决	缺水，30km内解决	缺水，30km外解决	0.0761
		地形地貌	平原、盆地、黄土塬	丘陵、低山、戈壁	山地、高原、沙漠	0.0418
		电力供应	充足	缺电 1/2 以内	缺电 2/3	0.0418
		地理位置	经济发达地区	中等发达地区	欠发达地区	0.0225
		环境影响	轻微	中等	严重	0.0793
		勘查程度	已开发	勘探	详查	0.1284
		交通运输	交通便利	距干线 100km 以内	距干线 >100km	0.2123

第六章 油气资源分布与勘探方向

表 6-42 油页岩有利目标

盆地	含矿区	层系	埋深 m	油页岩油总地质资源量 10^4t	油页岩油总可采资源量 10^4t	油页岩油总可回收资源量 10^4t	目标
松辽	前郭—农安	中生界	0～500	141286	55100	41300	2
松辽	预测区	中生界	0～500	559536	167742	125806	7
		中生界	500～1000	914880	274269	205702	
柳树河	五林	新生界	0～500	938	324	243	3
渤海湾	昌乐五图	新生界	200～850	2507	881	661	6
民和	炭山岭	中生界	0～1000	7173	2499	1874	4
准噶尔盆地	妖魔山	上古生界	0～590	73195	25501	19126	5
	三工河	上古生界	0～500	173758	60537	45403	
	博格达山北麓预测	上古生界	0～1000	237160	82627	61970	9
鄂尔多斯	南部预测区	上古生界	0～500	640000	204800	153600	8
		上古生界	500～1000	1012000	323840	242880	
茂名	高州	新生界	0～850	14854	11869	8902	1
	电白	新生界	0～850	16759	11068	8301	
	茂名盆地	新生界	400～1000	21428.68	7929	5946	10
合计				3815474.68	1228986	921714	

表 6-43 油砂有利区优选

盆地	区块	厚度, m	含油率, %	埋深, m	面积, km²	油砂油地质资源量, 10^4t	油砂油可采资源量, 10^4t
准噶尔	风城	50	8	0～100	19.4	3353	2347.10
	红山嘴	12	7.6	0～100	94	13844	9690.80
	黑油山	12.3	12.3	0～100	41.4	5233	3663.10
	白碱滩	8	7	0～100	63.3	6845	4791.50
	车排子	14.6	6.7	0～100	28.3	5758	4030.60
	盆地东缘	7	5.6	0～100	12	680	476.00
柴达木	柴西	49	3.2	0～100	264	8957	6269.90
四川盆地	青林口—厚坝	10	6.5	0～100	5.6	2001	561.82
松辽盆地	图牧吉	2.1	9.1	0～100	77.9	3275	2292.57
二连盆地	吉尔嘎朗图	3.9	10.8	0～100	14.3	1076	445.81
合计						51022	34569.2

（2）红山嘴。油砂厚2.0~26.2m，含油率7.6%，100m以浅面积94km²、油砂油资源量13844×10⁴t，剥采比为1.8~5。地表为戈壁，离克拉玛依市10~20km，紧邻油田作业区，交通和水电极为方便。

（3）黑油山。油砂厚1.5~21.4m，单层最厚可达13.3m。含油率为7%~12%，100m以浅面积41.4km²、油砂油资源量5233×10⁴t，剥采比为4.3~7。地表为戈壁，离克拉玛依市仅5km，紧邻油田作业区，交通、水电极为方便。

（4）柴西地区油砂山。主力油砂为7~12层，出露地表，100m以浅面积264km²、油砂油资源量8957×10⁴t。开采条件好，紧邻油田作业区，水电及交通便利。

（5）四川厚坝油砂。层位侏罗系沙溪庙组，油砂厚10~15m，含油率为6.5%，100米以浅油砂面积5.6km²、油砂油资源量803×10⁴t。深部存在稠油藏。交通方便，对开采有利，可与稠油一起兼采。

上述5个有利目标100m以浅油砂油资源量为$3.2×10^8$t，资源量很可观，可作为未来露天开采油砂的主要目标地区。

7）天然气水合物

综合考虑海域天然气水合物形成要素、构造地质环境和远景资源，在南海陆坡区共圈出10个有利的水合物远景区块，分别为东沙区块、神狐区块、西沙区块、琼东南区块、中建南区块、万安北区块、北康北区块、南沙中区块、礼乐东区块和台西南区块。

陆地上，青藏高原（特别是羌塘盆地冻土区）具有较好的水合物成矿条件和找矿前景，东北冻土区次之。

四、"十三五"油气勘探方向

1. 勘探战略

中国石油第三次油气资源评价以来，油气勘探立足岩性地层、前陆、海相碳酸盐岩和成熟探区四大领域，不断获得新发现、新突破，进入新的储量增长高峰期。同时，我国油气勘探也面临勘探程度越来越高、勘探目标更加复杂以及发现成本不断提高等挑战，分析剩余油气资源潜力对明确重点勘探领域、确定勘探战略和未来勘探方向具有重要意义。依据本次油气资源评价结果及剩余油气资源领域分布特点，提出我国陆上与海域未来5~10年油气勘探战略。

总体战略：按照"稳定东部、加快西部、发展海域、探索非常规"的思路，常规以岩性地层（碎屑岩）、海相碳酸盐岩、前陆、复杂构造/复杂岩性和海域为重点，非常规以致密油、致密气、海相页岩气和煤层气为重点，依靠认识、技术和管理创新，努力寻找大发现和规模效益储量，进一步夯实稳油增气的资源基础。

陆上：立足常规，发展非常规。常规以岩性—地层、海相碳酸盐岩、前陆、复杂构造/复杂岩性四大领域为重点，东部坚持中—浅层富油气凹陷精细勘探，实现储量稳定增长；中西部加强中—深层具有战略意义目标风险勘探和甩开预探，寻找重大发现；非常规以致密油气、海相页岩气、煤层气为重点，落实"甜点"区。

海域：南海海域加强前期准备和综合评价，以构造、生物礁为重点领域，寻找战略发现，为长远发展提供优质规模储量。

2."十三五"勘探方向与重点目标区

石油勘探以增储现实区带为重点，可保证未来5年新增探明储量30×10^8t左右，保持"十二五"储量增长水平。其中鄂尔多斯盆地以姬塬、镇北—合水、陕北等区块为重点，预计探明储量12.5×10^8t；准噶尔盆地以环玛湖斜坡岩性地层油藏为重点，预计探明储量$(4\sim5)\times10^8$t，渤海湾盆地富油气凹陷斜坡区岩性油藏和松辽盆地扶杨油层（含致密油）分别探明$(2\sim4)\times10^8$t，塔里木盆地塔北地区和柴达木盆地柴西南地区分别探明2×10^8t左右。

天然气勘探以增储现实区带为重点，可保证未来5年新增探明储量$2\times10^{12}m^3$，继续保持储量快速增长。其中鄂尔多斯上古生界、川中古隆起震旦系—寒武系、库车克拉苏构造带未来5年分别探明储量$5000\times10^8m^3$以上，塔里木塔中、鄂尔多斯下古生界分别探明天然气储量$1000\times10^8m^3$左右，阿尔金—祁连山前、松辽深层分别探明储量$500\times10^8m^3$。

1）海相碳酸盐岩现实增储区

川中地区震旦系—寒武系碳酸盐岩：据第四次油气资源评价结果，四川盆地震旦系—寒武系资源量$(4.6\sim5.5)\times10^{12}m^3$，约占全盆地的20%，其中川中地区震旦系—寒武系天然气资源量$(3.0\sim3.5)\times10^{12}m^3$，展现了巨大资源潜力。"十二五"期间，整体明晰了万亿立方米规模气藏群的含气范围，探明了磨溪龙王庙组特大型气藏，灯四段有利含气区面积7500km^2，累计提交三级储量$15608\times10^8m^3$，其中龙王庙组探明储量$4404\times10^8m^3$、预测储量$822\times10^8m^3$，2015年底建成$110\times10^8m^3$年产能规模；灯影组三级储量$10381\times10^8m^3$。为实现战略接替和资源有序发现，系统开展盆地范围内寒武系洗象池组、龙王庙组、震旦系灯影组地质评价与勘探，在川中洗象池组勘探见到重要新苗头，为下古生界—震旦系持续扩展勘探奠定了基础。

川中地区具有形成大型气田的有利地质条件。震旦纪形成的古裂陷控制了优质烃源岩发育，古地貌、古岩溶双重作用控制龙王庙组、灯影组孔洞型白云岩储层大面积发育，提供有利储集条件，继承稳定性发育的古隆起是油气运移的长期有利指向区，古隆起背景上形成的大型构造—地层圈闭和构造岩性圈闭，提供了有利的聚集空间。川中地区长期处于古隆起较高部位，成藏条件优越，是四川盆地下古生界—震旦系气藏勘探的重点地区。未来川中地区震旦系—寒武系碳酸盐岩领域以龙王庙组、洗象池组和灯影组为主要目的层，主攻灯影组台缘带，扩大龙王庙组储量规模，争取洗象池组获得重大突破。预计"十三五"期间，川中地区年均新增探明储量$(2000\sim3000)\times10^8m^3$，产能$20\times10^8m^3/a$，"十三五"末可形成$130\times10^8m^3/a$产量规模。

塔北隆起哈拉哈塘和英买力地区：哈拉哈塘位于塔里木盆地塔北隆起轮南低凸起奥陶系潜山背斜西围斜鼻状构造带上，北邻轮台凸起，南邻北部坳陷，西接英买力低凸起。勘探面积$2.8\times10^4km^2$，石油资源量为18.2×10^8t、天然气资源量为$8200\times10^8m^3$。"十二五"期间，按照加强缝洞体雕刻技术、大力实施上产增储一体化的勘探思路，探索碳酸盐岩的高效勘探开发，取得了一系列勘探进展。哈拉哈塘油田自2009年发现以来，已探明含油面积1585.09km^2，证实轮南—英买力奥陶系碳酸盐岩富油气区整体含油，不但发现了亿吨级石油储量区块，而且扩大了哈拉哈塘油田的含油气范围，进一步证实了奥陶系整体含油、局部富集的特征，资源潜力大。哈拉哈塘成为塔里木油田原油上产增储的主攻领域，2015年生产原油127.67×10^4t，已建成百万吨油田。

哈拉哈塘地区主要发育中—上奥陶统烃源岩，奥陶系良里塔格组——间房组—鹰山组碳酸盐岩经历了多期岩溶的叠加改造作用，以层间岩溶改造作用为主，形成了大型缝洞体储层，主要储集空间类型为孔隙、孔洞、裂缝，顺层状分布，与中—上奥陶统泥灰岩、泥岩与志留系致密砂泥岩形成良好的储盖组合，多期生烃、多期成藏，形成塔北奥陶系大面积、准层状、低丰度的特大型岩性油气藏，油气分布与富集主要受碳酸盐岩岩溶储层发育程度及分布控制。三叠纪以来，奥陶系油藏处于持续埋理保存过程，属于古老的油气系统。英买2—哈拉哈塘—轮古西奥陶系具有层状含油特点，古隆起斜坡低部位具有大面积含油的地质条件，勘探潜力巨大。目前哈拉哈塘地区已提交探明储量 2.49×10^8t，控制储量 0.93×10^8t，探明率22%，预计未来5年具有 $(1.5 \sim 2) \times 10^8$t 的增储规模，保持"十二五"期间增长水平，是塔里木油田增储上产的主攻领域。哈拉哈塘大型含油气系统的油气主要由阿满过渡带生烃中心生成，沿不整合面和断裂长距离运移而来，哈拉哈塘南部跃满、哈德逊地区，以及西部英买力地区处在油气向北运移的路径上，岩溶储层发育，具有层状富集特征，且晚海西期油藏保存条件较好，埋深在7000~8500m之间，勘探潜力巨大，预计可成为哈拉哈塘地区下步的接替区域。

塔中北斜坡—古城地区：塔中北斜坡碳酸盐岩有利勘探面积 $5181km^2$，石油资源量为 8×10^8t，天然气资源量为 $1.6 \times 10^{12}m^3$，折合油气当量约 21×10^8t，目前已发现油藏4个，凝析气藏12个，探明储量 76982.28×10^4t 油当量，资源探明率约为36%。

"十二五"期间，塔中北斜坡地区勘探取得持续突破。2010年塔中10号构造带中古43井实现了奥陶系鹰山组岩溶次高地的突破，证明塔中鹰山组是一个碳酸盐岩缝洞性连片含油、准层状凝析气藏。2011—2012年，中古51井获工业油气流，新发现一个超千亿立方米储量区块，在鹰山组风化壳主力油气层之下新发现一套油气层。2013—2014年，西部中古15井区勘探开发一体化，一间房组新增石油探明储量 2018×10^4t；塔中北部斜坡Ⅱ区良里塔格组台内礁滩体预测石油储量 4105×10^4t。截至2014年底，塔中Ⅰ号构造带奥陶系累计探明凝析油 1.44×10^8t、天然气 $3534.79 \times 10^8m^3$、石油 3971.82×10^4t，已建成凝析油 120×10^4t/a、气 $25 \times 10^8m^3$/a 的地面配套设施，2014年凝析油年产量 23.3×10^4t，原油产量 20.32×10^4t，天然气年产量 $7.18 \times 10^8m^3$，油气当量达到百万吨。

塔中地区多成因多期次岩溶叠加控制寒武系—奥陶系储层准层状多层分布，继承性古隆起控制了多期岩溶储层发育和多期油气聚集；具有多点充注、多源、多期次大面积复式成藏模式；优质储盖组合控制油气准层状分布，局部高点控制油气富集和高产；三期断裂系统控制油气聚集和分布。塔中北斜坡发育台缘礁滩型、风化壳岩溶型、内幕白云岩型碳酸盐岩油气藏，呈准层状、大面积复式分布，储层主要为奥陶系良里塔格组礁滩体岩溶储层、鹰山组潜山与内幕岩溶储层、蓬莱坝组内幕白云岩及岩溶储层。

在塔中勘探取得重要进展的同时，相邻的古城地区勘探也获得重要突破。古城低凸起是塔中隆起倾没端，与塔中构造演化相似，为一北东倾向的下古生界宽缓鼻状隆起，发育鹰山组岩溶储层，分布面积 $1400km^2$，资源量为 $(6 \sim 8) \times 10^8$t 油当量。2012年5月风险勘探古城6井首获突破，在奥陶系鹰山组测试折日产气 $26.4 \times 10^4m^3$，实现了古城地区油气勘探的重大突破。之后立足中部垒带、探索南部堑带，古城8井、古城9井获高产气流，实现塔东地区产能新突破，展示了古城地区鹰三段良好的勘探潜力。

"十三五"期间，预计塔中地区具有 $2000 \times 10^8m^3$ 的增储规模，是海相碳酸盐岩领域天然气勘探的现实增储区带。古城、塔中寒武系为未来碳酸盐岩勘探领域的有利接替区带，其中古城地区有利勘探面积 4300km²，资源潜力 $5100 \times 10^8 m^3$；塔中寒武系盐下埋深小于 8000m 的勘探面积为 3350km²，预计天然气资源潜力超 $5000 \times 10^8 m^3$。

鄂尔多斯东部岩溶残丘：鄂尔多斯盆地东部岩溶残丘位于靖边气田东部，属于古岩溶盆地。靖边气田处于前石炭纪岩溶古地貌的古岩溶斜坡部位，岩溶作用强，风化壳储层发育，目前已有探明地质储量 $6547 \times 10^8 m^3$。

近年来，通过开展岩溶储层形成机理及工艺技术试验等工作，靖边气田东部碳酸盐岩勘探取得新突破。靖边气田东部岩溶残丘储层发育的主控因素为沉积相，其中，硬石膏白云岩坪是盆地东部岩溶残丘的有利储集相带，气田东部主要处于（含）硬石膏结核白云岩坪有利相带，硬石膏结核等易溶物质为岩溶储层的形成奠定物质基础，白云岩储层平均孔隙度为 3.9%、渗透率为 0.41mD，形成有效岩溶储层。根据层位保存完整性及其剥蚀、溶蚀程度，可以将盆地东部岩溶残丘的成像测井地质模式分为完整残丘型、岩溶垮塌型、沟槽切割型和深度剥蚀型四类。通过地震古地貌模式预测和波阻抗反演技术相结合，精细雕刻岩溶残丘形态，并利用成像测井可很好地表征上述四类特征，有效识别和刻画岩溶残丘储层。在深化酸岩反应机理研究基础上，以"延缓酸岩反应速度，降低酸液滤失，改善压后排液"为目标，持续优化"高排量、大液量、多体系、交替注入"的混合酸压工艺，可以大幅提高储层改造适应性。在地质研究及工程技术攻关的基础上，目前区内已有 26 口井在马五$_{1+2}$ 风化壳获工业气流，如麒 13 井顶部层位为马五$_1^2$ 和马五$_1^3$，测井解释含气层 2.7m，采用多级注入酸压，无阻流量获日产天然气 $10.80 \times 10^4 m^3$。共落实了双 5、双 15、米 35、麒 13 等多个含气有利区，有望成为下一步勘探接替领域。

鄂尔多斯盆地靖西中—上组合：鄂尔多斯盆地靖西地区有利勘探面积 12500km²，位于古隆起东侧、靖边气田西侧，勘探主要目的层为下古生界奥陶系马家沟组，兼探上古生界石盒子组、山西组、本溪组等。截至 2015 年底，已完成二维地震 16500km，测网密度 2km×4km；每 100km² 完钻探井 0.8 口，工业气流井 32 口；天然气总资源量 $5000 \times 10^8 m^3$。

古隆起东侧中组合（马五$_5$—马五$_{10}$）的沉积演化研究表明马五$_5$ 形成于盆地内一次较大的海侵期，沉积相带围绕盆地东部洼地呈环状分布，自东向西依次发育东部洼地、靖边缓坡、靖西台坪及环陆云坪，其中紧邻古隆起东侧的靖西台坪发育藻灰坪、藻屑滩、灰云坪等微相，其中藻屑滩为有利沉积微相。马五$_5$ 沉积期后，古隆起间歇暴露，在其东侧形成大气淡水与富镁卤水混合的浅埋藏成岩作用环境，使前期滩相沉积经过混合水白云岩化形成了粉晶白云岩储层，这类储集体孔隙类型主要以晶间孔、溶孔为主，物性较好。加里东风化壳期马家沟组自东向西逐层剥露，中组合白云岩储层与上古生界煤系烃源岩直接接触，配置关系良好，有利于天然气富集成藏，形成地层—岩性圈闭。

近年来，持续深化中组合成藏富集规律研究，积极甩开勘探中组合马五$_5$，勘探获得重要进展。已落实了马家沟组中组合桃 33、召 44、苏 203、桃 15、苏 127 和紫探 1 共 6 个含气富集区，表明中组合马五$_5$ 具有较好的勘探潜力。在中组合勘探的同时，积极探索上组合马五$_4^1$ 气藏。研究表明，盆地内马五$_4^1$ 沉积期相带呈环带状展布，从西向东依次发育环陆坪、硬石膏结核白云岩坪、膏质云坪和膏云坪。其中硬石膏结核白云岩坪相带分布范围广，大致呈南北向带状展布，普遍发育硬石膏结核等易溶矿物，岩溶储层孔洞发

— 357 —

育，充填程度较低，溶孔、晶间孔较发育，储层物性较好，平均孔隙度为5.9%、平均渗透率为0.817mD，排驱压力为0.01~1.0MPa，喉道中值半径主要分布在1.0~3.0μm之间。另外，鄂尔多斯盆地自东向西，马五$_{1+2}$逐渐剥蚀，马五$_4$含膏白云岩处于风化淋滤作用范围内，形成良好的风化壳型储层，与上古生界煤系烃源岩直接接触，源储配置良好，有利于天然气富集成藏。

在以上研究认识的基础上，2015年通过深化上组合马五$_4$沉积微相、储层形成机理及成藏富集规律研究，加强工程技术攻关，马五$_4^1$新层系勘探获得重要发现，有11口探井钻遇马五$_4$气层，其中有3口井试气获工业气流，其中统89井试气获$10.54 \times 10^4 m^3/d$（AOF）；进一步落实了陕234、桃54、陕356和陕373共4个含气有利区，是下一步深化勘探落实规模储量的重要领域。

鄂尔多斯盆地盐下碳酸盐岩：近两年，鄂尔多斯盆地膏岩下马五$_7$、马五$_9$新层系勘探也不断获得新发现。奥陶系盐下马五$_7$、马五$_9$亚段有利勘探面积约8500km^2，发育两种类型的白云岩储层。马五$_6$亚段沉积期是盆地最大的海退期，富镁卤水长时间汇聚，下伏的马五$_7$白云石化程度高。靠近古隆起区域易发生混合水白云石化，膏盐下整体为富镁卤水向下渗透发生渗透回流白云石化，白云岩储层呈环带状分布。2014年完钻的统74井、统75井、统58井分别在膏岩下马五$_7$钻遇气层，其中统74井试气获无阻流量$127.98 \times 10^4 m^3/d$的高产气流，统75井试气获$5.09 \times 10^4 m^3/d$工业气流，发现高产含气区，勘探取得新突破，目前已初步落实桃38、统74、龙探1共3个有利含气区，未来盐下勘探有望成为新的储量接替区。

2）前陆冲断带现实增储区

库车克拉苏构造带：塔里木盆地库车坳陷克拉苏构造带东西长248km，南北宽15~30km，构造带面积3750km^2，天然气资源量$2.4 \times 10^{12} m^3$。1998年发现克拉2气田，随后通过开展宽线大组合地震采集攻关以及叠前深度偏移处理，重构构造样式，攻关钻完井技术，进行风险勘探、甩开预探，克拉苏深层盐下白垩系持续发现，目前克深、大北、博孜、阿瓦特四段均获得突破，已发现克深2、克深5、克深6、克深8、克深9、克深13，大北3、博孜1、阿瓦3等14个气藏，探明天然气地质储量$6943 \times 10^8 m^3$、控制储量$1058 \times 10^8 m^3$、预测储量$2384 \times 10^8 m^3$，合计$1.04 \times 10^{12} m^3$，形成超深层万亿立方米大气区。

"十二五"期间库车前陆地区共提交天然气探明地质储量$4897.13 \times 10^8 m^3$，相比"十一五"期间探明储量增加2800多亿立方米，具有良好的增储上产潜力。"十二五"期间克深区带新发现克深8、克深6、克深9、克深13等气藏，克深8区块9口井获百万立方米高产，新增探明含气面积67.75km^2，储量$1584.55 \times 10^8 m^3$；克深6区块克深6获日产$91 \times 10^4 m^3$高产气流，新增预测含气面积62.5km^2，储量$1711 \times 10^8 m^3$；克深9、克深1气藏新增探明含气面积共83.68km^2，储量$832.22 \times 10^8 m^3$；克深13气藏新获工业气流，新增预测含气面积44.4km^2，储量$601.95 \times 10^8 m^3$。大北气藏含气规模逐渐扩大，并证实克深、大北气藏是一个由巨厚膏盐岩与白垩系砂岩储盖组合构成的东西向连片、南北向相互叠置的低孔、低渗气藏，大北3气藏6口井获工业气流，新增探明含气面积53.3km^2，储量$856 \times 10^8 m^3$。

库车地区发育上三叠统湖相泥岩和中—下侏罗统煤系两套烃源岩，具有面积厚度大、丰度高、成熟度高、生烃强度大的特点，古近—新近系膏盐岩广泛发育，与古近系—

白垩系砂岩储层形成优质的储盖组合。白垩系巴什基奇克组沉积时期，库车坳陷为宽缓湖盆沉积背景，物源供应充分，辫状河三角洲前缘砂体连片分布，砂层厚度大，平均为200~300m，砂地比高，储层孔隙度为3.5%~5%，有效储层厚度在60~200m之间。盐下冲断构造成排展布，整体含气、叠置连片，主力生烃期、成藏过程与构造演化匹配关系好，晚期快速深埋，塑性膏盐、微裂缝发育，改善了储层渗透性，有利于天然气成藏、保存及大气田的形成。

"十二五"期间在库车地区克深区带及东、西两侧均发现千亿立方米级凝析气藏，形成克深2西、克深5、克深6、克深8、克深9、大北301、博孜、阿瓦特和迪西共9个千亿立方米级储量区，为"十三五"库车地区天然气持续增储现实区带。

柴达木英雄岭构造带英西地区：英雄岭构造带位于柴达木盆地西部，勘探面积2000km^2。地面以山地为主，沟壑纵横，高差较大，地表海拔3000~3900m。以英雄岭主峰为中心，分为东西两段，西段已探明狮子沟、花土沟、游园沟三个油田，探明石油地质储量4388×10^{4}t。东段勘探程度相对较低，目前只发现了油砂山油田，探明石油地质储量2366×10^{4}t。英雄岭地区具有油源充足、储层分布广、构造圈闭发育、油藏丰度高的特点。2010年青海油田部署钻探砂37井、砂40井均获成功，在英东一号新增石油预测储量10641×10^{4}t，新增天然气预测储量103×10^{8}m^3。2011年发现英东一号构造，初步预测英东一号断层下盘油气地质储量3000×10^{4}t。2012年部署探井砂45井及评价井英东111井均获得成功，进一步扩大了含油气面积。英东三号构造油砂山断层上盘新增预测石油地质储量715×10^{4}t，预测天然气地质储量23.35×10^{8}m^3。油砂山断层下盘平面上自西至东分别有砂49、英东108、英试2-1和砂45井区共四个富集区。在断层英东一号下盘新增预测叠合含油气面积11.9km^2，石油地质储量3357×10^{4}t，天然气地质储量42.93×10^{8}m^3。2012年在英东二号构造油砂山断层上盘新增预测叠合含油气面积6.6km^2，石油地质储量1393×10^{4}t，溶解气地质储量12.29×10^{8}m^3。2014年英东上盘探明叠合含油面积8.06km^2，石油地质储量6685.28t，天然气地质储量61.45×10^{8}m^3，建成产能40×10^{4}t。游园沟主体新增控制含油面积4.4km^2，石油地质储量1036×10^{4}t。

英雄岭地区受喜马拉雅晚期构造差异挤压作用影响，西段构造呈南北走向，浅层受狮子沟断层控制，发育背斜、断背斜圈闭；东段构造近东西展布，在油砂山断层影响下，形成一系列背斜、断背斜和断块构造。在阿拉尔辫状三角洲沉积体系控制下，英雄岭地区上油砂山组（N_2^2）主要发育辫状三角洲前缘沉积，砂体以水下分流河道为主，具有粒度粗、单层厚度大、储层物性好的特点；下油砂山组（N_2^1）以滨浅湖滩坝砂为主，单砂层较薄，纵向多期叠加，累计厚度较大，平面分布稳定。该区成藏条件主要受以下几个关键因素控制：一是上覆盐岩为优质盖层，分布范围广、累计厚度大，盐层平面分布面积达335km^2，覆盖整个英西地区，高产油层均分布于盐岩盖层之下；二是灰云岩储层厚度大，分布广，发育溶孔、晶间孔和裂缝不同组合的孔隙介质；三是盐下逆冲叠瓦状构造北西向断裂对油藏的输导和富集发挥了重要作用。英西深层受复杂区域应力和盐岩影响，构造变形强烈，英西浅层为狮子沟滑脱断层控制的断背斜，深层被一组北倾断层及反冲断层切割，形成逆冲叠瓦状构造，具有断层复杂化的"两坳夹一隆"构造格局。以北西向和北东向两组裂缝系统为主，形成了复杂的网状裂缝体系，控制油气的输导和聚集。

英西地区发育复杂的盐下油藏，以溶蚀孔—晶间孔为主的储层也具备良好的储集性能和产能，也证实盐下油层单层厚度大，横向连片，有一定的非均质性，平面和纵向扩展潜力大。2014年狮42井获日产超百万吨的高产油气流突破，2015年狮38井再获日产油465m³、日产气$4×10^4$m³，2016年狮205井获得日产超千立方米（油1089m³，气$9.6×10^4$m³）的重大进展，目前盐下已落实三个高产区，油藏面积不断扩大，具有亿吨级储量规模；盐间油层分布稳定，已提交预测储量$4034×10^4$t，是下一步预探扩展、整体评价、规模建产的现实区带。

阿尔金山前：阿尔金山前带西起七个泉，东至冷北，勘探面积6000km²，天然气资源量$1.3×10^{12}$m³，石油资源量$3.8×10^8$t，具备形成大型油气田的物质基础。阿尔金山前地区分为东西两段，分别发育侏罗系煤系烃源岩和古近—新近系湖相咸化烃源岩，受烃源岩分布和热演化控制，具有东气西油的油气藏分布格局。东段西起尖顶山、东至石泉滩、南抵碱山一带，东西长140km，南北宽20~50km，勘探面积近5000km²。根据地层展布、主控断层和隆凹格局综合分析，可划分为"一隆起、两鼻隆、三斜坡"共6个次级构造单元，紧邻坪东、昆特依、冷湖三大侏罗系生烃凹陷，烃源岩最厚1600m，有机质类型为II₂型—III型，有机碳含量为1.0%~5.0%，R_o为0.8%~3.5%，资源量达$9600×10^8$m³。

阿尔金山前具有"持续古隆、双源供烃"的有利条件，发育大面积分布的持续性鼻状古隆起，辫状河三角洲沉积砂体展布范围大，储盖组合好，大型断裂具有较好的油气输导条件。2011年在古斜坡背景上部署钻探东坪1井，日产气112628m³，东坪1井的发现，打破了柴达木盆地天然气勘探20多年的沉寂局面，揭开了大型岩性气藏勘探的序幕。2012年在位于阿尔金山前带东坪鼻隆以东60km的牛东鼻隆钻探牛1井，试气日产气132900m³，日产凝析油6.7m³，柴达木盆地首次在侏罗系获得高产工业气流，实现了天然气勘探领域的新突破。2012年在东坪鼻隆和牛东鼻隆上交控制及预测天然气地质储量$1101.28×10^8$m³。2013年在东坪鼻隆探明天然气地质储量$519.41×10^8$m³，其中基岩储量占总储量的88%，首次在柴达木盆地发现整装规模基岩气藏，同时也是我国陆上典型的基岩气藏。其中，东坪3井基岩试气日产气$20.7×10^4$m³，为基岩获得规模储量奠定坚实的基础。2014年在构造东、西两翼部署牛101井和牛105井，其中牛101井获工业气流，牛105井获工业油流，是本区首次在E_3获得工业油气流，拓展了新的勘探层系，为外围甩开打开了局面。

阿尔金山前带东段整体具有古构造背景，东坪和牛东古鼻隆特征明显。古隆起（古斜坡）是油气早期运聚的指向区，古近纪以来长期活动的断裂和基岩不整合为油气长距离运移的优势通道，具备早期成藏的有利条件，普遍发育冲积扇、河流三角洲等砂体，纵向叠合，横向连片，山前斜坡带背景上发育构造、岩性、地层、基岩风化壳等多种圈闭，形成多类型、多层系气藏，是柴达木盆地近期天然气勘探的主要领域。该区天然气成藏具有四个主要因素：一是下侏罗统烃源岩晚期深埋、热演化程度高、持续生烃、多期充注，规模大，具备形成大型气田的资源基础。二是有利的古构造背景是大规模油气运聚的指向区。山前带新生代以来持续隆升，具有大型古隆起及古斜坡构造背景，紧邻侏罗系大型生烃凹陷。三是配套的输导体系为盆缘古斜坡区的天然气富集成藏提供了良好条件。大型断裂纵向沟通气源，不整合平面输导油气，形成了良好的复合型运聚系统。四是基岩顶部发育的膏泥岩区域盖层为形成高压、高丰度基岩气藏提供了保障。

位于东坪五号断鼻的东坪17井试气日产气51459m³，为东坪天然气勘探拓展了新的思路。一是不同岩性的基岩都可成藏，丰富了基岩成藏类型；二是山前带基岩气藏不是统一的气水系统，打破了低断块成藏不利的认识；三是油气可沿深大断裂长距离运移，进一步拓展了勘探范围。

牛东鼻隆构造东、西两翼部署的牛 101 井和牛 105 井，分别在 E_3 获得工业气流和工业油流，拓展了新的勘探层系。首次在阿尔金山前发现了以侏罗系为烃源岩的油藏，为寻找古近—新近系浅部远源油藏奠定了基础。牛东三号的鄂探 1 井在多套地层中见到良好的油气显示，有望在低断阶侏罗系形成天然气规模场面。

牛中斜坡紧邻东坪、牛东气田，具备与东坪 1 井区相似的成藏条件，为探索基岩含气性，对老井牛参 1 井加深钻探，在基岩 5002～5165m 解释气层 92.1m/13 层。牛中斜坡基岩落实 6 个构造圈闭，T6 层圈闭面积 51.8km^2，是下一步天然气力争突破、规模增储的重点勘探领域。

3）岩性地层（碎屑岩）现实增储区

鄂尔多斯盆地姬塬地区：位于盆地中西部，勘探面积 8500km^2。为多油层复合发育区，主力含油层为延长组长 4+5、长 6、长 7、长 8 和长 9，已完成二维地震 16486km，测网密度 4km×6km～6km×8km，平均每 100km^2 钻达长 8 探评井 12 口，工业油流井 1088 口，区内已有探明石油地质储量 15.13×10^{8}t，控制石油地质储量 4786×10^{4}t，预测石油地质储量 6.07×10^{8}t，总资源量 32.4×10^{8}t，探明储量主要分布在长 4—长 6、长 7—长 9，探明程度低，勘探潜力大，是下一步增储上产的重点地区。姬塬地区位于中生界生烃中心，延长组长 7 湖侵背景下形成的暗色泥岩、页岩、油页岩是中生界主力烃源岩，丰度高、类型好、厚度大（50～120m）、分布广，有机碳含量 0.81%～3.02%，氯仿沥青"A"含量 0.08%～0.34%，总烃含量 145～2300μg/g，生烃强度高[（200～500）×10^{4}t/km^2]，在早白垩世生排油高峰期，过剩压力最高可达 22MPa，与长 8、长 4+5 存在明显的压力差，是油气发生运移的基本动力条件。从姬塬地区流体包裹体资料中可知长 8 有机包裹体均一温度峰值表现为双峰分布特征，结合该区的埋藏史，表明在白垩世早期、中期发生了两期流体充注，通过孔隙性砂体、不整合面、裂缝、微裂缝等多种输导体系运聚成藏，在长 4+5、长 6、长 8 形成大规模岩性油藏，并通过微裂缝和前侏罗系河道砂的输导体系，在长 2 及侏罗系形成了高产的构造—岩性油藏。油藏具有"生烃增压、近源运聚、多种输导、差异聚集"的成藏特点。该区延长组主要受东北、西北两大沉积体系控制。其中，长 8 沉积期为浅水三角洲沉积，水体较浅。长 8$_2$ 沉积期处于湖平面下降半旋回，受湖盆底形及湖岸线迁移控制，发育平行于湖岸线的沙坝沉积，沉积厚度大，砂体呈透镜状展布，受湖浪改造作用的影响，砂岩分选好。长 8$_2$ 储层主要发育绿泥石膜—粒间孔、长石溶蚀和碳酸盐胶结三种成岩相，其中绿泥石膜—粒间孔成岩相储层物性好，平均孔隙度 12.9%、平均渗透率 3.87mD，有利于石油聚集。主要发育岩性油藏，油层厚度大，分布稳定，单井试油产量高。长 8$_1$ 沉积期多期水下分流河道叠合发育，宽 10～15km，厚度一般为 15～25m，区内延伸可达 90～110km，砂体分布稳定。岩石类型为细粒长石岩屑砂岩和岩屑长石砂岩，主要发育粒间孔和长石溶孔，孔喉分选较好，平均孔隙度 8.5%、平均渗透率 0.60mD。长 8$_1$ 河道主体部位沉积粒度相对较粗，储层粒间孔和溶蚀孔发育，物性较好，平均孔隙度 11.3%、平均渗透率 0.68mD。储层优势相为绿泥石膜—粒间孔成岩相和长石溶蚀成岩相，主要发育于三角洲平原及三角洲前缘分流河道的主体部位。长 9 沉积期受沉积物源及湖盆底形影响，东西部沉积体系及油藏特征差异较大。西部体系距物源区较近，湖盆底型较陡，水动力能量大、携砂能力强，发育辫状河三角洲沉积体系。储集砂体粒度较粗，以中—细砂岩为主，分流河道砂体厚度较大（20～30m），连片分布，物性好，平均孔隙度12.4%、平均渗透率11.32mD，发育鼻状隆起、微幅度背斜和断块构造，油藏分布位置普遍受鼻状隆起、微幅背斜等构造控制，油藏类型以构造—岩性为主。未来通过深化长6、长8油藏控制因素研究，提交整装规模储量；通过继续加强长9部署力度，落实高产富集区，形成新的规模储量区；甩开预探姬塬北部，寻找新发现，形成勘探潜力区。

鄂尔多斯盆地陕北周家湾—西河口地区：位于鄂尔多斯盆地伊陕斜坡中部，勘探面积13600km^2。该区勘探层系包括三叠系延长组长6、长10油层，已发现安塞、靖安等亿吨级油田。截至2014年底，区内完成二维地震5526km，平均测网密度4km×4km～8km×8km，平均每100km^{2}钻穿长8探评井4.8口，勘探程度相对较低。已有探明石油地质储量12.13×10^{8}t，控制石油地质储量1.55×10^{8}t，预测石油地质储量4.93×10^{8}t，总资源量22.6×10^{8}t，探明储量主要分布在长6、长10，长8等层段，其勘探程度低，具有较大的勘探潜力。周家湾—西河口地区紧邻长7湖盆中心，局部发育长9烃源岩。长7沉积期发育半深湖—深湖沉积，岩性以深灰、灰黑色泥页岩、油页岩为主，具有有机质丰度高、供烃能力强的特点。局部长9生油岩也较发育，2004年在陕北西河口地区完钻的丹42井、丹48井分别钻遇长9黑色泥岩12m和20m，平均TOC达7.02%，母质类型为腐泥型，已达到生油高峰阶段，估算生油强度为92×10^{4}t/km^2，较低的残留烃转化率、较低的氢指数表明已发生了强烈的排烃作用。通过与安塞地区延长组有机质丰度对比，长9暗色泥岩有机质丰度远远大于长4+5、长6暗色泥岩有机质丰度，仅次于长7暗色泥岩有机质丰度，生烃潜力较大，是一套重要的油源岩。长6沉积期该区为三角洲建设高峰期，主要发育水下分流河道、河口坝、水下分流间湾等微相，河道宽5～10km，砂体厚15～30m，孔隙度10.1%～14.1%，渗透率0.5～2.0mD，且该区处于长7湖相生油岩之上，为油气的有利运移方向，加之上部长4+5广泛发育的大套泥岩形成了区域盖层，构成了有利的生储盖组合。长8沉积期该区主要为曲流河三角洲前缘沉积，发育多期叠加的水下分流河道砂体，砂体厚10～20m，岩性以长石砂岩为主，粒度较细，黏土含量高，粒间孔不发育，孔喉分选均匀，平均孔隙度8.8%，平均渗透率0.26mD，主要发育岩性油藏。纵向上长8储层置于长7生油中心/区之下，底部紧临长9优质油源岩，受长7、长9烃源岩的双向供烃，有可能形成规模较大的岩性油藏，具有较大的勘探潜力。长10沉积期为湖盆演化的初期阶段，整体地形相对平缓。陕北地区长10$_1$受东北沉积体系控制，物源充沛，发育曲流河—三角洲沉积，以河道砂体为主。河道砂体侧向迁移能力强，摆动幅度范围大，多期砂体叠置连片分布，厚度大，一般为40～60m，分布广，有利于规模储集体发育与分布。另外，侏罗系延安组为河流沉积，处于蒙陕古河东侧，侏罗纪古河两侧丘咀发育，具备形成古地貌油藏的条件。其中，延10为辫状河沉积，主河流为西北—东南向，河道较宽，为多期叠加，砂体发育，储层物性好，孔隙度为15%～18%，渗透率为10～100mD。延9、延8及延安组上部为平原网状河沉积，河道变窄，宽度一般小于3.0km，砂体呈网状交错分布，煤层发育，储层次于延10，油层孔隙度为14%～17%，渗透率为5～60mD。未来周家湾—西河口地区以长8、长10新层系为勘探重点，寻找新的规模储量区，同时围绕长6扩边连片，开展精细勘探，形成规模储量。

第六章　油气资源分布与勘探方向

鄂尔多斯盆地镇北—环江地区：位于盆地西南部，勘探面积 8600km^2。完成二维地震 6600km，测网密度 2km×4km～4km×8km，平均每 100km^2 钻达长 8 油层探井 10.3 口，工业油流井 510 口。目前区内已发现镇 53、环 91、镇 28 等多个长 8、长 4+5、长 3 油藏。已有探明石油地质储量 $3.22×10^8$t，三级储量 $13.86×10^8$t，总资源量 $19.5×10^8$t，勘探潜力大。该区长 8 沉积期发育西南辫状河三角洲沉积体系，砂体展布主要受湖盆底形及湖岸线迁移控制，储集砂体以叠置的水下分流河道和河口坝砂岩为主，呈南西—北东和北西—南东向展布。长 8$_2$ 沉积期湖盆底形较陡，河口坝、分流河道砂体叠置，砂体厚 10～20m，局部砂层厚度超过 20m，宽 10～25km；长 8$_1$ 沉积期湖盆底形较缓，多期分流河道砂体叠置，砂体厚 10～20m，宽 10～20km，分布稳定；大范围展布的砂体与上覆烃源岩直接接触，成藏条件优越。岩性以细粒岩屑长石砂岩为主，孔隙类型以粒间孔为主，喉道半径 0.10～1.0μm，孔喉连通性好，物性总体较好，其中，长 8$_2$ 平均孔隙度 10.0%，平均渗透率 0.64mD；长 8$_1$ 平均孔隙度 10.6%，平均渗透率 1.08mD，局部存在高渗区。油藏类型为岩性油藏，油层延伸远，分布稳定，预计可形成 $4×10^8$t 以上储量规模。长 4+5 主要发育三角洲前缘和三角洲平原沉积，纵向上多期分流河道、河口坝砂体相互叠加，单层砂体厚度较薄，累计厚度大。孔隙类型以粒间孔和长石溶孔为主，平均孔隙度 12.7%，平均渗透率 2.12mD，河流主体部位发育高渗高产富集区。岩性以细粒长石岩屑砂岩为主，平均孔隙度 12.7%，平均渗透率 2.04mD，储集空间以粒间孔为主，长石溶孔次之。目前已发现了虎 10、环 91、木 31 等 6 个含油富集区，预计储量规模可达 $2×10^8$t。长 3 沉积期主要受西南物源控制，发育三角洲平原、三角洲前缘沉积，砂体稳定，粒度较粗，呈南西—北东向展布，分流河道砂体宽 6～18km，单层厚 5～10m。储层空间主要以粒间孔、长石溶孔为主，平均孔隙度 12.1%，平均渗透率 2.38mD，长 3 沉积期由于差异压实作用形成了一系列宽缓、低幅的鼻状构造，具备形成高渗高产油藏的地质条件，是未来油气勘探和规模增储的有利层系。

鄂尔多斯盆地合水地区：位于盆地南部，勘探面积 7800km^2，完成二维地震 5760km，测网密度 4km×4km～6km×10km，平均每 100km^2 钻达长 8 探评井 11.3 口，工业油流井 559 口。区内已有探明石油地质储量 $2.83×10^8$t，控制石油地质储量 $1.99×10^8$t，预测石油地质储量 $1.34×10^8$t，总资源量 $18.5×10^8$t。该地区处于延长组生油坳陷内，油源充足，主力目的层长 6 段—长 8 段三角洲前缘亚相砂体和浊积砂岩复合体发育，有利于形成大型岩性圈闭；侏罗纪发育古地貌控制的构造—岩性圈闭，为长 8、长 7、长 6、长 3 及侏罗系多油层复合发育区，未来多层系立体勘探潜力较大。其中，该区长 8 属西南物源控制的三角洲沉积，三角洲前缘水下分流河道储集砂体发育，砂体呈北东向展布，砂体纵向上复合叠加，砂体宽 5～10km，厚 10～20m，岩性主要为细粒、中—细粒岩屑长石砂岩，孔隙类型以粒间孔为主，储层物性相对较好，平均孔隙度 10.9%，平均渗透率 0.52mD，局部发育高产高渗区。目前已发现了庄 49、宁 42、庄 58 三个含油有利区，面积约 700km^2，预计储量规模达亿吨级。长 6 沉积期处于半深湖—深湖沉积环境，发育重力流砂体，砂体规模大，复合连片。砂体厚度为 5～30m，岩性主要为细—粉细粒岩屑长石砂岩；孔隙类型以溶孔为主，平均孔隙度 9.0%，平均渗透率 0.24mD。目前已发现了庄 31 和庄 9 两个含油富集区，通过进一步勘探评价，长 6 含油范围有望继续扩大。

4）非常规油气勘探方向与潜力

（1）致密油。致密油资源包括砂岩型、混积型和石灰岩型三种类型，在我国主要分布在鄂尔多斯、松辽、准噶尔等含油气盆地，已在鄂尔多斯盆地和松辽盆地建产能130余万吨。根据勘探潜力分为重要增储区和补充增储区。重要增储区包括鄂尔多斯三叠系延长组长7致密油，Ⅰ类区面积14000km^2，资源量14.5×10^{8}t，目前已建百万吨产能，未来5年预计增储（1.75～2.5）×10^{8}t；松辽盆地扶余油层和高台子油层，Ⅰ类区面积10700km^2，资源量17.7×10^{8}t，未来五年预计增储（0.95～1.4）×10^{8}t。补充增储区包括准噶尔盆地吉木萨尔凹陷二叠系芦草沟组致密油，三塘湖盆地二叠系芦草沟组、条湖组和石炭系致密油，柴达木盆地扎哈泉凹陷N$_1$致密油，渤海湾大港歧口沙一段下亚段、大港沧东孔二段、华北束鹿沙三段下亚段、辽河西部沙四段、大民屯沙四段致密油，增储规模（0.5～1.1）×10^{8}t。

（2）致密气。我国致密砂岩气资源分布在鄂尔多斯、四川、松辽等七大盆地，已形成鄂尔多斯盆地和四川盆地两大致密砂岩探区。中国石油致密气勘探集中在鄂尔多斯上古生界和四川盆地须家河组两大现实领域，其他盆地为接替潜力区。鄂尔多斯上古生界勘探面积8.2×10^{4}km^2，致密气总资源量（6～8）×10^{12}m^3，探明储量4.7×10^{12}m^3，未来潜力区主要是苏里格周边、盆地东部和西南部，2020年前可新增探明储量7500×10^{8}m^3，2021—2030年可再新增探明储量6000×10^{8}m^3。四川盆地须家河组中国石油矿权内资源量为2.6×10^{12}m^3，目前探明储量6518×10^{8}m^3，探明率25%，待探明资源近2×10^{12}m^3，大川中地区合川—安岳、广安—营山、仁寿—射洪是当前勘探现实区，2021—2030年可新增探明储量2500×10^{8}m^3。塔里木、松辽、吐哈等其他盆地都具有形成致密砂岩气藏的有利地质条件，中国石油矿权内资源量约5×10^{12}m^3，目前在塔里木盆地库车迪北地区侏罗系、吐哈盆地南部斜坡区、松辽盆地深层、渤海湾盆地歧口凹陷等探区取得了一些重要发现，总体勘探程度很低，为未来勘探潜力区。

（3）页岩气。我国海相页岩气资源较丰富，过渡相—湖沼相和湖相页岩气具一定潜力，勘探主要在四川和滇黔桂等地区。通过对四川盆地六套页岩层系进行综合地质研究，判定志留系龙马溪组为最有利的页岩气勘探开发层系，四川盆地及邻区筇竹寺组、五峰组—龙马溪组页岩气有利区带29个，面积5.78km^2，页岩气可采资源量为5.85×10^{8}m^3；其中五峰组—龙马溪组最现实，有利区带28个，面积5.16万km^2，页岩气可采资源量5.3×10^{8}m^3。四川盆地五峰组—龙马溪组页岩气仍是"十三五"勘探重点，有利区带16个，可采资源量4.5×10^{12}m^3。

（4）煤层气。我国煤层气资源主要分布在沁水、鄂东和蜀南等地区。其中，沁水、鄂东、蜀南为现实领域，其他外围地区为接替和准备领域。沁水地区勘探面积4496km^2，资源量8278×10^{8}m^3，已建产能13×10^{8}m^3；鄂东地区勘探面积10902km^2，资源量15569×10^{8}m^3，已建产能10×10^{8}m^3；蜀南地区勘探面积1046km^2，资源量638×10^{8}m^3。"十三五"预计新增探明储量规模2500×10^{8}m^3。接替和准备领域主要包括内蒙古东部、黑龙江省东部盆地、塔里木盆地北部、鄂尔多斯盆地陇东、柴达木北缘、吐哈盆地等，近期在二连盆地低煤阶获突破，预示良好勘探前景，需要进一步加强勘探和评价，为煤层气可持续发展提供接替资源。

3. 海域油气领域

中国近海油气田开发自1967年海1井投入试采开始，至今已有47年，但到1982

年，年产量不足 10×10^4t，前后 15 年累计产油仅 107×10^4t，经历了一个漫长、低速的探索过程。20 世纪 70 年代末，海洋石油对外开放，进行合作勘探开发，从而推动了近海油气田开发的快速发展，1986 年第一个合作油田投产，1993 年最大的自营油田绥中 36-1 油田投产，1996 年近海油气田油气当量年产超过 1000×10^4t，1997 年油气当量年产超过 2000×10^4t，2003 年油气当量年产超过 3000×10^4t，目前近海油田开发正迅速发展，2011 年中国海油海上油气当量产量突破 5000×10^4t，建成"海上大庆"。

中国石油 2004 年以来在南海拥有探矿权 24 个，面积 16.93×10^4km^2，主要分布在西沙海域珠江口、琼东南、莺歌海、中建南盆地，南沙海域曾母、北康和南薇西盆地。其中，有利勘探面积约 8.3×10^4km^2，预测油气资源量 27.89×10^8t 油当量，主要分布在华光凹陷、中建坳陷和西沙隆起周边地区。通过多轮次石油地质条件评价，认为南部油气资源条件最好，短期内难以实施勘探；北部油气资源条件较好，是现实可行的勘探目标区。已落实华光、中建、浪花和双峰四个领域，面积 5.4×10^4km^2，在华光和中建 2 个凹陷优选了 9 个重点区带和 6 个勘探目标。若外部环境有利，可积极实施钻探。总体来看，随着近年来我国综合国力和深水油气勘探开发能力的提高，南海有望成为我国油气发展的重要接替领域。